MARZIA RE FRASCHINI - GABRIELLA GRAZZI

competenze MATEMATICHE

geometria

Questo volume è disponibile anche in versione digitale.
Per scaricarla:

1. prendi nota del codice stampato sul bollino, **se** presente in questa pagina solo sulle copie destinate alla vendita;
2. segui le istruzioni sul sito della Casa Editrice **www.edatlas.it**

Atlas

ISBN 978-88-268-1605-0

Edizione

2	3	4	5	6	7	8	9	10
2015		2016		2017		2018		2019

Certi Car Graf
Certificazione
Cartaria, Cartotecnica, Grafica

La casa editrice ATLAS opera con il Sistema Qualità conforme alla nuova norma UNI EN ISO 9001: 2008 certificato da CISQ CERTICARGRAF.

Direzione Editoriale: Progetti di Editoria s.r.l.
Redazione: Domenico Gesmundo, Mario Scalvini
Coordinamento edizione digitale: Roberto Rustico
Progetto grafico: Ufficio Tecnico Atlas
Fotocomposizione, impaginazione e disegni: GIERRE, Bergamo
Copertina: Vavassori & Vavassori
Stampa: Grafica Veneta - Trebaseleghe (PD)

Con la collaborazione della Redazione e dei Consulenti dell'I.I.E.A.

Il presente volume è conforme alle nuove Indicazioni Nazionali e alle nuove disposizioni ministeriali in merito alle caratteristiche tecniche e tecnologiche dei libri di testo.

Il coupon riprodotto nelle copie destinate alla vendita può essere associato ad un solo account per scaricare la versione digitale del libro.
L'accesso a tutti i contenuti digitali è riservato all'utente registrato, che ha accettato le relative condizioni generali di licenza d'uso riportate sul sito della Casa Editrice.
Tale licenza non è trasferibile a terzi.

Si ringraziano le prof.sse Carla Melzani e Lorella Branduardi per la collaborazione editoriale. In particolare si ringraziano le prof.sse Francesca Maggioni e Sonia Trezzi per la realizzazione dei video in funzione di ripasso, verifica e recupero, e la prof.ssa Elena Refraschini per le traduzioni e la redazione dei testi in inglese.

24123 Bergamo - Via Crescenzi, 88 - Tel. (035) 249711 - Fax (035) 216047
www.edatlas.it

PREFAZIONE

Un'opera mista e digitale per una nuova didattica della matematica

Una scuola superiore attenta alle esigenze di un mondo sempre più globale ha obiettivi e finalità che vanno al di là del puro sapere disciplinare; in particolare, la competenza matematica comporta (Asse matematico dei saperi):

la capacità e la disponibilità ad usare modelli matematici di pensiero (dialettico ed algoritmico) e di rappresentazione grafica e simbolica (formule, costrutti, grafici), la capacità di comprendere ed esprimere adeguatamente informazioni qualitative e quantitative, di esplorare situazioni problematiche, di porsi e risolvere problemi, di progettare e costruire modelli di situazioni reali.

Si vengono in questo modo ad individuare alcune competenze chiave da acquisire al termine del corso di studi obbligatorio che possiamo così sintetizzare:

- imparare ad imparare
- progettare
- comunicare
- collaborare e partecipare
- agire in modo autonomo e responsabile
- risolvere problemi
- individuare collegamenti e relazioni
- acquisire ed interpretare informazioni.

Scopo di questo testo è aiutare lo studente ad approfondire i procedimenti caratteristici del pensiero matematico (definizioni, dimostrazioni, generalizzazioni, formalizzazioni), a conoscere le metodologie di base per la costruzione di un modello appropriato di un insieme di fenomeni, a saper applicare quanto appreso per la risoluzione di problemi, anche utilizzando strumenti informatici opportuni.

Impostazione dell'opera

Il corso **Competenze Matematiche** si compone di due volumi di Algebra, uno per ciascun anno di corso del primo biennio, e uno di Geometria per il biennio.
Nella versione a stampa, oltre alla trattazione teorica caratterizzata da rigore e chiarezza espositiva, da numerosi esempi e da un vasto repertorio di esercizi, sono in particolare presenti:

- esercizi per lo sviluppo delle **competenze**
- **test** di autovalutazione per la preparazione alle verifiche
- materiali per il **CLIL**, con schede in lingua inglese del tema trattato nel capitolo, con utili file audio per la corretta lettura, completate da esercizi
- temi connessi con le **Scienze** e con l'**Arte**, comprensivi di esercizi
- temi connessi con la **vita quotidiana**, comprensivi di esercizi
- esercizi dalle **Gare di Matematica** di diverse competizioni.

Versione digitale eBook+ per computer, tablet e LIM con contenuti digitali integrativi ed espansioni multimediali

Di ciascun volume a stampa è anche disponibile la versione digitale; entrambe le versioni sono poi corredate da una serie di materiali online a cui è possibile accedere direttamente dal sito della Casa Editrice o direttamente con link dalla versione digitale. In particolare, dalla versione digitale eBook+ è possibile accedere direttamente a:

- esempi svolti aggiuntivi e di completamento
- rimando agli esercizi del paragrafo
- approfondimenti relativi al tema trattato
- animazione delle figure per una migliore comprensione del significato
- video con richiami di teoria e svolgimento di esercizi utili anche per un eventuale recupero
- concetti chiave e regole: scheda riassuntiva del capitolo
- laboratorio di informatica con GeoGebra, Cabrì, Derive, Excel
- schede con richiami storici al tema oggetto del capitolo e/o curiosità
- un pacchetto consistente di ulteriori esercizi, utili per il consolidamento delle conoscenze e lo sviluppo delle abilità e la valorizzazione delle eccellenze
- altri temi di Scienze, Arte, vita quotidiana, ulteriori esercizi dalle Gare, ulteriori esercizi in lingua inglese
- verifiche interattive composte da una serie di esercizi con risposte a scelta multipla comprensiva di valutazione finale.

Contenuti digitali integrativi disponibili sul sito della Casa Editrice

In piena aderenza con le nuove disposizioni ministeriali, sul sito www.edatlas.it sono presenti molti contenuti digitali integrativi dei volumi a stampa. In particolare per ogni capitolo sono presenti:

- schede di approfondimento
- concetti chiave e regole: scheda riassuntiva del capitolo
- diapositive in PowerPoint utili per il ripasso e il recupero dei concetti fondamentali
- rette, piani e figure nello spazio.

Materiali per il Docente

L'opera si completa con il materiale utile al Docente per la programmazione didattica, la preparazione delle verifiche scritte e dei test ed il ripasso; sono disponibili:

- la guida didattica a stampa e in formato digitale
- un eserciziario digitale su chiavetta USB per la composizione automatica delle verifiche.

Le Autrici

INDICE GENERALE

1 I primi elementi

2 I triangoli e i criteri di congruenza

3 Parallelismo e perpendicolarità nel piano

4 Le isometrie nel piano

- *Approfondimenti:*
  - *Le dimostrazioni dei teoremi sulle isometrie*
  - *Le condizioni per individuare un'isometria*
- *Concetti chiave*
- *Presentazione in PowerPoint*

5 Parallelogrammi e trapezi

- *Concetti chiave*
- *Presentazione in PowerPoint*

5 bis Parallelogrammi e trapezi

6 La circonferenza

- *Concetti chiave*
- *Presentazione in PowerPoint*

7 I poligoni e la circonferenza

- *Approfondimenti:*
  - *I teoremi inversi e le loro dimostrazioni*
  - *Le proprietà dei punti notevoli*
- *Concetti chiave*
- *Presentazione in PowerPoint*

8 L'equivalenza dei poligoni

- *Approfondimenti:*
  - *La trasformazione dei poligoni e l'equivalenza*
- *Concetti chiave*
- *Presentazione in PowerPoint*

9 Grandezze, misura, proporzionalità e aree

- *Approfondimenti:*
  - *La dimostrazione del teorema sul rapporto*
  - *La dimostrazione del teorema*
  - *Il valore di π*
- *Concetti chiave*
- *Presentazione in PowerPoint*

10 Omotetie e similitudini

- *Approfondimenti:*
  - *Le dimostrazioni delle proprietà dei poligoni simili*
  - *La sezione aurea di un segmento*
- *Concetti chiave*
- *Presentazione in PowerPoint*

Rette, piani e figure nello spazio

CAPITOLO 1

I primi elementi

OBIETTIVI

- conoscere i termini primitivi e gli assiomi della geometria euclidea
- definire semirette, segmenti, semipiani e angoli
- comprendere il concetto di congruenza e conoscere gli assiomi che lo caratterizzano
- confrontare segmenti e angoli

1 IL LINGUAGGIO DELLA GEOMETRIA E GLI ASSIOMI

1.1 Il linguaggio della geometria

Il vocabolario della geometria

Anche la Geometria, come ogni disciplina, ha un suo linguaggio specifico e usa termini che le sono propri e che hanno sempre lo stesso significato anche quando vengono usati in altri contesti.
Per esempio, la parola *triangolo* richiama alla mente di chiunque la stessa forma e se si chiede a qualcuno di disegnare un triangolo, nella maggior parte dei casi viene disegnato un triangolo equilatero. Ma anche se tutti sanno disegnarlo, se si chiede che cos'è un triangolo, molti hanno difficoltà a dare una definizione precisa di questo termine.
Se vogliamo **fare geometria** e non solo studiarla, dobbiamo quindi avere ben chiaro prima di tutto che cosa sono e che caratteristiche hanno gli oggetti che dobbiamo manipolare. Fondamentale è quindi:

saper definire un oggetto geometrico

Ma per definire occorre avere a disposizione un certo numero di termini base che rappresentino gli oggetti fondamentali con i quali poter descrivere gli altri.
Se per esempio diciamo che

segmento è la parte di retta compresa fra due punti

abbiamo dato una definizione che utilizza il concetto di *retta* e di *punto* e questi termini devono essere già noti perché la definizione abbia un senso.
I termini base che si scelgono in geometria sono

punto **retta** **piano**

I TERMINI PRIMITIVI

e di essi si dice che sono i **termini primitivi** della geometria. Qualunque altro oggetto geometrico può essere definito a partire da questi. Per esempio possiamo definire lo spazio come l'insieme di tutti i punti, di tutte le rette, di tutti i piani.

Rappresenteremo graficamente un punto con la traccia che una matita appuntita lascia su un foglio di carta, la retta con il tratto che la stessa matita lascia sul foglio quando la si fa scorrere in modo da imitare un filo sottile ben teso, il piano con il disegno della pagina superiore di un foglio di carta ben teso e che si estende in tutte le direzioni (***figura 1***).
Indicheremo un punto con una lettera maiuscola dell'alfabeto internazionale (A, B, C, D ....), una retta con una lettera minuscola dello stesso alfabeto (a, b, c, d ....), un piano con una lettera minuscola dell'alfabeto greco (α, β, γ, δ, ...).

Figura 1

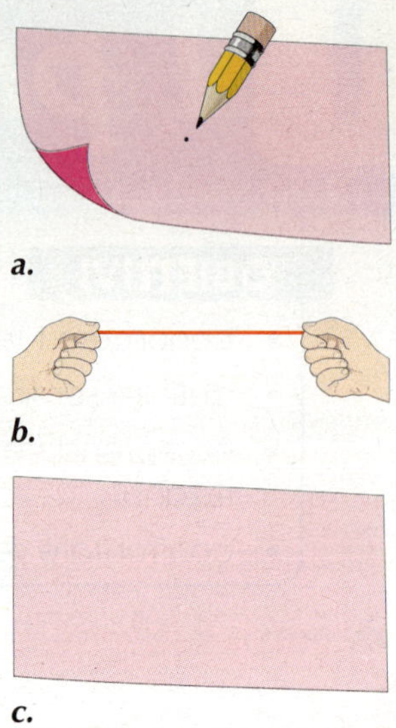

Il metodo della geometria

Lo studio della geometria si affronta fin da bambini privilegiando l'aspetto "sperimentale"; per esempio si impara quasi subito che la somma degli angoli interni di un triangolo è sempre di 180°, qualunque sia il triangolo, e per farlo vedere si spezza un triangolo nei suoi tre angoli, li si accosta uno all'altro e si vede che quello che ne risulta è proprio un angolo di 180° (***figura 2***).

Figura 2

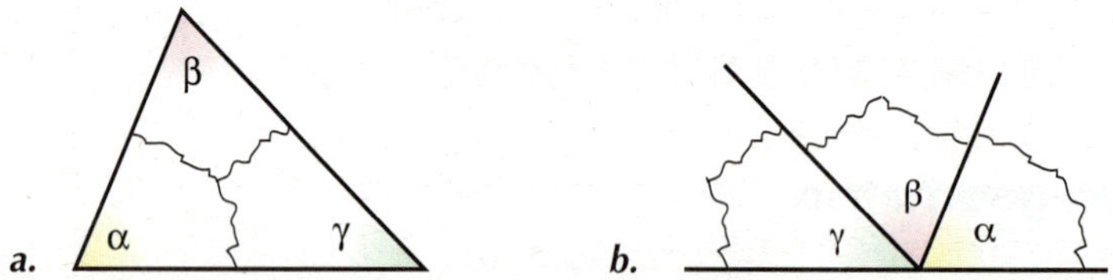

Se sperimentare può essere utile a una certa età per sviluppare l'intuizione geometrica, quando si cresce nell'apprendimento tutti i risultati ottenuti sperimentalmente devono essere verificati e dimostrati con un ragionamento di tipo logico. Non si può semplicemente dire "si vede che è così", perché il nostro occhio spesso ci inganna; inoltre aver verificato che una certa relazione è vera in qualche caso, non vuol dire che essa debba essere vera in tutti i casi.

Figura 3

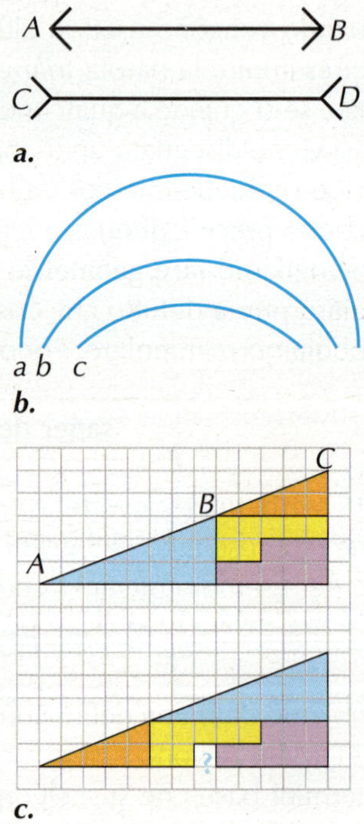

Per esempio, può sembrare a una prima osservazione che i due segmenti AB e CD nella ***figura 3a*** siano diversi e che CD sia più lungo di AB, ma in realtà i due segmenti sono uguali. Può sembrare che l'arco c della ***figura 3b*** appartenga a una circonferenza più grande, mentre i tre archi disegnati appartengono alla medesima circonferenza. Può sembrare che in ***figura 3c*** l'accostamento delle regioni colorate dia origine a un triangolo, ma se le accostiamo in modo differente scopriamo che quello che alla nostra vista sembrava un triangolo in realtà non lo è; in effetti i punti A, B e C della prima figura non sono allineati (AB e BC hanno una pendenza diversa), ma il nostro occhio non ci permette di vederlo. In geometria occorre dunque:

> dimostrare ogni affermazione che si fa relativamente ad un oggetto.

L'intuizione o la sperimentazione non vanno però lasciate da parte; esse servono a percepire una proprietà, che però poi deve essere accertata mediante un ragionamento rigoroso.
Ma come non si può definire tutto, così non si può dimostrare tutto ed è necessario introdurre delle regole di partenza in base alle quali accertare la verità delle nostre affermazioni.

ASSIOMI E METODO ASSIOMATICO

In geometria le regole di base si chiamano **assiomi**, le affermazioni che si possono dimostrare a partire dagli assiomi si chiamano **teoremi** e si dice per questo che in geometria si applica il **metodo assiomatico deduttivo**.

Metodo assiomatico deduttivo è il metodo che permette di dedurre la verità di una proposizione a partire dagli assiomi mediante un ragionamento strutturato.

Le proposizioni che si possono dedurre dagli assiomi si chiamano teoremi.

Teorema è un'affermazione di cui è necessario controllare la verità mediante un ragionamento.

Un teorema si esprime generalmente mediante una frase della forma "se..... allora ....."; le premesse di questa frase costituiscono le **ipotesi** del teorema (abbreviate con Hp.), le conseguenze ne costituiscono la **tesi** (abbreviata con Th.):

Se «Hp» allora «Th»

Indicato con a l'insieme delle ipotesi e con b la tesi, è comodo sintetizzare in forma simbolica un teorema mediante la scrittura

$$a \rightarrow b$$

che significa: dalle ipotesi a segue la tesi b.

Il ragionamento che, supposte vere le ipotesi, consente di accertare la verità della tesi a partire dagli assiomi o da altri teoremi già accertati, si chiama **dimostrazione**.

Gli assiomi della geometria euclidea sono tanti e dovremo introdurli poco alla volta per comprenderne il significato e imparare ad applicarli correttamente. E' un po' come giocare a scacchi o a dama; una volta imparato come si muovono i pezzi (le regole del gioco, cioè gli assiomi della scacchiera), occorre molta pratica ed esercizio per poter giocare bene. In geometria la partita si gioca con se stessi ed è solo diventando abili giocatori che si può vincere la sfida della risoluzione di un problema.

1.2 I primi assiomi

Anche se abbiamo indicato un modo per rappresentare graficamente i termini primitivi *punto, retta, piano,* dobbiamo adesso cercare di stabilire quali sono le caratteristiche di questi oggetti della geometria e come si rapportano l'uno con l'altro, così da poter indicare in modo implicito la natura di tali termini.
Enunceremo quindi alcuni assiomi che, a seconda delle caratteristiche che vogliono esprimere, prendono nomi diversi.

Gli assiomi di appartenenza

Riprendendo l'analogia del filo per rappresentare una retta, possiamo fare questo esperimento: fissiamo due punti su un foglio di carta e prendiamo due fili ben tesi che facciamo passare per questi due punti; l'esperienza ci dice che i due fili si sovrappongono. Possiamo quindi ritenere che una prima caratteristica possa essere data dal seguente assioma (***figura 4***).

Figura 4

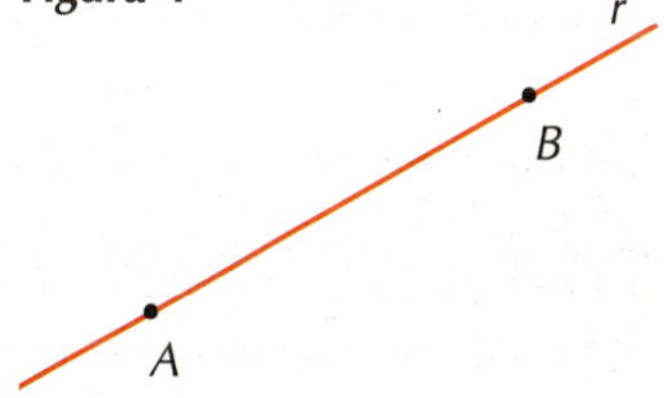

A1. Ogni coppia di punti *A* e *B* distinti dello spazio appartiene ad una e una sola retta.

Figura 5

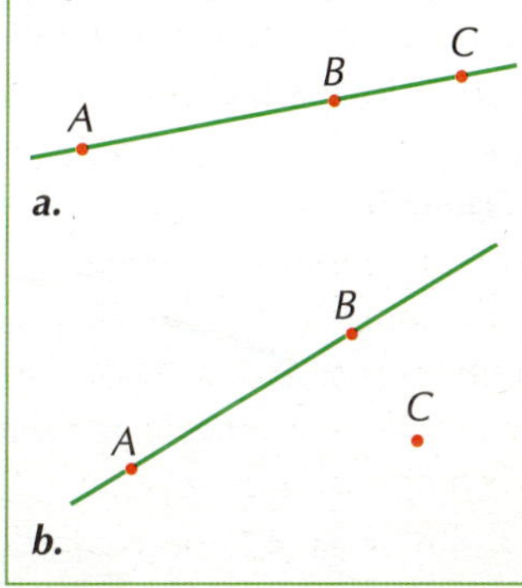

Punti che appartengono ad un stessa retta si dicono allineati; in ***figura 5a*** i punti *A*, *B* e *C* sono allineati, in ***figura 5b*** non lo sono.
Ricordando ora l'analogia del piano con una delle facce di un foglio di carta e del punto con la punta della matita, possiamo fare questa esperienza molto semplice: prendiamo tre matite di diversa lunghezza e disponiamole verticalmente sul piano del banco in modo che non siano allineate, prendiamo poi

un foglio di cartoncino (deve essere rigido) e appoggiamolo sulla punta delle matite; quello che osserviamo è che il foglio poggia su tutte e tre le punte (***figura 6***). Se ripetiamo l'esperimento con quattro matite, ci accorgiamo che il nostro "piano" poggia su tre di esse, ma in generale non sulla quarta. Una ulteriore proposizione che possiamo assumere come regola è data allora dal seguente assioma.

Figura 6

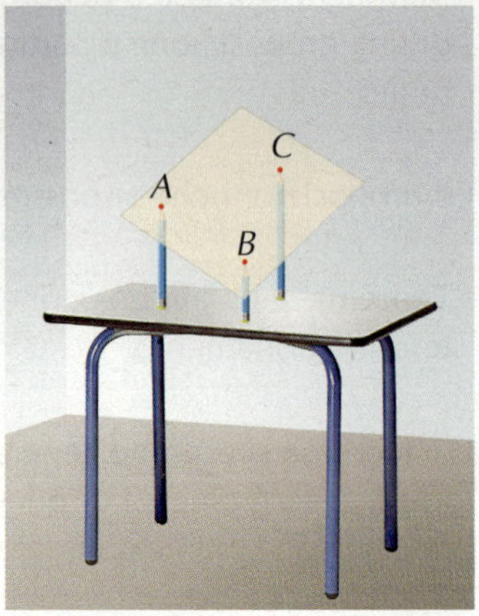

A2. Tre punti non allineati appartengono ad uno ed un solo piano.

Assumeremo poi come assiomi che

A3. Se due punti di una retta appartengono ad un piano, la retta giace interamente sul piano.

A4. Il piano contiene infiniti punti ed infinite rette.

A5. Lo spazio contiene infiniti punti, infinite rette, infiniti piani.

Con le nozioni che abbiamo introdotto possiamo ora dare qualche definizione.

DEFINIZIONE DI FIGURA GEOMETRICA

Si dice **figura geometrica** un qualunque sottoinsieme dello spazio, quindi un qualunque insieme di punti.

In base a questa definizione, anche un solo punto costituisce una figura geometrica, una retta ed un piano sono figure geometriche.
Nel seguito della nostra trattazione ci occuperemo prevalentemente di figure geometriche che appartengono allo stesso piano, vale a dire che tratteremo la **geometria del piano**; solo nell'ultima area tematica introdurremo alcuni concetti di geometria dello spazio lasciando eventuali approfondimenti su questo tema a studi successivi.

RETTE COMPLANARI: INCIDENTI E PARALLELE

Si dicono **complanari** due rette che appartengono allo stesso piano.

Consideriamo due rette complanari distinte e chiediamoci quale può essere la loro posizione reciproca (***figura 7***).
L'assioma **A1** ci dice che due rette che hanno due punti in comune sono, in sostanza, la stessa retta (si dice che le due rette sono **coincidenti**); se le rette sono distinte, potranno allora presentarsi due possibili situazioni:

- le rette hanno un solo punto di intersezione ed allora si dicono **incidenti**
- le rette non hanno alcun punto di intersezione ed allora si dicono **parallele**.

Ci occuperemo diffusamente delle rette parallele in uno dei capitoli successivi.

Gli assiomi che abbiamo visto finora prendono il nome di *assiomi di appartenenza* proprio perché stabiliscono relazioni di appartenenza fra punti, rette, piani e lo spazio.

Figura 7

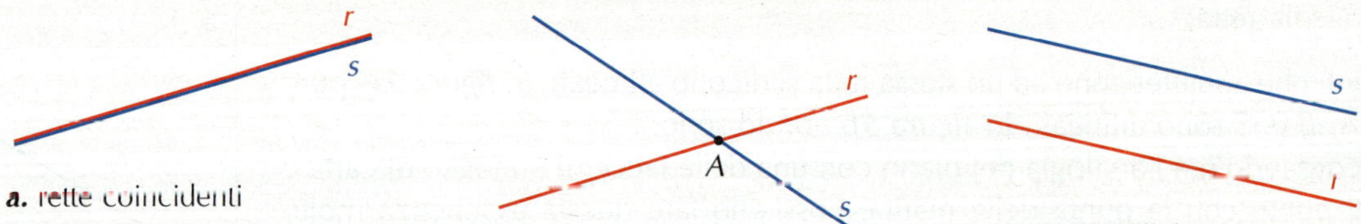

a. rette coincidenti ***b.*** rette incidenti ***c.*** rette parallele

Gli assiomi di ordinamento

Riprendiamo di nuovo l'analogia del filo teso: una formica che cammina su un filo può percorrerlo in due sensi opposti e, se su di esso segniamo alcuni punti come in ***figura 8***, una volta deciso il verso di percorrenza, la formica incontra prima A, poi B, poi C e così via.

Figura 8

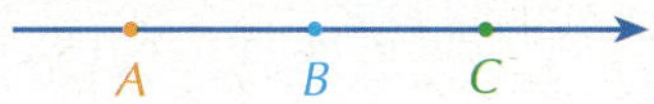

Una retta su cui si sia fissato un verso di percorrenza si dice **orientata**. Data dunque una retta r orientata e presi due punti distinti A e B su di essa possiamo dire che A precede B (in simboli si scrive $A < B$) se, percorrendo la retta nella direzione prefissata, incontriamo prima A e poi B.
Rispetto a questa relazione la retta risulta essere un insieme ordinato di punti per i quali richiediamo che valga il seguente assioma che viene detto di *ordinamento*.

A6. Presi due punti distinti A e B su una retta tali che, nel verso fissato, A precede B, accade che:

- vi è almeno un punto che segue A e precede B
- vi è almeno un punto che precede A
- vi è almeno un punto che segue B.

Grazie a questo assioma possiamo dire che

- la retta contiene infiniti punti ed è illimitata

  Infatti non può esistere alcun primo punto o ultimo punto perché l'assioma ci dice che ne esistono altri che li precedono e li seguono (***figura 9***); inoltre, presi due punti qualsiasi A e B, c'è almeno un punto C fra essi, ma anche fra A e C e fra C e B ce ne sono altri, quindi fra due punti A e B sono compresi infiniti altri punti.

Figura 9

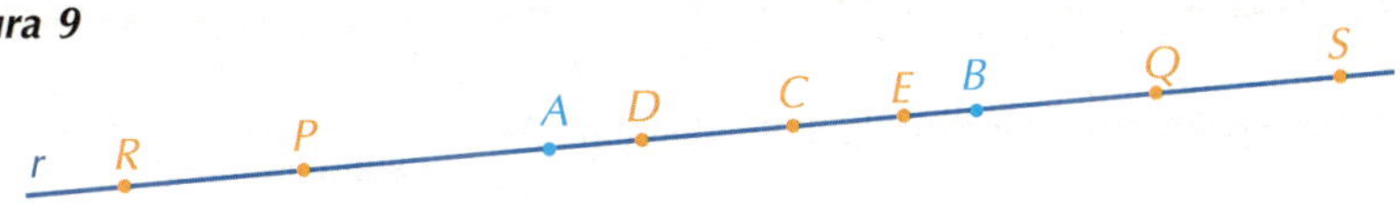

- per un punto P di un piano passano infinite rette.

  Basta infatti disegnare una retta r che non passa per P e, oltre alla parallela passante per P, considerare tutte le rette che passano per P e per un punto di r (***figura 10***).

Figura 10

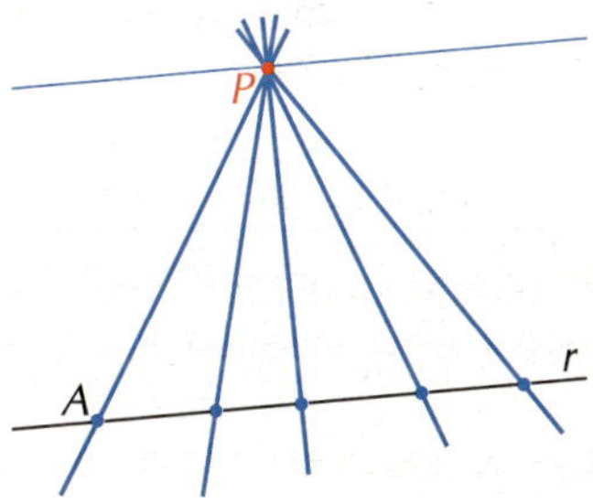

L'insieme di tutte le rette che passano per un generico punto P si dice **fascio proprio di centro *P***.

ESERCIZI E PROBLEMI pag. 176

2 SEMIRETTE, SEGMENTI E ANGOLI

Gli assiomi che abbiamo introdotto nel paragrafo precedente ci permettono di dare nuove definizioni.

DEFINIZIONE DI SEMIRETTA

Data una retta orientata e fissato un punto *P* su di essa, si chiama **semiretta** l'insieme formato dal punto *P* e da tutti quelli che lo seguono, oppure l'insieme formato dal punto *P* e da tutti quelli che lo precedono; il punto *P* si dice origine della semiretta (***figura 11***).

Figura 11

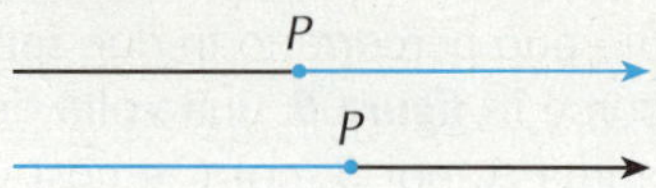

In sostanza, un qualunque punto *P* di una retta la divide in due semirette opposte l'una all'altra.
L'insieme di tutte le semirette che escono da *P* è un **fascio di semirette**.

DEFINIZIONE DI SEGMENTO

Considerati due punti *A* e *B* su una retta orientata, si dice **segmento** l'insieme dei punti *A* e *B* e di tutti quelli che sono compresi fra essi (***figura 12***). I punti *A* e *B* si dicono **estremi** del segmento.

Figura 12

Un segmento nel quale gli estremi coincidono è il segmento nullo.
Visto che abbiamo detto che fra due punti di una retta ne sono compresi infiniti altri, possiamo dire che anche un segmento non nullo contiene infiniti punti. Diciamo poi che:

Per indicare un segmento si scrivono le lettere dei suoi estremi una accanto all'altra: AB.

SEGMENTI CONSECUTIVI E SEGMENTI ADIACENTI

- due segmenti sono **consecutivi** se hanno in comune soltanto un estremo (***figura 13a***);

Figura 13a

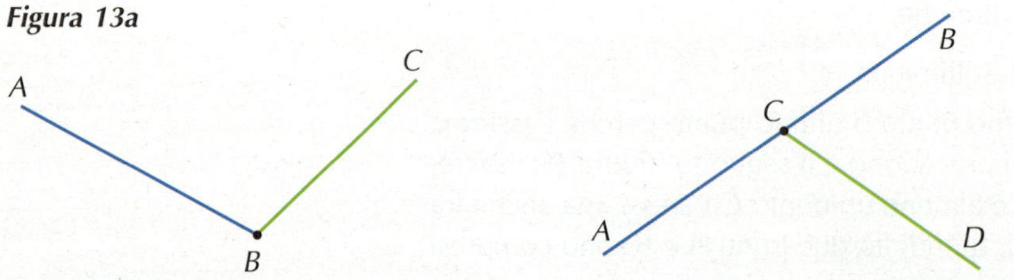

AB e *BC* sono consecutivi — *AB* e *CD* non sono consecutivi

- due segmenti sono **adiacenti** se sono consecutivi ed appartengono alla stessa retta (***figura 13b***).

Figura 13b

AB e *BC* sono segmenti adiacenti — *AB* e *CD* non sono segmenti adiacenti

Consideriamo ora un piano α e una retta *r* che gli appartiene; il piano viene così diviso dalla retta in due regioni distinte e i suoi punti, esclusi quelli di *r*, appartengono all'una o all'altra regione (***figura 14***).

Figura 14

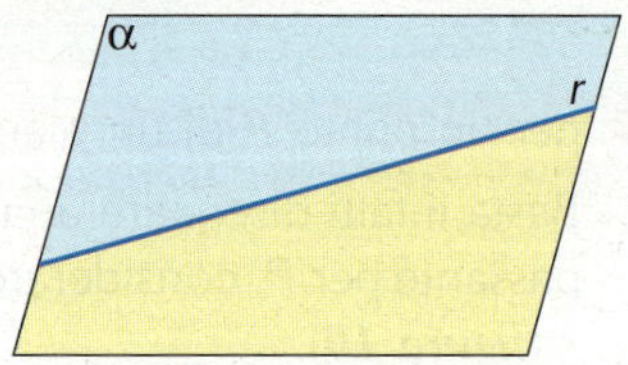

Questa suddivisione dei punti di α ha la seguente proprietà che assumiamo come nuovo assioma:

A7. (assioma di partizione del piano) Sia *r* una retta di un piano e siano *A* e *B* due punti del piano; allora (***figura 15***):

- se *A* e *B* appartengono alla stessa regione, il segmento *AB* non interseca la retta *r*;
- se *A* e *B* appartengono a regioni diverse, il segmento *AB* interseca la retta *r*.

Figura 15

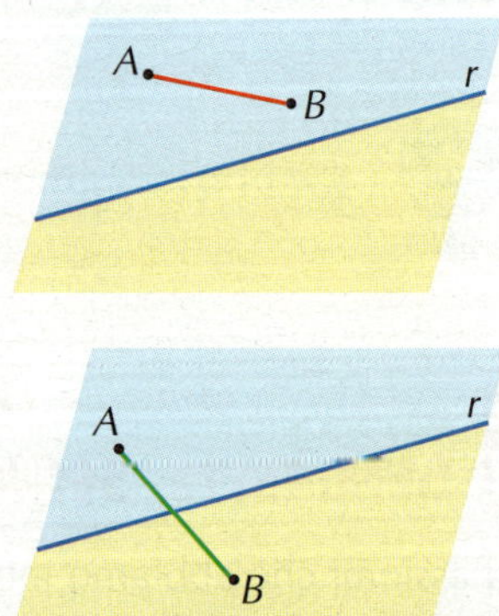

Questo assioma è importante perché ci assicura che, per passare da una regione del piano α all'altra, dobbiamo passare per un punto di *r*, non è possibile cioè "aggirare" la retta *r*. Questo fatto può essere interpretato come ulteriore conferma che la retta è illimitata, cioè che non ha un punto di inizio e un punto di fine. Possiamo adesso dare la seguente definizione:

DEFINIZIONE DI SEMIPIANO

data una retta *r* su un piano α, si dice **semipiano di origine *r*** ciascuna delle due regioni individuate da *r* su α. La retta *r* si dice **origine** o **frontiera** del semipiano.

Un piano è dunque diviso da una sua retta in due semipiani che si dicono opposti l'uno all'altro; se al semipiano appartengono anche i punti di *r*, si parla di **semipiano chiuso**, altrimenti di **semipiano aperto**. Nel seguito, quando parleremo di semipiano intenderemo sempre quello chiuso se non diversamente specificato. Per indicare un semipiano ci serviremo, come per i piani, delle lettere minuscole dell'alfabeto greco.

Consideriamo adesso due semirette *a* e *b* che hanno l'origine *V* in comune; il piano viene in questo modo diviso in due parti (la prima in colore azzurro nella ***figura 16a***, la seconda in colore arancio) ciascuna delle quali si chiama angolo. Diamo allora la seguente definizione.

DEFINIZIONE DI ANGOLO

Si chiama **angolo** ciascuna delle due parti in cui due semirette che hanno l'origine in comune dividono il piano. Le due semirette si dicono **lati** dell'angolo, l'origine comune si dice **vertice**.

Figura 16

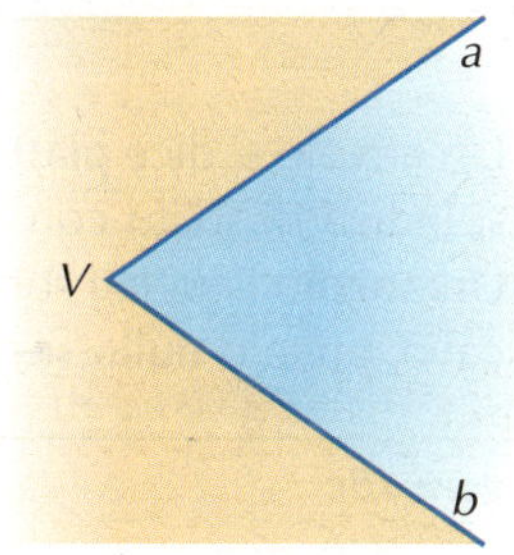

a.

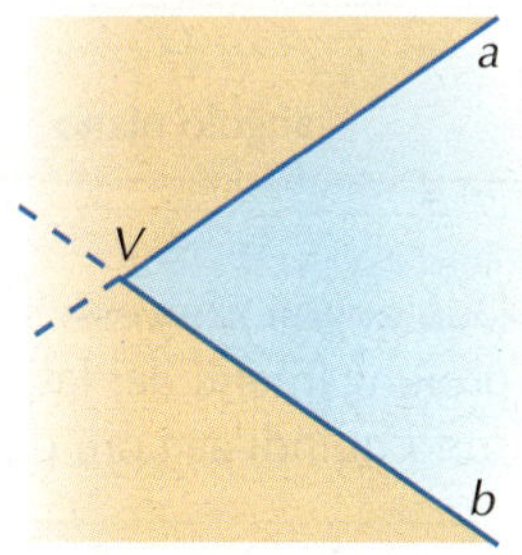

b.

L'angolo di colore azzurro è caratterizzato dal fatto che, se si prolungano i lati (tratteggiati nella ***figura 16b***), tali prolungamenti non appartengono all'angolo; l'angolo di colore arancio invece li contiene. Per distinguere i due angoli diamo loro due nomi diversi e diciamo che:

un angolo è **convesso** se non contiene i prolungamenti dei suoi lati; è **concavo** se li contiene.

L'angolo di colore azzurro è allora un angolo convesso, quello di colore arancio è un angolo concavo.

Per indicare un angolo si possono usare diversi modi (riferisciti alla ***figura 17***); innanzi tutto il disegno deve aiutare a capire se si vuole considerare l'angolo concavo o quello convesso: di solito si disegna un archetto o un simbolo particolare all'interno dell'angolo nelle vicinanze del vertice in modo da far capire quale sia l'angolo che si considera. Fatto ciò, si usa una delle seguenti modalità di scrittura:

- se le semirette che definiscono l'angolo si chiamano *a* e *b*, si può scrivere $\widehat{ab}$;
- se si individuano due punti sui lati dell'angolo, uno per ogni lato, si può scrivere $\widehat{AVB}$, mettendo la lettera del vertice fra le altre due;
- si può usare una lettera dell'alfabeto greco: α, β, γ, ...; tale lettera viene di solito indicata anche all'interno dell'angolo.

Figura 17

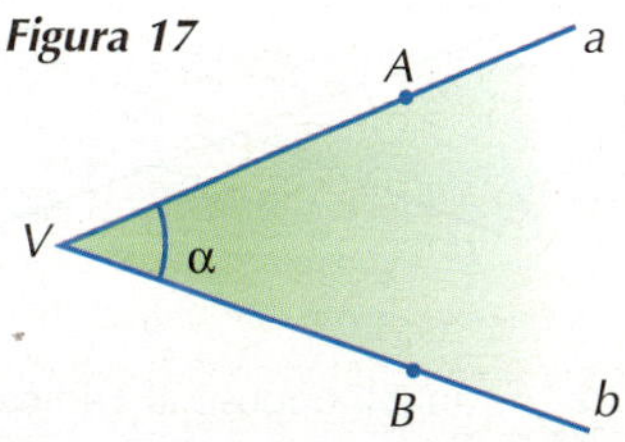

Diciamo poi che:

ANGOLI CONSECUTIVI E ANGOLI ADIACENTI

- due angoli sono **consecutivi** se hanno il vertice e un lato in comune e se gli altri due lati si trovano da parti opposte rispetto al lato comune; possiamo anche dire che l'intersezione di due angoli consecutivi è uno dei loro lati (***figura 18a***).

Figura 18a

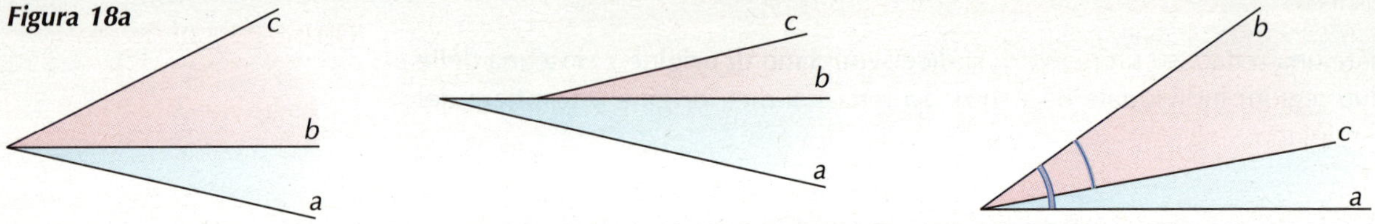

angoli consecutivi — angoli non consecutivi

- Due angoli sono **adiacenti** se sono consecutivi e se i lati non comuni appartengono alla stessa retta (***figura 18b***).

Figura 18b

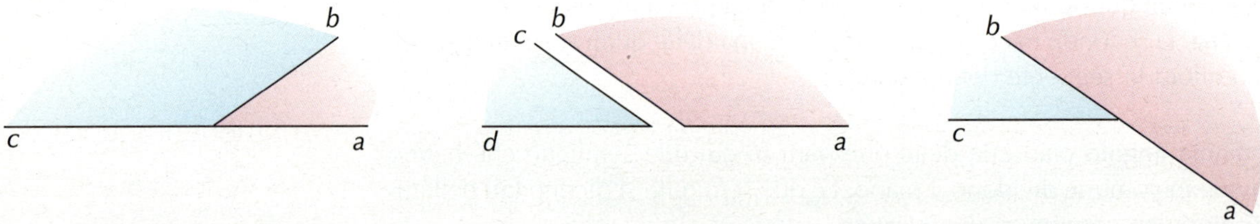

angoli adiacenti — angoli non adiacenti

ANGOLO PIATTO, GIRO, NULLO

- Un angolo si dice **piatto** se i suoi lati sono semirette opposte; l'angolo piatto si indica di solito con la lettera greca π.
  Un angolo i cui lati sono semirette sovrapposte si dice angolo **giro** se è concavo, angolo **nullo** se è convesso (***figura 18c***).

Figura 18c

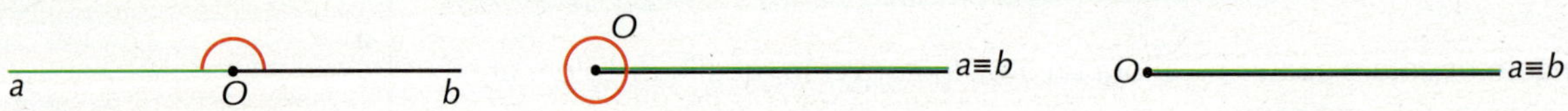

angolo piatto — angolo giro — angolo nullo

ANGOLI OPPOSTI AL VERTICE

- Due angoli convessi si dicono **opposti al vertice** se i lati del primo sono i prolungamenti dei lati dell'altro (***figura 18d***). Due angoli opposti al vertice sono quindi sempre definiti da due rette che si intersecano.

Figura 18d

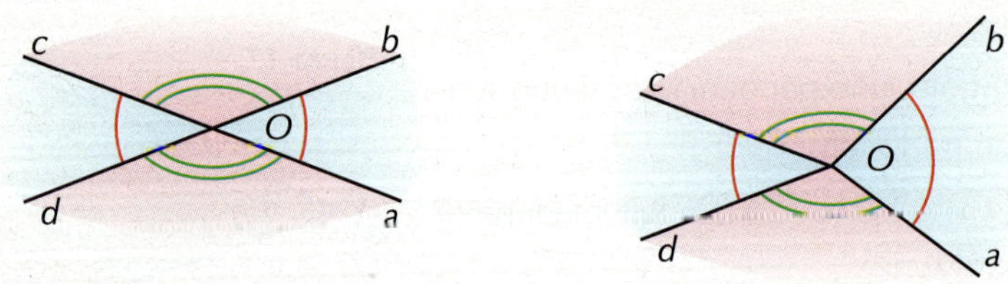

angoli opposti al vertice — angoli non opposti al vertice

Chiamiamo poi **corda** di un angolo convesso il segmento che ha gli estremi sui due lati dell'angolo (***figura 19***). La corda di un angolo convesso appartiene interamente all'angolo.

Figura 19

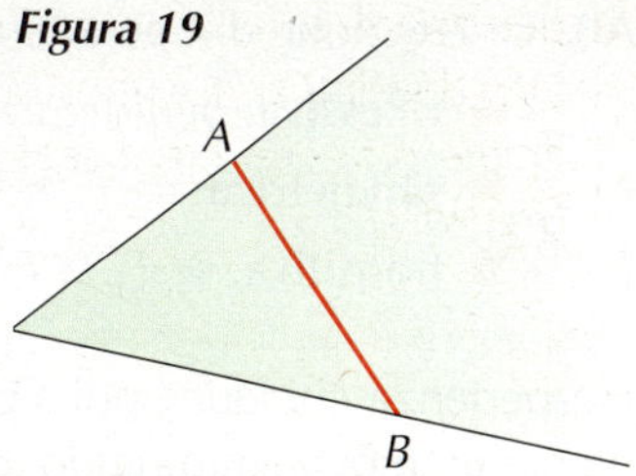

ESERCIZI E PROBLEMI pag. 179

3 IL CONCETTO DI CONGRUENZA

3.1 La definizione e gli assiomi della congruenza

Prendi un righello e disegna un segmento AB sul foglio del tuo quaderno; prendi poi un compasso ed aprilo facendo coincidere le due punte ciascuna con un estremo del segmento; mantenendo l'apertura riporta il segmento in un'altra parte del foglio e chiamalo CD (***figura 20***).

Sei portato a dire che il segmento AB è *uguale* al segmento CD perché, immaginando di muovere un segmento sull'altro, essi si sovrappongono in modo che gli estremi coincidono e tutti gli altri punti sono sovrapposti: c'è dunque corrispondenza biunivoca fra i punti dei due segmenti; se invece modifichi l'apertura del compasso prima di disegnare il segmento CD, concludi che AB *non è uguale* a CD perché sovrapponendoli ti accorgi che gli estremi non si corrispondono più.

La differenza fra le due esperienze eseguite è che nel primo caso abbiamo eseguito un **movimento rigido**, nel secondo il movimento non è stato rigido perché è stata modificata l'apertura del compasso.

Il concetto di movimento rigido va aggiunto ai termini primitivi che abbiamo introdotto nel primo paragrafo; con questo termine intendiamo qualunque movimento di una figura nel piano o nello spazio che avviene senza che ci sia deformazione. Sottolineiamo che quella che abbiamo dato non è una definizione di movimento rigido (abbiamo detto che è un termine primitivo), è solo una spiegazione che ha lo scopo di fare in modo che tutti intendano la stessa cosa quando si usa questo termine.

Figura 20

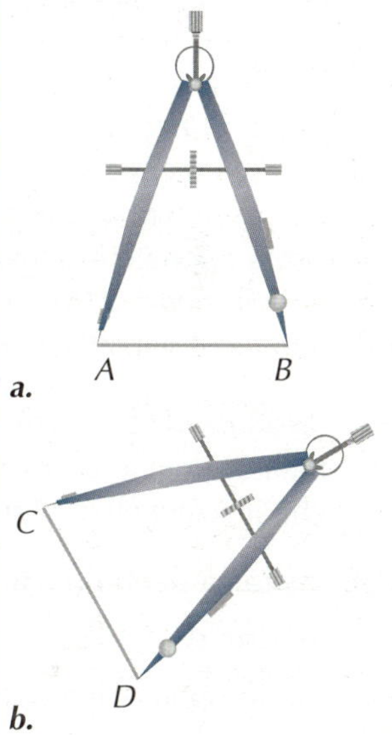

Nell'esperienza eseguita abbiamo usato la parola *uguale* per indicare che il segmento AB si sovrappone al segmento CD; in matematica però questo termine viene usato per indicare che quello che c'è scritto a sinistra del simbolo è la stessa cosa di quello che c'è scritto a destra; scriviamo per esempio $3 + 2 = 5$ intendendo che dire $3 + 2$ è la stessa cosa che dire 5.

In geometria, due figure che si sovrappongono non sono *uguali* nel senso ora specificato, perché non sono la stessa figura; si usa allora un altro termine e si dà quindi la seguente definizione.

DEFINIZIONE DI CONGRUENZA

Due figure F_1 e F_2 si dicono **congruenti** quando esiste un movimento rigido che le sovrappone punto a punto; in simboli si scrive

$$F_1 \cong F_2$$

I punti delle due figure sono in questo modo in corrispondenza biunivoca.

Due insiemi di punti sono in corrispondenza biunivoca se ad ogni punto del primo insieme corrisponde uno e un solo punto del secondo insieme e viceversa.

La congruenza è una relazione fra figure geometriche che possiede alcune proprietà che assumiamo come assiomi.

A8. La relazione di congruenza è:

- **riflessiva**: ogni figura è congruente a sè stessa
- **simmetrica**: se $F_1 \cong F_2$ anche $F_2 \cong F_1$
- **transitiva**: se $F_1 \cong F_2$ e $F_2 \cong F_3$ allora $F_1 \cong F_3$.

L'esperienza ci induce poi a pensare che tutte le rette sono sovrapponibili mediante un movimento rigido, così come tutte le semirette, tutti i piani, tutti i semipiani; diciamo allora che:

- tutte le rette sono fra loro congruenti
- tutte le semirette sono fra loro congruenti
- tutti i piani sono fra loro congruenti
- tutti i semipiani sono fra loro congruenti.

Figura 21

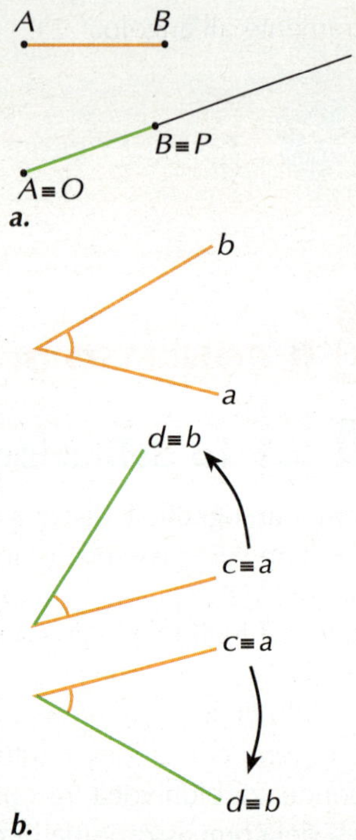

L'esperienza che abbiamo fatto trasportando un segmento su un altro mediante un compasso ci suggerisce che è sempre possibile trasportare in modo rigido un segmento e metterlo in un'altra posizione nel piano; occorre però che si sappia dove deve cadere un estremo del segmento e su quale semiretta si deve appoggiare (in ***figura 21a***, A coincide con O e B con P).
La stessa cosa si deve poter fare poi con gli angoli; per trasportare un angolo $\widehat{ab}$ si deve però sapere quale semiretta deve coincidere con il lato a e se il lato b deve essere riportato in senso antiorario rispetto ad a (il primo degli angoli, lato b in verde in ***figura 21b***), oppure orario (il secondo degli angoli, lato b in verde). Tutto ciò è garantito dai seguenti assiomi:

A9. (**assioma del trasporto dei segmenti**). Dato un segmento AB ed una semiretta di origine O, esiste sulla semiretta ed è unico un punto P in modo che il segmento OP sia congruente al segmento AB.

A10. (**assioma del trasporto degli angoli**). Dato un angolo $\widehat{ab}$ ed una semiretta c esiste ed è unica la semiretta d tale che l'angolo $\widehat{cd}$, nell'orientamento orario oppure antiorario prefissato, sia congruente all'angolo $\widehat{ab}$.

3.2 I segmenti

La lunghezza di un segmento

In base alla relazione di congruenza, i segmenti si possono suddividere in gruppi, ciascuno dei quali contiene solo i segmenti che sono fra loro congruenti. La caratteristica che accomuna tutti i segmenti che fanno parte del medesimo gruppo è quella che chiamiamo **lunghezza**.
Dunque se due segmenti hanno la stessa lunghezza sono congruenti; viceversa, se sono congruenti, hanno anche la stessa lunghezza.

Confronto fra segmenti

Quando chiediamo a un bambino di confrontare due matite per vedere qual è la più lunga, egli istintivamente accosta le due matite in modo da allineare uno dei due estremi. L'operazione di confronto fra segmenti è intuitiva e la eseguiamo in modo spontaneo.
Se vogliamo confrontare due segmenti AB e CD è necessario sovrapporli con

un movimento rigido in modo da far coincidere uno dei loro estremi, per esempio *A* con *C*; possono allora verificarsi tre situazioni diverse:

- il punto *B* coincide con *D* ed allora i due segmenti sono congruenti (***figura 22a***);
- il punto *B* cade oltre *D* ed allora diciamo che *AB* è maggiore di *CD* e scriviamo $AB > CD$ (***figura 22b***);
- il punto *B* cade fra *C* e *D* ed allora diciamo che *AB* è minore di *CD* e scriviamo $AB < CD$ (***figura 22c***).

Figura 22

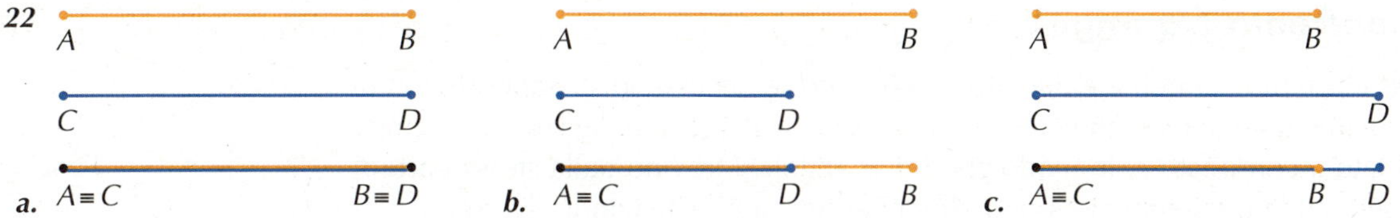

Somma e differenza di segmenti

- Dati due segmenti *AB* e *CD*, la loro **somma** è il segmento *AD* che si ottiene accostando *CD* ad *AB* con un movimento rigido in modo che *AB* e *CD* siano adiacenti (***figura 23a***).
- Dati due segmenti *AB* e *CD*, con $AB > CD$, la **differenza** $AB - CD$ è il segmento *DB* che si ottiene sovrapponendo *AB* e *CD* in modo che *A* coincida con *C* (***figura 23b***).

Si può inoltre dimostrare che:

- **somme o differenze di segmenti congruenti sono congruenti**.

Figura 23

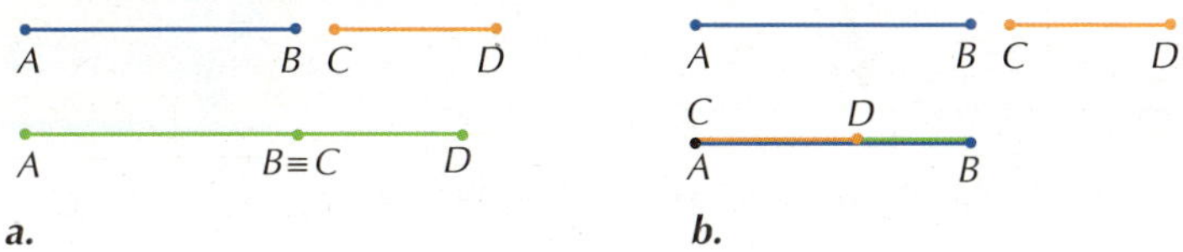

ANIMAZIONE

Multipli e sottomultipli

Dato un segmento *AB* ed un numero naturale *n* non nullo, si dice **multiplo** di *AB* secondo *n* il segmento *CD* che si ottiene facendo la somma di *n* segmenti congruenti ad *AB* (in ***figura 24*** il segmento *CD* è multiplo di *AB* secondo il numero 3). Si dice anche che *AB* è **sottomultiplo** di *CD* secondo *n*.
Il multiplo di un qualunque segmento secondo zero è il segmento nullo.
Se è sempre possibile costruire il multiplo di un segmento, l'esistenza del sottomultiplo deve invece essere garantita da un assioma.

Figura 24

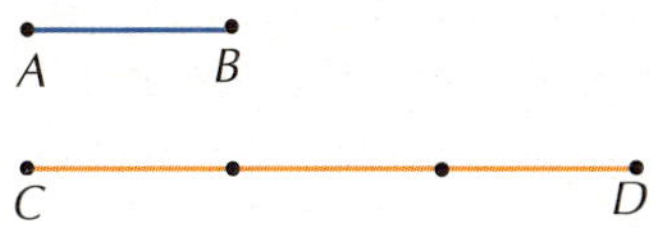

A11. Dato un segmento *AB* esiste sempre ed è unico il suo sottomultiplo secondo un numero naturale *n* non nullo.

In particolare, possiamo dire che, dato un segmento *AB*, esiste sempre ed è unico il punto *M* che lo divide in due parti congruenti, tali cioè che sia $AM \cong MB$. Tale punto si dice **punto medio** del segmento (in ***figura 25*** abbiamo posto lo stesso simbolo sui segmenti congruenti individuati da *M*).

Figura 25

3.3 Gli angoli

L'ampiezza di un angolo

Analogamente a quanto detto per i segmenti, la relazione di congruenza fra angoli permette di costruire i gruppi di tutti gli angoli fra loro congruenti.
La caratteristica comune a questi angoli si chiama **ampiezza**.
Di conseguenza, se due angoli hanno la stessa ampiezza sono congruenti; viceversa, se sono congruenti hanno la stessa ampiezza.

Confronto fra angoli

Se vogliamo confrontare due angoli $\widehat{ab}$ e $\widehat{cd}$, è necessario sovrapporli con un movimento rigido in modo da far coincidere i vertici e uno dei lati, per esempio il lato *a* con il lato *c*, in modo che i due angoli si trovino dalla stessa parte rispetto al lato comune; possono allora verificarsi tre situazioni diverse:

- il lato *b* coincide con il lato *d* e allora i due angoli sono congruenti (***figura 26a***);
- il lato *b* è interno all'angolo $\widehat{cd}$ e allora $\widehat{ab}$ è minore di $\widehat{cd}$ e scriviamo $\widehat{ab} < \widehat{cd}$ (***figura 26b***);

Figura 26a

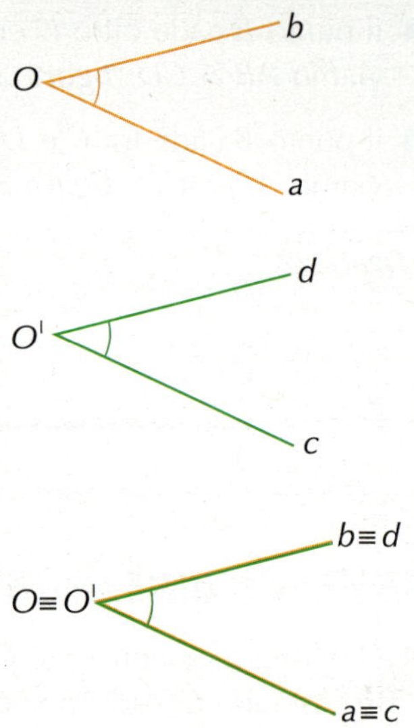

Figura 26b

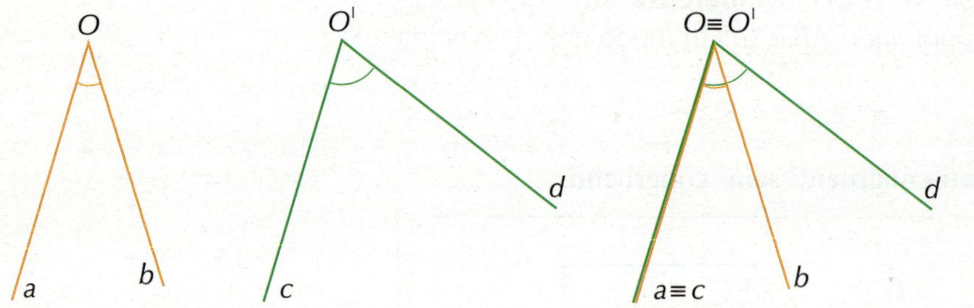

- il lato *d* è interno all'angolo $\widehat{ab}$ e allora $\widehat{ab}$ è maggiore di $\widehat{cd}$ e scriviamo $\widehat{ab} > \widehat{cd}$ (***figura 26c***).

Figura 26c

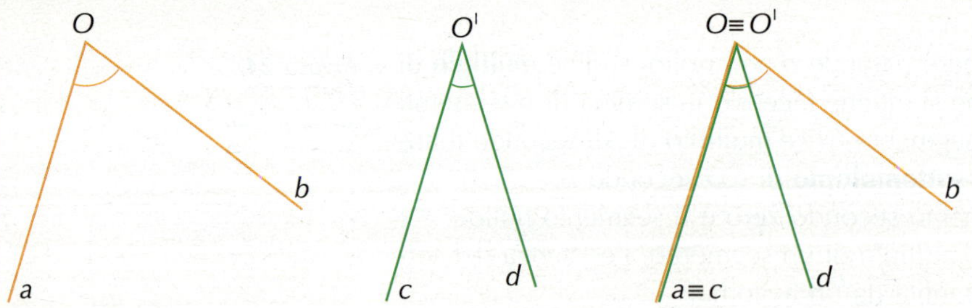

Somma e differenza di angoli

- Dati due angoli $\widehat{ab}$ e $\widehat{cd}$, la loro **somma** è l'angolo $\widehat{ad}$ che si ottiene accostando $\widehat{cd}$ ad $\widehat{ab}$ con un movimento rigido in modo che tali angoli siano consecutivi (***figura 27***).

ANIMAZIONE

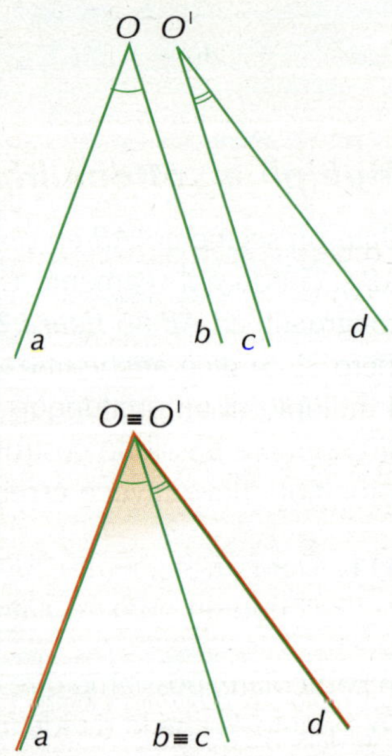

Figura 27 Addizione di angoli

- Dati due angoli $\widehat{ab}$ e $\widehat{cd}$, con $\widehat{ab} > \widehat{cd}$, la loro **differenza** è l'angolo $\widehat{db}$ che si ottiene sovrapponendo con un movimento rigido $\widehat{cd}$ ad $\widehat{ab}$ come nel caso del loro confronto (***figura 28***).

ANIMAZIONE

Figura 28 Sottrazione di angoli

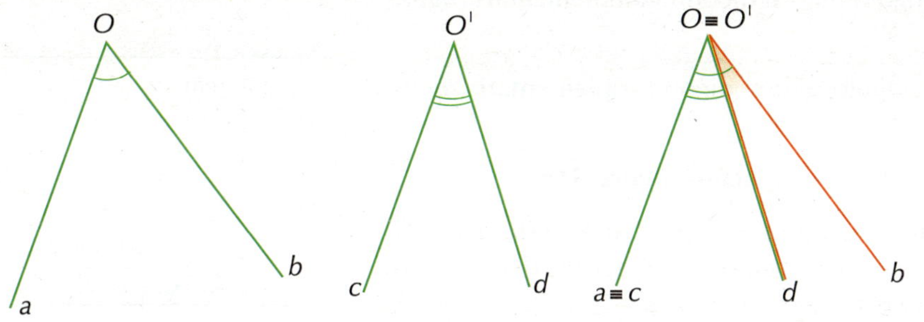

Si può dimostrare che:
somme o differenze di angoli congruenti sono congruenti.

Multipli e sottomultipli

Dato un angolo $\widehat{ab}$ ed un numero naturale n non nullo, si dice **multiplo** di $\widehat{ab}$ secondo n l'angolo $\widehat{cd}$ che si ottiene facendo la somma di n angoli congruenti ad $\widehat{ab}$ (in ***figura 29*** l'angolo $\widehat{cd}$ è multiplo di $\widehat{ab}$ secondo il numero 4). Si dice anche che $\widehat{ab}$ è **sottomultiplo** di $\widehat{cd}$ secondo n. Il multiplo di un qualunque angolo secondo zero è l'angolo nullo.

Figura 29

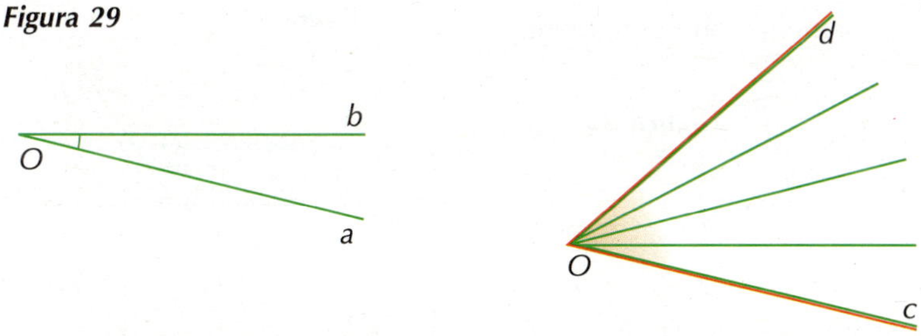

Come nel caso dei segmenti, la divisibilità di un angolo in un qualunque numero di parti congruenti è garantita dal seguente assioma.

A12. Dato un angolo $\widehat{ab}$ esiste sempre ed è unico il suo sottomultiplo secondo un numero naturale n non nullo.

In base a questo assioma possiamo quindi dire che esiste sempre ed è unica la semiretta r che divide un angolo in due parti congruenti, tali cioè che sia $\widehat{ar} \cong \widehat{rb}$; tale semiretta si dice **bisettrice** dell'angolo (in ***figura 30*** abbiamo posto lo stesso simbolo sui due angoli congruenti).

Figura 30

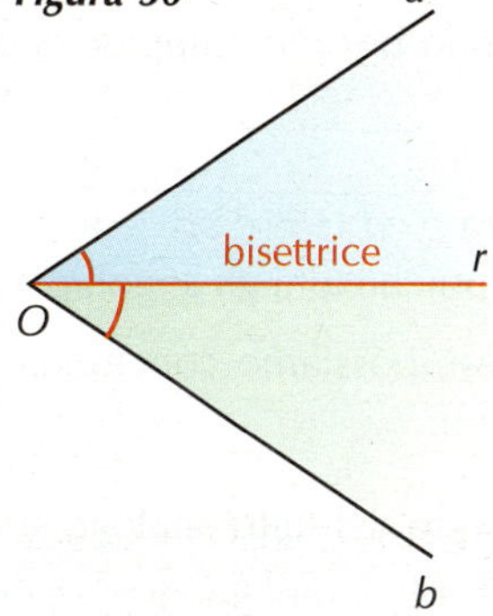

Angoli particolari e proprietà

Ora che abbiamo imparato ad operare con gli angoli possiamo dare qualche altra definizione:

- si dice **angolo retto** ciascuno dei due angoli in cui un angolo piatto è diviso dalla sua bisettrice (***figura 31a***)
- due angoli la cui somma è un angolo piatto si dicono **supplementari** (***figura 31b***)
- due angoli la cui somma è un angolo retto si dicono **complementari** (***figura 31c***)
- due angoli la cui somma è un angolo giro si dicono **esplementari** (***figura 31d***)
- un angolo minore di un angolo retto si dice **acuto** (***figura 31e***)
- un angolo convesso maggiore di un angolo retto si dice **ottuso** (***figura 31f***); un angolo ottuso è quindi maggiore di un angolo retto e minore di un angolo piatto.

Figura 31

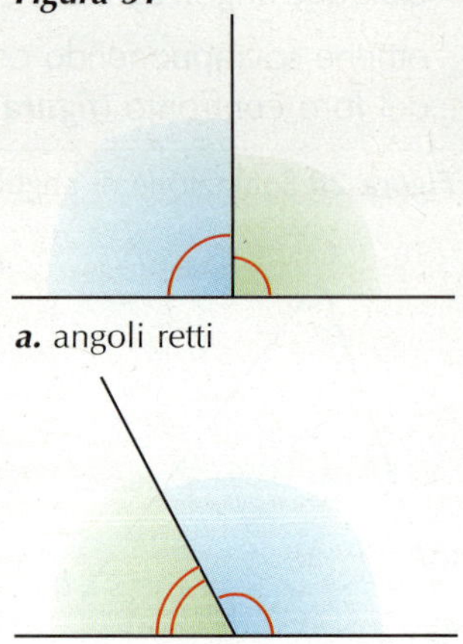

a. angoli retti

b. angoli supplementari

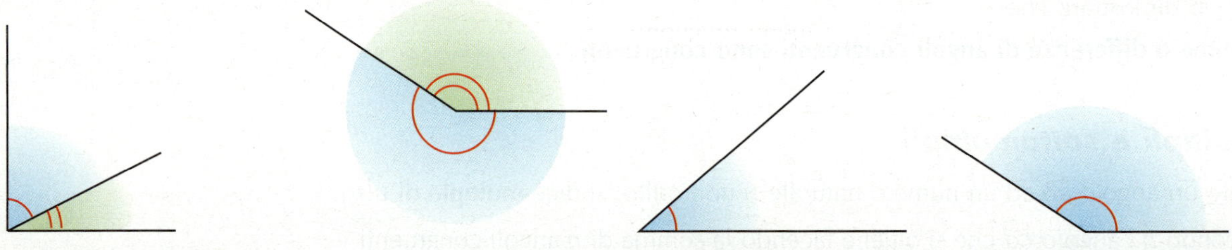

c. angoli complementari ***d.*** angoli esplementari ***e.*** angolo acuto ***f.*** angolo ottuso

Siamo ora in grado di enunciare e dimostrare alcuni teoremi sugli angoli.

Teorema. Angoli supplementari di angoli congruenti sono congruenti.

Hp. $\widehat{ab} \cong \widehat{a'b'}$

$\widehat{cd}$ supplementare di $\widehat{ab}$

$\widehat{c'd'}$ supplementare di $\widehat{a'b'}$

Th. $\widehat{cd} \cong \widehat{c'd'}$ (***figura 32***)

Figura 32

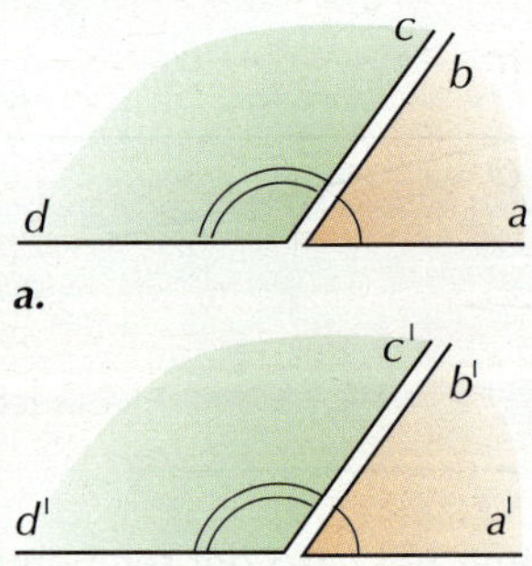

a.

b.

Dimostrazione.

Per ipotesi $\widehat{cd}$ è supplementare di $\widehat{ab}$, quindi la loro somma è un angolo piatto: $\widehat{cd} + \widehat{ab} \cong \pi$.

Essendo poi $\widehat{c'd'}$ supplementare di $\widehat{a'b'}$, possiamo anche scrivere che

$$\widehat{c'd'} + \widehat{a'b'} \cong \pi$$

Allora $\widehat{cd} \cong \pi - \widehat{ab}$ e $\widehat{c'd'} \cong \pi - \widehat{a'b'}$

Ma, poiché tutti gli angoli piatti sono congruenti fra loro e poiché $\widehat{ab} \cong \widehat{a'b'}$ per ipotesi, possiamo concludere che $\widehat{cd} \cong \widehat{c'd'}$ perché differenze di angoli congruenti. ◀

In modo del tutto analogo si dimostra che valgono le seguenti proprietà:

- angoli complementari di uno stesso angolo o di angoli congruenti sono congruenti
- angoli esplementari di uno stesso angolo o di angoli congruenti sono congruenti.

Teorema. Angoli opposti al vertice sono congruenti.

Hp. $\widehat{ab}$ opposto al vertice di $\widehat{cd}$ **Th.** $\widehat{ab} \cong \widehat{cd}$ (***figura 33***)

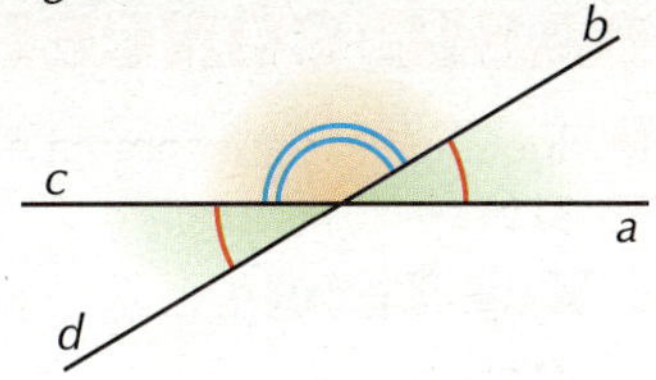

Figura 33

Dimostrazione.

L'angolo $\widehat{ab}$ e l'angolo $\widehat{cd}$ sono entrambi supplementari dell'angolo $\widehat{bc}$; in base al precedente teorema essi sono dunque congruenti. ◀

Teorema. Metà di angoli congruenti sono congruenti.

Hp. $\widehat{ab} \cong \widehat{cd}$ **Th.** $\frac{\widehat{ab}}{2} \cong \frac{\widehat{cd}}{2}$

Dimostrazione.

Considerati gli angoli $\frac{\widehat{ab}}{2}$ e $\frac{\widehat{cd}}{2}$, per quanto detto sul confronto fra angoli, fra essi può intercorrere una sola delle seguenti relazioni:

$$\frac{\widehat{ab}}{2} > \frac{\widehat{cd}}{2} \qquad \frac{\widehat{ab}}{2} \cong \frac{\widehat{cd}}{2} \qquad \frac{\widehat{ab}}{2} < \frac{\widehat{cd}}{2}$$

- Se fosse vera la prima relazione si avrebbe che

  $$\frac{\widehat{ab}}{2} + \frac{\widehat{ab}}{2} > \frac{\widehat{cd}}{2} + \frac{\widehat{cd}}{2} \qquad \text{cioè} \qquad \widehat{ab} > \widehat{cd},$$

  ma sappiamo che questo non può essere vero perché per ipotesi $\widehat{ab} \cong \widehat{cd}$.

- Se fosse vera la terza relazione si avrebbe che

  $$\frac{\widehat{ab}}{2} + \frac{\widehat{ab}}{2} < \frac{\widehat{cd}}{2} + \frac{\widehat{cd}}{2} \qquad \text{cioè} \qquad \widehat{ab} < \widehat{cd},$$

  ma, per lo stesso motivo, anche questo caso non può verificarsi.

- Rimane dunque la sola possibilità che sia $\frac{\widehat{ab}}{2} \cong \frac{\widehat{cd}}{2}$. ◀

Approfondimento
Le misure degli angoli

ESERCIZI E PROBLEMI **pag. 183**

IL CAPITOLO SI COMPLETA CON:

CONCETTI CHIAVE E REGOLE

LABORATORIO

SCHEDE STORICHE E DI CURIOSITÀ

PRESENTAZIONI IN POWERPOINT

CLIL

AUDIO FILE

Lines and angles
BASIC CONCEPTS

Key Terms

undefined term	straight angle, round angle
point, line, plane	consecutive / adjacent angles
straight line	congruent figures
postulate / axiom	superimposition
collinear / noncollinear	midpoint of a segment
ray	bisector of an angle
segment, endpoint	right, acute, obtuse, reflex angles
adjacent segments	complementary, supplementary angles
angle, side, vertex	vertical angles

Undefined terms and axioms

An *undefined term* is a term or word that does not require further explanation or description; these basic terms are used to define or explain other terms or concepts.
In Geometry we have three undefined terms: **point**, **line** and **plane**.
Even though they are "undefined", it is advisable to describe them.

- **Point**: think of it as a dot on a page.
  A point has no dimensions (length, width, height) and it is usually represented by a capital letter: A, B, C, ...

- **Line**: think of it as a thin stretched thread that extends indefinitely; the term "line" usually means "straight line".
  A line has no thickness but its length extends in one dimension and goes on forever in both directions.
  It can be named by a lowercase letter: a, b, ℓ, ...

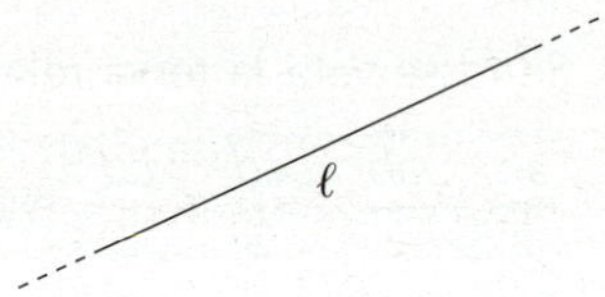

- **Plane**: think of it as a flat surface that extends indefinitely in all directions.
  A plane has no thickness but extends in two dimensions; it is usually represented by a greek letter: α, β, γ, ...
  Planes are usually represented by a shape that looks like a parallelogram.

A **postulate** or **axiom** is a statement which is taken to be self-evident, and does not need to be proven; we have to accept axioms in order to be able to deduce other statements.
The axioms of geometry state properties of points, lines, and planes that are consistent with our intuitive understanding of them.
The following are the most important.

- Given any two distinct points, there is exactly one line that contains them.

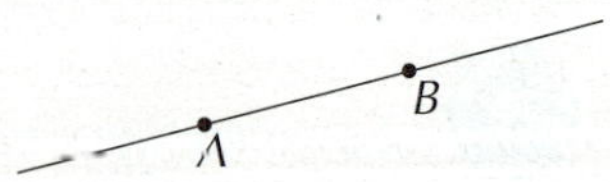

- Given any three points that do not belong to the same line, there is exactly one plane that cointains them.

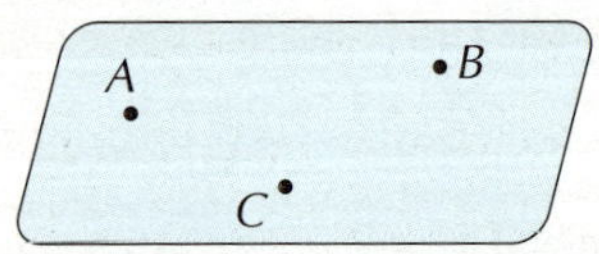

- If two points lie in a plane, then the line containing these points lies in the same plane.

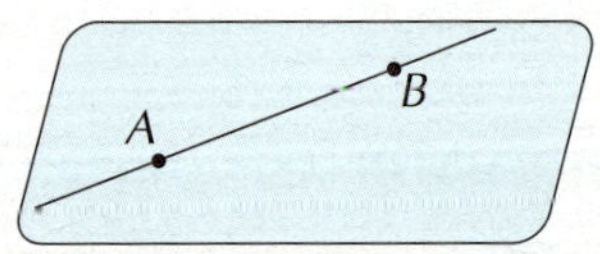

- Given any two distinct points A and B on a line ℓ, there exist points C, D and E lying on ℓ such that $C < A$, $A < D < B$, $E > B$ (the symbol $<$ means "comes before", the simbol $>$ means "comes after").

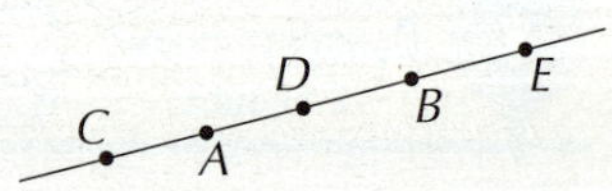

We will say that three points A, B and C are **collinear** if there exists a line ℓ such that all three of the points A, B, and C, lie on ℓ; the points are **noncollinear** if there is no such line ℓ.
Besides, we call a **ray** the part of a straight line beginning at a given point and extending limitlessly in one direction.

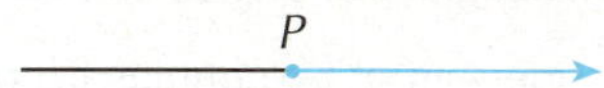

Segments and angles

A **line segment** is a portion of a straight line bounded by two points, called endpoints.
We label segments by specifying its endpoints: AB.

Two line segments are said to be:

- **consecutive** if they have a common endpoint

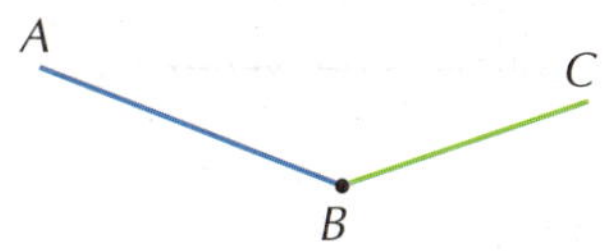

- **adjacent** or **aligned** when they are consecutive and belong to the same line.

Segments can be added or subtracted and multiplied by a number:

- the sum of two adjacent segments AB and CD is another segment that begins at the origin of the first segment and ends and the end of the second segment
- the subtraction of two segments AB and CD is another segment that we obtain by overlapping of the two and that takes
  - as the origin the end of the smaller segment, that is D
  - as the end the end of the biggest segment, that is B
- the product of a segment AB by a number is another segment where AB is repeated, in an adjacent way, so many times as is indicated by the number for which it is multiplied.

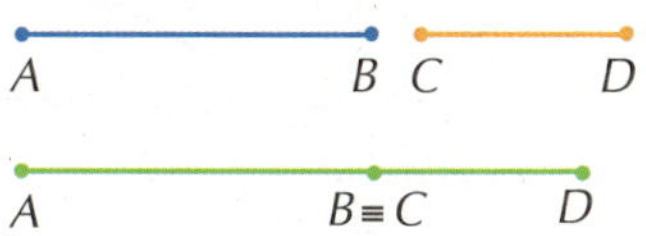

$AB + CD \Rightarrow AD$

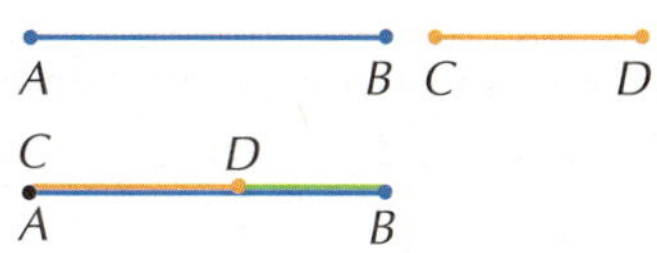

$AB - CD \Rightarrow DB$

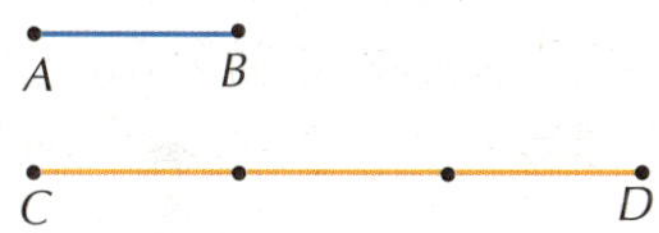

$3 \cdot AB \Rightarrow CD$

An **angle** is the figure formed by two rays with a common endpoint; the rays are said the **sides** of the angle, while the endpoint is the **vertex**.
An angle can be named in any of the following ways (see the figure):

- with three capital letters or with the vertex letter if there is no possibility of misunderstanding: $\widehat{BAC}$ $\widehat{A}$
- with two lowcase letters, one for each side: $\widehat{ab}$
- with a greek letter placed near the vertex: α

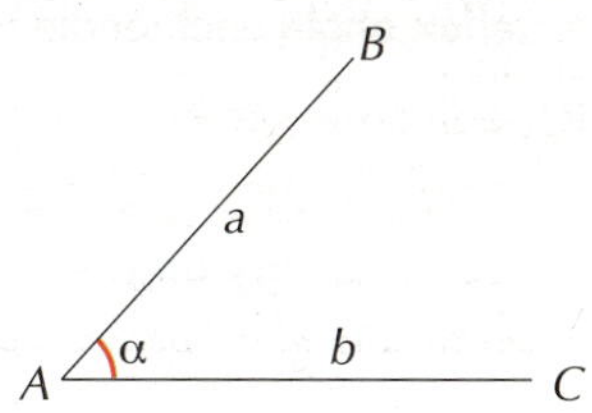

Besides, a **straigth angle** is the angle whose sides lie on the same line; a **round angle** is the angle whose sides are the same side.

Two angles are said to be **adjacent** if they share a vertex and a side and do not overlap. In addition, if the non common sides of the two angles lie on the same line, the angles are called **adjacent supplementary angles**.

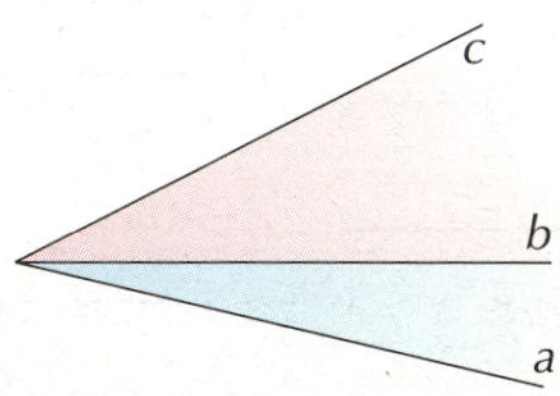

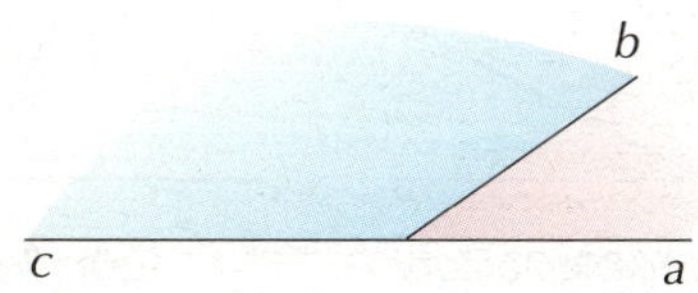

Like segments, angles can be added or subtracted and multiplied by a number:

- the sum of two angles $\widehat{ab}$ and $\widehat{cd}$ is the angle $\widehat{ad}$ that we obtain when the first two are consecutive
- the subtraction of two angles $\widehat{ab}$ and $\widehat{cd}$ (with $\widehat{ab} \geq \widehat{cd}$) is the angle $\widehat{db}$ that we obtain as follow:
  - superimpose $\widehat{cd}$ on $\widehat{ab}$ so that sides a and c are coincident
  - side d is internal to $\widehat{ab}$.
- the product of an angle $\widehat{ab}$ by a number is the angle where $\widehat{ab}$ is repeated, in a consecutive way, so many times as is indicated by the number for which it is multiplied.

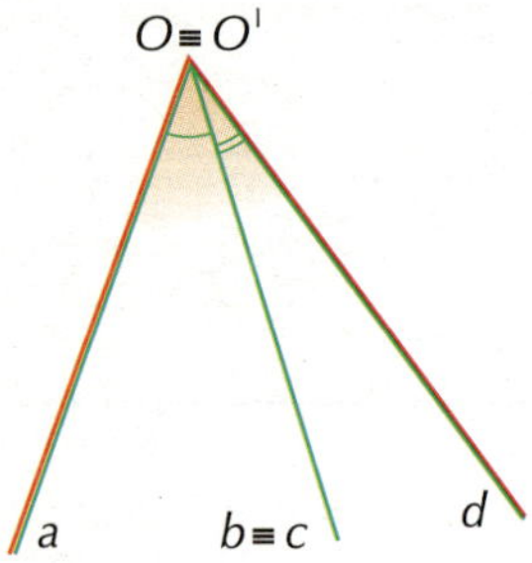

$\widehat{ab} + \widehat{cd} \Rightarrow \widehat{ad}$

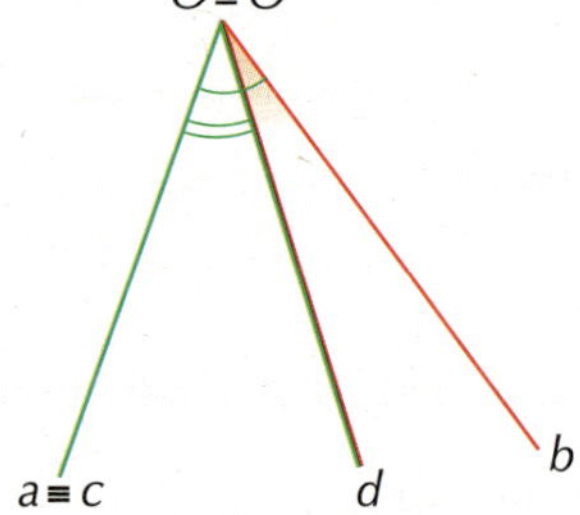

$\widehat{ab} - \widehat{cd} \Rightarrow \widehat{db}$

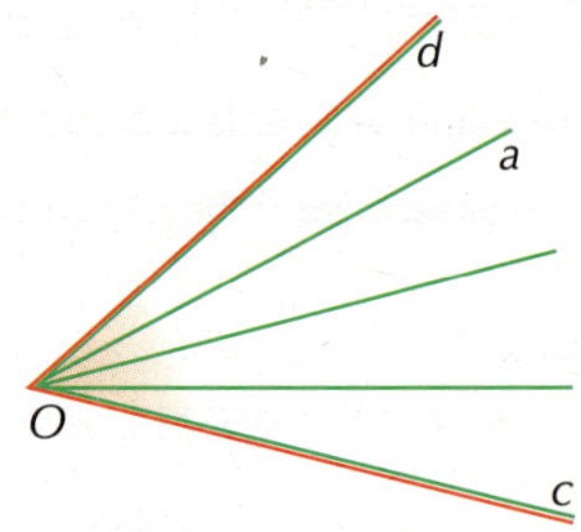

$4 \cdot \widehat{ad} = \widehat{cd}$

Congruent figures

Two figures are said to be **congruent** if they coincide exactly when superimposed.
The concept of congruence let us define:

- the **midpoint** of a segment as the point that divides, or bisects, the segment into two congruent segments

- the **bisector** of an angle as the ray that divides the angle into two congruent angles.

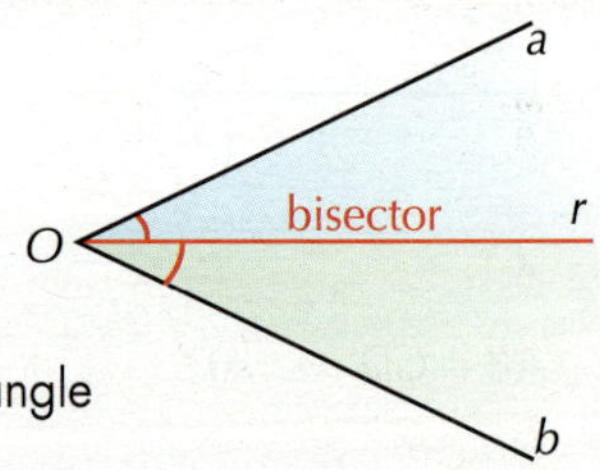

Besides, we define:

- **right angle** each of the angles in which the bisector of a straight angle divides the angle
- **acute angle** each angle which is less than a right angle
- **obtuse angle** each angle which is greater than a right angle but, at the same time, less than a straight angle
- **reflex angle** each angle which is greater than a straight angle but less than a round angle.

In addition we call:

- **complementary angles** two angles whose sum is a right angle
- **supplementary angles** two angles whose sum is a straight angle
- **vertical angles** two non-adjiacent angles formed by the intersection of two straight lines

Vertical angles are always congruent.

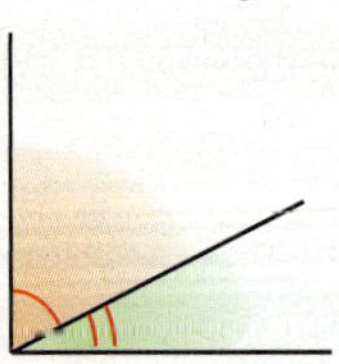

complementary angles

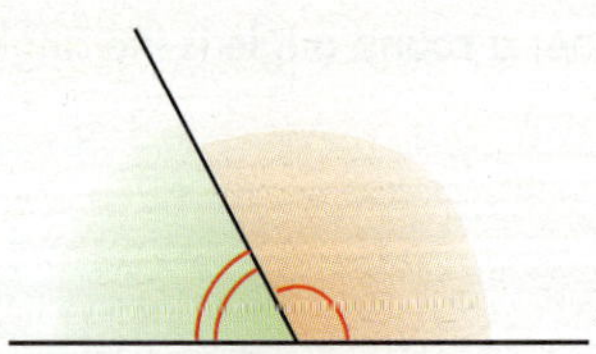

supplementary angles

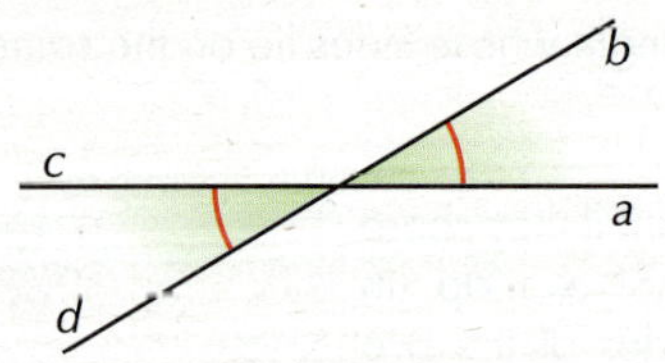

vertical angles

EXERCISES

CAPITOLO 2

I triangoli e i criteri di congruenza

OBIETTIVI

- conoscere i poligoni con particolare riferimento ai triangoli
- riconoscere triangoli e poligoni congruenti applicando opportuni criteri
- conoscere le proprietà del triangolo isoscele e del triangolo equilatero
- conoscere e saper applicare le disuguaglianze triangolari

1 POLIGONI E TRIANGOLI

1.1 Spezzate e poligoni

Più segmenti, uno consecutivo all'altro costituiscono una linea che prende il nome di **spezzata**; i segmenti che la formano sono i **lati** della spezzata, gli estremi dei segmenti sono i **vertici**.

Una spezzata può essere (***figura 1***):

- **chiusa** se il primo estremo coincide con l'ultimo
- **aperta** se il primo estremo e l'ultimo sono punti diversi.

Figura 1

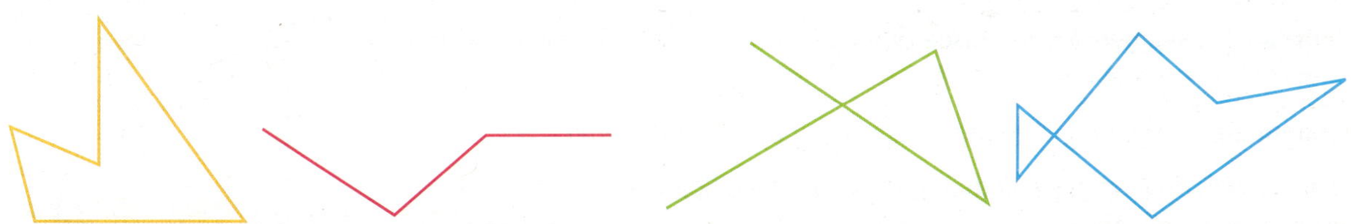

Spezzata chiusa — Spezzata aperta — Spezzate intrecciate

Una spezzata si dice poi intrecciata se almeno due dei suoi lati si intersecano in punti diversi dagli estremi.
Una spezzata chiusa non intrecciata si dice anche **poligonale**; una poligonale divide sempre il piano in due regioni, una finita (in colore giallo in ***figura 2***) e l'altra infinita (in colore azzurro).
Possiamo adesso dare la seguente definizione.

Figura 2

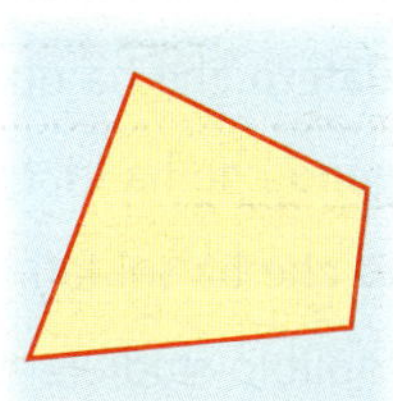

DEFINIZIONE DI POLIGONO

> Si chiama **poligono** la figura formata da una poligonale e dalla parte finita di piano da essa delimitata.

Un poligono è quindi formato dai punti della poligonale e dai punti della regione ad essa interna che si dicono perciò punti interni. I vertici e i lati della

poligonale sono anche i **vertici** e i **lati** del poligono; la poligonale si dice anche **contorno** del poligono.
Osserva adesso i poligoni in ***figura 3***. Nel primo caso, presi due punti qualunque *A* e *B* del poligono (interni o del suo contorno), il segmento *AB* appartiene per intero al poligono stesso; nel secondo caso, vi sono alcuni segmenti che appartengono al poligono, ma ve ne sono alcuni che non vi appartengono per intero, come per esempio il segmento *CD*. Diciamo allora che:

POLIGONI CONCAVI E POLIGONI CONVESSI

> un poligono si dice **convesso** se ogni segmento che ha per estremi due suoi punti qualsiasi appartiene interamente al poligono; si dice **concavo** se esistono almeno due punti tali che il segmento che li unisce non appartiene interamente al poligono.

Figura 3

Nel seguito, quando parleremo genericamente di poligono, intenderemo sempre un poligono convesso; quando vorremo indicare un poligono concavo lo specificheremo di volta in volta. In un poligono convesso chiamiamo:

- **angolo interno** ciascun angolo che ha vertice in un vertice del poligono e che ha per lati le semirette dei lati del poligono uscenti da quel vertice (***figura 4a***);
- **angolo esterno** ciascun angolo adiacente ad un angolo interno (***figura 4b***); ad ogni vertice del poligono si possono associare due angoli esterni, che sono congruenti perché opposti al vertice;
- **corda** ogni segmento che unisce due qualsiasi punti del contorno del poligono che non appartengono allo stesso lato (***figura 4c***);
- **diagonale** ogni corda che unisce due vertici non consecutivi.

Figura 4

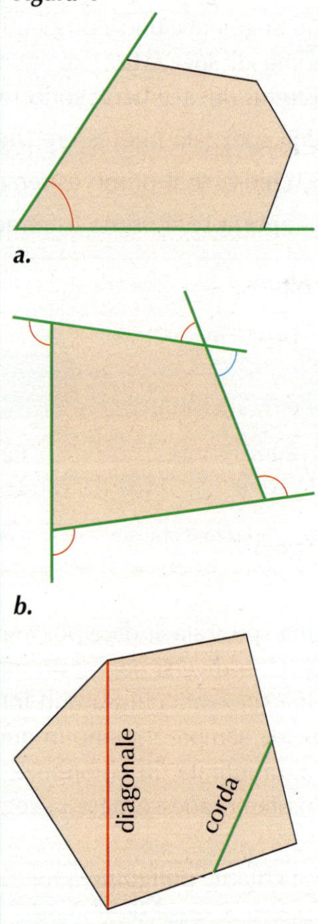

In genere poi, quando si parla di *angolo* senza specificare altro si intende sempre un angolo interno.

I poligoni prendono nomi diversi a seconda del numero dei lati, che comunque non possono essere meno di tre; abbiamo quindi

- il **triangolo** che ha tre lati
- il **quadrilatero** che ha quattro lati
- il **pentagono** che ha cinque lati
- l'**esagono** che ha sei lati, e così via.

In questo capitolo studieremo in modo particolare i triangoli, rimandando lo studio di altri poligoni a capitoli successivi.

Approfondimento
I poligoni convessi e i poligoni concavi

1.2 I triangoli

Un triangolo è un poligono che ha tre lati.
Esso si individua con le lettere dei suoi vertici, si scrive per esempio *ABC* (***figura 5***); spesso poi, visto che anche un angolo si indica con tre lettere, per differenziare le due scritture si è soliti porre un piccolo triangolo al di sopra di tali lettere; si scrive ad esempio

$\widehat{ABC}$ per indicare l'angolo di vertice *B*

$\overset{\triangle}{ABC}$ per indicare il triangolo di vertici *A*, *B*, *C*

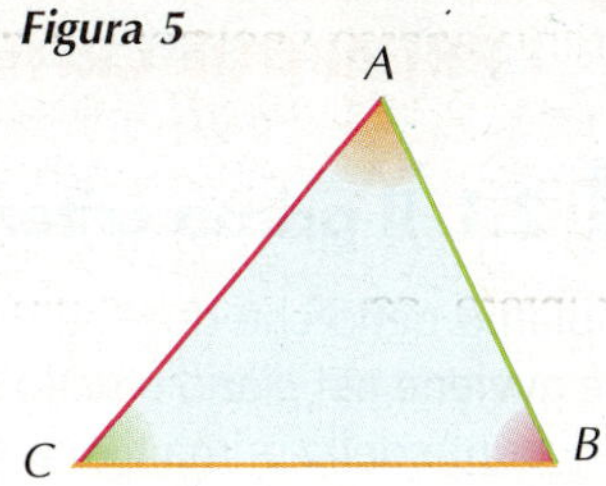

Figura 5

Questi simboli non sono necessari se nella scrittura si specifica di cosa si sta parlando; per esempio si scrive "triangolo *ABC*" o "angolo *ABC*" senza il simbolo sopra le lettere (la sua eventuale aggiunta non è comunque un errore).
Nel seguito parleremo spesso di angoli e lati opposti gli uni agli altri; per capire che cosa si intende con questi termini, osserva ancora la ***figura 5***; in essa:

- il lato *AB* è opposto all'angolo $\widehat{C}$;
- il lato *AC* è opposto all'angolo $\widehat{B}$;
- il lato *BC* è opposto all'angolo $\widehat{A}$.

CLASSIFICAZIONE DEI TRIANGOLI IN BASE AI LATI

Possiamo fare una prima classificazione dei triangoli in base ai lati; chiameremo:

- **scaleno** un triangolo che ha tutti i lati disuguali (***figura 6a***);
- **isoscele** un triangolo che ha due lati congruenti; i lati congruenti si dicono anche lati obliqui, il terzo lato si chiama base (***figura 6b***);
- **equilatero** un triangolo che ha tutti i lati congruenti (***figura 6c***).

Figura 6

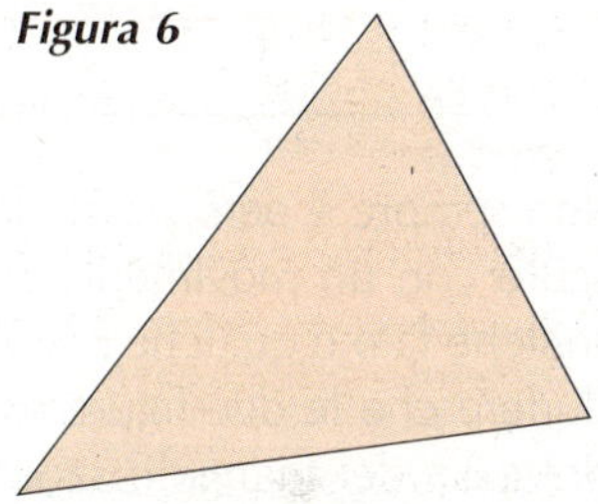
a. triangolo scaleno

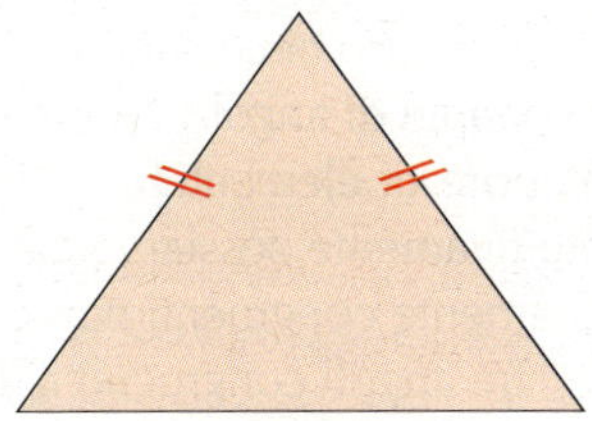
b. triangolo isoscele

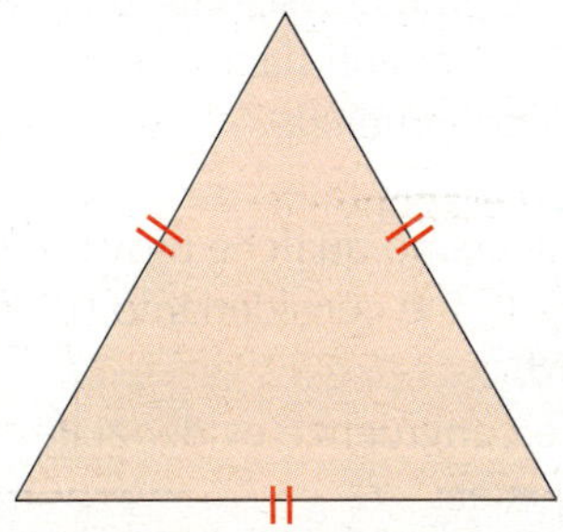
c. triangolo equilatero

Inoltre si dice (***figura 7***):

- **bisettrice** relativa ad un angolo interno del triangolo sia la semiretta bisettrice dell'angolo, sia il segmento di bisettrice che ha un estremo nel vertice dell'angolo e l'altro sul lato opposto a tale vertice;
- **mediana** relativa ad un lato del triangolo il segmento che unisce un vertice con il punto medio del lato opposto.

Figura 7

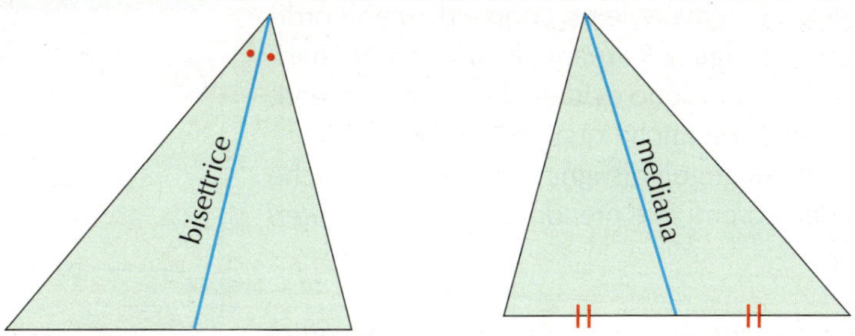

ESERCIZI E PROBLEMI pag. 194

2 La congruenza dei triangoli: i primi due criteri

2.1 Il primo criterio

VIDEO RECUPERO

Abbiamo detto che due figure sono congruenti se esiste un movimento rigido, che avviene nel piano o nello spazio, che permette di sovrapporle in modo che ogni punto della prima figura si sovrapponga a un punto della seconda; sappiamo che in questo modo si viene a creare una corrispondenza biunivoca fra i punti delle due figure.
Gli elementi che si corrispondono nella sovrapposizione si dicono **omologhi**; per esempio, se i triangoli ABC e PQR della ***figura 8*** sono congruenti, esiste un movimento rigido che li sovrappone; in questa sovrapposizione il vertice A è l'omologo del vertice P, il lato AB è l'omologo del lato PQ, l'angolo $\widehat{ACB}$ è l'omologo dell'angolo $\widehat{PRQ}$ e così via.

Figura 8

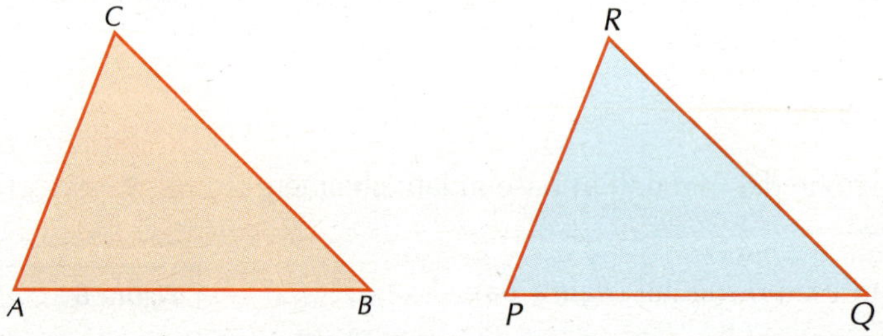

Figura 9

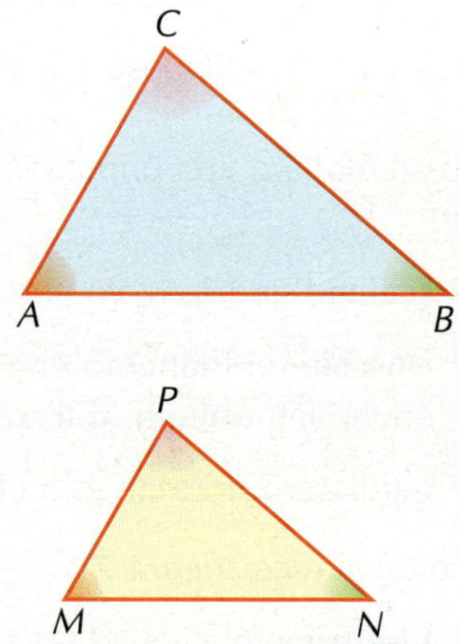

Non sempre è però possibile realizzare con facilità la sovrapposizione di due figure con un movimento rigido; spesso poi, sapere che le due figure hanno qualche lato o qualche angolo ordinatamente congruenti, è sufficiente per concludere che le due figure sono sovrapponibili.
Nel caso dei triangoli, sapere che essi hanno i tre lati e i tre angoli ordinatamente congruenti (la parola ordinatamente significa ogni lato e ogni angolo con il suo omologo) basta per concludere che essi si possono sovrapporre. Ma è proprio necessario verificare la congruenza delle tre coppie di lati e delle tre coppie di angoli? Non è sufficiente controllare la congruenza di un numero inferiore di elementi?
Intuitivamente possiamo già rispondere che l'avere le tre coppie di angoli ordinatamente congruenti non è sufficiente: in ***figura 9*** i triangoli ABC e MNP hanno i tre angoli congruenti a due a due, ma non sono evidentemente congruenti. Dovremo allora necessariamente considerare anche qualche coppia di lati.
Le regole che stabiliscono quali lati e quali angoli bisogna considerare affinché due triangoli siano congruenti sono dei teoremi che prendono il nome di *criteri di congruenza*.

ANIMAZIONE

Figura 10

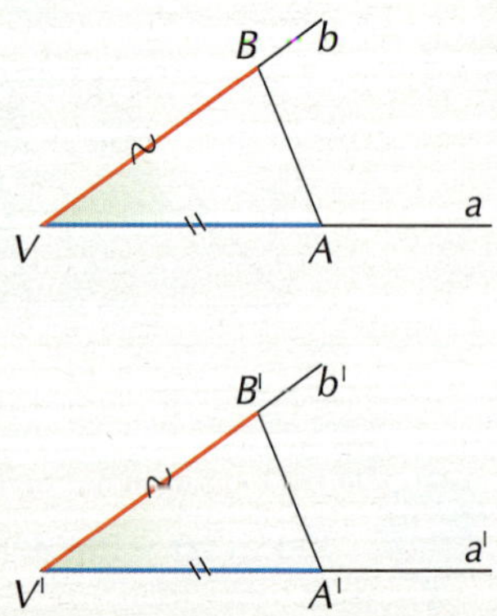

Facciamo qualche prova. Prendiamo due angoli congruenti $\widehat{ab}$ e $\widehat{a'b'}$ di vertici V e V' e consideriamo sui loro lati i segmenti $VA \cong V'A'$ e $VB \cong V'B'$ (***figura 10***).
Le congruenze evidenziate ci assicurano che esiste un movimento rigido per il quale:

- i due angoli si sovrappongono

- il segmento VA si sovrappone al segmento $V'A'$
- il segmento VB si sovrappone al segmento $V'B'$.

Di conseguenza i tre punti V, A e B si sovrappongono rispettivamente ai punti V', A', B'.

Allora:

- se i segmenti VA e VB sono i lati di un triangolo e $\widehat{AVB}$ è uno dei suoi angoli
- se i segmenti $V'A'$ e $V'B'$ sono i lati di un altro triangolo e $\widehat{A'V'B'}$ è uno dei suoi angoli

possiamo concludere che i triangoli AVB e $A'V'B'$, essendo sovrapponibili, sono congruenti.
Questa esperienza si può formalizzare in un primo criterio per riconoscere la congruenza dei triangoli.

Primo criterio di congruenza. Due triangoli sono congruenti se hanno ordinatamente congruenti due lati e l'angolo fra essi compreso.

*Euclide, nei suoi Elementi, dimostra il primo criterio con un ragionamento simile a quello descritto dall'esperienza di sovrapposizione della **figura 10**.*
Una revisione più moderna degli assiomi, dovuta a David Hilbert (1862-1943), considera il ragionamento di Euclide una semplice esperienza e non una dimostrazione; di conseguenza, il primo criterio di congruenza dei triangoli viene considerato da Hilbert un assioma che va aggiunto a quelli della congruenza.

ESEMPI

1. Dato un triangolo qualunque ABC, tracciamo la mediana AM e prolunghiamola, dalla parte di M, di un segmento $MD \cong MA$. Dimostriamo che $BD \cong AC$ e che $CD \cong AB$.

Per prima cosa costruiamo la figura del problema (il suo modello) facendo attenzione al fatto che ABC deve essere un triangolo qualunque (quindi non isoscele o equilatero) (***figura 11***) e scriviamo l'ipotesi:

Hp. $BM \cong MC$ per dire che M è il punto medio di BC
$MD \cong AM$

Figura 11

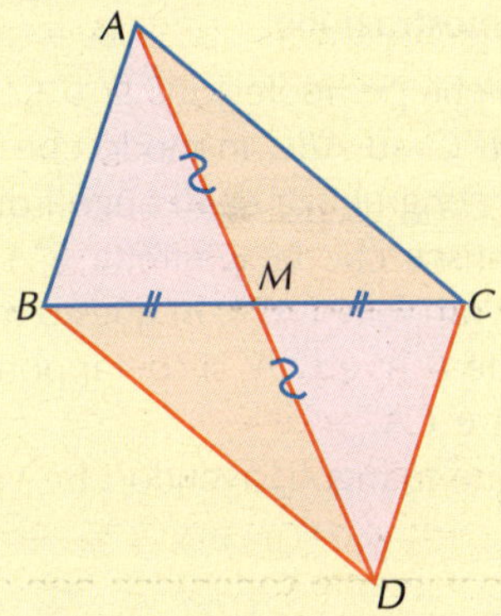

Dovendo considerare i segmenti BD e CD, congiungiamo D con B e con C e scriviamo la tesi:

Th. $BD \cong AC$
$CD \cong AB$

Per facilitare la dimostrazione di un teorema, è buona abitudine porre lo stesso simbolo sugli elementi congruenti della figura come abbiamo già fatto in altre occasioni; abbiamo quindi indicato con due tratti i segmenti BM e MC, con una linea a forma di S i segmenti AM e MD.

Dimostrazione.

Dovendo dimostrare che $BD \cong AC$, conviene considerare due triangoli, uno che contiene BD e uno che contiene AC come lati, che abbiano qualche possibilità di essere congruenti e sui quali si abbiano sufficienti informazioni. Consideriamo allora i due triangoli BMD e AMC; essi hanno:

$BM \cong MC$ per ipotesi;

$MD \cong AM$ per ipotesi;

$\widehat{BMD} \cong \widehat{AMC}$ perché angoli opposti al vertice.

Quindi i due triangoli, avendo due lati e l'angolo compreso ordinatamente congruenti, sono congruenti per il primo criterio, in particolare $BD \cong AC$ perché lati omologhi di triangoli congruenti.
Abbiamo così dimostrato la prima tesi.

Dovendo adesso dimostrare che $CD \cong AB$, consideriamo i triangoli CMD e AMB; essi hanno:

$MC \cong BM$ per ipotesi;

$MD \cong AM$ per ipotesi;

$\widehat{CMD} \cong \widehat{AMB}$ perché angoli opposti al vertice.

Quindi i due triangoli sono congruenti in base al primo criterio, in particolare $CD \cong AB$, perché lati omologhi di triangoli congruenti.

ulteriori esempi

2.2 Il secondo criterio

VIDEO RECUPERO

ANIMAZIONE

Un'altra regola per stabilire la congruenza di due triangoli è data dal seguente teorema.

Secondo criterio di congruenza dei triangoli. Due triangoli sono congruenti se hanno un lato e gli angoli ad esso adiacenti ordinatamente congruenti.

Hp. $BC \cong B'C'$ **Th.** $\widehat{ABC} \cong \widehat{A'B'C'}$ (***figura 12***)

$\widehat{ABC} \cong \widehat{A'B'C'}$

$\widehat{ACB} \cong \widehat{A'C'B'}$

Figura 12

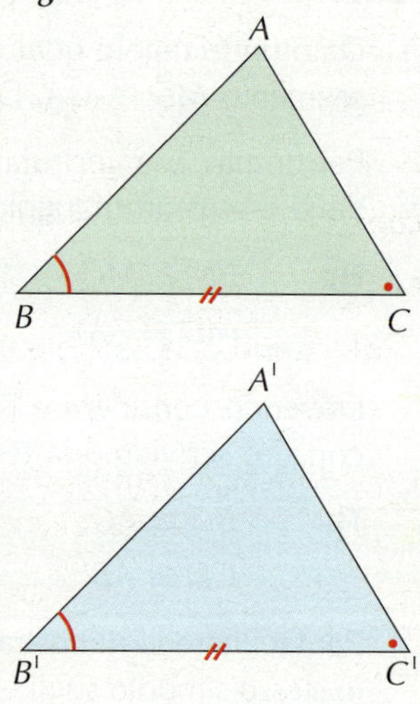

Dimostrazione.

Poiché per ipotesi $BC \cong B'C'$ possiamo trasportare in modo rigido il triangolo $A'B'C'$ su ABC in modo che B' si sovrapponga a B e C' si sovrapponga a C. La congruenza degli angoli di vertici B e C con quelli di vertici B' e C' ci garantisce che la semiretta $B'A'$ si sovrappone a BA e che la semiretta $C'A'$ si sovrappone a CA. In questo modo il punto A', che è l'intersezione delle semirette $B'A'$ e $C'A'$ si sovrappone al punto A che è l'intersezione delle semirette BA e CA.

I due triangoli, avendo i tre vertici sovrapposti, sono quindi congruenti. ◀

ESEMPI

1. Consideriamo un segmento AB e sia M il suo punto medio. Tracciamo poi:
   - una semiretta t uscente da A che forma un angolo α con AB
   - una semiretta s uscente da B che forma lo stesso angolo α con AB, ma situata dalla parte opposta di t rispetto ad AB
   - una qualunque retta r passante per M che incontra t in Q e s in P.

   Dimostriamo che i triangoli AMQ e BMP sono congruenti.

   Costruiamo la figura e scriviamo l'ipotesi e la tesi del teorema.

Hp. $MA \cong MB$

$\widehat{MAQ} \cong \widehat{MBP}$

Th. $\widehat{MAQ} \cong \widehat{MBP}$ (***figura 13***)

Figura 13

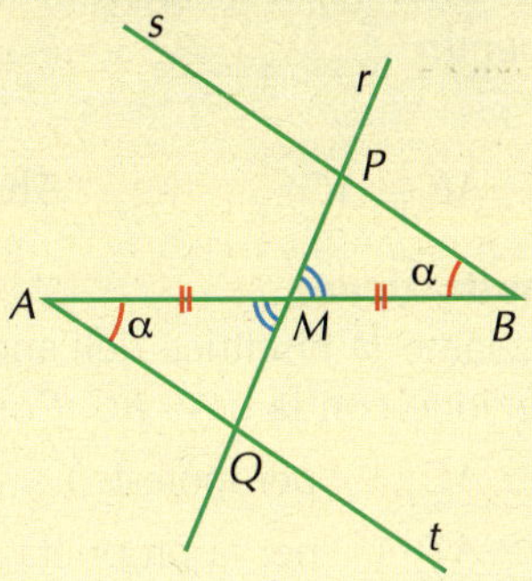

Dimostrazione.

Consideriamo i triangoli MAQ e MBP; di essi sappiamo che:

$MA \cong MB$ per ipotesi;

$\widehat{MAQ} \cong \widehat{MBP}$ per ipotesi;

$\widehat{AMQ} \cong \widehat{PMB}$ perché angoli opposti al vertice.

I due triangoli MAQ e MBP sono dunque congruenti per il secondo criterio di congruenza.

ATTENZIONE AGLI ERRORI

Quando si cerca di dimostrare la congruenza di due triangoli è necessario prestare attenzione a quali sono gli elementi congruenti perché si corre il rischio di non applicare correttamente i criteri.
Per esempio, i due triangoli ABC e ACD nella ***figura 14*** hanno i lati AB e AC del primo triangolo rispettivamente congruenti ai lati AC e CD del secondo triangolo e l'angolo $\widehat{BCA}$ del primo triangolo congruente all'angolo $\widehat{ACD}$ del secondo. **Non possiamo però concludere che i due triangoli sono congruenti** perché $\widehat{BCA}$ non è l'angolo compreso fra i lati AB e AC e quindi non è il corrispondente di $\widehat{ACD}$. I due triangoli non sono affatto congruenti.

Figura 14

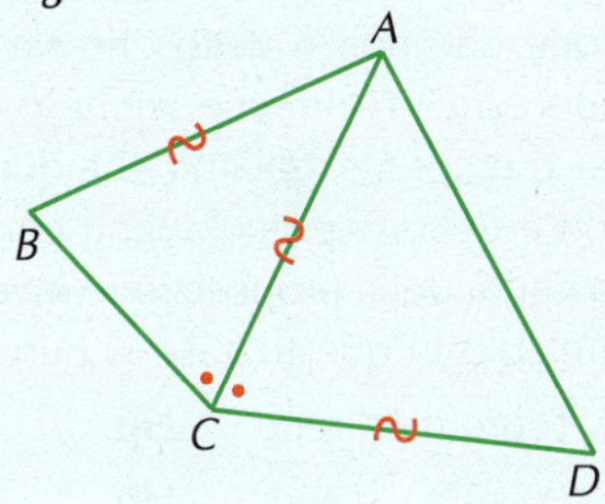

Questi errori si possono evitare se tieni presente alcune semplici regole:

- devi sempre segnare sulla figura gli elementi che sono congruenti (segmenti o angoli) con simboli uguali.

Una volta fatta questa operazione:

- gli angoli omologhi sono quelli che sono opposti ai lati che hai segnato con lo stesso simbolo
- i lati omologhi sono quelli che sono opposti agli angoli che hai segnato con lo stesso simbolo.

Approfondimento
Una dimostrazione per assurdo del secondo criterio

ESERCIZI E PROBLEMI pag. 196

3 LE PROPRIETÀ DEL TRIANGOLO ISOSCELE

Dai tuoi studi passati di geometria sai che un triangolo isoscele, che, ricordiamolo, è un triangolo che ha due lati congruenti, ha la proprietà che anche gli angoli opposti a tali lati sono congruenti.

Ora, grazie ai criteri di congruenza, possiamo dimostrare questa proprietà.

PROPRIETÀ DEL TRIANGOLO ISOSCELE

Teorema. In un triangolo isoscele gli angoli adiacenti alla base sono congruenti.

Hp. $AB \cong AC$ **Th.** $\widehat{ABC} \cong \widehat{ACB}$ (*figura 15*)

Figura 15

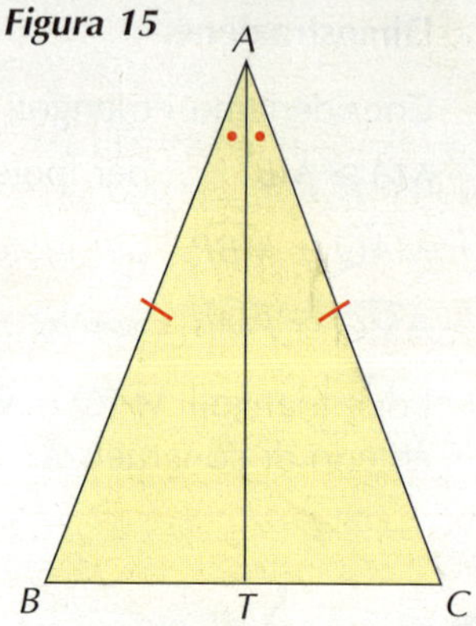

Dimostrazione.
Tracciamo la bisettrice dell'angolo di vertice A e indichiamo con T la sua intersezione con la base BC. Consideriamo adesso i triangoli ABT e ATC:

$AB \cong AC$ per ipotesi

$AT \cong AT$ per la proprietà riflessiva della congruenza

$\widehat{BAT} \cong \widehat{CAT}$ perché AT è la bisettrice.

I due triangoli sono quindi congruenti per il primo criterio di congruenza; in particolare $\widehat{ABC} \cong \widehat{ACB}$ perché angoli omologhi di triangoli congruenti. ◀

IL TEOREMA DIRETTO E IL TEOREMA INVERSO

Se scambiamo l'ipotesi e la tesi di un teorema, otteniamo una nuova proposizione che non è detto che sia vera; infatti la verità di $a \to b$ non garantisce automaticamente che anche $b \to a$ sia vero.
Per esempio, sappiamo che due angoli opposti al vertice sono congruenti, ma non è detto che due angoli congruenti siano sempre opposti al vertice.
La verità della proposizione inversa di un teorema deve quindi essere dimostrata e solo in questo caso si può parlare di **teorema inverso**:

- Teorema diretto **Hp.** a **Th.** b
- Teorema inverso **Hp.** b **Th.** a

$a \to b$ teorema diretto:
a è l'ipotesi
b è la tesi
$b \to a$ teorema inverso:
b è l'ipotesi
a è la tesi

Dimostriamo allora il seguente teorema, inverso del precedente.

Teorema. Se un triangolo ha due angoli congruenti, esso è isoscele.

Hp. $\widehat{ABC} \cong \widehat{ACB}$ **Th.** $AB \cong AC$ (*figura 16*)

Figura 16

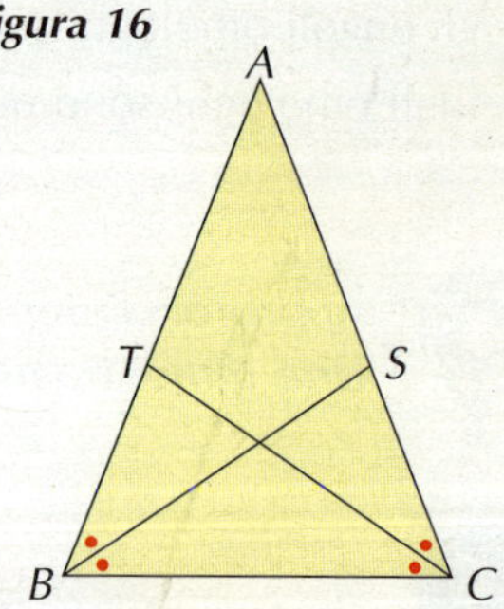

ANIMAZIONE

Dimostrazione.
Tracciamo le bisettrici BS e CT degli angoli $\widehat{ABC}$ e $\widehat{ACB}$ e consideriamo i due triangoli TCB e SBC; di essi sappiamo che:

$BC \cong BC$ per la proprietà riflessiva della congruenza

$\widehat{TBC} \cong \widehat{SCB}$ per ipotesi

$\widehat{TCB} \cong \widehat{SBC}$ perché metà di angoli congruenti.

I due triangoli sono quindi congruenti per il secondo criterio e, in particolare, $BS \cong CT$, $\widehat{BSC} \cong \widehat{CTB}$.

Consideriamo adesso i triangoli ASB e ATC; di essi sappiamo che:

$\widehat{SBA} \cong \widehat{TCA}$ perché metà di angoli congruenti

$BS \cong CT$ per precedente dimostrazione

$\widehat{ASB} \cong \widehat{ATC}$ perché supplementari degli angoli congruenti $\widehat{BSC}$ e $\widehat{CTB}$.

I due triangoli sono congruenti per il secondo criterio e, in particolare, $AB \cong AC$. ◀

Questi due teoremi ci assicurano, in conclusione, che se un triangolo è isoscele, necessariamente ha due angoli congruenti; viceversa, è sufficiente che un triangolo abbia due angoli congruenti per concludere che è isoscele. Quando entrambe le proposizioni $a \to b$ e $b \to a$ sono vere si dice che **a è condizione necessaria e sufficiente per il verificarsi di b.**
Possiamo allora enunciare questi due teoremi in un'unica proposizione:

a condizione necessaria e sufficiente per b significa che:
$a \to b$ *è vera*
e anche
$b \to a$ *è vera*

condizione necessaria e sufficiente affinché un triangolo sia isoscele è che abbia due angoli congruenti.

Conseguenza immediata di questa proprietà del triangolo isoscele è che:

un triangolo equilatero ha i tre angoli congruenti fra loro.

ESEMPI

1. Dato un triangolo isoscele ABC di base BC, tracciamo le bisettrici degli angoli alla base che si incontrano in un punto F. Dimostriamo che anche il triangolo FBC è isoscele.

Costruiamo la figura del problema e scriviamo ipotesi e tesi:

Hp. $AB \cong AC$
$\widehat{ABF} \cong \widehat{FBC}$
$\widehat{ACF} \cong \widehat{FCB}$

Th. $\overset{\triangle}{FBC}$ è isoscele (***figura 17***)

Figura 17

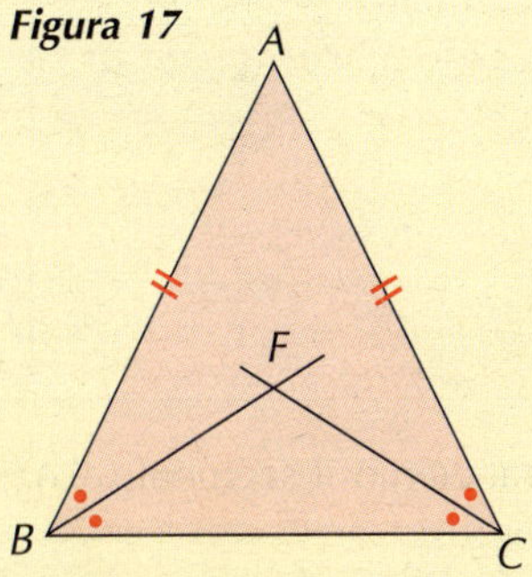

Dimostrazione.
Per dimostrare che il triangolo FBC è isoscele abbiamo due possibilità:
- dimostrare che ha due lati congruenti
- dimostrare che ha due angoli congruenti.

Non avendo informazioni sui segmenti FB e FC, scegliamo la seconda possibilità ed osserviamo che, essendo il triangolo ABC isoscele per ipotesi, si ha che $\widehat{ABC} \cong \widehat{ACB}$; essendo poi BF e CF le bisettrici, si può dire che $\widehat{ABF} \cong \widehat{FBC} \cong \widehat{ACF} \cong \widehat{FCB}$ perché metà di angoli congruenti e quindi in particolare $\widehat{FBC} \cong \widehat{FCB}$. Allora il triangolo FBC, avendo due angoli congruenti, è isoscele sulla base BC.

ulteriori esempi

ESERCIZI E PROBLEMI pag. 199

4 LA CONGRUENZA DEI TRIANGOLI: IL TERZO CRITERIO

VIDEO RECUPERO

Un altro modo per verificare la congruenza di due triangoli riguarda il confronto dei lati; dimostriamo allora il seguente teorema.

Terzo criterio di congruenza dei triangoli. Due triangoli sono congruenti se hanno i tre lati ordinatamente congruenti.

Hp. $AB \cong A'B'$ **Th.** $\widehat{ABC} \cong \widehat{A'B'C'}$ (***figura 18a***)

$AC \cong A'C'$

$BC \cong B'C'$

Figura 18a

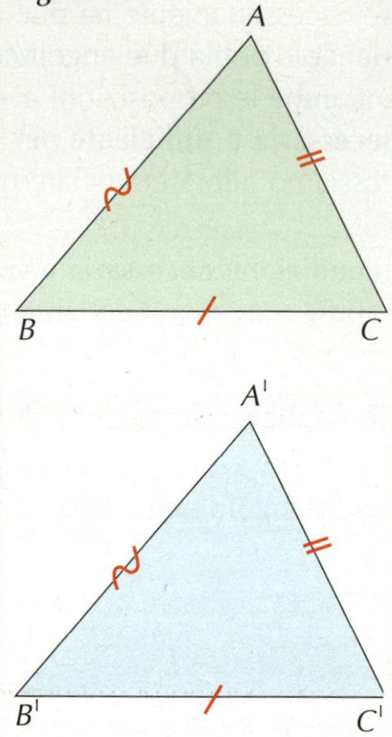

Dimostrazione.

Dal vertice B e nel semipiano opposto a quello del triangolo rispetto alla retta del lato BC, tracciamo una semiretta che formi con BC un angolo congruente ad $\widehat{A'B'C'}$; su tale semiretta prendiamo un punto A'' in modo che $A''B \cong A'B'$ e tracciamo il segmento CA''. Il triangolo BCA'' è congruente al triangolo $A'B'C'$ per il primo criterio di congruenza (***figura 18b***).

Figura 18b

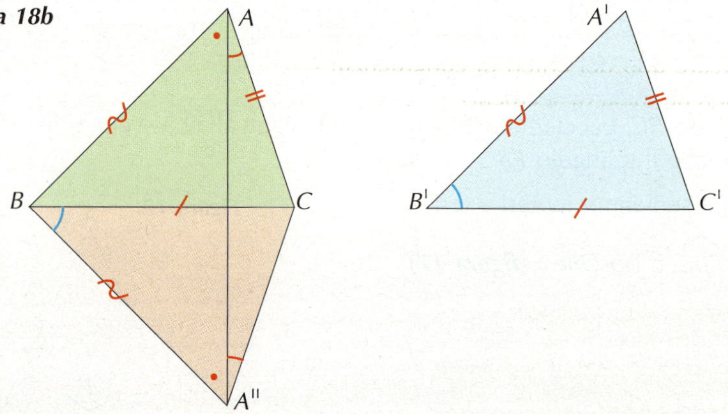

Tracciamo il segmento AA''; per la proprietà transitiva della congruenza si ha che:

- poiché $AB \cong A'B'$ e $A'B' \cong A''B$ allora $AB \cong A''B$
- poiché $AC \cong A'C'$ e $A'C' \cong A''C$ allora $AC \cong A''C$.

I triangoli ABA'' e ACA'' sono dunque isosceli perché hanno due lati congruenti e quindi hanno anche gli angoli alla base congruenti, cioè

$$\widehat{BAA''} \cong \widehat{BA''A} \quad \text{e} \quad \widehat{CAA''} \cong \widehat{CA''A}$$

Allora $\widehat{BAC} \cong \widehat{BA''C}$ perché somme di angoli congruenti.
Torniamo ora a considerare i triangoli ABC e $A''BC$; di essi sappiamo che

$AB \cong A''B$ $\qquad AC \cong A''C$ $\qquad \widehat{BAC} \cong \widehat{BA''C}$

Essi sono quindi congruenti per il primo criterio di congruenza.

In definitiva: $\widehat{ABC} \cong \widehat{A''BC}$, $\widehat{A''BC} \cong \widehat{A'B'C'}$ per costruzione,

quindi $\widehat{ABC} \cong \widehat{A'B'C'}$ per la proprietà transitiva.

Un'analoga dimostrazione può essere condotta nel caso in cui il segmento AA'' incontra la retta del lato BC esternamente al lato stesso (***figura 19***); in questo caso l'angolo $\widehat{BAC}$ è congruente all'angolo $\widehat{BA''C}$ per differenza di angoli congruenti. Se, infine, il segmento AA'' interseca la retta BC nel punto C, la dimostrazione segue immediatamente dalla considerazione che ABA'' è un triangolo isoscele. ◀

Figura 19

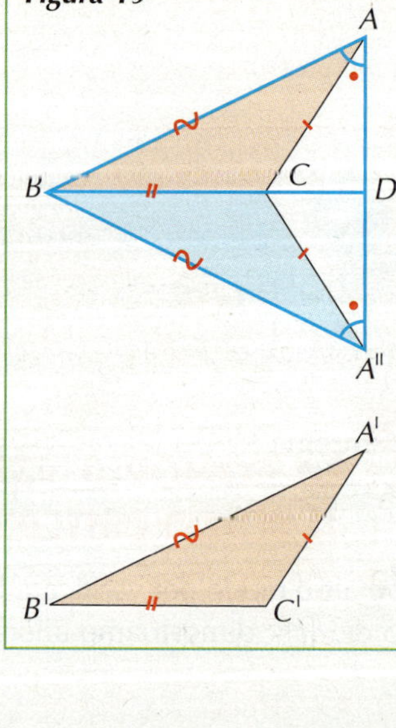

ESEMPI

1. Due triangoli hanno due lati e la mediana relativa ad uno di essi ordinatamente congruenti; dimostriamo che sono congruenti.

Costruiamo la figura disegnando due triangoli come quelli in ***figura 20***: i due lati congruenti sono AB con DE e AC con DF, le mediane congruenti sono quelle relative alla coppia AC, DF. Scriviamo quindi l'ipotesi e la tesi del teorema:

Hp. $AB \cong DE$
$AC \cong DF$
$AM \cong MC$
$DN \cong NF$
$BM \cong EN$

Th. $\widehat{ABC} \cong \widehat{DEF}$

Figura 20

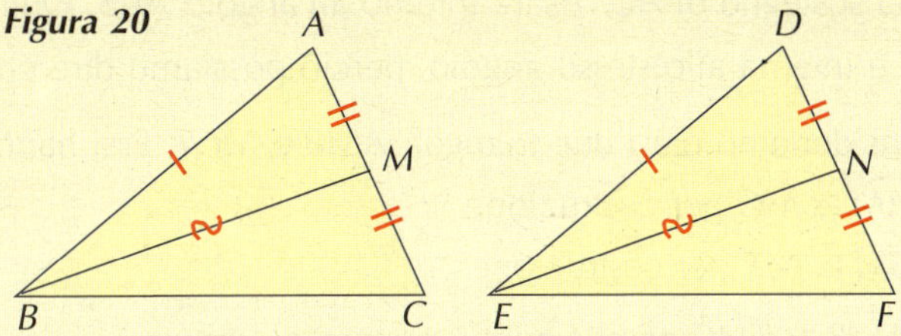

Dimostrazione.

Non possiamo prendere subito in considerazione i triangoli ABC e DEF perché non abbiamo ancora gli elementi sufficienti per poter applicare uno dei criteri di congruenza.
Osserviamo però che $AM \cong DN$ perché metà di segmenti congruenti e che quindi vale la catena di congruenze $AM \cong MC \cong DN \cong NF$ (nella figura li abbiamo segnati quindi con lo stesso simbolo).

Consideriamo dapprima i triangoli ABM e DEN; di essi sappiamo che:

$AB \cong DE$ per ipotesi
$AM \cong DN$ per le precedenti considerazioni
$BM \cong EN$ per ipotesi.

I due triangoli sono quindi congruenti per il terzo criterio e, in particolare, $\widehat{BAC} \cong \widehat{EDF}$.

Consideriamo ora i triangoli ABC e DEF dei quali sappiamo che:

$AB \cong DE$ per ipotesi
$AC \cong DF$ per ipotesi
$\widehat{BAC} \cong \widehat{EDF}$ per precedente dimostrazione.

Quindi i triangoli ABC e DEF sono congruenti per il primo criterio di congruenza.

ulteriori esempi

ESERCIZI E PROBLEMI pag. 201

5 LE DISUGUAGLIANZE TRIANGOLARI

5.1 Il teorema dell'angolo esterno

Dimostriamo un'altra proprietà dei triangoli che ci sarà utile in seguito.

PRIMO TEOREMA DELL'ANGOLO ESTERNO

Teorema (dell'angolo esterno). In ogni triangolo ogni angolo esterno è maggiore di ciascuno degli angoli interni ad esso non adiacenti.

Hp. ABC triangolo qualunque
$\widehat{ACS}$ angolo esterno

Th. $\widehat{ACS} > \widehat{BAC}$
$\widehat{ACS} > \widehat{ABC}$

Dimostrazione.

Disegnato il triangolo qualunque ABC, prolunghiamo il lato BC e consideriamo il suo angolo esterno $\widehat{ACS}$ (***figura 21***). Tracciamo la mediana BM relativa al lato AC e prolunghiamola di un segmento $MT \cong BM$.

Figura 21

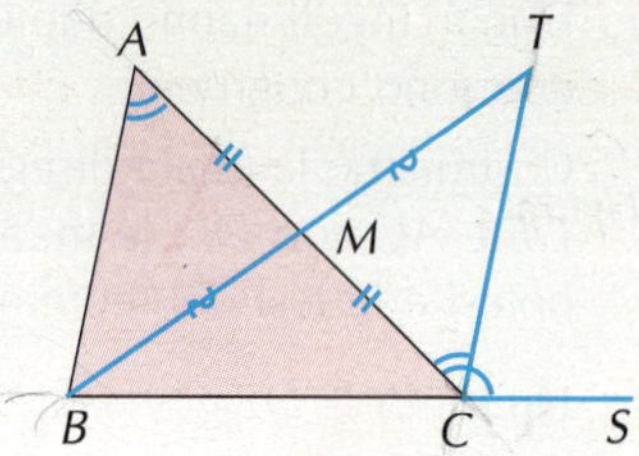

Essendo AC una corda dell'angolo $\widehat{ABC}$ e M un suo punto, la semiretta BM è interna all'angolo. Poiché il punto T si trova dalla parte opposta a B rispetto alla retta sostegno di AC, T sarà interno all'angolo $\widehat{ACS}$. Quindi anche la semiretta TC è interna allo stesso angolo, perciò possiamo dire che $\widehat{ACS} > \widehat{MCT}$.

Consideriamo ora i due triangoli AMB e MCT. Essi hanno:

- $AM \cong MC$ per costruzione
- $BM \cong MT$ per costruzione
- $\widehat{AMB} \cong \widehat{TMC}$ perché angoli opposti al vertice.

Per il primo criterio possiamo concludere che $\overset{\triangle}{AMB} \cong \overset{\triangle}{MCT}$.

In particolare $\widehat{BAM} \cong \widehat{MCT}$.

Dalle considerazioni fatte finora possiamo dedurre che:

$$\widehat{ACS} > \widehat{MCT}, \quad \text{ma} \quad \widehat{MCT} \cong \widehat{BAC}, \quad \text{quindi} \quad \widehat{ACS} > \widehat{BAC}.$$

Con considerazioni analoghe si dimostra che $\widehat{ACS} > \widehat{ABC}$. ◀

ESEMPI

1. Dimostriamo che la somma di due angoli interni di un triangolo è sempre minore di un angolo piatto.

   Con riferimento alla ***figura 22*** dobbiamo dimostrare che:

   $$\widehat{BAC} + \widehat{ACB} < \pi.$$

   Per la proprietà dell'angolo esterno possiamo scrivere che:

   $$\widehat{BAC} < \widehat{ACS}$$

   se aggiungiamo ad entrambi i membri l'angolo $\widehat{ACB}$ troviamo che:

   $$\widehat{BAC} + \widehat{ACB} < \widehat{ACS} + \widehat{ACB}$$

   ma $\widehat{ACS} + \widehat{ACB} \cong \pi$, quindi $\widehat{BAC} + \widehat{ACB} < \pi$.

Figura 22

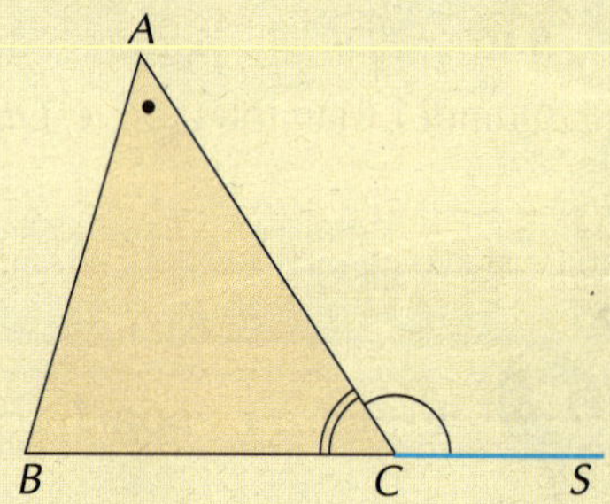

Come conseguenza del teorema dimostrato nell'esempio, possiamo dire che:

- **un triangolo non può avere più di un angolo retto o più di un angolo ottuso.**
  Infatti se un triangolo avesse due angoli retti o due angoli ottusi, la loro somma sarebbe uguale o maggiore di un angolo piatto, contrariamente a quanto abbiamo dimostrato nell'esempio.
- **gli angoli alla base di un triangolo isoscele sono acuti.**
  Infatti gli angoli alla base di un triangolo isoscele sono congruenti e, visto che un triangolo non può avere più di un angolo retto o ottuso, essi dovranno essere acuti.

Le proprietà dei triangoli che abbiamo visto, ci permettono di classificare i triangoli anche in base agli angoli: chiameremo

- **acutangolo** un triangolo che ha tutti gli angoli acuti (
- **ottusangolo** un triangolo che ha un angolo ottuso (***figura 23b***),
- **rettangolo** un triangolo che ha un angolo retto (***figura 23c***).

Figura 23

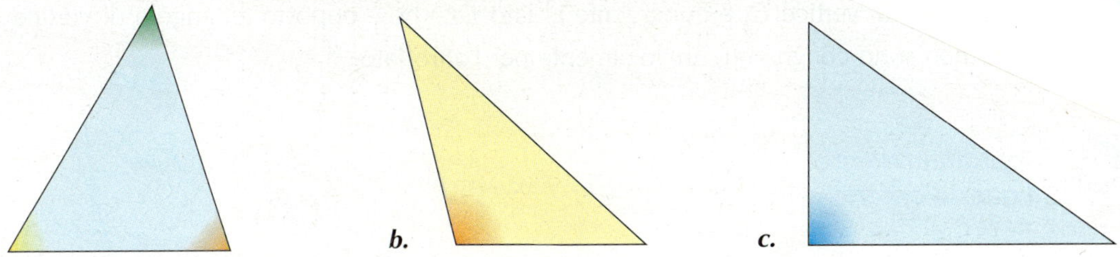

I triangoli isosceli possono essere sia acutangoli che ottusangoli che rettangoli (***figura 24***), mentre un triangolo equilatero, avendo tre angoli congruenti, può solo essere acutangolo.

Figura 24

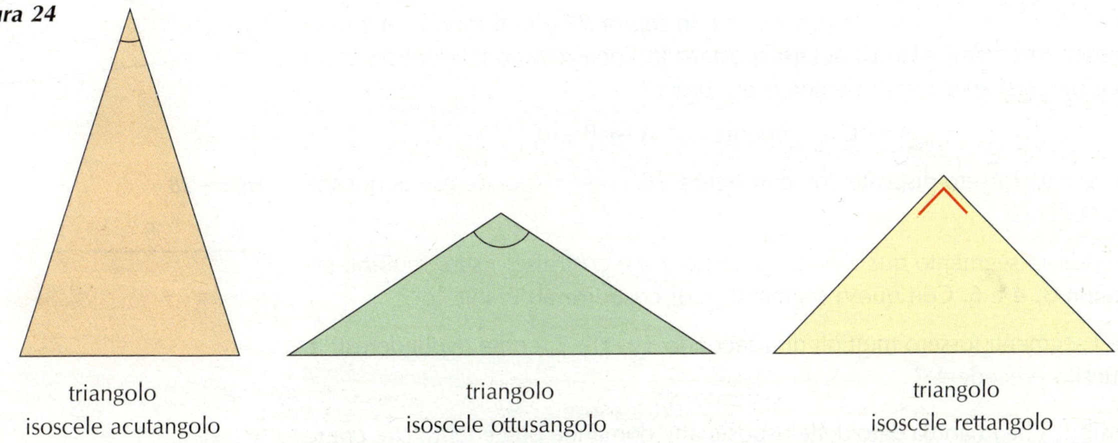

E' evidente che nei triangoli isosceli ottusangoli e rettangoli solo l'angolo al vertice può essere ottuso oppure retto.
Nel caso del triangolo rettangolo:

- i lati che formano l'angolo retto si dicono **cateti**
- il lato opposto all'angolo retto si dice **ipotenusa** (***figura 25***).

Figura 25

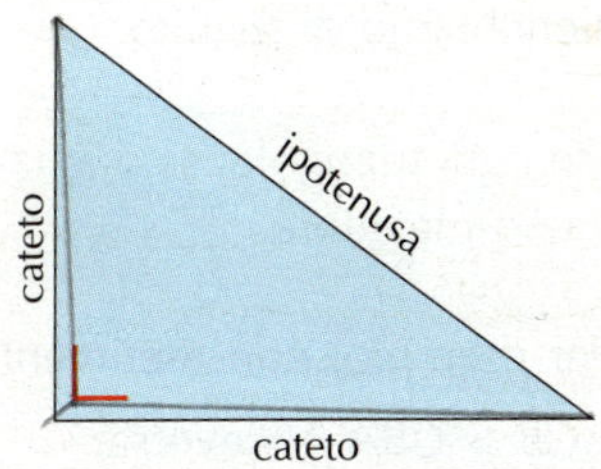

ATTENZIONE AGLI ERRORI

Ribadiamo di nuovo l'importanza della corretta applicazione dei criteri di congruenza andando a controllare che gli elementi congruenti siano quelli omologhi.
La situazione illustrata in ***figura 26*** mostra due triangoli che hanno cinque elementi a due a due congruenti:

Figura 26

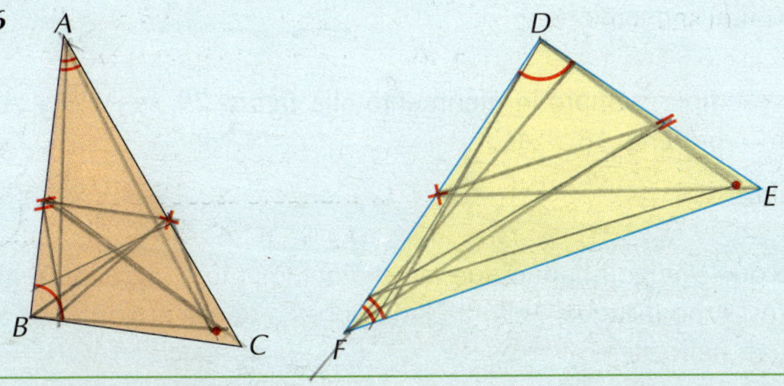

F $\qquad \widehat{B} \cong \widehat{D} \qquad \widehat{C} \cong \widehat{E}$

- due lati: $\quad AB \cong DE \qquad AC \cong DF$

ma che non sono congruenti perché tali elementi non si corrispondono nei due triangoli. Infatti il lato AB, che è opposto all'angolo di vertice C, è congruente al lato DE che è opposto all'angolo di vertice F, ma i due angoli $\widehat{C}$ ed $\widehat{F}$ non sono congruenti; analogamente per l'altro lato.

Approfondimento
Il quarto criterio

5.2 Relazioni tra lati e angoli in un triangolo

Prova a rispondere alle seguenti domande:

a. Se A, B, C sono tre città disposte come in ***figura 27*** e tu ti trovi in A e devi andare in C, ammesso di poterti spostare in linea retta, quale dei seguenti due percorsi sceglieresti perché è più breve?

$$A \rightarrow C \qquad \text{oppure} \qquad A \rightarrow B \rightarrow C$$

b. Se le città fossero disposte come in ***figura 28***, come risponderesti al quesito precedente?

c. Prendi un segmento qualsiasi di lunghezza a e costruisci i suoi multipli secondo 3, 4 e 6. Con questi segmenti puoi costruire un triangolo?

d. Se i segmenti fossero multipli di a secondo 12, 18, 5, come risponderesti al quesito precedente?

Figura 27

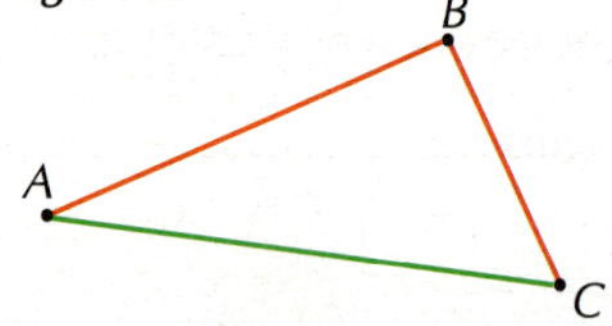

Figura 28

È possibile che tu abbia dato delle risposte alle domande precedenti, che erano in qualche caso anche banali, basandoti sulla tua esperienza.
Le soluzioni di tali quesiti derivano però da alcune proprietà dei triangoli, che elenchiamo di seguito.

In ogni triangolo, se due lati sono disuguali, al lato maggiore è opposto l'angolo maggiore.

Per esempio, con riferimento alla ***figura 29***, se $AB > AC$, possiamo dire che $\widehat{ACB} > \widehat{CBA}$. Viceversa:

in ogni triangolo, se due angoli sono disuguali, all'angolo maggiore è opposto il lato maggiore.

Per esempio, sempre in riferimento alla ***figura 29***, se $\widehat{ACB} > \widehat{ABC}$, allora possiamo dire che $AB > AC$.

Inoltre:

se due triangoli hanno due lati ordinatamente congruenti e gli angoli compresi sono disuguali, allora i lati opposti a questi angoli sono anch'essi disuguali nello stesso verso.

Figura 29

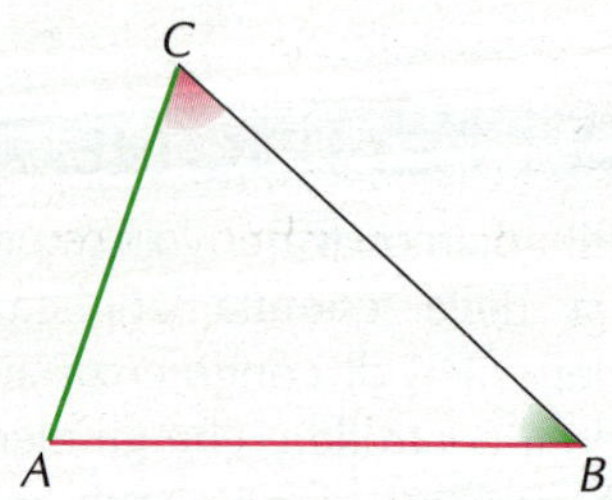

Con riferimento alla ***figura 30***, se $AB \cong A'B' \land AC \cong A'C' \land \widehat{BAC} > \widehat{B'A'C'}$ allora $BC > B'C'$. È intuitivo che, se riduciamo l'ampiezza dell'angolo $\widehat{A}$, anche il lato BC si accorcia.

Figura 30

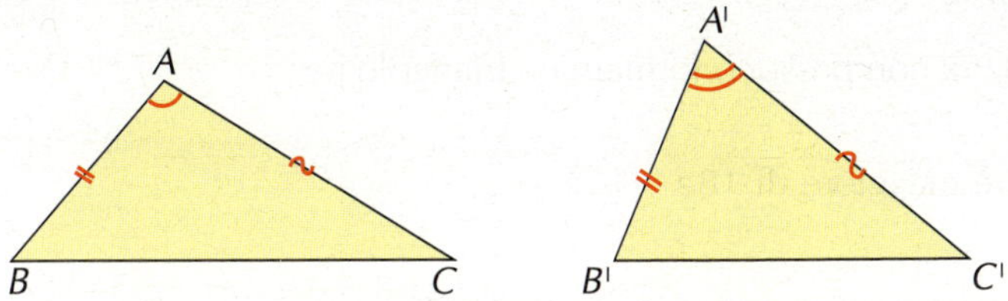

Queste proprietà ci consentono di affermare che:

- in ogni triangolo rettangolo l'ipotenusa è maggiore di ciascuno dei cateti;
- in ogni triangolo ottusangolo, il lato opposto all'angolo ottuso è maggiore di ciascuno degli altri due lati.

Dimostriamo adesso un'altra importantissima proprietà dei triangoli.

Teorema. In ogni triangolo ciascun lato è minore della somma degli altri due ed è maggiore della loro differenza.

Hp. *ABC* è un triangolo

Th. $AC - CB < AB < AC + CB$
$AB - AC < CB < AB + AC$
$AB - CB < AC < AB + CB$

Dimostrazione.

Ci limitiamo a dimostrare che le relazioni espresse dal teorema valgono nel caso di un lato, essendo analoghe le dimostrazioni per gli altri.
Prolunghiamo AC dalla parte di C di un segmento $CP \cong CB$ (***figura 31***). Il triangolo CPB è isoscele sulla base PB e quindi $\widehat{CPB} \cong \widehat{CBP}$.

Figura 31

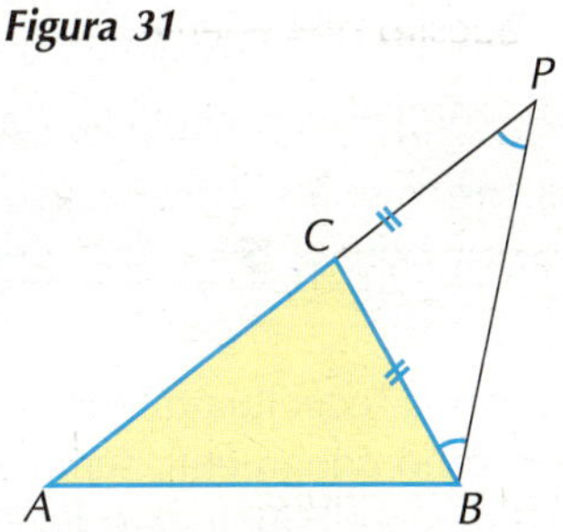

Consideriamo ora il triangolo ABP.

Di esso sappiamo che $\widehat{APB} < \widehat{ABP}$ perché $\widehat{APB}$ è congruente ad una parte di $\widehat{ABP}$.
Quindi, poiché in un triangolo all'angolo maggiore è opposto il lato maggiore, $AP > AB$, ma $AP \cong AC + CP$ e poiché $CP \cong CB$, avremo che $AP \cong AC + CB$. Da ciò segue che $AC + CB > AB$, cioè che il lato AB è minore della somma degli altri due lati.
Riprendiamo l'ultima disuguaglianza scritta: $AC + CB > AB$; se sottraiamo ad entrambi i membri di questa disuguaglianza il segmento CB, otteniamo ancora una disuguaglianza nello stesso senso:

$$AC + CB - CB > AB - CB \quad \text{cioè} \quad AC > AB - CB$$

Quest'ultima disuguaglianza ci dice che il lato AC è maggiore della differenza degli altri due lati. ◀

Nel caso in cui un lato è congruente alla somma degli altri due, per esempio

$$AB \cong AC + CB$$

allora il vertice C appartiene al lato AB e si dice che $\widehat{ABC}$ è un triangolo degenere.

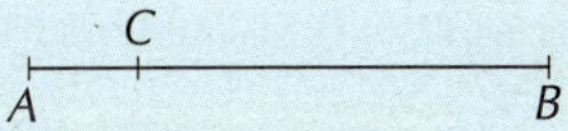

Questo teorema è importante perché ci dice in quali condizioni tre segmenti di lunghezza assegnata possono formare un triangolo. Riprendendo le domande **c.** e **d.** che ci siamo posti all'inizio del paragrafo:

- i segmenti di lunghezza $3a$, $4a$ e $6a$ possono formare un triangolo perché:

  $3a < 4a + 6a$ e $3a > 6a - 4a$

  $4a < 3a + 6a$ e $4a > 6a - 3a$

  $6a < 3a + 4a$ e $6a > 4a - 3a$

- i segmenti di lunghezza $12a$, $18a$, $5a$ non possono formare un triangolo perché:

  $5a < 12a + 18a$ ma $5a$ non è maggiore di $18a - 12a$

ESERCIZI E PROBLEMI pag. 204

6 LA CONGRUENZA DEI POLIGONI

Due poligoni sono sicuramente congruenti se hanno tutti i lati e tutti gli angoli ordinatamente congruenti.
Come nel caso dei triangoli, tuttavia, è possibile enunciare dei criteri che ci permettono di stabilire quando due poligoni sono congruenti controllando solo la congruenza di alcuni opportuni elementi.
Si dimostra infatti che vale il seguente teorema che ci limitiamo ad enunciare.

I CRITERI DI CONGRUENZA DEI POLIGONI

Teorema. Due poligoni convessi che hanno lo stesso numero di lati sono congruenti se hanno ordinatamente congruenti tutti i lati e tutti gli angoli eccettuati al più:

1. un lato e i due angoli ad esso adiacenti, oppure
2. due lati consecutivi e l'angolo fra essi compreso, oppure
3. tre angoli i cui vertici sono consecutivi,

sui quali non si fa nessuna ipotesi.

La parola "eccettuato" non significa che quegli elementi che non consideriamo non sono congruenti, semplicemente non è necessario verificare la loro congruenza per concludere quella dei due poligoni.

ESERCIZI E PROBLEMI pag. 206

IL CAPITOLO SI COMPLETA CON:

CONCETTI CHIAVE E REGOLE | LABORATORIO | SCHEDE STORICHE E DI CURIOSITÀ | PRESENTAZIONI IN POWERPOINT

Congruent triangles
BASIC CONCEPTS

CLIL

AUDIO FILE

Key Terms

polygon, triangle, quadrilateral
scalene, isosceles, equilateral triangle
acute, obtuse, triangle
right triangle (American English), right angled triangle (British English)
legs, base
cathetus (pl. catheti), hypotenuse
criterion (pl. criteria) of congruence
exterior / interior angle

Polygons and triangles

Polygons are many-sided figures with sides that are line segments. They are named according to the number of sides and angles they have:

- triangle: 3 sides and 3 angles
- quadrilateral: 4 sides and 4 angles
- pentagon: 5 sides and 5 angles
- hexagon: 6 sides and 6 angles

and so on.

Triangles, in particular, can be classified by sides and by angles.
By sides we have:

- a **scalene** triangle, which has three different sides

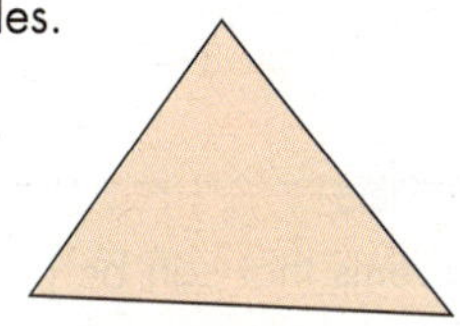

- an **isosceles** triangle, which has two congruent sides, called *legs*; the third side is called *base*

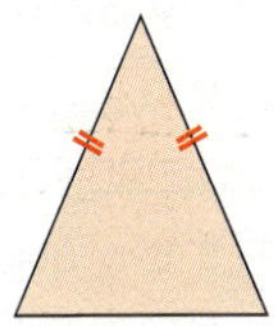

- an **equilateral** triangle, which has 3 congruent sides.

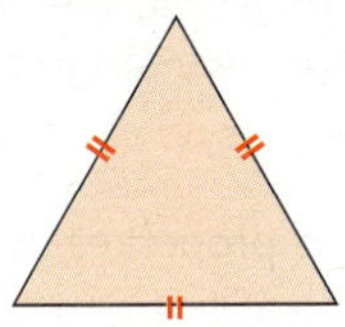

By angles we have:

- an **acute** triangle, when all of the angles are acute

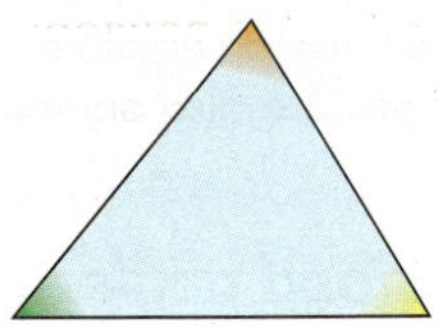

- an **obtuse** triangle, when only one angle is obtuse

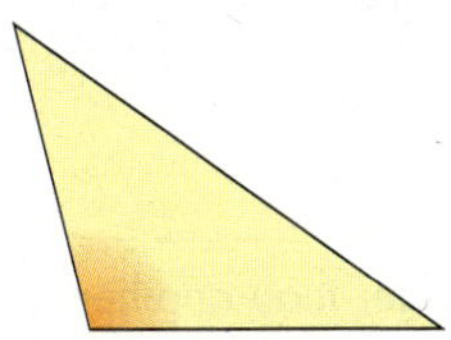

- a **right angled** triangle, when only one angle is a right angle; the sides which are sides of the right angle are called *catheti*, the side which is opposite the right angle is called *hypotenuse*.

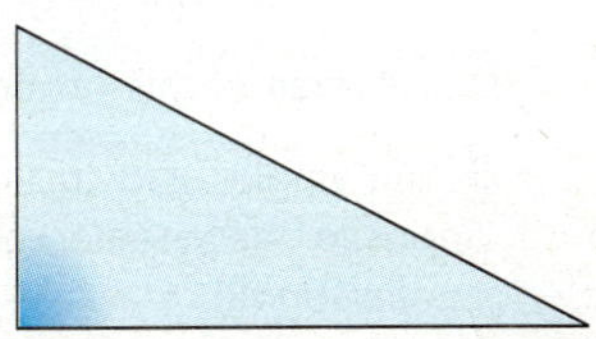

Congruence of triangles

Two triangles *ABC* and *DEF* are congruent, and we write $\widehat{ABC} \cong \widehat{DEF}$, if they have the same shape and the same size. Thus congruent triangles have their corresponding sides equal in length and their corresponding angles equal in size. To show that two triangles are congruent, anyway, we do not need to know that the three sides and the three angles are respectively congruent; sufficient evidence for congruence is given by the following theorems that are called *congruence criteria*.

- **Side-Angle-Side (SAS)**
  If two sides and the included angle of one triangle are congruent to the corresponding sides and angle of another triangle, the two triangles are congruent.

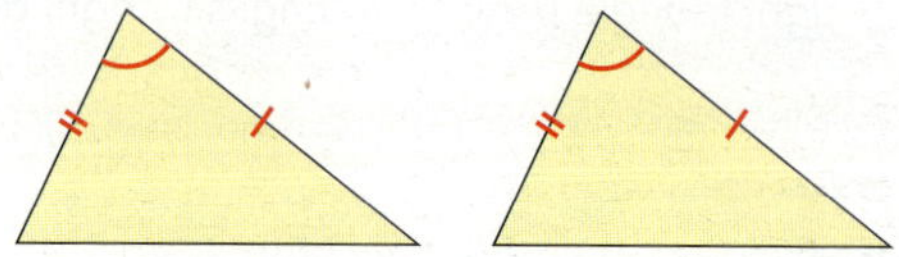

- **Angle-Side-Angle (ASA)**
  If two angles and the included side of one triangle are congruent to the corresponding angles and side of another triangle, the two triangles are congruent.

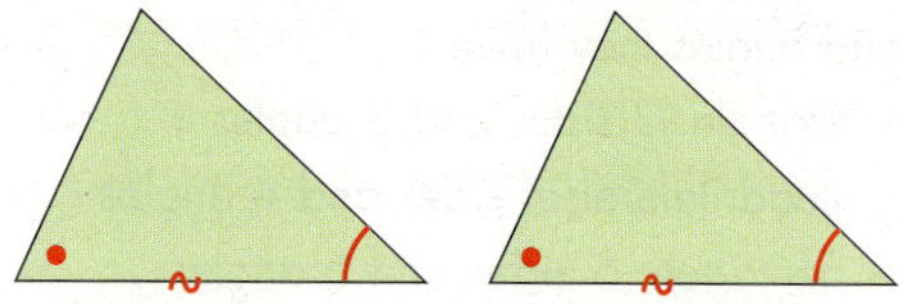

- **Side-Side-Side (SSS)**
  If the three sides of one triangle are congruent to the three sides of another triangle, the two triangles are congruent.

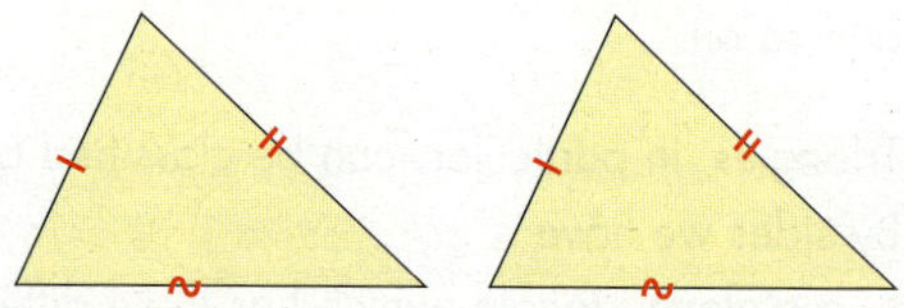

Isosceles triangle properties

The following properties are theorems that can be proven applying the congruence criteria of triangles.

- If two sides of a triangle are congruent, the angles opposite them are congruent; that is, an isosceles triangle has two congruent angles.
- If two angles of a triangle are congruent, the sides opposite them are congruent; that is, if a triangle has two congruent angles, then it is an isosceles triangle.

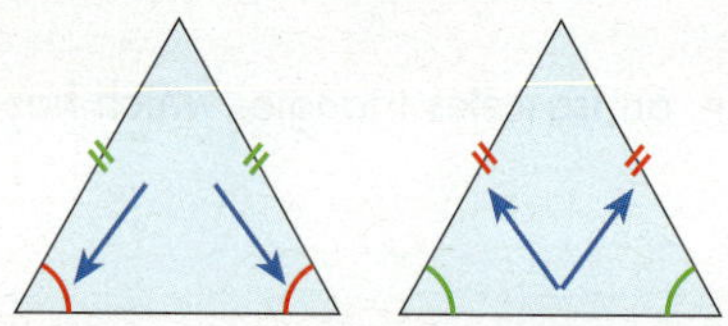

We usually enounce the two previous properties in only one stament saying that:

- a triangle is isosceles *if and only if* the base angles are congruent.

As a consequence of this, just because an equilateral triangle is a special isosceles triangle in which all the three sides are congruent, equilateral triangles are also equiangular, which means all three angles are congruent.

Relations between sides and angles of a triangle

- **Exterior Angle Inequality Theorem**
  An exterior angle of a triangle is greater than either of its remote interior angles.

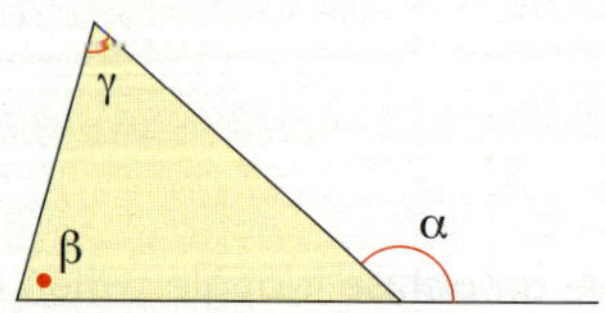

$\alpha > \beta \wedge \alpha > \gamma$

- **Angle-Side Relationships**
  If one side of a triangle is longer than another side, then the angle opposite the longer side will be greater than the angle opposite the shorter side.

  The converse of this property is also true:

  - If one angle of a triangle is greater than another angle, then the side opposite the greater angle will be longer than the side opposite the smaller angle.

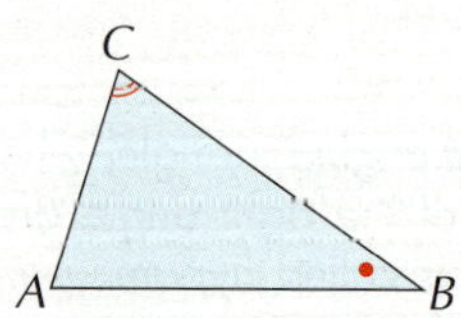

$AB > AC \Rightarrow \widehat{C} > \widehat{B}$

- **Triangle Inequality Theorem**
  The sum of the lengths of two sides of a triangle is always greater than the length of the third side.
  The difference of the length of two sides is always less than the length of the third side.

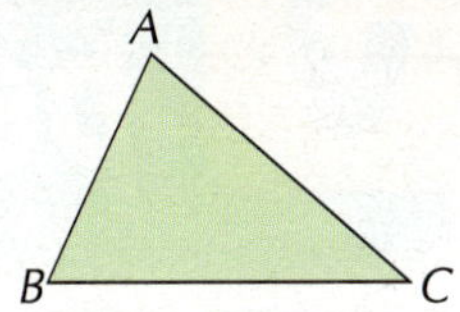

$AB + BC > AC$
$BC - AB < AC$

Congruence of polygons

Two polygons are congruent when they have the same number of sides, and all corresponding sides and interior angles are congruent.
To prove that two polygons are congruent, it is necessary to verify that all sides and all angles are rispectively congruent but:

- one side and the two adjacent angles
- two sides and the angle between them
- three consecutive interior angles

This does not mean that these three elements are different, it only means that *it is not necessary* to prove the congruence of these elements.

EXERCISES

CAPITOLO 3

Parallelismo e perpendicolarità nel piano

OBIETTIVI

- costruire e riconoscere rette perpendicolari, trovare distanze
- costruire e riconoscere rette parallele
- valutare la somma degli angoli interni ed esterni di un poligono
- conoscere e saper applicare criteri di congruenza relativi ai triangoli rettangoli

1 LE RETTE PERPENDICOLARI

Abbiamo chiamato angolo retto ciascuno dei due angoli in cui la bisettrice divide un angolo piatto; se ora prolunghiamo tale bisettrice nel semipiano opposto, si vengono a formare quattro angoli che sono tutti congruenti fra loro e tutti retti (***figura 1***). Infatti $\alpha \cong \beta$ perché la semiretta *r* è la bisettrice dell'angolo piatto, $\alpha \cong \gamma$ e $\beta \cong \delta$ perché opposti al vertice, quindi, per la proprietà transitiva della congruenza, gli angoli α, β, γ, δ sono tutti congruenti fra loro e, essendo α e β retti, anche gli altri lo sono. Diamo allora la seguente definizione.

Figura 1

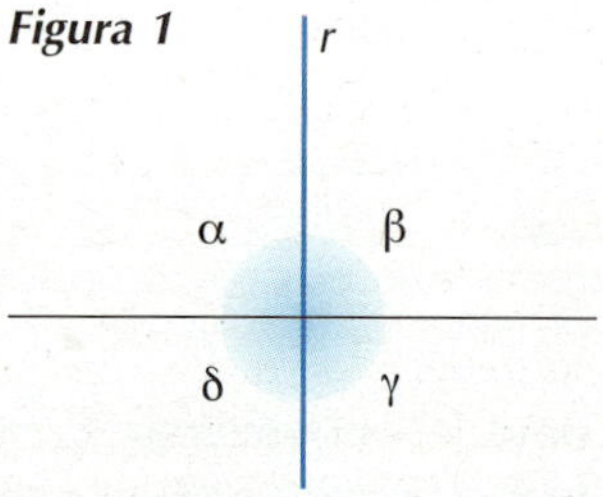

DEFINIZIONE DI RETTE PERPENDICOLARI

Due rette *r* e *s* si dicono **perpendicolari** se, incontrandosi, formano quattro angoli fra loro congruenti; ciascuno di questi angoli è un angolo retto.

Per indicare che due rette *r* e *s* sono perpendicolari si scrive $r \perp s$.
Nelle figure indicheremo l'angolo retto con il simbolo ∟.

Si dimostra poi che vale il seguente teorema:

Teorema. La perpendicolare condotta per un punto a una retta data esiste sempre ed è unica.

Dimostrazione.

Supponiamo dapprima che il punto *P* appartenga alla retta *r*; allora la perpendicolare per *P* è la bisettrice dell'angolo piatto di vertice *P*. Poiché la bisettrice di un angolo esiste sempre ed è unica, anche la perpendicolare per *P* esiste sempre ed è unica.
Consideriamo adesso il caso in cui *P* non appartiene alla retta *r*; per determinare la perpendicolare seguiamo questa costruzione (***figura 2a***):

- tracciamo una qualunque retta per *P* che incontri *r* in *A* e che formi con essa un angolo α
- per *A*, nel semipiano opposto a quello in cui si trova *P*, tracciamo una retta che formi con *r* un angolo congruente ad α
- determiniamo su quest'ultima retta un punto *Q* in modo che $QA \cong PA$.

Figura 2a

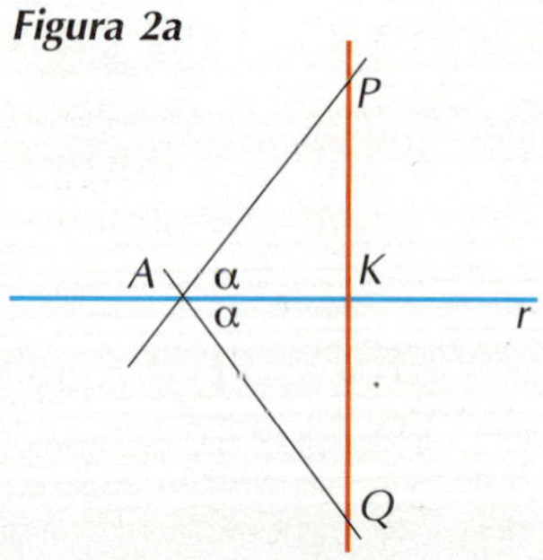

La retta PQ è la perpendicolare cercata. Infatti i triangoli PAK e QAK sono congruenti per il primo criterio ($PA \cong QA$ e $\widehat{PAK} \cong \widehat{QAK}$ per costruzione, $AK \cong AK$ per la proprietà riflessiva) e quindi $\widehat{PKA} \cong \widehat{QKA}$; essendo però tali angoli adiacenti, essi sono retti.
La perpendicolare PQ è anche unica; se infatti anche la retta PR in ***figura 2b*** fosse perpendicolare a r, il triangolo PRK avrebbe due angoli retti, cosa che sappiamo non essere possibile. ◀

Come conseguenza del teorema dell'angolo esterno, un triangolo non può avere più di un angolo retto.

Figura 2b

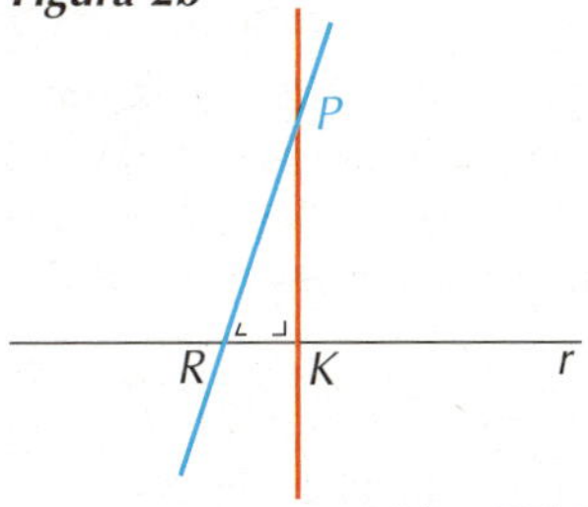

La relazione di perpendicolarità fra rette ci permette di dare nuove definizioni.

- Da un punto P del piano tracciamo la perpendicolare ad una retta r (***figura 3a***); il punto H di intersezione delle due rette si dice **piede** della perpendicolare da P su r o anche **proiezione ortogonale** di P su r.
- Consideriamo un segmento PQ e siano P' e Q' le proiezioni ortogonali di P e Q su r (***figura 3b***); il segmento $P'Q'$ si dice **proiezione ortogonale** di PQ su r.

Figura 3

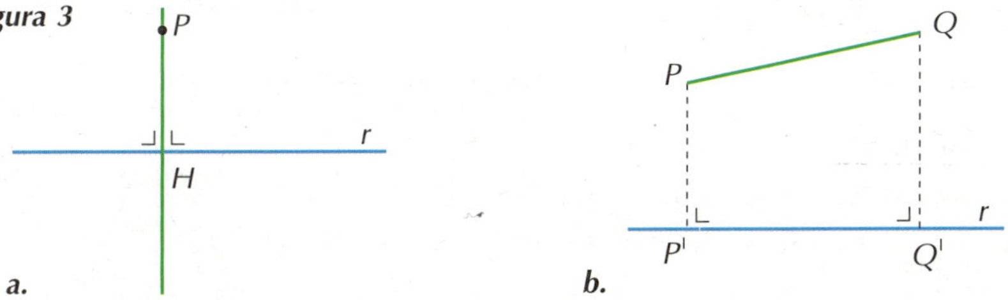

- In genere, quando si parla di distanza, si intende il percorso minimo che si deve fare per raggiungere un luogo partendo da un altro. Osservando che il percorso più breve che unisce due punti è il segmento che li congiunge, chiameremo dunque **distanza fra due punti** il segmento che ha per estremi tali punti. Se abbiamo un punto e una retta, il segmento PH di perpendicolare è il segmento di minima lunghezza che congiunge P con r; qualunque altro segmento PK infatti, essendo l'ipotenusa di un triangolo rettangolo, è maggiore di PH (***figura 4***); PH rappresenta allora la **distanza del punto *P* dalla retta *r*.**

Figura 4

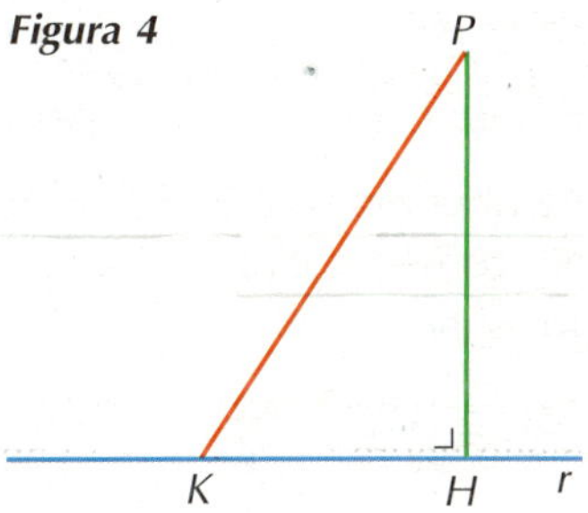

- Consideriamo adesso un segmento e tracciamo la perpendicolare passante per il suo punto medio (***figura 5a***); la retta perpendicolare ad un segmento nel suo punto medio si dice **asse** del segmento.
  L'asse di un segmento ha la proprietà che ogni suo punto è equidistante dagli estremi del segmento stesso (***figura 5b***).
  Infatti, preso un punto P sull'asse di un segmento AB, i triangoli PMA e PMB sono congruenti per il primo criterio e quindi $PA \cong PB$.

Figura 5

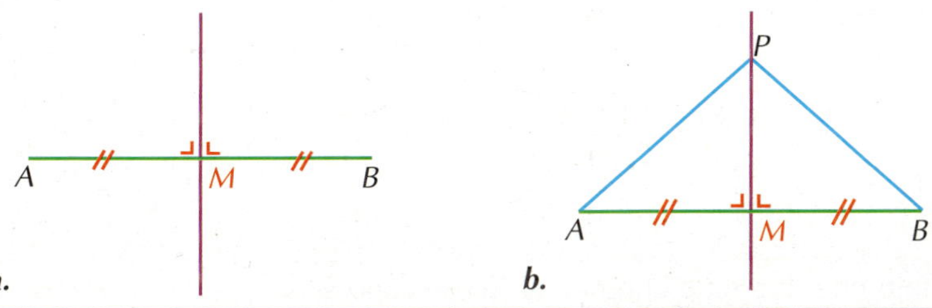

- Dato un triangolo, si dice **altezza** relativa ad un lato il segmento di perpendicolare condotto dal vertice opposto su quel lato (***figura 6***).

Figura 6

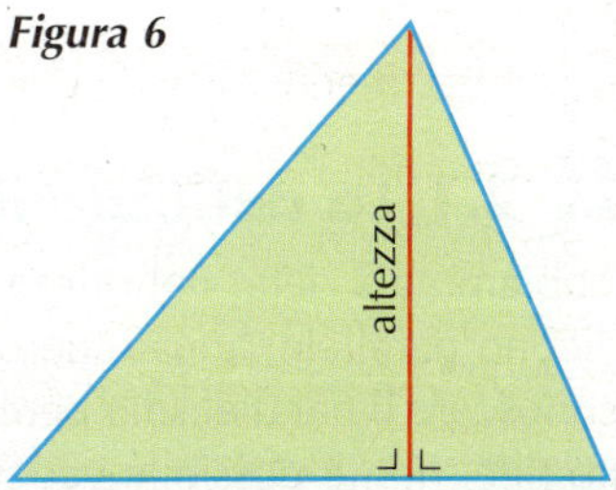

ATTENZIONE AGLI ERRORI

Devi prestare attenzione a come tracciare l'altezza di un triangolo perché, a differenza della mediana e della bisettrice che sono sempre interne al triangolo, l'altezza può anche essere esterna (***figura** 7*).

Figura 7

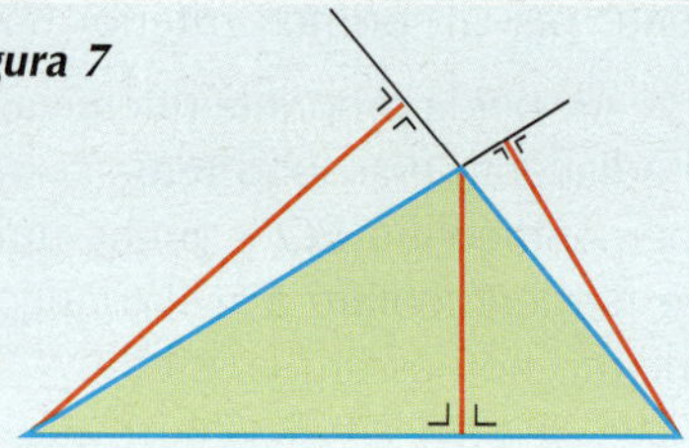

In generale, l'altezza, la mediana e la bisettrice relative ad un lato di un triangolo sono tre segmenti diversi (osserva la ***figura 8***); nel triangolo isoscele, invece, l'altezza e la mediana relative alla base e la bisettrice dell'angolo al vertice coincidono. Vale infatti il seguente teorema.

Figura 8

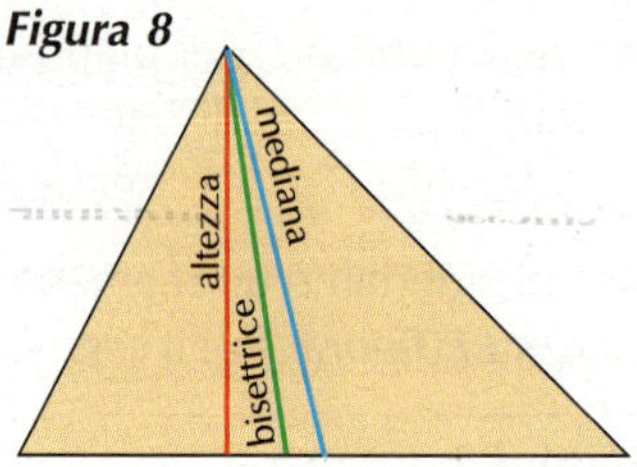

Teorema. In ogni triangolo isoscele la bisettrice dell'angolo al vertice è anche mediana e altezza.

Hp. $AB \cong AC$, $\widehat{BAP} \cong \widehat{CAP}$ **Th.** $PB \cong PC$, $AP \perp BC$ (***figura 9***)

Figura 9

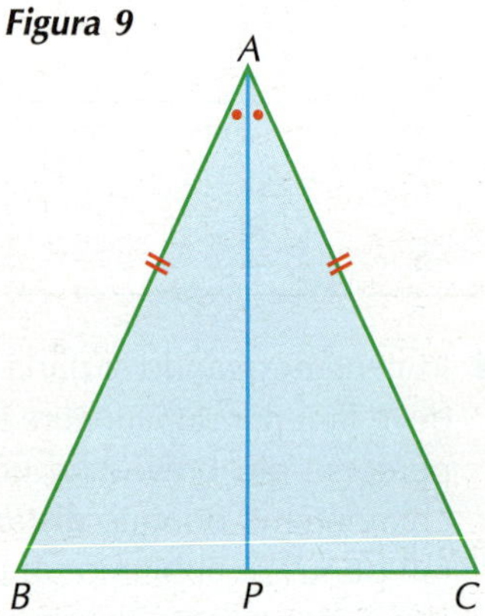

Dimostrazione.

Consideriamo i triangoli APB e APC, in essi:

$AB \cong AC$	per ipotesi
$AP \cong AP$	per la proprietà riflessiva della congruenza
$\widehat{BAP} \cong \widehat{CAP}$	per ipotesi

Per il primo criterio di congruenza possiamo quindi dire che $\overset{\triangle}{APB} \cong \overset{\triangle}{APC}$.
Ne consegue che:

$BP \cong PC$	e quindi AP è mediana
$\widehat{APB} \cong \widehat{APC}$	e quindi, poiché due angoli congruenti e supplementari sono retti, AP è altezza. ◀

L'altezza e la mediana relative alla base e la bisettrice dell'angolo al vertice di un triangolo isoscele sono lo stesso segmento.

In modo del tutto analogo si dimostra che, in ogni triangolo isoscele, se si traccia la mediana relativa alla base, questa è anche altezza e bisettrice; se si traccia l'altezza relativa alla base, questa è anche mediana e bisettrice.

ESERCIZI E PROBLEMI pag. 213

2 LE RETTE PARALLELE

2.1 La definizione

Abbiamo già detto nel primo capitolo che due rette che non si intersecano si dicono parallele; appare però evidente che la definizione data non serve a riconoscere il parallelismo perché, visto che le rette non hanno inizio e non hanno fine, non è possibile vedere se si incontrano o meno.

Questa considerazione può anche far nascere il dubbio che le rette parallele non esistano, nel senso che due rette che a prima vista sembrano parallele potrebbero incontrarsi in un punto lontanissimo da noi e irraggiungibile. Tale dubbio si può però sciogliere in modo molto semplice perché vale il seguente teorema.

Teorema. Se due rette distinte *s* e *t* sono perpendicolari ad una stessa retta *r*, allora non hanno alcun punto in comune.

Hp. $s \perp r$ **Th.** $s \cap t = \varnothing$
$t \perp r$

Premessa alla dimostrazione

Se hai visto gli approfondimenti online a proposito della dimostrazione del secondo criterio di congruenza dei triangoli, sai già come si conduce una dimostrazione per assurdo e puoi quindi saltare questa premessa; se non lo hai fatto, segui la procedura indicata di seguito. In una dimostrazione per assurdo:

- si nega la tesi del teorema assumendo che sia falsa;
- dalla falsità della tesi si deducono alcune affermazioni le quali, ad un certo punto, entrano in contrasto con le ipotesi del teorema, con una proprietà nota o con uno degli assiomi affermandone la falsità;
- poiché le ipotesi, le proprietà e gli assiomi sono affermazioni assolutamente vere, il presupposto errato può solo essere quello iniziale nel quale si è dichiarato che la tesi è falsa;
- se la tesi non può essere falsa, allora deve essere vera.

Veniamo adesso alla dimostrazione.

Dimostrazione

Neghiamo la tesi e diciamo che le due rette non sono parallele; esse quindi si incontrano in un punto *P* (***figura 10***).
Abbiamo allora due rette distinte uscenti dallo stesso punto che sono entrambe perpendicolari alla retta *r*. Ma, per l'unicità della perpendicolare, questo è assurdo e dobbiamo quindi concludere che abbiamo commesso un errore nel negare la tesi; le rette *s* e *t* sono quindi parallele. ◀

Figura 10

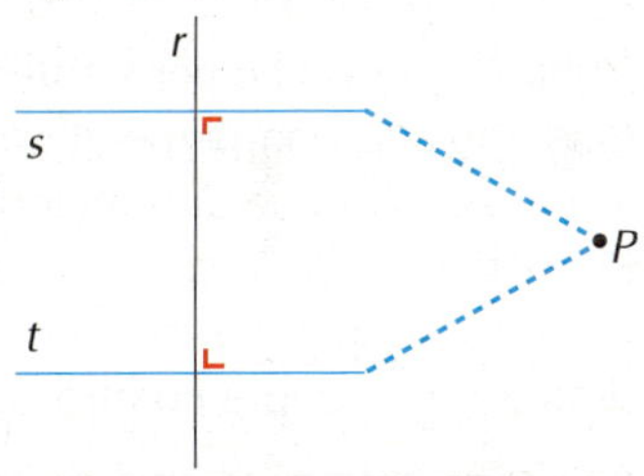

Esistono quindi rette che non hanno punti di intersezione; diciamo allora che:

due rette si dicono **parallele** se non si intersecano oppure se sono coincidenti

LA DEFINIZIONE DI RETTE PARALLELE

estendendo in questo modo la definizione di rette parallele anche al caso in cui le due rette sono sovrapposte. Per indicare che due rette *r* e *s* sono parallele scriveremo $r \parallel s$.
E' poi intuitivo che se due rette *a* e *b* sono entrambe parallele ad una terza retta *c*, anche *a* è parallela a *b* (***figura 11***).

Figura 11

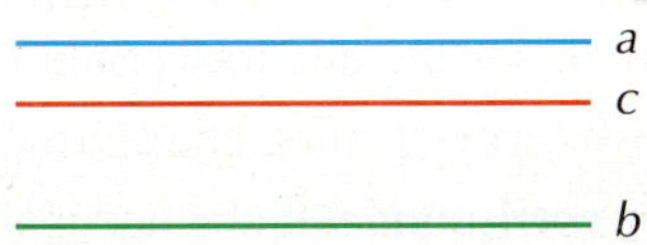

Si può quindi dire che la relazione di parallelismo è:

- **riflessiva**: ogni retta è parallela a se stessa perché questo equivale a considerare due rette coincidenti
- **simmetrica**: se $r \parallel s$ anche $s \parallel r$
- **transitiva**: se $r \parallel s$ e $s \parallel t$ anche $r \parallel t$.

Di rette che sono tutte parallele tra loro si dice che hanno la stessa direzione.

Figura 12

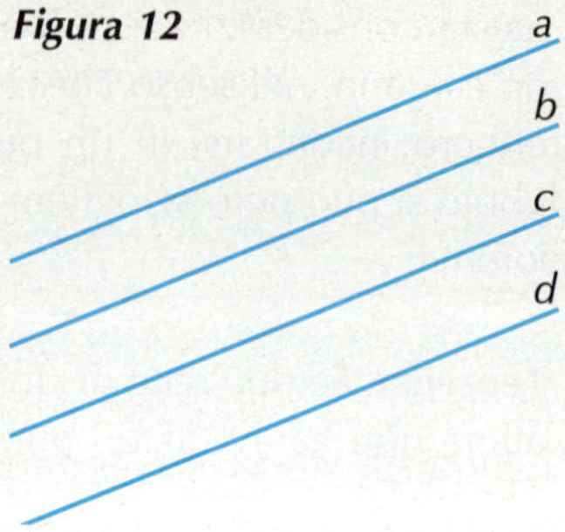

Direzione è la caratteristica comune a tutte le rette che sono tra loro parallele.

L'insieme di tutte le rette che hanno la stessa direzione si dice **fascio di rette parallele** o anche **fascio di rette improprio** (***figura 12***).

Veniamo adesso al problema di come costruire la retta *s* parallela ad una retta data *r* e passante per un punto *P* assegnato. Dobbiamo distinguere due casi:

- se *P* appartiene a *r*, la retta *s* coincide con *r*;
- se *P* non appartiene a *r*, basta usare il teorema sull'esistenza delle rette parallele appena dimostrato: tracciamo la retta *t* perpendicolare a *r* per *P*; tracciamo poi, sempre per *P*, la retta *s* perpendicolare a *t*; si ha così che $s \parallel r$ (***figura 13***).

Figura 13

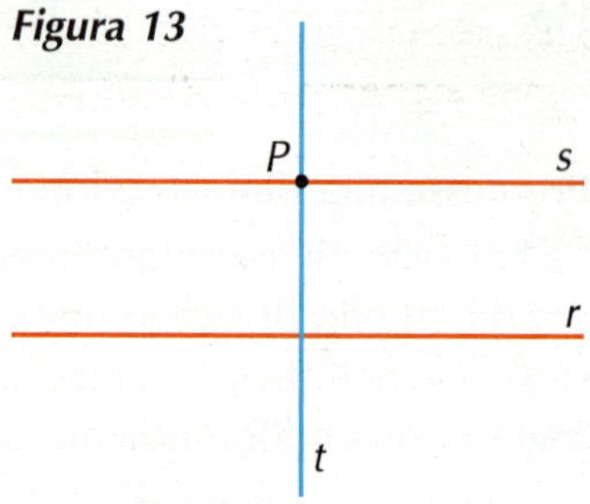

L'unicità della parallela ad una retta data passante per un punto *P* non si può però dimostrare e dobbiamo assumerla come assioma.

L'ASSIOMA DI UNICITÀ DELLA PARALLELA

A13. Dati una retta *r* ed un punto *P* che non le appartiene, esiste una sola retta passante per *P* e ad essa parallela.

Approfondimento
Il quinto postulato di Euclide

2.2 Il criterio di parallelismo e le proprietà delle rette parallele

Abbiamo visto che per stabilire se due rette sono parallele basta verificare che esse abbiano una perpendicolare comune.
Ma ci sono anche altri metodi.
Premettiamo alcune considerazioni. Quando una retta *t* incontra altre due rette *a* e *b*, si vengono a formare otto angoli che, per la posizione che occupano, prendono a coppie nomi diversi (***figura 14***); si dicono:

Figura 14

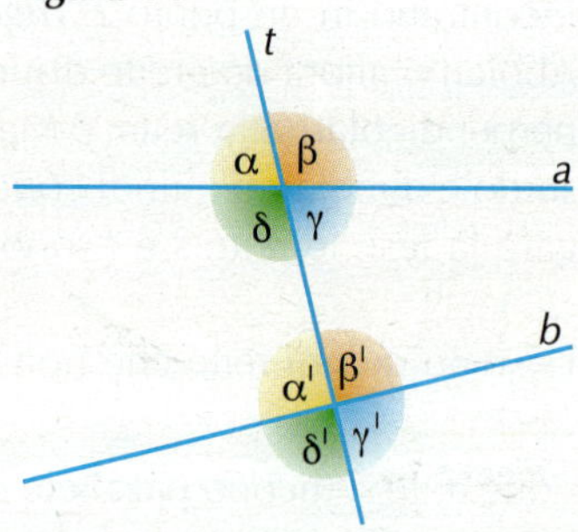

- **alterni interni** coppie di angoli come γ e α' oppure δ e β'
- **alterni esterni** coppie di angoli come α e γ' oppure β e δ'
- **corrispondenti** coppie di angoli come α e α', β e β', γ e γ', δ e δ'
- **coniugati interni** coppie di angoli come γ e β' oppure δ e α'
- **coniugati esterni** coppie di angoli come β e γ' oppure α e δ'

La retta *t* prende il nome di **trasversale**.
I nomi dati alle coppie di angoli richiamano la loro posizione rispetto alle due rette *a* e *b* e alla trasversale *t*:

- **alterni** significa che si trovano da parte opposta rispetto alla trasversale
- **corrispondenti** che occupano una posizione analoga rispetto alle due rette *a* e *b* e alla trasversale, ad esempio al di sotto delle rette e a destra della trasversale
- **coniugati** che stanno dalla stessa parte rispetto alla trasversale

- **interni** che si trovano (almeno in parte visto che l'angolo è una parte di piano illimitata) all'interno della zona delimitata dalle due rette
- **esterni** che si trovano all'esterno di tale zona.

In genere non vi è alcuna relazione particolare fra queste coppie di angoli, per esempio non ci sono coppie di angoli congruenti, complementari o supplementari. Quando però accade che si riesca a stabilire qualche relazione fra questi angoli, allora le rette *a* e *b* occupano posizioni particolari nel piano. Vale infatti il seguente teorema.

Se due rette a e b sono parallele, ogni trasversale che incontra a incontra anche b. Sai spiegare perché?

Teorema. Se due rette, tagliate da una trasversale, formano angoli alterni interni congruenti, allora sono parallele.

Hp. $\alpha \cong \alpha'$ **Th.** $a \parallel b$ (***figura 15***)

Dimostrazione.

Seguiamo anche in questo caso un ragionamento per assurdo. Supponiamo quindi che le rette *a* e *b* non siano parallele e cioè che si incontrino in un punto *P*. Si viene così a formare il triangolo *PAB* di cui l'angolo α è angolo esterno perché è formato da un lato del triangolo (il lato *AB*) e dal prolungamento dell'altro (il lato *PA*). Per il teorema dell'angolo esterno, noi sappiamo che α è maggiore di ciascuno degli angoli interni ad esso non adiacenti, quindi $\alpha > \alpha'$. Per ipotesi però è $\alpha \cong \alpha'$. Siamo quindi giunti ad una contraddizione e possiamo concludere che la tesi è vera e cioè che $a \parallel b$. ◀

Figura 15

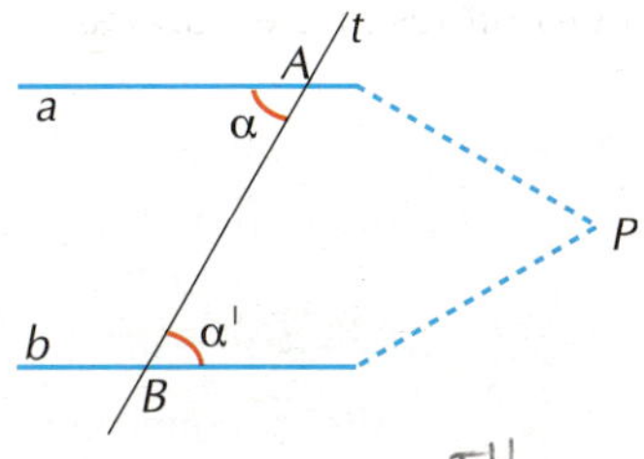

Abbiamo dunque trovato un altro modo per verificare che due rette sono parallele: se formano una coppia di angoli alterni interni congruenti, allora sono parallele. La verifica del parallelismo di due rette si può fare anche attraverso altre coppie di angoli; vale infatti il seguente criterio (segui la successiva ***figura 16***).

Criterio generale di parallelismo. Due rette sono parallele se, tagliate da una trasversale, formano:

- angoli alterni congruenti, oppure
- angoli corrispondenti congruenti, oppure
- angoli coniugati supplementari.

ANIMAZIONE

Figura 16

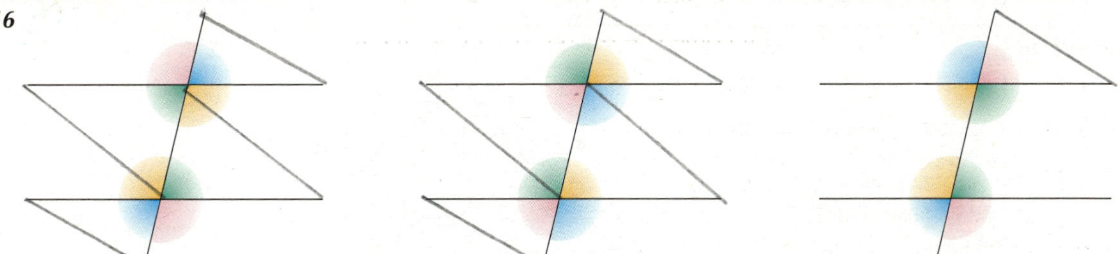

angoli alterni (congruenti) — angoli corrispondenti (congruenti) — angoli coniugati (supplementari)

Il criterio di parallelismo può essere invertito diventando una proprietà delle rette parallele; vale infatti il seguente teorema.

Teorema. Se due rette parallele vengono tagliate da una trasversale, allora gli angoli alterni interni sono congruenti.

Hp. $a \parallel b$ **Th.** $\alpha \cong \alpha'$ (***figura 17***)

Dimostrazione.

Anche in questo caso la dimostrazione è per assurdo. Neghiamo dunque la tesi e supponiamo che gli angoli α e α' non siano congruenti; allora uno di essi sarà maggiore dell'altro, supponiamo per esempio che sia $\alpha > \alpha'$ (discorsi analoghi si potrebbero fare se $\alpha < \alpha'$). In questo caso possiamo tracciare per A una retta c che formi un angolo β congruente ad α'; per il criterio di parallelismo si ha quindi che $c \parallel b$ perché formano angoli alterni interni congruenti. Siamo dunque in questa situazione:

$a \parallel b$ $c \parallel b$ a e c sono due rette diverse che passano per A

L'assioma di unicità della parallela ci dice però che per A non possono passare due rette parallele alla retta b, quindi dobbiamo concludere che la tesi è vera. ◀

Figura 17

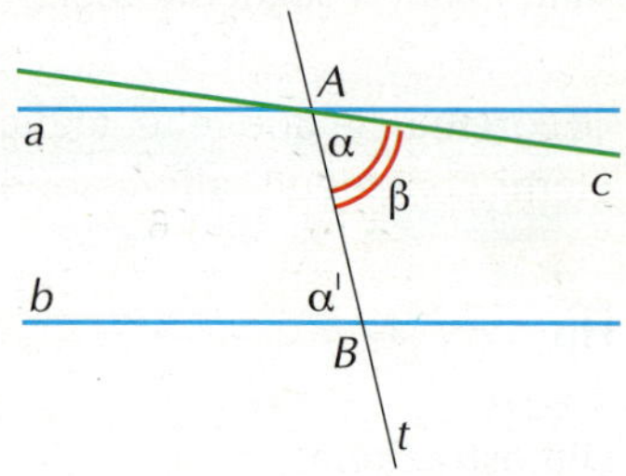

Questo teorema e considerazioni del tutto simili a quelle fatte precedentemente ci consentono di enunciare la seguente proprietà delle rette parallele.

Due rette parallele tagliate da una trasversale formano:
- angoli alterni congruenti
- angoli corrispondenti congruenti
- angoli coniugati supplementari.

In particolare poi se due rette sono parallele, ogni perpendicolare alla prima è perpendicolare anche alla seconda.

Consideriamo adesso due semirette fra loro parallele; si possono presentare i seguenti casi:

- esse si trovano entrambe nello stesso semipiano definito dalla retta che passa per le loro origini e si dice allora che sono **parallele e concordi** (***figura 18a***)
- si trovano in semipiani opposti rispetto alla retta che passa per le loro origini e si dice allora che sono **parallele e discordi** (***figura 18b***).

Figura 18

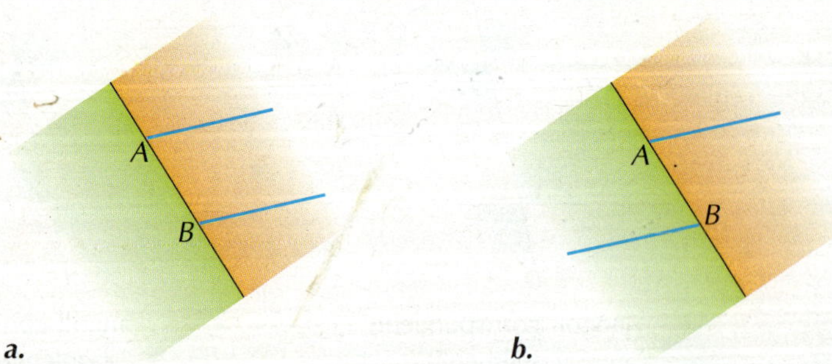

Quando due angoli α e α' hanno i lati ordinatamente paralleli, si possono presentare le seguenti situazioni:

- entrambi i lati sono paralleli e concordi (***figura 19a***), i due angoli sono allora congruenti (infatti $\alpha \cong \beta$ e $\beta \cong \alpha'$ perché a due a due corrispondenti);
- entrambi i lati sono paralleli e discordi (***figura 19b***); anche in questo caso i due angoli sono congruenti (infatti $\alpha \cong \beta$ perché corrispondenti e $\beta \cong \alpha'$ perché alterni interni);
- due lati sono paralleli e concordi e gli altri due sono paralleli e discordi (***figura 19c***); i due angoli sono allora supplementari (infatti $\alpha \cong \beta$ perché alterni interni e β supplementare di α' perché coniugati interni).

Figura 19

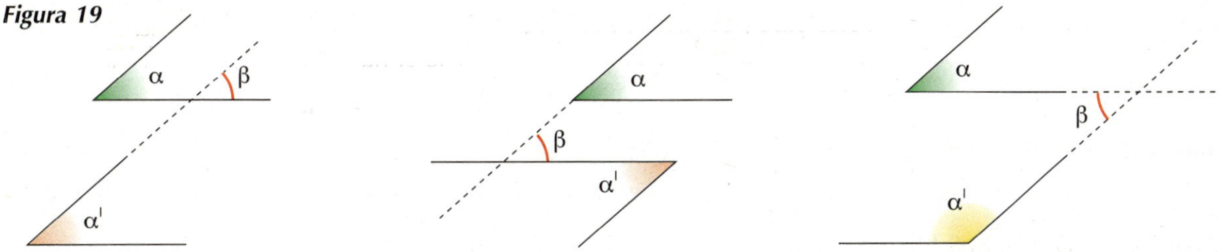

a. sono congruenti **b.** sono congruenti **c.** sono supplementari

ESERCIZI E PROBLEMI **pag. 216**

3 PERPENDICOLARITÀ E PARALLELISMO NEI POLIGONI

3.1. Le proprietà relative agli angoli

Le proprietà del parallelismo ci permettono di trovare altre importanti proprietà dei triangoli enunciate dai teoremi che seguono.

SECONDO TEOREMA DELL'ANGOLO ESTERNO

Teorema. In ogni triangolo ciascun angolo esterno è congruente alla somma degli angoli interni ad esso non adiacenti.

Hp. ABC è un triangolo **Th.** $\widehat{ACD} \cong \widehat{ABC} + \widehat{BAC}$ (***figura 20***)

Figura 20

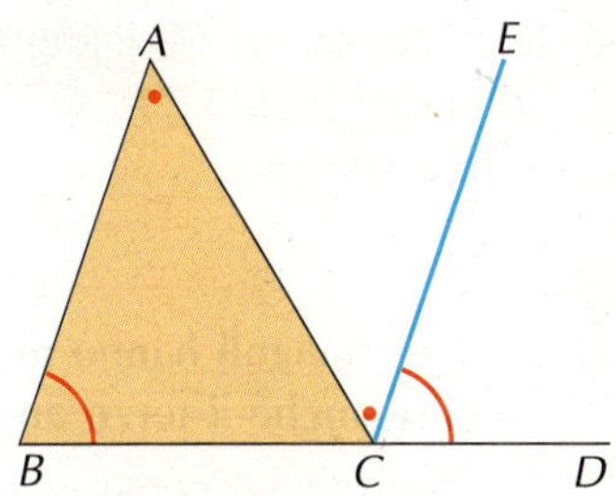

Dimostrazione.

Disegnato il triangolo ABC, consideriamo l'angolo esterno ACD e, dal vertice C, tracciamo la semiretta CE parallela ad AB. Per le proprietà del parallelismo abbiamo che:

- $\widehat{ACE} \cong \widehat{BAC}$ perché angoli alterni interni rispetto alle parallele AB e CE tagliate dalla trasversale AC
- $\widehat{ECD} \cong \widehat{ABC}$ perché angoli corrispondenti rispetto alle stesse parallele tagliate dalla trasversale BD.

Allora $\widehat{ACE} + \widehat{ECD} \cong \widehat{BAC} + \widehat{ABC}$,

ovvero $\widehat{ACD} \cong \widehat{BAC} + \widehat{ABC}$. ◀

VIDEO RECUPERO

Questa proprietà precisa la relazione che avevamo individuato nel precedente capitolo fra l'angolo esterno di un triangolo ed i suoi angoli interni: non solo l'angolo esterno è maggiore di ciascuno degli angoli interni non adiacenti, ma è proprio congruente alla somma di tali angoli; d'ora in poi quando parleremo di *teorema dell'angolo esterno*, ci riferiremo a questo secondo teorema che esprime una relazione più precisa fra gli angoli di un triangolo rispetto a quello precedente.

SOMMA DEGLI ANGOLI INTERNI DI UN TRIANGOLO E DI UN POLIGONO

Teorema. La somma degli angoli interni di un triangolo è congruente ad un angolo piatto.

Hp. ABC è un triangolo **Th.** $\widehat{ABC} + \widehat{BAC} + \widehat{ACB} \cong \pi$

Dimostrazione.
Per il precedente teorema (riferisciti ancora alla ***figura 20***) sappiamo che $\widehat{ABC} + \widehat{BAC} \cong \widehat{ACD}$. Se ai due membri di questa relazione aggiungiamo l'angolo $\widehat{ACB}$, otteniamo l'uguaglianza $\widehat{ABC} + \widehat{BAC} + \widehat{ACB} \cong \widehat{ACD} + \widehat{ACB}$, cioè che $\widehat{ABC} + \widehat{BAC} + \widehat{ACB} \cong \pi$. ◀

Questa seconda proprietà ci permette di fare alcune considerazioni.

- **Gli angoli acuti di un triangolo rettangolo sono complementari.**
  Infatti se dall'angolo piatto, somma degli angoli interni del triangolo, togliamo l'angolo retto, troviamo ancora un angolo retto (***figura 21***).

- **La somma degli angoli interni di un poligono convesso di *n* lati è congruente a *n* – 2 angoli piatti.**
  Infatti, se congiungiamo i vertici del poligono con un qualunque punto interno P, otteniamo n triangoli (***figura 22***); la somma degli angoli interni di questi triangoli è n angoli piatti; se da questa somma togliamo gli angoli di vertice P, che equivalgono a 2 angoli piatti, abbiamo $n - 2$ angoli piatti. Il valore trovato equivale alla somma degli angoli in colore verde nella figura ed è quindi congruente alla somma degli angoli interni del poligono.

- **La somma degli angoli esterni di un poligono convesso è sempre congruente a due angoli piatti.**
  Infatti la somma degli angoli interni più quella degli angoli esterni vale n angoli piatti (***figura 23***); se da questa somma togliamo quella degli angoli interni troviamo:
  $$n\pi - (n-2)\pi \cong n\pi - n\pi + 2\pi \cong 2\pi$$

- **Se due triangoli hanno due angoli ordinatamente congruenti, hanno congruente anche il terzo angolo.**
  Essi sono infatti congruenti per differenza di angoli congruenti.

Quest'ultima considerazione ci permette di dimostrare in modo molto semplice un ulteriore criterio di congruenza dei triangoli (questo stesso criterio è stato proposto tra gli Approfondimenti del capitolo precedente con una dimostrazione per assurdo).

Figura 21

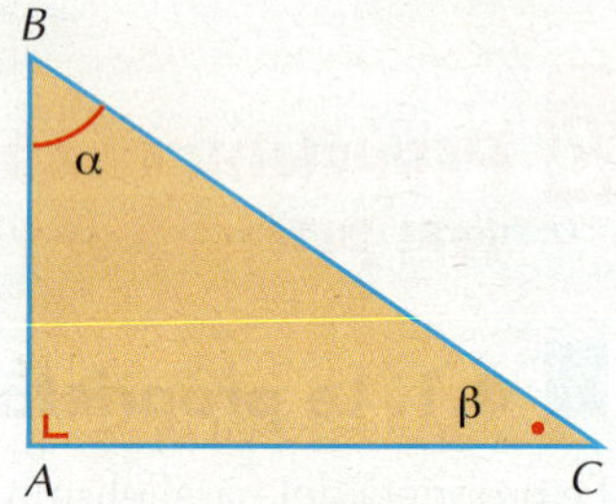

$\alpha + \beta =$ angolo retto

Figura 22

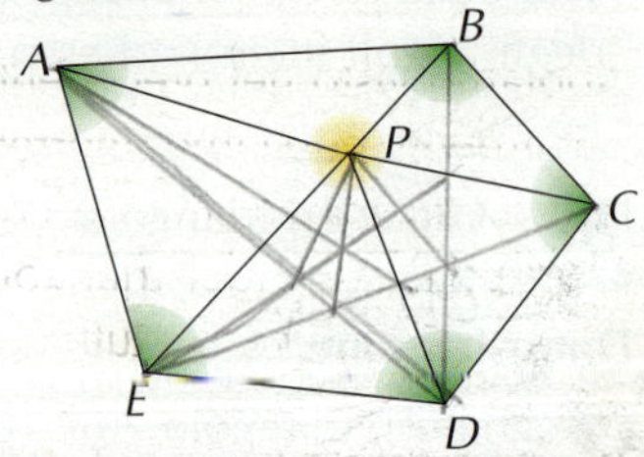

Figura 23

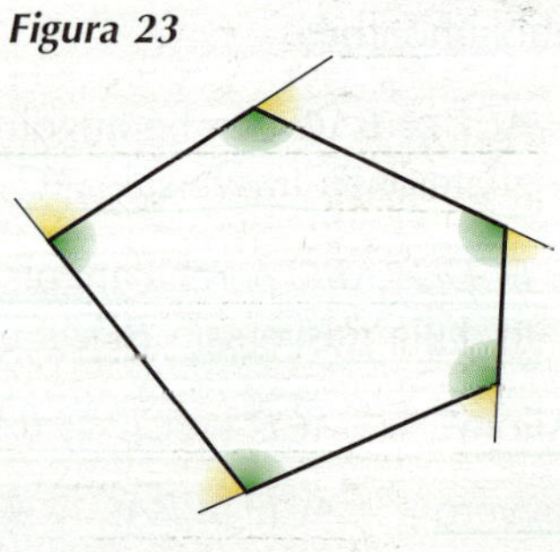

Quarto criterio di congruenza dei triangoli. Due triangoli sono congruenti se hanno ordinatamente congruenti due angoli e il lato opposto ad uno di essi.

In definitiva, tenendo presenti il secondo e il quarto criterio di congruenza, possiamo dire che: ***due triangoli sono congruenti se hanno ordinatamente congruenti un lato e due angoli.***

Infatti se i due angoli evidenziati in ***figura 24*** sono ordinatamente congruenti, anche il terzo angolo del primo triangolo deve essere congruente al terzo angolo del secondo triangolo; siamo quindi ricondotti nella situazione prevista dal secondo criterio di congruenza.

Figura 24

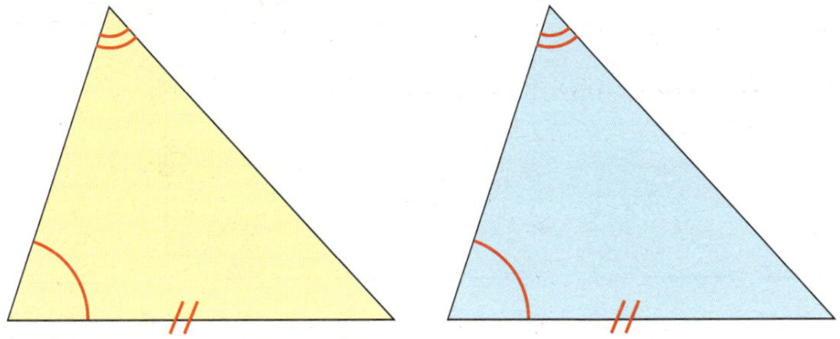

Osserviamo ora che, se due rette non sono parallele, la distanza di un punto di una di esse dall'altra varia al variare del punto scelto (***figura 25a***); se le rette sono parallele invece tale distanza rimane sempre la stessa (***figura 25b***). Basta infatti osservare che i triangoli PQT e PST sono congruenti per il quarto criterio di congruenza: in essi infatti si ha che $\widehat{PST} \cong \widehat{PQT}$ perché angoli retti, $\widehat{QPT} \cong \widehat{STP}$ perché alterni interni, $PT \cong PT$ per la proprietà riflessiva.

Figura 25

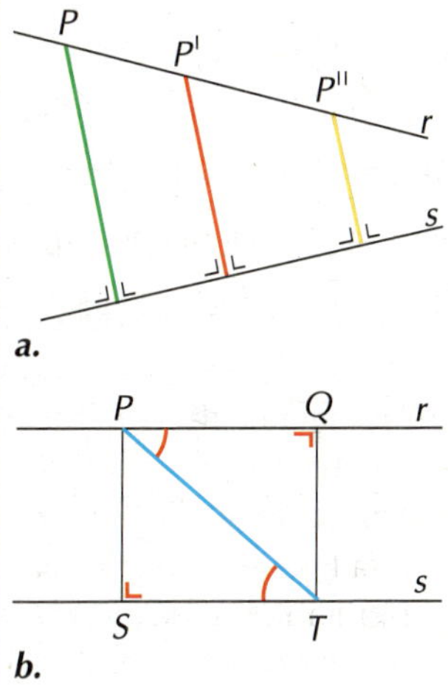

Possiamo allora dare la seguente definizione.

DISTANZA FRA DUE RETTE PARALLELE

Si chiama **distanza** fra due rette parallele la distanza di un punto qualunque di una di esse dall'altra.

3.2 La congruenza nei triangoli rettangoli

Abbiamo visto nel precedente capitolo che, per stabilire se due triangoli sono congruenti, possiamo ricorrere ai criteri di congruenza che, a seconda dei casi, ci indicano quali sono le coppie di elementi che dobbiamo confrontare. Nel caso particolare dei triangoli rettangoli, questi criteri si semplificano perché questi triangoli hanno tutti un angolo retto e gli angoli retti sono tutti congruenti fra loro.
Possiamo quindi enunciare i criteri di congruenza dei triangoli rettangoli in questo modo:

I CRITERI DI CONGRUENZA PER I TRIANGOLI RETTANGOLI

Teorema. Due triangoli rettangoli sono congruenti se hanno ordinatamente congruenti:
- i due cateti, oppure
- un cateto e un angolo acuto, oppure
- l'ipotenusa e un angolo acuto, oppure
- l'ipotenusa e un cateto.

Dimostrazione.

- Nel primo caso rientriamo nel primo criterio di congruenza perché l'angolo compreso è quello retto (***figura 26a***).
- Nel secondo caso rientriamo nel secondo criterio se l'angolo acuto è quello adiacente al cateto (***figura 26b***), nel quarto criterio se l'angolo acuto è quello opposto al cateto (***figura 26c***).
- Nel terzo caso rientriamo nel quarto criterio perché l'angolo opposto all'ipotenusa è quello retto (***figura 26d***).

ANIMAZIONE

Figura 26

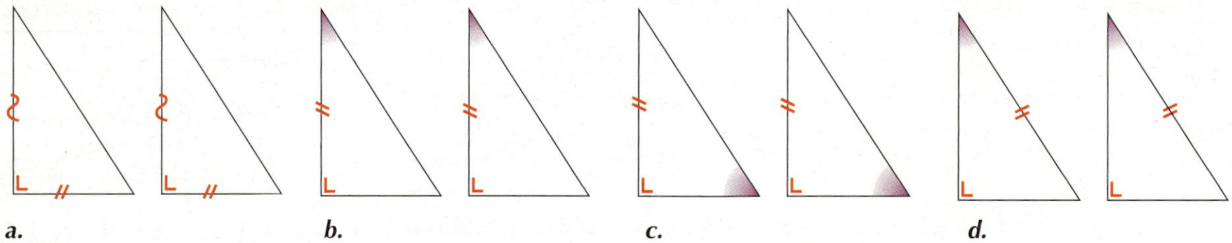

- La dimostrazione del quarto caso rientra nel terzo criterio perché dimostreremo adesso che se due triangoli rettangoli hanno l'ipotenusa ed un cateto ordinatamente congruenti, anche l'altro cateto del primo triangolo è congruente al suo omologo; ti invitiamo a completare per esercizio questa dimostrazione.
Disegnati i triangoli ABC e $A'B'C'$ rettangoli A e in A', supponiamo che sia $CB \cong C'B'$ e $AB \cong A'B'$ e dimostriamo che $AC \cong A'C'$ (***figura 26e***).
A questo scopo prolunghiamo il cateto AC di un segmento $AD \cong A'C'$ e congiungiamo B con D. I due triangoli $A'B'C'$ e ABD sono congruenti perché .... Allora $DB \cong C'B'$ e perciò $DB \cong CB$ perché ....
Il triangolo CBD è quindi isoscele di base CD e AB è l'altezza relativa alla base, quindi $AC \cong$ .... Per la proprietà transitiva della congruenza si ha allora che $AC \cong$ .... I due triangoli ABC e $A'B'C'$ sono quindi congruenti per il terzo criterio. ◀

Figura 26e

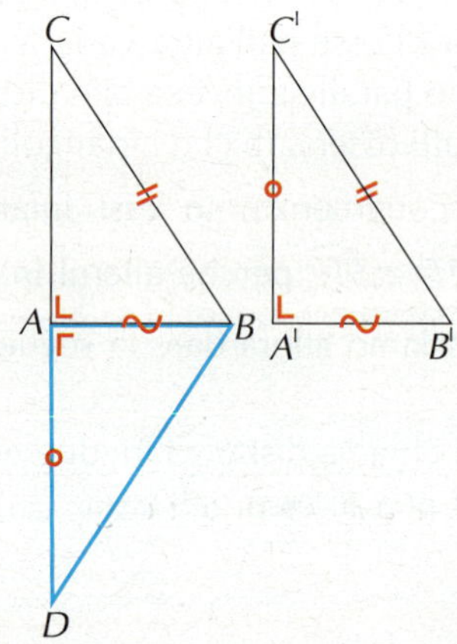

ESERCIZI E PROBLEMI pag. 219

IL CAPITOLO SI COMPLETA CON:

CONCETTI CHIAVE E REGOLE | LABORATORIO | SCHEDE STORICHE E DI CURIOSITÀ | PRESENTAZIONI IN POWERPOINT

Perpendicular and parallel lines

BASIC CONCEPTS

CLIL

AUDIO FILE

Key Terms

perpendicular bisector	interior / exterior angles
altitude	corresponding, alternate angles
coplanar	same-side interior / exterior angles
transversal	leg (as a synonimus of cathetus)

Perpendicular lines

Perpendicular lines are lines that intersect at right angles. The symbol ⊥ is used to denote perpendicular lines.

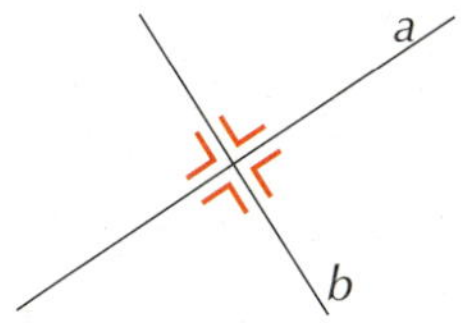

The concept of perpendicularity lets us introduce the following definitions.

- The **distance** between a point *P* and a line *r* is the line segment *PH* which is perpendicular from the point to the line.

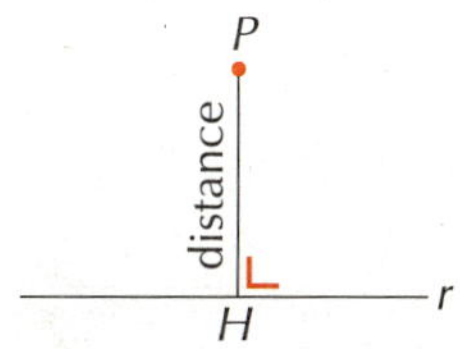

- The **perpendicular bisector** of a line segment *AB* is the line *a* which is perpendicular to the segment and passes through its midpoint.
  Its property is that each point on it is equidistant from the endpoints of the line segment.

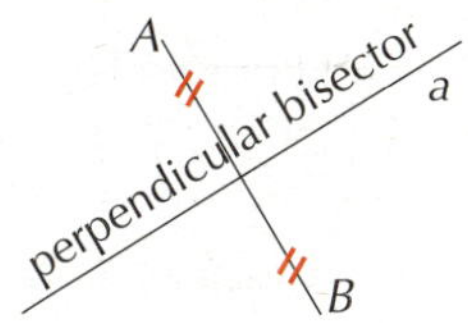

- The **altitude** of a triangle is the perpendicular from the vertex to the opposite side. Since there are three possible bases, there are also three possible altitudes.

It is also true that in any isosceles triangle, the altitude and the median to the base and the bisector of the vertex angle are the same segment.

Parallel lines

Parallel lines are coplanar lines that do not intersect. The symbol || is used to denote parallel lines.

- Given any straight line *a* and a point *P* not on it, there exists one and only one straight line *b* which passes through *P* and is parallel to *a*.

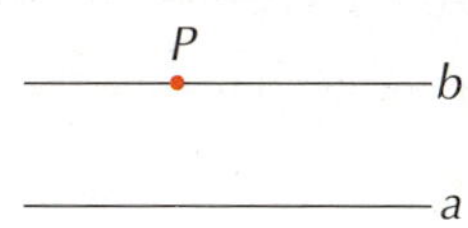

This important statement is known as **Euclid's fifth postulate**.

A line that intersects two or more coplanar lines, each at a different point, is called a *transversal*; drawing a tranversal we get eight angles and referring to the figure below we have:

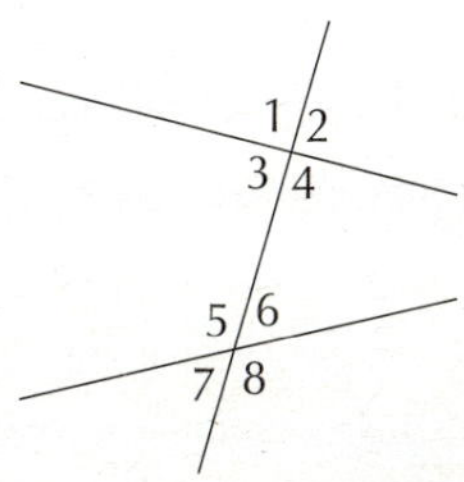

- the **interior angles**, that is the angles that are between the two lines (angles as 3, 4, 5, 6); those outside are called *exterior angles* (angles as 1, 2, 7, 8)
- the **corresponding angles**, that is the angles on the same side of the transversal and on the same side of the lines (angles as 1-5, 2-6, 3-7, 4-8)

- the **alternate interior angles**, that is the non-adjacent angles between the two lines and on oppostire sides of the transversal (angles as 3-6, 4-5); those outside are called *alternate exterior angles* (angles as 1-8, 2-7)
- the **same-side interior / exterior angles**, that is angles on the same side of the transversal (angles as 4-6, 3-5 are interior, 1-7, 2-8 are exterior).

These names are used both when lines are not parallel and when lines are parallel; in this second case, it is true that:

- the alternate interior / exterior angles are congruent
- the corresponding angles are congruent
- the interior and exterior angles on the same side of the transversal are supplementary.

All these theorems work in reverse and can be used to prove that two lines are parallel; that is, two lines are parallel if they are cut by a transversal such that:

- two corresponding angles are congruent
- two alternate interior /exterior angles are congruent
- two same-side interior /exerior angles are supplementary.

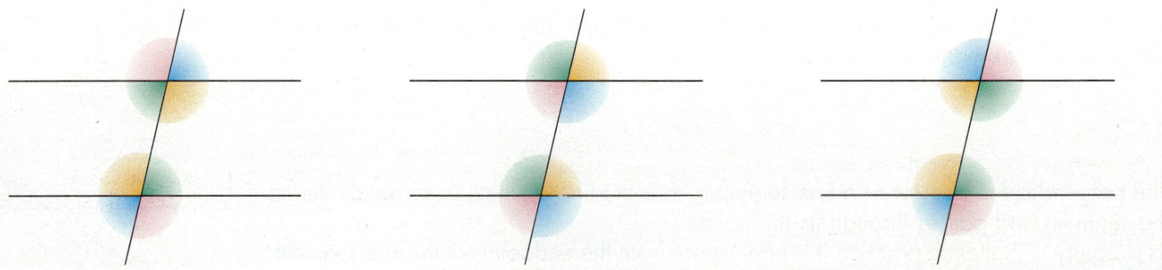

alternate angles — corresponding angles — on the same side of the transversal angles

Consequences in polygons

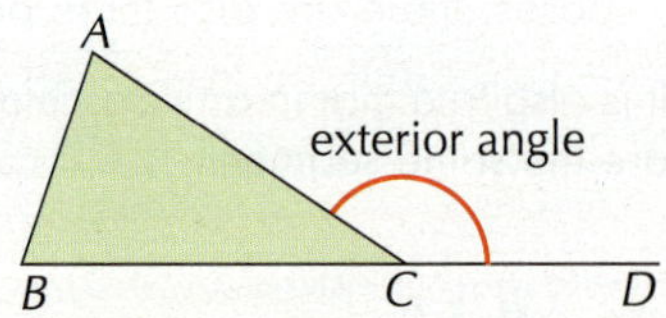

If we have a triangle, an **exterior angle** is formed by one side of a triangle and the extension of the adjacent side of the triangle.
We can say that:

- an exterior angle of a triangle is equal to the sum of the two non-adjacent interior angles.

As a consequence of this:

- in any triangle, the sum of all the three interior angles is a straight angle (180°)
- the two acute angles of a right triangle are complementary
- if two triangles have two angles respectively congruent, the third angles are congruent too

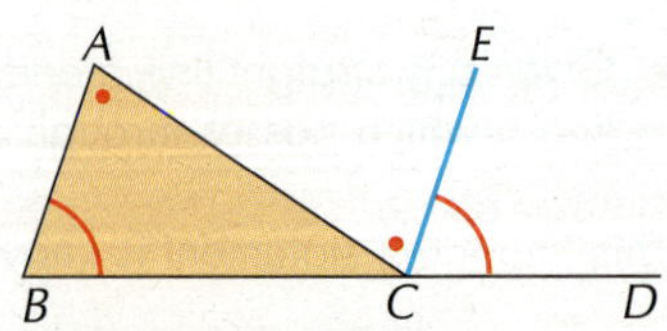

$\widehat{ACD} = \widehat{CAB} + \widehat{CBA}$

and referring to convex polygons with n sides:

- the sum of all interior angles equals $n - 2$ straight angles ($(n - 2) \cdot 180°$).

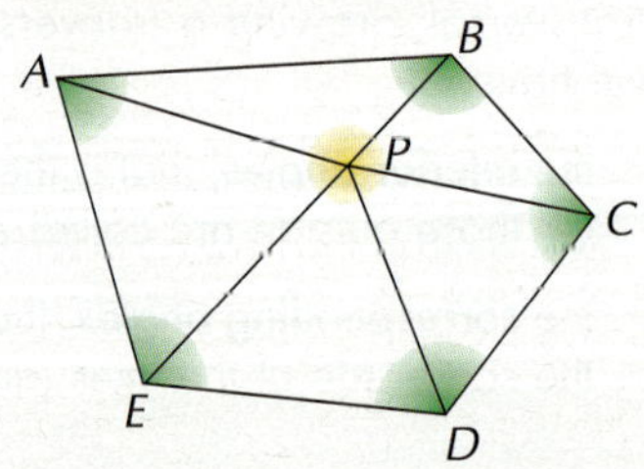

Congruence in right angled triangles

Since all right angled triangles have at least one congruent angle, the right one, we can conclude that two triangles of this kind are congruent if they have respectively congruent:

- the two legs **(picture a.)**
- one leg and an acute angle **(picture b. - c.)**
- the hypotenuse and one acute angle **(picture d.)**
- the hypotenuse and one leg **(picture e.)**

a.

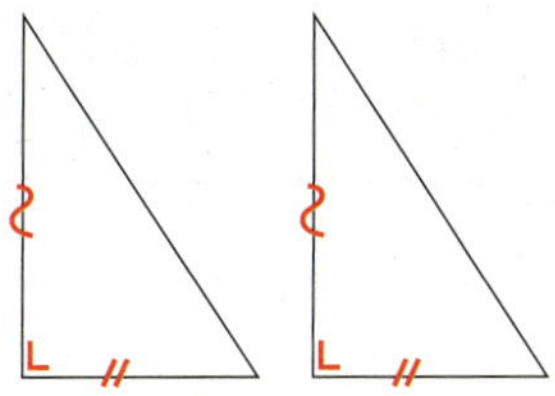

b.

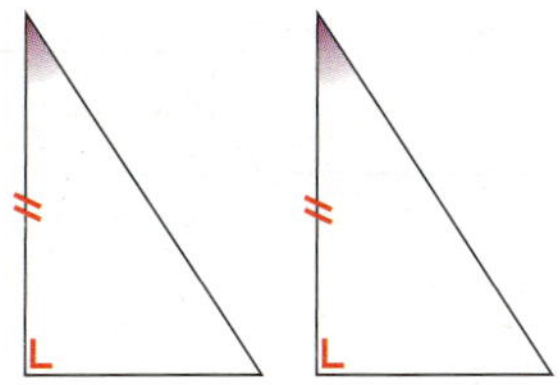

c.

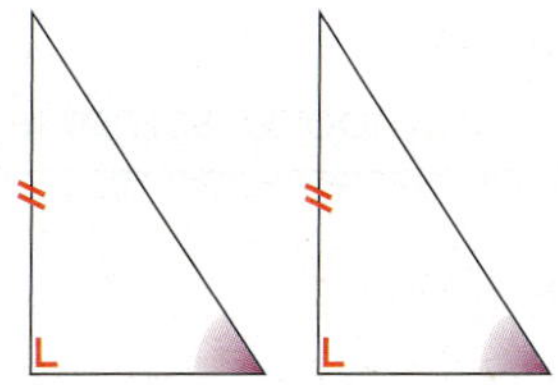

d.

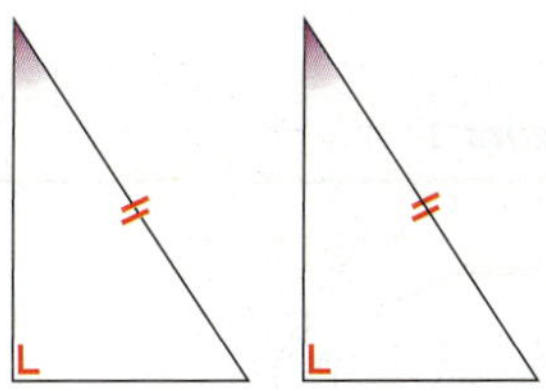

e.

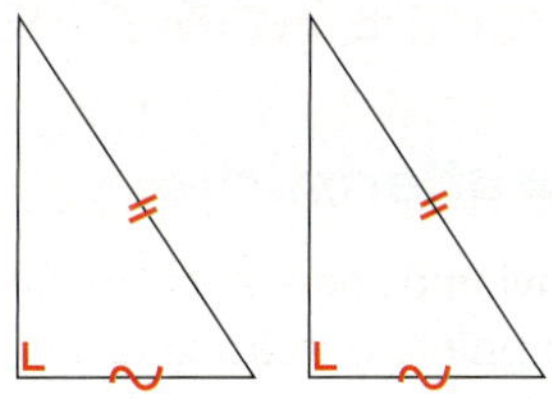

EXERCISES

CAPITOLO 4

Le isometrie nel piano

OBIETTIVI

- riconoscere trasformazioni del piano e individuarne gli invarianti
- operare con le isometrie nel piano
- riconoscere simmetrie, traslazioni e rotazioni, applicarle e individuarne le proprietà
- comporre isometrie

1 TRASFORMAZIONI GEOMETRICHE E ISOMETRIE

1.1 Definizioni e principali caratteristiche

Figura 1

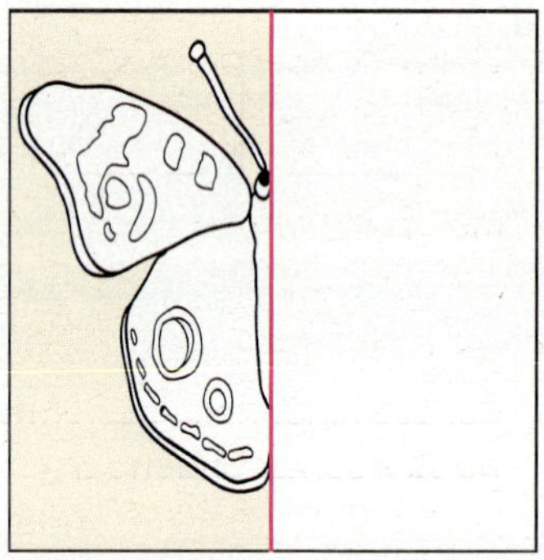

Ai bambini piace colorare e in molti album ritroviamo spesso disegni fatti a metà come quello in ***figura 1*** nei quali bisogna completare il disegno riproducendo la stessa immagine prima di colorare. Senza saperlo il bambino associa a ciascun punto del disegno già fatto quello che lui stesso riproduce sul foglio; se gli chiediamo perché lo disegna così, probabilmente ci dirà che lo deve fare uguale ma dall'altra parte. Per realizzare il suo disegno, il bambino ha applicato un concetto geometrico associando in modo biunivoco i punti della figura rappresentata sul libro ai punti della figura che lui stesso ha disegnato.
Questa operazione di associazione ha un nome e si chiama trasformazione geometrica.

DEFINIZIONE DI TRASFORMAZIONE GEOMETRICA

Si chiama **trasformazione geometrica** ogni corrispondenza biunivoca fra i punti di un piano.

Una trasformazione geometrica è quindi una funzione che associa punti di un piano a punti dello stesso piano; se la indichiamo con f, per indicare che il punto A' è il corrispondente del punto A scriviamo:

$$A' = f(A)$$

Come ogni funzione, una trasformazione geometrica viene definita mediante una regola; per esempio, possiamo fissare una retta r nel piano e ad ogni punto A associare il punto A' che si costruisce in questo modo:

- si traccia da A la perpendicolare a r che la incontra in H
- da parte opposta rispetto ad A, si prende su tale perpendicolare un punto A' tale che sia $A'H \cong 2AH$.

In ***figura 2*** abbiamo rappresentato alcuni punti (in azzurro) e i loro corrispondenti nella trasformazione (i punti in rosso).

Figura 2

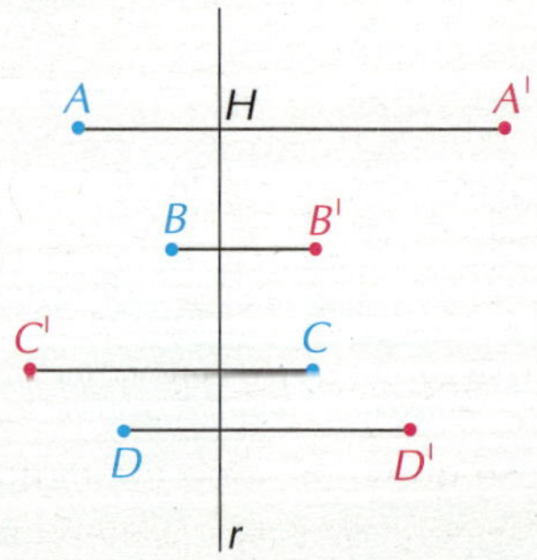

Una particolare trasformazione è poi quella che ad ogni punto associa se stesso; essa si dice **trasformazione identica** o, più semplicemente, **identità**.

LA COSTRUZIONE DELLE FIGURE

Anche di ogni figura geometrica è possibile costruire la corrispondente: basta associare ad ogni punto della prima figura il corrispondente della seconda. Nella pratica, poi, la costruzione della figura trasformata viene fatta mediante alcuni punti fondamentali (osserva la ***figura 3*** nella quale abbiamo applicato la stessa trasformazione precedente); per esempio:

- gli estremi se si tratta di un segmento
- due punti se si tratta di una retta
- i vertici se si tratta di un poligono.

Figura 3

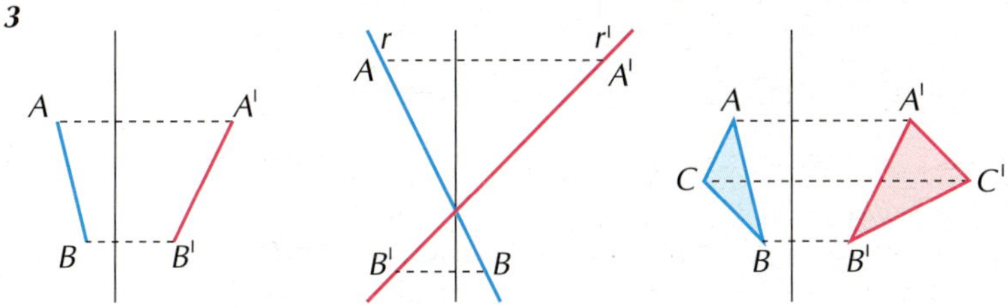

INVARIANTI ED ELEMENTI UNITI

Nell'applicazione di una trasformazione si possono verificare alcune situazioni particolari.

- Possono esistere caratteristiche che non cambiano dopo la trasformazione: parliamo in questo caso di **invarianti.**
  Per esempio, se segmenti che si corrispondono risultano congruenti, diciamo che la lunghezza dei segmenti è un invariante.
- Ci possono essere elementi che corrispondono a se stessi: parliamo in questo caso di **elementi uniti.**
  Per esempio, nella trasformazione dell'esempio iniziale, i punti che si trovano su *r* corrispondono ancora a se stessi e di essi si dice che sono punti uniti.

1.2 Le isometrie

Tra tutte le possibili trasformazioni che si può pensare di costruire, alcune rivestono particolare importanza per le loro caratteristiche; in particolare sono interessanti da studiare quelle trasformazioni che hanno come invariante la lunghezza dei segmenti. Diamo dunque la seguente definizione.

> Si dice **isometria** la trasformazione geometrica che ad ogni coppia di punti A e B di un piano associa i punti A' e B' dello stesso piano in modo che sia $AB \cong A'B'$.

Di due figure che si corrispondono in una isometria si dice che sono **isometriche**.

Le isometrie, garantendo la congruenza dei segmenti, hanno particolari caratteristiche che sono enunciate dai seguenti teoremi di cui trovi la dimostrazione online.

- Ogni isometria trasforma una retta in una retta.
- Se due rette sono incidenti oppure parallele, anche le loro trasformate sono rispettivamente incidenti oppure parallele.

- Ogni isometria trasforma un angolo in un angolo ad esso congruente.
- Ogni isometria trasforma un triangolo in un triangolo ad esso congruente.

Le proprietà ora enunciate ci consentono di affermare che due figure che si corrispondono in una isometria sono sempre congruenti perché i segmenti e gli angoli che si corrispondono sono congruenti.
Viceversa, se due figure sono congruenti, hanno tutti gli elementi (lati ed angoli) ordinatamente congruenti e quindi esiste una trasformazione del piano che associa ogni punto al suo corrispondente nella congruenza; tale corrispondenza è quindi un'isometria. In definitiva:

VIDEO RECUPERO

due figure isometriche sono congruenti e, viceversa, se due figure sono congruenti esiste una opportuna isometria nella quale le due figure si corrispondono.

Approfondimento
Le dimostrazioni dei teoremi sulle isometrie

ESERCIZI E PROBLEMI pag. 231

2 LE ISOMETRIE FONDAMENTALI

Ci sono infiniti modi di realizzare un'isometria: basta che la regola stabilita per associare i punti del piano sia una corrispondenza biunivoca che mantenga invariate le lunghezze dei segmenti che si corrispondono. Tutte queste regole si possono però ricondurre a quattro tipi fondamentali che prendono il nome di **simmetria assiale, simmetria centrale, traslazione, rotazione**.
Queste particolari trasformazioni sono importanti perché vedremo che ogni altra isometria può essere ottenuta come combinazione di queste fondamentali.

2.1 La simmetria assiale

Consideriamo una retta r ed un punto P del piano (***figura 4***). Da P tracciamo la semiretta s perpendicolare a r e chiamiamo H il loro punto di intersezione; su s, nel semipiano opposto a quello di P, prendiamo un punto P' tale che $PH \cong P'H$. Diciamo che $\boldsymbol{P'}$ **è simmetrico di** $\boldsymbol{P}$ **rispetto alla retta** $\boldsymbol{r}$; tale retta diventa quindi l'asse del segmento PP'. Se il punto P appartiene alla retta r, diciamo che il suo simmetrico è ancora P stesso.
Ad ogni punto del piano è quindi possibile associare il suo simmetrico rispetto alla retta r e tale associazione, essendo una corrispondenza biunivoca, è una trasformazione geometrica. Diamo quindi la seguente definizione.

Figura 4

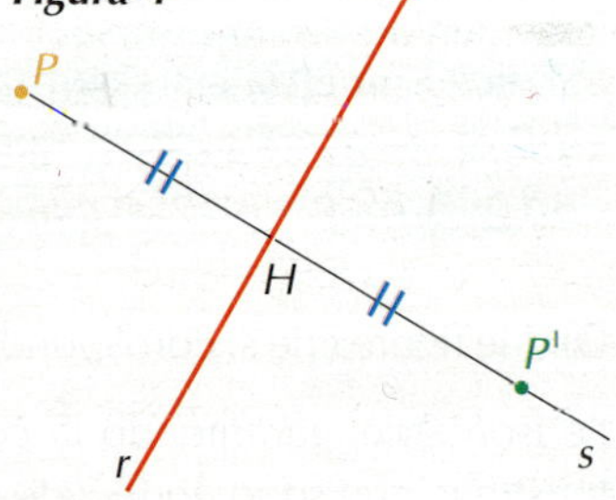

DEFINIZIONE DI SIMMETRIA ASSIALE

Si dice **simmetria assiale** la trasformazione che, data una retta r, associa ad ogni punto P del piano il suo simmetrico rispetto a r.

La retta r prende il nome di **asse di simmetria**; due figure che si corrispondono

in una simmetria assiale si dicono **simmetriche** rispetto a r.
Per trovare la figura F' simmetrica di una figura F rispetto ad un asse r si deve trovare il simmetrico di ogni suo punto; come abbiamo già detto le cose si semplificano se la figura è un segmento, una retta, un angolo, un poligono.

In ***figura 5*** abbiamo indicato come costruire:

- la simmetrica di una retta (basta trovare i simmetrici di due suoi punti)
- il simmetrico di un angolo (si trovano i simmetrici del vertice e di due punti, uno per ogni lato dell'angolo)
- il simmetrico di un triangolo (si trovano i simmetrici dei suoi vertici).

ANIMAZIONE

Figura 5

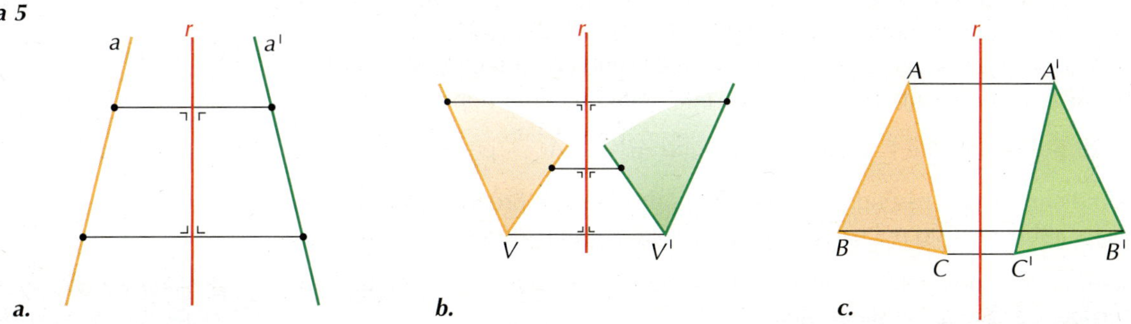

La simmetria assiale, come tutte le trasformazioni, è una funzione e si indica con il simbolo σ_r dove r è l'asse di simmetria; per indicare che un elemento G del piano è associato ad un elemento G' nella simmetria di asse r scriveremo

$$G' = \sigma_r(G)$$

Dimostriamo ora il seguente teorema.

Teorema. La simmetria assiale è un'isometria.

Hp. σ_r è una simmetria assiale **Th.** σ_r è una isometria

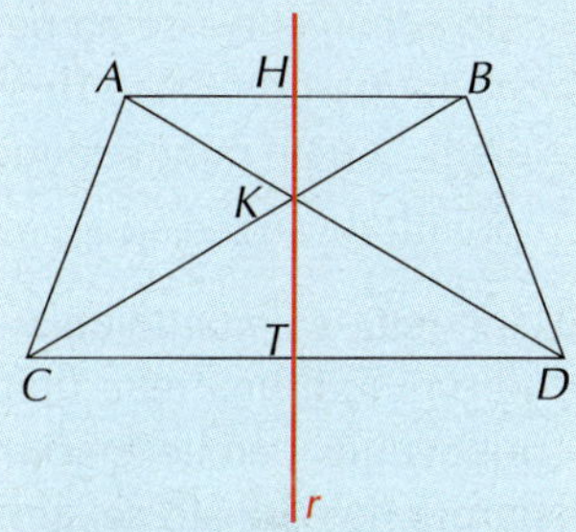

In questa figura:
$B = \sigma_r(A)$ $K = \sigma_r(K)$
$BD = \sigma_r(AC)$ $KD = \sigma_r(KC)$
$\widehat{KBD} = \sigma_r(\widehat{KAC})$
$\widehat{BDT} = \sigma_r(\widehat{ACT})$

Dimostrazione.

Poiché abbiamo detto che una isometria è una trasformazione geometrica che mantiene invariate le distanze, dovremo dimostrare che la simmetria assiale ha come invariante la lunghezza dei segmenti.
Consideriamo allora un segmento AB e una retta r (***figura 6***). Sia $A' = \sigma_r(A)$, $B' = \sigma_r(B)$ e siano K e H i punti di intersezione di AA' e BB' con r; allora $A'B' = \sigma_r(AB)$. Dobbiamo dimostrare che segmenti simmetrici sono congruenti, cioè che $AB \cong A'B'$. Tracciamo allora il segmento BK che ha come simmetrico $B'K$ e consideriamo i triangoli rettangoli BHK e $B'HK$. Di essi sappiamo che:

$BH \cong HB'$ perché B' è simmetrico di B;

$KH \cong KH$ per la proprietà riflessiva della congruenza.

Quindi $\overset{\triangle}{BHK} \cong \overset{\triangle}{B'HK}$ ed in particolare avremo che $BK \cong B'K$ e $\widehat{BKH} \cong \widehat{B'KH}$.

Figura 6

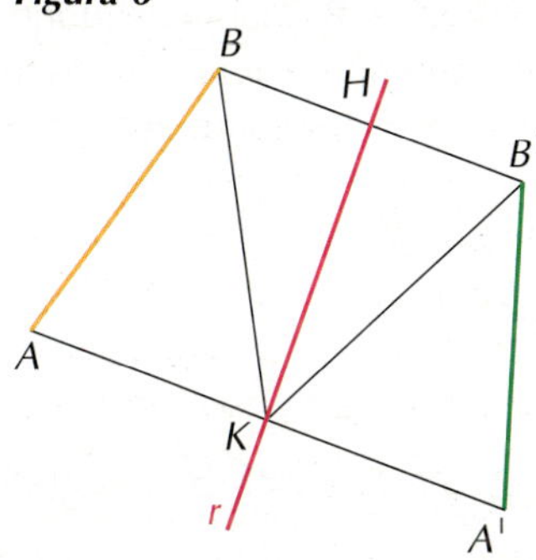

Consideriamo ora i triangoli ABK e $A'B'K$. Di essi sappiamo che:

$BK \cong B'K$ per la dimostrazione precedente;

$AK \cong A'K$ perché A e A' sono punti simmetrici;

$\widehat{AKB} \cong \widehat{A'KB'}$ perché complementari degli angoli congruenti $\widehat{BKH}$ e $\widehat{B'KH}$.

Quindi $\overset{\triangle}{ABK} \cong \overset{\triangle}{A'B'K}$ per il primo criterio di congruenza dei triangoli ed in particolare $AB \cong A'B'$. ◀

Questo teorema è importante perché ci permette di dire che

due figure che si corrispondono in una simmetria assiale sono congruenti

senza dover ricorrere a dimostrazioni basate sui criteri di congruenza che sono a volte complicate.
Per esempio, consideriamo il triangolo ABC, tracciamo l'altezza BH relativa al lato AC e prolunghiamola di un segmento $DH \cong HB$ (***figura 7***).
Per dimostrare che i due triangoli ABC e ACD sono congruenti basta considerare la simmetria avente per asse la retta AC nella quale il punto D è simmetrico di B e i punti A e C sono uniti; dunque $\overset{\triangle}{ABC} \cong \overset{\triangle}{ACD}$ perché simmetrici.

Figura 7

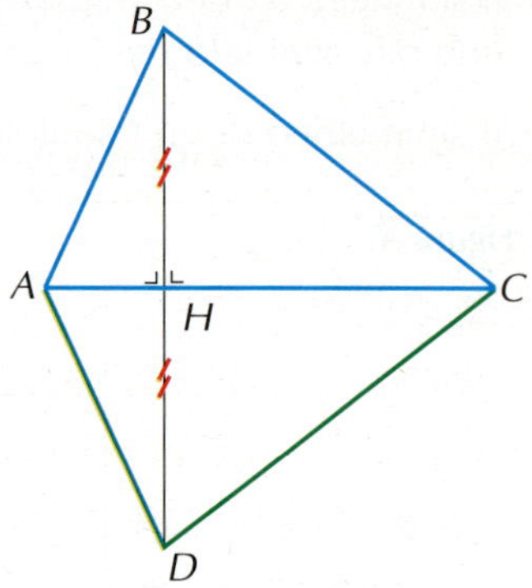

La simmetria assiale, essendo un'isometria, gode di tutte le proprietà delle isometrie che abbiamo visto nel paragrafo precedente, in più ha le seguenti proprietà.

- I punti che appartengono all'asse di simmetria sono punti uniti perché hanno per trasformati se stessi (***figura 8a***).
- Una retta a incidente in un punto Q all'asse di simmetria e che forma un angolo α con tale asse ha per trasformata una retta a' che passa ancora per Q e che forma con l'asse di simmetria un angolo congruente ad α (***figura 8b***). Infatti Q è un punto unito nella simmetria di asse r e quindi, se $a' = \sigma_r(a)$, Q appartiene anche ad a'; inoltre $\widehat{ar} \cong \widehat{a'r}$ perché i due angoli sono isometrici.
- Una retta a perpendicolare all'asse di simmetria ha per trasformata se stessa ed è quindi una retta unita (***figura 8c***); attenzione però, non è una retta di punti uniti perché ciascun punto della retta, tranne quello sull'asse, non ha per trasformato se stesso.
- Una retta a parallela all'asse di simmetria ha per trasformata una retta a' che è ancora parallela all'asse; a e a' sono quindi parallele fra loro (***figura 8d***).
  Infatti, se per assurdo a' avesse un punto di intersezione con r, anche a dovrebbe intersecare r nello stesso punto, cosa impossibile visto che $a \parallel r$.
- Se i vertici del triangolo ABC si susseguono in senso orario, i loro corrispondenti $A'B'C'$ si susseguono in senso antiorario (***figura 8e***); l'ordinamento dei punti non è quindi invariante nella simmetria assiale e si dice in questo caso che l'isometria è **inversa**.

*I **punti uniti** di una simmetria assiale sono i punti dell'asse.*
*Le **rette unite** sono le rette perpendicolari all'asse di simmetria.*

*Un'isometria è **inversa** se non conserva l'orientamento dei punti.*

Figura 8

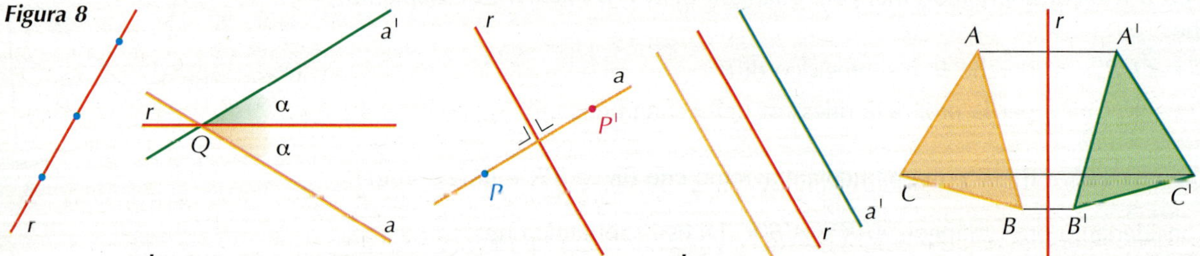

a. **b.** **c.** **d.** **e.**

Osserva adesso la ***figura 9***; se consideriamo la simmetria di asse r, ogni punto della figura disegnata ha come corrispondente un punto che appartiene ancora alla stessa figura. Questo significa che se cerchiamo la simmetrica della figura F troviamo ancora F; in altre parole F è una figura unita nella simmetria di asse r.
Diciamo allora che:

Figura 9

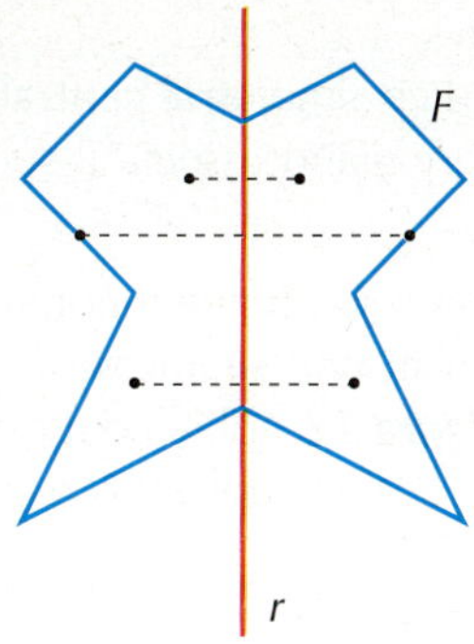

> una figura F possiede un **asse di simmetria** r se è unita rispetto alla simmetria di asse r.

Fra le figure geometriche che abbiamo studiato, solo alcune possiedono assi di simmetria.

- Un **segmento** ha come asse di simmetria il suo **asse**.
  Infatti $\sigma_r(AB) = BA$ (***figura 10a***) ed M è il punto unito della trasformazione.
- Un **angolo** ha come asse di simmetria la sua **bisettrice** (***figura 10b***).
  Infatti $\sigma_r(a) = b$ perché $\widehat{ar} \cong \widehat{br}$ ed O è il punto unito della trasformazione; inoltre qualsiasi punto P interno all'angolo ha per trasformato un punto interno perché deve essere $\widehat{POH} \cong \widehat{P'OH}$. Quindi, visto che ogni punto dell'angolo ha per simmetrico un punto che appartiene ancora all'angolo, la bisettrice è asse di simmetria.
- Un **triangolo** ha un asse di simmetria solo se è **isoscele**: in questo caso l'asse è la retta della bisettrice dell'angolo al vertice del triangolo (***figura 10c***).
  Infatti $\sigma_r(A) = A$, $\sigma_r(B) = C$.
  Un triangolo equilatero ha quindi tre assi di simmetria.

Figura 10

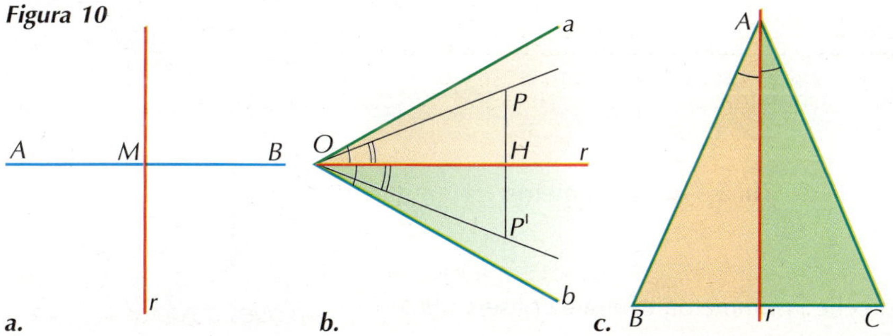

ESERCIZI E PROBLEMI pag. 233

2.2 La simmetria centrale

Consideriamo un punto O in un piano e sia P un altro punto qualsiasi dello stesso piano; tracciamo la retta OP e su questa, da parte opposta di P rispetto ad O, consideriamo il punto P' tale che $P'O \cong PO$ (***figura 11***). Diciamo che ***P'* è simmetrico di *P* rispetto al punto *O***; il simmetrico di O è il punto O stesso. Ad ogni punto del piano è quindi possibile associare il suo simmetrico rispetto ad un punto O fissato; tale associazione, essendo una corrispondenza biunivo-

Figura 11

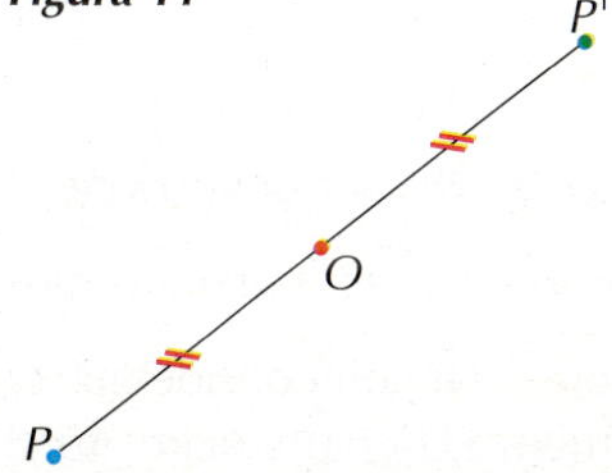

ca, è una trasformazione geometrica. Diamo quindi la seguente definizione.

DEFINIZIONE DI SIMMETRIA CENTRALE

Si dice **simmetria centrale** di centro O la trasformazione che ad ogni punto P del piano associa il suo simmetrico P' rispetto ad O.

Il punto O prende il nome di **centro di simmetria**; due figure che si corrispondono in una simmetria centrale si dicono **simmetriche** rispetto a tale centro. In ***figura 12*** abbiamo indicato come trovare i simmetrici di una retta, di un angolo e di un poligono rispetto al centro O.

ANIMAZIONE

Figura 12

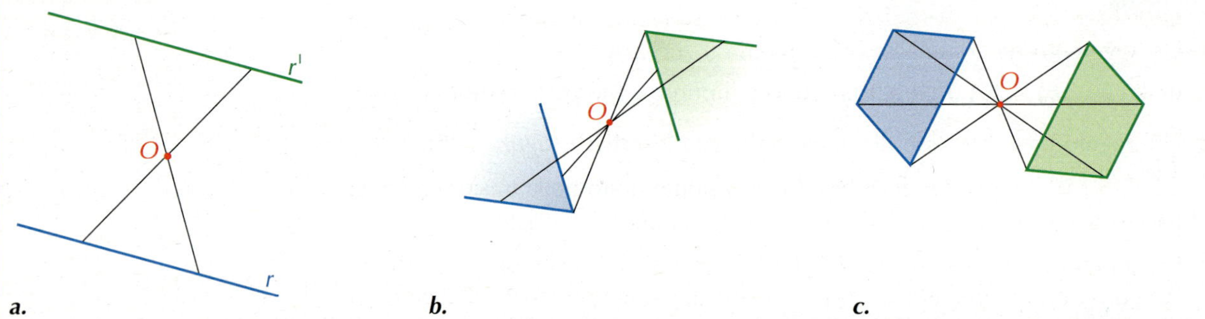

La simmetria centrale si indica con il simbolo σ_O dove O è il centro di simmetria; per indicare che un elemento G' del piano è associato ad un elemento G nella simmetria di centro O scriveremo

$$G' = \sigma_O(G)$$

Dimostriamo ora il seguente teorema.

Teorema. La simmetria centrale è un'isometria.

Hp. σ_O è una simmetria centrale **Th.** σ_O è una isometria

Dimostrazione.

Anche in questo caso dimostreremo che la simmetria centrale conserva la lunghezza dei segmenti.

Consideriamo allora un segmento AB ed un punto O che assumiamo come centro di simmetria. Avremo che (***figura 13***):

$$\sigma_O(A) = A', \qquad \sigma_O(B) = B', \qquad \text{quindi} \qquad \sigma_O(AB) = A'B'.$$

La nostra tesi diventa così $AB \cong A'B'$.

Consideriamo i triangoli OAB e $OA'B'$. In essi:

$AO \cong OA'$ per definizione di simmetria centrale;

$BO \cong OB'$ per definizione di simmetria centrale;

$A\widehat{O}B \cong A'\widehat{O}B'$ perché opposti al vertice.

I due triangoli considerati sono dunque congruenti per il primo criterio di congruenza; in particolare $AB \cong A'B'$. ◄

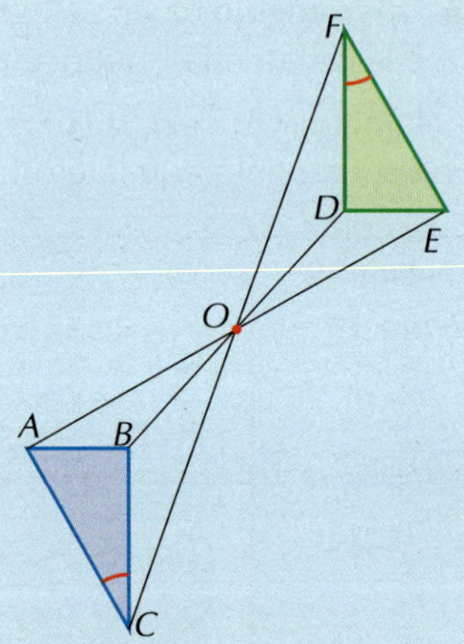

In questa figura:

$D = \sigma_O(B)$ $DE = \sigma_O(AB)$

$\widehat{EDF} = \sigma_O(\widehat{ABC})$

$\widehat{DFE} = \sigma_O(\widehat{BCA})$

Figura 13

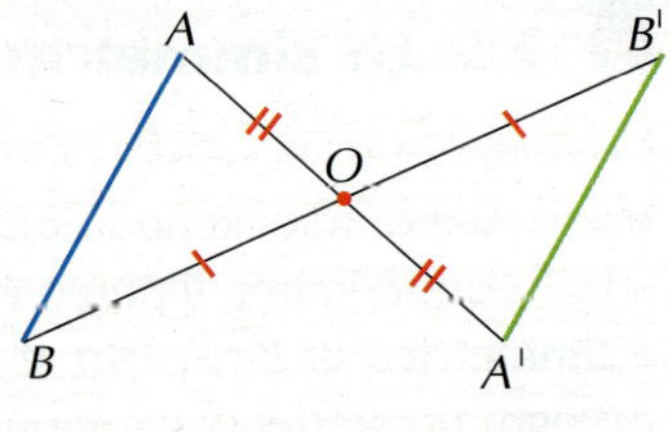

Questo teorema ci garantisce che, se sappiamo che due figure sono simmetriche rispetto ad un punto, allora sono congruenti.

La simmetria centrale gode di alcune importanti proprietà:

- due segmenti, e più in generale due rette, che si corrispondono in una simmetria centrale sono paralleli; infatti, dalla dimostrazione del teorema precedente possiamo dedurre che gli angoli ABO e $A'B'O$ (riferisciti ancora alla ***figura 13***) sono congruenti ed essendo alterni interni rispetto alla trasversale BB', le rette AB e $A'B'$ sono parallele
- il solo punto unito della trasformazione è il centro di simmetria
- ci sono invece infinite rette unite: tutte quelle che passano per il centro (***figura 14a***); come nel caso della simmetria assiale, le rette sono unite, ma non sono rette di punti uniti
- l'ordinamento dei punti è invariante; infatti sia i vertici del triangolo ABC che quelli del suo trasformato si susseguono nello stesso verso (***figura 14b***); si dice in questo caso che l'isometria è **diretta**.

*Un'isometria è **diretta** se conserva l'orientamento dei punti.*

Figura 14

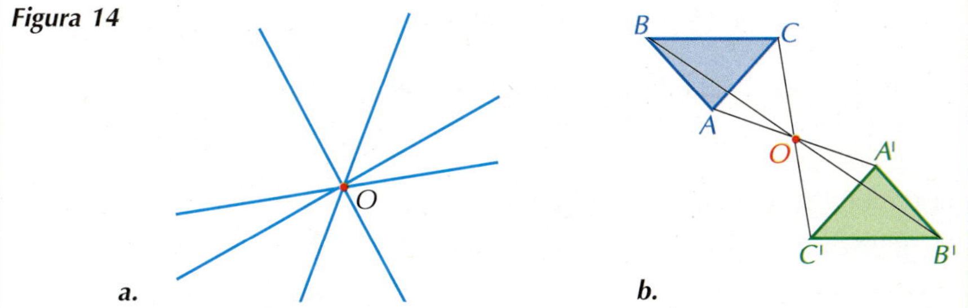

Così come abbiamo fatto per le simmetrie assiali, possiamo chiederci se esistono delle figure che restano unite in una simmetria centrale. Osserva allora la ***figura 15***: ciascuna figura è unita rispetto alla simmetria che ha centro nel punto evidenziato.

*Una simmetria centrale ha un solo **punto unito**: il centro di simmetria.*
*Le **rette unite** sono le rette che passano per il centro.*

Una figura F ha un **centro di simmetria** se è unita nella simmetria che ha centro in quel punto.

Figura 15

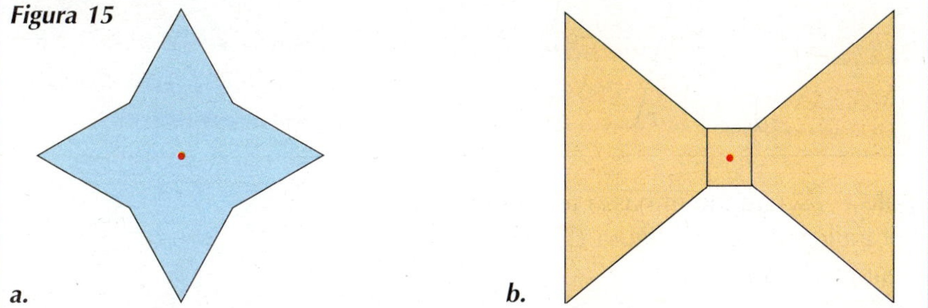

Fra le figure geometriche finora studiate, il **segmento** ha un centro di simmetria che è il suo **punto medio**; infatti $\sigma_O(A) = B$ perché $OA \cong OB$ (***figura 16***).

Figura 16

ESERCIZI E PROBLEMI pag. 237

2.3 La traslazione

I VETTORI NEL PIANO

Consideriamo un segmento orientato AB, cioè un segmento sul quale si sia fissato un verso di percorrenza (***figura 17***); un segmento orientato si dice anche **vettore** e viene indicato con uno di questi simboli

$$\overrightarrow{AB} \qquad \vec{v}$$

Figura 17

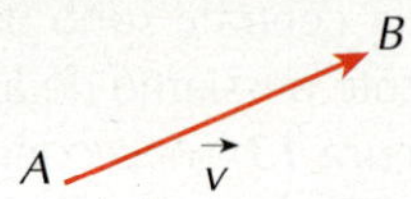

Per individuare un vettore nel piano occorre indicare:

- la sua **direzione**, cioè la retta cui appartiene
- il suo **verso**, che indica il senso di percorrenza
- la sua **intensità** o **modulo**, che rappresenta la lunghezza del segmento AB.

Se due vettori hanno la stessa direzione, lo stesso verso e la stessa intensità si dice che sono **equipollenti**.

Consideriamo allora un vettore $\vec{v}$ e associamo ad ogni punto P del piano cui appartiene $\vec{v}$ il punto P' in modo che il vettore $\overrightarrow{PP'}$ sia equipollente a $\vec{v}$ (***figura 18***); in pratica, a partire da P, riportiamo il vettore $\vec{v}$ e consideriamo come corrispondente di P il secondo estremo P' di questo vettore. Il punto P' **si dice traslato del punto P del vettore $\vec{v}$.**
La corrispondenza così costruita è biunivoca ed è quindi una trasformazione geometrica.

Figura 18

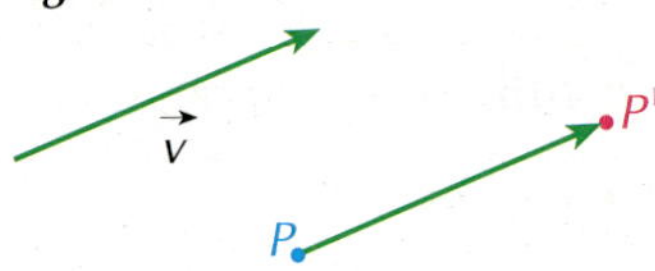

DEFINIZIONE DI TRASLAZIONE

> Si dice **traslazione** di vettore $\vec{v}$ la trasformazione che ad ogni punto P del piano associa il suo traslato P' mediante il vettore $\vec{v}$.

Il vettore $\vec{v}$ si dice **vettore di traslazione**. Per traslare una figura si deve traslare ogni suo punto del vettore $\vec{v}$; in ***figura 19*** abbiamo costruito le figure traslate di un segmento, di una retta, di un triangolo.

Figura 19

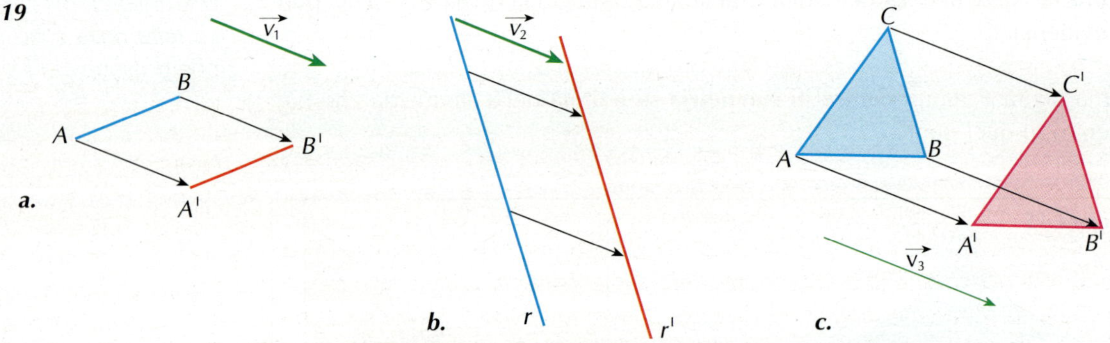

La traslazione si indica con il simbolo $\tau_{\vec{v}}$, scrivendo in basso a destra del simbolo τ il vettore $\vec{v}$ di traslazione. Per indicare che una figura G' è associata ad una figura G nella traslazione di vettore $\vec{v}$ scriveremo

$$G' = \tau_{\vec{v}}(G)$$

Anche la traslazione conserva le lunghezze dei segmenti; vale infatti il seguente teorema.

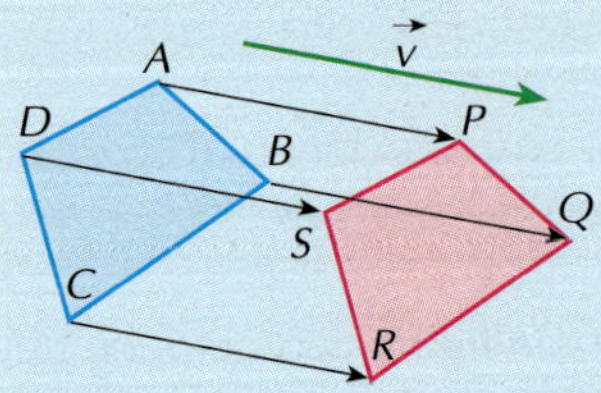

In questa figura:
$P = \tau_{v}(A)$
$QR = \tau_{\vec{v}}(BC)$
$\widehat{PSR} = \tau_{\vec{v}}(\widehat{ADC})$

> **Teorema.** La traslazione è un'isometria.

Hp. $\tau_{\vec{v}}$ è una traslazione **Th.** $\tau_{\vec{v}}$ è una isometria

Dimostrazione.

Sia $B' = \tau_{\vec{v}}(B)$ e $A' = \tau_{\vec{v}}(A)$, quindi $A'B' = \tau_{\vec{v}}(AB)$ (***figura 20***). Dobbiamo dimostrare che $AB \cong A'B'$.
Tracciamo il segmento $A'B$ e consideriamo i triangoli ABA' e $BB'A'$. In essi:

$A'B \cong A'B$	per la proprietà riflessiva della congruenza;
$\widehat{A'BB'} \cong \widehat{BA'A}$	perché alterni interni rispetto alle rette parallele BB' e AA' con trasversale $A'B$;
$BB' \cong AA'$	perché moduli di vettori equipollenti;

per il primo criterio di congruenza dei triangoli $\overset{\triangle}{ABA'} \cong \overset{\triangle}{BB'A'}$ ed in particolare $AB \cong A'B'$. ◀

Figura 20

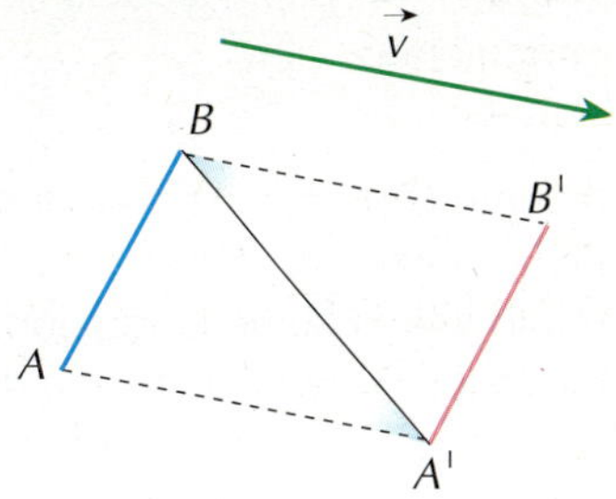

Come nei casi delle precedenti isometrie, questo teorema ci permette di affermare che due figure che si corrispondono in una traslazione sono congruenti.

La traslazione gode di alcune proprietà:

- i segmenti e le rette che si corrispondono in una traslazione sono paralleli; infatti, dalla dimostrazione del teorema precedente si deduce che gli angoli $\widehat{ABA'}$ e $\widehat{BA'B'}$ sono congruenti (fai ancora riferimento alla ***figura 20***) ed essendo alterni interni, i segmenti AB e $A'B'$ sono paralleli; di conseguenza anche le rette alle quali tali segmenti appartengono sono parallele
- non ci sono punti uniti
- ci sono infinite rette unite: tutte le rette che hanno la stessa direzione del vettore di traslazione (***figura 21a***)
- l'orientamento dei punti è invariante (***figura 21b***); quindi la traslazione è una **isometria diretta**.

Figura 21

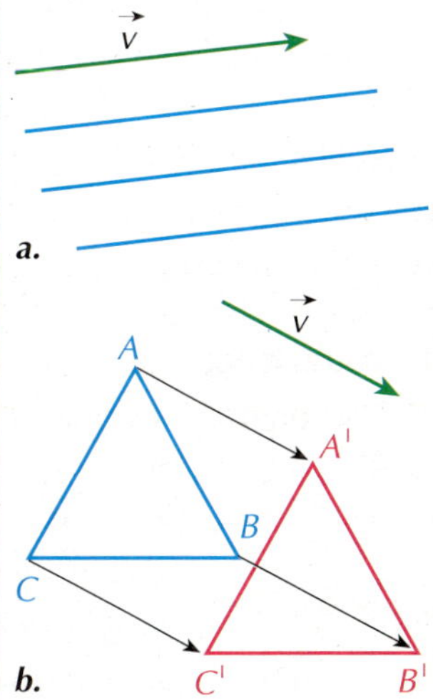

2.4 La rotazione

Come abbiamo fatto per i segmenti ai quali abbiamo associato un orientamento indicandone il verso di percorrenza, anche ad ogni angolo si può associare un orientamento orario oppure antiorario come in ***figura 22***.
Consideriamo dunque un angolo orientato α, un punto O e facciamo la seguente costruzione (***figura 23a***). Preso un punto P qualsiasi (distinto da O), tracciamo la semiretta OP e la semiretta di origine O che formi con OP un angolo congruente a α e su di essa prendiamo il punto P' tale che sia $OP' \cong OP$ (***figura 23b***). Il punto P' si dice **ruotato del punto *P* rispetto al centro *O* dell'angolo α**.
La corrispondenza fra i punti P ed i punti P' è biunivoca ed è quindi una trasformazione geometrica.

Figura 22

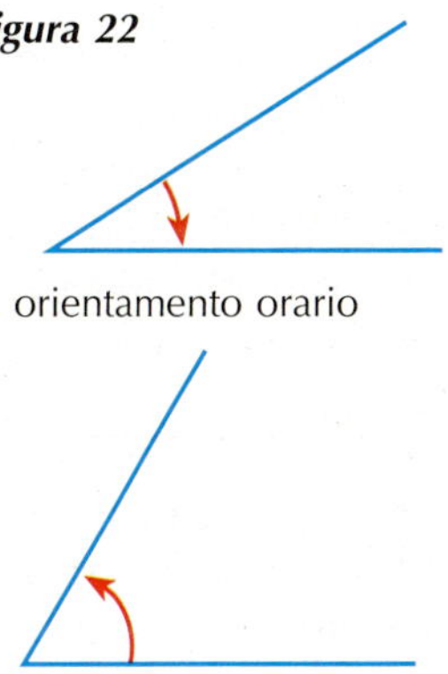

a. orientamento orario

b. orientamento antiorario

Figura 23

Si dice **rotazione di centro O e ampiezza α** la trasformazione che ad ogni punto P del piano associa il punto P' ruotato di P rispetto ad O di un angolo orientato α.

DEFINIZIONE DI ROTAZIONE

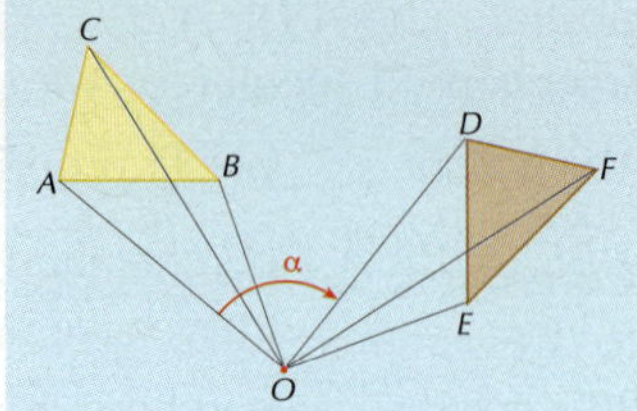

In questa figura:
$F = \rho_{O,\alpha}(C)$
$DF = \rho_{O,\alpha}(AC)$
$\widehat{DFE} = \rho_{O,\alpha}(\widehat{ACB})$

Il punto O prende il nome di **centro di rotazione**, l'angolo α si dice **ampiezza della rotazione**. Quindi, per definire una rotazione, si devono assegnare sia il punto, che assume la funzione di centro di rotazione, sia l'angolo, che assume la funzione di ampiezza della rotazione; non è possibile assegnare solo il centro o solo l'ampiezza.
La rotazione di centro O e ampiezza α si indica con il simbolo $\rho_{O,\alpha}$, scrivendo come indici in basso a destra del simbolo ρ il centro e l'angolo di rotazione; per indicare che una figura G' è associata ad una figura G nella rotazione di centro O e ampiezza α scriveremo

$$G' = \rho_{O,\alpha}(G)$$

Vale poi il seguente teorema.

Teorema. La rotazione è un'isometria.

Hp. $\rho_{O,\alpha}$ è una rotazione **Th.** $\rho_{O,\alpha}$ è una isometria

Dimostrazione.
Sia O il centro e α l'ampiezza della rotazione. Consideriamo un segmento AB e sia $A' = \rho_{O,\alpha}(A)$, $B' = \rho_{O,\alpha}(B)$, quindi $A'B' = \rho_{O,\alpha}(AB)$ (***figura 24***). Vogliamo dimostrare che $AB \cong A'B'$.
Consideriamo i triangoli OAB e $OA'B'$. In essi:

$OA \cong OA'$ per definizione di rotazione;
$OB \cong OB'$ per definizione di rotazione;
$\widehat{AOA'} \cong \widehat{BOB'}$ perché questi angoli rappresentano l'ampiezza della rotazione;
$\widehat{AOB} \cong \widehat{A'OB'}$ perché differenza di angoli congruenti
$(\widehat{AOA'} - \widehat{BOA'} \cong \widehat{BOB'} - \widehat{BOA'})$

I due triangoli sono dunque congruenti per il primo criterio di congruenza; in particolare $AB \cong A'B'$. ◀

Figura 24

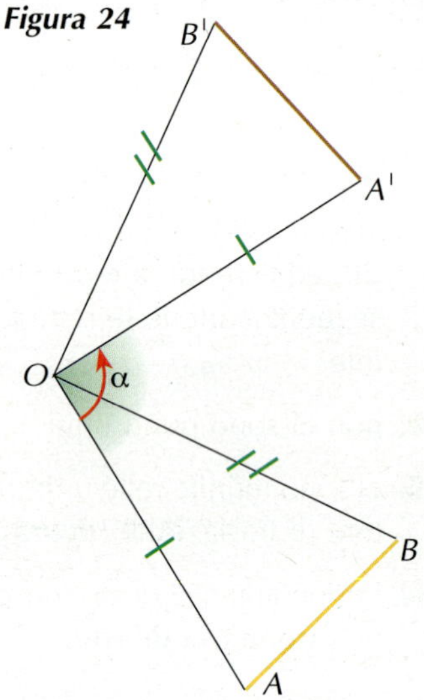

La rotazione ha quindi tutte le proprietà delle isometrie ed in particolare trasforma una figura in un'altra ad essa congruente.
Valgono inoltre le seguenti proprietà:

- il solo punto unito della trasformazione è il centro di rotazione
- non esistono rette unite se non quelle che si corrispondono in una rotazione di ampiezza pari ad un angolo piatto o ad un suo multiplo e che passano per il centro di rotazione (***figura 25a***)
- la rotazione di ampiezza pari ad un angolo giro coincide con la trasformazione identica (***figura 25b***).

Figura 25

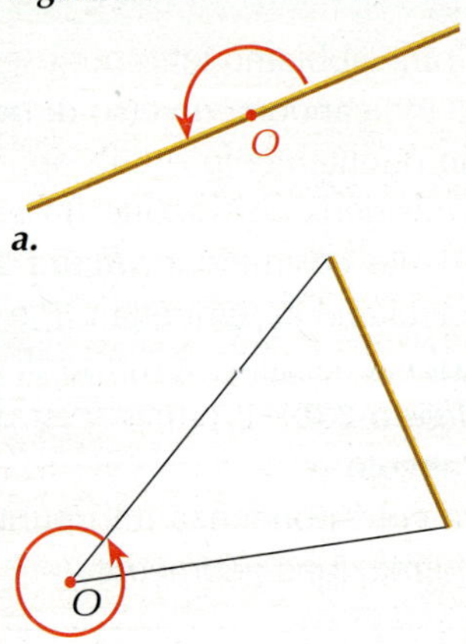

a.

b.

ESERCIZI E PROBLEMI pag. 239

VIDEO RECUPERO

3 IL PRODOTTO DI TRASFORMAZIONI

Consideriamo due rette r e s fra loro perpendicolari, disegniamo un segmento AB, costruiamo il suo simmetrico $A'B'$ rispetto all'asse r e poi il simmetrico di quest'ultimo rispetto all'asse s (***figura 26a***).
Consideriamo adesso due punti P e Q ed un segmento AB; troviamo il segmento $A'B'$ simmetrico di AB rispetto al centro P ed il segmento $A''B''$ simmetrico di $A'B'$ rispetto al centro Q (***figura 26b***).
Da ultimo, consideriamo un segmento AB, un asse r ed un vettore $\vec{v}$; troviamo il segmento $A'B'$ simmetrico di AB nella simmetria di asse r e poi il segmento $A''B''$ traslato di $A'B'$ del vettore $\vec{v}$ (***figura 26c***).

ANIMAZIONE

Figura 26

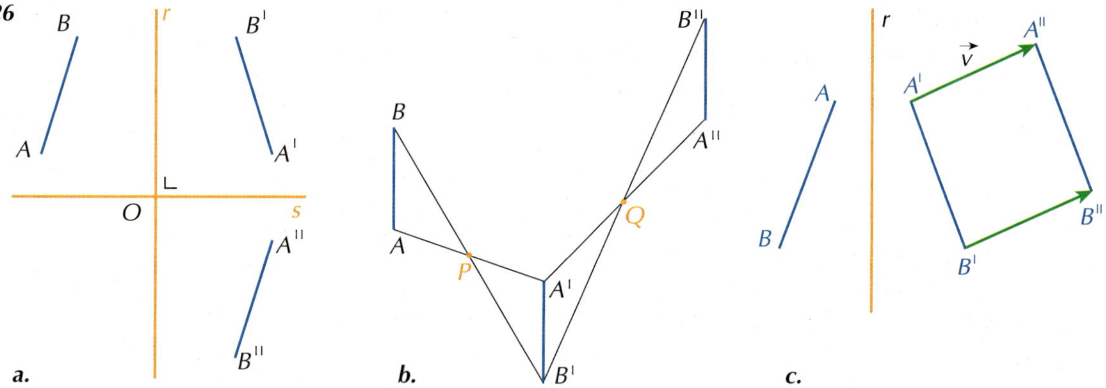

Quando si applicano in successione più trasformazioni geometriche si dice che si esegue un **prodotto di trasformazioni**. Negli esempi visti abbiamo eseguito il prodotto di due simmetrie assiali nel primo caso, il prodotto di due simmetrie centrali nel secondo, il prodotto di una simmetria assiale con una traslazione nel terzo. In tutti questi casi, poiché abbiamo applicato delle isometrie, si ha che

$$AB \cong A'B' \qquad \text{e} \qquad A'B' \cong A''B''$$

quindi, per la proprietà transitiva della congruenza,

$$AB \cong A''B''$$

I segmenti AB e $A''B''$ si corrispondono quindi anch'essi in un'isometria. In generale possiamo affermare che

il prodotto di due (o più) isometrie è ancora un'isometria.

TRASFORMAZIONI INVOLUTORIE

In particolare, può capitare che, applicando per due volte la stessa isometria, si ottenga la figura di partenza; per esempio, nella simmetria di centro O al segmento AB corrisponde il segmento $A'B'$ e al segmento $A'B'$ corrisponde il segmento AB (***figura 27***).
Diciamo in questo caso che quella particolare isometria è *involutoria*.

Figura 27

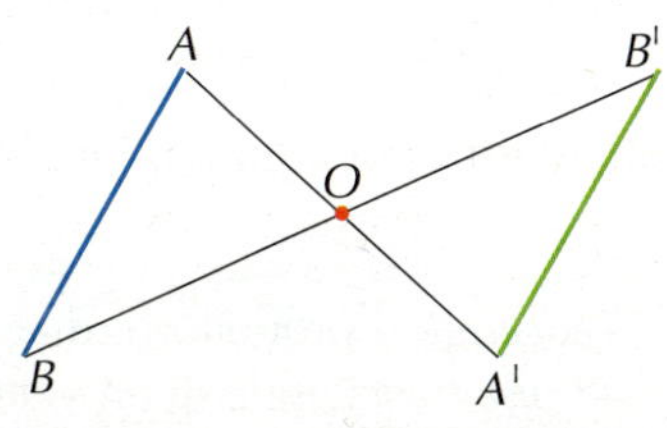

Una trasformazione si dice **involutoria** se, applicata due volte, coincide con la trasformazione identica.

Delle isometrie studiate solo la simmetria centrale e quella assiale sono involutorie. Infatti:

- nella simmetria di centro O, se $A' = \sigma_O(A)$, allora $A = \sigma_O(A')$
- nella simmetria di asse r, se $A' = \sigma_r(A)$, allora $A = \sigma_r(A')$.

Chiediamoci adesso in quali casi, componendo isometrie note, si ottiene ancora una isometria nota. Prima di procedere, facciamo qualche precisazione sulla simbologia che useremo in seguito.
Data una qualunque figura F, quando a questa applichiamo una trasformazione f ottenendo una figura F', scriviamo

$$F' = f(F)$$

Se ad F' applichiamo un'altra trasformazione g, otteniamo una figura F'' e scriviamo

$$F'' = g(F')$$

Dunque $F'' = g(f(F))$

F'' è cioè ottenuta come prodotto delle due trasformazioni f e g. Ricordiamo che per indicare il prodotto di due funzioni si usa la scrittura

$$g \circ f$$

dove la funzione scritta per ultima è quella che viene applicata per prima. Allora, per indicare per esempio il prodotto di due simmetrie assiali rispettivamente di assi r e s, scriveremo

$$\sigma_s \circ \sigma_r$$

se σ_r viene applicata per prima e σ_s per seconda.

Dimostriamo ora che valgono i seguenti teoremi.

Teorema. Il prodotto di due simmetrie assiali con gli assi perpendicolari equivale ad una simmetria centrale avente centro nel punto di intersezione degli assi.

Hp. σ_r simmetria assiale
σ_s simmetria assiale
$r \cap s = \{O\}$
$r \perp s$

Th. $\sigma_s \circ \sigma_r = \sigma_O$

Dimostrazione.
Riferendoci alla ***figura 28*** dobbiamo dimostrare che $PO \cong OP''$ e che P, O, P'' sono allineati.
Osserviamo che sicuramente $PO \cong OP'$ perché si corrispondono nella simmetria di asse r. Anche $OP' \cong OP''$ perché si corrispondono nella simmetria di asse s. Quindi, per la proprietà transitiva della congruenza, $OP \cong OP''$.
Osserviamo adesso gli angoli: $\widehat{POH} \cong \widehat{HOP'}$ perché si corrispondono nella simmetria di asse r, $\widehat{P'OK} \cong \widehat{P''OK}$ perché si corrispondono nella simmetria di asse s. Ma $\widehat{HOP'}$ e $\widehat{P'OK}$ sono complementari, allora gli angoli $\widehat{POP'}$ e $\widehat{P'OP''}$ sono supplementari. Questo significa che P, O, P'' sono allineati. ◀

Figura 28

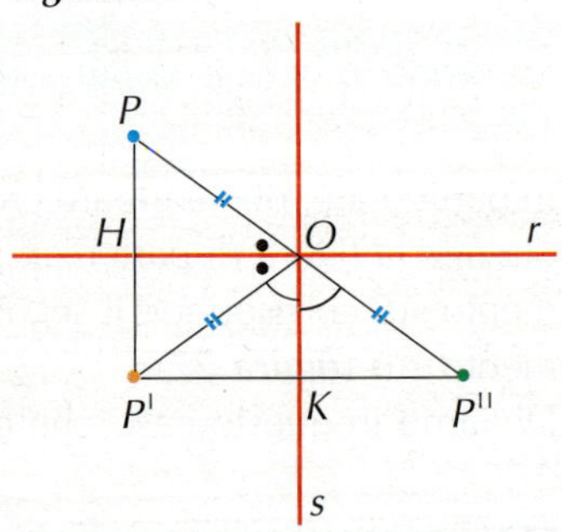

Teorema. Il prodotto di due simmetrie assiali con gli assi paralleli equivale ad una traslazione di un vettore $\vec{v}$ di direzione perpendicolare agli assi, verso dal primo al secondo asse, modulo doppio della loro distanza.

Hp. σ_r simmetria assiale
σ_s simmetria assiale
$r \parallel s$

Th. $\sigma_s \circ \sigma_r = \tau_{\vec{v}}$

Dimostrazione.

Siano $P' = \sigma_r(P)$, $P'' = \sigma_s(P')$ e $Q' = \sigma_r(Q)$, $Q'' = \sigma_s(Q')$ (***figura 29***).

Figura 29

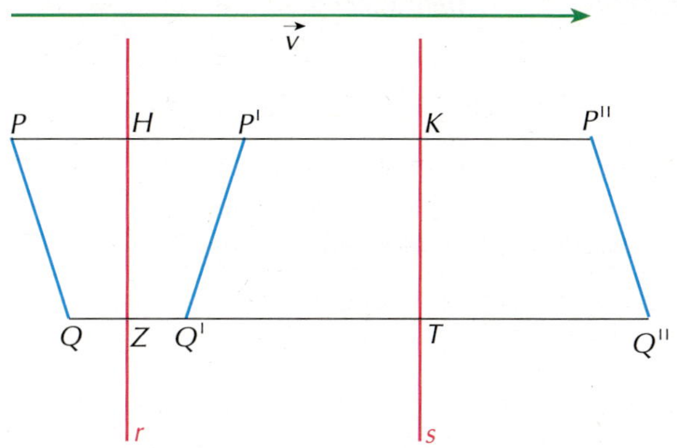

Per definizione di simmetria assiale, sappiamo che:

$$PH \cong HP' \ \wedge \ P'K \cong KP''; \qquad QZ \cong ZQ' \ \wedge \ Q'T \cong TQ''.$$

Quindi: $PP'' \cong PH + (HP' + P'K) + KP'' \cong PH + HK + KP'' \cong 2HK$

$$QQ'' \cong QZ + (ZQ' + Q'T) + TQ'' \cong QZ + ZT + TQ'' \cong 2ZT$$

Ma $ZT \cong HK$, quindi $PP'' \cong QQ''$ ed inoltre, per come sono stati costruiti i punti P'' e Q'', si ha che $PP'' \parallel QQ''$.

Questo significa che il prodotto $\sigma_s \circ \sigma_r$ equivale ad una traslazione di vettore doppio della distanza fra i due assi. ◀

Teorema. Il prodotto di due simmetrie assiali con gli assi incidenti in modo qualsiasi equivale ad una rotazione avente centro nel punto di intersezione degli assi ed ampiezza doppia dell'angolo da essi formato, orientato dal primo al secondo asse.

Hp. σ_r simmetria assiale
σ_s simmetria assiale
$r \cap s = \{O\}$

Th. $\sigma_s \circ \sigma_r = \varrho_{O,2\widehat{rs}}$

Dimostrazione.

Indichiamo con α l'angolo $\widehat{rs}$. Sia $P' = \sigma_r(P)$, $P'' = \sigma_s(P')$ (***figura 30***).
Per le proprietà della simmetria sappiamo che $OP \cong OP'$, $OP' \cong OP''$, quindi $OP \cong OP''$ per la proprietà transitiva.
Questo significa che possiamo considerare che P e P'' si corrispondano in una rotazione di centro O e ampiezza $\widehat{POP''}$. Inoltre $\widehat{POH} \cong \widehat{HOP'}$, $\widehat{P'OK} \cong \widehat{KOP''}$ perché si corrispondono nelle simmetrie assiali di assi rispettivamente r ed s, quindi $\widehat{POP''} \cong 2\alpha$. ◀

Figura 30

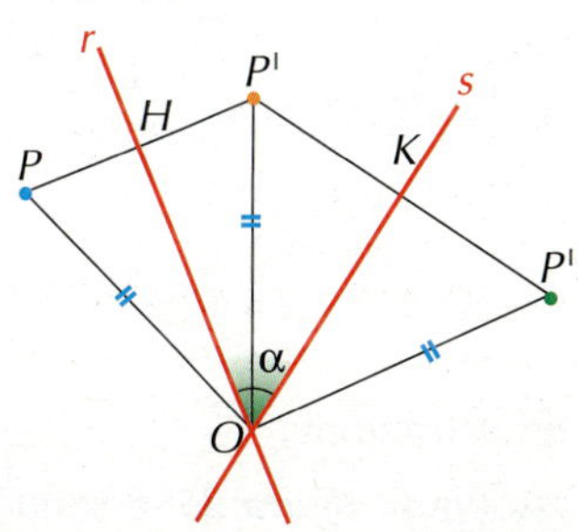

Come conseguenza di quanto affermato, il prodotto di due simmetrie assiali con gli assi perpendicolari equivale ad una rotazione di ampiezza pari ad un angolo piatto (***figura 31***).

Figura 31

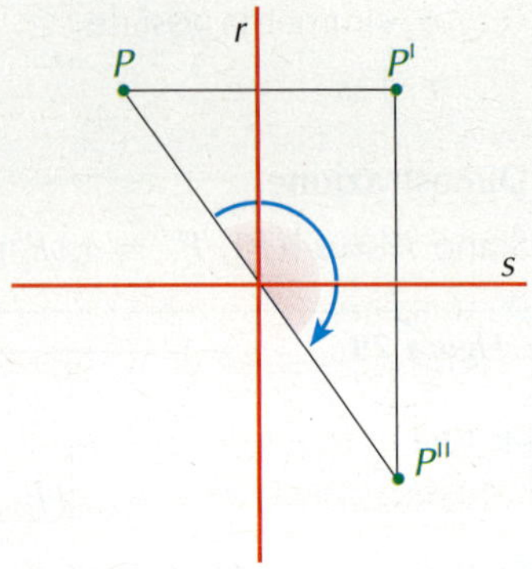

Teorema. Il prodotto di due simmetrie centrali equivale ad una traslazione di un vettore di modulo doppio della distanza fra i centri di simmetria e ad essa parallelo.

Hp. $A' = \sigma_P(A)$ **Th.** $\overrightarrow{AA''} \cong 2\overrightarrow{PQ}$ (***figura 32***)

$A'' = \sigma_Q(A')$

Dimostrazione.

Sia $P' = \sigma_Q(P)$, allora $P'A'' = \sigma_Q(A'P)$ e quindi $P'A''$ è congruente e parallelo al segmento $A'P$. Per la proprietà transitiva della congruenza si ha allora che $P'A'' \cong PA$ ed inoltre $P'A''$ è parallelo a PA essendo A, P, A' allineati.

Figura 32

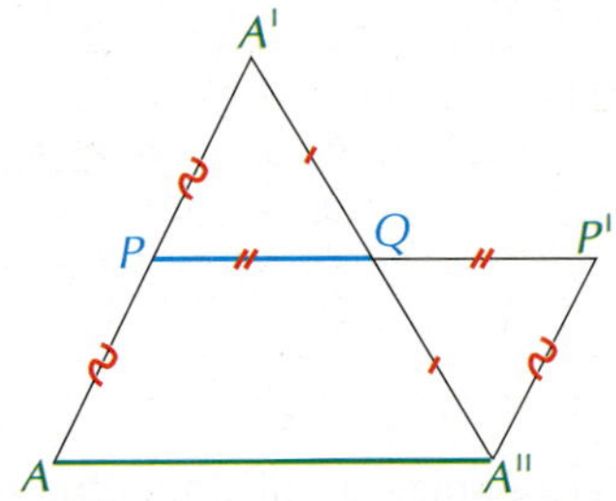

Nella traslazione di vettore $\overrightarrow{AP}$ il punto P è il corrispondente di A, il punto P' è il corrispondente di A'', quindi, per le proprietà della traslazione, AA'' è congruente e parallelo a PP'; ma $PP' \cong 2PQ$, quindi, in definitiva, $\overrightarrow{AA''} \cong 2\ \overrightarrow{PQ}$. ◀

Prima di enunciare e dimostrare il prossimo teorema dobbiamo definire la somma di due vettori. Dati dunque due vettori $\vec{v}$ e $\vec{s}$, si definisce loro somma il vettore $\vec{w}$ che si ottiene con la seguente regola (***figura 33***):

Figura 33

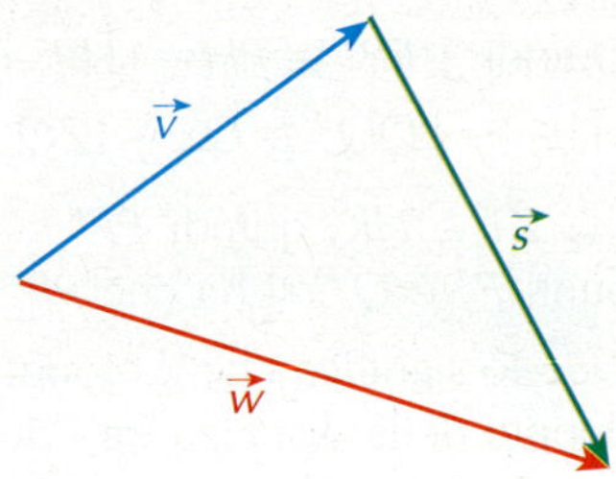

- si riportano consecutivamente i vettori $\vec{v}$ e $\vec{s}$ ($\vec{s}$ consecutivo a $\vec{v}$)
- si costruisce il vettore $\vec{w}$ che ha come origine l'origine del vettore $\vec{v}$ e come secondo estremo il secondo estremo del vettore $\vec{s}$.

In pratica, disegnati consecutivamente i vettori $\vec{v}$ e $\vec{s}$, si considera il vettore che rappresenta il terzo lato del triangolo definito dai primi due.

Teorema. Il prodotto di due traslazioni equivale ad una traslazione che ha come vettore il vettore somma di quelli dati.

Hp. $A' = \tau_{\vec{v}}(A)$ **Th.** $A'' = \tau_{\vec{w}}(A)$

$A'' = \tau_{\vec{s}}(A')$

Dimostrazione.

Il segmento AA' è equipollente al vettore $\vec{v}$, il segmento $A'A''$ è equipollente al vettore $\vec{s}$ (***figura 34***); poiché $\vec{v} + \vec{s} = \vec{w}$ e AA'' è equipollente a $\vec{w}$, allora A'' e A si corrispondono nella traslazione di vettore $\vec{w}$. ◀

Figura 34

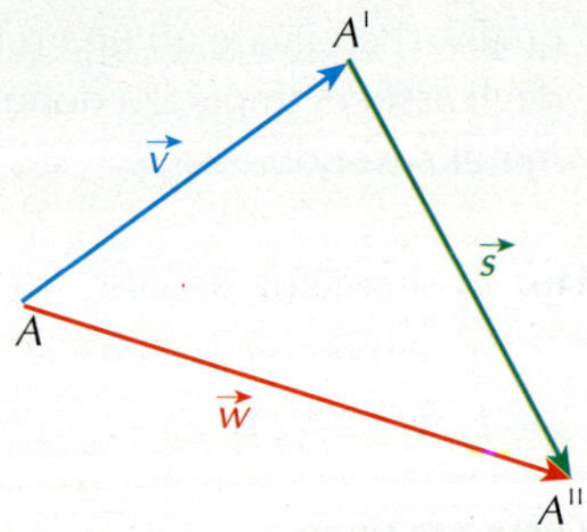

Teorema. Il prodotto di due rotazioni con lo stesso centro equivale ad una rotazione avente centro nello stesso punto ed ampiezza pari alla somma delle due ampiezze.

Hp. $A' = \rho_{O,\alpha}(A)$ **Th.** $A'' = \rho_{O,\alpha+\beta}(A)$

$A'' = \rho_{O,\beta}(A')$

Dimostrazione.

Osserva la ***figura 35***: essendo $OA \cong OA'$ e $OA' \cong OA''$ per definizione di ro-

Figura 35

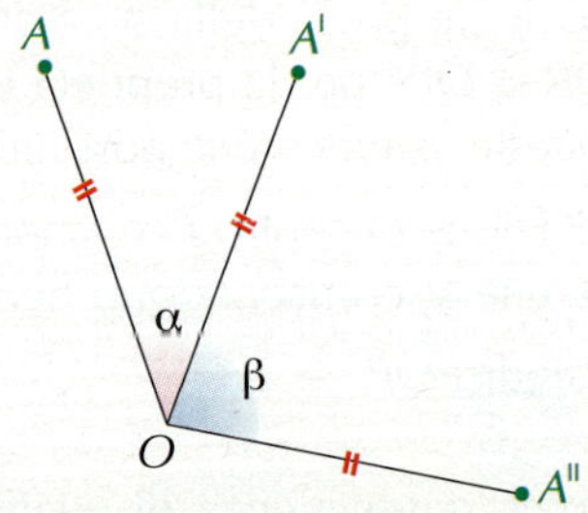

tazione, per la proprietà transitiva della congruenza $OA \cong OA''$, quindi A'' corrisponde ad A in una rotazione di centro O e ampiezza $\alpha + \beta$. ◀

Appare evidente dai teoremi che abbiamo dimostrato in questo paragrafo che la simmetria assiale svolge un ruolo molto importante nell'insieme delle isometrie; abbiamo infatti visto che:

- una simmetria centrale si può vedere come prodotto di due simmetrie assiali con gli assi perpendicolari
- una traslazione si può vedere come prodotto di due simmetrie assiali con gli assi paralleli
- una rotazione si può vedere come prodotto di due simmetrie assiali con gli assi incidenti.

Si può poi dimostrare che vale il seguente teorema che per il momento ci limitiamo ad enunciare (puoi vedere la dimostrazione nell'esercitazione del laboratorio di informatica):

Teorema. Ogni isometria si può ottenere mediante il prodotto di al più tre simmetrie assiali.

Questo teorema è molto importante perché ci porta ad affermare che non esistono altre isometrie al di fuori di quelle che si ottengono mediante la composizione di simmetrie assiali, cioè non esistono altre isometrie oltre a quelle particolari che abbiamo studiato.

Approfondimento
Le condizioni per individuare un'isometria

ESERCIZI E PROBLEMI pag. 242

IL CAPITOLO SI COMPLETA CON:

CONCETTI CHIAVE E REGOLE | LABORATORIO | SCHEDE STORICHE E DI CURIOSITÀ | PRESENTAZIONI IN POWERPOINT

Transformation geometry
BASIC CONCEPTS

CLIL

AUDIO FILE

Key Terms

map	isometry	line simmetry
image, pre-image	reflections, translations, rotations	point reflection
identity	line reflection	direct / inverse isometry
fixed points	perpendicular bisector	vector

Geometric transformations

By a **transformation** of the plane we mean a rule that assigns to each point in the plane a point on the plane itself. Thus a transformation is a map f onto the plane.
If point P is assigned to point Q, then we say that Q is the **image** of P and P is the **pre-image** of Q:

$$Q = f(P) \qquad \text{and} \qquad P = f^{-1}(Q)$$

The transformation that assigns any point to itself is said **identity**.
In any transformation:

- points that are assigned to themselves are called **fixed points**
- the features that do not change after applying the transformation are called **invariants**.

Geometric transformations are classified according to the invariants; those that do not change the lenght of the segments are called *isometries*. Thus:

a transformation f is an **isometry** of the plane onto itself if it preserves distances.

That is, for any two points A and B, the distance from A to B is equal to the distance from A' to B', where $A' = f(A)$ and $B' = f(B)$.
This means that:

- the image of a straight line is a straight line
- if an angle α is assigned to an angle α' in f, then $\alpha \cong \alpha'$
- if a figure F is assigned to a figure F' in f, then $F \cong F'$.

The fundamental isometries are the following:

- reflections
- translations
- rotations.

Reflections

Let us take a line r and a point P in the plane, then draw the perpendicular line from P to r which intersects r in H.
Take a point P' on r so that $P'H \cong PH$.
We say that P' is the image of P under a reflection in line r.

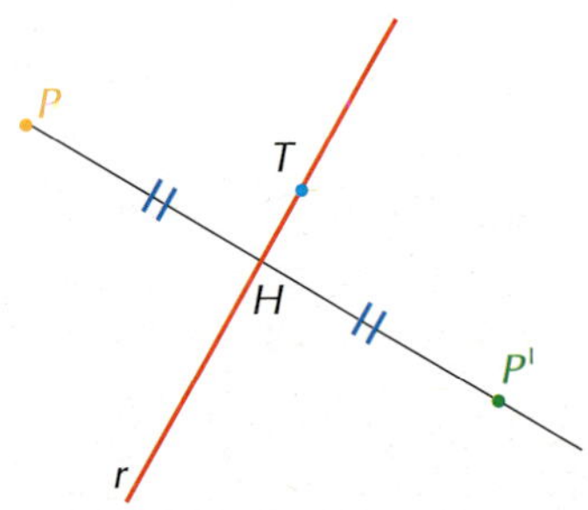

A **reflection in the line** r (or a *line reflection*) is a transformation of the plane so that any point P is mapped into a point P' such that r is the perpendicular bisector of PP'. The image of a point T on r is the point itself.

If P' is the image of P in a reflection in a line r we write

$$P' = \sigma_r(P)$$

A line reflection is an isometry; thus the image F' of a figure F is congruent to F.
The only fixed points are those on the line itself.

Since naming the figure in a line reflection requires changing the order of the letters (such as from clockwise to counterclockwise), a reflection is more specifically called a *non-direct* or *opposite* isometry.

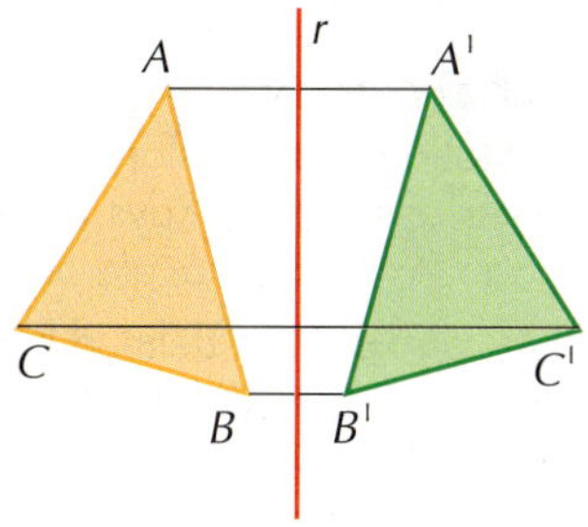

When a figure is its own image under a reflection in a line, we say that the figure has a **line of symmetry** (or an *axis of symmetry*).
An isosceles triangle has a line of symmetry: the line of the altitude to the base.

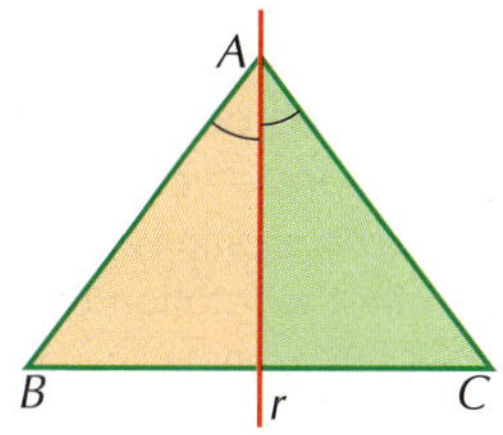

Not only we can transform the plane by reflections in a line, we can also reflect in a point.
Let us fix a point O in the plane; from any point P draw the line PO and take a point P' on it such that $P'O \cong PO$.

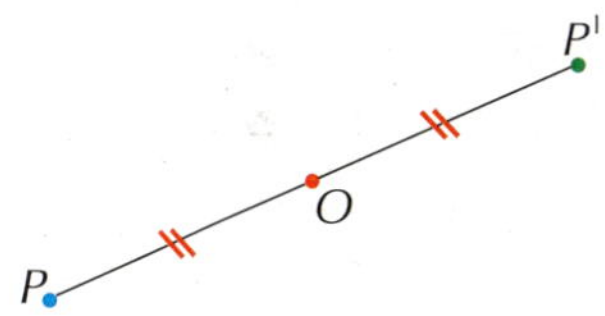

A **reflection in the point** O (or a *point reflection*) is a transformation of the plane such that the image of any point P is point P' where P' is the midpoint of PP'. The image of O is the point O itself.

If P' is the image of P in a reflection in a point O we write

$$P' = \sigma_O(P)$$

A point reflection is an isometry too and the image F' of a figure F is congruent to F.
The only fixed point is point O itself.
Since the orientation in a point reflection remains the same (such as clockwise seen in the figure), a point reflection is more specifically called a *direct isometry*.

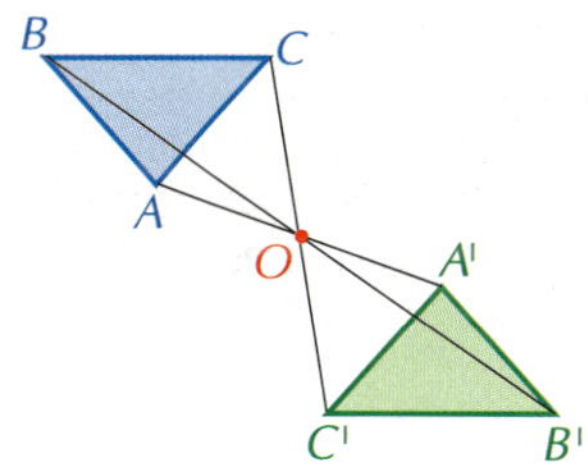

A figure that is invariant under a point reflection has a **point of symmetry**.
A line segment has its midpoint as a point of symmetry.

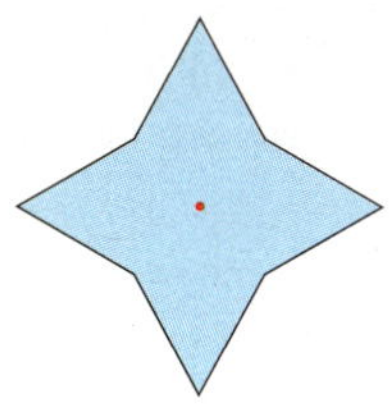

Translations

A **translation** is a transformation that slides every point of a figure the same distance in the same direction.
A *vector*, that is an oriented line segment, can be used to describe a translation; the arrowhead points in the direction of the translation, and the length of the vector tells us the length of the translation.
If P' is the image of P in a translation of vector $\vec{v}$ we write

$$P' = \tau_{\vec{v}}(P)$$

Also the translation is an isometry and, more specifically, it is a direct isometry (see the figure, the orientation of points remains the same).
In this transformation there are no fixed points.

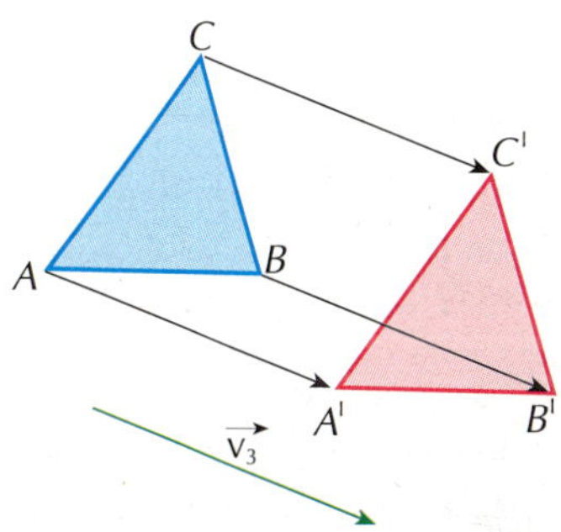

Rotations

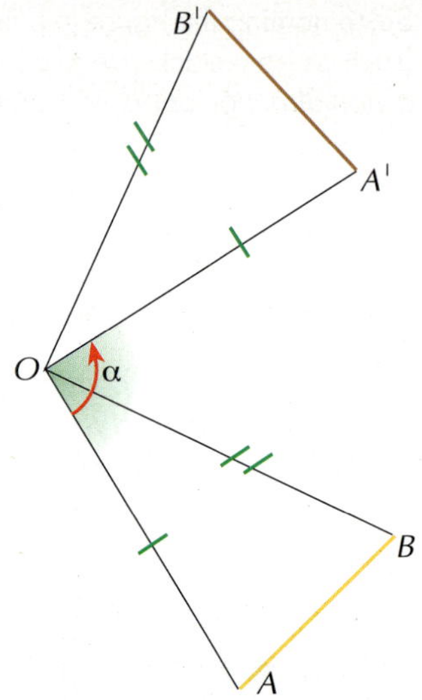

A **rotation** is a transformation that turns a figure about a fixed point O called the *center* of rotation. Rays drawn from the centre of rotation to the point A and its image A' form an angle α called the *angle of rotation.*

Thus, a rotation is defined by a centre and an angle of rotation. A positive angle of rotation turns the figure counterclockwise, and a negative angle of rotation turns the figure in a clockwise direction.
If P' is the image of P in a rotation with center O and angle α we write

$$P' = \rho_{O,\alpha}(P)$$

The only fixed point of a rotation is the center of rotation itself.
A rotation preserves the distance between points and thus it is an isometry; besides, it is a *direct isometry* because it preserves the orientation of points too.
Notice that a rotation of $180°$ is the same as a point reflection and a rotation of $360°$ is the identity.

Product of isometries

If f and g are two isometries and P is a point in the plane, we can apply the first isometry f and find $P' = f(P)$; then we can apply the second isometry g to P' and find $P'' = g(P')$.
We say that we have done a **product of isometries**.
The product of two isometries is an isometry too. Pay attention that this product is not commutative: usually apply f first and g after is not the same applying g first anf f after.
The most important products of isometries are the following.

- The product of two line reflections with the two lines that are perpendicular at O is a point reflection with the centre point at O.

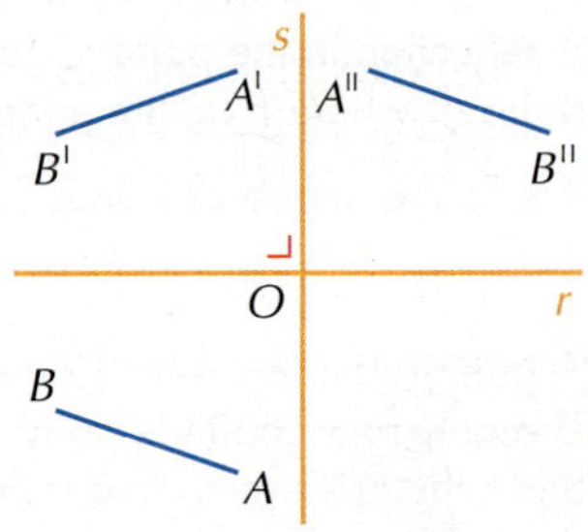

- The product of two line reflections with the two lines that are parallel is a translation of a vector which is twice the distance between the two lines and is also perpendicular to them.

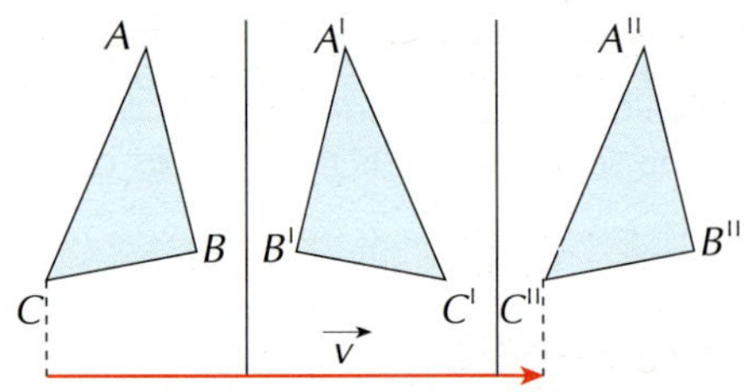

- The product of two line reflections with the two lines incident at O and forming an angle α is a rotation with centre at O and angle 2α.

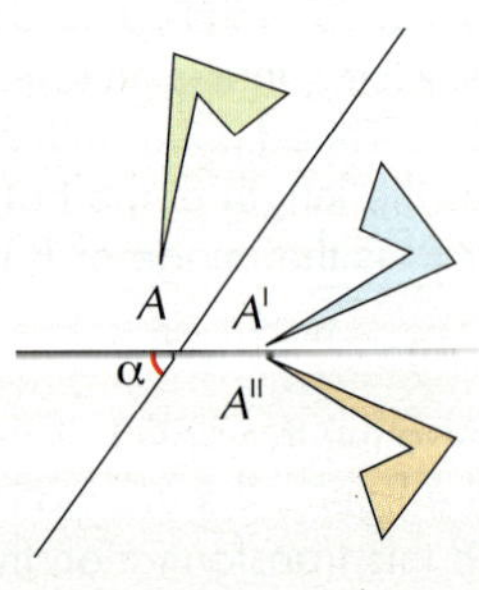

- The product of two point reflections with centres at P and Q is a translation of vector $2\overrightarrow{PQ}$.

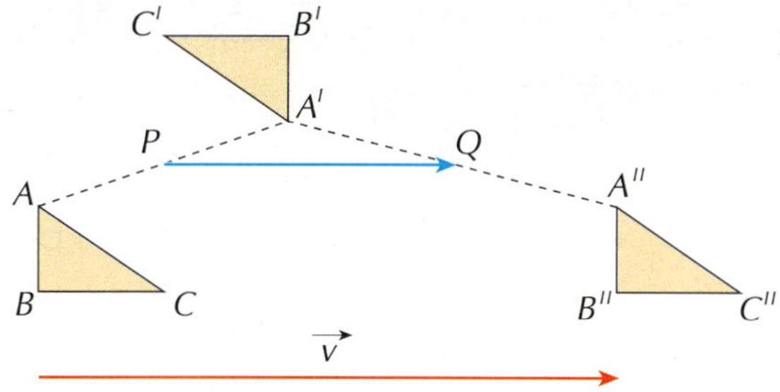

- The product of two translations of vectors $\vec{v}$ and $\vec{w}$ respectively is a translation of vector $\vec{s} = \vec{v} + \vec{w}$.

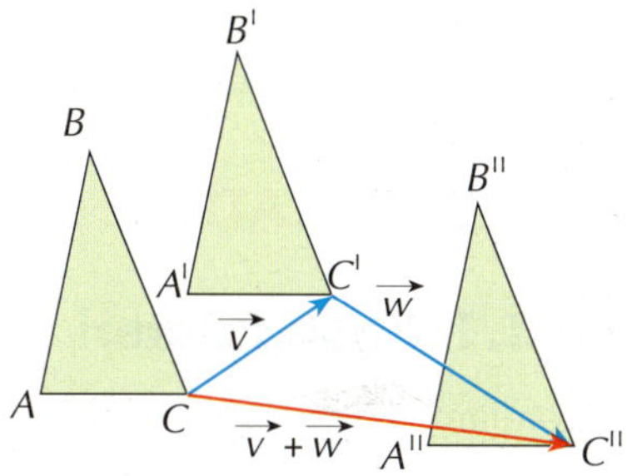

- The product of two rotations with the same centre O and angles α and β respectively is a rotation with centre at O and angle $\gamma = \alpha + \beta$.

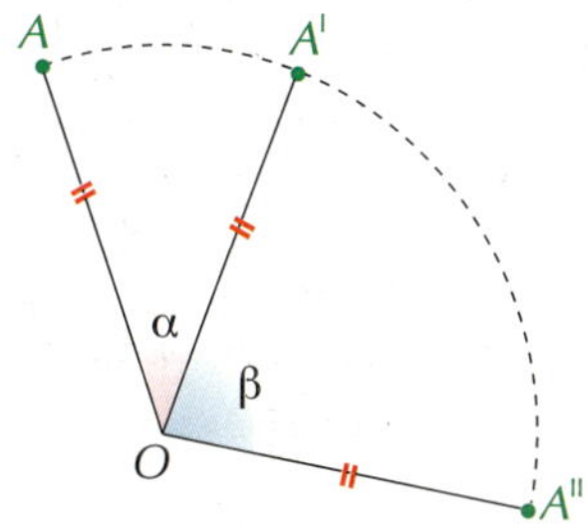

Moreover we can say that:

- any transformation can be seen as the product of at most three reflections.

EXERCISES

CAPITOLO 5 Parallelogrammi e trapezi

OBIETTIVI

- riconoscere un parallelogramma e individuarne le proprietà
- riconoscere parallelogrammi particolari e individuarne le proprietà
- riconoscere trapezi e individuarne le proprietà
- individuare simmetrie nei quadrilateri
- conoscere e applicare le proprietà della corrispondenza parallela di Talete

Capitolo 5 bis Parallelogrammi e trapezi

1 QUADRILATERI E PARALLELOGRAMMI

1.1 I quadrilateri

Figura 1

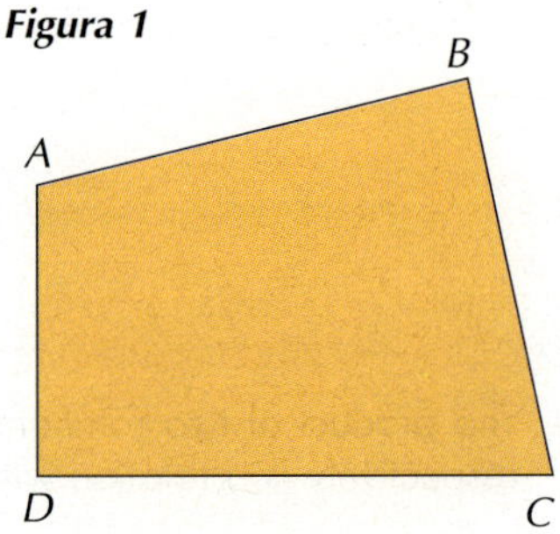

Ricordiamo che un quadrilatero è un poligono che ha quattro lati (***figura 1***); in esso

- i vertici *A* e *C*, *B* e *D* si dicono opposti, così come i lati *AB* e *CD*, *AD* e *BC*
- i vertici che appartengono ad uno stesso lato si dicono consecutivi, per esempio *A* e *B* oppure *A* e *D* sono consecutivi
- i lati che hanno un vertice in comune sono consecutivi, per esempio *AD* e *DC*
- gli angoli i cui vertici sono opposti si dicono opposti, per esempio sono opposti gli angoli $\widehat{DAB}$ e $\widehat{DCB}$
- gli angoli che hanno un lato in comune si dicono adiacenti a quel lato; per esempio gli angoli $\widehat{ADC}$ e $\widehat{BCD}$ sono adiacenti al lato *DC*, gli angoli $\widehat{BAD}$ e $\widehat{ADC}$ sono adiacenti al lato *AD*.

Fra tutti i quadrilateri convessi sono particolarmente importanti per le loro proprietà i parallelogrammi e i trapezi; studieremo quindi soprattutto le caratteristiche di questi quadrilateri utilizzando sia le proprietà della congruenza sia le proprietà delle isometrie che abbiamo visto nel precedente capitolo.

ANIMAZIONE

Figura 2

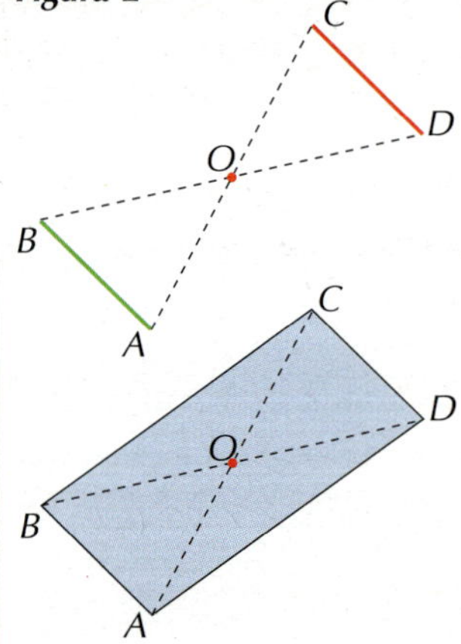

1.2 I parallelogrammi

Consideriamo un quadrilatero convesso che costruiamo in questo modo: prendiamo due punti *A* e *B* e un punto *O* del piano che assumiamo come centro di simmetria, troviamo i simmetrici *C* del punto *A* e *D* del punto *B* rispetto ad *O* e congiungiamo nell'ordine i punti *A*, *B*, *C*, *D* e *A* (***figura 2***). Il quadrilatero così ottenuto ha quindi un centro di simmetria; diamo allora la seguente definizione.

DEFINIZIONE DI PARALLELOGRAMMA

Si dice **parallelogramma** un quadrilatero convesso che ha un centro di simmetria.

Essendo una figura simmetrica, il parallelogramma ha alcune proprietà che derivano immediatamente dalle proprietà della simmetria centrale e che possiamo così enunciare. Ogni parallelogramma ha:

LE PROPRIETÀ DEL PARALLELOGRAMMA

- **i lati opposti paralleli**
  Infatti, nella simmetria di centro O, AB corrisponde a DC e quindi $AB \parallel DC$, AD corrisponde a BC e quindi $AD \parallel BC$ (***figura 3a***);
- **i lati opposti congruenti**
  Infatti la simmetria centrale, essendo un'isometria, trasforma un segmento in un altro ad esso congruente e quindi $AB \cong DC$ e $AD \cong BC$ (***figura 3b***);
- **gli angoli adiacenti supplementari**
  Infatti, avendo dimostrato che i lati opposti sono paralleli, due angoli adiacenti sono anche coniugati interni (***figura 3c***);
- **gli angoli opposti congruenti**
  Infatti tali angoli si corrispondono in una simmetria centrale: $\widehat{ADC} \cong \widehat{ABC}$ e $\widehat{DAB} \cong \widehat{BCD}$ (riferisciti ancora alla ***figura 3c***);
- **le diagonali che si incontrano nel punto medio**
  Infatti il loro punto medio è il centro O della simmetria (***figura 3d***).
  Inoltre, vista la congruenza e il parallelismo dei lati opposti, possiamo dire che ogni diagonale divide il parallelogramma in due triangoli congruenti.

Figura 3

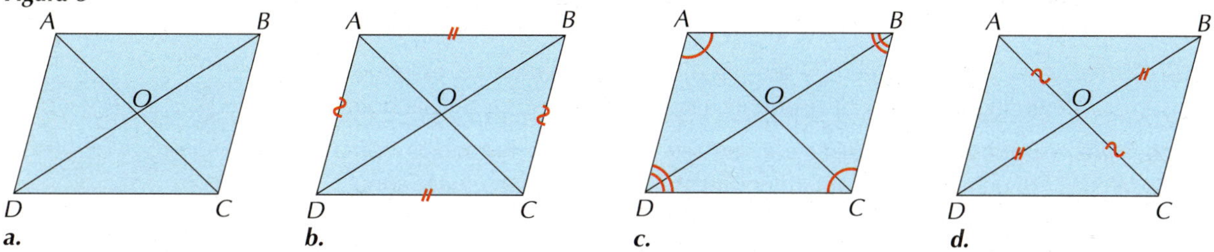

Dunque, se sappiamo di avere un parallelogramma, possiamo dire che valgono tutte queste proprietà; ci rimane ora da risolvere il problema inverso: come facciamo a riconoscere se un quadrilatero è un parallelogramma?
Evidentemente possiamo applicare la definizione: se il quadrilatero è convesso ed ha un centro di simmetria allora è un parallelogramma.
Non sempre è però possibile riconoscere questa caratteristica in un quadrilatero. Chiediamoci allora se le proprietà che abbiamo visto ci possono essere di aiuto; per esempio, se un quadrilatero ha i lati opposti paralleli, possiamo concludere che è un parallelogramma? In effetti le proprietà enunciate possono essere invertite, perché si dimostra che vale il seguente teorema.

VIDEO RECUPERO

COME RICONOSCERE SE UN QUADRILATERO È UN PARALLELOGRAMMA

Teorema. Un quadrilatero è un parallelogramma se:

- ha i lati opposti paralleli, oppure
- ha i lati opposti congruenti, oppure
- ha gli angoli adiacenti supplementari, oppure
- ha gli angoli opposti congruenti, oppure
- ha le diagonali che si incontrano nel punto medio, oppure
- ha una coppia di lati opposti congruenti e paralleli.

Dimostrazione.

- Dato il quadrilatero $ABCD$, supponiamo che sia $AB \parallel DC$ e $AD \parallel BC$ e indichiamo con O il punto medio della diagonale BD (***figura 4a***). Nella simmetria di centro O, a D corrisponde B e alla retta DC corrisponde la parallela per B che, per l'unicità della parallela e per l'ipotesi fatta, è la retta AB. Analogamente alla retta BC corrisponde la parallela per D, cioè la retta AD. Quindi, all'intersezione delle rette BC e DC, cioè a C, corrisponde l'intersezione delle rette AD e AB, cioè A. In definitiva: $B = \sigma_O(D)$, $A = \sigma_O(C)$; il quadrilatero $ABCD$ ha un centro di simmetria ed è perciò un parallelogramma.
- Supponiamo che sia $AD \cong BC$ e $AB \cong DC$ e consideriamo i triangoli ABD e CDB (***figura 4b***) che sono congruenti per il terzo criterio; in particolare si ha che $\widehat{ADB} \cong \widehat{DBC}$ e quindi $AD \parallel BC$ perché tali angoli sono alterni interni e congruenti, $\widehat{ABD} \cong \widehat{CDB}$ e quindi $AB \parallel DC$. In base alla dimostrazione precedente, il quadrilatero $ABCD$ avendo i lati opposti paralleli, è un parallelogramma.
- Supponiamo che sia $\widehat{ABC}$ supplementare di $\widehat{BAD}$ (***figura 4c***); allora le rette AD e BC sono parallele perché formano angoli coniugati interni supplementari. Se poi $\widehat{BAD}$ è supplementare di $\widehat{ADC}$, anche le rette AB e DC sono parallele ed il quadrilatero $ABCD$ è un parallelogramma.
- Supponiamo che gli angoli opposti del quadrilatero siano congruenti, cioè che sia $\widehat{BAD} \cong \widehat{DCB}$ e $\widehat{ABC} \cong \widehat{ADC}$ (riferisciti ancora alla ***figura 4c***); allora $\widehat{ABC} + \widehat{BAD} \cong \widehat{ADC} + \widehat{BCD}$ perché somme di angoli congruenti e, essendo la somma degli angoli interni di un quadrilatero congruente a due angoli piatti, $\widehat{ABC} + \widehat{BAD} \cong \widehat{ADC} + \widehat{BCD} \cong \pi$. Le rette AD e BC, formando con la trasversale AB una coppia di angoli coniugati interni supplementari, sono quindi parallele ed analogamente $AB \parallel DC$. Il quadrilatero $ABCD$ è quindi un parallelogramma.
- Supponiamo che, indicato con O il punto di intersezione delle diagonali (***figura 4d***) si abbia che $AO \cong OC$ e $BO \cong OD$; O è dunque il centro di simmetria del quadrilatero $ABCD$ che è perciò un parallelogramma.
- Supponiamo infine che sia $AD \parallel BC$ e contemporaneamente $AD \cong BC$ (***figura 4e***); i triangoli ADC e ABC sono congruenti per il primo criterio di congruenza ($AD \cong BC$, $AC \cong AC$, $\widehat{DAC} \cong \widehat{BCA}$ perché alterni interni) e quindi anche $AB \cong DC$. Avendo i lati opposti ordinatamente congruenti il quadrilatero $ABCD$ è un parallelogramma. ◀

Figura 4

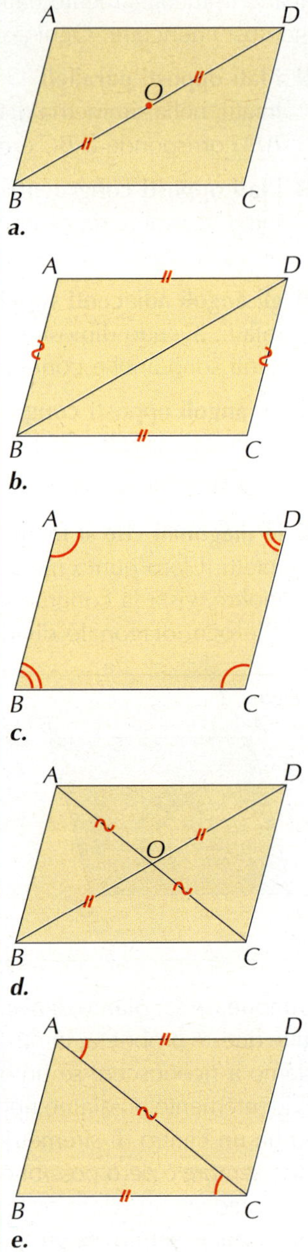

ESEMPI

1. Disegniamo un parallelogramma $ABCD$, prendiamo un punto S sul lato AB e un punto T sul lato CD in modo che sia $AS \cong CT$. Vogliamo dimostrare che il quadrilatero $SBTD$ è un parallelogramma.

Hp. $ABCD$ è un parallelogramma

$AS \cong CT$

Th. $SBTD$ è un parallelogramma (***figura 5***)

Figura 5

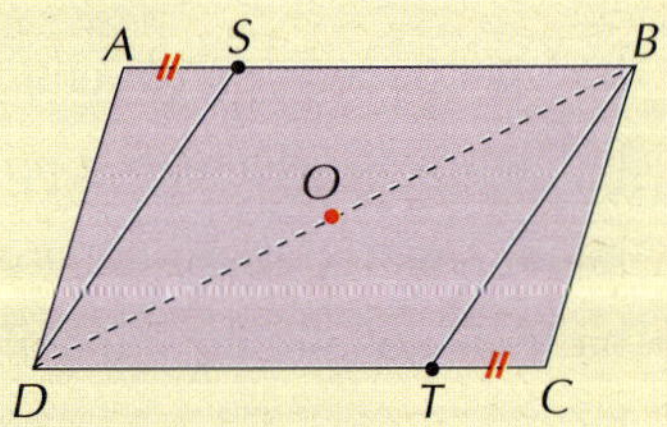

Dimostrazione.

Sappiamo che:

$AB \cong DC$ perché lati opposti del parallelogramma $ABCD$

$AS \cong CT$ per ipotesi

$SB \cong DT$ per differenza di segmenti congruenti

Inoltre $SB \parallel DT$ perché segmenti che appartengono ai lati AB e DC del parallelogramma $ABCD$. Allora il quadrilatero $SBTD$ ha una coppia di lati opposti congruenti e paralleli ed è perciò un parallelogramma.

Un altro modo di dimostrare il teorema è il seguente (ti invitiamo a completare la dimostrazione): indicato con O il centro di simmetria del parallelogramma dato (osserva ancora la ***figura 5***), possiamo scrivere che:

$\sigma_O(B) = D$

$\sigma_O(A) = ...$

$\sigma_O(AS) = ...$ perché ....

$\sigma_O(S) = ...$ perché ....

quindi $SBTD$ è un parallelogramma perché ha un centro di simmetria.

ulteriori esempi

ESERCIZI E PROBLEMI pag. 253

2 PARALLELOGRAMMI PARTICOLARI

Fra tutti i parallelogrammi ve ne sono alcuni che presentano delle caratteristiche in più rispetto ai parallelogrammi comuni: il rettangolo, il rombo e il quadrato. Vediamo come possiamo definirli e quali sono le loro peculiarità.

Il rettangolo

Figura 6

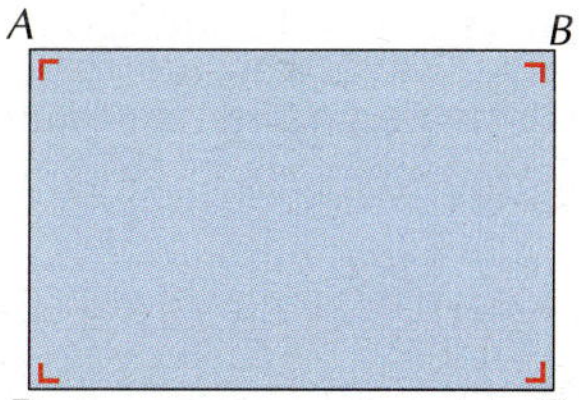

DEFINIZIONE DI RETTANGOLO

Si chiama **rettangolo** un parallelogramma che ha tutti gli angoli congruenti (***figura 6***).

In base a questa definizione possiamo dire che, poiché gli angoli adiacenti di un parallelogramma sono supplementari e due angoli supplementari e congruenti sono retti, gli angoli di un rettangolo sono tutti retti. Come tutti i parallelogrammi, il rettangolo ha i lati opposti congruenti e paralleli e gode di tutte le altre proprietà dei parallelogrammi; in più ha la seguente proprietà:

- **un rettangolo ha le diagonali congruenti.**

  Basta infatti osservare che i triangoli ADC e BDC sono congruenti perché rettangoli con i cateti congruenti (***figura 7***) e che quindi $AC \cong DB$.

Figura 7

Per riconoscere se un quadrilatero è un rettangolo bisogna innanzi tutto verificare che si tratti di un parallelogramma in uno dei modi visti nel paragrafo precedente; stabilito ciò, si può procedere in uno dei seguenti modi:

- verificare che ci sia almeno un angolo retto
  In questo modo infatti anche gli altri angoli sono retti ed è quindi rispettata la definizione di rettangolo.
- verificare che le diagonali siano congruenti.
  In questo modo (puoi riferirti ancora alla ***figura** 7*) i triangoli *ADC* e *BDC* sono congruenti per il terzo criterio (i tre lati sono ordinatamente congruenti) e gli angoli $\widehat{ADC}$ e $\widehat{BCD}$ sono retti perché sono supplementari e congruenti.

Il rombo

DEFINIZIONE DI ROMBO

Si chiama **rombo** un parallelogramma con tutti i lati congruenti (***figura 8***).

Figura 8

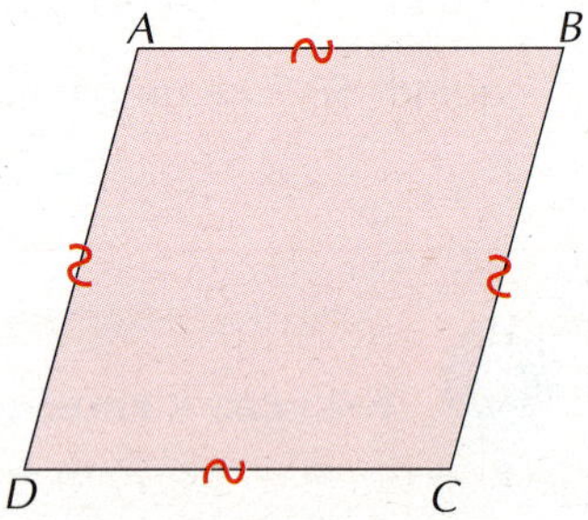

Un rombo possiede tutte le proprietà di un parallelogramma; inoltre:

- **un rombo ha le diagonali che sono fra loro perpendicolari e bisettrici degli angoli opposti.**
  Basta infatti osservare che i triangoli *ABC* e *ADC* sono isosceli (***figura 9***) così come i triangoli *ADB* e *CDB* e che, essendo *DB* e *AC* le mediane di tali triangoli, esse sono anche altezze e bisettrici.

Per riconoscere se un quadrilatero è un rombo bisogna innanzi tutto verificare che sia un parallelogramma; successivamente si può procedere in uno dei seguenti modi:

ANIMAZIONE

- verificare che abbia due lati consecutivi congruenti.
  In questo modo, infatti, tutti i lati diventano congruenti fra loro e viene applicata la definizione.
- verificare che le diagonali siano fra loro perpendicolari.
  In questo modo i triangoli rettangoli *AOB, BOC, DOC, DOA* sono tutti congruenti perché hanno i cateti ordinatamente congruenti (***figura 10a***) e si ha che $AB \cong BC \cong DC \cong AD$.
- verificare che una diagonale sia bisettrice degli angoli cui si riferisce.
  Infatti, supposto che $\widehat{ABD} \cong \widehat{CBD}$, e quindi anche $\widehat{ADB} \cong \widehat{BDC}$, i quattro angoli $\widehat{ABD}$, $\widehat{CBD}$, $\widehat{ADB}$, $\widehat{BDC}$ sono congruenti perché metà di angoli congruenti (***figura 10b***); i triangoli *ADB* e *BDC* sono perciò isosceli e congruenti per il secondo criterio e quindi $AB \cong BC \cong DC \cong AD$.

Figura 9

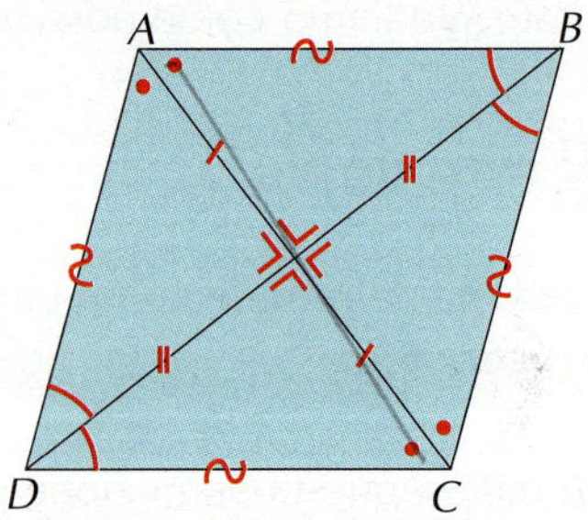

Figura 10

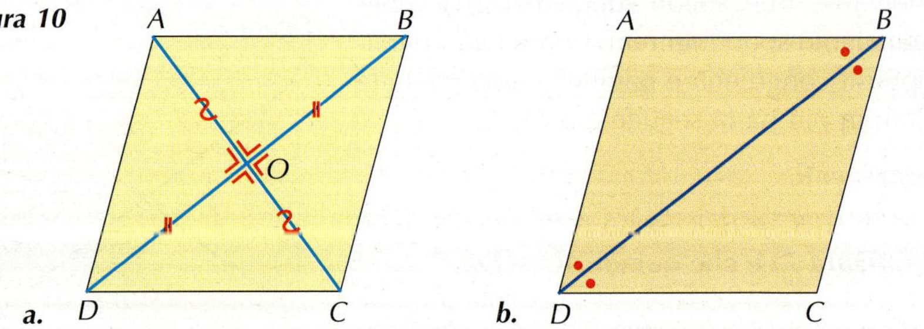

VIDEO RECUPERO

Il quadrato

DEFINIZIONE DI QUADRATO

Si dice **quadrato** un parallelogramma che ha tutti i lati congruenti e tutti gli angoli congruenti (***figura 11a***).

Dalla definizione si deduce che un quadrato è contemporaneamente un rettangolo e un rombo; di conseguenza, oltre a tutte le proprietà dei parallelogrammi, avrà anche tutte le proprietà dei rettangoli e dei rombi e cioè (***figura 11b***):

- **le diagonali sono congruenti, sono perpendicolari, sono bisettrici degli angoli.**

Figura 11

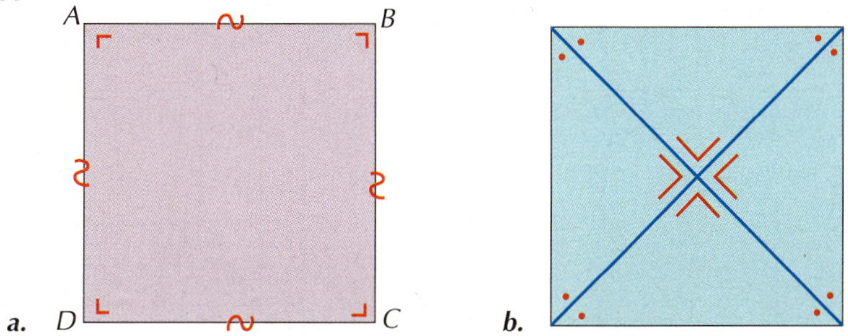

Per riconoscere se un quadrilatero è un quadrato, dopo aver verificato che si tratta di un parallelogramma, abbiamo allora le seguenti possibilità:

- verificare che ci siano due lati consecutivi congruenti e che ci sia un angolo retto
- verificare che le diagonali siano congruenti e perpendicolari
- verificare che le diagonali siano congruenti e che una di esse sia bisettrice degli angoli ai quali si riferisce.

ESERCIZI E PROBLEMI pag. 257

3 PARALLELOGRAMMI E ISOMETRIE

Tutti i parallelogrammi, proprio per come sono stati definiti, hanno un centro di simmetria che è il punto di intersezione delle diagonali, ma non hanno assi di simmetria, a meno che siano parallelogrammi particolari.

- Un rettangolo ha due assi di simmetria: le rette che passano per i punti medi dei lati opposti (***figura 12a***).
  Infatti, indicata con s la retta asse di simmetria del lato AB, si ha che $B = \sigma_s(A)$, $BC = \sigma_s(AD)$ perché $BC \parallel AD$ e $BC \cong AD$, quindi $C = \sigma_s(D)$ e perciò s è anche asse di simmetria del lato DC.
  Analogamente la retta r, asse di simmetria del lato AD, è anche asse di BC.

Figura 12a

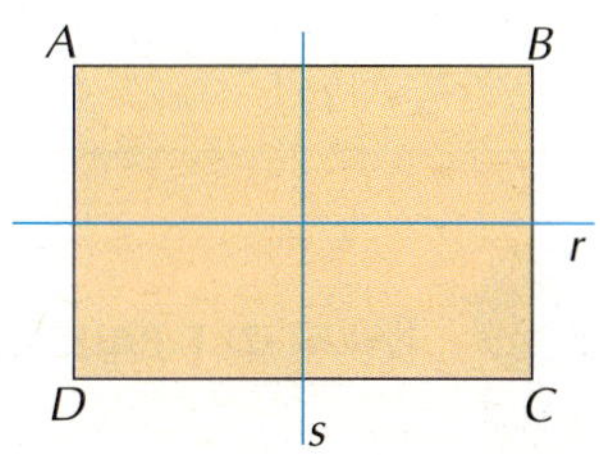

- Un rombo ha due assi di simmetria: le rette delle diagonali (***figura 12b***). Infatti, nella simmetria di asse r i punti B e D sono punti uniti e $C = \sigma_r(A)$ perché $AC \perp r$ e $AO \cong OC$. Analogamente, anche la retta s è asse di simmetria.
- Un quadrato, essendo contemporaneamente un rettangolo ed un rombo, ha quattro assi di simmetria: le rette che passano per i punti medi dei lati opposti e le rette delle diagonali (***figura 12c***).

Di un parallelogramma, e quindi anche di un parallelogramma particolare, possiamo poi dire che:

- una coppia di lati paralleli si corrisponde nella traslazione che ha come vettore l'altro lato: con riferimento alla ***figura 13***, il lato DC corrisponde al lato AB nella traslazione di vettore $\overrightarrow{AD}$, il lato BC corrisponde al lato AD nella traslazione di vettore $\overrightarrow{AB}$.

Figura 12

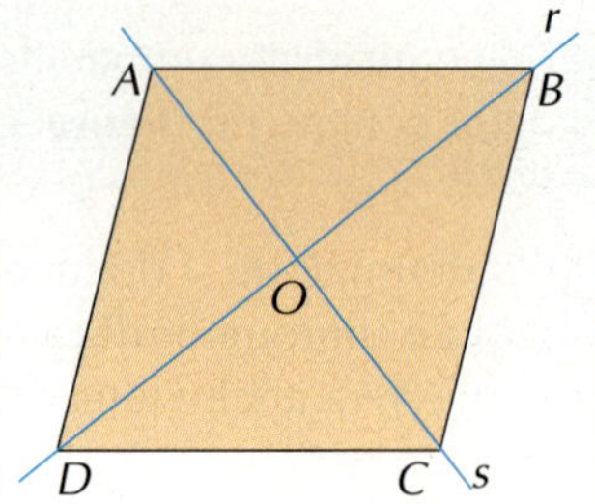

b.

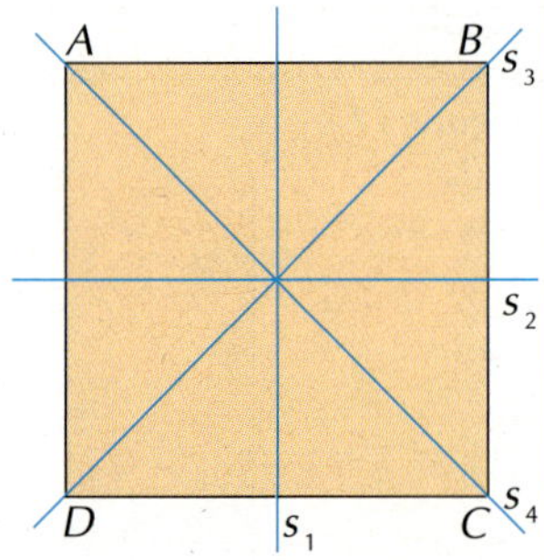

c.

Figura 13

ATTENZIONE AGLI ERRORI

Un parallelogramma generico ha un centro di simmetria, ma, come già detto, non ha assi di simmetria, quindi **non sono assi di simmetria**:

- le diagonali (***figura 14a***):
  i punti B e D non sono simmetrici rispetto alla diagonale AC
- le rette che passano per i punti medi di due lati opposti (***figura 14b***):
  i punti A e B non sono simmetrici rispetto alla retta r, così come C e D.

Inoltre

- le diagonali non sono bisettrici degli angoli (***figura 14c***):
  gli angoli $\widehat{BAC}$ e $\widehat{CAD}$ non sono congruenti.

Figura 14

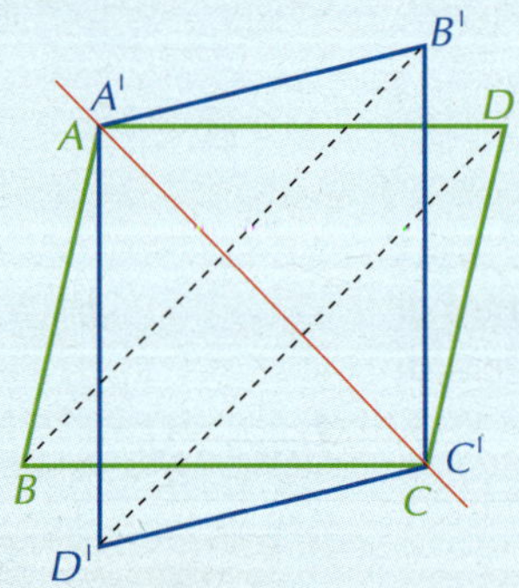

a.

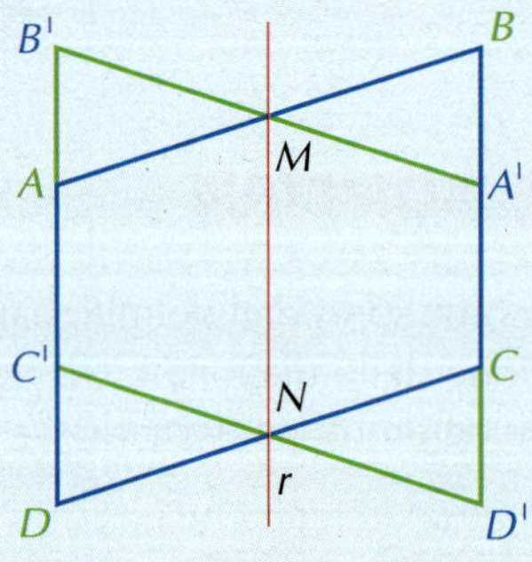

b.

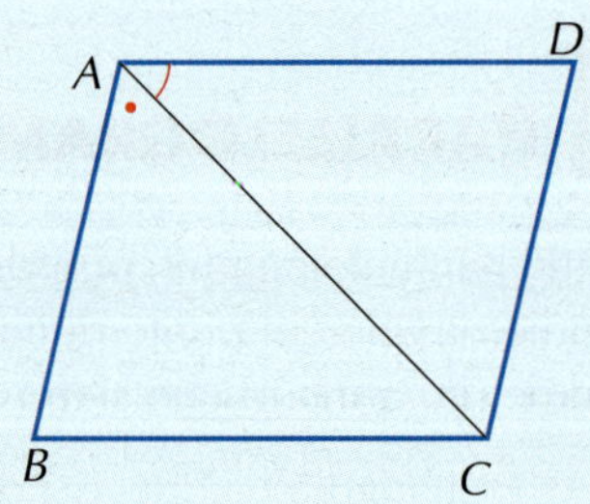

c.

ESERCIZI E PROBLEMI pag. 261

4 IL TRAPEZIO

Un altro quadrilatero che è interessante studiare (lo vediamo anche nella forma dei tetti di alcune case) è il trapezio che definiamo in questo modo.

DEFINIZIONE DI TRAPEZIO

Un **trapezio** è un quadrilatero che ha due lati paralleli.

I lati paralleli di un trapezio si dicono **basi**, gli altri due lati si dicono **obliqui**; si dice inoltre **altezza** del trapezio la distanza fra le due basi (***figura 15***).

Figura 15

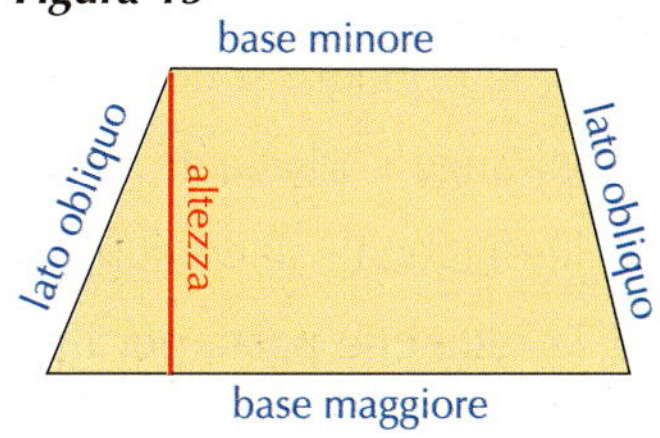

I trapezi si possono classificare in relazione alle caratteristiche dei lati obliqui; in particolare (***figura 16***):

- se i lati obliqui sono disuguali il trapezio si dice **scaleno**
- se sono congruenti si dice **isoscele**
- se uno dei lati obliqui è perpendicolare alle basi il trapezio si dice **rettangolo**.

Figura 16

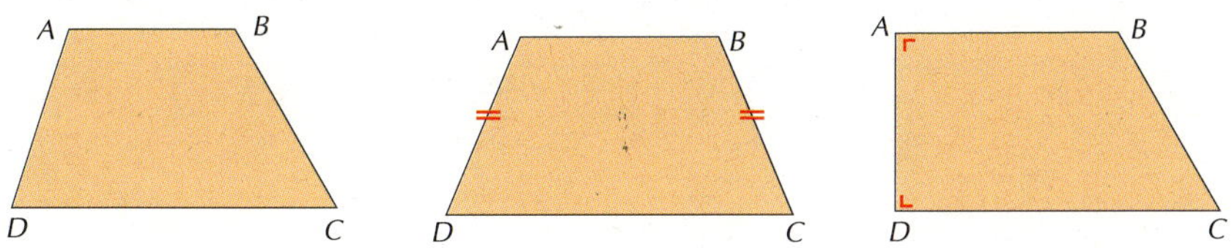

trapezio scaleno — trapezio isoscele — trapezio rettangolo

Anche un parallelogramma, avendo due lati opposti paralleli, può essere considerato un particolare trapezio; nel seguito tuttavia, parlando di trapezi, escluderemo questo caso particolare.
Il trapezio non ha particolari proprietà se non quelle che derivano dall'avere due lati paralleli:

- gli angoli adiacenti a ciascuno dei lati obliqui sono supplementari.
  Infatti (osserva ancora la ***figura 16***) essi sono in ogni caso coniugati interni:
  $\widehat{BAD} + \widehat{ADC} = \pi \qquad \text{e} \qquad \widehat{ABC} + \widehat{BCD} = \pi$

Figura 17

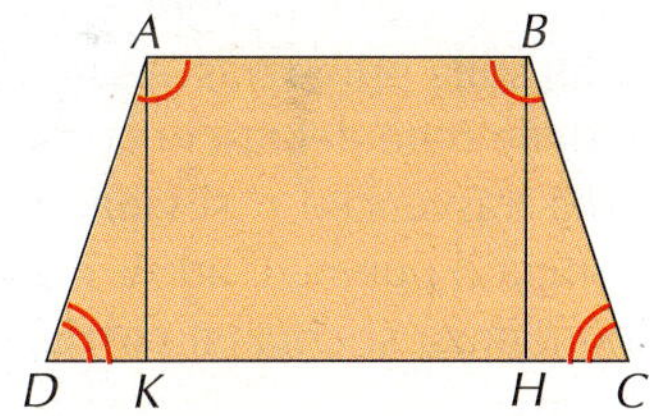

LE PROPRIETÀ DEL TRAPEZIO ISOSCELE

Se invece il **trapezio è isoscele**, e solo in questo caso, si evidenziano alcune proprietà:

- gli angoli adiacenti a ciascuna base sono congruenti (***figura 17***);
  Infatti, se tracciamo le altezze uscenti dai vertici A e B (i due segmenti sono congruenti perché rappresentano la distanza fra le rette parallele delle basi), i triangoli ADK e BCH (***figura 17***) sono congruenti perché hanno l'ipotenusa ed un cateto congruenti; di conseguenza anche gli angoli di vertici D e C sono congruenti.
  Inoltre $\widehat{A} \cong \widehat{B}$ perché supplementari di angoli congruenti.

Figura 18

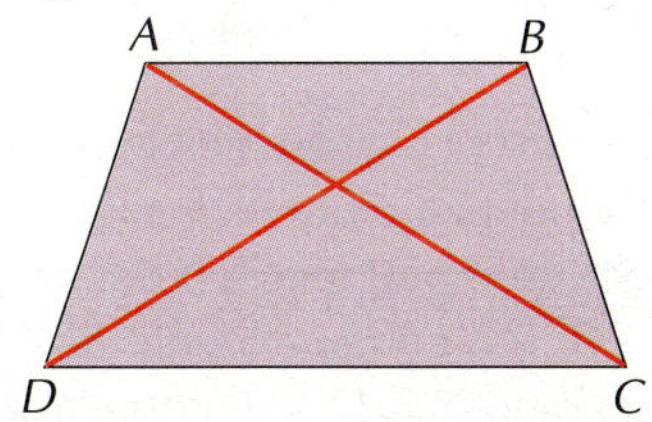

- le diagonali sono congruenti (***figura 18***);
  Infatti (***figura 18***), i triangoli ADC e DCB sono congruenti per il primo criterio (DC è in comune ai due triangoli, $AD \cong BC$ per ipotesi e $\widehat{ADC} \cong \widehat{BCD}$ per la proprietà precedente) e in particolare $AC \cong DB$.

- la retta che passa per i punti medi delle basi è asse di simmetria (***figura 19***). Poiché $AH \cong HB$ e $DK \cong KC$, basta dimostrare che HK è perpendicolare alle basi del trapezio. Osserviamo allora che i quadrilateri $AHKD$ e $BHKC$ sono congruenti perché hanno tutti i lati ordinatamente congruenti e $\widehat{HAD} \cong \widehat{HBC}$ e $\widehat{ADK} \cong \widehat{BCK}$. Anche gli angoli $\widehat{AHK}$ e $\widehat{BHK}$ sono quindi congruenti e perciò retti, così come gli angoli $\widehat{DKH}$ e $\widehat{CKH}$; HK è quindi asse di simmetria per il trapezio.

Figura 19

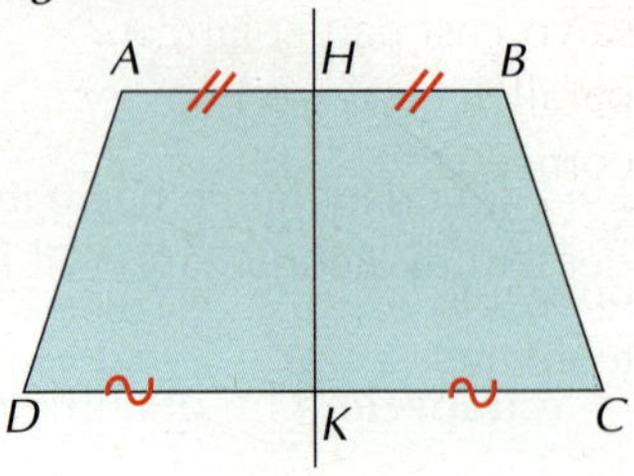

Tutte queste proprietà possono essere invertite, vale a dire che per riconoscere se un trapezio è isoscele, oltre ad applicare la definizione e quindi verificare che i lati obliqui sono congruenti, basta verificare che:

- gli angoli adiacenti ad una base siano congruenti, oppure
- le diagonali siano congruenti, oppure
- la retta che passa per i punti medi delle basi sia asse di simmetria.

ESERCIZI E PROBLEMI pag. 263

5 LA CORRISPONDENZA DI TALETE

Sappiamo che un fascio di rette parallele è l'insieme di tutte e sole le rette che hanno la stessa direzione e che, se una retta interseca una di queste parallele, allora interseca tutte le altre, cioè è una **trasversale** di tutte le rette del fascio.
Consideriamo dunque un fascio di rette parallele e tagliamolo con due trasversali r e r' come in ***figura 20***; si vengono in questo modo a determinare alcuni punti sulla prima trasversale ed altrettanti sulla seconda che sono le intersezioni delle rette del fascio con le trasversali. Fra i punti della trasversale r e quelli della trasversale r' si viene così a stabilire una corrispondenza biunivoca che associa il punto A' ad A, il punto B' a B, il punto C' a C e così via. Tale corrispondenza si chiama **corrispondenza parallela di Talete**.

Figura 20

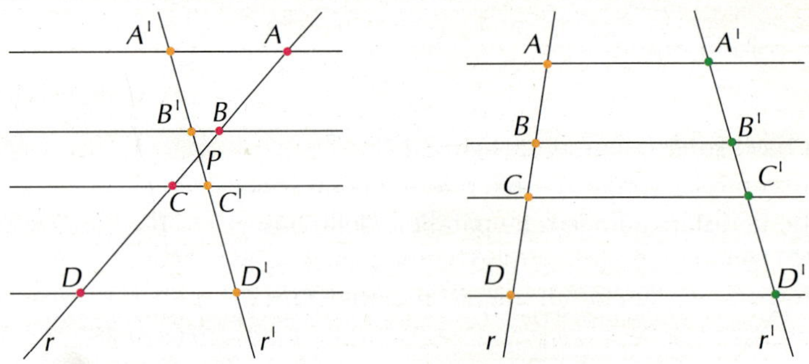

ANIMAZIONE

Se esiste corrispondenza biunivoca fra i punti delle due trasversali, esiste corrispondenza biunivoca anche fra i segmenti che hanno per estremi questi punti; per esempio, facendo ancora riferimento alla ***figura 20***, si ha che il segmento $A'B'$ è il corrispondente di AB, il segmento $B'D'$ è il corrispondente di BD, il segmento $C'D'$ è il corrispondente di CD e così via.

In generale non vi è alcuna relazione fra un segmento ed il suo corrispondente: salvo casi particolari, AB non è congruente ad $A'B'$, i due segmenti non sono paralleli e non sono perpendicolari e questo per ogni coppia di segmenti che si corrispondono.
Se però capita che due segmenti sulla prima trasversale sono congruenti, allora possiamo dire che anche i loro corrispondenti lo sono; vale infatti il seguente teorema.

Teorema (della corrispondenza di Talete). Dato un fascio di rette parallele, tagliato da due trasversali, se sulla prima trasversale si individuano due segmenti congruenti, allora anche i loro corrispondenti sulla seconda trasversale sono congruenti.

Hp. $a \parallel b \parallel c \parallel d \parallel .....$ **Th.** $A'B' \cong C'D'$ (***figura 21***)

$AB \cong CD$

Figura 21

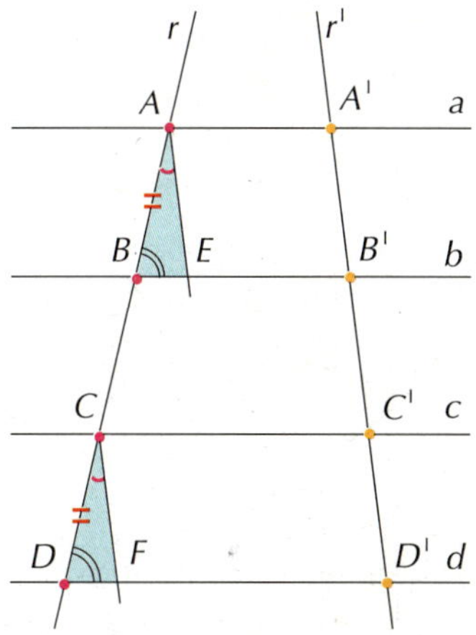

Dimostrazione.
Tracciamo i due segmenti AE e CF paralleli alla trasversale r'; i quadrilateri $AA'B'E$ e $CC'D'F$, avendo i lati opposti paralleli, sono dei parallelogrammi, quindi $AE \cong A'B'$ e $CF \cong C'D'$.
Consideriamo adesso i triangoli ABE e CDF; essi hanno:

$AB \cong CD$ per ipotesi

$\widehat{ABE} \cong \widehat{CDF}$ perché angoli corrispondenti delle rette parallele b e d tagliate dalla trasversale r

$\widehat{BAE} \cong \widehat{DCF}$ perché angoli corrispondenti delle rette parallele AE e CF tagliate dalla trasversale r

I due triangoli sono congruenti per il secondo criterio ed in particolare $AE \cong CF$. Allora $AE \cong A'B'$, $CF \cong C'D'$, $AE \cong CF$, quindi, per la proprietà transitiva della congruenza, $A'B' \cong C'D'$. ◀

LE CONSEGUENZE DEL TEOREMA DI TALETE

Questo teorema è importante per le sue conseguenze applicate ai triangoli; si verifica infatti che:

- **se per il punto medio di un lato di un triangolo si traccia la parallela ad un altro lato, questa taglia il terzo lato nel suo punto medio.**
  Infatti, tracciata da M la parallela al lato BC e considerato il fascio di rette di direzione BC (***figura 22***), se $AM \cong MB$, anche $AS \cong SC$.

Figura 22

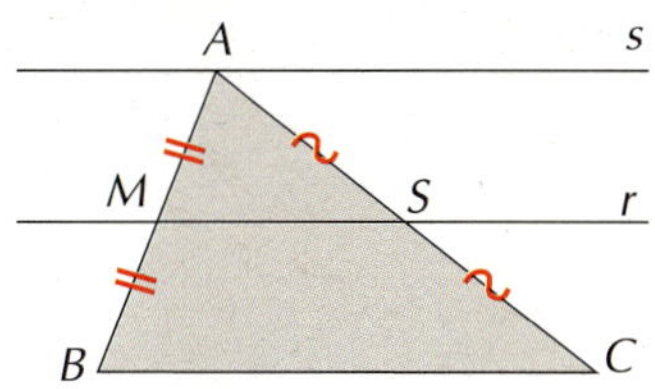

- **Viceversa, se si congiungono i punti medi di due lati di un triangolo, il segmento ottenuto è parallelo al terzo lato ed è inoltre congruente alla sua metà.**
  Infatti, indicati con M e N i punti medi di AC e AB e tracciata da M la parallela al lato BC, essa interseca il lato AB nel suo punto medio S (***figura 23***); quindi, visto che il punto medio di un segmento è unico, N coincide con S e perciò, se si uniscono i punti medi di due lati, il segmento che si ottiene è parallelo al terzo lato.
  Inoltre, se da S tracciamo la parallela ad AC, il punto T di intersezione con il lato BC è punto medio di tale lato, quindi $CT \cong TB$. Ma il quadrilatero $MSTC$ è un parallelogramma e perciò $MS \cong CT$. Ne consegue che, essendo

  $CT \cong \frac{1}{2} CB$, $MS \cong \frac{1}{2} CB$.

Figura 23

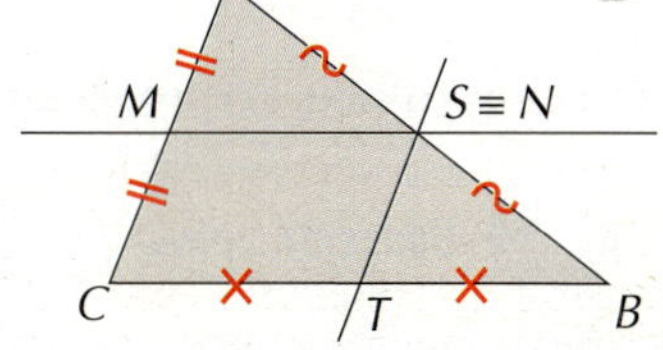

In modo del tutto analogo, si dimostra inoltre che:

- il segmento che congiunge i punti medi dei lati obliqui di un trapezio è parallelo alle basi e congruente alla loro semisomma (***figura 24***).

Figura 24

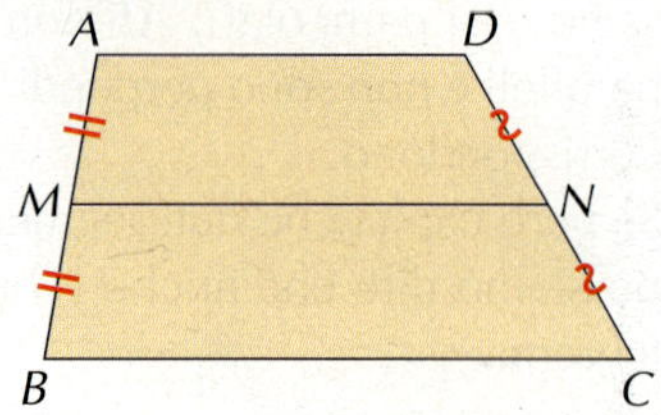

ESERCIZI E PROBLEMI pag. 264

ATTENZIONE AGLI ERRORI

La corrispondenza di Talete **non afferma** che sulle due trasversali i segmenti che si corrispondono sono congruenti, come si può vedere immediatamente dalla ***figura 25***.

I soli casi in cui accade che $AB \cong A'B'$ e, di conseguenza le stesse congruenze si verificano per tutte le altre coppie di segmenti corrispondenti, si verificano quando:

- le due trasversali formano angoli congruenti con le parallele del fascio (***figura 26a***), perché si vengono a formare tanti trapezi isosceli;
- le due trasversali sono parallele (***figura 26b***), perché si vengono a formare tanti parallelogrammi.

Figura 25

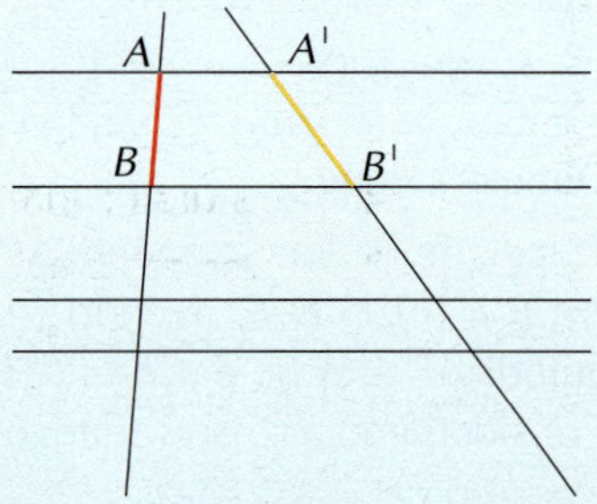

Figura 26

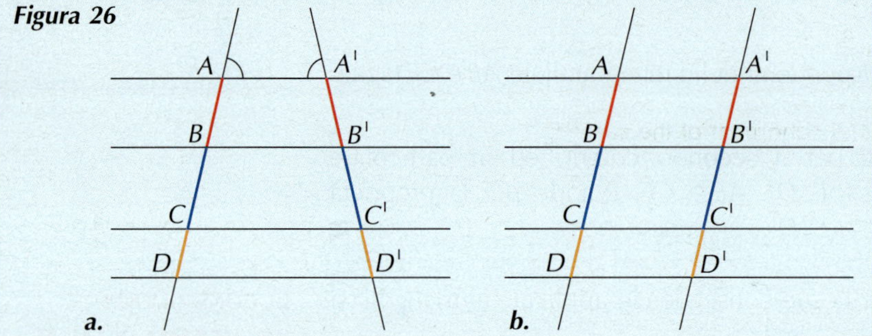

IL CAPITOLO SI COMPLETA CON:

CONCETTI CHIAVE E REGOLE

LABORATORIO

PRESENTAZIONI IN POWERPOINT

Parallelograms and trapezoids
BASIC CONCEPTS

CLIL

AUDIO FILE

Key Terms

quadrilateral	rhombus	equilateral
parallelogram	square	trapezoid, bases, legs
rectangle	equiangolar	midsegment

Parallelograms

A **parallelogram** is a quadrilateral, that is a polygon with four sides, which has a point of symmetry.
Its properties are the following:

- a diagonal divides a parallelogram into two congruent triangles
- the opposite sides are parallel
- the opposite sides are congruent
- the opposite angles are congruent
- the consecutive angles are supplementary
- the diagonals bisect each other.

In reverse, to prove that a quadrilateral is a parallelogram we have to verify that:

- its opposite sides are parallel
- its oppostite sides are congruent
- its oppostite angles are congruent
- its diagonals bisect each other
- two opposite sides are parallel and congruent at the same time.

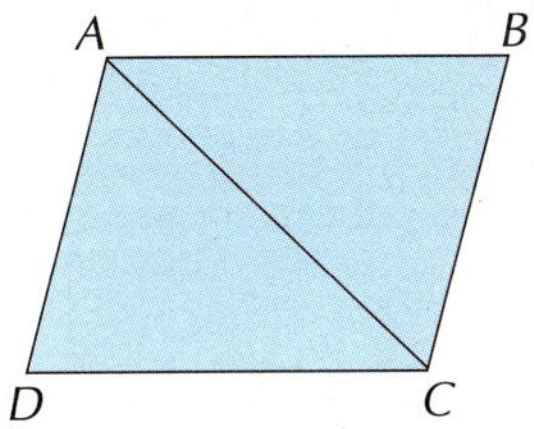

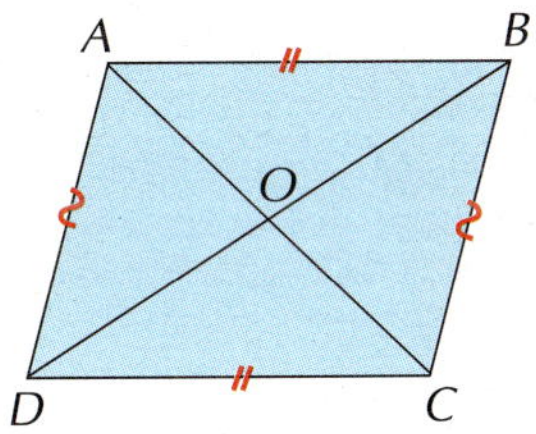

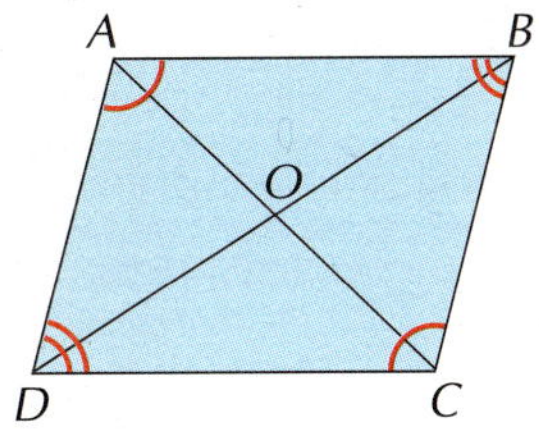

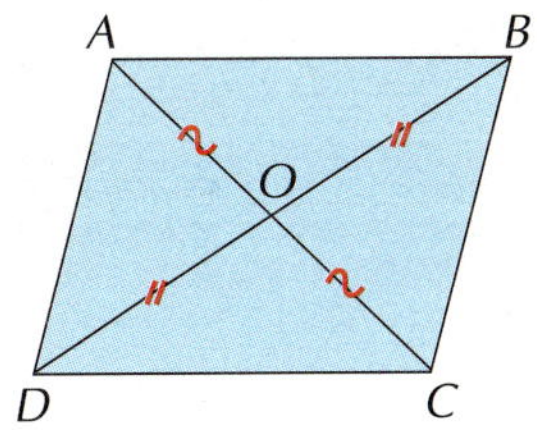

Special parallelograms

Among parallelograms, there are a few that have some more properties:

- the **rectangle** is an equiangolar parallelogram; thus its angles are all right angles
- the **rhombus** is an equilateral parallelogram; thus its sides are all congruent
- the **square** is an equilateral and equiangolar parallelogram; thus a square is both a rectangle and a rhombus.

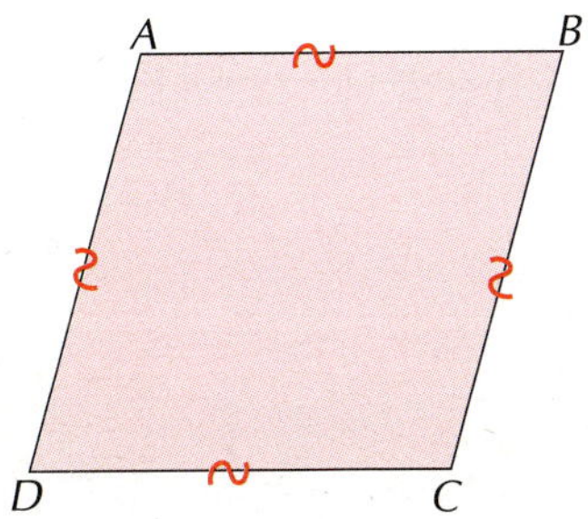

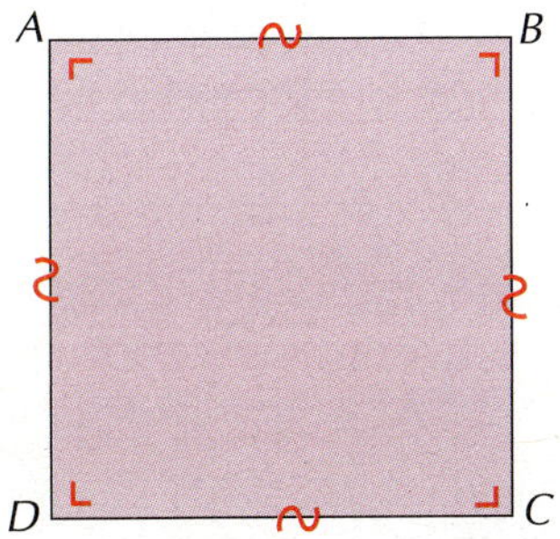

All these special parallelograms have the same properties of a parallelogram; besides these, there are some other properties:

- the rectangle has congruent diagonals
- the rhombus diagonals are perpendicular and they bisect each vertex angle
- the square has congruent and perpendicular diagonals which bisect the vertex angles.

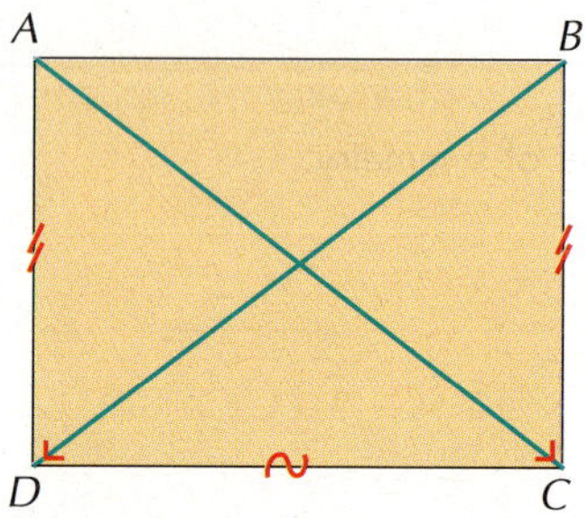

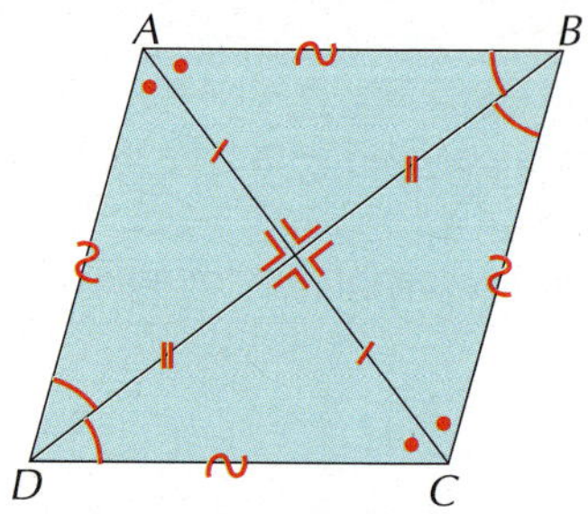

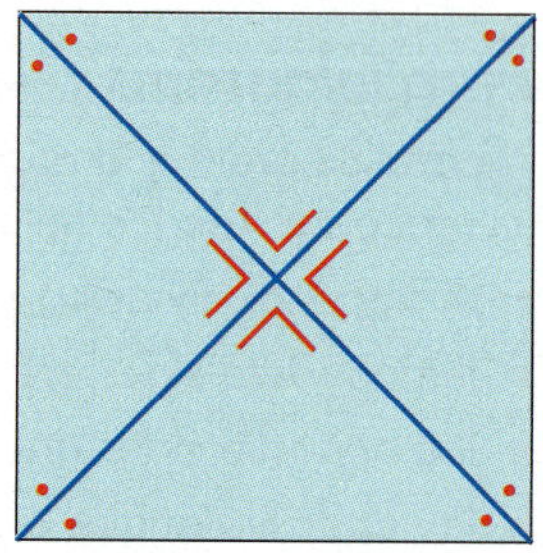

Parallelogram and isometries

As with the definition, a parallelogram has a point of simmetry which is the point of intersection of its diagonals; but it has no axis of symmetry, unless it is a special parallelogram.

- A rectangle has two axes of symmetry: the lines that pass through the midpoints of the opposide sides
- A rhombus has two axes of symmetry: the diagonal lines
- A square, being both a rectangle and a rhombus, has four axes of symmetry: the lines passing through the midpoints of the opposite sides and the diagonal lines.

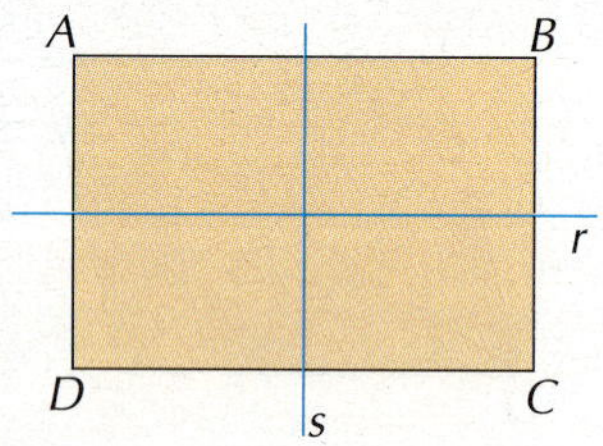

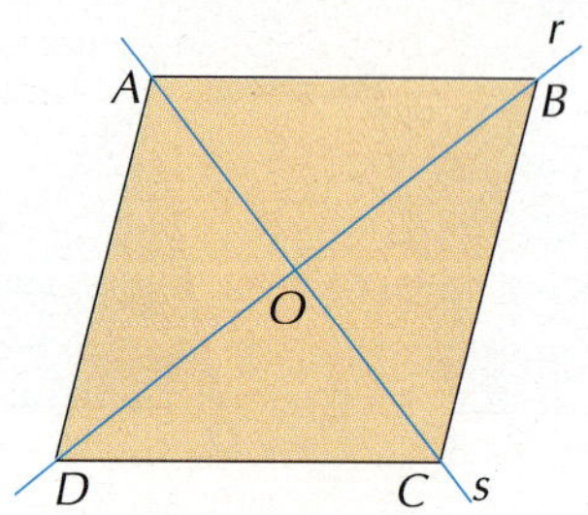

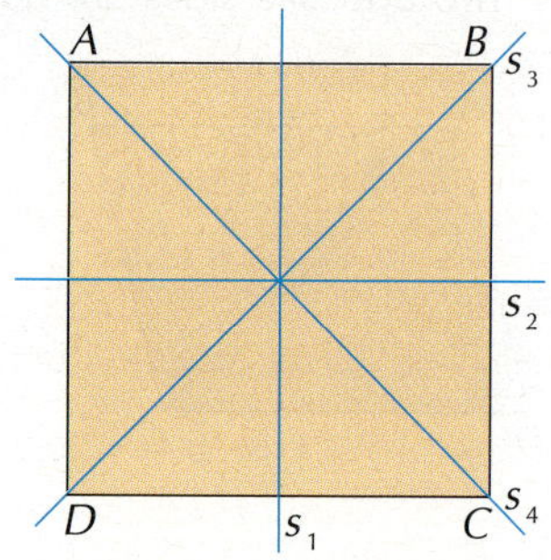

Trapezoids

A **trapezoid** is a quadrilateral having two parallel sides. These parallel sides are called *bases*, while the other two are called *legs*. The distance between the two bases is the *altitude* of the trapezoid.

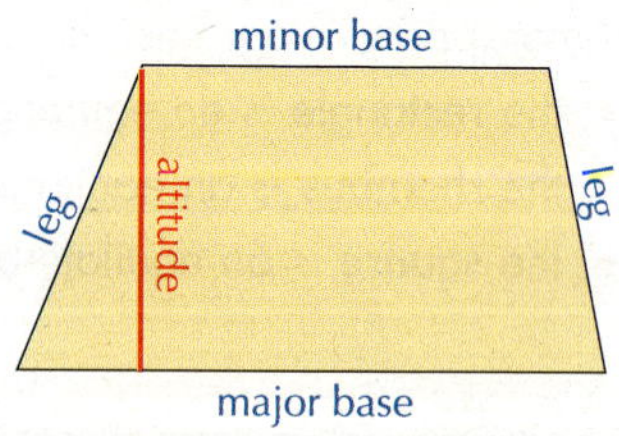

According to its legs, a trapezoid is said to be:

- *isosceles* if the two legs are congruent
- *right* (or rectangular) if one of its legs is perpendicular to the bases.

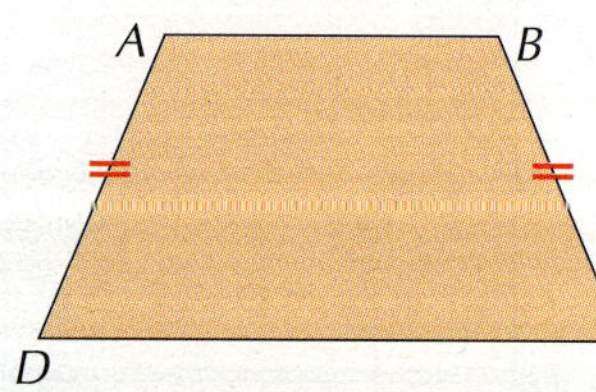

isosceles trapezoid

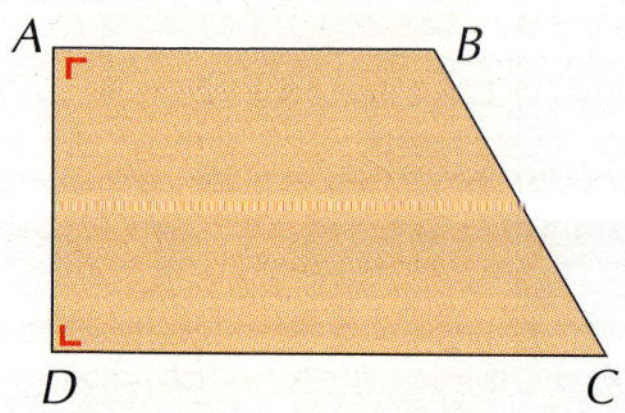

rectangular trapezoid

If a trapezoid is isosceles then:

- the base angles are congruent
- the diagonals are congruent
- the opposite angles are supplementary
- the line passing through the midpoints of the bases is the axis of symmetry.

Parallel lines and transversals

Let us consider a set of parallel lines cut by two transversals.
If these parallel lines cut off congruent segments on one transversal, then they cut off congruent segments on any other transversal.
According to the figure on the right, if $AB \cong CD$ on the first transversal, then $A'B' \cong C'D'$ on the second transversal.

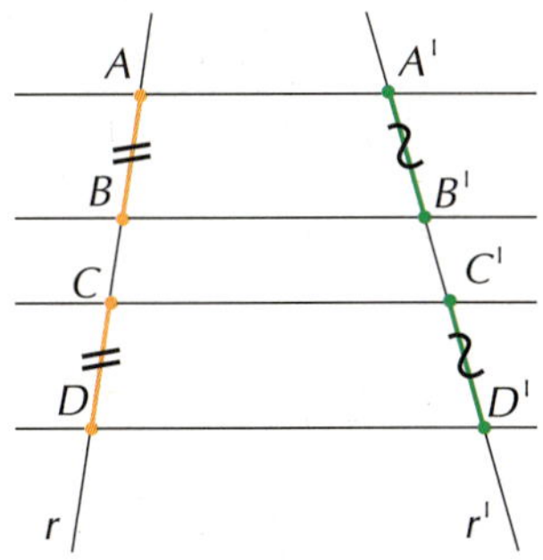

if $AB \cong CD$ then $A'B' \cong C'D'$

Therefore we can say that:

- if a line is drawn from the midpoint of one side of a triangle and parallel to a second side, then it passes through the midpoint of the third side
- if a line segment joins the midpoints of two sides of a triangle, then it is parallel to the third side and its lenght is one-half the lenght of the third side.

The segment with endpoints that are midpoints of two sides of a triangle is called the *midsegment* of the triangle.

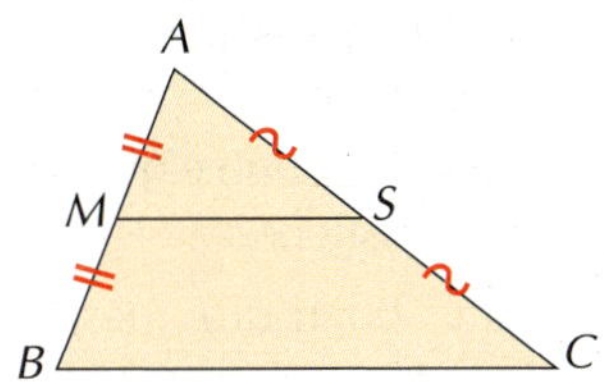

$MS \parallel BC$

$MS \cong \frac{1}{2} BC$

EXERCISES

CAPITOLO 6

La circonferenza

OBIETTIVI

- comprendere il concetto di luogo geometrico
- conoscere le proprietà della circonferenza e del cerchio
- stabilire posizioni reciproche di circonferenze e rette e di circonferenze tra loro
- riconoscere angoli alla circonferenza e angoli al centro e conoscere le loro proprietà

1 I LUOGHI GEOMETRICI

Un luogo geometrico è l'insieme di tutti e soli gli oggetti geometrici che soddisfano una certa caratteristica che viene normalmente espressa da una proprietà *p*. In particolare:

DEFINIZIONE DI LUOGO

un **luogo di punti** è l'insieme di tutti e soli i punti che godono della proprietà *p*.

Un luogo di punti è quindi una figura geometrica *F* i cui punti hanno le seguenti caratteristiche:

- tutti i punti di *F*, nessuno escluso, soddisfano *p*
- non ci sono altri punti oltre a quelli di *F* che soddisfano *p*.

Nella nostra trattazione abbiamo già incontrato alcuni luoghi di punti che vogliamo ora mettere in evidenza.

- L'**asse di un segmento** è il luogo dei punti equidistanti dagli estremi del segmento (***figura 1a***).
  - *Figura F*: asse *r* di un segmento *AB*
  - *Proprietà p*: indicato con *R* un punto qualsiasi dell'asse, le distanze *RA* e *RB* sono congruenti.

  Infatti, qualunque sia il punto *R* su *r*, il triangolo *ARB* è isoscele.

- La **bisettrice di un angolo** è il luogo dei punti equidistanti dai lati dell'angolo (***figura 1b***).
  - *Figura F*: bisettrice *b* dell'angolo
  - *Proprietà p*: indicato con *R* un punto qualsiasi di *b* e tracciate da *R* le perpendicolari ai lati dell'angolo, $RH \cong RK$.

  Infatti, qualunque sia il punto *R* su *b*, i triangoli *VHR* e *VKR* sono congruenti e perciò $RH \cong RK$.

Figura 1

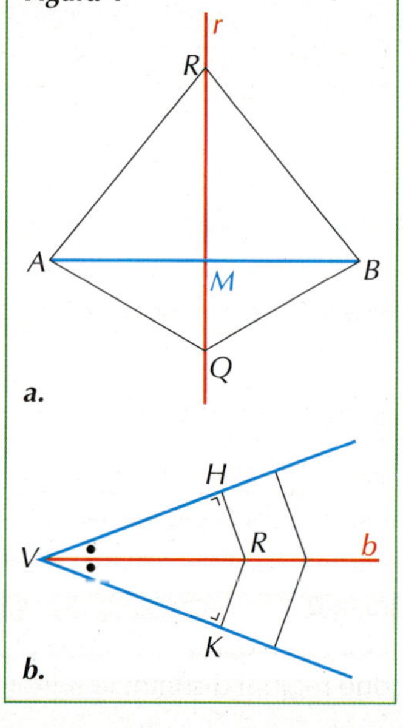

ESERCIZI E PROBLEMI pag. 274

2 La circonferenza e il cerchio

2.1 Le definizioni e le caratteristiche

Una linea tale che nessuna delle sue parti sia un segmento si dice **curva** (***figura 2***); qualunque tratto di linea compresa fra due punti A e B si dice arco e si indica con il simbolo $\widehat{AB}$. Una linea curva, come una spezzata, può essere aperta o chiusa, semplice o intrecciata (***figura 3***).

Figura 2

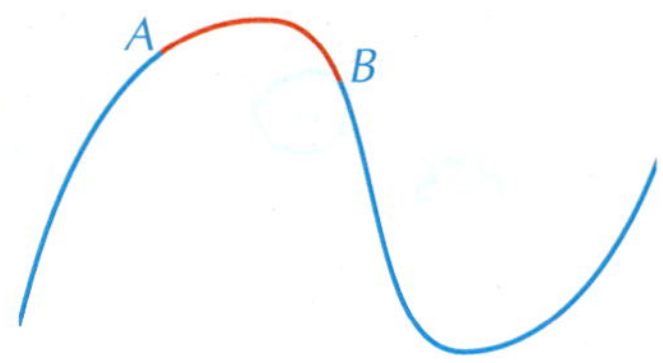

Figura 3

Una linea chiusa semplice divide il piano in due regioni, una limitata (nella ***figura 4*** in colore verde) caratterizzata dal fatto che contiene solo segmenti e non rette, una illimitata (in colore arancio nella stessa figura) che contiene anche rette. I punti che appartengono alla regione limitata si dicono interni alla linea, gli altri si dicono esterni. L'insieme dei punti interni e quelli della linea costituiscono una figura geometrica di cui la linea stessa costituisce il contorno.
Per le linee chiuse semplici ammetteremo la seguente proprietà che generalizza quella di partizione del piano.

Figura 4

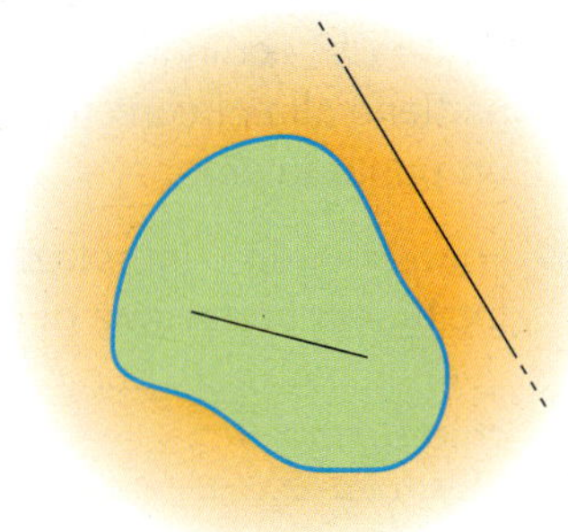

A14. Data una linea piana chiusa semplice γ, qualunque segmento o arco di linea che ha per estremi un punto A interno a γ ed un punto B ad essa esterno interseca γ in almeno un punto (***figura 5***).

Figura 5

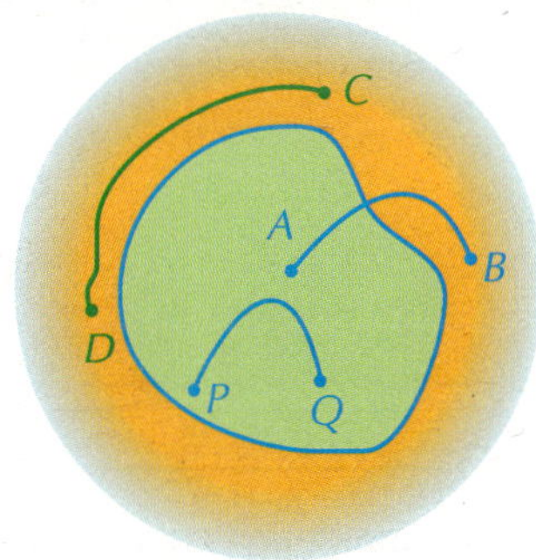

Ne consegue che se due punti appartengono alla medesima regione, esiste almeno un arco che non interseca γ: riferendosi ancora alla ***figura 5***, i punti A e B appartengono a regioni diverse, i punti C e D oppure i punti P e Q appartengono alla medesima regione.

Fra tutte le linee curve chiuse semplici, particolare importanza riveste la circonferenza.

Definizione di circonferenza

Si chiama **circonferenza** il luogo dei punti del piano che hanno distanza costante da un punto fisso assegnato detto **centro**.

Figura 6

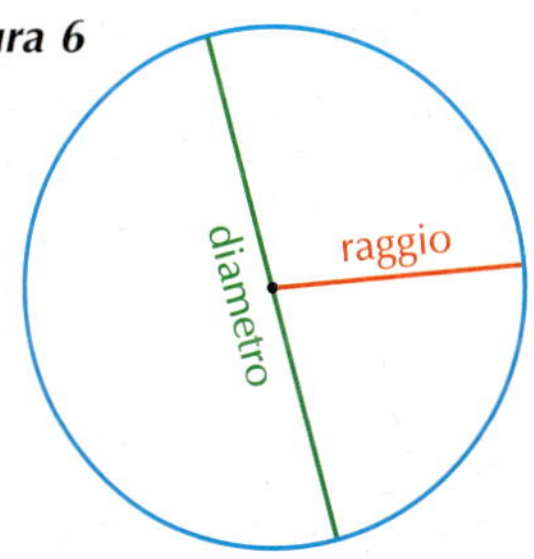

La distanza costante si chiama **raggio** (***figura 6***), quindi ogni segmento che unisce il centro con un qualsiasi punto della circonferenza è un raggio; i raggi di una circonferenza sono tutti segmenti fra loro congruenti.
Ogni segmento che passa per il centro e che ha come estremi due punti della circonferenza si chiama **diametro**; il diametro ha quindi lunghezza doppia del raggio.
Poiché la circonferenza è una linea chiusa semplice, essa determina nel piano due regioni distinte: la regione dei punti P che hanno distanza dal centro C mi-

nore del raggio (in colore giallo in ***figura 7***) e la regione dei punti *Q* che hanno distanza dal centro maggiore del raggio (in colore azzurro nella stessa figura). I punti *P* sono interni alla circonferenza, i punti *Q* sono esterni.

DEFINIZIONE DI CERCHIO

Si chiama **cerchio** l'insieme dei punti di una circonferenza e dei suoi punti interni.

La circonferenza costituisce quindi il contorno del cerchio. E' poi evidente che due circonferenze o due cerchi sono congruenti se e solo se hanno raggi congruenti.
Queste figure hanno poi caratteristiche che le rendono uniche nell'ambito delle figure geometriche.

Figura 7

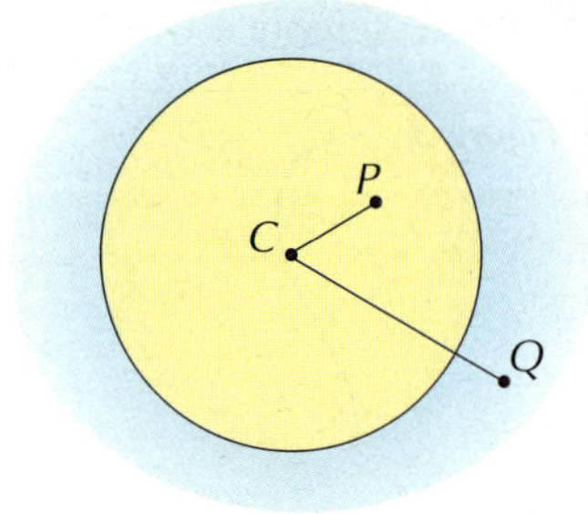

- Hanno un centro di simmetria che è il centro della circonferenza.
  Ogni punto *A* di una circonferenza ha infatti come simmetrico il punto *A'* che è il secondo estremo del diametro uscente da *A* e anche ogni punto interno *B* ha come simmetrico un punto interno *B'* (***figura 8a***).
- Hanno infiniti assi di simmetria rappresentati dalle rette che passano per il centro.
  Infatti (***figura 8b***), preso un punto *P* sulla circonferenza e considerato il suo simmetrico *P'* rispetto ad una qualsiasi retta per il centro, deve essere $OP \cong OP'$; quindi, essendo *OP* un raggio, anche *OP'* lo è e perciò *P'* appartiene alla circonferenza; inoltre ogni punto interno ha come simmetrico un punto interno.
- Sono unite in ogni rotazione attorno al centro *O*.
  Infatti, ogni rotazione di centro *O* trasforma un punto della circonferenza o del cerchio in un punto che appartiene ancora alla circonferenza o al cerchio (***figura 8c***).

Figura 8

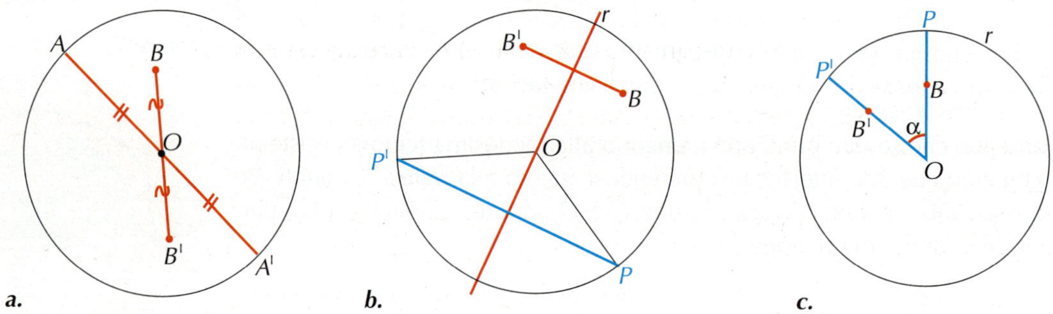

La circonferenza ed il cerchio sono quindi le figure simmetriche per eccellenza e questa loro caratteristica ci permetterà di individuare altre proprietà.

2.2 Le condizioni per individuare una circonferenza

Per individuare in modo unico una circonferenza è sufficiente assegnare un punto che sia il centro ed un segmento che sia il raggio; ma si possono anche assegnare due punti di cui uno sia il centro e l'altro un punto della circonferenza: il segmento da essi definito è il raggio e ci troviamo nella condizione precedente.
Chiediamoci adesso: se non si conosce la posizione del centro, ma solo quella

di alcuni punti della circonferenza, come si fa a disegnarla? E poi, qual è il numero minimo di punti che occorre conoscere?
E' evidente che un solo punto non basta; dato un qualunque punto *A* del piano per esso passano infinite circonferenze. Infatti qualunque punto diverso da *A* può essere considerato il centro di una circonferenza che passa per *A* (***figura 9a***).
Fissiamo adesso due punti *A* e *B* del piano; i centri delle circonferenze che passano per *A* e *B* devono essere equidistanti da tali punti e devono perciò appartenere all'asse del segmento *AB*.
Anche per due punti passano quindi infinite circonferenze: esse hanno tutte centro sull'asse di *AB* (***figura 9b***); si dice che esse costituiscono un **fascio di circonferenze** di cui i punti *A* e *B* si dicono **punti base**; la retta *AB* si dice **asse radicale** del fascio e la retta dei centri **asse centrale**; asse radicale e asse centrale sono rette fra loro perpendicolari.

Figura 9

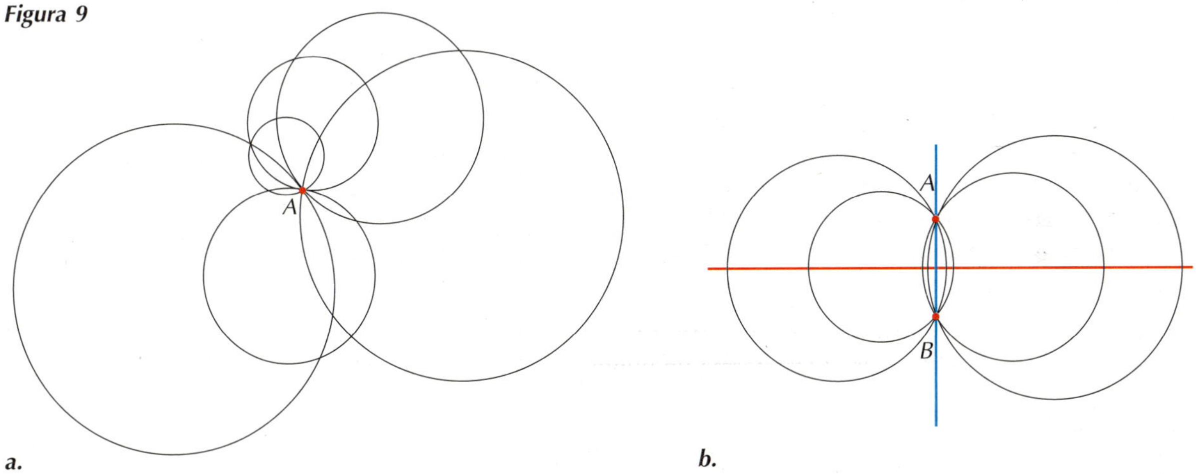

Prendiamo ora tre punti *A*, *B* e *D*, disegniamo i segmenti *AD* e *BD* e tracciamo i loro assi (***figura 10a***); se i tre punti non sono allineati i due assi si incontrano in un punto *C*. Per la proprietà dell'asse, il punto *C* è equidistante dagli estremi *A* e *D* del segmento *AD* ed è anche equidistante dagli estremi *B* e *D* del segmento *BD*; allora $CA \cong CD \cong CB$.
E' quindi possibile tracciare una circonferenza (ed una sola) che passa per i tre punti *A*, *B*, *D*: è la circonferenza di centro *C* e raggio *CA* (***figura 10b***).

Figura 10

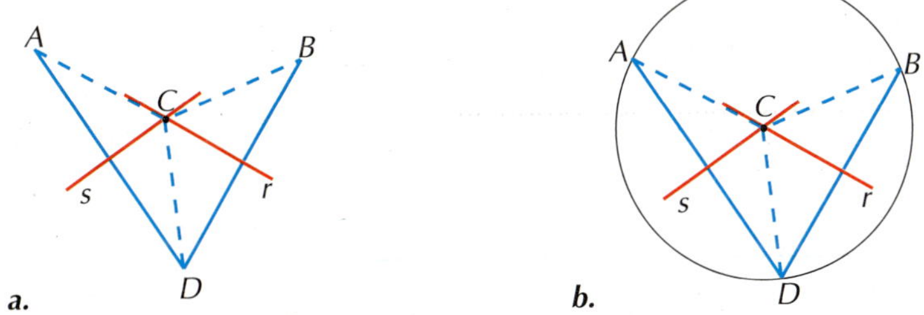

ANIMAZIONE

Figura 11

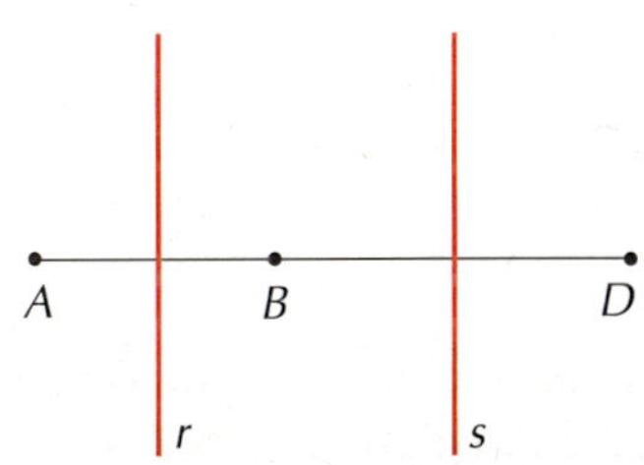

Se invece i tre punti *A*, *B* e *D* sono allineati, gli assi dei segmenti *AB* e *BD* sono paralleli, non è quindi possibile individuare il centro e la circonferenza non esiste (***figura 11***).
Questo ragionamento ci porta ad enunciare il seguente teorema.

Per tre punti non allineati passa una e una sola circonferenza.

Conseguenza immediata di questo teorema è che:

- due circonferenze distinte non possono avere più di due punti di intersezione.
  Infatti se ne avessero tre sarebbero la stessa circonferenza
- una circonferenza non può avere punti allineati.

2.3 Le parti della circonferenza e del cerchio

Presi due punti A e B su una circonferenza chiamiamo (***figura 12***):

- **arco** ciascuna delle due parti in cui A e B dividono la circonferenza.
  Per indicare in particolare uno dei due archi si specifica anche un punto intermedio: si scrive $\overset{\frown}{AEB}$ per indicare l'arco in rosso, $\overset{\frown}{AFB}$ per indicare l'arco in verde.
- **corda** il segmento AB.
  Ad ogni arco di una circonferenza corrisponde una sola corda, mentre ad ogni corda corrispondono sempre due archi.
  Anche il diametro è una corda, quella che passa per il centro, e ciascuno dei due archi da esso sottesi si chiama **semicirconferenza**.

Figura 12

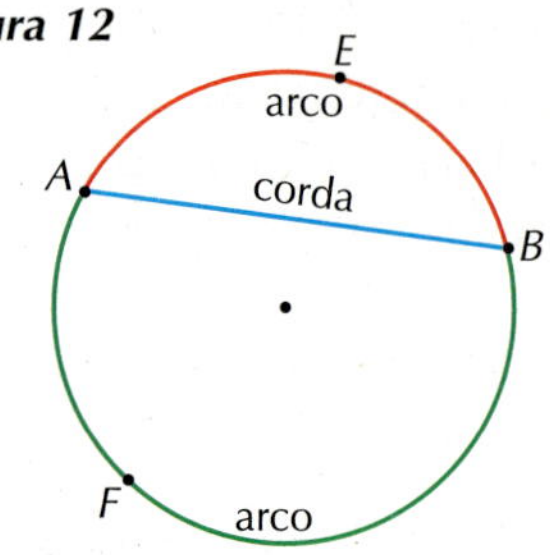

Le corde dividono poi il cerchio in alcune parti; si chiama:

- **segmento circolare** di base AB ciascuna delle due parti in cui la corda AB divide il cerchio (***figura 13a***).
  Se la corda AB è il diametro, parliamo più specificatamente di **semicerchio**.
- **segmento circolare a due basi** la parte di cerchio delimitata da due corde parallele (***figura 13b***).

Figura 13

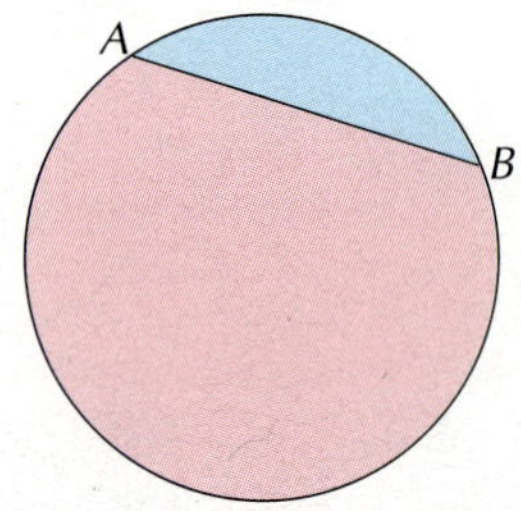

a. segmento circolare di base AB

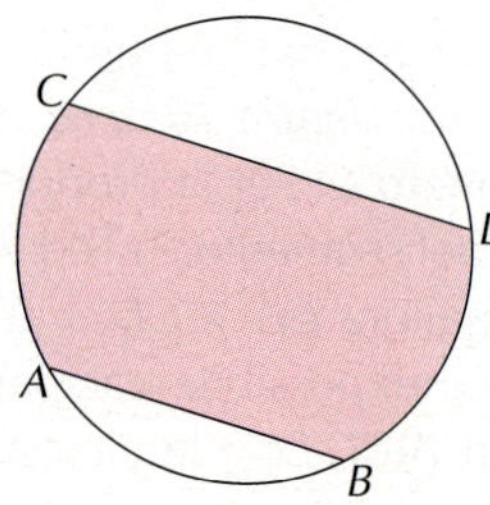

b. segmento circolare a due basi

Un angolo che ha il vertice nel centro di una circonferenza si dice **angolo al centro** (***figura 14a***). I lati di un angolo al centro, intersecando la circonferenza in due punti A e B, individuano un arco AB interno all'angolo; si dice che l'angolo al centro **insiste** su quell'arco. In ***figura 14b*** l'angolo convesso $\widehat{ACB}$ insiste sull'arco $\overset{\frown}{AB}$ in colore rosso, l'angolo concavo $\widehat{ACB}$ insiste sull'arco $\overset{\frown}{AB}$ in colore verde.

Figura 14

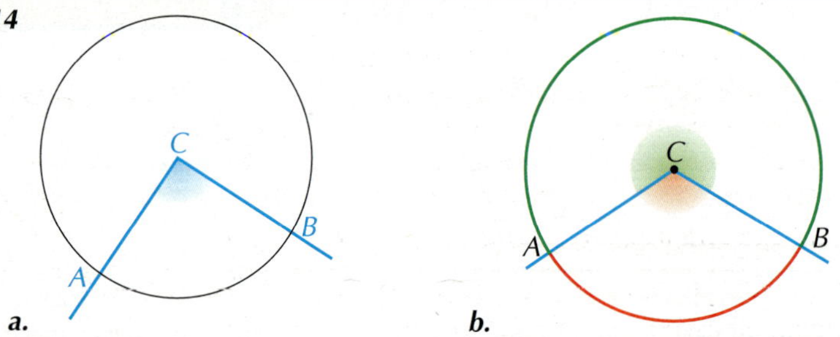

La parte di cerchio che viene individuata da un angolo al centro si chiama **settore circolare** (***figura 15***).

VIDEO RECUPERO

Figura 15

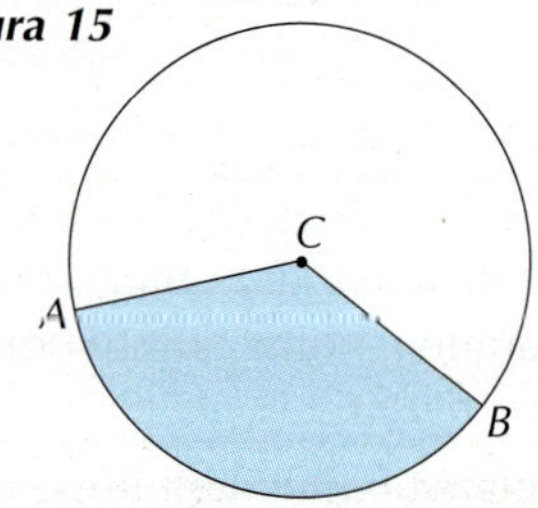

2.4 Le proprietà delle corde e degli angoli al centro

I seguenti teoremi enunciano le proprietà più importanti delle corde di una circonferenza.

> In ogni circonferenza il diametro è maggiore di qualunque corda non passante per il centro.

Infatti (***figura 16***), considerando il triangolo AOB e ricordando le disuguaglianze triangolari, si ha che

$$AB < AO + OB \quad \text{ma} \quad AO + OB \cong DC \quad \text{quindi} \quad AB < CD$$

> In ogni circonferenza, a corde congruenti corrispondono archi congruenti e angoli al centro congruenti.

Infatti (***figura 17***), nella rotazione di ampiezza $\widehat{AOC}$ il punto C corrisponde ad A, il punto D corrisponde a B e quindi gli elementi indicati sono congruenti.

> La retta perpendicolare ad una corda e passante per il centro della circonferenza è asse della corda, dimezza l'arco che sottende ed è bisettrice dell'angolo al centro corrispondente.

Infatti (***figura 18***), la retta r è asse di simmetria per la circonferenza ed essendo $AB \perp r$ i punti A e B sono simmetrici; di conseguenza, anche gli archi AS e BS sono simmetrici così come gli angoli $\widehat{AOH}$ e $\widehat{BOH}$ che sono quindi congruenti.

> In una stessa circonferenza (o in circonferenze congruenti) corde congruenti hanno la stessa distanza dal centro e, viceversa, se due corde hanno uguale distanza dal centro sono congruenti.

Infatti (***figura 19***), se le due corde sono congruenti esse si sovrappongono nella rotazione di centro O e ampiezza $\widehat{AOD}$ ed hanno quindi la stessa distanza dal centro; viceversa, se $OH \cong OK$, le due corde si sovrappongono nella rotazione di centro O e ampiezza $\widehat{HOK}$ e sono quindi congruenti.

> In una stessa circonferenza (o in circonferenze congruenti) se una corda è maggiore di un'altra, la prima ha minore distanza dal centro della seconda e viceversa.

Supponiamo che sia $AB > CD$ e tracciamo da A una corda $AP \cong CD$ (***figura 20***). Indicate con OH, OK, OR le distanze del centro rispettivamente da AB, CD e AP, per la proprietà precedentemente dimostrata, sappiamo che $OK \cong OR$. Se $AB > CD$, allora $AB > AP$ e la stessa relazione vale fra le metà delle due corde, quindi $AH > AR$.
Poiché in un triangolo al lato maggiore sta opposto l'angolo maggiore, considerato il triangolo ARH, si ha che $\widehat{ARH} > \widehat{RHA}$; allora fra gli angoli $\widehat{ORH}$ e $\widehat{OHR}$, complementari dei precedenti, sussiste la relazione opposta, cioè $\widehat{ORH} < \widehat{OHR}$. Possiamo allora concludere che $OH < OR$ e quindi $OH < OK$.

Relativamente agli angoli al centro valgono poi le seguenti proprietà.

Figura 16

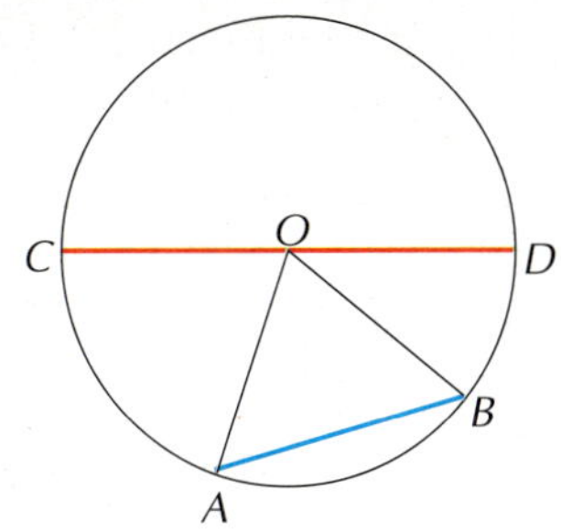

Figura 17

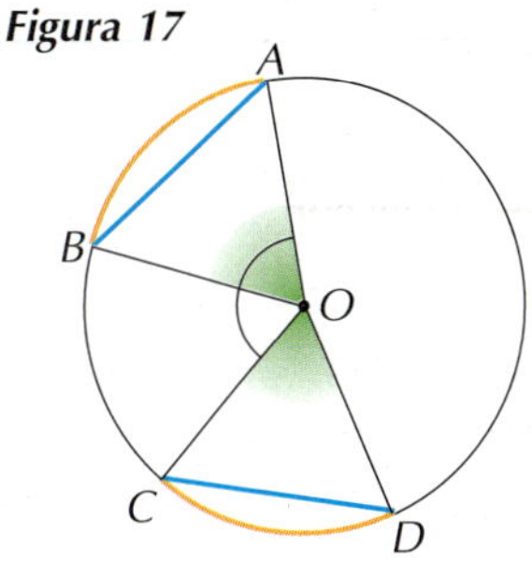

Figura 18

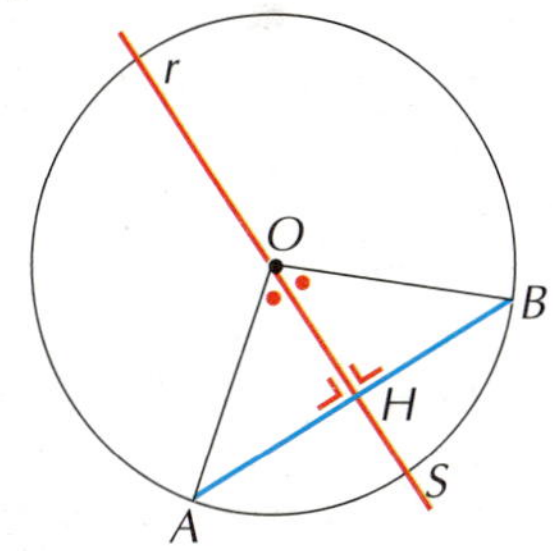

Figura 19

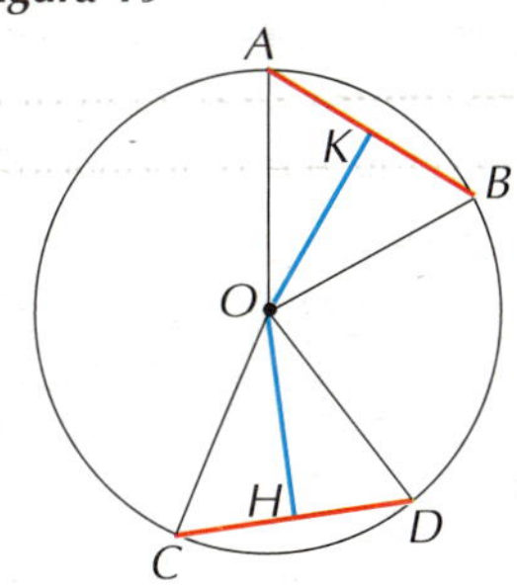

Figura 20

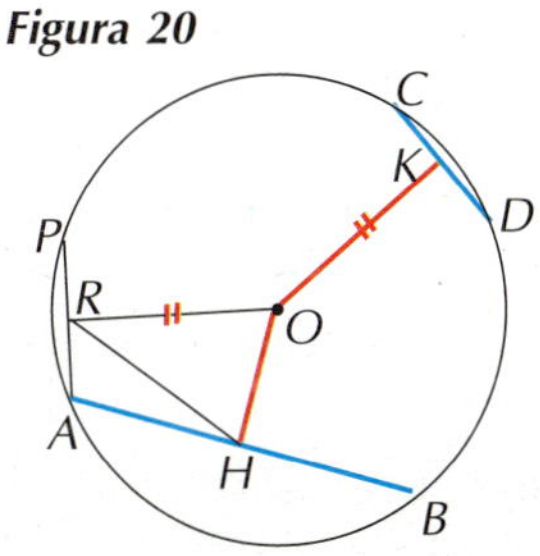

In una stessa circonferenza (o in circonferenze congruenti) angoli al centro congruenti insistono su archi congruenti e viceversa (***figura 21***).

Infatti, se consideriamo la rotazione di centro O ed ampiezza $A\widehat{O}C$, nell'ipotesi che sia $A\widehat{O}B \cong C\widehat{O}D$, al raggio OA corrisponde il raggio OC, al raggio OB corrisponde OD e quindi all'arco $\overset{\frown}{AB}$ corrisponde l'arco $\overset{\frown}{CD}$. Poiché in un'isometria gli elementi che si corrispondono sono congruenti, anche gli archi $\overset{\frown}{AB}$ e $\overset{\frown}{CD}$ sono congruenti. Viceversa, nell'ipotesi che sia $\overset{\frown}{AB} \cong \overset{\frown}{CD}$ la stessa isometria rende congruenti gli angoli al centro che insistono su tali archi.

Figura 21

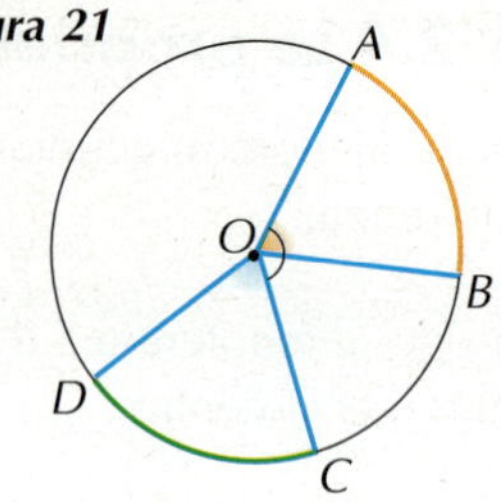

In una stessa circonferenza (o in circonferenze congruenti) se due angoli al centro sono disuguali, l'angolo maggiore insiste sull'arco maggiore e viceversa (***figura 22***).

Infatti, nella rotazione di centro O e ampiezza $A\widehat{O}C$, supponendo che sia $C\widehat{O}D > A\widehat{O}B$, ad OA corrisponde OC, ma ad OB corrisponde un raggio OP interno all'angolo $C\widehat{O}D$, quindi $\overset{\frown}{CD} > \overset{\frown}{AB}$; viceversa se $\overset{\frown}{CD} > \overset{\frown}{AB}$ la stessa rotazione porta il punto B in P e quindi, essendo il raggio OP interno all'angolo $C\widehat{O}D$, si ha che $C\widehat{O}D > A\widehat{O}B$.

Figura 22

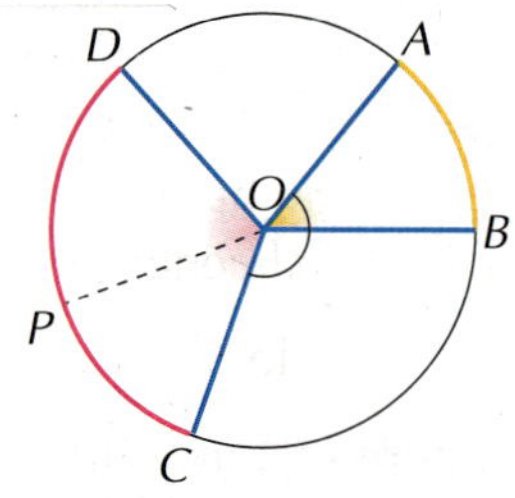

ESERCIZI E PROBLEMI pag. 275

3 RETTE E CIRCONFERENZE: POSIZIONI RECIPROCHE

Circonferenze e rette

Osserviamo innanzi tutto che:

una retta e una circonferenza non possono avere più di due punti di intersezione.

Questo perché se ne avessero tre e fossero allineati, per essi non potrebbe passare una circonferenza; d'altra parte se tre punti appartenessero ad una circonferenza non potrebbero essere allineati.
Il numero di punti di intersezione di una retta s rispetto ad una circonferenza di centro C e raggio r, si può valutare in base alla sua distanza CH dal centro; dimostriamo quindi i seguenti teoremi.

Se $CH > r$, i punti di s sono tutti esterni alla circonferenza e la retta non ha punti di intersezione con essa (***figura 23a***).

Il punto H è esterno alla circonferenza; per qualsiasi altro punto P sulla retta S si ha che $CP > CH$ (l'ipotenusa del triangolo rettangolo CPH è maggiore del cateto) e non vi possono quindi essere punti di intersezione.

Se $CH \cong r$, la retta ha un solo punto di intersezione con la circonferenza e gli altri punti sono ad essa esterni (***figura 23b***).

Figura 23

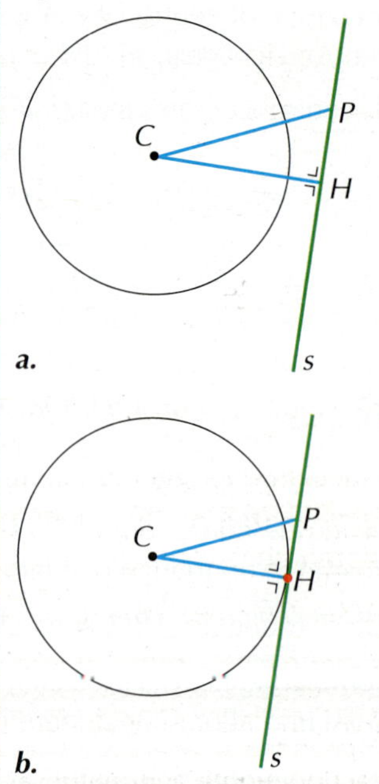

Il punto H appartiene alla circonferenza, ma per ogni altro punto P su s, per lo stesso motivo della precedente dimostrazione, si ha che $CP > CH$; non ci sono quindi altri punti di intersezione oltre ad H.

Se $CH < r$, la retta ha due punti di intersezione con la circonferenza (***figura 23c***).

Figura 23c

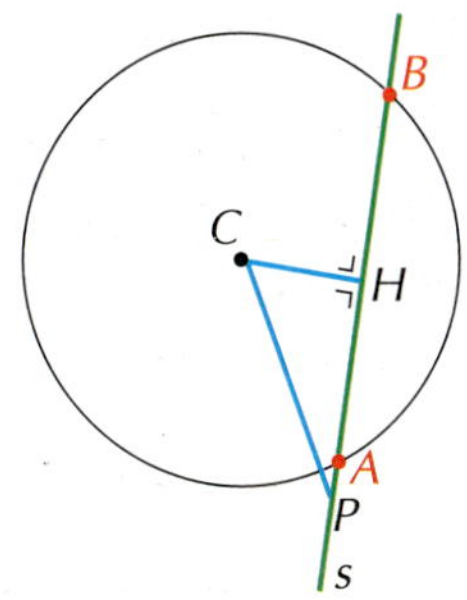

Il punto H è interno alla circonferenza. Prendiamo allora su s un punto P in modo che sia $HP \cong r$; il triangolo CHP è rettangolo e l'ipotenusa CP è maggiore del cateto HP, quindi $CP > r$. Di conseguenza il punto P è esterno alla circonferenza ed essendo H ad essa interno, deve esistere un punto A su s che appartiene alla circonferenza. La circonferenza e la retta s si intersecano quindi in A e anche nel punto B ad esso simmetrico rispetto alla retta CH.
I precedenti teoremi sono tutti invertibili; per esempio possiamo affermare che se una retta ha due punti di intersezione con una circonferenza allora la sua distanza dal centro è minore del raggio.

Diciamo allora che una retta s è:

- **esterna** ad una circonferenza se non ha punti di intersezione con essa
- **tangente** se ha un solo punto di intersezione
- **secante** se ha due punti di intersezione.

Evidenziamo che:

una retta tangente ad una circonferenza è perpendicolare al raggio nel punto di tangenza.

Di conseguenza, poiché la perpendicolare a una retta per un punto è unica, anche la tangente a una circonferenza in un suo punto è unica.

Vogliamo evidenziare ora una proprietà delle rette tangenti che risulta particolarmente utile nelle applicazioni.

Teorema. Se da un punto P esterno ad una circonferenza si mandano le tangenti alla circonferenza stessa, i segmenti di tangente sono congruenti e la semiretta di origine P che passa per il centro è bisettrice dell'angolo formato dalle tangenti.

Hp. PA è tangente alla circonferenza
PB è tangente alla circonferenza

Th. $PA \cong PB$

Dimostrazione.

Figura 24

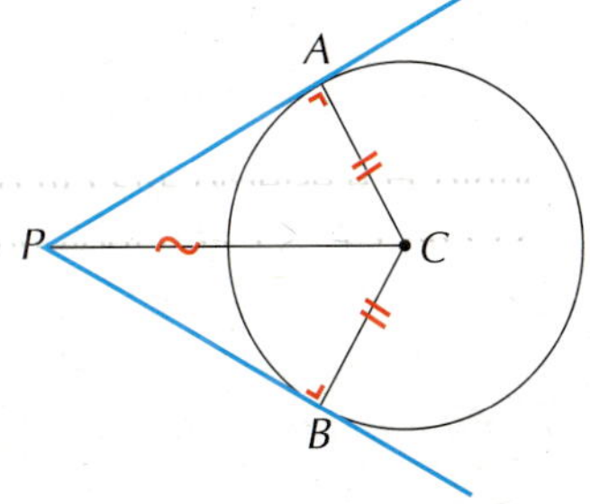

Tracciamo i raggi nei punti di tangenza che sono perpendicolari alle rispettive tangenti (***figura 24***). I triangoli APC e BPC sono triangoli rettangoli e di essi sappiamo che:

$AC \cong CB$ perché raggi

$CP \cong CP$ per la proprietà riflessiva della congruenza.

Avendo l'ipotenusa ed un cateto ordinatamente congruenti, i due triangoli sono congruenti e in particolare $PA \cong PB$ e $\widehat{APC} \cong \widehat{BPC}$. ◀

Circonferenze e circonferenze

Vediamo ora quali sono le posizioni reciproche di due circonferenze nel piano. Abbiamo già detto nel paragrafo precedente che due circonferenze distinte non possono avere più di due punti di intersezione, quindi o non ne hanno, o ne hanno uno solo, oppure ne hanno due.
Per analizzare tutte le possibili situazioni disegniamo dapprima due circonferenze di centri C e C' e raggi r e r' (con $r > r'$) sufficientemente "lontane" in modo da non avere punti comuni; consideriamo poi le circonferenze che si ottengono avvicinando la seconda alla prima mediante traslazione. I casi che si possono presentare sono i seguenti.

- Le due circonferenze non hanno punti di intersezione e si dicono **esterna** l'una all'altra (***figura 25a***); questa situazione è caratterizzata dal fatto che, indicando con d la distanza fra i centri, si ha che $d > r + r'$.
  Infatti $CC' \cong CR + RT + TC'$, quindi $CC' > CR + TC'$.
- Se trasliamo la seconda circonferenza verso la prima di un vettore di modulo TR, i punti R e T coincidono e le due circonferenze hanno un solo punto in comune; si dice che sono **tangenti esternamente** e questa situazione è caratterizzata dal fatto che $d \cong r + r'$ (***figura 25b***).
  Le due circonferenze sono entrambe tangenti alla retta t che passa per R ed è perpendicolare alla retta dei centri. Esse hanno poi la caratteristica di avere altre due tangenti comuni che sono le rette in giallo nella stessa figura.
- Trasliamo ancora la seconda circonferenza in modo che la sua corrispondente sia più vicina alla prima (***figura 25c***); le due circonferenze hanno questa volta due punti di intersezione e si dicono **secanti**. Tenendo presente che congiungendo i centri con uno dei punti di intersezione, per esempio A, si viene al formare il triangolo CAC' e che in un triangolo ciascun lato è minore della somma degli altri due e maggiore della loro differenza, possiamo caratterizzare questa situazione dicendo che $d < r + r'$ o anche che $d > r - r'$.
  La retta AB che passa per i punti di intersezione delle due circonferenze è perpendicolare alla retta dei centri.
- Una successiva opportuna traslazione porta la seconda circonferenza a trovarsi internamente alla prima (***figura 25d***) e con un solo punto di intersezione con essa ; in questo caso si dice che le due circonferenze sono **tangenti internamente** e si ha che $d \cong r - r'$. Come nel caso delle circonferenze tangenti esternamente, ambedue le circonferenze sono tangenti alla retta t che passa per il punto comune ed è perpendicolare alla retta dei centri. Le due circonferenze non hanno altre tangenti comuni.
- Se trasliamo ulteriormente la seconda circonferenza rispetto alla prima, le due circonferenze non hanno punti di intersezione e sono una **interna** all'altra; in questo caso $d < r - r'$ (***figura 25e***).
  Infatti $CC' \cong CR - C'T - TR$, quindi $CC' < CR - C'T$.
- Infine, quando i due centri coincidono, le circonferenze si dicono **concentriche** e la parte di piano che si ottiene togliendo dal cerchio più grande quello più piccolo si chiama **corona circolare** (***figura 25f***).

Figura 25

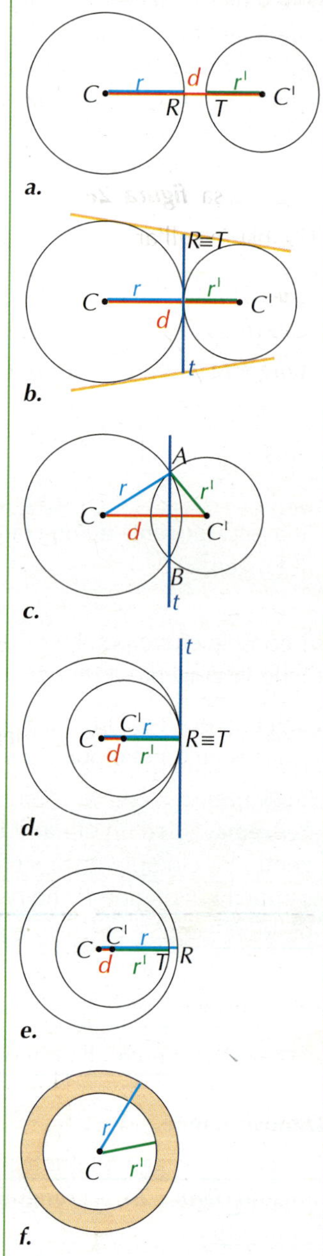

ESERCIZI E PROBLEMI pag. 278

4 ANGOLI ALLA CIRCONFERENZA E ANGOLI AL CENTRO

Consideriamo un angolo che abbia il vertice su una circonferenza ed i cui lati siano secanti oppure uno secante e l'altro tangente alla circonferenza (***figura 26***).

DEFINIZIONE DI ANGOLO ALLA CIRCONFERENZA

Si dice **angolo alla circonferenza** un angolo che ha il vertice sulla circonferenza e i lati o entrambi secanti oppure uno secante e l'altro tangente (o entrambi tangenti) alla circonferenza.

L'intersezione di un angolo alla circonferenza con la circonferenza stessa determina un arco e si dice che l'angolo alla circonferenza insiste su quell'arco (nella stessa ***figura 26*** l'angolo $\widehat{AVB}$ insiste sull'arco AB in colore, l'angolo $\widehat{EPD}$ insiste sull'arco EP in colore).

Figura 26

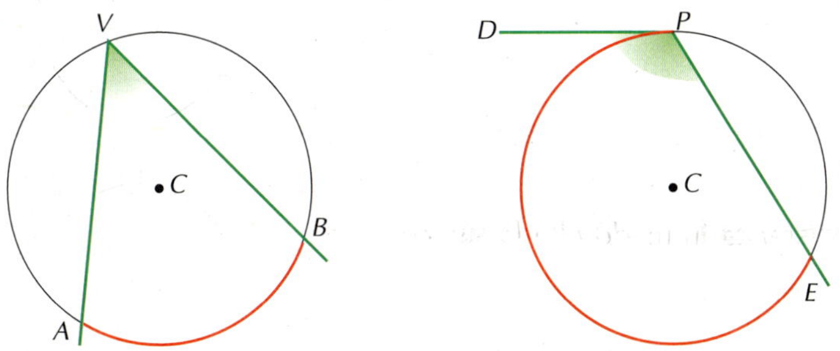

a. lati secanti ***b.*** *PE* secante, *PD* tangente

In alcuni casi può non essere immediato individuare l'arco su cui insiste un angolo alla circonferenza, soprattutto quando uno dei lati è tangente alla circonferenza. Se sei in difficoltà, immagina che i lati dell'angolo siano delle barriere; se ti trovi all'interno dell'angolo, nelle immediate vicinanze del vertice, le barriere ti consentono di vedere solo una parte di circonferenza, impedendoti di vedere quella rimanente. La parte che puoi vedere è l'arco su cui insiste l'angolo.

VIDEO RECUPERO

ATTENZIONE AGLI ERRORI

Angoli come quelli in ***figura 27*** non sono angoli alla circonferenza: il primo ha un lato tangente ma l'altro non è secante, il secondo ha un lato secante ma l'altro lato non è né tangente né secante.

Figura 27

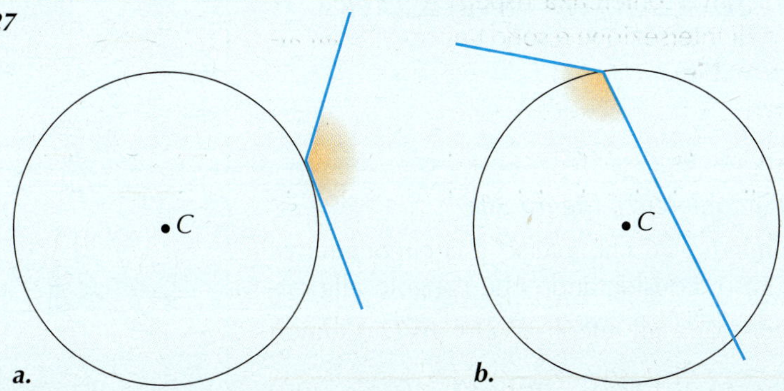

Consideriamo adesso un angolo alla circonferenza $\widehat{AVB}$ che insiste su un arco $\overset{\frown}{AB}$ e tracciamo le semirette che hanno origine nel centro della circonferenza e che passano per i punti A e B (***figura 28***); l'angolo $\widehat{ACB}$ ottenuto è un angolo al centro.
Possiamo allora stabilire una corrispondenza fra un angolo alla circonferenza e l'angolo al centro che insiste sullo stesso arco; osserviamo che tale corrispondenza è solo univoca e non biunivoca perché ci sono infiniti angoli alla circonferenza che hanno come corrispondente lo stesso angolo al centro (***figura 29***).

ANIMAZIONE

Figura 28

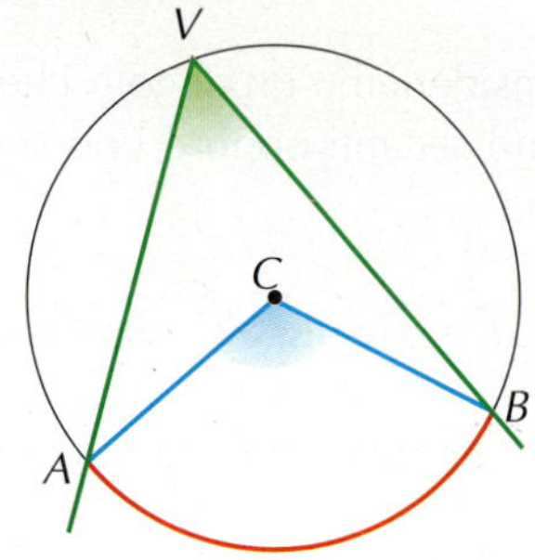

Figura 29

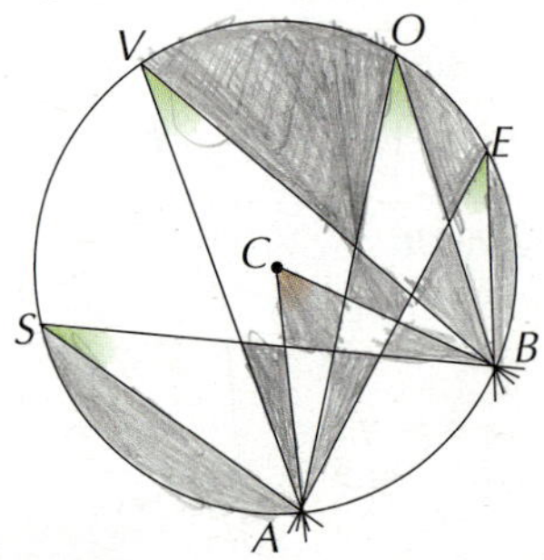

Fra gli angoli alla circonferenza ed i corrispondenti angoli al centro sussiste una importante relazione espressa dal seguente teorema.

Teorema. Ogni angolo alla circonferenza è la metà del corrispondente angolo al centro.

Hp. $\widehat{AVB}$ è un angolo alla circonferenza
$\widehat{ACB}$ è il corrispondente angolo al centro

Th. $\widehat{AVB} \cong \frac{1}{2}\widehat{ACB}$

Dimostrazione.

Per la dimostrazione consideriamo separatamente i casi che si possono presentare:

I caso

Il centro C appartiene alla retta di uno dei lati dell'angolo alla circonferenza (***figura 30a***). In questo caso l'angolo al centro $\widehat{ACB}$ è esterno rispetto al triangolo isoscele ACV, quindi risulta:

$$\widehat{ACB} \cong \widehat{AVC} + \widehat{VAC} \cong 2\widehat{AVB} \qquad \text{ovvero} \qquad \widehat{AVB} \cong \frac{1}{2}\widehat{ACB}.$$

II caso

Il centro C è interno all'angolo alla circonferenza (***figura 30b***).
Tracciata la semiretta VC e chiamato D il punto di intersezione fra questa semiretta e la circonferenza, possiamo pensare di ottenere l'angolo al centro $\widehat{ACB}$ come somma degli angoli $\widehat{ACD}$ e $\widehat{DCB}$. In base alla dimostrazione precedente si ha:

$$\widehat{ACD} \cong 2\widehat{AVD} \qquad \widehat{DCB} \cong 2\widehat{DVB}$$

allora:

$$\widehat{ACB} \cong \widehat{ACD} + \widehat{DCB} \cong 2\widehat{AVD} + 2\widehat{DVB} \cong 2(\widehat{AVD} + \widehat{DVB}) \cong 2\widehat{AVB}$$

ovvero $\widehat{AVB} \cong \frac{1}{2}\widehat{ACB}$.

III caso

Il centro C è esterno all'angolo alla circonferenza (***figura 30c***).
Anche in questo caso, tracciata la semiretta VC che interseca la circonferenza in D, possiamo ricondurci al primo caso, considerando che l'angolo alla circonferenza $\widehat{AVB}$ si ottiene per differenza tra gli angoli $\widehat{AVD}$ e $\widehat{BVD}$. Quindi.

$$\widehat{AVB} \cong \widehat{AVD} - \widehat{BVD} \cong \frac{1}{2}\widehat{ACD} - \frac{1}{2}\widehat{BCD} \cong \frac{1}{2}(\widehat{ACD} - \widehat{BCD}) \cong \frac{1}{2}\widehat{ACB}.$$ ◀

Figura 30

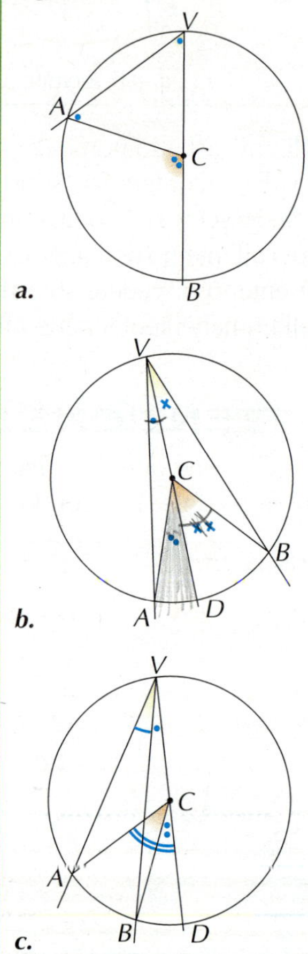

Facciamo alcune considerazioni relative alle conseguenze di questo teorema.

- Abbiamo osservato che ogni angolo al centro ha infiniti angoli alla circonferenza che gli corrispondono; in base al teorema appena dimostrato, ciascuno di questi angoli è la metà dell'angolo al centro corrispondente. Questo significa che (rivedi la ***figura 29***):

> gli angoli alla circonferenza che insistono sullo stesso arco sono tutti congruenti fra loro.

- Allo stesso modo, poiché archi congruenti hanno angoli al centro congruenti:

> gli angoli alla circonferenza che insistono su archi congruenti sono fra loro congruenti

- Consideriamo un angolo alla circonferenza che insiste su un arco pari ad una semicirconferenza, il suo angolo al centro corrispondente è un angolo piatto (***figura 31***). Possiamo allora dire che

> un angolo alla circonferenza che insiste su una semicirconferenza è retto.

Figura 31

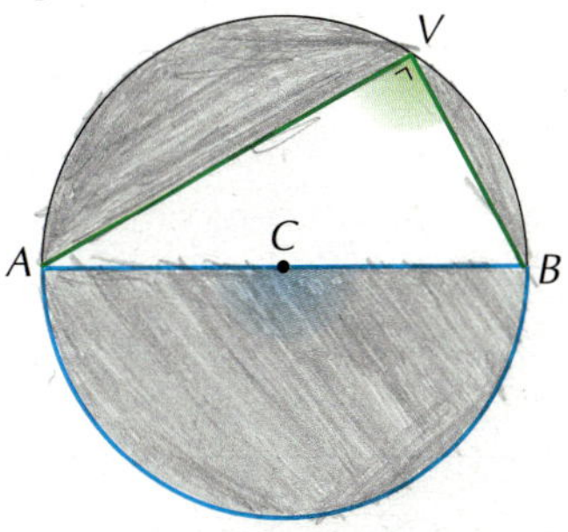

ESERCIZI E PROBLEMI pag. 283

IL CAPITOLO SI COMPLETA CON:

CONCETTI CHIAVE E REGOLE | LABORATORIO | SCHEDE STORICHE E DI CURIOSITÀ | PRESENTAZIONI IN POWERPOINT

The circumference
BASIC CONCEPTS

CLIL

AUDIO FILE

Key Terms

locus (pl. loci)	line of centre
circumference	completely separated, externally / internally tangent,
arc, chord, diameter, radius (pl. radii)	overlapping, concentric circles
central angle	inscribed angle
external, tangent, secant lines	intercepted arc

Locus of points

A **locus of points** is the set of all the points, and only those points, that satisfy a certain property *p*.
The following are examples of loci:

- the perpendicular bisector of a segment is the locus of points that have the same distance to the extremes of the segment
- the bisector of an angle is the locus of points that have the same distance to the sides of the angle.

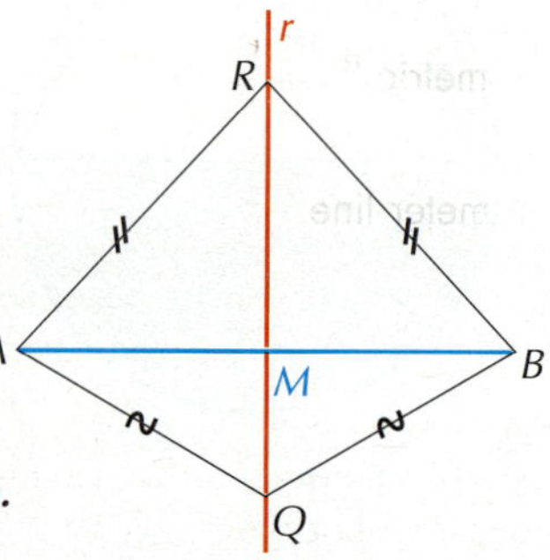

a.

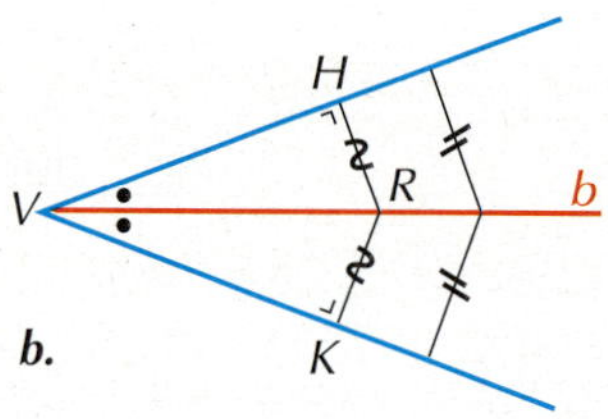

b.

The circumference and the circle

A **circumference** is the locus of all points equidistant from a point called centre.
A **circle** is, instead, the set of points of the circumference and inside it; thus the circumference is the outline of the circle.
The constant distance from the centre to any point on the circumference is called the *radius*.

A line segment joining two points on the circle is called a *chord*; a chord that passes through the centre is a *diameter*. It turns out that a diameter is the longest chord of that circle.
A part of a circumference between two points is called an *arc*. The shorter arc between *A* and *B* is called the *minor arc*; the longer arc between *A* and *B* is called the *major arc*.
A *semi-circle* is an arc which is half of the circumference.

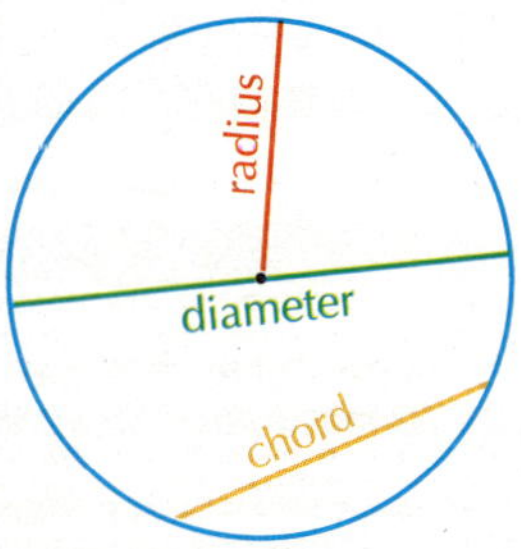

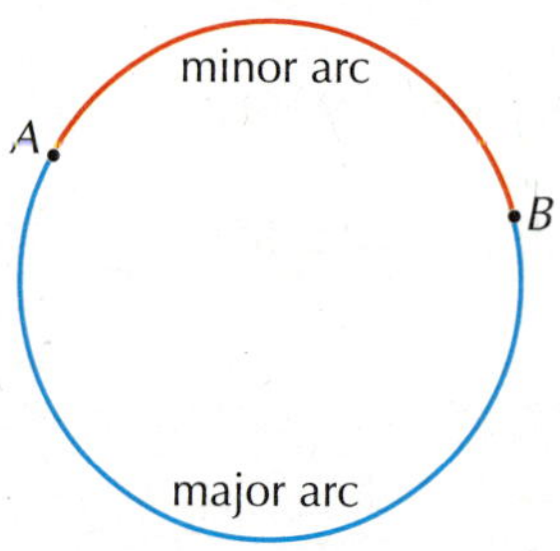

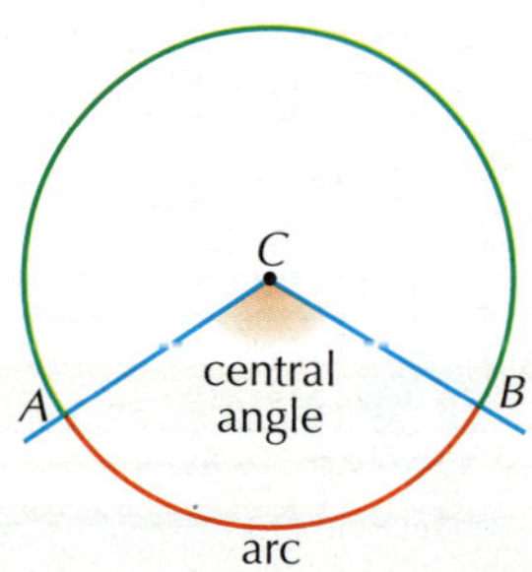

There is one and only one circumference that passes through three non collinear points.

An angle that has its vertex in the centre of a circumference is called a *central angle*; each central angle subtends an arc on the circumference.

Chords of a circumference and centre angles have the following properties:

- congruent chords have congruent arcs and congruent centre angles
- a diameter perpendicular to a chord bisects the chord, the arc and the centre angle
- congruent chords have the same distance from the centre and, reversely, if two chords have the same distance from the centre they are congruent.

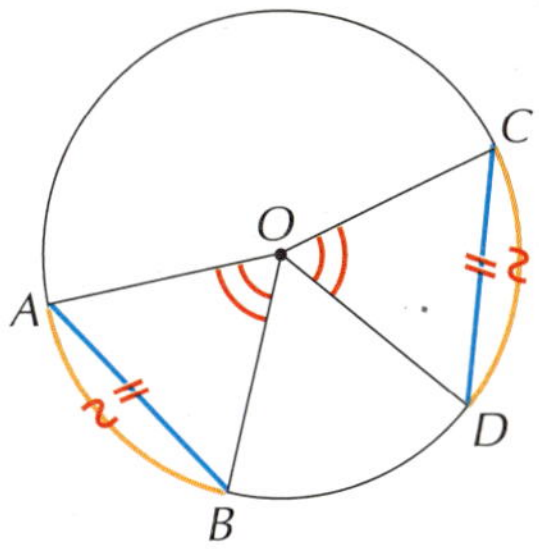

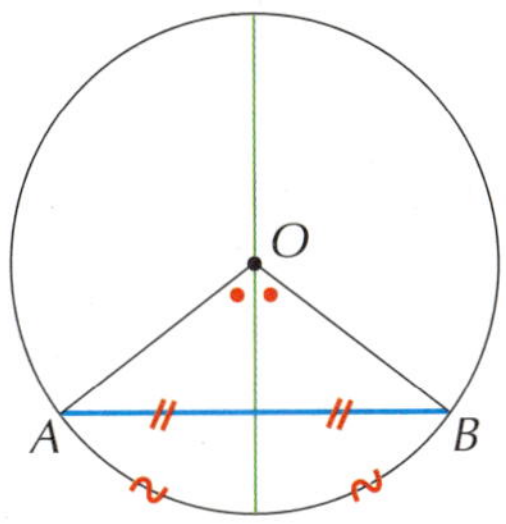

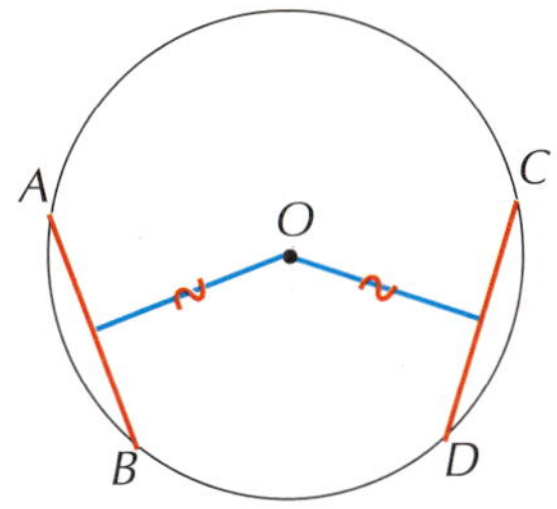

The circle and the circumference have a few features that make them unique among geometric figures:

- they have a centre of symmetry that is the centre of the circumference
- they have an infinite number of axes of symmetry, which are represented by every diameter line
- they have every possible rotation symmetry about their centre.

Lines and circumferences: reciprocal positions

A line cannot have more than two points of intersection with a circumference, that is no points, one point or two points. If d is the distance of the centre of the circle from the line and r is its radius, the following can happen.

- $d > r$
  The line does not intersect the circumference and we say that it is **external** to the circumference.
- $d \cong r$
  The line and the circumference intersect at only one point. The line is said to be **tangent** to the circumference; the point at which the circle and the line intersect is the *point of tangency*.
  A radius of a circle drawn to a point of tangency is perpendicular to the tangent line; this means that for any tangent line, there exists a perpendicular radius.
- $d < r$
  The line intersects the circumference at two points; we say that it is **secant** to the circumference.

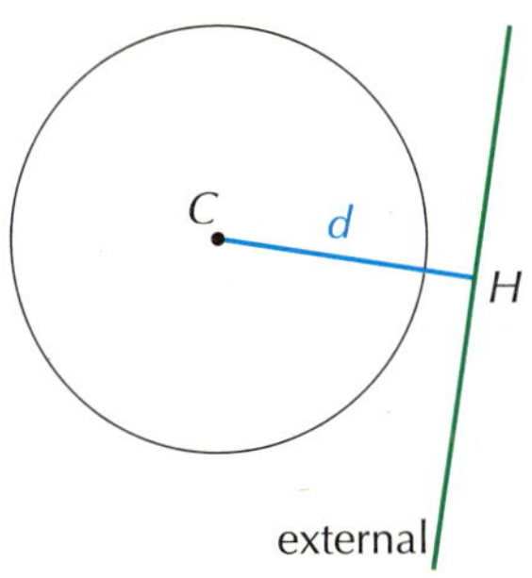

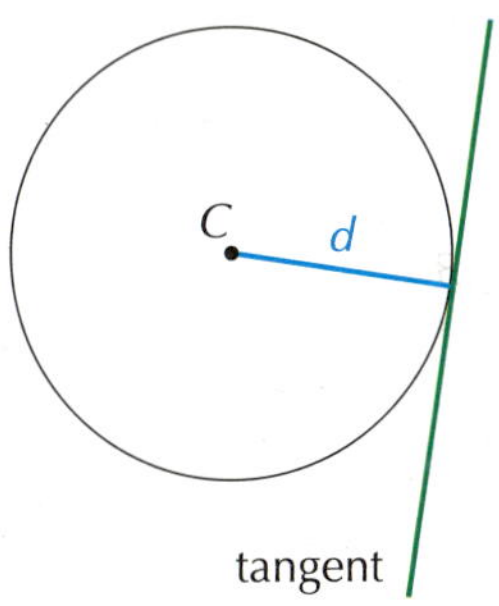

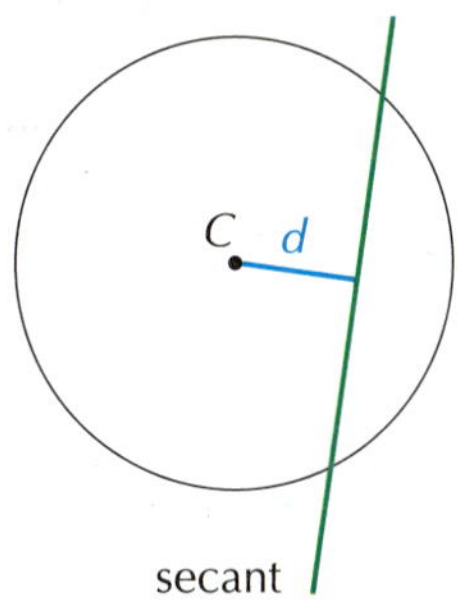

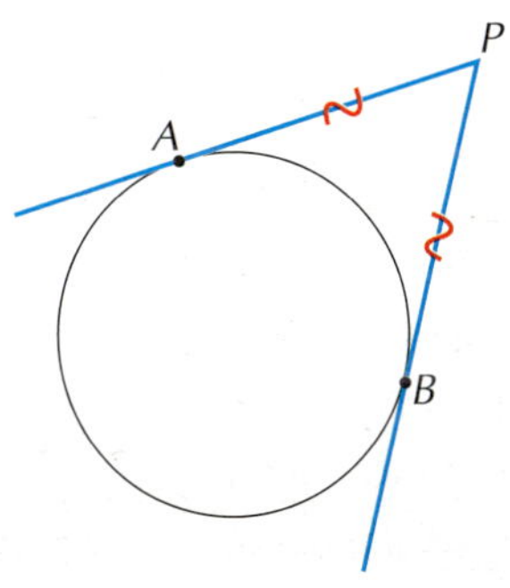

It is also true that:

- tangent segments to a circle from the same external point are congruent:
  $PA \cong PB$

Circumferences and circumferences: reciprocal positions

The *line of centres* of two circles is the line segment d joining their centres. Depending on this segment, two circles of radii r and r' can have different reciprocal position in the plane.

- $d > r + r'$
  The circles are **completely separate** circles.
- $d = r + r'$
  We have two **externally tangent** circles; there are two external tangent lines and one internal common tangent line.
- $d < r + r'$ and $d > r - r'$
  The two circles are **overlapping** and they intersect into two different points.
- $d = r - r'$
  We have two **internally tangent** circles; there is only one external common tangent line.
- $d < r - r'$
  One of the two circles is floating inside the other, without touching it.
- $d = 0$
  The circle are **concentric**.

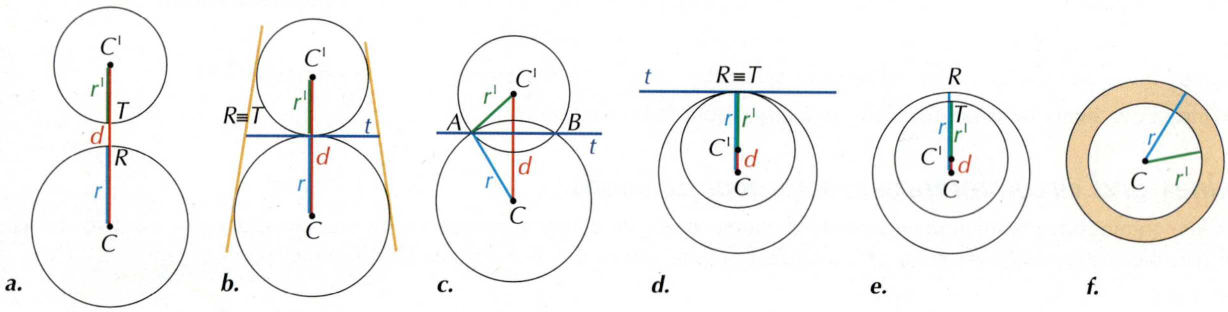

Inscribed and centre angles

An **inscribed angle** is an angle with its vertex on the circle and its sides both secant or one secant and the other one tangent to the circumference. An inscribed angle creates an arc which is called an *intercepted arc*.

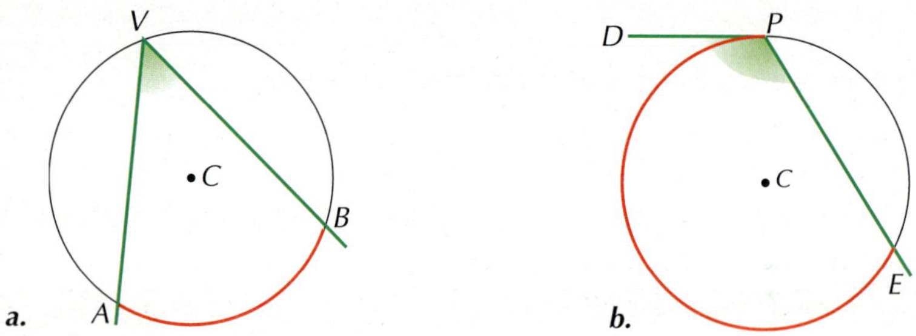

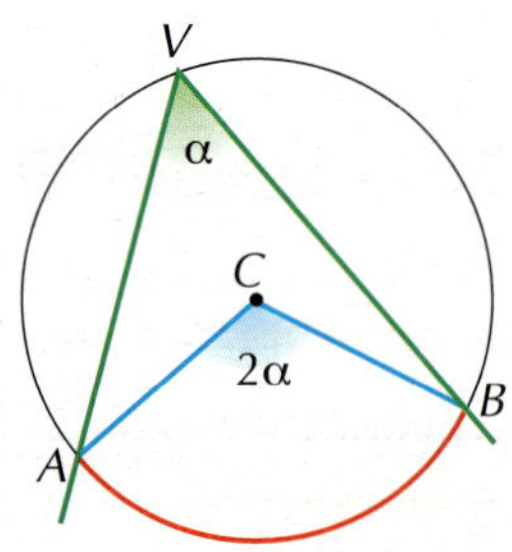

To any inscribed angle is associated a centre angle which is the angle that subtends the intercepted arc. It is true that:

- an inscribed angle is half of its corresponding central angle.

Therefore:

- all the inscribed angles that has the same intercepted arc are congruent
- if two inscribed angles have congruent intercepted arcs, they are congruent
- an inscribed angle which has a semicircle as intercepted arc is a right angle.

EXERCISES

CAPITOLO 7

I poligoni e la circonferenza

OBIETTIVI

- riconoscere poligoni inscritti e circoscritti con particolare riferimento ai triangoli e ai quadrilateri
- conoscere i poligoni regolari e le loro caratteristiche
- individuare i punti notevoli di un triangolo

1 POLIGONI INSCRITTI E POLIGONI CIRCOSCRITTI

1.1 Le caratteristiche e le proprietà

Presi n punti su una circonferenza (con $n > 2$) è sempre possibile:

- disegnare il poligono che ha per vertici tali punti (***figura 1a***)
- tracciare da questi punti le tangenti alla circonferenza e considerare il poligono che ha come sostegno dei lati queste rette (***figura 1b***).

Figura 1

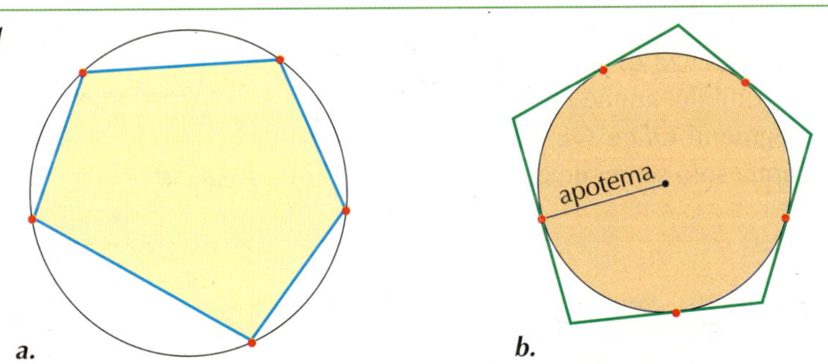

ANIMAZIONE

Nel primo caso diciamo che il poligono è inscritto nella circonferenza, nel secondo caso che è circoscritto.

DEFINIZIONE DI POLIGONO INSCRITTO E DI POLIGONO CIRCOSCRITTO

Un poligono si dice **inscritto** in una circonferenza se tutti i suoi vertici sono punti della circonferenza; la circonferenza si dice **circoscritta** al poligono.

Un poligono si dice **circoscritto** ad una circonferenza se tutti i suoi lati sono tangenti alla circonferenza; si dice anche che la circonferenza è **inscritta** nel poligono ed il raggio si chiama **apotema** del poligono.

Data una circonferenza è quindi sempre possibile sia inscrivere che circoscrivere un poligono con un qualsivoglia numero di lati.

Viceversa, è abbastanza evidente che, dato un poligono qualsiasi, non è sempre possibile inscriverlo oppure circoscriverlo ad una circonferenza; basta osservare i poligoni nella ***figura 2*** per rendersene conto:

Figura 2

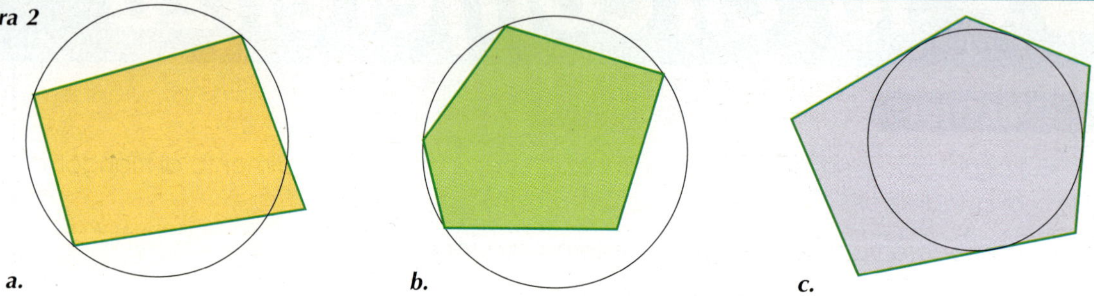

- nei casi **a.** e **b.** c'è un vertice che non appartiene alla circonferenza, quindi i due poligoni non sono inscrittibili
- nel caso **c.** c'è un lato che non è tangente e quindi il poligono non è circoscrittibile.

Si tratta dunque di definire i criteri in base ai quali sia possibile inscrivere o circoscrivere un poligono ad una circonferenza. Vediamo quali caratteristiche devono avere questi poligoni.

Figura 3

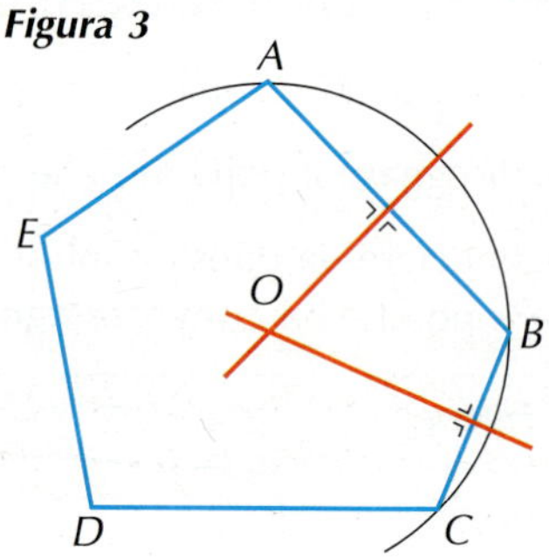

Poligoni inscrittibili

Consideriamo un poligono qualsiasi e tracciamo gli assi di due lati consecutivi; sia *O* il loro punto di intersezione (***figura 3***).
Sappiamo che esiste una e una sola circonferenza di centro *O* che passa per i punti *A*, *B*, *C*; affinché il poligono sia inscrittibile, anche i punti *D* ed *E* devono appartenere alla circonferenza, cioè i segmenti *OD* e *OE* devono essere congruenti ai raggi *OA*, *OB*, *OC*. Questo capita solo se anche gli assi dei lati *DC* e *DE* passano per *O*.
Possiamo quindi concludere che:

> un poligono è **inscrittibile** in una circonferenza se gli assi dei suoi lati si incontrano tutti nello stesso punto (***figura 4***).

Figura 4

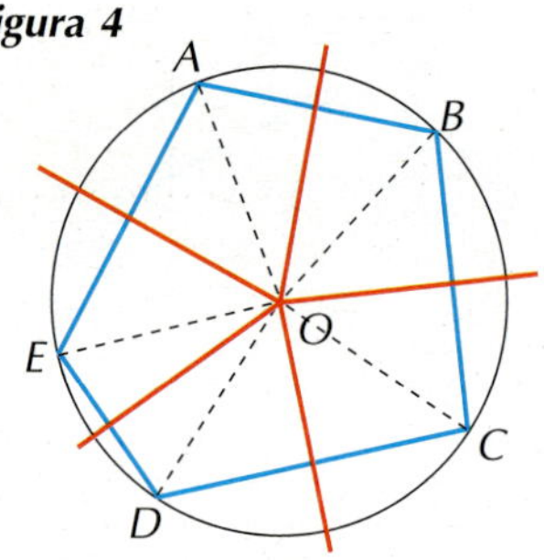

Poligoni circoscrittibili

Considerato un poligono qualsiasi, tracciamo le bisettrici di due suoi angoli consecutivi che si incontrano in *O* (***figura 5***).
Poiché i punti della bisettrice sono equidistanti dai lati dell'angolo, i segmenti *OK*, *OH*, *OR* (che sono perpendicolari ai rispettivi lati) sono tutti congruenti fra loro ed esiste perciò una circonferenza di centro *O* che è tangente ai lati *EA*, *AB*, *BC*.
Affinché questa circonferenza sia tangente anche ai lati *CD* e *DE*, e quindi il poligono sia circoscrittibile, occorre che le distanze di *O* da questi lati siano congruenti ai precedenti segmenti *OK*, *OH*, *OR*; questo accade solo se anche le bisettrici degli altri angoli del poligono si incontrano in *O*. Possiamo quindi concludere che:

Figura 5

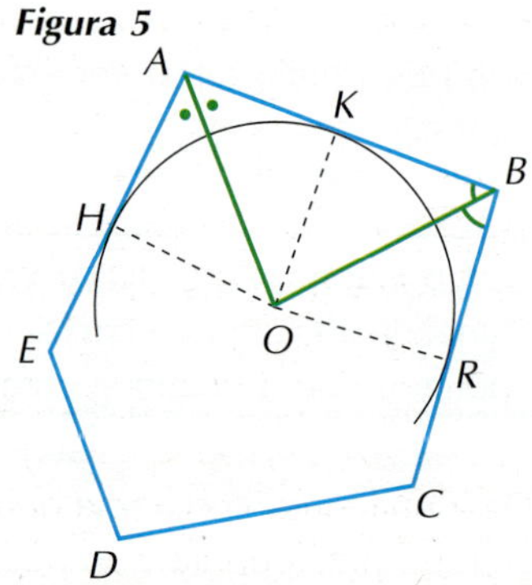

Un poligono è **circoscrittibile** ad una circonferenza se le bisettrici dei suoi angoli si incontrano tutte nello stesso punto (***figura 6***).

Figura 6

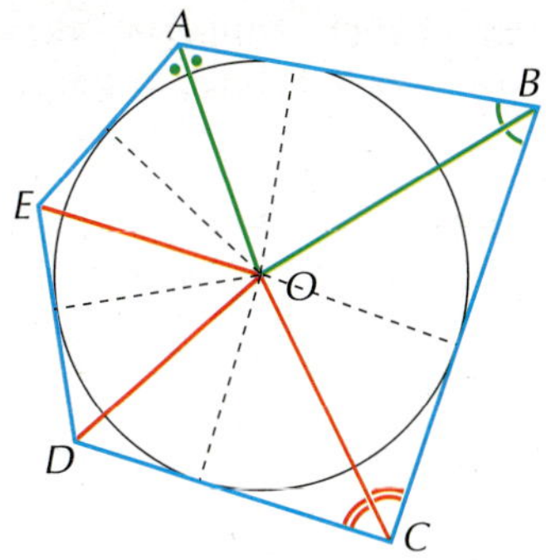

Questi due teoremi possono essere invertiti diventando proprietà dei poligoni inscritti e circoscritti:

- gli assi dei lati di un poligono inscritto in una circonferenza si incontrano in uno stesso punto che, essendo equidistante dai vertici del poligono, è il centro di tale circonferenza (***figura 7a***);
- le bisettrici degli angoli di un poligono circoscritto ad una circonferenza si incontrano in uno stesso punto che, essendo equidistante dai lati del poligono, è il centro di tale circonferenza (***figura 7b***).

Figura 7

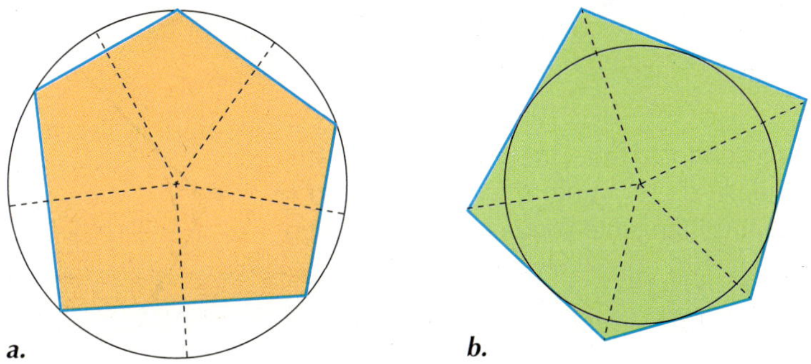

1.2 Il caso particolare dei quadrilateri

I quadrilateri hanno delle caratteristiche che rendono più semplice stabilire se sono inscrittibili oppure circoscrittibili ad una circonferenza; valgono infatti le seguenti proprietà.

Teorema (sui quadrilateri inscritti). Un quadrilatero inscritto in una circonferenza ha gli angoli opposti supplementari.

Hp. *ABDE* è inscritto in una circonferenza (***figura 8***)

Th. $\widehat{A}+\widehat{D}\cong\pi \quad \wedge \quad \widehat{E}+\widehat{B}\cong\pi$

Figura 8

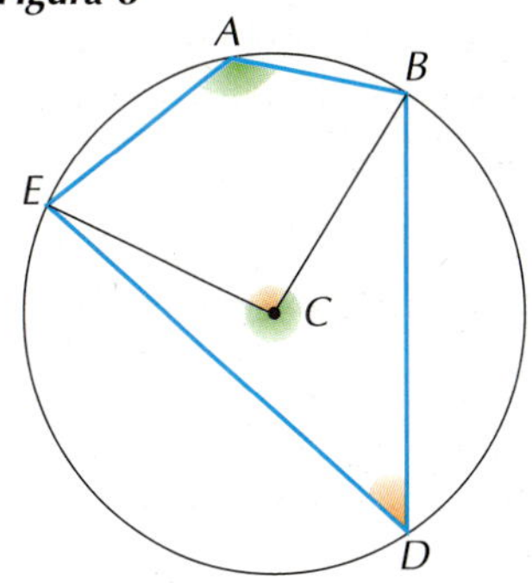

Dimostrazione.

Dato il quadrilatero *ABDE* inscritto in una circonferenza, congiungiamo i vertici *E* e *B* con il centro *C*. Avremo che:

- $\widehat{EAB}\cong\frac{1}{2}\widehat{ECB}$ concavo (angoli in verde di ***figura 8***)
- $\widehat{EDB}\cong\frac{1}{2}\widehat{ECB}$ convesso (angoli in arancio di ***figura 8***)

perché un angolo alla circonferenza è la metà del corrispondente angolo al centro. Quindi, poiché $\widehat{ECB}$ concavo + $\widehat{ECB}$ convesso $= 2\pi$

$$\widehat{EAB}+\widehat{EDB}\cong\frac{1}{2}\cdot 2\pi\cong\pi$$

Analogamente, congiungendo i punti *A* e *D* con *C*, si dimostra che anche la somma dell'altra coppia di angoli opposti è congruente ad un angolo piatto. ◀

VIDEO RECUPERO

Di questo teorema vale anche l'inverso; osserviamo però che, poiché la somma degli angoli interni di un quadrilatero è pari a 2 angoli piatti, se due angoli opposti sono supplementari, lo sono anche gli altri due; quindi per enunciare il teorema inverso basta chiedere che il quadrilatero abbia due angoli opposti supplementari.

Teorema. Un quadrilatero che ha una coppia di angoli opposti supplementari è inscrittibile in una circonferenza.

Teorema (sui quadrilateri circoscritti). Se un quadrilatero è circoscritto ad una circonferenza, la somma di due lati opposti è congruente alla somma degli altri due.

Hp. $ABDE$ è circoscritto ad una circonferenza (***figura 9***)

Th. $AB + DE \cong AE + BD$

Figura 9

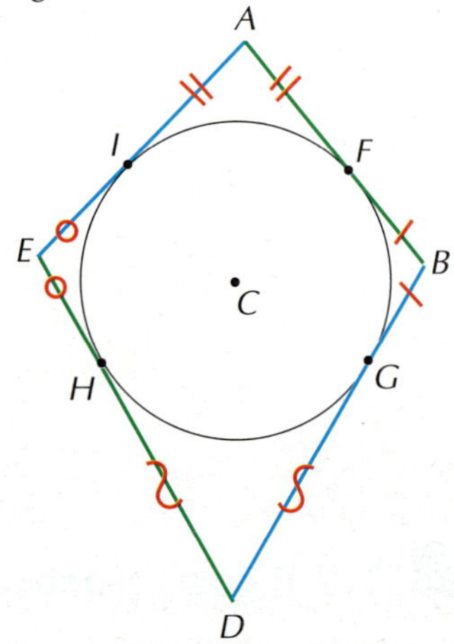

Dimostrazione.

Consideriamo il quadrilatero $ABDE$ circoscritto ad una circonferenza. Abbiamo dimostrato nel precedente capitolo che, se da un punto esterno tracciamo le tangenti ad una circonferenza, i segmenti di tangente sono congruenti. Valgono perciò le relazioni:

$AF \cong AI$; $BF \cong BG$; $GD \cong HD$; $HE \cong EI$

Quindi: $AB + DE \cong (AF + FB) + (DH + HE) \cong AI + BG + GD + EI \cong$
$\cong (AI + EI) + (BG + GD) \cong AE + BD$. ◀

Anche di questo teorema vale l'inverso:

Teorema. Se la somma di due lati opposti di un quadrilatero è congruente alla somma degli altri due, allora il quadrilatero è circoscrittibile ad una circonferenza.

In definitiva, i teoremi ora enunciati possono essere così riassunti:

Teorema. Un quadrilatero è inscrittibile in una circonferenza se e solo se ha due angoli opposti supplementari.

Teorema. un quadrilatero è circoscrittibile ad una circonferenza se e solo se la somma di due lati opposti è congruente alla somma degli altri due.

Come applicazione di questi teoremi possiamo fare qualche considerazione relativa ai quadrilateri che abbiamo studiato finora.

- Un parallelogramma generico non è inscrittibile in una circonferenza perché i suoi angoli opposti sono congruenti ma non supplementari e non è nemmeno circoscrittibile perché la somma di due lati opposti non è congruente alla somma degli altri due.
- Un rettangolo è invece sempre inscrittibile in una circonferenza perché i suoi angoli opposti, essendo retti, sono supplementari; non è invece circoscrittibile (***figura 10a***).

Figura 10

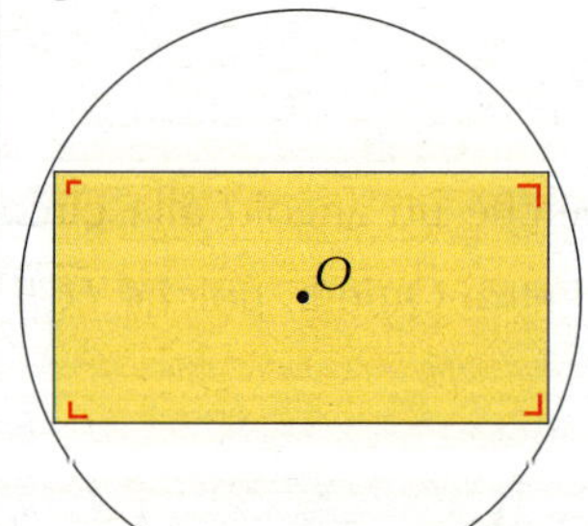

a.

- Un rombo è sempre circoscrittibile ad una circonferenza perché, essendo i lati congruenti, la somma di due lati opposti è congruente alla somma degli altri due; non è invece inscrittibile perché gli angoli opposti non sono supplementari (***figura 10b***).
- Un quadrato è sempre sia inscrittibile che circoscrittibile ad una circonferenza perché si comporta come un rettangolo (quindi è inscrittibile) e come un rombo (quindi è circoscrittibile) (***figura 10c***).

Figura 10

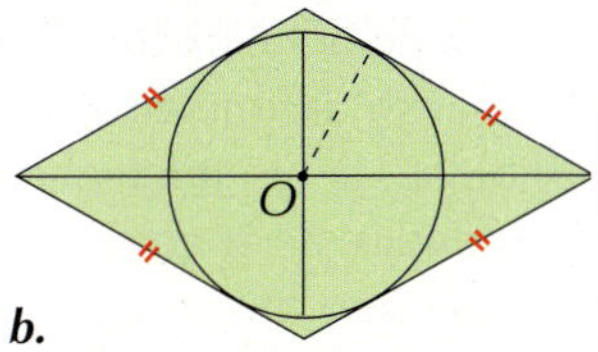

b.

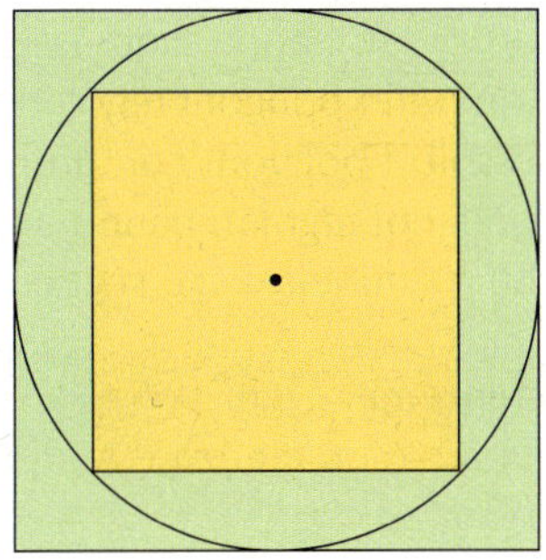

c.

Approfondimento
I teoremi inversi e le loro dimostrazioni

ESERCIZI E PROBLEMI pag. 294

2 I POLIGONI REGOLARI

Un poligono che ha tutti i lati e tutti gli angoli fra loro congruenti, si dice **regolare**.

DEFINIZIONE DI POLIGONO REGOLARE

Il triangolo equilatero e il quadrato sono poligoni regolari, ma ci sono anche pentagoni ed esagoni regolari e, in generale, si possono avere poligoni regolari con un qualsivoglia numero di lati. I poligoni regolari possiedono importanti caratteristiche che li distinguono dagli altri poligoni; alcune di queste riguardano le simmetrie, altre la possibilità di inscriverli e circoscriverli ad una circonferenza. Nella ***figura 11*** abbiamo disegnato i primi poligoni regolari a partire da quello

ANIMAZIONE

Figura 11

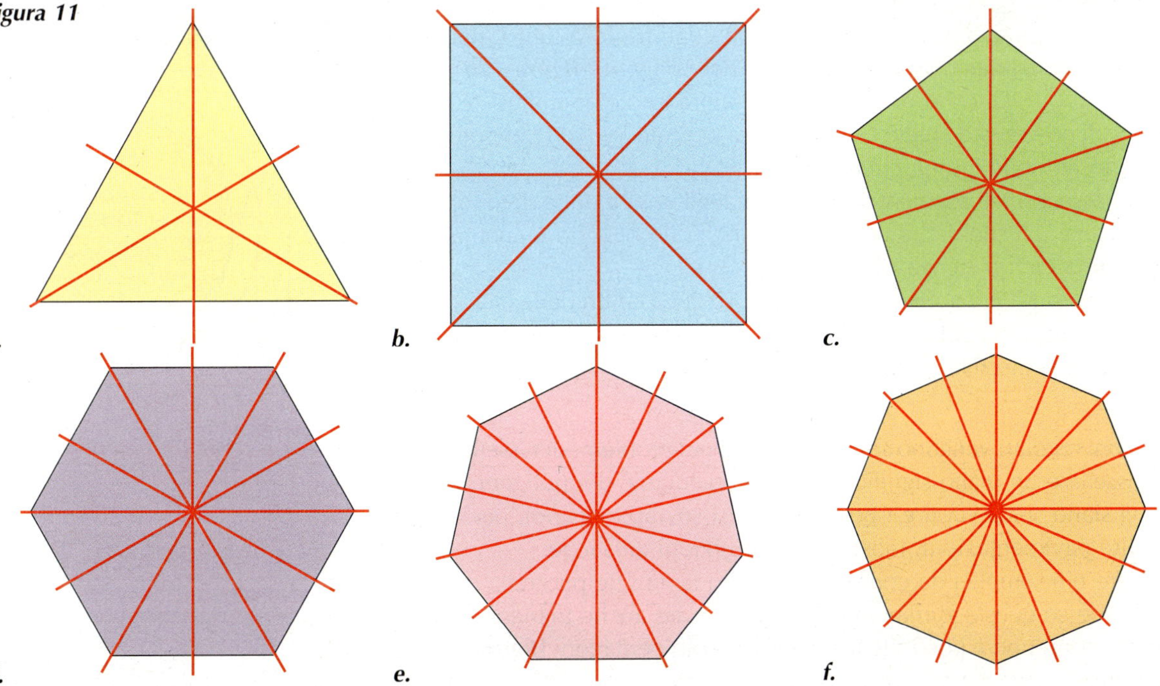

a. **b.** **c.** **d.** **e.** **f.**

di tre lati fino a quello di otto. Se osservi, nei poligoni che hanno un numero dispari di lati (triangolo, pentagono, ettagono) gli assi di simmetria coincidono con le rette delle bisettrici uscenti da ciascun vertice e quindi un tale poligono ha tanti assi di simmetria quanti sono i suoi vertici. Nei poligoni con un numero pari di lati, la bisettrice che esce da un vertice passa anche per il vertice opposto, quindi esse sono in numero pari alla metà di quello dei vertici; in questi poligoni però anche gli assi dei lati sono assi di simmetria e sono in numero pari alla metà di quello dei lati. In definitiva, anche i poligoni con un numero pari di lati hanno tanti assi di simmetria quanti sono i lati.
Non tutti i poligoni regolari hanno invece un centro di simmetria: lo ammettono solo i poligoni con un numero pari di lati.
I poligoni regolari hanno una caratteristica che li distingue dagli altri poligoni e che è enunciata dal seguente teorema.

Teorema. Ogni poligono regolare è sia inscrittibile che circoscrittibile ad una circonferenza e le due circonferenze hanno lo stesso centro.

Dimostrazione.
Consideriamo un poligono regolare (in ***figura 12*** abbiamo disegnato un pentagono ma i ragionamenti che faremo valgono per un poligono regolare con un numero qualsiasi di lati), tracciamo le bisettrici degli angoli di vertici A e B e indichiamo con O il loro punto di intersezione (***figura 12a***); osserviamo che, visto che il poligono ha tutti gli angoli congruenti, anche quelli formati dalle due bisettrici sono congruenti fra loro e quindi il triangolo AOB è isoscele.
Tracciamo adesso il segmento OC ottenendo il triangolo OBC che è congruente al triangolo OAB ($AB \cong BC$ perché il poligono è regolare, OB in comune, $\widehat{ABO} \cong \widehat{CBO}$ perché OB è bisettrice). Anche il triangolo OBC è quindi isoscele e $\widehat{OBC} \cong \widehat{OCB}$; allora anche $\widehat{OCB} \cong \widehat{OCD}$ e OC è bisettrice dell'angolo $\widehat{BCD}$.
Per lo stesso motivo, sono isosceli e congruenti fra loro tutti i triangoli che si ottengono congiungendo O con i vertici del poligono (***figura 12b***). I segmenti OA, OB, OC, OD, OE sono tutti congruenti fra loro e quindi esiste una circonferenza di centro O e raggio OA che passa per tutti i vertici del poligono, che è quindi inscrittibile in una circonferenza.
Inoltre, essendo tali segmenti le bisettrici degli angoli del poligono, O è anche equidistante dai suoi lati: questo significa che il poligono è anche circoscrittibile ad una circonferenza (***figura 12c***).
Da queste considerazioni deduciamo anche che i centri della circonferenza inscritta e circoscritta coincidono nel punto O; ricordiamo poi che il raggio della circonferenza inscritta è l'**apotema** del poligono. ◀

Figura 12

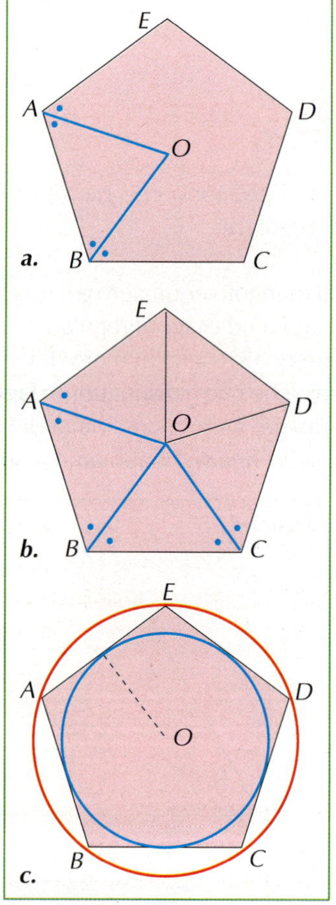

LA TASSELLATURA DEL PIANO

I poligoni regolari vengono spesso utilizzati nei problemi di tassellatura del piano (tassellare un piano significa ricoprirlo mediante dei poligoni in modo che non vi siano spazi vuoti e i poligoni non si sovrappongano), per esempio per eseguire pavimentazioni, mosaici, composizioni artistiche.
Le figure più semplici da comporre sono i quadrati (le piastrelle dei pavimenti hanno spesso questa forma), ma si possono usare anche triangoli equilateri oppure esagoni; non è possibile invece usare solo pentagoni (***figura 13*** di pagina seguente).

Figura 13

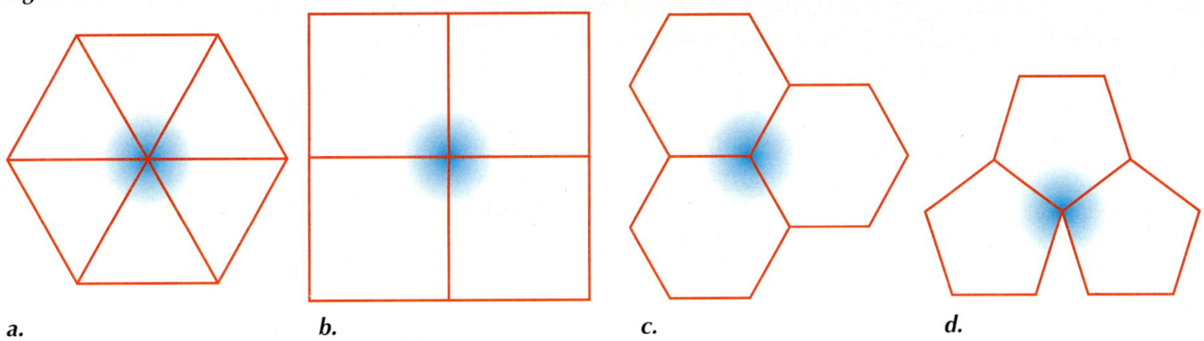

Tieni presente infatti che in ogni punto gli angoli dei poligoni devono ricoprire un angolo di 360°. Allora, poiché i triangoli equilateri hanno gli angoli interni di 60°, i quadrati li hanno di 90° e gli esagoni li hanno di 120°, si riesce sempre con questi poligoni a formare un angolo giro; i pentagoni hanno invece gli angoli interni di 108° e tre di essi non raggiungono 360° mentre quattro li superano.

ESERCIZI E PROBLEMI pag. 298

3 PUNTI NOTEVOLI DEI TRIANGOLI

Abbiamo visto nel primo paragrafo che, a meno che un poligono abbia caratteristiche precise, non si riesce in generale ad inscriverlo o circoscriverlo ad una circonferenza; non sempre infatti gli assi dei lati o le bisettrici degli angoli passano per uno stesso punto.
Il triangolo invece è una figura particolare in cui, come dimostreremo fra breve, è sempre possibile sia inscrivere che circoscrivere una circonferenza; inoltre esso ha altre caratteristiche che lo rendono particolarmente importante fra i poligoni. Dimostriamo allora i seguenti teoremi.

Teorema. Gli assi dei lati di un triangolo passano per uno stesso punto che si chiama **circocentro**.

Dimostrazione.

Ricordiamo che per tre punti non allineati *A*, *B*, *C* (come sono quelli di un triangolo) passa una e una sola circonferenza e che tale circonferenza ha centro nel punto *O* di intersezione degli assi *r* e *s* di due lati, per esempio di *AB* e *BC* (***figura 14a***). Esiste quindi una circonferenza che è circoscritta al triangolo *ABC*. Allora, poiché la perpendicolare ad una corda condotta dal centro passa per il punto medio della corda stessa, si può concludere che anche l'asse del segmento *AC* passa per il punto *O* (***figura 14b***). ◀

Figura 14

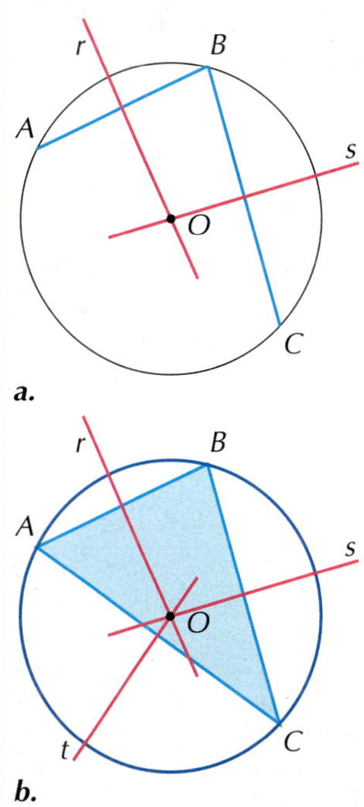

Questo teorema ci conferma che ogni triangolo può essere inscritto in una circonferenza e che il centro di tale circonferenza è il punto di intersezione degli assi dei lati del triangolo; da qui il nome di circocentro (centro della circonferenza circoscritta) dato a questo punto.

Teorema. Le bisettrici degli angoli interni di un triangolo passano per uno stesso punto detto **incentro**.

Figura 15

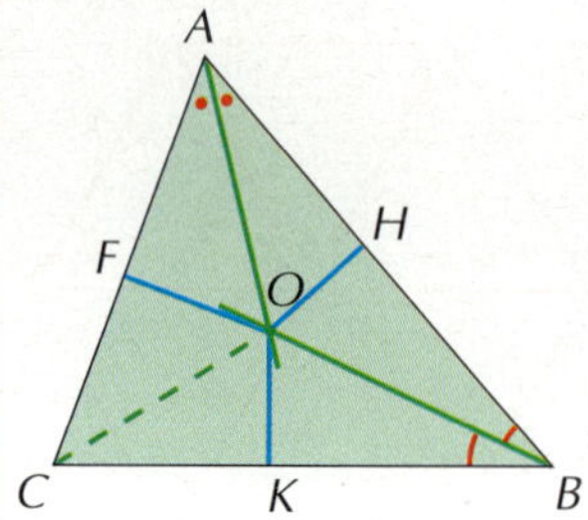

a.

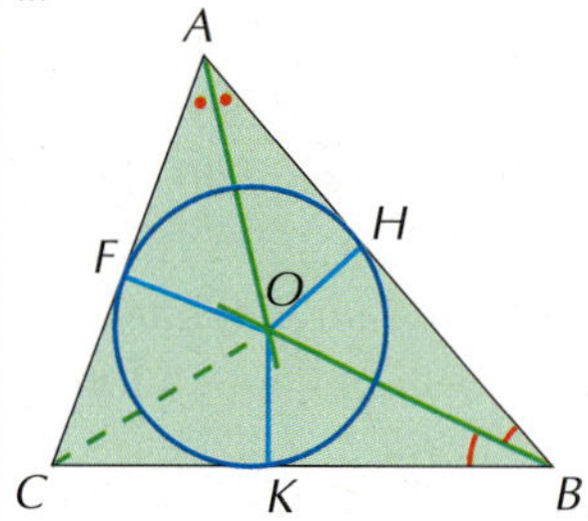

b.

Dimostrazione.

Tracciamo le bisettrici degli angoli di vertici A e B del triangolo ABC (***figura 15a***). Tenendo presente che la somma di due angoli interni di un triangolo è minore di un angolo piatto, tali bisettrici si intersecano sicuramente in un punto O interno al triangolo. Inoltre, visto che la bisettrice è il luogo dei punti equidistanti dai lati dell'angolo, si ha che

$OH \cong OF$ perché O appartiene alla bisettrice dell'angolo $\widehat{A}$

$OH \cong OK$ perché O appartiene alla bisettrice dell'angolo $\widehat{B}$

Per la proprietà transitiva della congruenza è allora $OF \cong OK$. Il punto O appartiene quindi alla bisettrice dell'angolo di vertice C (***figura 15b***). ◀

Il teorema ora dimostrato ci dice che il punto O è equidistante dai lati del triangolo ed esiste perciò una circonferenza con centro in O e raggio OH che passa anche per i punti F e K. Tale circonferenza è quindi inscritta nel triangolo; da qui il nome di incentro (centro della circonferenza inscritta) dato al punto O.

Teorema. Le altezze di un triangolo passano per uno stesso punto detto **ortocentro**.

Dimostrazione.

Dato il triangolo ABC, tracciamo da ciascuno dei suoi vertici la parallela al lato opposto (***figura 16***); tali rette, intersecandosi, formano un triangolo PQR in cui possiamo osservare che:

Figura 16

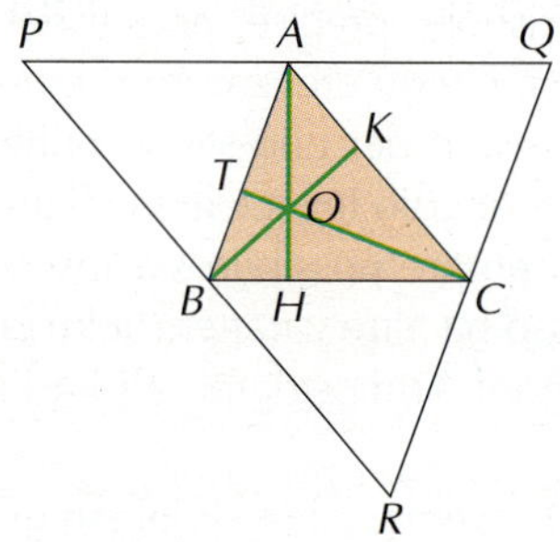

$AQ \cong BC$ perché lati opposti del parallelogramma $AQCB$

$AP \cong BC$ perché lati opposti del parallelogramma $PACB$

Di conseguenza $AQ \cong AP$ per la proprietà transitiva della congruenza e A è il punto medio del lato PQ.
Analogamente possiamo dire che B è il punto medio del lato PR e C è il punto medio del lato QR.
L'altezza AH, essendo perpendicolare a BC e quindi alla sua parallela PQ e passando per il suo punto medio, è quindi asse del lato PQ; analogamente l'altezza CT è asse di QR e l'altezza BK è asse di PR.
Poiché gli assi di un triangolo si incontrano in uno stesso punto O, possiamo dire che anche le altezze del triangolo ABC si comportano allo stesso modo e si incontrano quindi anch'esse in O. ◀

Il nome di ortocentro dato al punto O deriva dal greco *orthos* (che significa *retto* riferito agli angoli) e, nel caso del triangolo, sta ad indicare il punto di intersezione delle perpendicolari condotte dai vertici, cioè delle altezze.

Teorema. Le mediane di un triangolo si incontrano in un punto detto **baricentro**; esso divide ciascuna mediana in due parti delle quali quella che ha un estremo nel vertice è doppia dell'altra.

Dimostrazione.

Dato il triangolo *ABC*, tracciamo le mediane *CM* e *AN*; di questi segmenti il primo è una corda dell'angolo *CAB*, il secondo appartiene ad una semiretta interna allo stesso angolo; essi si incontrano pertanto in un punto *O* (***figura 17a***).

Tracciamo ora da *S*, punto medio di *AC*, e da *M* le parallele alla mediana *AN* che incontrano rispettivamente in *R* e in *T* il lato *BC*. Per il teorema della corrispondenza parallela di Talete, se $CS \cong SA$, anche $CR \cong RN$; se $MB \cong MA$, anche $BT \cong NT$. Ma, essendo *N* il punto medio di *BC*, si ha che $CR \cong RN \cong NT \cong BT$. Poiché *SR*, *AN* e *MT* sono fra loro parallele, si hanno allora le seguenti congruenze: $CV \cong VO \cong OM$, cioè $CO \cong 2OM$.

In modo analogo si dimostra che anche $AO \cong 2ON$.

Abbiamo così dimostrato che due mediane si incontrano in un punto che le divide in due parti tali che una, quella che contiene il vertice, è doppia dell'altra.

Tracciamo ora la mediana uscente dal vertice *B*; essa, per quanto appena dimostrato, deve intersecare *CM* in un punto *P* tale che $CP \cong 2PM$ (***figura 17b***); allora *OM* e *PM* sono entrambi congruenti alla terza parte di *CM* e quindi *P* deve coincidere con *O*. Anche la terza mediana passa quindi per il punto di intersezione delle prime due. ◀

Figura 17

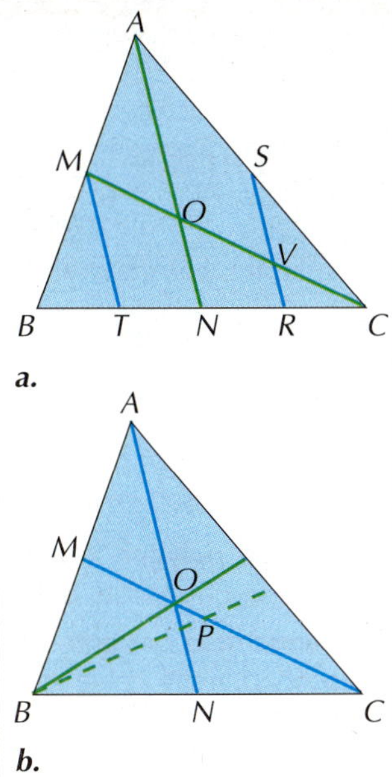

Il circocentro, l'incentro, l'ortocentro e il baricentro, per le loro particolari caratteristiche, si dicono **punti notevoli del triangolo**.

In un triangolo qualsiasi, circocentro, incentro, ortocentro e baricentro sono punti distinti; quindi la circonferenza inscritta e quella circoscritta ad un triangolo non hanno lo stesso centro. Nel triangolo equilatero invece, visto che altezze, mediane, assi dei lati e bisettrici degli angoli coincidono, i punti notevoli coincidono in un unico punto; le circonferenze inscritta e circoscritta ad un triangolo equilatero sono dunque concentriche, a conferma anche del fatto che un triangolo equilatero è un poligono regolare.

Approfondimento
Le proprietà dei punti notevoli

ESERCIZI E PROBLEMI pag. 299

IL CAPITOLO SI COMPLETA CON:

CONCETTI CHIAVE E REGOLE | LABORATORIO | SCHEDE STORICHE E DI CURIOSITÀ | PRESENTAZIONI IN POWERPOINT

The polygons and the circle
BASIC CONCEPTS

CLIL

AUDIO FILE

Key Terms

inscribed / circumscribed polygon	apothem
inscribed / circumscribed circle	centroid
circumcentre, incentre	orthocentre
circumcircle, incircle	

Inscribed and circumscribed polygons

An **inscribed polygon** is a polygon in which all vertices lie on a circle; correspondingly, the circle is said to be *circumscribed* about the polygon.

A **cirscumscribed polygon** is a polygon all of whose sides are tangent to a circle; correspondingly, the circle is said to be *inscribed* in the polygon; the radius of this circle is called the *apothem* of the polygon.

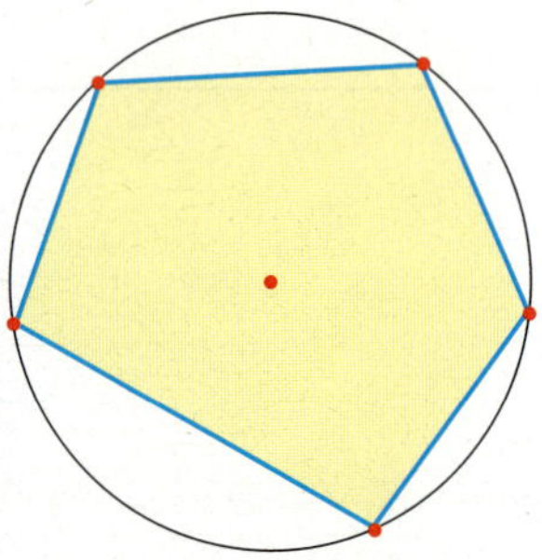

inscribed polygon

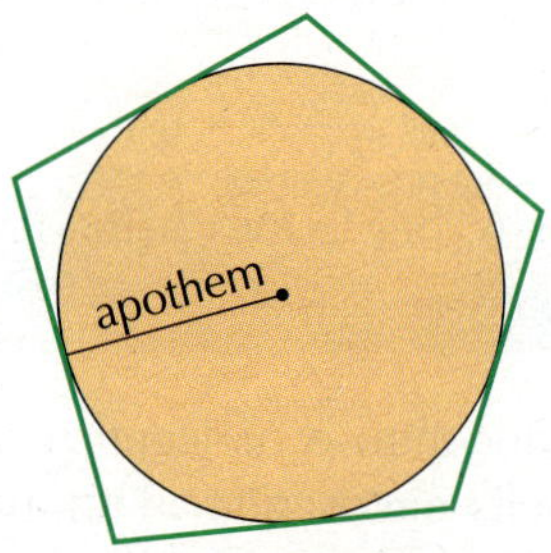

circumscribed polygon

The **circumcentre** of a polygon is the centre of the circle which is circumscribed about a polygon.

The **incentre** of a polygon is the centre of a circle which is inscribed in the polygon.

For an arbitrary polygon, it is impossible to inscribe a circle in it and to circumscribe a circle around it.
Anyway, in some cases we can do it.

- To state if a polygon can be inscribed in a circle we have to verify that the perpendicular bisectors of its sides meet at the same point, which is the centre of the circle.
  This is because the intersection point of the axes is equidistant from the vertexes of the polygon.
- To state if a polygon can be circumscribed about a circle we have to verify that the bisectors of its internal angles meet at the same point, which is the centre of the circle.
  This is because the intersection point of the bisectors is equidistant from the sides of the polygon.

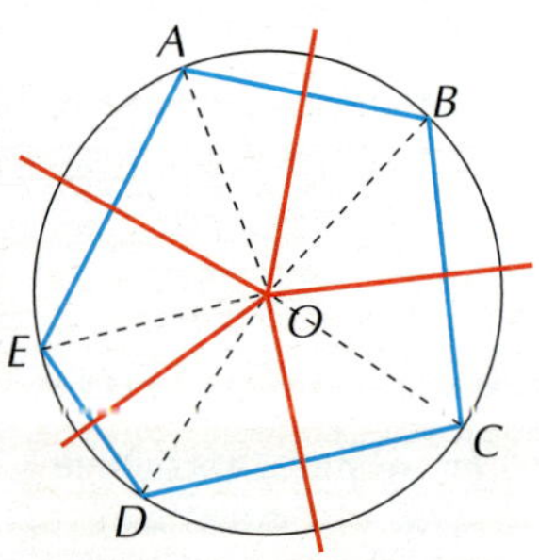

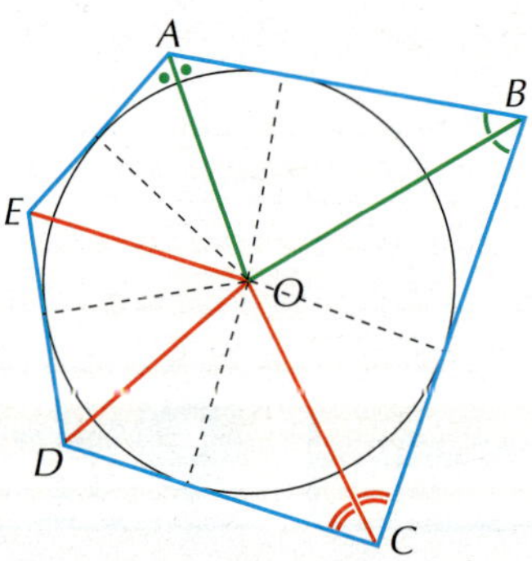

Quadrilaterals: a special case

As for quadrilaterals, there are a few properties stated by some theorems.

- If a quadrilateral is inscribed in a circle, its oppostite angles are supplementary.
  In fact, as an inscribed angle is half of its corresponding central angle, the sum of the two is half 360°.
- If a quadrilateral is circumscribed about a circle, the sum of two opposite sides is congruent to the sum of the other two.
  In fact, as the tangent segments from each vertex are congruent, two opposite sides are formed by the same segments of the other two.

These two theorems can be inverted and they represent a rule to state if a quadrilateral can be inscribed in or circumscribed about a circle:

- if the opposite angles of a quadrilateral are supplementary, the quadrilateral can be inscribed in a circle
- if the sum of two opposite sides is congruent to the sum of the other two, the quadrilateral can be circumscribed about a circle.

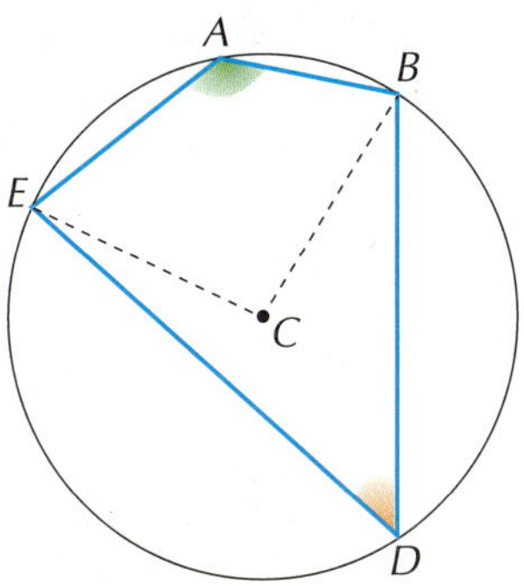

$\widehat{A} + \widehat{D} \cong \widehat{E} + \widehat{B} = 180°$

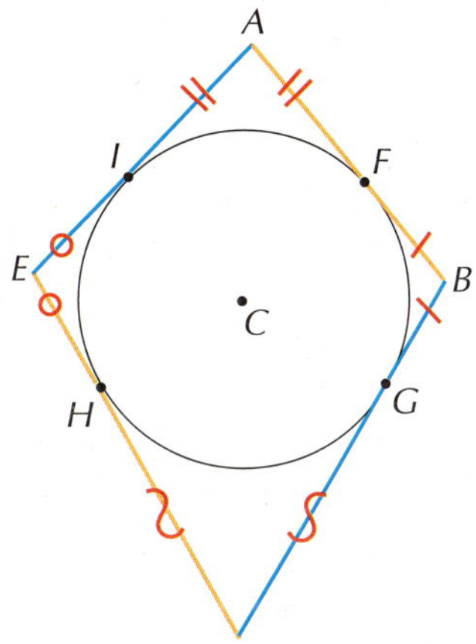

$AE + BD \cong AB + ED$

Regular polygons

A **regular polygon** is a *n-sided* polygon in which the sides are all the same length and the interior angles are all the same width.
Any regular polygon can both be inscribed in and circumscribed about a circle, and both circles have the same centre.
The "outside" circle is called a *circumcircle*, and it connects all vertices of the polygon. The radius of the circumcircle is also the radius of the polygon.
The "inside" circle is called an *incircle* and it just touches each side of the polygon at its midpoint. The radius of the incircle is the *apothem* of the polygon.

Notable points in a triangle

A triangle can always be inscribed in and circumscribed about a circle.

- The perpendicular bisectors of the sides of a triangle intersect at the same point, which is the centre of the circumcircle; this point is called the *circumcentre*.

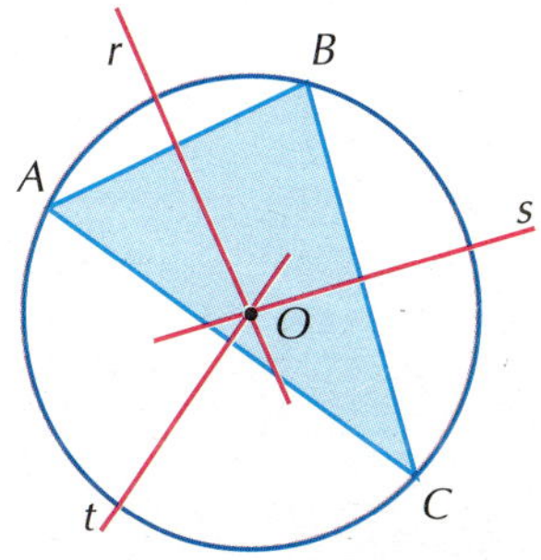

O is the circumcentre

- The bisectors of the internal angles of the triangle intersect at the same point, which is the centre of the incircle; this point is called the *incentre.*

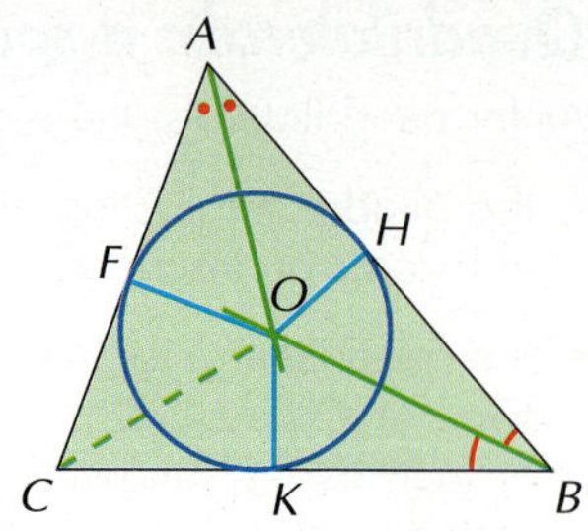

O is the incentre

Besides these, there are some more notable points.

- The medians of a triangle intersect at the same point which is called the *centroid* of the triangle

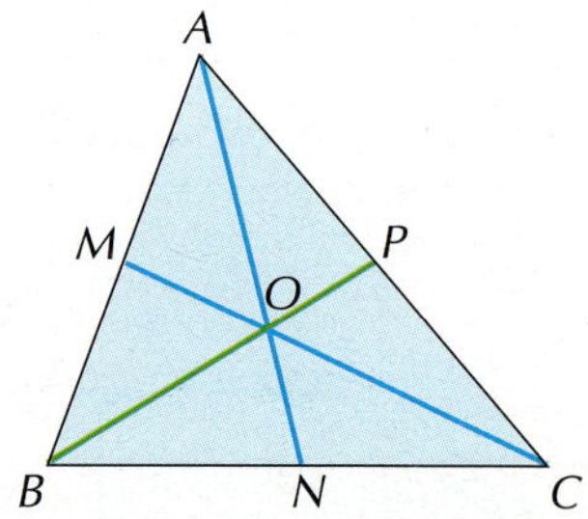

O is the centroid

- The altitudes of a triangle intersect at the same point which is called the *orthocentre* of the triangle.

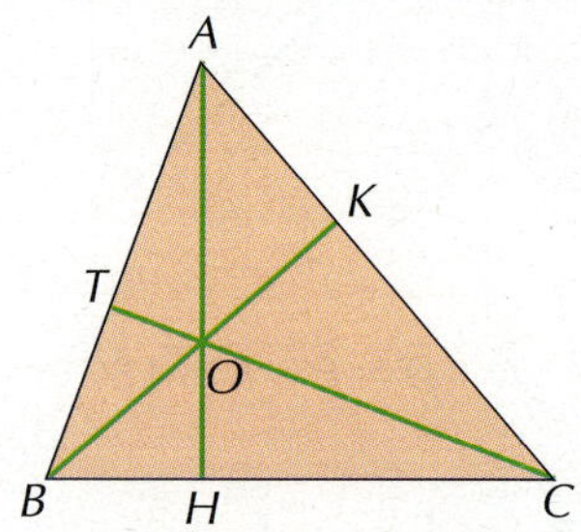

O is the orthocentre

In any triangle, all the notable points are distinct, and therefore the inscribed and circumscribed circles do not share a centre point; but in an equilateral triangle, since the altitudes, the medians, the perpendicular bisectors and the bisectors of the internal angles are the same lines, all notable points are the same point.

EXERCISES

CAPITOLO 8 L'equivalenza dei poligoni

OBIETTIVI

- comprendere il concetto di equivalenza
- riconoscere poligoni equicomposti
- conoscere e saper applicare i criteri di equivalenza
- conoscere e saper applicare i teoremi di Pitagora e di Euclide

1 IL CONCETTO DI EQUIVALENZA

1.1 Estensione e area

Il concetto di **superficie piana** può essere annoverato fra quelli primitivi e per averne un'idea basta pensare a una linea chiusa e alla parte di piano che essa delimita; qualsiasi poligono, un cerchio o una sua parte sono esempi di superfici piane.
E' poi naturale ed intuitivo associare ad ogni superficie una **estensione** che però assume un significato nel momento in cui si mettono a confronto due superfici.
Se per pavimentare due stanze, per la prima occorre un numero maggiore di piastrelle che per la seconda e abbiamo usato lo stesso tipo di piastrella, possiamo dire che la prima stanza ha un'estensione maggiore della seconda; mentre se ne abbiamo usato lo stesso numero, possiamo concludere che le due stanze hanno la medesima estensione anche se hanno una forma diversa.
Delle superfici in ***figura 1*** possiamo dire che:

- le due del caso ***a.*** hanno la stessa estensione perché sono congruenti e quindi, sovrapponendole, occupano una stessa parte di piano;
- di quelle nel caso ***b.*** possiamo dire che quella in azzurro è più estesa di quella in arancio perché, nella sovrapposizione, quest'ultima risulta completamente interna;
- nel caso ***c.*** non sappiamo che cosa dire perché la sovrapposizione è solo parziale e non ci consente di stabilire se la superficie di colore azzurro è più estesa, meno estesa o ugualmente estesa rispetto a quella in verde;
- nel caso ***d.*** possiamo dire che le due superfici hanno la medesima estensione anche se hanno forme diverse perché il numero di quadretti di cui sono composte è lo stesso.

Figura 1

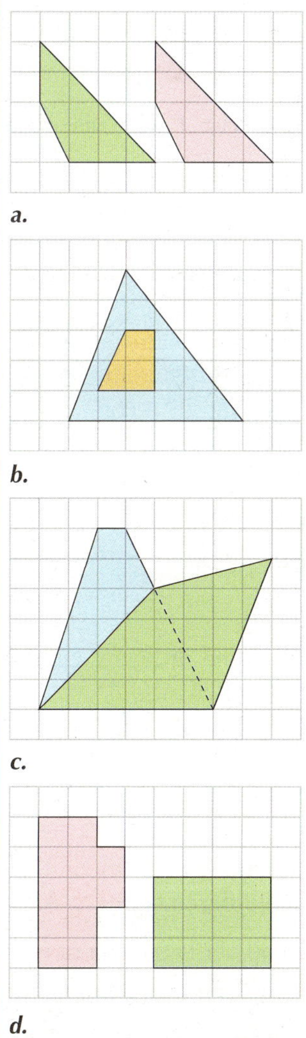

Chiameremo **equiestese** o anche **equivalenti** due figure A e B che hanno la stessa estensione e scriveremo $A \doteq B$.

La relazione di equiestensione così introdotta gode delle seguenti proprietà che assumiamo come assiomi.

A15.
- Superfici congruenti sono anche equiestese.
- Ogni figura è equiestesa a se stessa (proprietà **riflessiva**).
- Se una figura A è equiestesa ad una figura B, anche B è equiestesa ad A (proprietà **simmetrica**).
- Se una figura A è equiestesa ad una figura B, e B è equiestesa ad una figura C, allora A è equiestesa a C (proprietà **transitiva**).

Di tutte le figure che sono equiestese diciamo che hanno la stessa area.

Area è la caratteristica comune a tutte le figure tra loro equivalenti.

Due superfici A e B si possono sempre confrontare dal punto di vista della loro estensione e i casi che si possono presentare sono i seguenti:

- A ha la stessa estensione di B: $A \doteq B$
- A è meno estesa di B: $A < B$
- A è più estesa di B: $A > B$

e una qualsiasi delle precedenti relazioni esclude l'altra.

Somma e differenza di figure

Consideriamo adesso le due figure A e B in ***figura 2*** e accostiamole in modo che abbiano in comune soltanto una parte del loro contorno e quindi nessun punto interno. Esse, considerate insieme, formano una nuova figura F che si dice somma di A e di B.

Figura 2

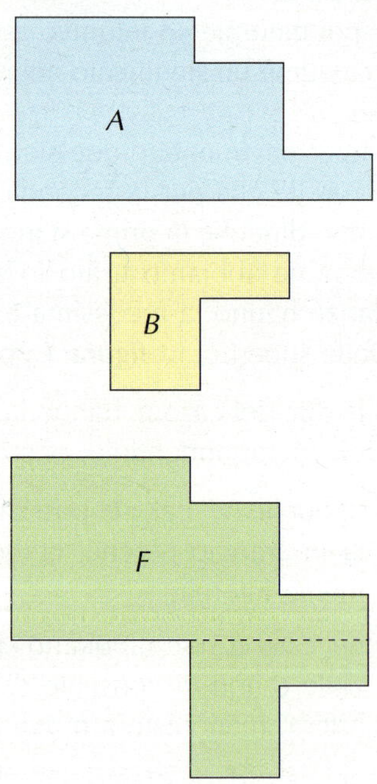

Date due figure A e B la cui intersezione è costituita solo dai punti di una parte del contorno, si dice loro **somma** la figura F ottenuta come unione dei punti di A con i punti di B.

La somma di superfici gode delle seguenti proprietà:

- è commutativa: $A+B \doteq B+A$
- è associativa: $(A+B)+C \doteq A+(B+C)$

Inoltre:

- somme di figure equivalenti sono equivalenti: se $A \doteq A'$ e $B \doteq B'$, allora $A+B \doteq A'+B'$

e, tenendo presente che due figure congruenti sono anche equivalenti,

- somme di figure congruenti sono equivalenti: se $A \cong A'$ e $B \cong B'$, allora $A+B \doteq A'+B'$.

Quando una superficie C è la somma di due superfici A e B, la superficie B si dice **differenza** di C e A e si scrive che $B \doteq C-A$.

Come per la somma di figure ammetteremo che:

- differenze di figure equivalenti sono equivalenti
- differenze di figure congruenti sono equivalenti.

1.2 Figure equicomposte

In base a quanto affermato nel precedente paragrafo, possiamo sicuramente dire che due figure sono equivalenti se sono formate da parti a due a due congruenti.
Il *Tangram*, un antico gioco di origini cinesi, si basa proprio su questa proprietà delle figure equivalenti e permette di creare forme completamente diverse usando sempre gli stessi pezzi; in ***figura 3*** puoi vedere qualche esempio.

Figura 3

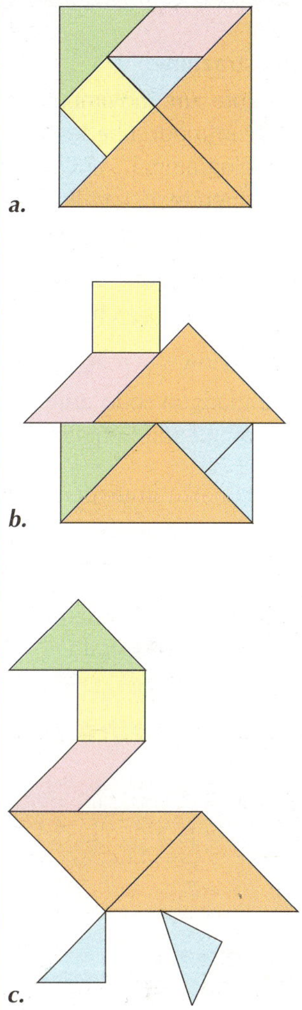

Due figure A e B che si ottengono come somma di figure congruenti si dicono **equicomposte**.
Reciprocamente, due figure che si possono suddividere in modo che siano formate da parti congruenti si dicono **equiscomponibili**.

L'equiscomponibilità può quindi essere considerata un criterio per riconoscere figure equivalenti:

per vedere se due figure sono equivalenti basta andare a ricercare se si possono scomporre in parti a due a due congruenti in modo che, sommando queste parti in modo diverso, da una figura si ottenga l'altra.

L'applicazione di questo criterio ci consentirà di dimostrare nel prossimo paragrafo alcuni criteri di equivalenza molto importanti che riguardano i poligoni. Occorre però tenere presente che l'operazione di equiscomposizione di due figure equivalenti non è sempre possibile. Per esempio, un quadrato e un cerchio che hanno la stessa area non si possono suddividere in parti congruenti; per questi casi dovremo enunciare teoremi appositi.

ESERCIZI E PROBLEMI pag. 308

2 I CRITERI DI EQUIVALENZA PER I POLIGONI

Sulla base di quanto appreso nel precedente paragrafo, per stabilire se due poligoni sono equivalenti si possono seguire sostanzialmente due percorsi simili:

- cercare, se possibile, di scomporre ciascun poligono in parti a due a due congruenti
- cercare, se possibile, di individuare nei due poligoni parti a due a due equivalenti (e non necessariamente congruenti).

In entrambi i casi, sommando le figure congruenti individuate, oppure le figure equivalenti, si ottengono poligoni equivalenti.
I teoremi che seguono si deducono tutti da queste semplici considerazioni.

Equivalenza tra parallelogrammi

Teorema. Due parallelogrammi che hanno basi ed altezze ordinatamente congruenti sono equivalenti.

Hp. $AB \cong PQ$ **Th.** $ABCD \doteq PQRS$ (***figura 4a***)

$DH \cong SK$

Dimostrazione.
Mediante un movimento rigido trasportiamo il parallelogramma *PQRS* su *ABCD* in modo che le basi coincidano (***figura 4b***). Osserviamo adesso che il parallelogramma *ABCD* è formato dal quadrilatero *ABCS* e dal triangolo *ASD*, mentre il parallelogramma *ABRS* è formato dallo stesso quadrilatero *ABCS* e dal triangolo *BRC*. I due triangoli *ASD* e *BRC* hanno:

$AD \cong BC$ perché lati opposti del parallelogramma *ABCD*

$AS \cong BR$ perché lati opposti del parallelogramma *PQRS*

$\widehat{DAS} \cong \widehat{CBR}$ perché formati da lati paralleli e concordi.

I due triangoli sono quindi congruenti per il primo criterio. Allora i due parallelogrammi sono equicomposti e perciò equivalenti. ◀

Conseguenza immediata di questo teorema è che (***figura 5***):

- **un parallelogramma è equivalente ad un rettangolo che ha la base e l'altezza rispettivamente congruenti alla base e all'altezza del parallelogramma.**

Un rettangolo infatti è un particolare parallelogramma e per esso vale il teorema appena dimostrato.

Figura 4

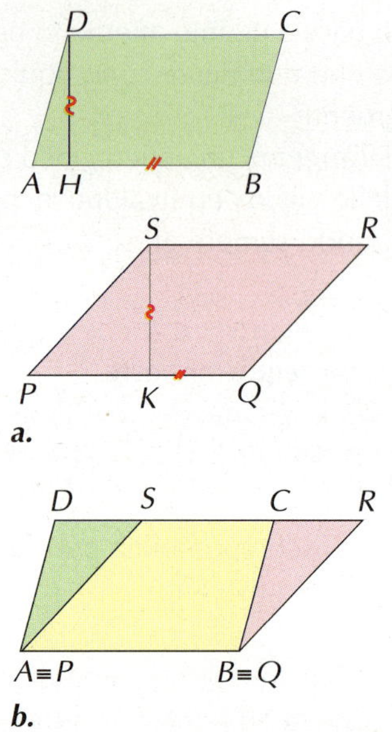

Figura 5

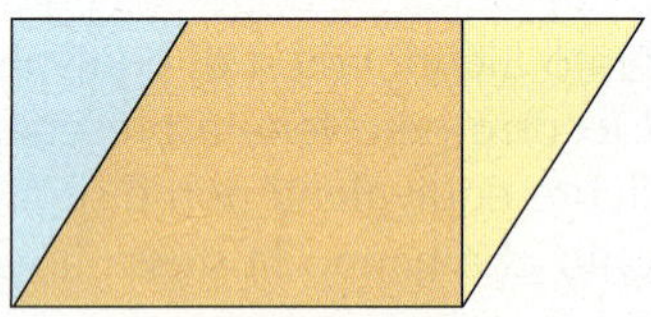

Equivalenza tra parallelogrammi e triangoli

Teorema. Un parallelogramma è equivalente a un triangolo che ha la base congruente a quella del parallelogramma e altezza doppia.

Hp. $AB \cong PQ$ **Th.** $ABCD \doteq \widehat{RPQ}$ (***figura 6***)

$RK \cong 2DH$

Dimostrazione.
Sovrapponiamo il triangolo *PQR* al parallelogramma *ABCD*; se l'altezza del triangolo è doppia di quella del parallelogramma, per il teorema della corrispondenza parallela di Talete, i lati *PR* e *QR* del triangolo vengono divisi in due parti congruenti dal lato *DC* del parallelogramma. Tracciando da *R* il segmento *RS* parallelo ai lati *AD* e *BC* del parallelogramma, si nota subito che:

- i due triangoli di colore arancio sono congruenti (II criterio: $AM \cong MR$, $\widehat{DMA} \cong \widehat{RMS}$ perché opposti al vertice, $\widehat{DAM} \cong \widehat{MRS}$ perché alterni interni)

Figura 6

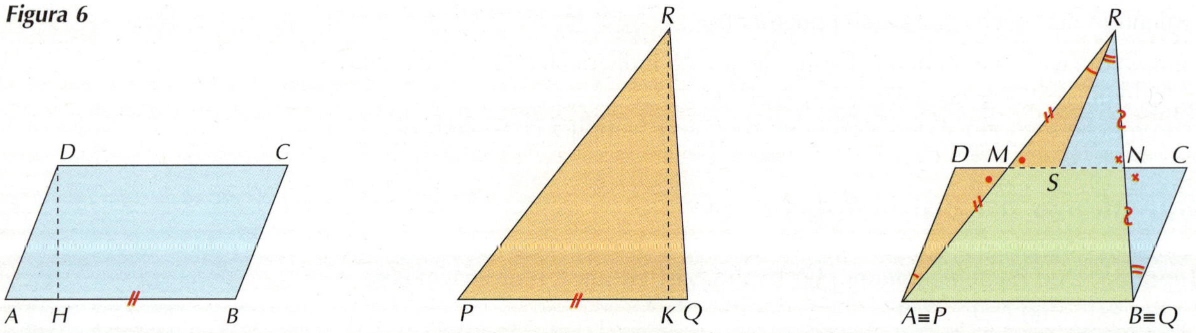

- i due triangoli di colore blu sono congruenti (II criterio: $BN \cong RN$, $\widehat{BNC} \cong \widehat{RNS}$ perché opposti al vertice, $\widehat{NBC} \cong \widehat{NRS}$ perché alterni interni)
- il parallelogramma è costituito dal trapezio in verde, da uno dei due triangoli arancio e da uno dei due triangoli blu
- il triangolo è costituito dallo stesso trapezio verde e dagli altri due triangoli in arancio e in blu.

Le due figure sono quindi equivalenti perché equicomposte. ◀

Con considerazioni analoghe a quelle precedenti si deduce anche che:

- un parallelogramma è equivalente a un triangolo che ha la stessa altezza del parallelogramma e base doppia di quella del parallelogramma (***figura 7***, sono congruenti i triangoli *ADE* e *DFC*)
- un parallelogramma è equivalente al doppio di un triangolo che ha la stessa base e la stessa altezza del parallelogramma (***figura 8***, sono congruenti i triangoli *ABC* e *ACD*)
- due triangoli che hanno basi e altezze congruenti sono equivalenti (***figura 9***, sono entrambi equivalenti a uno stesso parallelogramma).

Figura 7

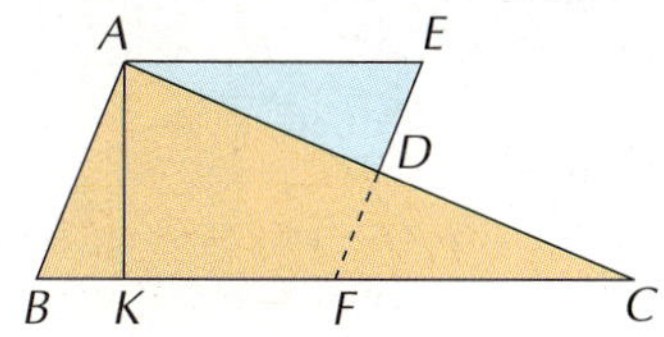

Figura 8

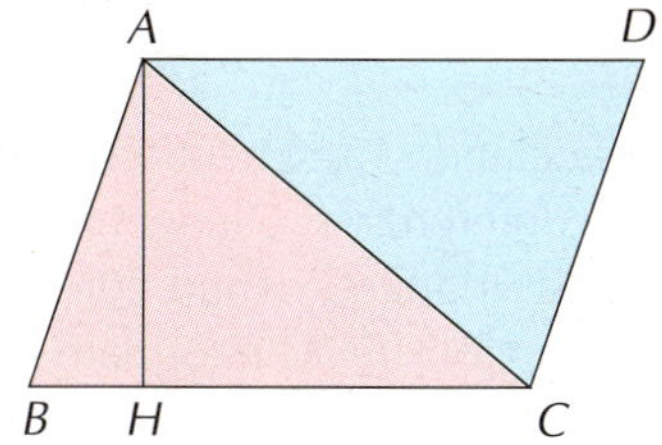

Figura 9

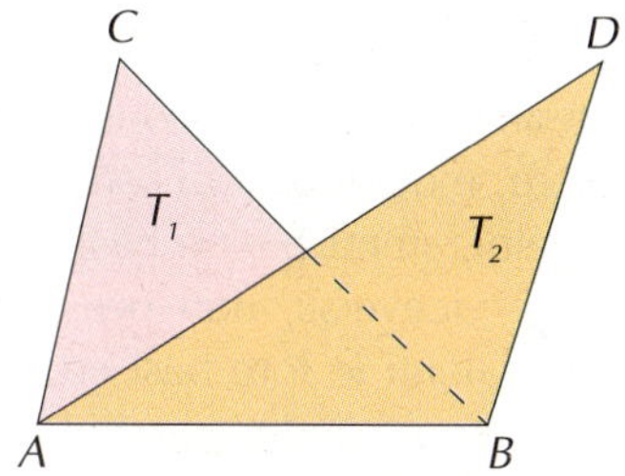

Equivalenza tra trapezi e triangoli

Teorema. Un trapezio è equivalente a un triangolo che ha per base la somma delle basi del trapezio e per altezza la stessa altezza del trapezio.

Dimostrazione.

Basta osservare la ***figura 10*** per rendersene conto:

- il trapezio è la figura *ABCD*
- il triangolo è la figura *AED*, ottenuta prolungando la base maggiore del trapezio di un segmento *BE* congruente a *DC*; ne consegue che i due triangoli in verde e in giallo sono congruenti

  (II criterio: $BE \cong DC$, $\widehat{MBE} \cong \widehat{MCD}$ perché alterni interni, $\widehat{MEB} \cong \widehat{MDC}$ perché alterni interni)
- il trapezio è costituito dal poligono di colore rosa e dal triangolo verde
- il triangolo è costituito dallo stesso poligono in rosa e dal triangolo giallo.

Le due figure sono quindi equivalenti perché equicomposte. ◀

Figura 10

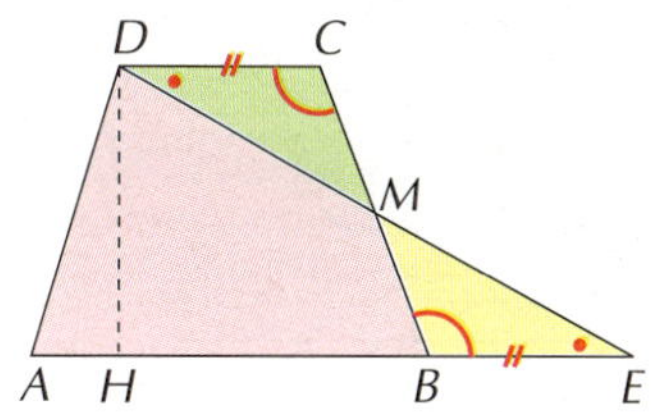

Equivalenza tra poligoni circoscritti a una circonferenza e triangoli

Teorema. Ogni poligono circoscritto a una circonferenza è equivalente a un triangolo avente per base il perimetro del poligono e per altezza il raggio della circonferenza.

Dimostrazione.

Anche in questo caso la ***figura 11*** di pagina seguente ci aiuta a comprendere l'affermazione di questo teorema.

Figura 11

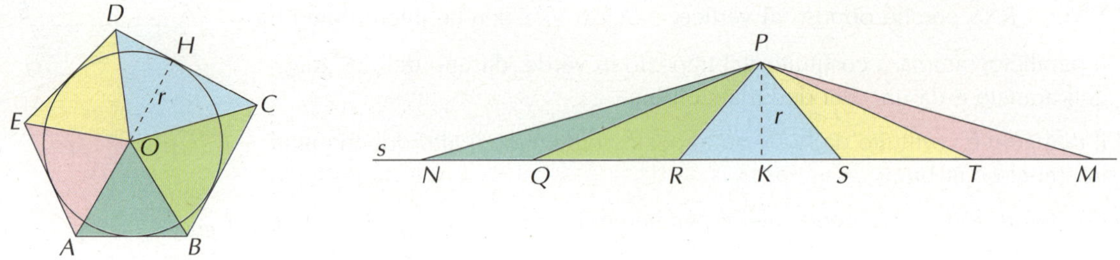

Tracciando i segmenti che uniscono i vertici del poligono con il centro della circonferenza si ottengono tanti triangoli quanti sono i lati del poligono e tutti questi triangoli hanno per altezza il raggio.
Il triangolo *PNM* è formato da triangoli che hanno tutti per altezza il raggio e per base uno dei lati del poligono; essi sono quindi equivalenti ai triangoli dello stesso colore in cui è stato suddiviso il poligono.
Di nuovo, poligono e triangolo sono equivalenti perché formati da parti a due a due equivalenti. ◀

I teoremi che abbiamo enunciato sono delle condizioni sufficienti per riconoscere se due poligoni sono equivalenti. Per esempio, sappiamo che se due parallelogrammi hanno basi ed altezze ordinatamente congruenti sono equivalenti; viceversa, non possiamo affermare che se due parallelogrammi sono equivalenti le loro basi ed altezze sono congruenti; in ***figura 12*** puoi vedere un esempio di due parallelogrammi e due rettangoli equivalenti che hanno però basi ed altezze diverse fra loro.

Figura 12

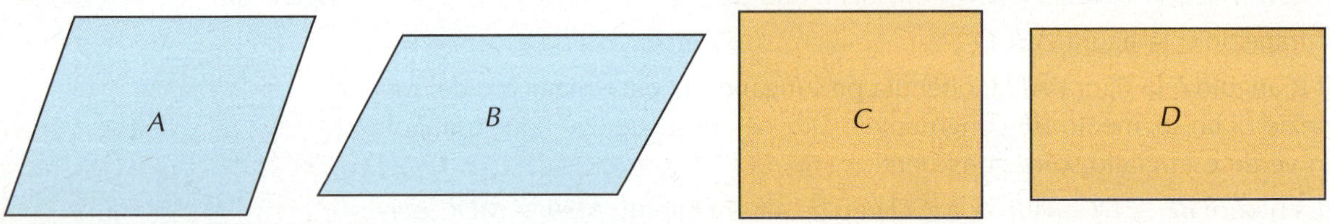

In generale quindi questi teoremi non possono essere invertiti a meno di aggiungere ulteriori ipotesi. Si dimostra infatti che:

- se due parallelogrammi (o due rettangoli o due triangoli) hanno basi congruenti ma altezze diverse, allora non sono equivalenti e ha estensione maggiore quello che ha altezza maggiore
- se due parallelogrammi (o due rettangoli o due triangoli) sono equivalenti e hanno basi congruenti, allora anche le rispettive altezze sono congruenti.

Approfondimento
La trasformazione dei poligoni e l'equivalenza

Esercizi e problemi pag. 311

3 I TEOREMI DI PITAGORA E DI EUCLIDE

I triangoli rettangoli sono triangoli particolari che hanno delle proprietà in più rispetto agli altri triangoli; fra queste rivestono particolare importanza quelle enunciate dai teoremi di Euclide e di Pitagora che hai imparato ad usare dal punto di vista numerico alla scuola di base. Li rivediamo in questa sede dal punto di vista dell'equivalenza.

I teorema di Euclide. In ogni triangolo rettangolo il quadrato costruito su un cateto è equivalente al rettangolo che ha per lati l'ipotenusa e la proiezione di quel cateto sull'ipotenusa.

VIDEO RECUPERO

Possiamo renderci conto del significato di questo teorema osservando la ***figura 13a***; in essa:

- il triangolo ABC è rettangolo in A
- Q è il quadrato costruito sul cateto AB.

Per ottenere il rettangolo R che ha per lati l'ipotenusa e la proiezione di AB sull'ipotenusa, facciamo questa costruzione:

- dal vertice B tracciamo la perpendicolare all'ipotenusa BC e prendiamo su di essa il segmento $BE \cong BC$
- tracciamo dal vertice A dell'angolo retto la perpendicolare a BC: il segmento BH è la proiezione di AB sull'ipotenusa
- costruiamo adesso il rettangolo che ha per lati BE e BH.

Figura 13a

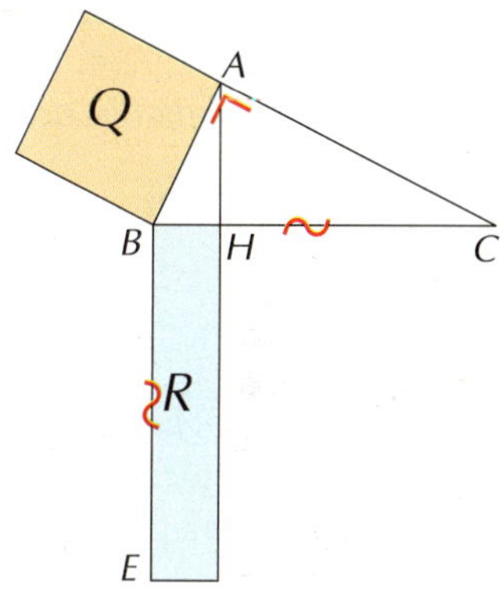

Il teorema afferma che il quadrato Q è equivalente al rettangolo R; veniamo adesso alla dimostrazione del teorema.

Dimostrazione.

La dimostrazione è abbastanza semplice se consideriamo il parallelogramma ausiliario P che otteniamo prolungando il lato superiore ST del quadrato e le due rette dei lati BE e HK del rettangolo (in ***figura 13b*** evidenziato in colore giallo).

Osserviamo prima di tutto che il triangolo ABC e il triangolo BSF che si è venuto in questo modo a formare sono congruenti (hanno ordinatamente congruenti i cateti AB e SB e gli angoli $\widehat{ABC}$ e $\widehat{SBF}$ perché complementari dello stesso angolo $\widehat{ABF}$); di conseguenza, essendo $BF \cong BC$, anche $BF \cong BE$.

Per i teoremi sull'equivalenza che abbiamo studiato nel precedente paragrafo abbiamo che:

- il quadrato Q è equivalente al parallelogramma P (hanno la stessa base AB e la stessa altezza AT)
- il parallelogramma P è equivalente al rettangolo R (hanno rispettivamente come basi BF e BE che sono segmenti congruenti, e la stessa altezza BH).

Figura 13b

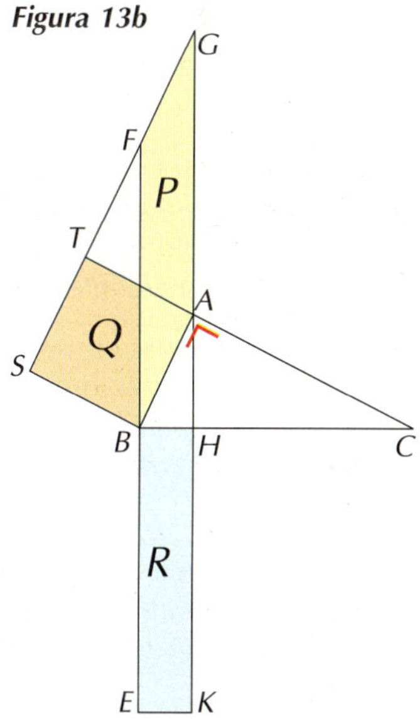

Per la proprietà transitiva avremo dunque che:

$$Q \doteq P \qquad P \doteq R \qquad \rightarrow \qquad Q \doteq R. \qquad \blacktriangleleft$$

Teorema di Pitagora. In ogni triangolo rettangolo, la somma dei quadrati costruiti sui cateti è equivalente al quadrato costruito sull'ipotenusa.

Figura 14

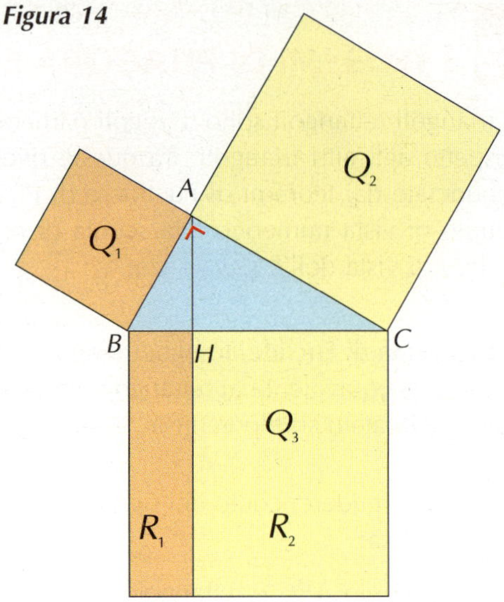

Dimostrazione.

La dimostrazione è molto semplice se sfruttiamo il primo teorema di Euclide; con riferimento alla ***figura 14***, indicando con:

- Q_1 il quadrato costruito sul cateto *AB*
- Q_2 il quadrato costruito sul cateto *AC*
- Q_3 il quadrato costruito sull'ipotenusa *BC*

dobbiamo dimostrare che: $Q_1 + Q_2 \doteq Q_3$.

Basta tracciare dal vertice *A* la semiretta perpendicolare a *BC* che divide il quadrato Q_3 nei due rettangoli R_1 e R_2 e osservare che, per il primo teorema di Euclide:

$Q_1 \doteq R_1$ $\quad Q_2 \doteq R_2$ $\quad$ quindi $\quad Q_1 + Q_2 \doteq R_1 + R_2$

cioè $\quad Q_1 + Q_2 \doteq Q_3$ ◀

Il teorema di Euclide. In ogni triangolo rettangolo, il quadrato costruito sull'altezza relativa all'ipotenusa è equivalente al rettangolo che ha per lati le proiezioni dei cateti sull'ipotenusa.

Figura 15a

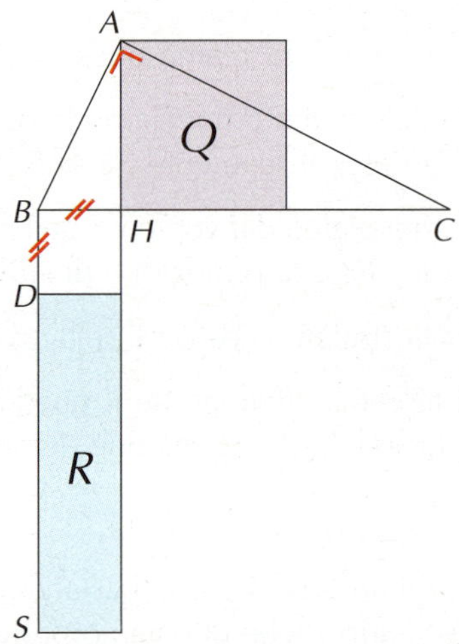

Anche in questo caso, per renderci conto del significato di questo teorema osserviamo la ***figura 15a***; in essa:

- il triangolo *ABC* è rettangolo in *A*
- *Q* è il quadrato costruito sull'altezza *AH* relativa all'ipotenusa.

Per ottenere il rettangolo *R* che ha per lati le proiezioni dei cateti sull'ipotenusa, facciamo questa costruzione:

- prolunghiamo l'altezza e tracciamo da *B* la perpendicolare all'ipotenusa *BC* in modo da costruire il rettangolo che ha per lati il segmento *BH*, proiezione di *AB* sull'ipotenusa, e un segmento *BS* congruente a *BC*
- su *BS* prendiamo un punto *D* in modo che sia $BD \cong BH$ e dividiamo il rettangolo precedente nel quadrato di lato *BH* e nel rettangolo di lati *BH* e *DS*; essendo $DS \cong HC$, il rettangolo in colore azzurro della figura è proprio quello che stiamo cercando.

Il teorema afferma che il quadrato *Q* è equivalente al rettangolo *R*; dimostriamo adesso il teorema.

Figura 15b

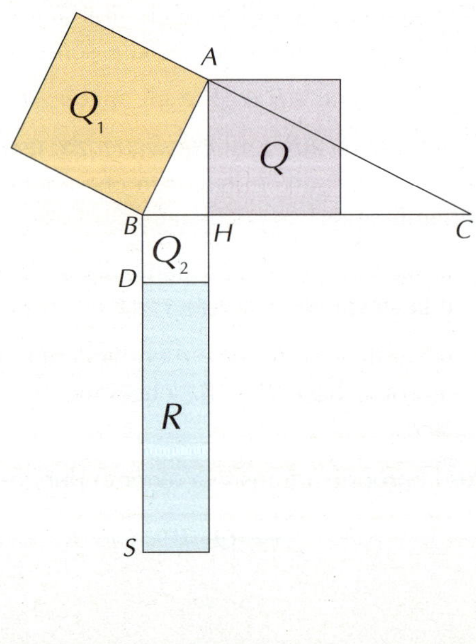

Dimostrazione.

Per il teorema di Pitagora applicato al triangolo *ABH* abbiamo che (***figura 15b***):

$$Q_1 \doteq Q + Q_2$$

Per il primo teorema di Euclide applicato al triangolo ABC abbiamo che:

$$Q_1 \doteq Q_2 + R$$

Dal confronto delle due relazioni abbiamo che:

$$Q + Q_2 \doteq Q_2 + R$$

da cui otteniamo che: $Q \doteq R$. ◀

Nella dimostrazione di questi teoremi abbiamo indicato quadrati e rettangoli con delle lettere come Q e R perché non c'è mai stato rischio di confusione nell'individuazione di tali figure; nella maggior parte dei casi, tuttavia, quando si applicano i teoremi di Pitagora e di Euclide, è necessario indicare in modo preciso quali segmenti rappresentano i lati dei quadrati e dei rettangoli che si stanno prendendo in considerazione. Useremo allora la seguente convenzione di scrittura:

- per indicare il quadrato avente per lato un segmento AB : $q(AB)$
- per indicare il rettangolo avente per lati i segmenti AB e BC : $r(AB, BC)$.

Con questa modalità di rappresentazione, gli stessi teoremi verrebbero rappresentati in questo modo (***figura 16***):

- I teorema di Euclide: $q(AB) \doteq r(BH, BC)$
- teorema di Pitagora: $q(BC) \doteq q(AB) + q(AC)$
- II teorema di Euclide: $q(AH) \doteq r(BH, HC)$

Figura 16

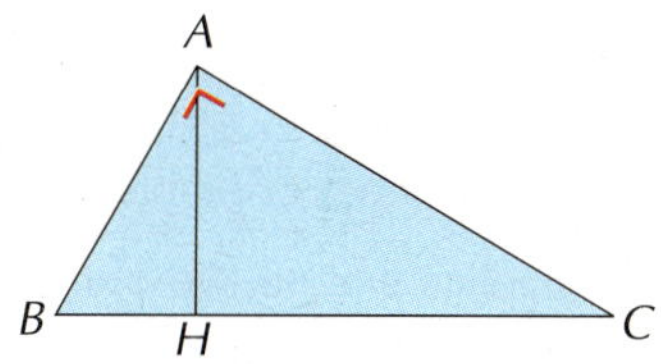

ESERCIZI E PROBLEMI pag. 315

IL CAPITOLO SI COMPLETA CON:

CONCETTI CHIAVE E REGOLE | LABORATORIO | SCHEDE STORICHE E DI CURIOSITÀ | PRESENTAZIONI IN POWERPOINT

Equivalent polygons
BASIC CONCEPTS

CLIL

AUDIO FILE

Key Terms

equivalent | area | equivalent by addition

Equivalent figures

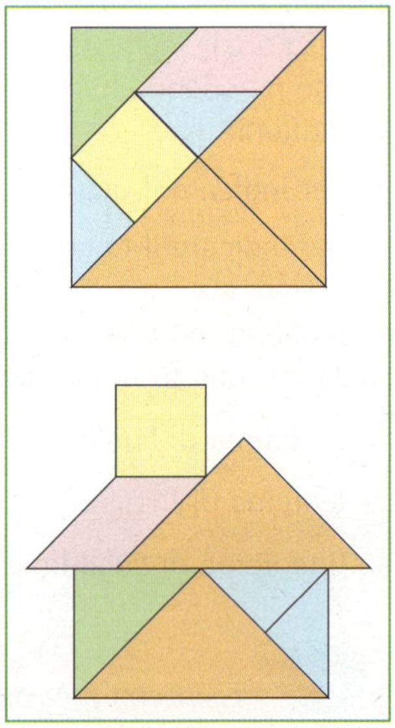

A closed curve in the plane encloses a region which has an extension.
We say that two plane closed region *A* and *B* of the plane are **equivalent** if they have the same extension and we write $A \doteq B$.
Equivalent figures have the same *area*.

Consider the two figures at the side of the page.

They are composed by the same polygons, congruent in pairs, but fitted together differently; it is natural to say that these two figures have the same extension and, more specifically, we say that they are *equivalent by addition*.

- Two polygons *A* and *B* are **equivalent by addition** if they can be dissected into the same number of simple polygons, congruent in pairs.

It is implicit that no two of the polygons must have common inside points.
It is true that:

- if two polygons are equivalent by addition, they are equivalent
- if two polygons can be dissected into the same number of polygons equivalent in pairs, they are equivalent.

This can be the way to show when two polygons are equivalent; in particular, we can state the following theorems.

① Two parallelograms with congruent bases and corresponding congruent altitudes are equivalent.
Therefore a parallelogram is equivalent to a rectangle which has the same base and the same altitude of the parallelogram.

② A parallelogram and a triangle are equivalent if they have congruent bases and if the altitude of the triangle is double the altitude of the parallelogram.
Or, if they have the same altitude but the base of the triangle is double the base of the parallelogram.
Therefore two triangles with congruent bases and corresponding congruent altitudes are equivalent.

③ A trapezoid is equivalent to a triangle which has the sum of the two bases of the trapezoid as the base, and the altitude of the trapezoid as the altitude.

④ A circumscribed polygon is equivalent to a triangle which has the perimeter of the polygon as the base, and the radius of the circumference as the altitude.

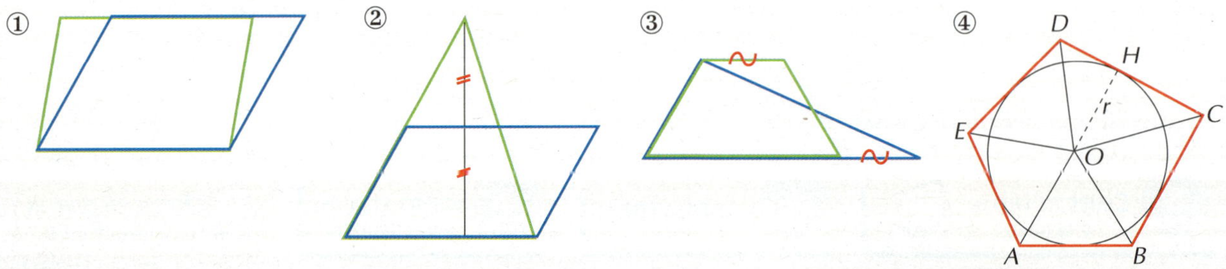

Pythagoras' and Euclid's theorems

Right angled triangles have some more properties that are stated by the following theorems.

- **Pythagoras' theorem.** In a right angled triangle, the square on the hypotenuse is equivalent to the sum of the squares on the legs:
  $Q_1 + Q_2 \doteq Q_3$

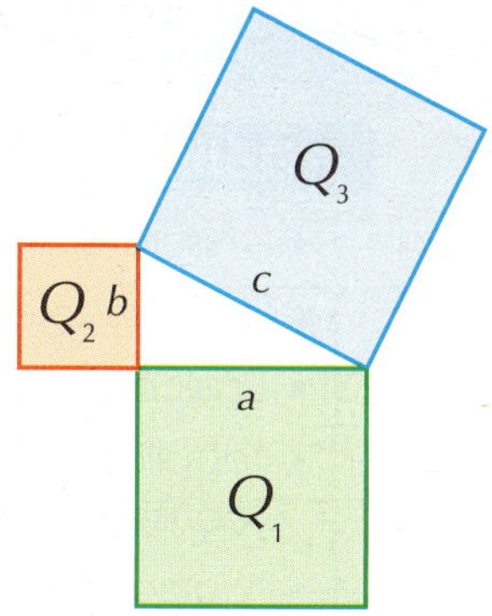

  The converse of this theorem is also true:

  if the sum of the squares on two sides of a triangle is equivalent to the square on the third side, the triangle is a right angled triangle.

- **First Euclid's theorem.** In a right angled triangle, the square on a leg is equivalent to the rectangle which has as sides the hypotenuse and and the projection of that leg on the hypotenuse:
  $Q \doteq R$

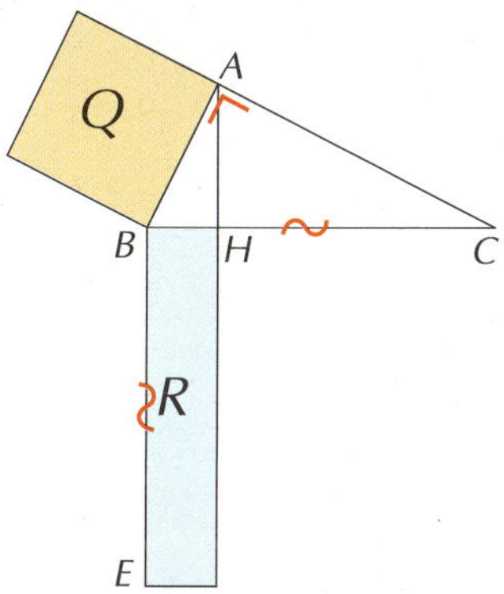

- **Second Euclid's theorem.** In a right angled triangle, the square on the altitude to the hypotenuse is equivalent to the rectangle which has as sides the projections of the legs on the hypotenuse itself:
  $Q \doteq R$

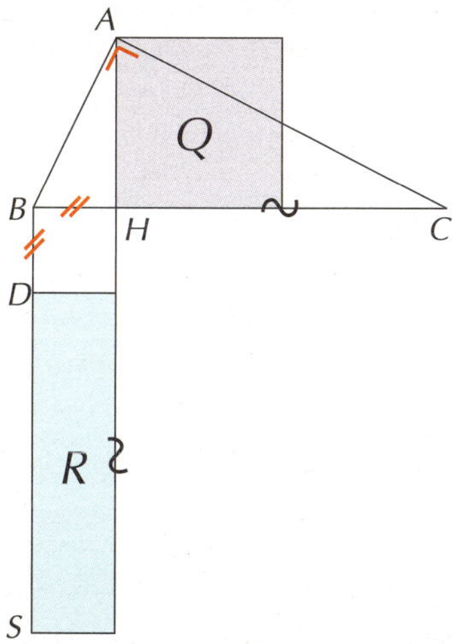

EXERCISES

CAPITOLO 9

Grandezze, misura, proporzionalità e aree

OBIETTIVI

- misurare una grandezza
- riconoscere grandezze proporzionali
- calcolare la misura dell'area di un poligono
- applicare dal punto di vista numerico i teoremi di Pitagora e di Euclide e le loro conseguenze a poligoni particolari
- calcolare la lunghezza di una circonferenza in funzione del raggio
- calcolare l'area di un cerchio in funzione del raggio

1 Il problema di misurare

1.1 Le grandezze omogenee e la misura

Oggetto della misurazione sono quelle grandezze per le quali ha senso stabilire un confronto e che in qualche modo possono essere "sommate" così da ottenere una grandezza dello stesso tipo di quelle date.
Per esempio, due segmenti possono sempre essere confrontati per stabilire se uno è maggiore dell'altro e sommandoli otteniamo ancora un segmento; anche due superfici si possono sempre confrontare e sommandole si ottiene ancora una superficie; non ha senso invece confrontare un segmento con un angolo e tanto meno sommarli, oppure confrontare un peso con un volume.
Per distinguere le due situazioni diciamo che oggetti come i segmenti, o meglio le lunghezze, e come le superfici, sono grandezze fra loro omogenee.

DEFINIZIONE DI GRANDEZZE OMOGENEE

Un insieme G di elementi costituisce una **classe di grandezze omogenee** se:

- due qualsiasi elementi di G sono sempre confrontabili fra loro, cioè $\forall a, b \in G$ è vera una sola fra le relazioni $a < b$, $a = b$, $a > b$
- si può definire in G un'operazione di addizione (che sia commutativa, associativa e che abbia elemento neutro), cioè tale che $\forall a, b \in G$ anche l'elemento $c = a + b$ appartenga a G.

In altre parole, in una classe di grandezze omogenee ci stanno tutti quegli oggetti che si possono confrontare e sommare. In questo capitolo conveniamo di rappresentare una generica grandezza con una lettera maiuscola dell'alfabeto.
I concetti di multiplo e sottomultiplo che abbiamo definito per segmenti e angoli possono essere estesi a qualunque grandezza; diciamo allora che:

- una grandezza B è **multipla** di una grandezza A ad essa omogenea secondo il numero naturale $n > 0$ se B è la somma di n grandezze uguali ad A (se $n = 1$ allora $B = A$) e scriviamo che

$$B = nA$$

Diciamo anche che A è **sottomultipla** di B secondo n.

GRANDEZZE COMMENSURABILI

Due grandezze che hanno un sottomultiplo comune si dicono **commensurabili**.

Chiediamoci ora: se due grandezze sono commensurabili, che relazione c'è fra di esse?
Per esempio, fissato un segmento U, prendiamo un segmento $P = 5U$ ed un segmento $Q = 7U$ (***figura 1***); le due grandezze P e Q sono commensurabili (hanno U come sottomultiplo comune) ed essendo

$$U = \frac{P}{5} \quad \text{e anche} \quad U = \frac{Q}{7}, \quad \text{si ha che} \quad \frac{P}{5} = \frac{Q}{7} \quad \text{cioè} \quad P = \frac{5}{7}Q$$

Figura 1

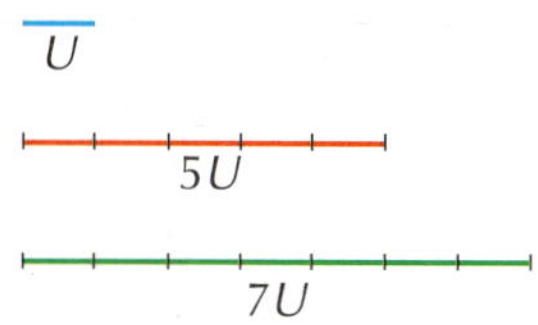

Più in generale: se $P = nU$ e $Q = mU$ allora $P = \frac{n}{m}Q$

Dunque, se due grandezze sono commensurabili, una di esse è multipla di una frazione dell'altra (P è multipla secondo n della m-esima parte di Q); in altre parole, per avere P si deve dividere Q in m parti congruenti e prendere poi n di queste parti. E' quindi ragionevole assumere la frazione $\frac{n}{m}$ come misura di P rispetto a Q. Diamo allora la seguente definizione.

DEFINIZIONE DI MISURA DI GRANDEZZE COMMENSURABILI

Date due grandezze omogenee P e Q fra loro commensurabili, si dice **misura** di P rispetto a Q il numero razionale $\frac{n}{m}$ tale che $P = \frac{n}{m}Q$. La grandezza Q si dice **unità di misura**.

In conseguenza della definizione data, possiamo dire che se due grandezze hanno un sottomultiplo comune, allora la misura di una rispetto all'altra è un numero razionale.
Sembrerebbe dunque che abbiamo risolto il problema della misura: per misurare una grandezza basta sceglierne un'altra ad essa omogenea e, siccome è sempre possibile dividere una grandezza in un qualsivoglia numero di parti congruenti, sarà sempre possibile trovare un sottomultiplo di questa grandezza che sia anche sottomultiplo di una qualsiasi altra. Conclusione: per misurare sembrano sufficienti i numeri razionali. Ma è davvero così? Il ragionamento che abbiamo fatto è corretto?
In effetti dobbiamo dire di no, perché esistono grandezze che non sono commensurabili, cioè che non hanno sottomultipli comuni; un classico esempio è dato dal lato di un quadrato e dalla sua diagonale.
Consideriamo un quadrato di lato L e indichiamo con D la sua diagonale; supponiamo per assurdo che L e D abbiano un sottomultiplo comune, cioè che la misura della diagonale rispetto alla misura del lato sia esprimibile con un numero razionale $\frac{n}{m}$:

$$D = \frac{n}{m}L$$

dove possiamo sempre supporre che n e m siano numeri primi fra loro (in caso contrario basta semplificare la frazione).

Questo significa che esiste un segmento U che sta esattamente n volte in D e m volte in L (***figura 2***).
Applichiamo il teorema di Pitagora al triangolo ABC di lato L e ipotenusa D:

$$q(D) \doteq q(L) + q(L) \qquad \text{cioè} \qquad q(D) \doteq 2q(L)$$

L'ipotesi che abbiamo posto ci dice che il quadrato costruito su D è composto da n^2 quadratini di lato U e che il quadrato costruito su L è composto da m^2 quadratini di lato U; allora deve valere la relazione

$$n^2 = 2m^2$$

cioè n^2 è il doppio di m^2. Osserviamo adesso che, se n e m sono numeri primi fra loro, come abbiamo supposto, nella loro scomposizione non compaiono fattori comuni, quindi anche n^2 e m^2 sono primi fra loro. Allora n^2 non può essere il doppio di m^2; non ci resta che concludere che il lato di un quadrato e la sua diagonale non sono segmenti commensurabili.

Figura 2

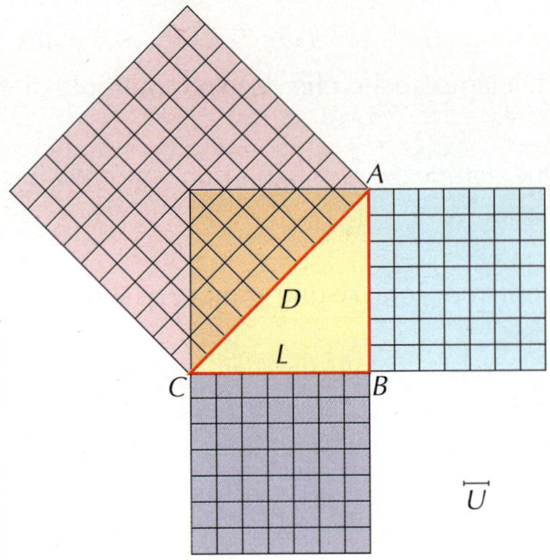

GRANDEZZE INCOMMENSURABILI

Due segmenti che non hanno un sottomultiplo comune si dicono **incommensurabili**.

Siamo giunti a questo risultato: la misura di una grandezza rispetto a un'altra non sempre si può esprimere mediante un numero razionale; in questi casi dobbiamo ricercare il valore della misura in un altro insieme numerico.

1.2 L'assioma di continuità e la retta dei numeri reali

Consideriamo una retta orientata r e due insiemi di punti A e B che abbiano queste caratteristiche (***figura 3***):

- nessuno dei due insiemi sia vuoto
- ogni punto di A preceda ogni punto di B
- fissato un segmento ε piccolo a piacere, sia possibile trovare un punto in B e un punto in A in modo che il segmento che li ha per estremi sia più piccolo di ε.

Figura 3

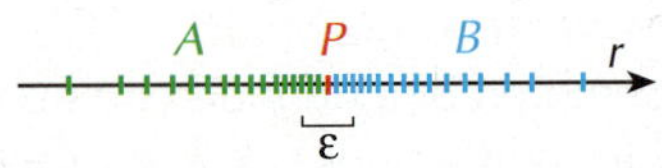

In queste ipotesi, esiste un punto P di r (che può appartenere o meno a uno dei due insiemi) che segue tutti i punti di A e precede tutti i punti di B; il punto P si dice **punto separatore** dei due insiemi A e B.

Questa proprietà dei punti della retta viene assunta come assioma e rappresenta l'**assioma di continuità** della retta.
Ricordando quello che è stato detto nel secondo volume di Algebra a proposito dei numeri reali, appare subito evidente l'analogia di questo assioma con una coppia di classi contigue. Preso un numero reale k, l'insieme A dei numeri reali che sono minori o uguali a k e l'insieme B dei numeri reali che sono maggiori o uguali a k costituiscono una coppia di classi contigue perché:

- ogni numero di A è minore o uguale di ogni numero di B

Due insiemi di numeri A e B costituiscono una ***coppia di classi contigue*** *se:*

- *sono separate, cioè ogni elemento di A è minore o uguale di ogni elemento di B*
- *sono indefinitamente ravvicinate, cioè la differenza fra un elemento di B e un elemento di A può essere resa piccola a piacere.*

- fissato un numero reale $\varepsilon > 0$, piccolo a piacere, è sempre possibile trovare un numero a in A e un numero b in B in modo che sia $|b - a| < \varepsilon$.

Questa analogia ci suggerisce la possibilità di mettere in relazione i punti di una retta orientata con i numeri reali in modo che la retta diventi l'immagine geometrica di questi numeri.
In realtà si è già sfruttata questa corrispondenza fra punti e numeri in più occasioni, sia quando si sono trattati gli insiemi numerici a diversi livelli, sia quando è stato introdotto il piano cartesiano. Il motivo di questa associazione può essere ora giustificato attraverso l'assioma di continuità della retta.
Fissato dunque un punto O su r e considerato un segmento u che assumiamo come unità di misura, riportiamo tanti segmenti congruenti a u a partire da O e in entrambi i versi di orientamento di r in modo consecutivo uno all'altro. Ad ogni punto così ottenuto (***figura 4a***) associamo un numero intero positivo progressivo nel verso di r, un numero intero negativo nel verso opposto a r; al punto O associamo il numero zero. Questi punti si dicono **punti interi**.

Il punto corrispondente a ciascun numero razionale $\frac{n}{m}$ si ottiene dividendo u in m segmenti congruenti (questa possibilità è garantita dall'assioma di suddivisione di un segmento) e trovando il multiplo secondo n del segmentino ottenuto dalla suddivisione (***figura 4b***); per quello che rappresentano, questi punti si dicono **punti razionali**.
I punti della retta che non corrispondono a numeri razionali sono quelli associati ai numeri irrazionali (per esempio $\sqrt{2}$, $-\sqrt{7}$, π e così via) e si dicono pertanto **punti irrazionali** (***figura 4c***).

Figura 4

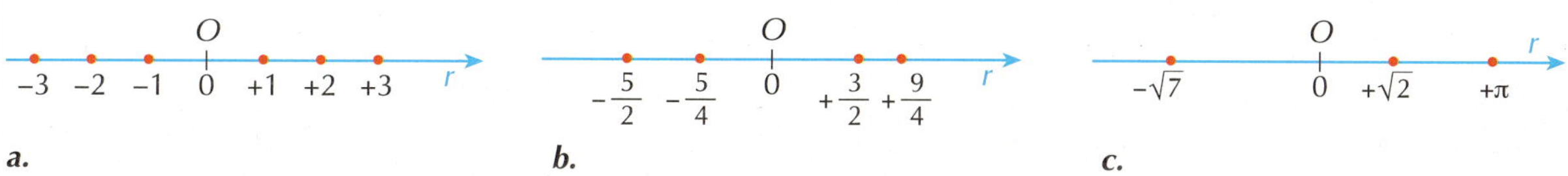

Ciascun punto della retta è quindi un punto reale e, visto che ogni numero reale è definito da una coppia di classi contigue, in virtù dell'assioma di continuità, possiamo dire che non esistono punti della retta che non siano reali; esiste quindi corrispondenza biunivoca fra i punti di r ed i numeri reali.
Questa corrispondenza ci permette di associare ad ogni grandezza una misura quando come unità prendiamo una grandezza omogenea alla prima; di seguito analizziamo il caso dei segmenti, ma questi ragionamenti possono essere condotti in modo analogo per qualunque classe di grandezze omogenee.
Consideriamo dunque un segmento AB, fissiamo un segmento u come unità di misura e consideriamo una retta orientata r sulla quale sia stata fissata la corrispondenza fra punti e numeri reali con u come unità; operiamo adesso in questo modo (***figura 5***):

- trasportiamo il segmento AB su r in modo che A coincida con O
- se il punto B cade alla sinistra di O, a B resta associato un numero reale negativo
- se il punto B cade alla destra di O, a B resta associato un numero reale positivo.

Figura 5

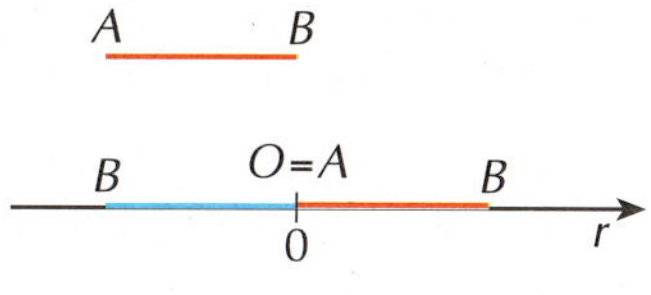

In entrambi i casi, comunque, i due numeri associati a B sono uguali in valore assoluto e possiamo assumere questo valore comune ℓ come misura di AB.

Misura di un segmento AB è il valore assoluto ℓ del numero reale associato al punto B quando A coincide con O:

$$\overline{AB} = \ell$$

DEFINIZIONE GENERALE DI MISURA

Si verifica che:

- se AB è commensurabile con l'unità di misura scelta, allora ℓ è un numero razionale
- se AB è incommensurabile con l'unità di misura scelta, allora ℓ è un numero irrazionale.

In generale, quindi, la misura è un numero reale positivo; tuttavia molte situazioni, per poter essere descritte, necessitano di misure sia positive che negative; per esempio diciamo che in una giornata invernale molto fredda c'è una temperatura esterna di -10°C mentre in una giornata primaverile la temperatura è di $+24$°C, o che un titolo in Borsa ha subito una variazione pari a $+2{,}3\%$ oppure $-1{,}8\%$ (osserva, fra l'altro, che grandezze come la temperatura o la variazione di un titolo possono essere rappresentate mediante segmenti). In questi casi la misura del segmento AB è un numero reale positivo se B cade sulla semiretta positiva, è un numero reale negativo se B cade sulla semiretta negativa.

Misura con segno del segmento AB è il numero reale associato al punto B quando A coincide con O; indicando ancora con ℓ la misura assoluta di AB, si ha quindi che:

$$\overline{AB} = \begin{cases} +\ell & \text{se } B \text{ appartiene alla semiretta positiva} \\ -\ell & \text{se } B \text{ appartiene alla semiretta negativa} \end{cases}$$

ESERCIZI E PROBLEMI pag. 326

2 RAPPORTI E PROPORZIONI

Il problema della misura fa nascere quello del confronto tra due grandezze. Per esempio, se un segmento AB è lungo 12cm e un secondo segmento CD è lungo 4cm, che relazione c'è tra AB e CD? Introduciamo la seguente definizione.

IL CONCETTO DI RAPPORTO

Si dice **rapporto** tra due grandezze omogenee A e B, la seconda delle quali non nulla, la misura di A rispetto a B.

Tale rapporto si indica con il simbolo $\frac{A}{B}$.

Si dimostra poi che, se la misura delle due grandezze è espressa mediante la stessa unità:

il rapporto tra due grandezze omogenee è uguale al quoziente tra le loro misure.

Approfondimento La dimostrazione del teorema sul rapporto

Riprendendo l'esempio precedente, il rapporto $\frac{AB}{CD}$ è uguale a $\frac{12}{4} = 3$.

Grazie a questo teorema, è possibile confrontare due grandezze attraverso le loro misure.

Abbiamo già parlato di proporzioni numeriche nel volume 1 di Algebra; riprendiamo ora questo concetto estendendolo alle grandezze

PROPORZIONI FRA GRANDEZZE

Quattro grandezze A, B, C, D, delle quali le prime due omogenee tra loro e le seconde due omogenee tra loro, sono **in proporzione** se il rapporto tra le prime due è uguale al rapporto tra le seconde due:

$$\frac{A}{B} = \frac{C}{D}$$

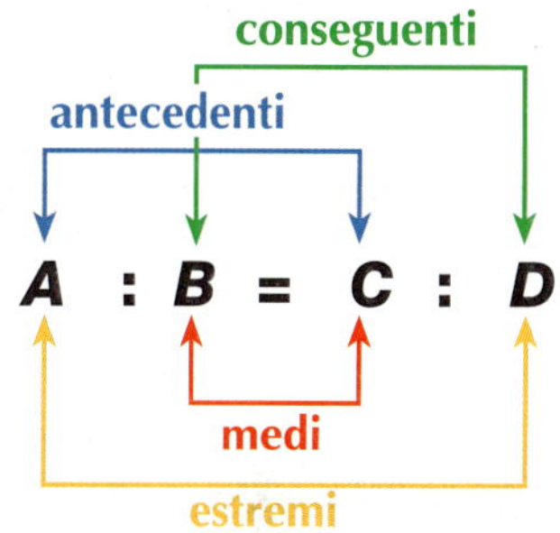

Oltre che con l'uguaglianza precedente, una proporzione, come è noto, si può scrivere anche nella forma

$$A : B = C : D$$

dove le quattro grandezze, a seconda delle posizione che occupano, prendono nomi diversi.

Inoltre, poiché il rapporto tra due grandezze omogenee è uguale al quoziente tra le loro misure, la stessa proporzione può essere scritta tra le misure a, b, c, d delle quattro grandezze (rispetto alla stessa unità); le due relazioni:

$$A : B = C : D \qquad \text{e} \qquad a : b = c : d$$

si possono quindi ritenere equivalenti.
Tutto ciò è enunciato dal seguente teorema.

Teorema. Quattro grandezze, omogenee tra loro le prime due e omogenee tra loro le seconde due, sono in proporzione se e solo se lo sono le loro misure.

Vale poi il seguente teorema.

Teorema (di unicità della quarta proporzionale). Date tre grandezze A, B, C, con A e B omogenee fra loro, esiste sempre ed è unica una quarta grandezza D, omogenea a C, che forma una proporzione con le prime tre, cioè tale che $A : B = C : D$.

Dimostrazione.
Indichiamo con p il rapporto fra le grandezze B e A, sia cioè $\frac{B}{A} = p$; per quanto ricordato all'inizio del paragrafo, esiste una e una sola grandezza D omogenea a C tale che $D = p \cdot C$, cioè tale che $\frac{D}{C} = p$.

Possiamo allora scrivere la proporzione

$$\frac{B}{A} = \frac{D}{C} \qquad \text{ossia, invertendo i rapporti} \qquad \frac{A}{B} = \frac{C}{D}$$

Abbiamo dunque trovato la grandezza D cercata. ◀

Grazie ai teoremi enunciati, per le proporzioni tra grandezze valgono tutte le proprietà che sono relative alle proporzioni numeriche e che ricordiamo brevemente.

Data la proporzione numerica $a : b = c : d$ si ha che:

PROPRIETÀ DELLE PROPORZIONI

- **proprietà fondamentale**: il prodotto dei medi è uguale al prodotto degli estremi
$$bc = ad$$
- **proprietà dell'invertire**: scambiando ogni antecedente con il proprio conseguente si ottiene ancora una proporzione
$$b : a = d : c$$
- **proprietà del permutare**: scambiando fra loro i medi oppure gli estremi si ottiene ancora una proporzione
$$a : c = b : d \qquad \text{oppure} \qquad d : b = c : a$$
- **proprietà del comporre**: la somma tra il primo ed il secondo termine sta al primo (o al secondo) come la somma del terzo e del quarto sta al terzo (o al quarto)
$$(a + b) : a = (c + d) : c \qquad \text{oppure} \qquad (a + b) : b = (c + d) : d$$
- **proprietà dello scomporre**: se $a > b$ e $c > d$, la differenza fra il primo ed il secondo termine sta al primo (o al secondo) come la differenza fra il terzo ed il quarto sta al terzo (o al quarto)
$$(a - b) : a = (c - d) : c \qquad \text{oppure} \qquad (a - b) : b = (c - d) : d$$

ESERCIZI E PROBLEMI pag. 327

3 LA PROPORZIONALITÀ DIRETTA E INVERSA

Fra due insiemi di grandezze omogenee si può spesso stabilire un legame di tipo biunivoco che descrive come varia una grandezza in dipendenza dall'altra. In questi casi diventa importante studiare quali siano le caratteristiche di questa dipendenza in modo da poterla riconoscere anche in altri ambiti.
Per esempio, possiamo sicuramente dire che:

- il prezzo che paghiamo per l'acquisto di una data merce è in relazione con il peso della merce stessa
- il perimetro di un quadrato è in relazione con la lunghezza del suo lato
- il tempo impiegato per percorrere un certo numero di chilometri dipende dalla velocità, supposta costante, con cui un'auto viaggia.

Nei primi due casi le grandezze coinvolte si comportano in questo modo: quando la prima grandezza raddoppia, triplica o dimezza, anche la seconda raddoppia, triplica o dimezza. Questo significa che il rapporto fra due grandezze del primo insieme è uguale al rapporto fra le corrispondenti due grandezze del secondo insieme.

Nel terzo caso, se la strada da percorrere rimane la stessa, quando la velocità raddoppia il tempo si dimezza, quando la velocità triplica il tempo diventa un terzo, quando la velocità dimezza il tempo raddoppia. Questo significa che il rapporto fra due grandezze del primo insieme è uguale al rapporto inverso fra le corrispondenti due del secondo insieme.

Per caratterizzare i due diversi tipi di comportamento introduciamo le seguenti definizioni.

GRANDEZZE DIRETTAMENTE E INVERSAMENTE PROPORZIONALI

Due insiemi di grandezze omogenee sono **direttamente proporzionali** o più semplicemente **proporzionali** se:

- sono in corrispondenza biunivoca
- il rapporto fra due grandezze del primo insieme è uguale al rapporto fra le corrispondenti grandezze del secondo insieme.

Due insiemi di grandezze omogenee sono **inversamente proporzionali** se:

- sono in corrispondenza biunivoca
- il rapporto fra due grandezze del primo insieme è uguale al rapporto inverso fra le corrispondenti grandezze del secondo insieme.

Allora, in base a queste definizioni, possiamo dire che:

- il prezzo pagato è direttamente proporzionale alla merce acquistata
- il perimetro di un quadrato è direttamente proporzionale alla lunghezza del lato
- la velocità dell'automobile è inversamente proporzionale al tempo impiegato a percorrere una distanza stabilita.

ATTENZIONE AGLI ERRORI

È **assolutamente sbagliato** dire che:

- due insiemi di grandezze sono direttamente proporzionali se, all'aumentare dell'una, anche l'altra aumenta;
- due insiemi di grandezze sono inversamente proporzionali se, all'aumentare dell'una, l'altra diminuisce.

Per esempio, nella relazione $y = x^2$, quando x cresce, cresce anche y ma le sue grandezze non sono proporzionali perché, se x raddoppia, y diventa il quadruplo e non il doppio.

Se, una volta stabilito il tipo di proporzionalità, passiamo dalle grandezze alle loro misure, allora si evidenziano ulteriori proprietà:

- se i due insiemi di grandezze sono direttamente proporzionali, allora il rapporto fra le misure delle grandezze che si corrispondono è costante, cioè non cambia al variare della coppia scelta
- se i due insiemi di grandezze sono inversamente proporzionali, allora il prodotto fra le misure delle grandezze che si corrispondono è costante.

Riprendendo ancora i precedenti esempi:

- se 1kg di merce costa 3 Euro, 2kg di merce costano 6 Euro, 3kg di merce costano 9 Euro e così via, allora il rapporto fra il prezzo pagato p e il peso della merce acquistata x è 3: $\frac{p}{x} = 3$
- il perimetro di un quadrato di lato 1m è 4m, quello del quadrato di lato 5m è 20m, quello del quadrato di lato 6m è 24m; il rapporto fra il perimetro p e il lato ℓ è sempre uguale a 4: $\frac{p}{\ell} = 4$
- per percorrere 200km occorrono 2 ore viaggiando a 100km/h, 4 ore viaggiando a 50km/h, 10 ore viaggiando a 20km/h; il prodotto fra il tempo t e la velocità v è sempre uguale a 200: $v \cdot t = 200$.

Il numero che esprime il rapporto costante viene detto **costante di proporzionalità diretta**; analogamente il numero che esprime il prodotto costante viene detto **costante di proporzionalità inversa**.

Ma come si fa a stabilire se due insiemi di grandezze sono proporzionali? Per quanto riguarda la proporzionalità diretta ci viene in aiuto un teorema che esprime un criterio di semplice applicazione.

CRITERIO DI PROPORZIONALITÀ

Criterio generale di proporzionalità (diretta). Condizione necessaria e sufficiente affinché due insiemi di grandezze in corrispondenza biunivoca siano direttamente proporzionali è che:

a. a grandezze uguali del primo insieme corrispondano grandezze uguali del secondo

b. alla somma di due o più grandezze del primo insieme corrisponda la somma delle corrispondenti grandezze del secondo.

Le due condizioni previste dal criterio si possono sintetizzare dicendo che **una corrispondenza di proporzionalità diretta conserva la congruenza e la somma**. Vediamo qualche esempio di applicazione di questo criterio.

ESEMPI

1. Consideriamo l'insieme degli angoli al centro di una circonferenza e l'insieme degli archi che li sottendono. Per stabilire se fra le due classi di grandezze esiste proporzionalità diretta applichiamo il criterio; dobbiamo vedere se:

a. ad angoli al centro congruenti corrispondono archi congruenti

b. alla somma di due angoli al centro corrisponde la somma dei rispettivi archi.

Sappiamo già che il punto **a.** è verificato (***figura 6a***).
Per quanto riguarda il punto **b.** osserviamo (***figura 6b***) che $\widehat{AOB} + \widehat{BOC} = \widehat{AOC}$ e che $\widehat{AB} + \widehat{BC} = \widehat{AC}$; ma l'arco $\widehat{AC}$ è il corrispondente dell'angolo $\widehat{AOC}$, quindi anche questo punto è verificato.

Figura 6

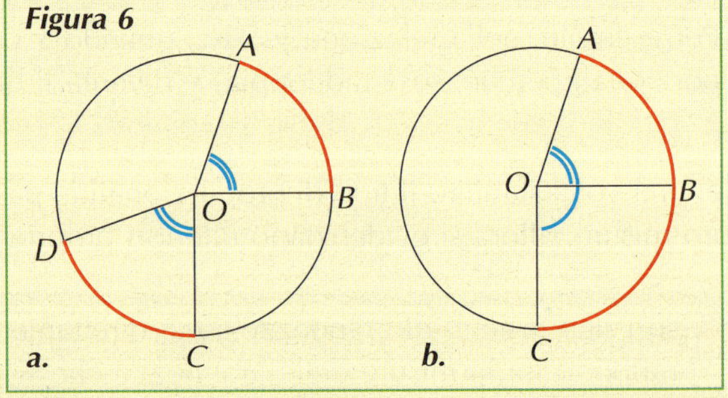

Un analogo ragionamento può essere condotto per l'insieme dei settori circolari e l'insieme degli angoli al centro.

Archi ed angoli al centro di una circonferenza sono dunque insiemi di grandezze proporzionali, così come angoli al centro e settori circolari.

2. Siano R_1, R_2, R_3, ... rettangoli aventi tutti la stessa altezza h, indichiamo con b_1, b_2, b_3, ...le loro basi e consideriamo la corrispondenza che associa ad ogni rettangolo la propria base.

Osserviamo che si tratta di una corrispondenza biunivoca che conserva la congruenza e la somma. Infatti (***figura 7***), se $b_1 \cong b_2$, i rettangoli R_1 e R_2, avendo basi ed altezze ordinatamente congruenti sono congruenti; se il segmento b_3 è la somma di b_1 con b_2, anche R_3 è la somma di R_1 con R_2.

Possiamo quindi concludere che **rettangoli aventi la stessa altezza sono proporzionali alle rispettive basi.**

Figura 7

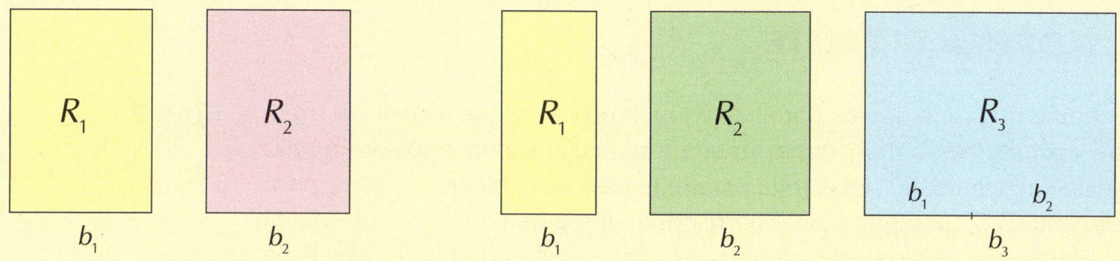

ulteriori esempi

Dimostriamo ora il seguente importante teorema.

Teorema. Se quattro segmenti sono in proporzione, il rettangolo dei medi è equivalente al rettangolo degli estremi.

Dimostrazione.

Consideriamo i segmenti a, b, c, d e supponiamo che sia vera la proporzione

$$a : b = c : d$$

Costruiamo i rettangoli R_1 di lati a e d, R_2 di lati b e c ed R_3 di lati b e d, come in ***figura 8***.

Figura 8

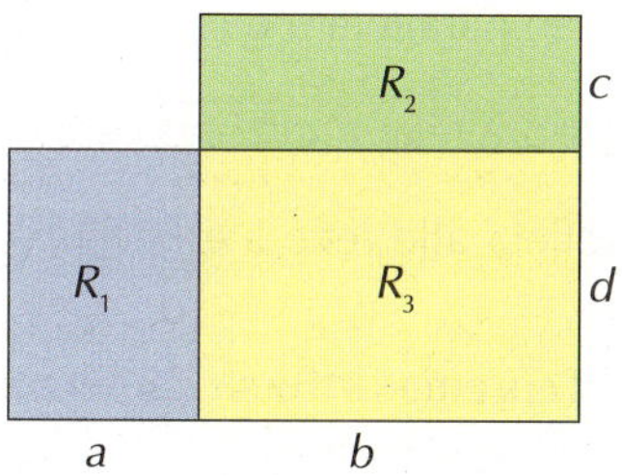

I rettangoli R_1 e R_3 hanno le altezze congruenti (il segmento d) e perciò sono proporzionali alle rispettive basi, cioè

$$R_1 : R_3 = a : b$$

Analogamente per R_3 e R_2 vale la proporzione $R_2 : R_3 = c : d$.

D'altra parte, se i rapporti $\frac{a}{b}$ e $\frac{c}{d}$ sono uguali, anche i rapporti $\frac{R_1}{R_3}$ e $\frac{R_2}{R_3}$ lo sono, cioè

$$R_1 : R_3 = R_2 : R_3$$

e, permutando i medi $R_1 : R_2 = R_3 : R_3$.

Dunque, essendo il secondo rapporto di questa proporzione uguale ad 1, anche il rapporto $R_1 : R_2$ deve essere uguale ad 1 e perciò i due rettangoli sono equivalenti. ◀

Ripercorrendo a ritroso il ragionamento, si dimostra che vale anche il teorema inverso e cioè:

Teorema. Se due rettangoli sono equivalenti, i lati consecutivi dell'uno sono i medi e i lati consecutivi dell'altro sono gli estremi di una proporzione.

ESERCIZI E PROBLEMI pag. 329

4 IL TEOREMA DI TALETE

Consideriamo un fascio di rette parallele e tagliamolo con due trasversali (***figura 9***); ad ogni segmento individuato su una trasversale si può associare quello individuato sull'altra dalle stesse rette parallele; così al segmento AB corrisponde il segmento $A'B'$, al segmento CE corrisponde il segmento $C'E'$ e così via. Si tratta quindi di una corrispondenza biunivoca fra i segmenti di una trasversale e quelli dell'altra che abbiamo già incontrato nel capitolo sui parallelogrammi. Sappiamo che, in una tale situazione, se su una trasversale ci sono due segmenti congruenti, anche quelli corrispondenti sull'altra sono congruenti; inoltre se sommiamo per esempio AB e BC ottenendo AC, sommando i loro corrispondenti $A'B'$ e $B'C'$ sull'altra trasversale otteniamo $A'C'$ che è il corrispondente di AC; in altre parole alla somma di due segmenti su una trasversale corrisponde la somma dei corrispondenti segmenti sull'altra trasversale.
Sono dunque rispettate le condizioni del criterio generale di proporzionalità e possiamo quindi concludere che i segmenti sulle due trasversali sono proporzionali; vale cioè il seguente teorema.

Figura 9

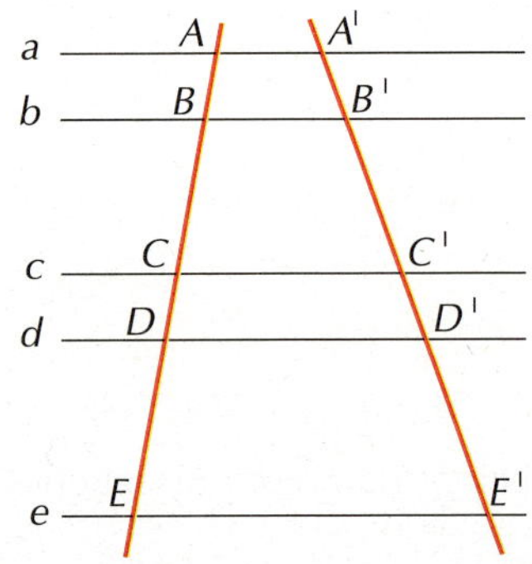

Teorema (di Talete). Un fascio di rette parallele tagliate da due trasversali determina su di esse due insiemi di segmenti direttamente proporzionali.

Di questo teorema vale anche il reciproco, vale a dire che se consideriamo due rette parallele a e b tagliate da due trasversali r e s e consideriamo poi una ulteriore retta c che incontra tali trasversali, se $\frac{AB}{BC} = \frac{A'B'}{B'C'}$, allora la retta c è parallela alle rette a e b (***figura 10***). In altre parole dimostriamo che

Figura 10

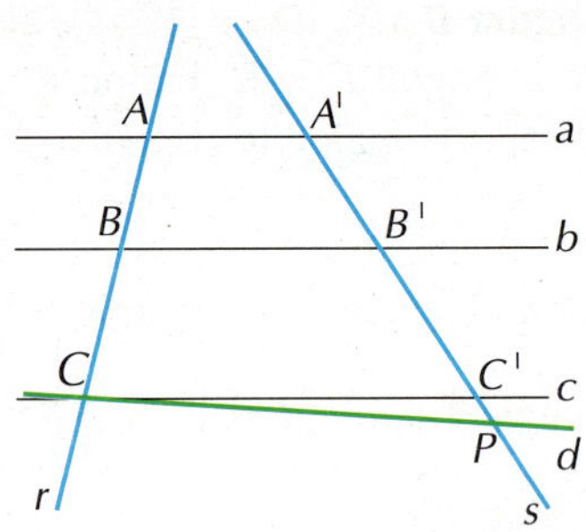

Teorema (inverso del teorema di Talete). Date due rette r e s tali che i loro punti siano ordinati e in corrispondenza biunivoca, in modo che:

- i segmenti che hanno per estremi punti corrispondenti siano proporzionali
- le rette che congiungono due coppie di punti corrispondenti siano parallele

allora tutte le rette che congiungono coppie di punti corrispondenti sono parallele alle prime due e fra loro.

Hp. $a \parallel b$ **Th.** $c \parallel a$

$\frac{AB}{BC} = \frac{A'B'}{B'C'}$ $c \parallel b$

Dimostrazione.

Supponiamo per assurdo che la retta c non sia parallela ad a e quindi nemmeno a b; dal punto C possiamo allora tracciare una retta d parallela sia ad a che a b che incontra la trasversale s in P (riferisciti ancora alla ***figura 10***). Per il teorema di Talete possiamo scrivere che

$$AB : BC = A'B' : B'P$$

ma, per le ipotesi fatte, vale anche la proporzione

$$AB : BC = A'B' : B'C'$$

Allora, per l'unicità della quarta proporzionale, si ha che $B'P \cong B'C'$, il che significa che la retta d coincide con la retta c. Pertanto $c \parallel a$ e $c \parallel b$. ◀

Applicazioni immediate del teorema di Talete e del suo inverso sono le seguenti proprietà relative ai triangoli:

- **una parallela ad un lato di un triangolo divide gli altri due lati in parti proporzionali.**
  Infatti (***figura 11a***) se immaginiamo di tracciare per A la retta parallela al lato BC, abbiamo un fascio di rette parallele per cui valgono le relazioni
  $AD : DB = AE : EC \qquad AB : AD = AC : AE \qquad AB : DB = AC : EC$
- **Viceversa, se una retta interseca due lati di un triangolo e li divide in parti proporzionali, essa è parallela al terzo lato.**
  Infatti (riferisciti ancora alla ***figura 11a***) se vale una qualunque delle proporzioni precedenti, per l'inverso del teorema di Talete $DE \parallel BC$.

Figura 11

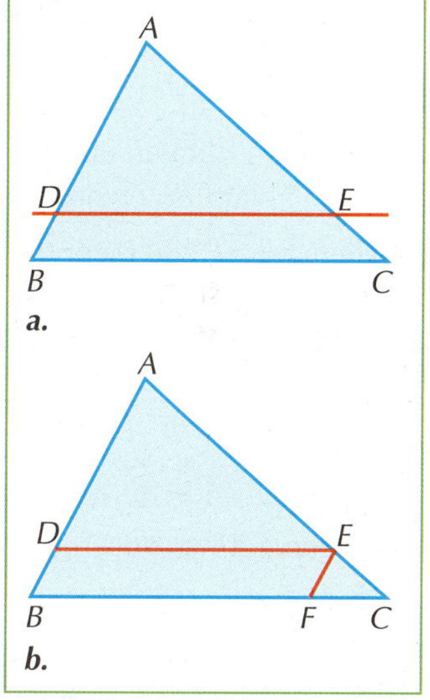

Inoltre, se tracciamo da E la parallela ad AB, possiamo anche scrivere che (***figura 11b***):

$$AD : AB = AE : AC = BF : BC$$

ed essendo $DE \cong BF \qquad AD : AB = DE : BC \ \wedge \ AE : AC = DE : BC$

In definitiva possiamo dire che:

- **una corda di un triangolo parallela a uno dei lati stacca un triangolo che ha i lati proporzionali al primo.**

Dimostriamo ora che valgono i seguenti teoremi.

Teorema (della bisettrice dell'angolo interno). La bisettrice di un angolo interno di un triangolo divide il lato opposto in parti proporzionali agli altri due lati.

Figura 12

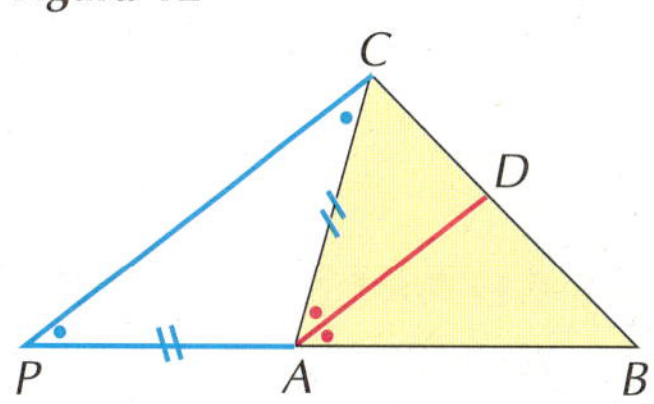

Hp. $\widehat{CAD} \cong \widehat{DAB}$ **Th.** $DB : AB = CD : CA$ (***figura 12***)

Dimostrazione.

Tracciamo da C la parallela ad AD che incontra in P la retta del lato AB. Si ha così che $\widehat{PCA} \cong \widehat{CAD}$ perché alterni interni e $\widehat{CPA} \cong \widehat{DAB}$ perché corrispondenti; allora, per le ipotesi fatte e per la proprietà transitiva della congruenza, $\widehat{PCA} \cong \widehat{CPA}$. Il triangolo CAP è quindi isoscele ed è $AP \cong AC$.
Consideriamo ora il triangolo BCP in cui $DA \parallel PC$; per il teorema di Talete si può scrivere che

$$DB : AB = CD : PA$$

L'ordine dei segmenti da scrivere nella proporzione è il seguente:

- *una delle parti in cui il lato rimane diviso dalla bisettrice e il lato ad essa consecutivo: $DB : AB$*
- *l'altra parte e il lato ad essa consecutivo: $CD : CA$*

$DB : AB = CD : CA$

ed essendo $AP \cong AC$, $\qquad DB : AB = CD : CA$

che è quanto volevamo dimostrare. ◀

VIDEO RECUPERO

Una proprietà analoga vale anche per la bisettrice dell'angolo esterno di un triangolo.

Teorema (della bisettrice dell'angolo esterno). La bisettrice di un angolo esterno di un triangolo, se non è parallela al lato opposto, incontra la retta di quest'ultimo in un punto che individua con quel lato segmenti proporzionali agli altri due lati.

Figura 13

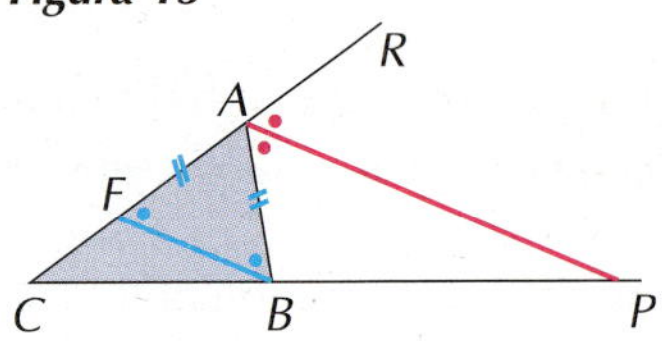

Con riferimento alla ***figura 13***, l'ipotesi e la tesi del teorema sono le seguenti:

Hp. $\widehat{BAP} \cong \widehat{PAR}$ $\qquad$ **Th.** $CP : CA = PB : BA$

AP non parallela a BC

Dimostrazione.

Supponiamo dunque che la bisettrice dell'angolo esterno di vertice A non sia parallela al lato BC e che quindi lo intersechi in un punto P. Da B tracciamo la parallela ad AP che incontra in F il lato AC. Si ha così che $\widehat{PAB} \cong \widehat{ABF}$ perché alterni interni e $\widehat{RAP} \cong \widehat{AFB}$ perché corrispondenti; allora, per le ipotesi fatte e per la proprietà transitiva della congruenza, $\widehat{ABF} \cong \widehat{AFB}$; il triangolo AFB è isoscele e quindi $FA \cong BA$. Per il teorema di Talete possiamo poi scrivere la proporzione

$$CP : CA = PB : AF$$

ed essendo $AF \cong AB$, $\qquad CP : CA = PB : AB$

che è quanto volevamo dimostrare. ◀

L'ordine dei segmenti da scrivere nella proporzione è il seguente:

- *l'intero segmento individuato dalla bisettrice sul prolungamento del lato opposto e il lato ad esso consecutivo: $CP : CA$*
- *il segmento esterno posto sul prolungamento del lato opposto e il lato ad esso consecutivo: $PB : BA$*

$$CP : CA = PB : BA$$

ESERCIZI E PROBLEMI pag. 331

5 LE AREE DEI POLIGONI

Abbiamo visto che la misura di una grandezza si esprime sempre mediante un numero reale che indica il rapporto fra quella grandezza e una ad essa omogenea che si assume come unità. In base a ciò, se dobbiamo misurare un segmento prendiamo un segmento come unità di misura, se dobbiamo misurare un angolo prendiamo un angolo, e quindi se dobbiamo misurare un'area dovremo considerare un'area come unità di misura.

In generale, se si fissa un segmento U come unità di misura delle lunghezze, conviene fissare un quadrato Q di lato U come unità di misura delle aree. Per trovare poi delle formule che esprimono la misura delle aree dei principali poligoni ragioniamo in questo modo: troviamo un procedimento per calcolare l'area di un poligono particolare, il rettangolo, e poi, in base ai teoremi di equivalenza studiati nel precedente capitolo, costruiamo le formule per il calcolo delle aree degli altri poligoni. Enunciamo quindi il seguente teorema.

AREA DEL RETTANGOLO

Teorema. La misura dell'area di un rettangolo è uguale al prodotto della misura della sua base per quella della sua altezza.

Dimostrazione.

Consideriamo un rettangolo R di base A e altezza B (indichiamo con le lettere maiuscole i segmenti e con quelle minuscole corrispondenti le loro misure) e costruiamo un rettangolo ausiliario R' che abbia per base un segmento congruente all'unità di misura U scelta per le lunghezze e come altezza il segmento B; costruiamo poi anche il quadrato Q di lato congruente ad U (***figura 14***). I due rettangoli R e R', avendo le altezze congruenti, sono proporzionali alle rispettive basi e possiamo quindi scrivere che

$$R : R' = A : U$$

R' e Q, avendo le stesse basi, sono invece proporzionali alle rispettive altezze e possiamo scrivere che

$$R' : Q = B : U$$

Figura 14

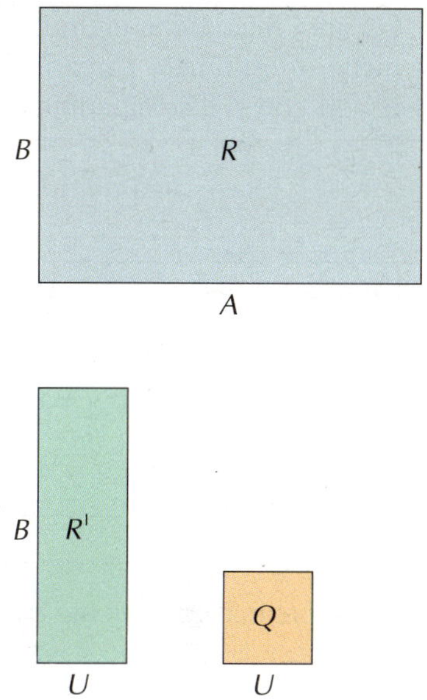

Sappiamo inoltre che se quattro grandezze sono in proporzione, lo sono anche le loro misure, quindi, se indichiamo con r, r' e 1 rispettivamente le aree di R, R', e Q e con a, b e 1 le misure rispettivamente dei segmenti A, B e U, le precedenti proporzioni fra grandezze valgono anche fra le loro misure e quindi

$$r : r' = a : 1 \qquad \text{e} \qquad r' : 1 = b : 1$$

da cui, applicando la proprietà fondamentale delle proporzioni numeriche, si ottiene

$$r' \cdot a = r \qquad \text{e} \qquad r' = b$$

Confrontando queste ultime relazioni otteniamo poi che

$$r = b \cdot a$$

cioè la misura dell'area del rettangolo R è data dal prodotto della misura della sua base per quella della sua altezza. ◀

Da questo teorema e da quelli di equivalenza discendono subito le seguenti formule per il calcolo delle aree dei poligoni.

AREA DEL QUADRATO

Un quadrato è un rettangolo che ha la base e l'altezza congruenti; se quindi indichiamo con ℓ la misura del lato del quadrato abbiamo che:

$$\text{area del quadrato} = \ell^2$$

AREA DEL PARALLELOGRAMMA

Un parallelogramma è equivalente a un rettangolo che ha la base e l'altezza congruenti a quelli del parallelogramma (***figura 15***); se b è la misura della base e h è quella dell'altezza si ha quindi che:

$$\text{area del parallelogramma} = b \cdot h$$

Figura 15

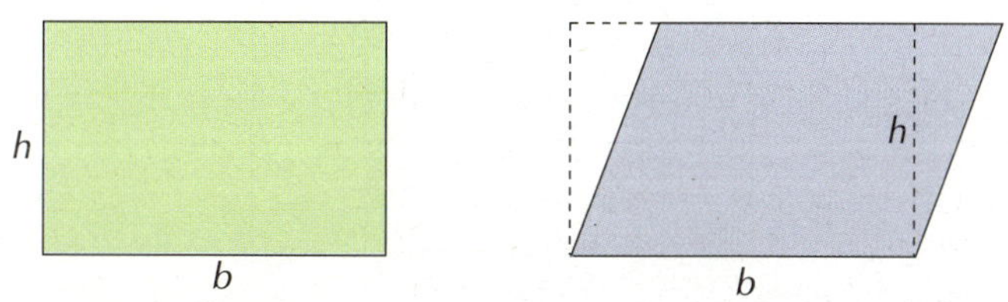

Un triangolo è equivalente a un parallelogramma che ha la stessa base e l'altezza pari alla metà di quella del triangolo (***figura 16***); se b è la misura della base e h è quella dell'altezza si ha quindi che:

AREA DEL TRIANGOLO

$$\text{area del triangolo} = \frac{1}{2} b \cdot h$$

Un'altra regola che ci limitiamo ad enunciare è la **formula di Erone** che permette di esprimere l'area in funzione delle misure dei lati del triangolo; indicando con p il semiperimetro e con a, b, c le misure dei lati si ha che:

$$\text{area del triangolo} = \sqrt{p(p-a)(p-b)(p-c)}$$

Figura 16

Un trapezio è equivalente a un triangolo che ha la base congruente alla somma delle basi del trapezio e l'altezza congruente a quella del trapezio (***figura 17***); se b_1 e b_2 sono le misure delle due basi e h è quella dell'altezza si ha che

AREA DEL TRAPEZIO

$$\text{area del trapezio} = \frac{1}{2}(b_1 + b_2) \cdot h$$

Figura 17

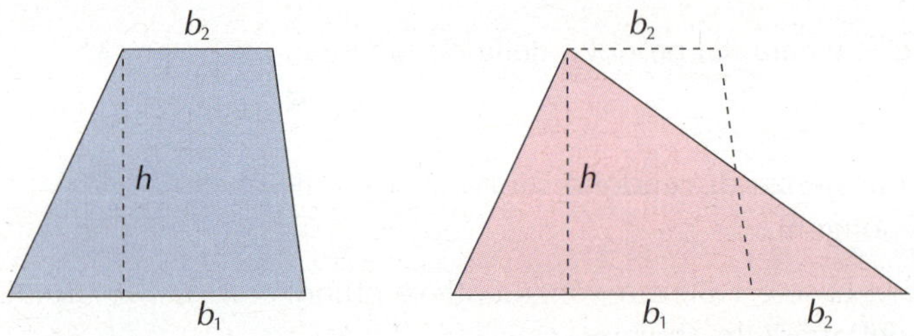

Un rombo è un particolare parallelogramma, quindi la sua area si può calcolare con la stessa formula vista per il parallelogramma; tuttavia, poiché un rombo è anche equivalente alla metà di un rettangolo che ha per dimensioni le diagonali del rombo (***figura 18***), se indichiamo con d_1 e d_2 le misure di tali diagonali, si ha anche che:

AREA DEL ROMBO

$$\text{area del rombo} = \frac{1}{2} d_1 \cdot d_2$$

Figura 18

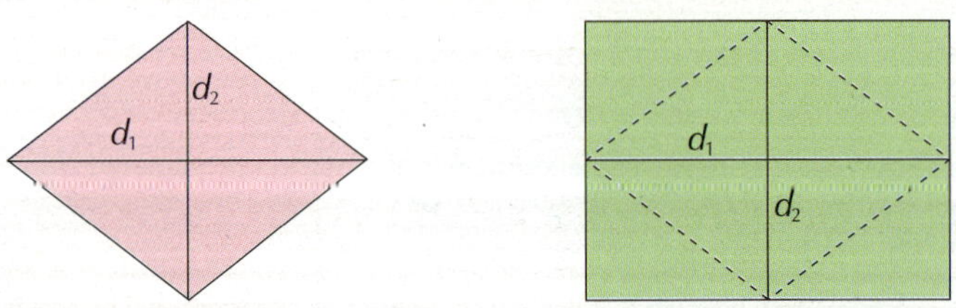

AREA DI UN POLIGONO CIRCOSCRITTO AD UNA CIRCONFERENZA

Un poligono circoscritto a una circonferenza è equivalente ad un triangolo che ha per base il perimetro del poligono e per altezza il raggio della circonferenza (che è l'apotema del poligono) (***figura 19***); quindi, se $2p$ è la misura del perimetro del poligono e r è quella del raggio, si ha che

$$\text{area del poligono circoscritto} = \frac{1}{2} \cdot 2p \cdot r = p \cdot r$$

Figura 19

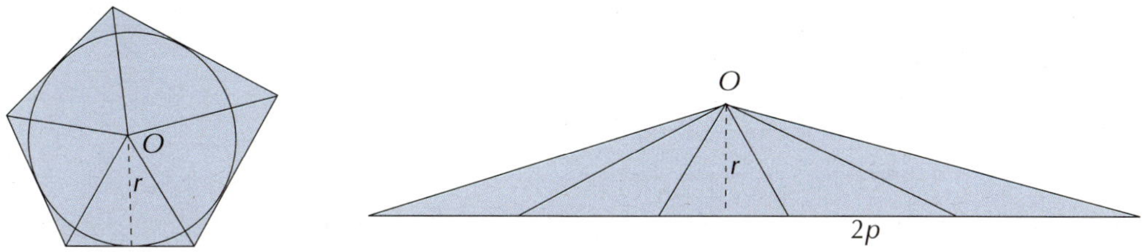

I teoremi di Pitagora e di Euclide dal punto di vista numerico

VIDEO RECUPERO

Ora che sappiamo come calcolare la misura di un'area possiamo interpretare da un punto di vista metrico, cioè prendendo in considerazione le misure, anche la relazione del teorema di Pitagora e quelle dei teoremi di Euclide. Questi teoremi risultano così riformulati:

- **teorema di Pitagora:** in ogni triangolo rettangolo la somma dei quadrati delle misure dei cateti è uguale al quadrato della misura dell'ipotenusa (***figura 20a***); in simboli:
$$c^2 = a^2 + b^2$$
- **I teorema di Euclide:** in ogni triangolo rettangolo il quadrato della misura di un cateto è uguale al prodotto della misura dell'ipotenusa per la misura della proiezione del cateto stesso sull'ipotenusa (***figura 20b***); in simboli:
$$a^2 = c \cdot d$$
- **II teorema di Euclide:** in ogni triangolo rettangolo il quadrato della misura dell'altezza relativa all'ipotenusa è uguale al prodotto delle misure delle proiezioni dei cateti sull'ipotenusa (***figura 20c***); in simboli:
$$h^2 = d \cdot m$$

Figura 20

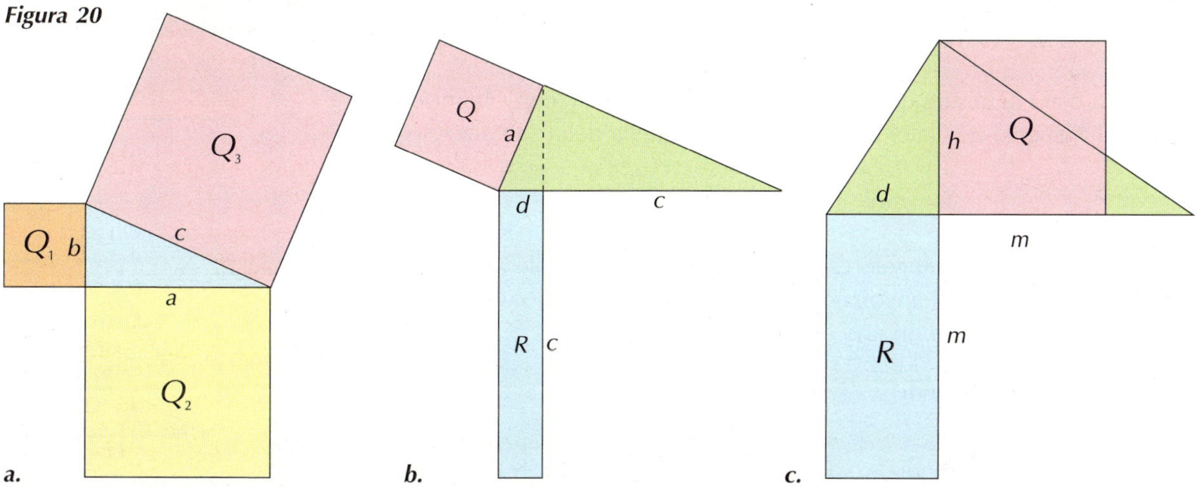

Alcune conseguenze immediate di questi teoremi si possono riscontrare nelle formule che legano alcuni elementi di particolari poligoni. Evidenziamo le più importanti che ricorrono spesso nella risoluzione dei problemi.

- Indicata con ℓ la misura del lato di un quadrato e con d quella della sua diagonale si ha che

$$\boldsymbol{d = \ell \cdot \sqrt{2}}$$

Basta infatti applicare il teorema di Pitagora al triangolo ABC (***figura 21***):

$$d = \sqrt{\ell^2 + \ell^2} = \sqrt{2\ell^2} = \ell\sqrt{2}$$

Figura 21

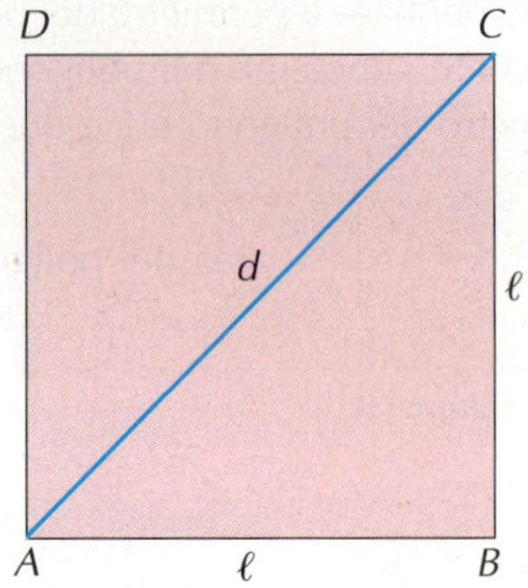

- Indicata con ℓ la misura del lato di un triangolo equilatero e con h quella della sua altezza si ha che

$$\boldsymbol{h = \frac{\ell\sqrt{3}}{2}}$$

Basta infatti applicare il teorema di Pitagora al triangolo ABH (***figura 22***):

$$h = \sqrt{\ell^2 - \frac{\ell^2}{4}} = \sqrt{\frac{3}{4}\ell^2} = \frac{\ell\sqrt{3}}{2}$$

Figura 22

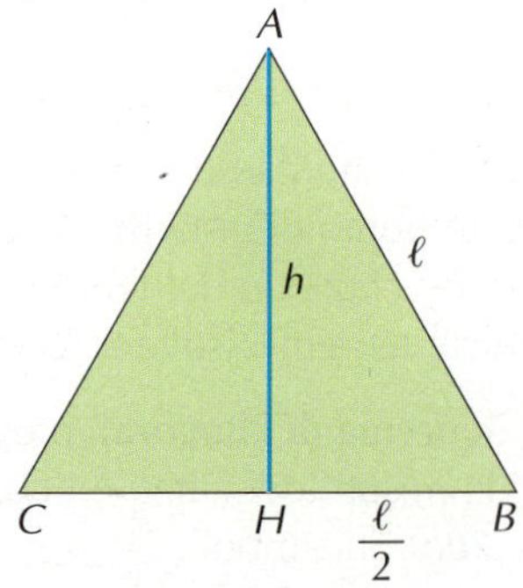

- Analoghe relazioni valgono nei triangoli rettangoli che hanno gli angoli acuti di 45° oppure di 30° e 60° che sono rispettivamente la metà di un quadrato e la metà di un triangolo equilatero (osserva la ***figura 23***).

Figura 23

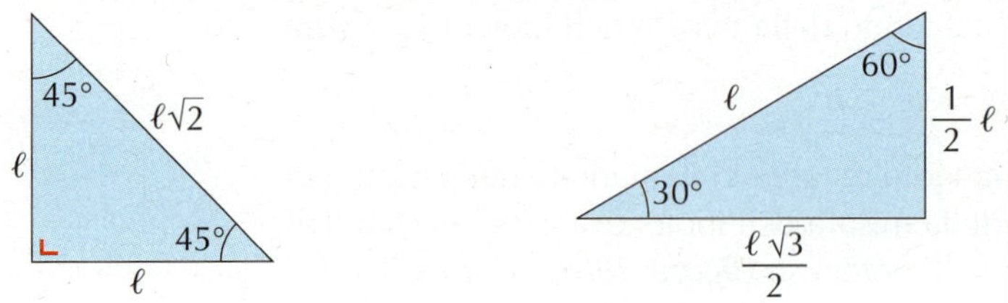

- Indicata con r la misura del raggio di una circonferenza e con ℓ la misura del lato del quadrato inscritto si ha che

$$\boldsymbol{\ell = r\sqrt{2}}$$

Infatti (***figura 24***) AB è il lato di un quadrato che ha diagonale di misura $2r$ e quindi $\ell = \dfrac{2r}{\sqrt{2}} = r\sqrt{2}$.

Figura 24

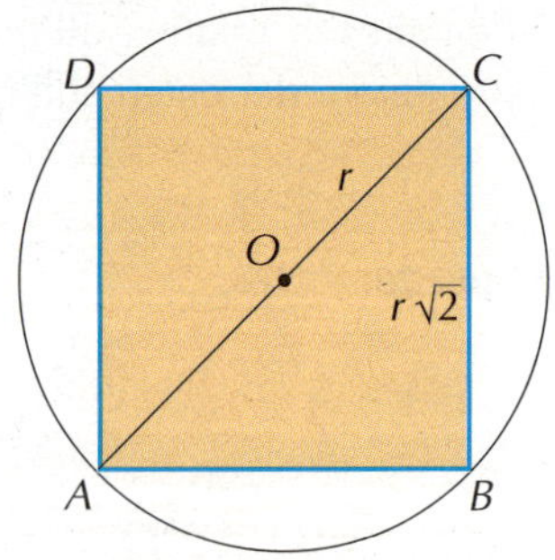

- Indicata con r la misura del raggio di una circonferenza, con ℓ la misura del lato del triangolo equilatero inscritto e con h quella della sua altezza si ha:

$$\boldsymbol{\ell = r\sqrt{3}} \qquad \text{e} \qquad \boldsymbol{h = \frac{3}{2}r}$$

Infatti (***figura 25***), il triangolo OAH è un triangolo rettangolo avente l'ipotenusa che misura r e gli angoli acuti di 30° e di 60°; per esso valgono quindi le relazioni individuate in uno dei punti precedenti, cioé:

$$\overline{AH} = \frac{r\sqrt{3}}{2} \qquad \text{e quindi} \qquad \overline{AB} = r\sqrt{3}$$

$$\overline{OH} = \frac{1}{2}r \qquad \text{e quindi} \qquad \overline{CH} = \frac{3}{2}r$$

Figura 25

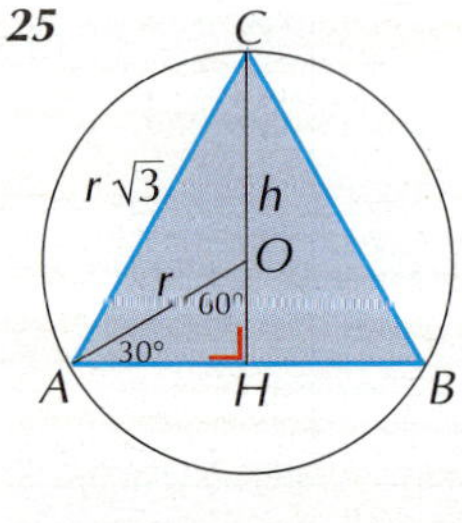

- Inoltre il lato dell'esagono inscritto in una circonferenza di raggio r è lungo r. Infatti (***figura 26***), congiungendo il centro con due vertici consecutivi dell'esagono si ottiene un triangolo equilatero.

Figura 26

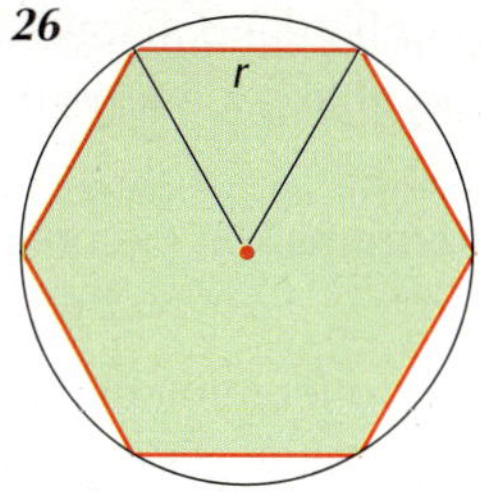

ESERCIZI E PROBLEMI pag. 335

6 LA LUNGHEZZA DELLA CIRCONFERENZA E L'AREA DEL CERCHIO

6.1 La lunghezza di una linea e la circonferenza rettificata

Adesso che sappiamo che cosa vuol dire misurare e che abbiamo visto come si misurano i segmenti, dobbiamo affrontare il problema della misura di una linea curva come quella in ***figura 27a***.

L'idea che sta alla base di tutti i ragionamenti che faremo in seguito è questa: possiamo pensare di approssimare la linea curva mediante una poligonale con un grande numero di lati (***figura 27b***); più alto è il numero dei lati, migliore sarà l'approssimazione. Se idealmente potessimo considerare un numero infinito di lati, allora la lunghezza della linea sarebbe uguale a quella della poligonale. Questi discorsi portano però a concetti matematici che ancora non possediamo e quindi non possiamo affrontare la risoluzione di questo problema nella sua generalità; per ora ci dobbiamo accontentare di dare una risposta relativamente ad una linea curva abbastanza semplice come la circonferenza, lasciando il resto a studi più avanzati.

Figura 27

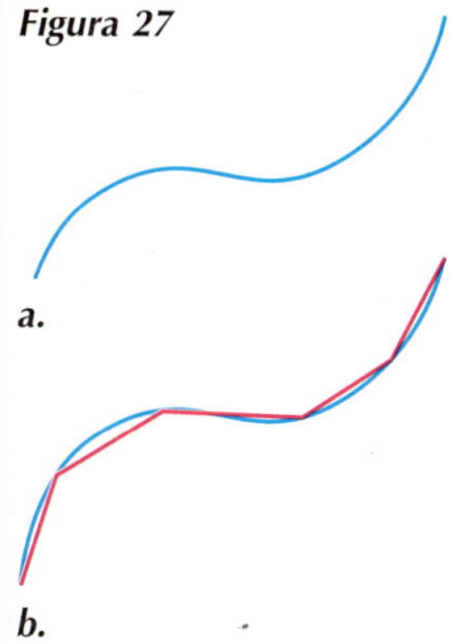

Figura 28

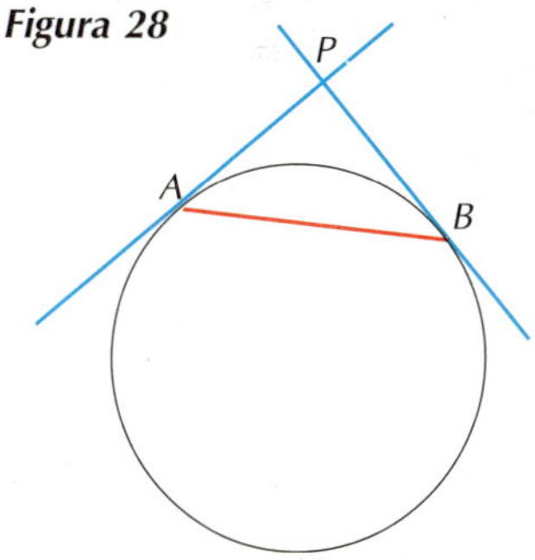

La circonferenza rettificata

Premettiamo un nuovo assioma (***figura 28***):

A16. Ogni arco di circonferenza è maggiore della corda che lo sottende e minore della somma dei due segmenti di tangente condotti dagli estremi dell'arco fino al loro punto di intersezione: $AB < \widehat{AB} < AP + PB$.

Questo significa che, se consideriamo un qualunque poligono inscritto nella circonferenza e un qualunque poligono ad essa circoscritto, accade che (***figura 29***):

- il perimetro p del poligono inscritto è minore della lunghezza della circonferenza;
- il perimetro p' del poligono circoscritto è maggiore della lunghezza della circonferenza.

Tale lunghezza è quindi un valore compreso fra i due perimetri p e p'.

Inoltre, se aumentiamo il numero dei lati, i due perimetri approssimano sempre meglio la lunghezza della circonferenza che viene così ad essere l'elemento che fa da "confine" fra i perimetri dei poligoni inscritti e i perimetri dei poligoni circoscritti. Alla lunghezza di una circonferenza possiamo allora associare il segmento che si ottiene considerando il perimetro del poligono in essa inscritto

Figura 29

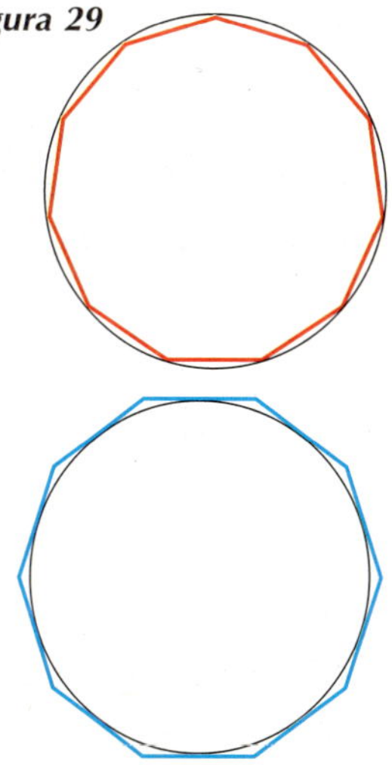

ANIMAZIONE

o quello del poligono ad essa circoscritto con un numero infinito di lati; a tale segmento si dà il nome di **circonferenza rettificata**. Vale il seguente teorema.

Teorema. Le circonferenze rettificate sono proporzionali ai rispettivi raggi.

PROPRIETÀ DELLE CIRCONFERENZE RETTIFICATE

Questo teorema ci dice quindi che il rapporto fra la lunghezza della circonferenza rettificata ed il suo raggio è costante.
Se è costante il rapporto fra C ed il raggio, è anche costante il rapporto fra C e il diametro. Quest'ultimo rapporto si indica con la lettera greca π, si pone cioè

$$\frac{C}{2r} = \pi \qquad \text{da cui ricaviamo che} \qquad \boxed{C = 2\pi r}$$

Dunque, supposto di sapere qual è il valore di π, è possibile determinare anche la lunghezza della circonferenza rettificata conoscendo la misura del suo raggio. Ma quanto vale π?
Si può dimostrare che π è un numero irrazionale e quindi non è possibile indicare con esattezza il suo valore; inoltre non si sa ancora oggi se le cifre decimali di π si susseguono con una particolare regola (anche un numero irrazionale può esser costruito con una regola; per esempio 0,121122111222...).
Quello che si può fare è determinare i suoi valori approssimati (per difetto e per eccesso) con qualche algoritmo di calcolo. Un algoritmo concettualmente semplice è quello che segue i ragionamenti sui poligoni inscritti e circoscritti che abbiamo fatto in questo paragrafo.
Per esempio, se consideriamo l'esagono regolare inscritto e quello circoscritto, i cui lati hanno lunghezza rispettivamente r e $\frac{2r}{\sqrt{3}}$, si ha che

$$6r < 2\pi r < 6 \cdot \frac{2r}{\sqrt{3}} \qquad \text{cioè} \qquad 3 < \pi < 3{,}464....$$

Nel 1761 il matematico tedesco Johann Lambert dimostrò che π non è un numero razionale.

Aumentando il numero dei lati dei poligoni inscritti e circoscritti e calcolando i loro perimetri, avremo valori sempre più precisi di π; già il valore dei perimetri dei poligoni regolari inscritto e circoscritto di 48 lati danno per π un valore compreso fra 3,1393 e 3,1461.

Approfondimenti
La dimostrazione del teorema
Il valore di π

6.2 L'area del cerchio

Ci poniamo ora il problema di come valutare l'area di un cerchio. Per fare ciò ricorriamo ancora una volta ai poligoni inscritti e circoscritti.
Consideriamo dunque un cerchio e i poligoni inscritti e circoscritti alla circonferenza che lo delimita. Di questi poligoni ci interessano le aree e possiamo dire che:

- se si aumenta il numero dei lati di un poligono inscritto, anche l'area aumenta. Infatti (***figura 30***), sostituendo il lato AB con i lati AP e PB, il poligono ottenuto ha area pari a quella di $ABCDE$ con l'aggiunta dell'area del triangolo ABP.

Figura 30

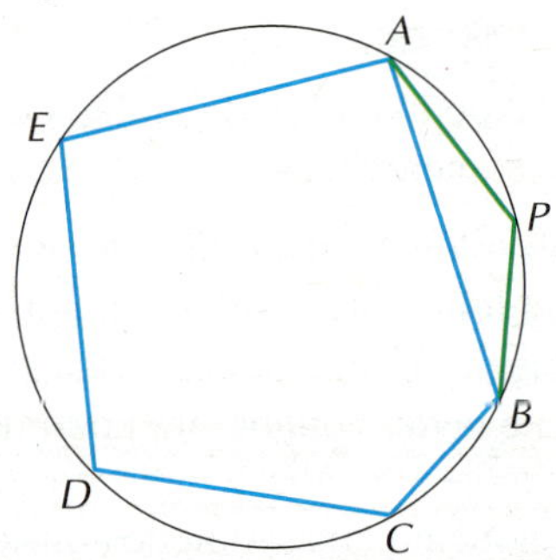

- se si aumenta il numero dei lati di un poligono circoscritto, l'area diminuisce. Infatti (***figura 31***) l'area del poligono $ABRSD$, che ha un lato in più del poligono $ABCD$, si ottiene da quella di $ABCD$ sottraendo l'area del triangolo RSC.

Figura 31

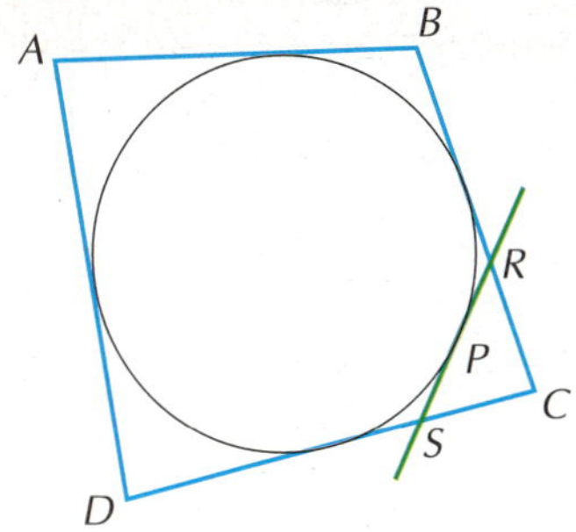

Si può quindi definire l'area del cerchio come il "*confine*" fra le aree dei poligoni inscritti e le aree dei poligoni circoscritti al crescere del numero dei lati. Per valutare tale area ci viene in aiuto il seguente teorema che ci limitiamo ad enunciare (fai riferimento alla ***figura 32***).

Teorema. Un cerchio ha la stessa area di un triangolo che ha per base la circonferenza rettificata e per altezza un segmento congruente al raggio della circonferenza.

Figura 32

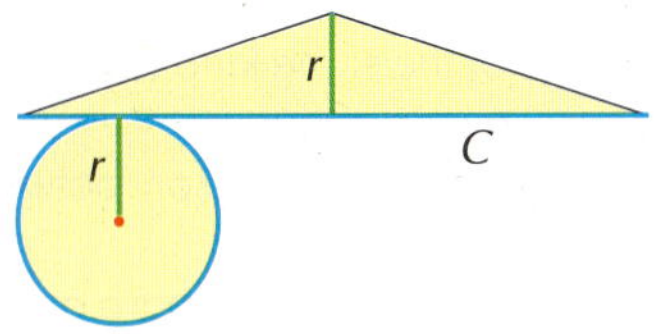

Da questo teorema e tenendo presente l'espressione che indica la lunghezza della circonferenza, troviamo subito che

$$S = \frac{1}{2}(2\pi r)r \qquad \text{cioè} \qquad \boxed{S = \pi r^2}$$

cioè **l'area del cerchio è proporzionale al quadrato del raggio** e la costante di proporzionalità è π.

6.3 Archi e settori circolari

Ricordiamo che, in ogni circonferenza, gli archi e i settori circolari sono proporzionali ai rispettivi angoli al centro. Se allora indichiamo con ℓ la lunghezza di un arco, con α la misura in gradi del corrispondente angolo al centro e con C la lunghezza della circonferenza, possiamo scrivere che (***figura 33***):

Figura 33

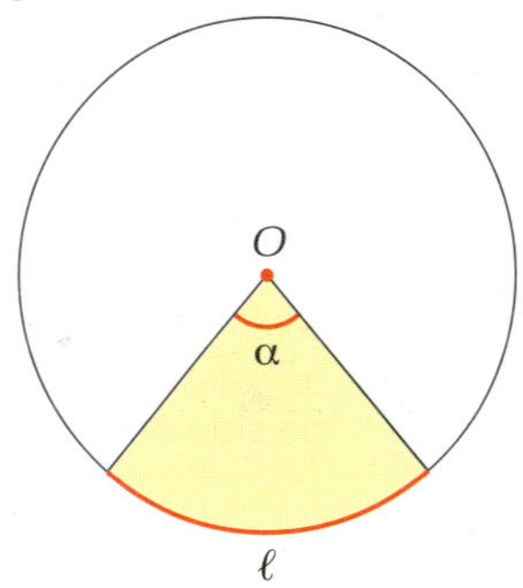

$$\ell : C = \alpha : 360 \qquad \text{da cui} \qquad \boxed{\ell = 2\pi r \cdot \frac{\alpha}{360}}$$

Analogamente, indicando con T l'area di un settore circolare e con S l'area del cerchio, possiamo scrivere la proporzione

$$T : S = \alpha : 360 \qquad \text{da cui} \qquad \boxed{T = \pi r^2 \cdot \frac{\alpha}{360}}$$

Ad esempio, se in una circonferenza di raggio r è dato un angolo al centro di $80°$:

- l'arco corrispondente è lungo $\ell = 2\pi r \dfrac{80}{360} = \dfrac{4}{9}\pi r$
- il settore circolare corrispondente ha area $T = \pi r^2 \dfrac{80}{360} = \dfrac{2}{9}\pi r^2$.

ESERCIZI E PROBLEMI pag. 339

IL CAPITOLO SI COMPLETA CON:

CONCETTI CHIAVE E REGOLE | LABORATORIO | SCHEDE STORICHE E DI CURIOSITÀ | PRESENTAZIONI IN POWERPOINT

Proportionality and area
BASIC CONCEPTS

CLIL

AUDIO FILE

Key Terms

like quantities	incommensurable	sheaf of lines
ratio	proportion	unit of measurement
commensurable	direct/inverse proportion	

Ratios and proportions

Things of the same kind are called **like quantities**, as for instance lenght of segments all expressed in metres, or times all expressed in minutes.
A *ratio* is a comparison between two or more like quantities in the same units; a ratio does not have any unit of measurement.
Ratios are used to compare quantities by division; for instance, if in a group of people there are 15 men and 20 women:

- the ratio of men to women is $\frac{15}{20} = \frac{3}{4}$, and this means that, for every 3 men, there are 4 women

- the ratio of women to men is $\frac{20}{15} = \frac{4}{3}$, and this means that, for every 4 women, there are 3 men.

- the ratio of 3 years to 4 months (these quantities are unlike quantities) is expressed by: $\frac{12 \text{ months}}{4 \text{ months}} = 3$.

In doing a ratio, it may happen that the number we obtain is a rational or an irrational number; we say that two quantities a and b are:

- **commensurable** if their ratio $\frac{a}{b}$ is a rational number
- **incommensurable** if their ratio $\frac{a}{b}$ is an irrational number.

A segment which is 3m and a segment which is 4m are commensurable quantities because their ratio is the rational number $\frac{3}{4}$; the side of a square and its diagonal are incommensurable quantities because their ratio is the irrational number $\sqrt{2}$.

Two equal ratios, as for instance $\frac{3}{4} = \frac{9}{12}$, form a **proportion**. Generally speaking, a propostion can be written as:

$$\frac{a}{b} = \frac{c}{d} \quad \text{or} \quad a : b = c : d \quad \text{(read: } a \text{ is to } b \text{ as } c \text{ is to } d\text{)}$$

In this proportion:

- a and d are the extremes
- b and c are the means.

The fundamental properties of proportions are the following; we explain them on the proportion $a : b = c : d$.

- *Cross product.* The product of the extremes is equal to the product of the means: $bc = ad$.
  This property can be used to solve a proportion to find the unknown term:

  $3 : x = 4 : 6 \quad \rightarrow \quad 4x = 3 \cdot 6 \quad \rightarrow \quad x = \frac{9}{2}$

- *Means or Extremes Switching Property.* $d : b = c : a$ and $a : c = b : d$
- *Upside-Down Property.* $b : a = d : c$
- *Denominator Addition/Subtraction Property.* $(a \pm b) : a = (c \pm d) : c$ and $(a \pm b) : b = (c \pm d) : d$

Proportionality

Two quantities *a* and *b* are **directly proportional** when, if *a* increases, also *b* increases at the same rate; we say that *a* is proportional to *b*. The ratio between *b* and *a* is the *constant of direct proportionality*. For instance:

- the amount you pay for bread (*b*) is proportional to the quantity you buy (*a*) and the constant of proportionality is the cost per kilo of bread
- the perimeter of a square (*b*) is proportional to its side (*a*) and the constant of proportionality is 4.

Two quantities *a* and *b* are **inversely proportional** when if *a* increases, *b* decreases at the same rate. The product of *a* and *b* is the *constant of inverse proportionality*. For instance:

- if 6 people can do a job in 4 hours, 12 people can do the same job in 2 hours; the time needed to do the job is inversely proportional to the number of people that do it; the constant of inverse proportionality is 24.

There is a criterion to verify that two quantities are directly proportional.

- Two quantities *A* and *B* are directly proportional if and only if:
  - to equal elements in *A* correspond equal elements in *B*
  - to the sum of elements in *A* corresponds the sum of the corresponding elements in *B*.

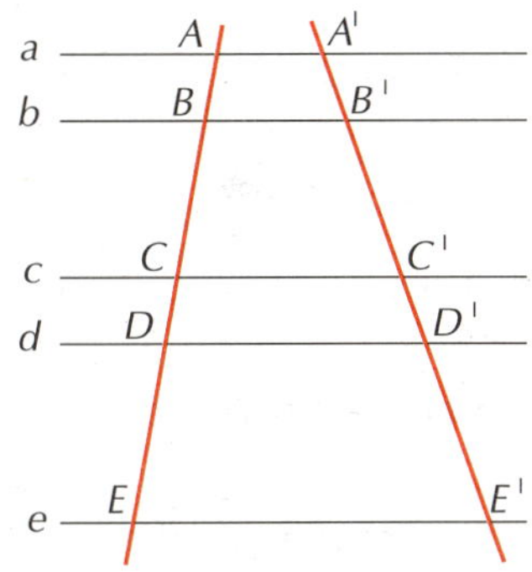

Thales theorem

The following is known as **Thales' theorem** of parallel lines.

- If several parallel straight lines (a *sheaf of parallel lines*) are cut by two transversal lines, the ratio of any two segments on one of these transversals is equal to the ratio of the corresponding segments on the other transversal.

  For instance $\dfrac{AB}{BC} = \dfrac{A'B'}{B'C'}$

As a consequence of this theorem we have some properties about triangles.

- Any line parallel to one of the sides of a triangle, which cuts the other two sides, produces segments which are in proportion to each other:
  $AD : AE = DB : EC$

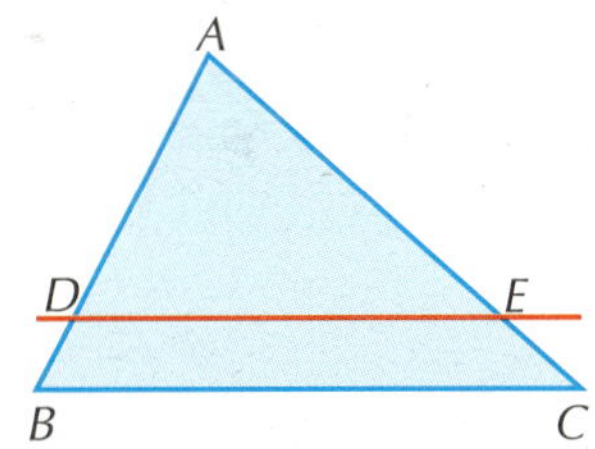

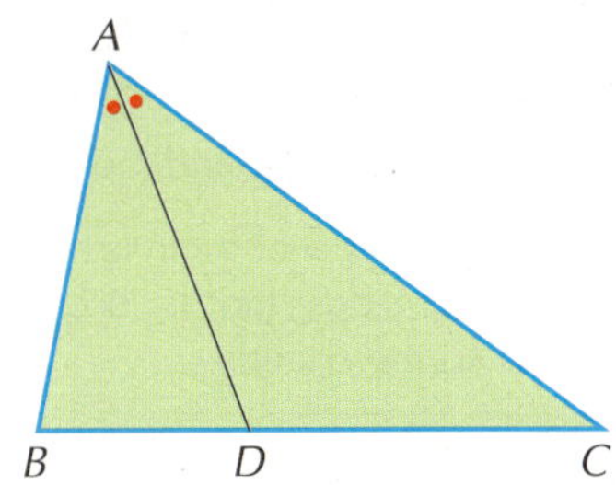

- If a line divides any two sides of a triangle in the same ratio, then the line must be parallel to the third side (this theorem is the converse of the previous one).
- The bisector line of an internal angle of a triangle divides the opposite side into segments which are proportional to the adjacent sides:
  $BD : AB = DC : AC$

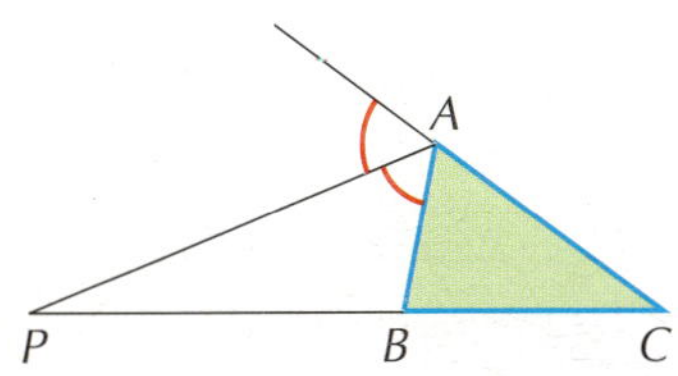

- The external bisector of an angle of a triangle divides the opposite side externally in the ratio of the sides containing the angle:
  $PC : AC = PB : AB$

Areas of polygons

An area is always a positive number that represents the number of square units needed to cover a shape, such as a polygon or a circle.

To find the areas of polygons we start from the area of a rectangle; if b is the base and h is the altitude, the area A is found with the formula: $A = b \cdot h$

Therefore, just because a square is a special rectangle, the area A of a square of side ℓ is: $A = \ell^2$

A parallelogram is equivalent to a rectangle with the same base and the same altitude; thus its area A is found with the formula: $A = b \cdot h$

A triangle is equivalent to a parallellogram which has the same altitude and half the base: $A = \frac{1}{2} b \cdot h$

A trapezium is equivalent to a triangle which has the sum of the two bases of the trapezium as the base, and the same altitude: $A = \frac{1}{2} h(b_1 + b_2)$

A polygon which can be circumscribed to a circle of radius r is equivalent to a triangle which has the perimeter of the polygon as the base and the radius as the altitude; $A = \frac{1}{2} \cdot \text{perimeter} \cdot r$

Circumference and circle

The lenght of a circumference can be evaluated by the perimeter of an inscribed or a circumscribed polygon with an infinite number of sides.

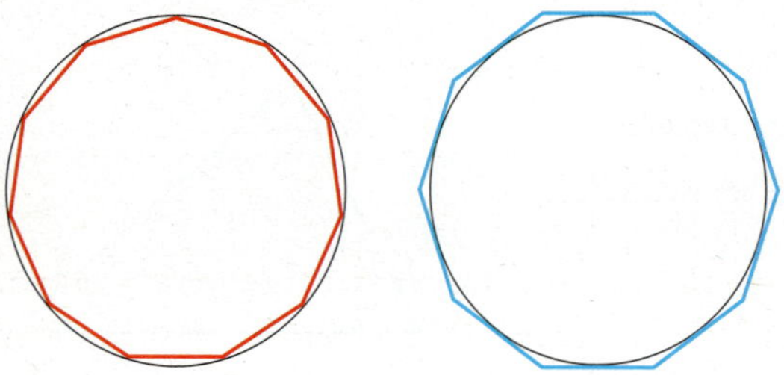

It comes out that the ratio between the circumference and its diameter is a constant, which is an irrational number, that we name π.

Thus the formula to find the lenght C of a circumference of radius r is: $C = 2\pi r$

To find the area of a circle we have to think once again of an inscribed or a circumscribed polygon with an infinite number of sides; that is, a circle has the same area of a triangle which has the circumference as the base and the radius as the altitude:

$$A = \frac{1}{2} \cdot 2\pi r \cdot r \quad \rightarrow \quad A = \pi r^2$$

EXERCISES

CAPITOLO 10 Omotetie e similitudini

OBIETTIVI

- costruire e riconoscere figure omotetiche
- conoscere e saper applicare le proprietà dell'omotetia
- comporre omotetie
- definire una similitudine
- riconoscere figure simili con particolare riferimento ai triangoli
- individuare segmenti proporzionali nei triangoli rettangoli e fra gli elementi di una circonferenza

1 L'OMOTETIA E LE SUE PROPRIETÀ

1.1 Che cos'è un'omotetia

La parola *omotetia* deriva dal greco *Omos tithemi* che significa *porre in modo simile*; si tratta di una trasformazione geometrica che descrive come ingrandire o ridurre una figura lasciandone invariata la forma. Vediamo come si costruisce la legge che la descrive.

Fissato un punto O in un piano α, consideriamo un punto P e la semiretta OP di origine O; scelto un numero k reale e positivo, esiste un solo punto P' sulla semiretta OP tale che sia (***figura 1***)

$$\frac{OP'}{OP} = k$$

Ad esempio se $k = 4$, il punto P' deve essere tale che $\frac{OP'}{OP} = 4$.

La corrispondenza così stabilita fra i punti P e i punti P' di α è biunivoca e può quindi essere considerata come una trasformazione del piano α in sè.
Chiameremo **omotetia di centro *O* e rapporto *k*** o **omotetia diretta** questa trasformazione. Essa verrà indicata, in notazione funzionale, con il simbolo $\omega_{O,k}$.
Esiste però anche un altro punto di α, che indicheremo con P'', che si trova sulla semiretta opposta a OP tale che $\frac{OP''}{OP} = k$ (***figura 2***). Per indicare che P'' si trova da parte opposta di P rispetto ad O, assumeremo convenzionalmente come negativo tale rapporto e scriveremo perciò, se consideriamo $k > 0$

$$\frac{OP''}{OP} = -k$$

Anche la corrispondenza che associa i punti P ai punti P'' è biunivoca ed è perciò una trasformazione che chiameremo **omotetia di centro *O* e rapporto $-k$** o **omotetia inversa**. Essa verrà indicata con il simbolo $\omega_{O,-k}$.

Ricorda:
trasformazione geometrica è una corrispondenza biunivoca fra i punti di un piano. Si esprime mediante una legge che indica il modo in cui i punti vengono associati.

Figura 1

Figura 2

Diamo allora la seguente definizione.

DEFINIZIONE DI OMOTETIA

Dati un punto O del piano α e un numero reale $k \neq 0$, si dice **omotetia di centro O e rapporto k** la trasformazione del piano in sé che associa ad ogni punto P di α il punto P' di α tale che:

- O, P, P' siano allineati
- $OP' \cong |k|OP$
- P' appartenga alla semiretta OP se $k > 0$ (omotetia **diretta**)
  P' appartenga alla semiretta opposta ad OP se $k < 0$ (omotetia **inversa**).

Il punto P' corrispondente di P in $\omega_{O,k}$ si dice anche **omotetico** di P.

L'omotetia è allora la trasformazione geometrica che mantiene costante il rapporto fra segmenti corrispondenti. In particolare:

- se $k = 1$, il rapporto $\dfrac{OP'}{OP} = 1$, cioè $OP' \cong OP$ e quindi P' coincide con P; allora ogni punto P ha per trasformato se stesso e dunque **l'omotetia di rapporto 1 coincide con l'identità** (***figura 3a***);
- se $k = -1$, $\dfrac{OP'}{OP} = -1$, i segmenti OP' ed OP sono congruenti ma opposti rispetto ad O; allora ad ogni punto P viene associato nella $\omega_{O,-1}$ il suo simmetrico rispetto ad O e quindi **l'omotetia di rapporto -1 coincide con la simmetria centrale** (***figura 3b***).

Figura 3

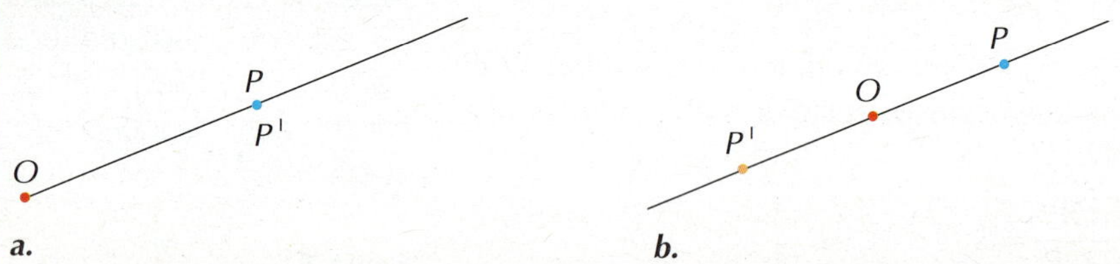

ESEMPI

1. Dato un segmento AB ed un punto O troviamo il segmento $A'B'$ omotetico di AB rispetto al centro O e di rapporto $k = 2$.

Disegnato il segmento AB ed il punto O, tracciamo le semirette OA e OB (***figura 4***). Poiché un segmento è univocamente individuato dai suoi estremi, è sufficiente trovare i punti A' e B' corrispondenti di A e di B nell'omotetia.
Per fare ciò scegliamo:

- sulla semiretta OA un punto A' tale che $\dfrac{OA'}{OA} = 2$
- sulla semiretta OB un punto B' tale che $\dfrac{OB'}{OB} = 2$.

Il segmento $A'B'$ così ottenuto corrisponde ad AB nell'omotetia $\omega_{O,2}$.

Figura 4

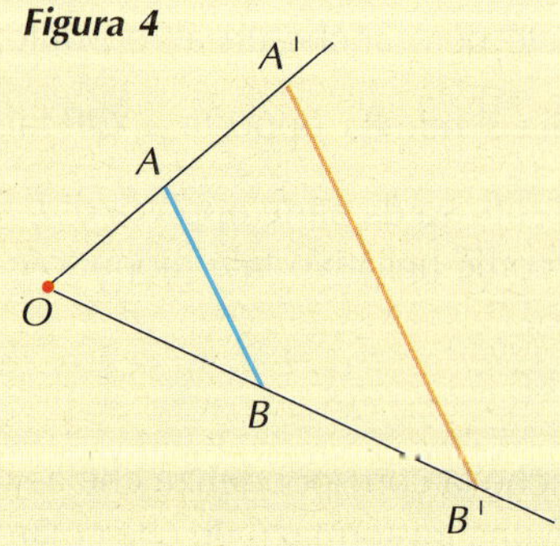

2. Dato un triangolo ABC costruiamo $\widehat{A'B'C'} = \omega_{O,-\frac{1}{2}}(\widehat{ABC})$.

Poiché un poligono è completamente individuato dai suoi vertici, sarà sufficiente trovare i punti corrispondenti di A, B, C. Osserviamo inoltre che il rapporto di omotetia è negativo, quindi i punti omotetici dei vertici del triangolo si trovano sulle semirette opposte ad OA, OB, OC. Tracciamo dunque le rette OA, OB, OC e su queste, da parte opposta rispetto ad O, scegliamo i punti A', B', C' tali che

$$OA' = \frac{1}{2}OA, \qquad OB' = \frac{1}{2}OB, \qquad OC' = \frac{1}{2}OC \qquad (\textbf{\textit{figura 5}}).$$

Il triangolo $A'B'C'$ così ottenuto è quello cercato.

Figura 5

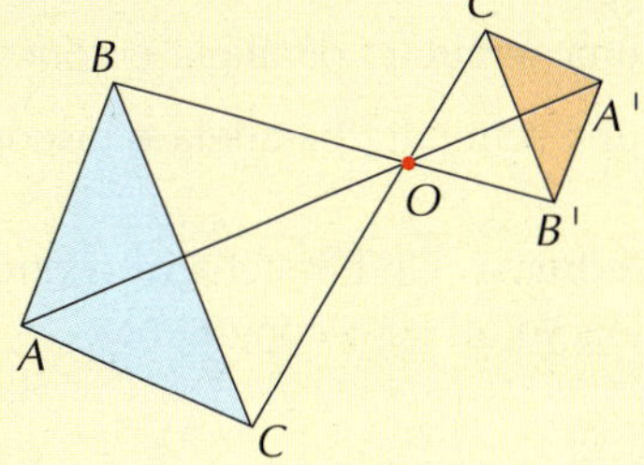

ulteriori esempi

1.2 Le proprietà dell'omotetia

Un'omotetia di centro O e rapporto k gode delle proprietà espresse dai seguenti teoremi.

Teorema. Un'omotetia $\omega_{O,k}$ trasforma un segmento AB in un segmento $A'B'$ ad esso parallelo e tale che $A'B' \cong |k|AB$.

Hp. $A' = \omega_{O,k}(A)$ $\quad$ **Th.** $A'B' \parallel AB$ $\quad$ (***figura 6***)

$B' = \omega_{O,k}(B)$ $\quad$ $A'B' \cong |k|AB$

Dimostrazione.

In base alla definizione di omotetia abbiamo che:

$$\frac{OA'}{OA} = k \quad \text{e} \quad \frac{OB'}{OB} = k \quad \text{cioè} \quad \frac{OA'}{OA} = \frac{OB'}{OB}$$

Allora, per l'inverso del teorema di Talete, $AB \parallel A'B'$.

Come conseguenza del teorema di Talete, sappiamo che in un triangolo una corda parallela a uno dei lati stacca un triangolo che ha i lati proporzionali al primo; da ciò discende immediatamente che:

- se $k > 0$ allora $\dfrac{A'B'}{AB} = k$ e quindi $A'B' \cong kAB$ (***figura 6a***)
- se $k < 0$, consideriamo il segmento $A''B''$ corrispondente di AB nella simmetria di centro O (***figura 6b***); per le precedenti considerazioni possiamo dire che $\dfrac{A'B'}{A''B''} = |k|$ ed essendo $A''B'' \cong AB$, di nuovo $A'B' \cong |k|AB$. ◀

Figura 6

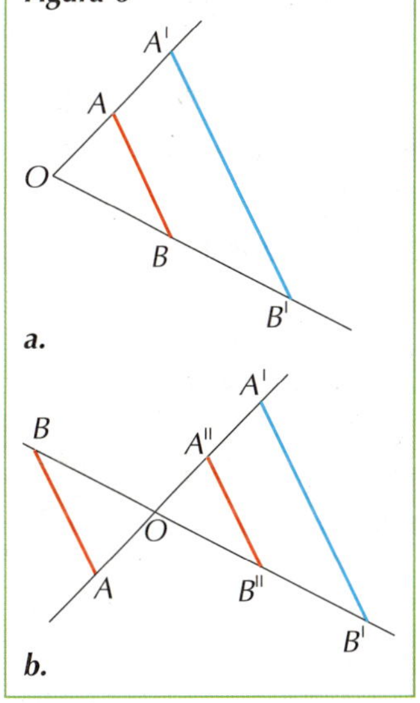

Da questo teorema discendono immediatamente i seguenti:

Teorema. Un'omotetia di centro O e rapporto k trasforma una retta in una retta ad essa parallela.

Presi infatti due punti A e B su una retta r non passante per O, i loro trasformati A' e B' definiscono una retta r' e poiché abbiamo dimostrato che il segmento AB è parallelo ad $A'B'$, anche r è parallela a r' (***figura 7a***).

Se poi r passa per O, la sua trasformata r' coincide con r stessa (***figura 7b***).

Figura 7

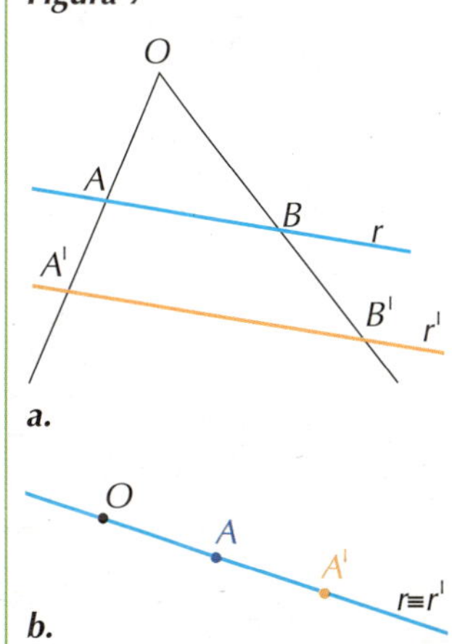

Un ragionamento analogo vale per una semiretta che viene trasformata in (***figura 8***):

- una semiretta parallela e concorde se $k > 0$
- una semiretta parallela e discorde se $k < 0$.

Teorema. Un'omotetia di centro O e rapporto k trasforma un angolo in un angolo ad esso congruente.

Infatti, entrambi i lati dell'angolo vengono trasformati in semirette tra loro parallele e concordi se $k > 0$, parallele e discordi se $k < 0$ (***figura 9***); i due angoli, avendo entrambi i lati paralleli e concordi oppure paralleli e discordi sono quindi congruenti.

Da queste proprietà consegue che:

- se due poligoni si corrispondono in un'omotetia, allora hanno i lati omologhi paralleli e di rapporto $|k|$ e gli angoli omologhi congruenti (***figura 10a***).

Inoltre:

- se $|k| > 1$ si ottiene un ingrandimento della figura (come in ***figura 10a***), se $|k| < 1$ si ottiene una riduzione (come in ***figura 10b***).
- se $k \neq 1$ il solo punto unito della trasformazione è il centro O
- ogni retta passante per il centro dell'omotetia è una retta unita (ma non una retta di punti uniti).

Si dimostra poi che, se due poligoni si corrispondono in una omotetia di rapporto k, allora:

- il rapporto fra i loro perimetri è $|k|$
- il rapporto fra le loro aree è k^2.

Per esempio, se un poligono P ha perimetro 10 e area 20, il poligono P' che corrisponde a P in una omotetia di rapporto $k = \frac{3}{2}$ ha perimetro $10 \cdot \frac{3}{2} = 15$ e ora $20 \cdot \frac{9}{4} = 45$.

ESERCIZI E PROBLEMI pag. 354

Figura 8

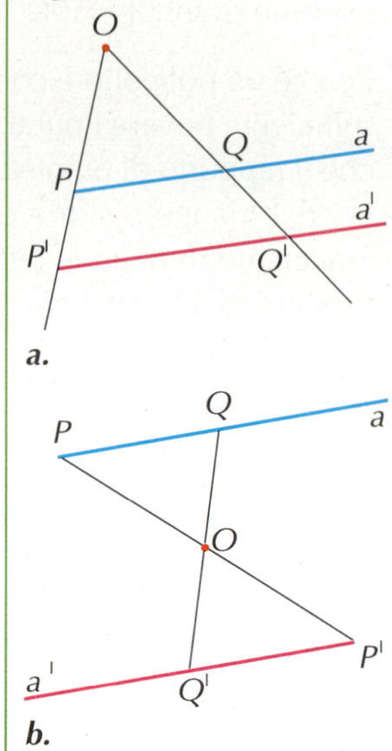

Figura 9

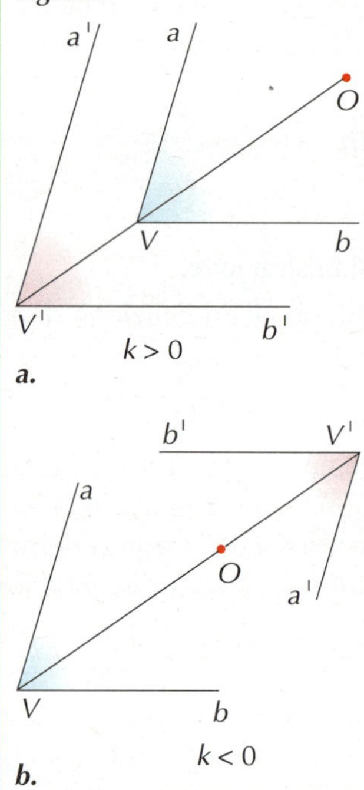

Figura 10

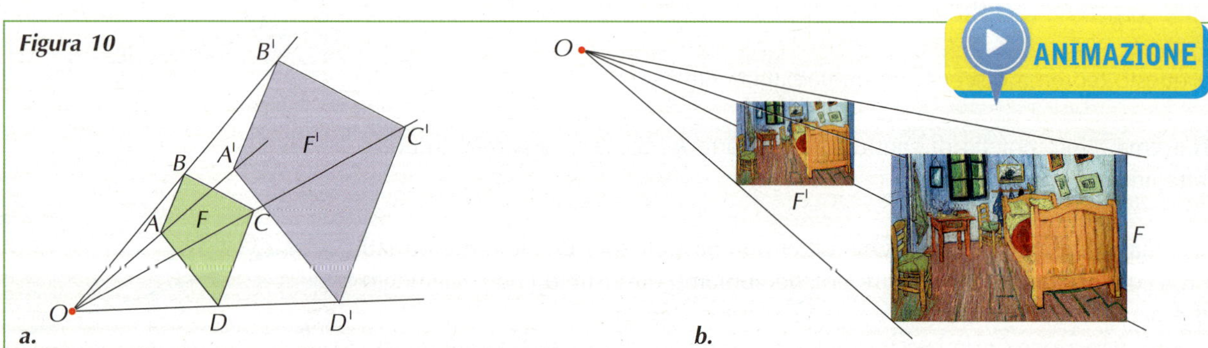

2 IL PRODOTTO DI OMOTETIE

Analogamente a quello che abbiamo fatto a proposito delle isometrie, chiediamoci che cosa accade quando si applicano in successione due omotetie.

Consideriamo dunque l'omotetia $\omega_{P,k}$ di centro P e rapporto k e l'omotetia $\omega_{Q,h}$ di centro Q e rapporto h e chiediamoci a che cosa corrisponde il prodotto $\omega_{Q,h} \circ \omega_{P,k}$, cioè, ricordando che nel prodotto di trasformazioni quella che viene scritta per ultima è quella che viene applicata per prima, che cosa accade quando si applica prima la $\omega_{P,k}$ e successivamente la $\omega_{Q,h}$, distinguendo il caso in cui i due centri coincidono da quello in cui sono diversi.

2.1 Prodotto di omotetie con lo stesso centro

ANIMAZIONE

Per meglio comprendere il procedimento, considereremo come figura F un segmento. Siano dati allora un segmento AB, un centro O e due numeri reali k ed h; possiamo costruire $A'B' = \omega_{O,k}(AB)$ e $A''B'' = \omega_{O,h}(A'B')$ (***figura 11***). Ci chiediamo che relazione esiste fra AB e $A''B''$.

Figura 11

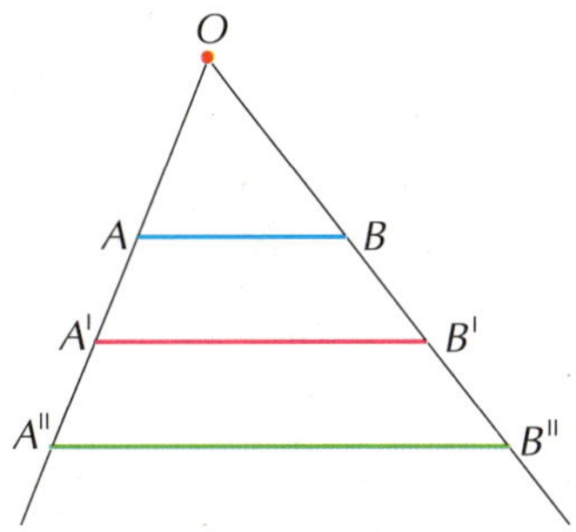

Sicuramente, essendo $A'B' \parallel AB$ e $A''B'' \parallel A'B'$, anche $A''B'' \parallel AB$ ed essendo i punti A, A', A'' e B, B', B'' allineati con O, possiamo concludere che $A''B''$ ed AB si corrispondono in un'omotetia di centro O.

D'altra parte, essendo $\dfrac{A'B'}{AB} = k$ e $\dfrac{A''B''}{A'B'} = h$

Il rapporto $\dfrac{A''B''}{AB} = \dfrac{A''B''}{A'B'} \cdot \dfrac{A'B'}{AB} = h \cdot k$, quindi AB ed $A''B''$ si corrispondono in una omotetia di centro O e rapporto dato dal prodotto dei due rapporti di omotetia.

Quello che abbiamo detto per un segmento vale per una qualunque figura geometrica; possiamo dunque concludere che:

il **prodotto di due omotetie** con lo stesso centro O e rapporti k e h è un'omotetia con lo stesso centro e rapporto kh. In simboli:

$$\omega_{O,h} \circ \omega_{O,k} = \omega_{O,kh}$$

VIDEO RECUPERO

ESEMPI

1. Dato il triangolo ABC di ***figura 12a*** di pagina seguente ed il centro O, costruiamo il suo corrispondente nel prodotto $\omega_{O,2} \circ \omega_{O,-\frac{1}{2}}$.

   Applichiamo per prima la $\omega_{O,-\frac{1}{2}}$ ottenendo il triangolo $A'B'C'$ (***figura 12b***).

   A quest'ultimo applichiamo poi la $\omega_{O,2}$ ottenendo il triangolo $A''B''C''$ (***figura 12c***).

   Come possiamo notare si ottiene lo stesso risultato applicando la $\omega_{O,-1}$ al triangolo ABC in cui il valore del parametro k è ottenuto dal prodotto $-\dfrac{1}{2} \cdot 2$ (***figura 12d***).

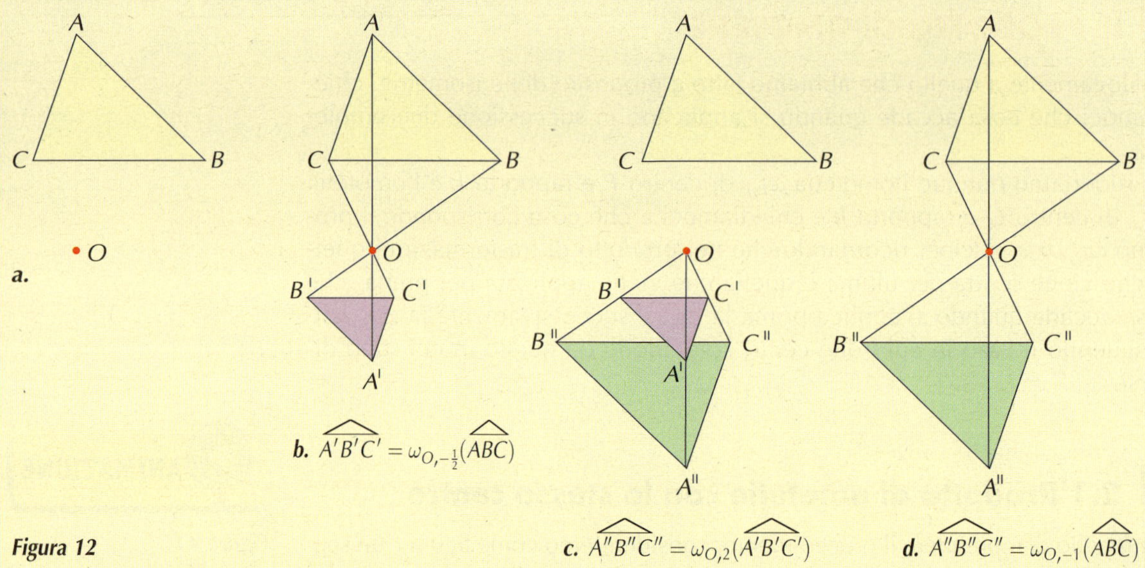

Figura 12

ulteriori esempi

2.2 Prodotto di omotetie con centri diversi

Supponiamo ora che le due omotetie considerate abbiano centri diversi P e Q e rapporti rispettivamente k e h. Come nel caso precedente, consideriamo un segmento AB e troviamo $A'B' = \omega_{P,k}(AB)$ (**figura 13a**); successivamente troviamo $A''B'' = \omega_{Q,h}(A'B')$ (**figura 13b**).

Figura 13

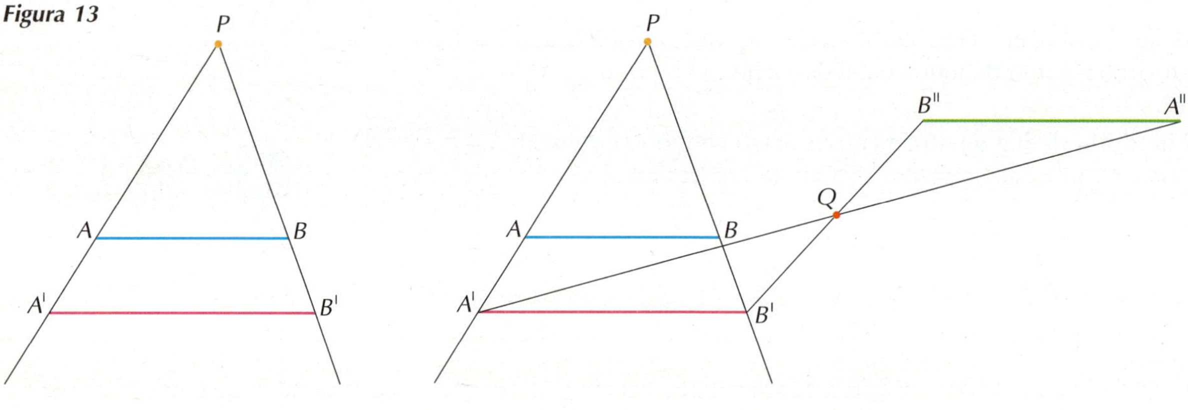

a. $A'B' = \omega_{P,k}(AB)$ **b.** $A''B'' = \omega_{Q,h}(A'B')$

Anche in questo caso ci chiediamo se $A''B''$ ed AB si corrispondono in qualche trasformazione a noi nota.
Osserviamo che, poiché deve risultare che $A'B' \parallel AB$ e $A''B'' \parallel A'B'$, anche $A''B'' \parallel AB$. Inoltre, essendo $A'B' \cong |k|AB$ e $A''B'' \cong |h|A'B'$, $A''B'' \cong |kh|AB$.
Si possono presentare due situazioni: AB è congruente ad $A''B''$ oppure AB non è congruente ad $A''B''$.

- Se $AB \cong A''B''$, poiché deve essere $A''B'' = |hk|AB$, il prodotto hk vale rispettivamente 1 o -1; quando $hk = 1$ il prodotto $\omega_{Q,h} \circ \omega_{P,k}$ è una traslazione di vettore $\overrightarrow{AA''}$, quando $hk = -1$ si ha una simmetria centrale in cui il centro C è allineato con P e Q (***figura 14***).

ANIMAZIONE

Figura 14

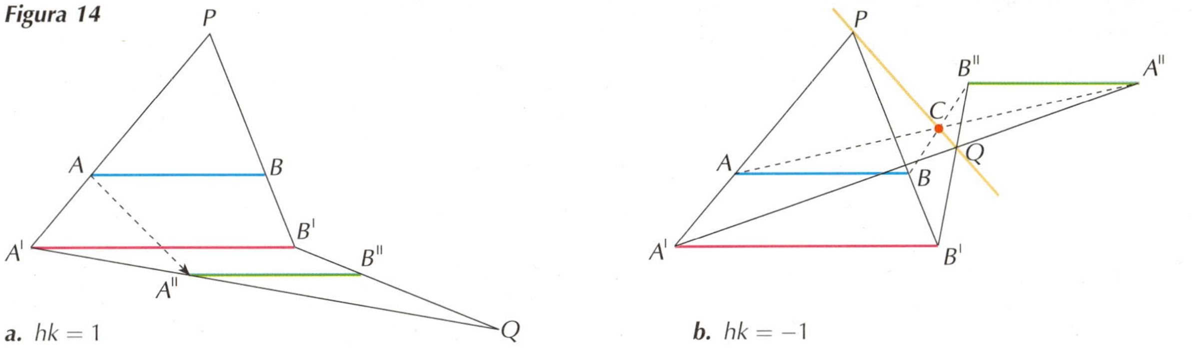

a. $hk = 1$ **b.** $hk = -1$

- Se AB non è congruente ad $A''B''$ il prodotto $\omega_{Q,h} \circ \omega_{P,k}$ è ancora un'omotetia, di rapporto hk e centro O individuato dall'intersezione di due rette passanti per due coppie di punti omologhi, ad esempio gli estremi che si corrispondono dei due segmenti (***figura 15a***). In questo caso il prodotto hk assume valori diversi da 1 o -1. Si dimostra anche che il centro O è allineato con i centri P e Q di $\omega_{P,k}$ e $\omega_{Q,h}$.
  Infatti (***figura 15b***) nella $\omega_{P,k}$ ad O corrisponde un punto O' che appartiene alla retta PO e tale che $O'B' \parallel OB$. Nella $\omega_{Q,h}$, ad O' corrisponde un punto O'' che appartiene alla retta QO' e tale che $O''B'' \parallel O'B'$. Allora $OB \parallel O'B'$, $O'B' \parallel O''B''$, quindi $OB \parallel O''B''$.
  Questo significa che O'' deve coincidere con O visto che B, O e B'' sono allineati; dunque O' è allineato con P ed O, O'' (che coincide con O) è allineato con Q ed O', e perciò anche P, Q ed O sono allineati.

ANIMAZIONE

Figura 15

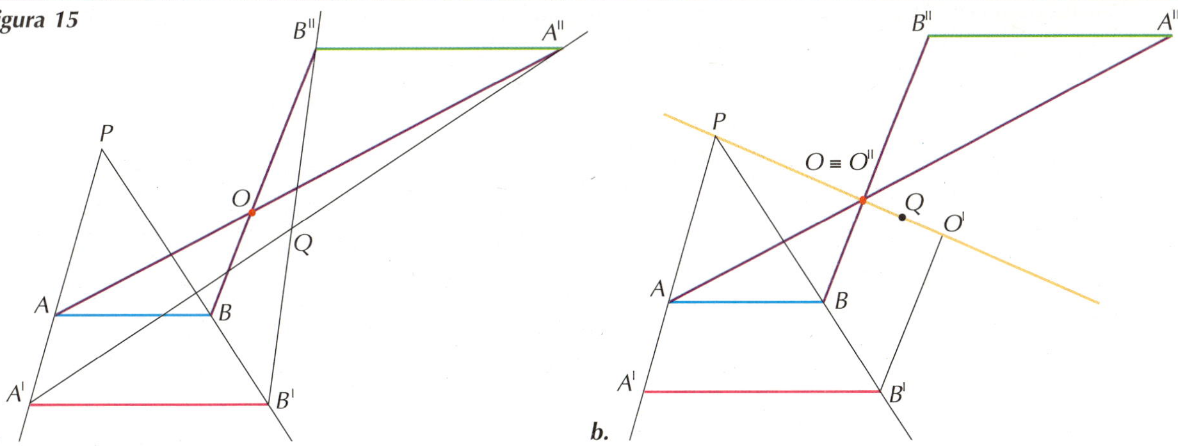

a. **b.**

Possiamo riassumere le considerazioni precedenti enunciando il seguente

Teorema. Il prodotto di due omotetie con centri diversi P e Q e rapporti h e k corrisponde a:

- una traslazione se $hk = 1$; in questo caso il vettore di traslazione è il segmento orientato che congiunge una coppia di punti omologhi

- una simmetria centrale se $hk = -1$; in questo caso il centro della simmetria è il punto medio del segmento che congiunge una coppia di punti omologhi ed è allineato con P e Q
- una omotetia di rapporto hk se $|hk| \neq 1$; in questo caso il centro dell'omotetia è il punto di intersezione delle rette che congiungono due coppie di punti omologhi e tale punto appartiene alla retta PQ.

ESEMPI

1. Dato un triangolo ABC e le omotetie $\omega_{P,2}$ e $\omega_{Q,\frac{1}{3}}$, costruiamo $\widehat{A'B'C'} = \omega_{P,2}(\widehat{ABC})$ e successivamente $\widehat{A''B''C''} = \omega_{Q,\frac{1}{3}}(\widehat{A'B'C'})$ (**figura 16**).

Figura 16

$\widehat{A'B'C'} = \omega_{P,2}(\widehat{ABC})$

$\widehat{A''B''C''} = \omega_{Q,\frac{1}{3}}(\widehat{A'B'C'})$

$\widehat{A''B''C''} = \omega_{O,\frac{2}{3}}(\widehat{ABC})$

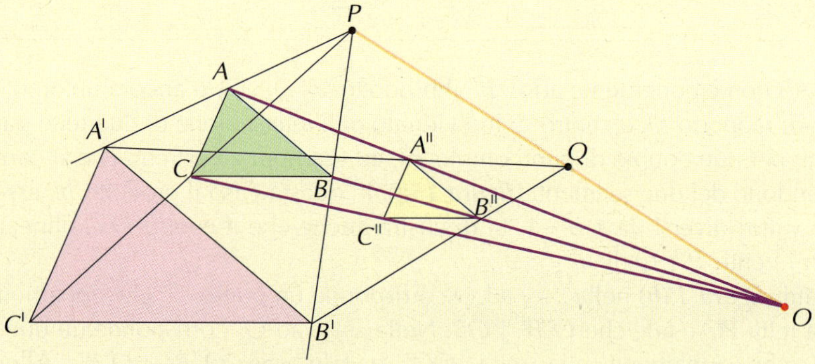

I triangoli $A''B''C''$ ed ABC si corrispondono nell'omotetia di rapporto $k = 2 \cdot \frac{1}{3} = \frac{2}{3}$ e di centro O, intersezione di AA'' con BB''. Puoi osservare che P, O e Q sono allineati e che anche CC'' passa per O.

2. Dato il quadrato $ABCD$ e le omotetie $\omega_{P,3}$ e $\omega_{Q,\frac{1}{3}}$, verifichiamo che il quadrato $A''B''C''D''$ ottenuto dalla composizione delle due omotetie corrisponde ad $ABCD$ in una traslazione. Costruiamo dunque

$A'B'C'D' = \omega_{P,3}(ABCD)$

e poi

$A''B''C''D'' = \omega_{Q,\frac{1}{3}}(A'B'C'D')$ (**figura 17**).

Puoi osservare che il vettore di traslazione è equipollente al segmento orientato BB''. Se consideri il triangolo PQB', che cosa puoi concludere relativamente al vettore $\vec{v}$? (Ricorda il Teorema di Talete).

Figura 17

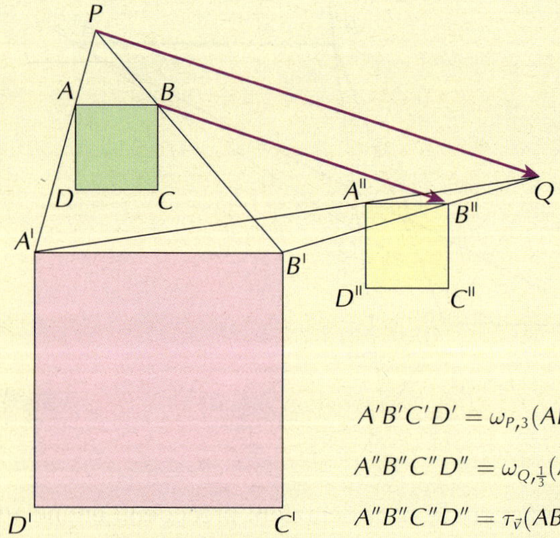

$A'B'C'D' = \omega_{P,3}(ABCD)$

$A''B''C''D'' = \omega_{Q,\frac{1}{3}}(A'B'C'D')$

$A''B''C''D'' = \tau_{\vec{v}}(ABCD)$

ESERCIZI E PROBLEMI pag. 358

3 LA SIMILITUDINE

Consideriamo un punto O nel piano, disegniamo una figura F e troviamo la sua corrispondente F' nell'omotetia di centro O e rapporto k (***figura 18a***); troviamo poi la corrispondente di F' in una qualunque isometria, per esempio nella simmetria di asse r e chiamiamo F'' la figura trasformata.
Osserviamo adesso che, essendoci corrispondenza biunivoca fra i punti di F e quelli di F' e corrispondenza biunivoca fra i punti di F' e quelli di F'' si può far corrispondere ad ogni punto di F uno ed un solo punto di F''; per esempio, poiché A' corrisponde ad A e A'' corrisponde ad A', possiamo far corrispondere A'' ad A.

$$A \longrightarrow A' \longrightarrow A''$$

Fra i punti di F e quelli di F'' viene così a stabilirsi una corrispondenza biunivoca. La stessa cosa accade se F' corrisponde a F in una isometria e F'' corrisponde a F' in una omotetia (***figura 18b***).

DEFINIZIONE DI SIMILITUDINE

Si chiama **similitudine** la trasformazione geometrica che si ottiene dal prodotto di una omotetia con una isometria, in qualunque ordine queste trasformazioni vengano applicate.
Per indicare che due figure G e G' sono simili si scrive $G \sim G'$.

Figura 18

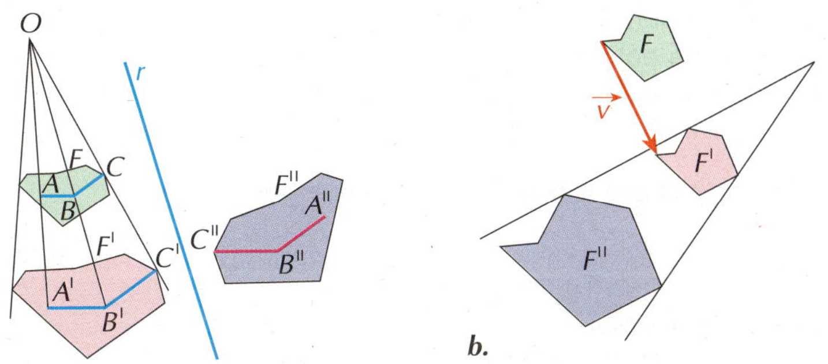

Per scoprire le proprietà di questa nuova trasformazione, riprendiamo i discorsi precedenti e osserviamo che l'isometria che trasforma F' in F'' conserva la congruenza fra segmenti corrispondenti, quindi le relazioni che sussistono fra F' e F, sussistono anche fra F'' e F; per esempio:

visto che $\dfrac{A'B'}{AB} = |k|$ e $A'B' \cong A''B''$ anche $\dfrac{A''B''}{AB} = |k|$

visto che $\widehat{ABC} \cong \widehat{A'B'C'}$ e $\widehat{A'B'C'} \cong \widehat{A''B''C''}$ anche $\widehat{ABC} \cong \widehat{A''B''C''}$

cioè il rapporto fra segmenti corrispondenti si mantiene costante e gli angoli che si corrispondono sono congruenti.
Inoltre, per la similitudine valgono tutte quelle proprietà che valgono contemporaneamente per un'omotetia e per una isometria.
In definitiva possiamo quindi enunciare le seguenti proprietà.

In una similitudine:

- il rapporto fra segmenti corrispondenti è costante ed è uguale al valore assoluto del rapporto di omotetia; esso prende il nome di **rapporto di similitudine** e lo indicheremo con k

- angoli che si corrispondono sono congruenti
- la figura simile a una retta è una retta
- se due rette sono parallele anche le loro corrispondenti lo sono e se due rette sono incidenti anche le loro corrispondenti sono incidenti allo stesso modo.

È poi evidente che:

- due figure omotetiche sono anche simili (l'isometria in questo caso coincide con l'identità)
- due figure congruenti sono anche simili (l'omotetia ha rapporto $k = 1$).

Poligoni con la stessa forma

In geometria i poligoni rivestono particolare importanza perché sono le figure più semplici da studiare e perché ad essi ci si può ricondurre in molte situazioni; nel seguito della nostra trattazione ci occuperemo quindi prevalentemente della similitudine dei poligoni e delle relazioni che da tali similitudini si possono dedurre. Cominciamo allora a chiederci: dati due poligoni, come facciamo a sapere se sono simili? Facciamo qualche prova.
Costruiamo due poligoni che hanno i lati proporzionali; possiamo concludere che sono simili? Se riflettiamo sul fatto che un poligono non è una struttura rigida e che può cambiare la sua forma pur mantenendo le lunghezze dei lati, dobbiamo concludere che

avere i lati proporzionali non è sufficiente per poter concludere che due poligoni sono simili.

Costruiamo due poligoni che hanno gli angoli a due a due congruenti; possiamo dire che sono simili? Basta osservare la ***figura 19*** per rendersene conto: i due esagoni hanno tutti gli angoli di ampiezza 120° ma non sono certo simili. Dunque:

avere gli angoli ordinatamente congruenti non è sufficiente per poter concludere che due poligoni sono simili.

Ma se le due cose accadono contemporaneamente, allora possiamo essere sicuri che i due poligoni sono simili. Tutto ciò è confermato dal seguente teorema.

Figura 19

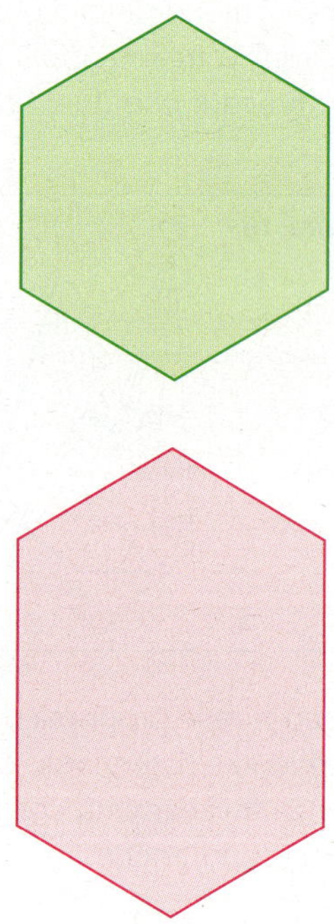

Teorema. Se due poligoni hanno i lati proporzionali e gli angoli ordinatamente congruenti, allora sono simili.

Dimostreremo il teorema per un quadrilatero ma le considerazioni che faremo valgono per un poligono con un qualsiasi numero di lati. Inoltre nelle ipotesi prenderemo in considerazione solo la congruenza di tre coppie di angoli essendo la quarta congruente come conseguenza.

Hp. $\frac{A'B'}{AB} = \frac{B'C'}{BC} = \frac{C'D'}{CD} = \frac{A'D'}{AD}$ **Th.** $ABCD \sim A'B'C'D'$

$\widehat{A} \cong \widehat{A'}$ $\widehat{B} \cong \widehat{B'}$ $\widehat{C} \cong \widehat{C'}$

Dimostrazione.
Preso un punto qualunque O del piano e posto $\frac{A'B'}{AB} = k$, sia $PQRS$ il poligono che corrisponde ad $ABCD$ nell'omotetia di centro O e rapporto k (***figura 20***).
Per le proprietà dell'omotetia si ha quindi che

$$\frac{PQ}{AB} = \frac{QR}{BC} = \frac{RS}{CD} = \frac{PS}{AD} = |k|$$

Ma, per ipotesi, $\frac{A'B'}{AB} = \frac{B'C'}{BC} = \frac{C'D'}{CD} = \frac{A'D'}{AD} = |k|$.

Confrontando queste due relazioni, si deduce che

$$PQ \cong A'B' \qquad QR \cong B'C' \qquad RS \cong C'D' \qquad PS \cong A'D'$$

Inoltre, poiché $ABCD$ ha gli angoli ordinatamente congruenti sia ad $A'B'C'D'$ (per ipotesi) che a $PQRS$ (proprietà dell'omotetia), $PQRS$ e $A'B'C'D'$ hanno gli angoli ordinatamente congruenti per la proprietà transitiva; essi sono quindi congruenti perché hanno tutti i lati e tutti gli angoli ordinatamente congruenti.
Esiste allora una isometria in cui $PQRS$ e $A'B'C'D'$ si corrispondono e quindi $A'B'C'D'$, corrispondendo ad $ABCD$ nel prodotto di una omotetia con una isometria, è ad esso simile. ◀

Figura 20

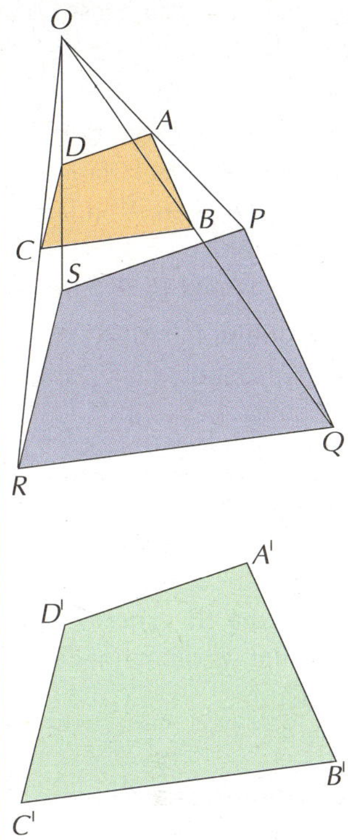

Verificare la congruenza fra tutti gli angoli e la proprozionalità fra tutti i lati di due poligoni è però laborioso e, come nel caso della congruenza, ci si può chiedere se sia possibile effettuare un numero minore di confronti; nei prossimi paragrafi daremo una risposta a questa domanda.

ESERCIZI E PROBLEMI pag. 361

4 I CRITERI DI SIMILITUDINE

4.1 I criteri di similitudine dei triangoli

I triangoli, a differenza dei poligoni sono figure rigide, indeformabili, quindi il fatto di avere i lati proporzionali oppure gli angoli a due a due congruenti potrebbe essere sufficiente per concludere che sono simili.

Queste intuizioni sono avvalorate dai seguenti teoremi che rappresentano i **criteri di similitudine dei triangoli**.

Teorema (I criterio di similitudine). Due triangoli sono simili se hanno due angoli ordinatamente congruenti.

Hp. $\widehat{A} \cong \widehat{A'}$ **Th.** $\overset{\triangle}{ABC} \sim \overset{\triangle}{A'B'C'}$ (***figura 21***)

$\widehat{B} \cong \widehat{B'}$

Figura 21

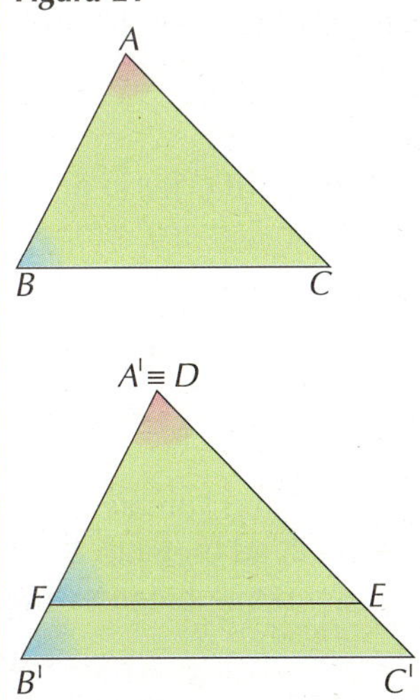

Dimostrazione.

Se i due triangoli avessero anche una coppia di lati congruenti, ad esempio se fosse $AB \cong A'B'$ (oppure $BC \cong B'C'$), essi sarebbero congruenti per il secondo criterio di congruenza dei triangoli (o per il quarto) e perciò anche simili.

Se ciò non accade, poiché $\widehat{A} \cong \widehat{A'}$, con un'isometria è possibile trasformare il triangolo *ABC* nel triangolo *DFE* ad esso congruente in modo che il vertice *D* si sovrapponga ad *A'*, il lato *DE* sia sulla semiretta *A'C'* ed il lato *DF* sulla semiretta *A'B'*.

Allora, poiché $\widehat{B'} \cong \widehat{B}$ per ipotesi, $\widehat{B} \cong \widehat{F}$ per costruzione, anche $\widehat{B'} \cong \widehat{F}$; la retta *FE* è quindi parallela alla retta *B'C'*.

Questo significa che i triangoli *A'B'C'* e *DFE* si corrispondono in un'omotetia di centro *A'*.

Allora il triangolo *A'B'C'* è il risultato della composizione di un'isometria e di un'omotetia, dunque $\overset{\frown}{ABC} \sim \overset{\frown}{A'B'C'}$. ◀

Teorema (II criterio di similitudine). Due triangoli sono simili se hanno due lati ordinatamente proporzionali e gli angoli fra essi compresi congruenti.

Hp. $AB : A'B' = AC : A'C'$
$\widehat{A} \cong \widehat{A'}$

Th. $\overset{\frown}{ABC} \sim \overset{\frown}{A'B'C'}$

Figura 22

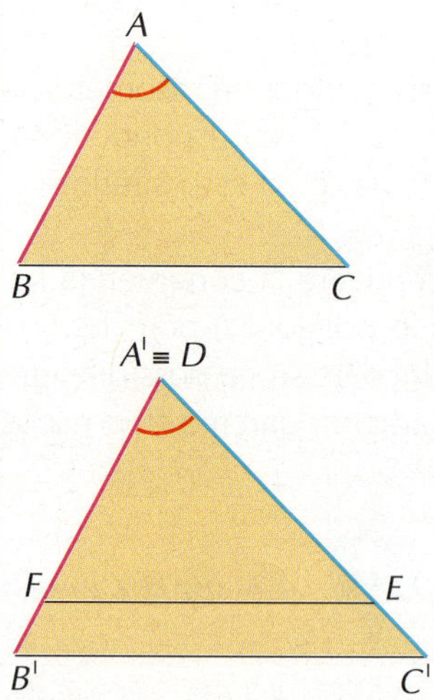

Dimostrazione.

Se il rapporto $\dfrac{AB}{A'B'}$ fosse uguale a 1, i due triangoli sarebbero congruenti per il primo criterio e perciò anche simili.

In caso contrario, essendo $\widehat{A} \cong \widehat{A'}$, è possibile, come nella dimostrazione del teorema precedente, trasformare con un'isometria il triangolo *ABC* nel triangolo *DFE* in cui $D \equiv A'$ (***figura 22***).

Dalla relazione $AB : A'B' = AC : A'C'$ dell'ipotesi, essendo $DF \cong AB$ e $DE \cong AC$, possiamo scrivere la proporzione $DF : A'B' = DE : A'C'$.

Le rette *FE* e *B'C'* sono quindi parallele per l'inverso del teorema di Talete e perciò i triangoli *A'B'C'* e *DFE* sono omotetici. I triangoli *ABC* ed *A'B'C'* sono allora simili perché si corrispondono nel prodotto di una omotetia con una isometria. ◀

Teorema (III criterio di similitudine). Due triangoli sono simili se hanno i tre lati ordinatamente proporzionali.

Hp. $\dfrac{A'B'}{AB} = \dfrac{A'C'}{AC} = \dfrac{B'C'}{BC} = k$

Th. $\overset{\frown}{ABC} \sim \overset{\frown}{A'B'C'}$

Figura 23

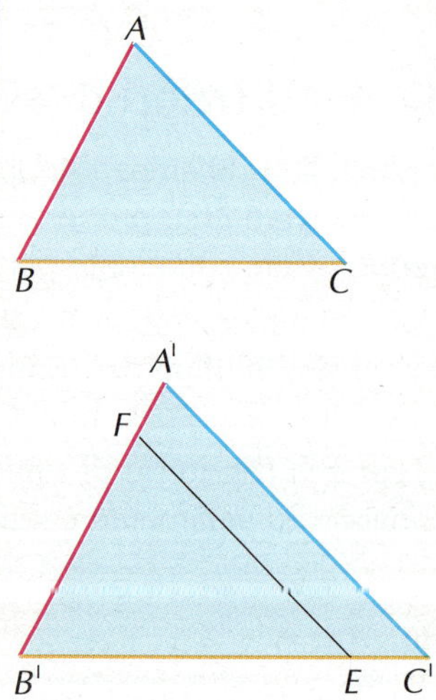

Dimostrazione.

Consideriamo l'omotetia di rapporto $k > 0$ con centro in un vertice del triangolo *A'B'C'*, ad esempio *B'*, e indichiamo con *F* ed *E* i punti a cui corrispondono *A'* e *C'* in tale omotetia (***figura 23***). Il triangolo *B'FE* così ottenuto è tale che

$$\frac{A'B'}{FB'} = \frac{A'C'}{FE} = \frac{B'C'}{B'E} = k$$

Se confrontiamo questi rapporti con quelli dell'ipotesi, deduciamo che $AB \cong FB'$, $AC \cong FE$, $BC \cong B'E$; dunque i triangoli ABC ed $FB'E$ sono congruenti per il terzo criterio di congruenza dei triangoli ed esiste perciò un'isometria nella quale si corrispondono. Allora i triangoli ABC ed $A'B'C'$ si corrispondono in una similitudine. ◀

Dai teoremi dimostrati si deducono immediatamente le seguenti proposizioni:

- tutti i triangoli equilateri sono simili tra loro;
- due triangoli isosceli che hanno un angolo alla base oppure l'angolo al vertice ordinatamente congruenti sono simili;
- due triangoli rettangoli che hanno una coppia di angoli acuti ordinatamente congruenti sono simili.

VIDEO RECUPERO

ESEMPI

1. Prolunghiamo il lato AD di un parallelogramma $ABCD$, dalla parte di D; prendiamo su tale prolungamento un punto P e tracciamo il segmento PB che incontra in Q il lato CD. Dimostriamo che sono simili i triangoli PAB, PDQ e QCB.

Hp. $DC \parallel AB \wedge AD \parallel BC$ **Th.** $\widehat{PAB} \sim \widehat{PDQ} \sim \widehat{QCB}$ (***figura 24***)

Figura 24

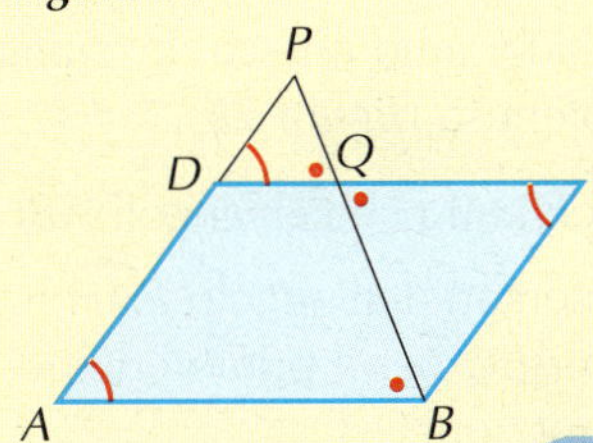

Osserviamo che, poiché i lati opposti di un parallelogramma sono paralleli e gli angoli opposti sono congruenti, sussistono le seguenti congruenze fra angoli:

$\widehat{PDQ} \cong \widehat{PAB} \cong \widehat{DCB}$ $\widehat{PQD} \cong \widehat{PBA} \cong \widehat{BQC}$

I tre triangoli sono quindi simili per il primo criterio.

ulteriori esempi

4.2 Le proprietà dei triangoli simili

Se due triangoli si corrispondono in una similitudine, non solo i lati sono proporzionali, ma lo sono anche tutte le coppie di segmenti che si corrispondono; se allora tracciamo le altezze, le mediane o le bisettrici, oppure valutiamo i perimetri, anche fra questi elementi esiste proporzionalità. In particolare, con riferimento alla ***figura 25***, possiamo enunciare le seguenti proprietà.

PROPRIETÀ DEI TRIANGOLI SIMILI

Se due triangoli sono simili con rapporto di similitudine uguale a k:

- le altezze, le mediane e le bisettrici che si corrispondono sono proporzionali ad una coppia di lati omologhi, cioè il loro rapporto è uguale al rapporto di similitudine.

In simboli: $\left.\begin{array}{l} AB : A'B' = CH : C'H' \\ AB : A'B' = CM : C'M' \\ AB : A'B' = CF : C'F' \end{array}\right\}$ $\quad \dfrac{CH}{C'H'} = \dfrac{CM}{C'M'} = \dfrac{CF}{C'F'} = k$

Figura 25

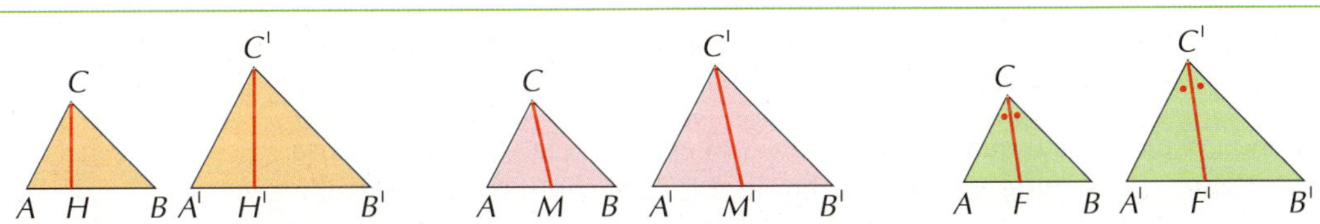

- i perimetri sono proporzionali ad una coppia di lati omologhi, cioè il loro rapporto è uguale al rapporto di similitudine.

  Infatti dalla relazione $AB : A'B' = BC : B'C' = AC : A'C'$

  applicando la proprietà del comporre otteniamo

$$(AB + BC + AC) : (A'B' + B'C' + A'C') = AB : A'B'$$

  cioè $2p : 2p' = AB : A'B' \quad \rightarrow \quad \frac{2p}{2p'} = k$

- le aree sono proporzionali al quadrato di una coppia di lati omologhi, cioè il loro rapporto è uguale al quadrato del rapporto di similitudine.

  Infatti, se b e b' sono le basi dei due triangoli e h e h' sono le rispettive altezze, le due aree sono date dalle espressioni:

$$S = \frac{1}{2}bh \qquad \text{e} \qquad S' = \frac{1}{2}b'h'$$

  Ma se $\frac{b}{b'} = k$ e $\frac{h}{h'} = k$ allora $\frac{S}{S'} = \frac{bh}{b'h'} = k^2$.

Consideriamo adesso un triangolo rettangolo e tracciamo l'altezza relativa all'ipotenusa (***figura 26***).

Figura 26

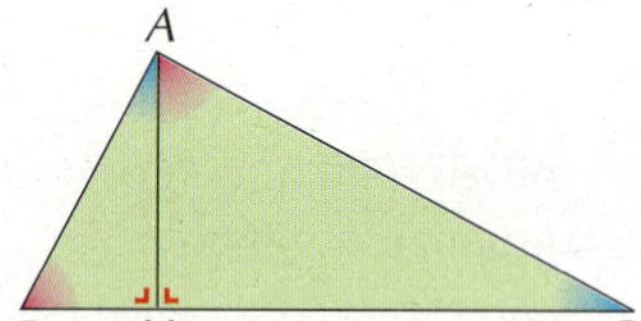

Osserviamo che gli angoli $\widehat{ABH}$ e $\widehat{HAC}$ sono congruenti perché entrambi complementari dell'angolo $\widehat{BAH}$; i triangoli ABH e AHC sono quindi simili al triangolo ABC per il primo criterio di similitudine e si possono scrivere le seguenti proporzioni:

- confrontando i triangoli ABC e ABH: $\quad BC : AB = AB : BH$
- confrontando i triangoli ABC e ACH: $\quad BC : AC = AC : CH$
- confrontando i triangoli ABH e ACH: $\quad BH : AH = AH : HC$

Le prime due relazioni ci dicono che:

CORRISPONDENZA CON I TEOREMI DI EUCLIDE

> in ogni triangolo rettangolo ciascun cateto è medio proporzionale fra l'ipotenusa e la proiezione del cateto stesso sull'ipotenusa

La terza relazione ci dice che:

> in ogni triangolo rettangolo l'altezza relativa all'ipotenusa è media proporzionale fra le proiezioni dei cateti sull'ipotenusa.

Ripensando alle equivalenze fra figure geometriche, possiamo ritenere che queste due ultime proprietà siano equivalenti ai teoremi di Euclide.
Infatti:

- la prima ci dice che il quadrato costruito su ciascun cateto è equivalente al rettangolo che ha per lati l'ipotenusa e la proiezione del cateto stesso sull'ipotenusa (primo teorema di Euclide);
- la seconda ci dice che il quadrato costruito sull'altezza relativa all'ipotenusa è equivalente al rettangolo che ha per lati le due proiezioni dei cateti sull'ipotenusa (secondo teorema di Euclide).

ATTENZIONE AGLI ERRORI

Spesso si fa confusione nello stabilire l'esatto ordine in cui scrivere i termini di una proporzione relativa ai lati di due poligoni simili. Occorre perciò ricordare che si corrispondono in una similitudine i lati che sono opposti agli angoli congruenti dei due poligoni.
Per scrivere le proporzioni dei due teoremi precedenti abbiamo tenuto conto del fatto che nei triangoli *ABC* ed *ABH* di ***figura 26*** a pagina precedente:

- il lato *BC* del triangolo *ABC* è l'omologo del lato *AB* del triangolo *ABH* perché entrambi opposti all'angolo retto;
- il lato *AB* del triangolo *ABC* è l'omologo del lato *BH* del triangolo *ABH* perché questi segmenti sono opposti ai due angoli congruenti $\widehat{ACB}$ e $\widehat{BAH}$.

4.3 I criteri di similitudine dei poligoni

Anche per dimostrare la similitudine dei poligoni con più di tre lati ci vengono in aiuto alcuni criteri che ci limitiamo ad enunciare.

I CRITERI E LE PROPRIETÀ

Teorema. Due poligoni di uguale numero di lati sono simili se hanno i lati omologhi proporzionali e gli angoli ordinatamente congruenti, ad eccezione di:

- tre angoli consecutivi, oppure
- due angoli consecutivi ed il lato ad essi comune, oppure
- due lati consecutivi e l'angolo fra essi compreso

sui quali non si fanno ipotesi.

Conseguenza immediata di questo teorema è che

- due poligoni regolari con lo stesso numero di lati sono simili.

I poligoni simili godono delle seguenti proprietà:

- il rapporto fra i perimetri di due poligoni simili è uguale a quello di due lati omologhi.
- I perimetri di due poligoni regolari con lo stesso numero di lati sono proporzionali ai raggi delle circonferenze ad essi circoscritte.
- Se da due vertici omologhi di due poligoni simili si tracciano le diagonali, i due poligoni rimangono divisi in triangoli simili (***figura 27***).
- In poligoni simili il rapporto fra le aree è uguale al quadrato del rapporto di similitudine.

Figura 27

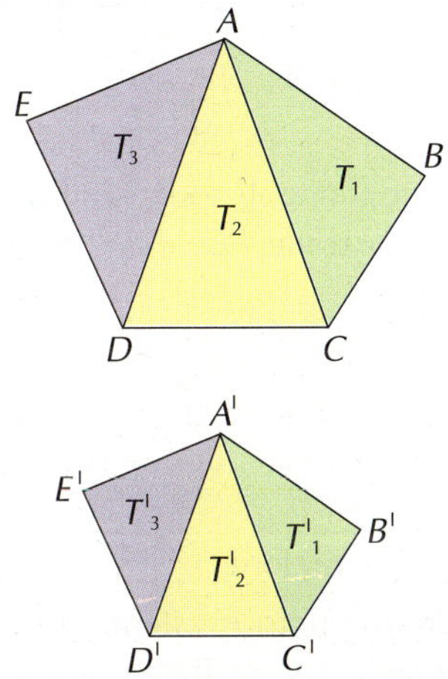

Approfondimento
Le dimostrazioni delle proprietà dei poligoni simili

ESERCIZI E PROBLEMI pag. 362

5 LA SIMILITUDINE E LA CIRCONFERENZA

Vediamo ora di evidenziare alcuni significativi rapporti di similitudine relativi ad elementi di una circonferenza, che ci saranno utili nella risoluzione di problemi. Consideriamo allora una circonferenza e tracciamo due corde che si intersecano in un punto P; vale il seguente teorema.

Teorema. Se due corde di una circonferenza si intersecano, i segmenti dell'una sono i medi e i segmenti dell'altra sono gli estremi di una proporzione.

TEOREMA DELLE CORDE

Figura 28

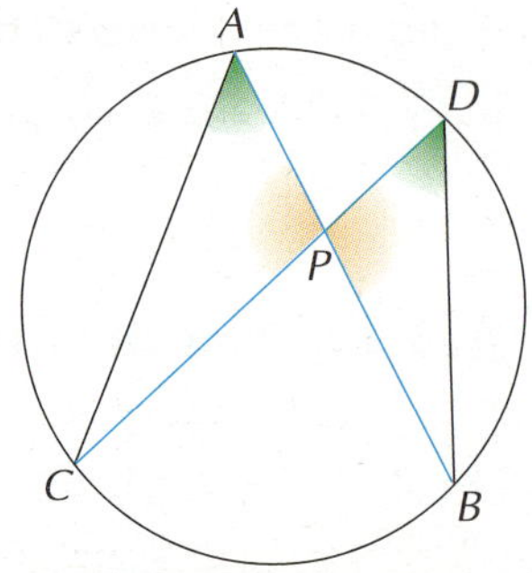

Dimostrazione.
Dobbiamo dimostrare che vale la proporzione $CP : BP = AP : DP$ (***figura 28***).
Consideriamo i triangoli CPA e BPD. In essi:

$\widehat{CAB} \cong \widehat{CDB}$ perché angoli alla circonferenza che insistono sullo stesso arco $\overset{\frown}{CB}$

$\widehat{CPA} \cong \widehat{BPD}$ perché opposti al vertice

I due triangoli sono simili per il primo criterio di similitudine e dunque vale la proporzione (ricorda che i segmenti omologhi sono quelli opposti agli angoli congruenti) $CP : BP = AP : DP$. ◀

ANIMAZIONE

Valgono inoltre i seguenti teoremi.

Teorema. Se da un punto esterno a una circonferenza si tracciano due secanti, una secante e la sua parte esterna sono i medi, l'altra secante e la sua parte esterna sono gli estremi di una proporzione.

TEOREMA DELLE SECANTI

Figura 29

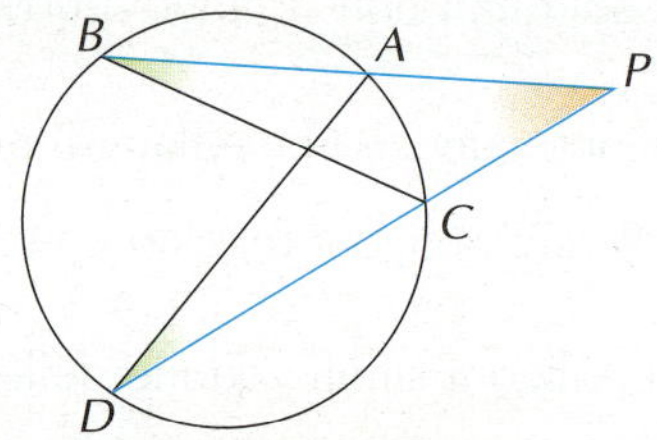

In questo e nel successivo teorema quando diciamo "la secante e la sua parte esterna" intendiamo rispettivamente i segmenti che hanno per estremi il punto esterno P e i due punti di intersezione con la circonferenza più lontano e più vicino a P, cioè PB e PA (***figura 29***).

Dimostrazione.
Con riferimento alla stessa figura, dobbiamo dimostrare che $PD : PB = PA : PC$.
Consideriamo i triangoli PAD e PBC. In essi:

$\widehat{APD} \cong \widehat{BPC}$ per la proprietà riflessiva della congruenza

$\widehat{PDA} \cong \widehat{PBC}$ perché angoli alla circonferenza che insistono sullo stesso arco $\overset{\frown}{AC}$

I due triangoli sono simili per il primo criterio di similitudine e dunque vale la proporzione $PD : PB = PA : PC$. ◀

ANIMAZIONE

Teorema. Se da un punto esterno a una circonferenza si tracciano una secante ed una tangente, il segmento di tangente è medio proporzionale fra l'intera secante e la sua parte esterna.

TEOREMA DELLA SECANTE E DELLA TANGENTE

Dimostrazione.
Da un punto P esterno a una circonferenza tracciamo una secante e una tangente come in ***figura 30***; dobbiamo dimostrare che $PB : PQ = PQ : PA$.

Consideriamo i triangoli PBQ e PAQ. In essi

$\widehat{BPQ} \cong \widehat{APQ}$ per la proprietà riflessiva della congruenza (è lo stesso angolo)

$\widehat{PBQ} \cong \widehat{PQA}$ perché angoli alla circonferenza che insistono sullo stesso arco $\overset{\frown}{AQ}$

I due triangoli sono simili per il primo criterio di similitudine e dunque vale la proporzione $PB : PQ = PQ : PA$. ◀

Figura 30

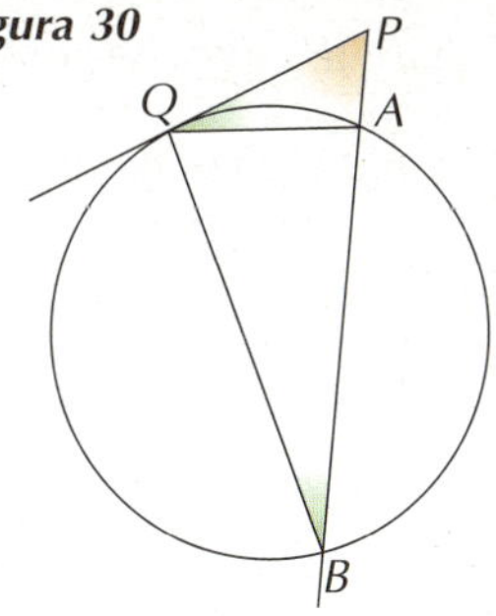

I teoremi ora visti si possono enunciare in modo diverso coinvolgendo le equivalenze fra figure geometriche. Possiamo cioè dire che in una circonferenza:

- date due corde che si intersecano, il rettangolo i cui lati sono i segmenti in cui resta divisa una corda è equivalente al rettangolo i cui lati sono i segmenti in cui resta divisa l'altra corda (puoi ancora riferirti alla ***figura 28***);
- date due secanti condotte da un punto esterno alla circonferenza, il rettangolo i cui lati sono uno l'intera secante e l'altro la sua parte esterna è equivalente al rettangolo i cui lati sono l'altra secante e la sua parte esterna (puoi ancora riferirti alla ***figura 29***);
- data una secante e una tangente condotte da un punto esterno alla circonferenza, il quadrato che ha per lato il segmento di tangente è equivalente al rettangolo i cui lati sono l'intera secante e la sua parte esterna (puoi ancora riferirti alla ***figura 30***).

Dalle ultime due considerazioni segue che, in qualunque modo si tracci una secante da un punto P esterno alla circonferenza (e quindi anche la tangente) i rettangoli che si possono costruire nel modo anzidetto sono tutti equivalenti fra loro e perciò hanno la stessa area (***figura 31***). Tale area si dice **potenza** del punto P.

Figura 31

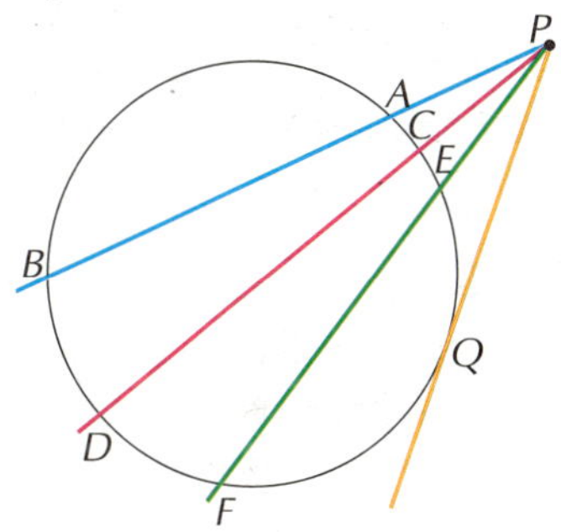

$r(PB, PA) \doteq r(PD, PC) \doteq r(PF, PE) \doteq q(PQ)$

Vale inoltre il seguente teorema detto di Tolomeo dal nome del matematico vissuto ad Alessandria d'Egitto nel secondo secolo dopo Cristo.

Teorema (di Tolomeo). Se un quadrilatero è inscrittibile in una circonferenza, il rettangolo che ha per dimensioni le diagonali è equivalente alla somma dei rettangoli che hanno per lati i lati opposti del quadrilatero.

Dimostrazione.

Dobbiamo dimostrare che $r(AC, BD) \doteq r(AB, CD) + r(BC, AD)$ (***figura 32***). Tracciamo dal vertice A una semiretta r che formi con il lato AB un angolo congruente a $\widehat{CAD}$ e indichiamo con P il punto in cui r interseca la diagonale BD. I triangoli ABP e ACD sono simili per il primo criterio di similitudine; infatti

$\widehat{BAP} \cong \widehat{CAD}$ per costruzione

$\widehat{ABP} \cong \widehat{ACD}$ perché angoli alla circonferenza che insistono sullo stesso arco $\overset{\frown}{AD}$.

Figura 32

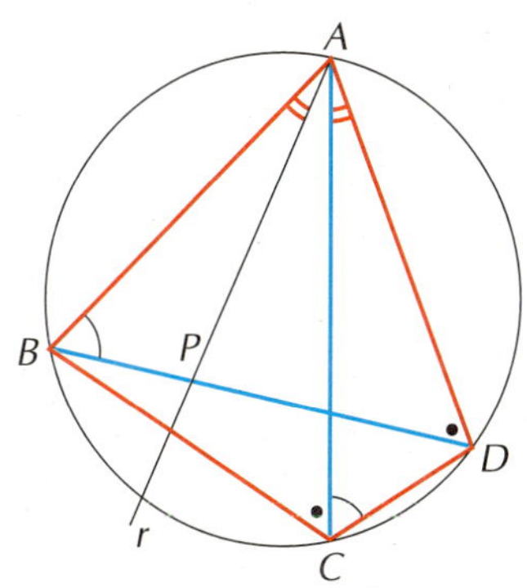

Possiamo allora scrivere la proporzione $BP : CD = AB : AC$ dalla quale deduciamo che

$$r(CD, AB) \doteq r(BP, AC) \qquad \textbf{(A)}$$

Osservando la ***figura 32***, notiamo che anche i triangoli ABC e APD sono simili per il primo criterio; infatti:

$\widehat{BAC} \cong \widehat{DAP}$ perché somme di angoli congruenti

$\widehat{BCA} \cong \widehat{BDA}$ perché angoli alla circonferenza che insistono sullo stesso arco $\widehat{AB}$

Scriviamo allora la proporzione $DP : CB = AD : AC$ dalla quale deduciamo che

$$r(CB, AD) \doteq r(DP, AC) \qquad \textbf{(B)}$$

Sommiamo membro a membro le relazioni (**A**) e (**B**):

$$r(CD, AB) + r(CB, AD) \doteq r(BP, AC) + r(DP, AC)$$

Ricordando le proprietà delle equivalenze, possiamo riscrivere quest'ultima relazione in questo modo

$$r(CD, AB) + r(CB, AD) \doteq r(BP + DP, AC)$$

cioè, essendo $BP + DP \cong DB$,

$$r(CD, AB) + r(CB, AD) \doteq r(DB, AC)$$ ◀

Ricordiamo, anche se ne omettiamo la dimostrazione, che di questo teorema vale anche l'inverso, cioè:

se in un quadrilatero il rettangolo che ha per dimensioni le diagonali è equivalente alla somma dei rettangoli che hanno per lati i lati opposti, allora il quadrilatero è inscrittibile in una circonferenza.

Approfondimento
La sezione aurea di un segmento

ESERCIZI E PROBLEMI pag. 368

IL CAPITOLO SI COMPLETA CON:

CONCETTI CHIAVE E REGOLE | LABORATORIO | SCHEDE STORICHE E DI CURIOSITÀ | PRESENTAZIONI IN POWERPOINT

Homothety and similarity
BASIC CONCEPTS

CLIL

AUDIO FILE

Key Terms

homothety, dilation	ratio of similarity
centre, coefficient of homothety	secant segment
similarity	external segment

Homothety

A **homothety** or a **dilation** is a geometric transformation defined by a point O called the *centre of homothety* and a real number k, different from zero, known as its *coefficient*.
The image of any point P in the plane is the point P' which lies onto the line OP and satifies the condition

$$\frac{OP'}{OP} = k$$

If k is a positive number P' lies on the same side of P respect to O, if k is a negative number P' lies on the opposite side of P.
If P' is the image of P in an homothety with centre O and coefficient k we write

$$P' = \omega_{O,k}(P)$$

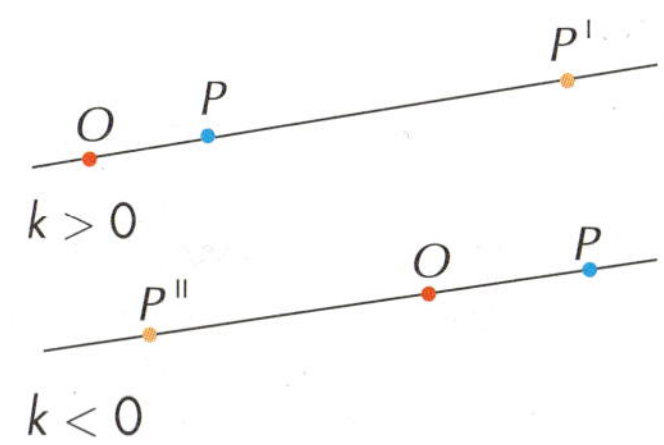

Particular cases are:
- $k = 1$ the homothety is the identity transformation
- $k = -1$ the homothety is a reflection in the point O.

We can also say that if $|k| > 1$ the image F' of a figure F is an expansion of F; if $|k| < 1$ the image is a contraction of F.

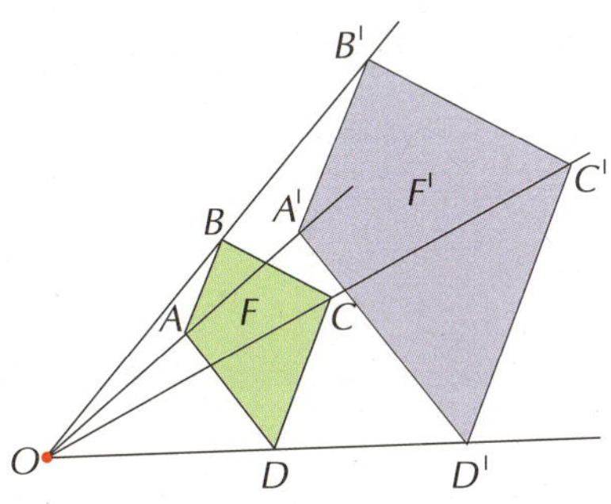

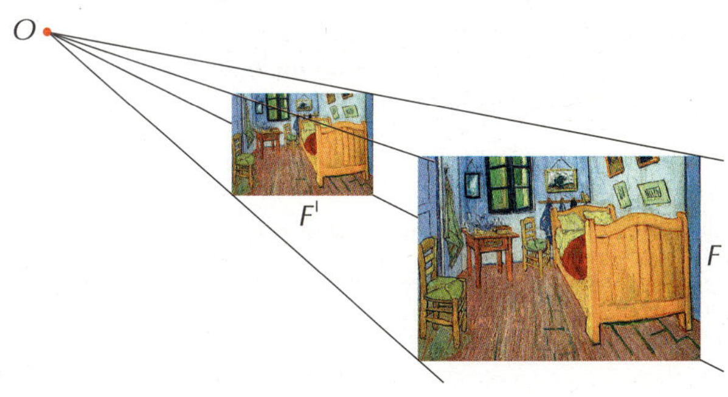

The main features of a homothety are the following:
- a line and its image are parallel
- a line segment and its image are parallel and the length of the image is k times the original length
- an angle and its image are congruent
- there is only one fixed point which is the point O
- every line through O is a fixed line although not pointwise.

Besides of these, if F and F' are two polygons and $F' = \omega_{O,k}(F)$, then:
- the ratio between their perimeters is k
- the ratio between their areas is k^2.

Similarity

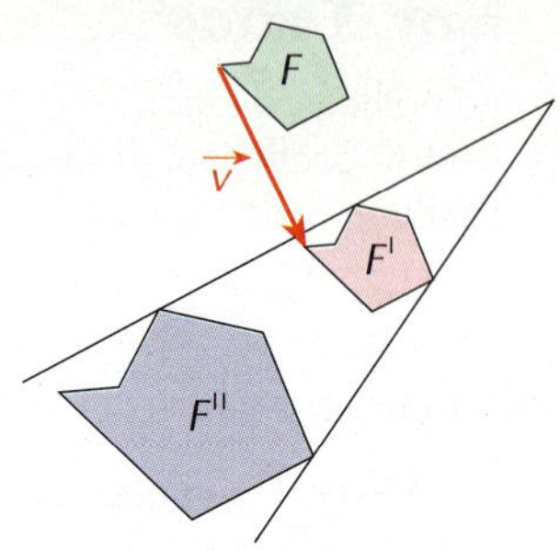

A **similarity transformation** is the composition of a homothety and an isometry, in whichever order they are applied.
Any two figures related by a similarity transformation are called *similar*.

To indicate that two figures F and F' are similar, we write $F \sim F'$.

Similar figures are figures that have the same shape, but not necessarily the same size.

In a similarity with ratio k:

- the image of a line segment AB is a line segment $A'B'$ where the $A'B' \cong kAB$
- corresponding angles are congruent
- the image of a line is a line
- parallel lines map onto parallel lines.

As a consequence, when two figures, and in particular two polygons, are similar, then corresponding angles are congruent and line segments are in proportion. The converse is also true:

- two polygons are similar if their corresponding sides are proportional and their corresponding angles are congruent.

Similarity of triangles

As any polygon, two triangle are similar if they have proportional sides and corresponding congruent angles. As a matter of fact, to show that two triangles are similar, we do not need to know all these six measures; the following theorems state the conditions.

- **First criterion.** Two triangles are similar if two interior angles in one triangle are congruent to the corresponding angles in the other.
  It is also true that the third pair of angles are congruent; thus this is called the AAA (angle angle angle) criterion.
- **Second criterion.** Two triangles are similar if two sides in one triangle are in the same proportion to the corresponding sides in the other, and the included angles are congruent.
  This is called the SAS (side angle side) criterion.
- **Third criterion.** Two triangles are similar if all three sides in one triangle are in the same proportion to the corresponding sides in the other.
  This is called the SSS (side side side) criterion.

Thanks to these theorems we can say that:

- all equilateral triangles are similar
- two isosceles triangles that have either the base angles or the vertex angle orderly congruent are similar
- two right angled triangles that have a couple of acute orderly congruent angles are similar
- if a line is parallel to one side of a triangle and intersects the other two sides of the triangle, the line divides these two sides proportionally.

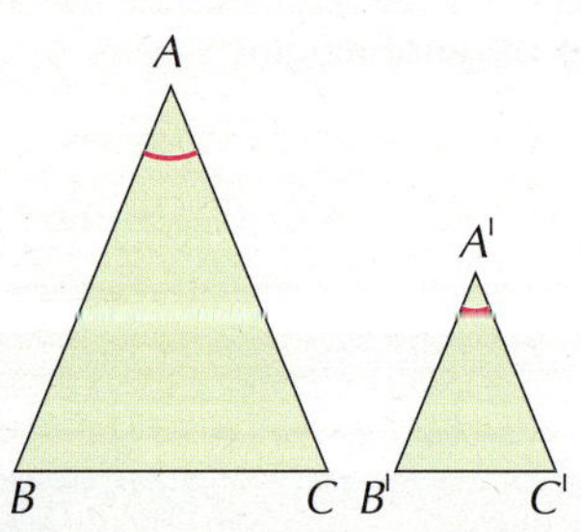

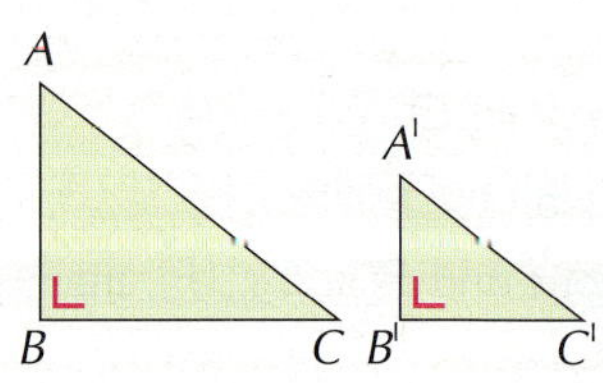

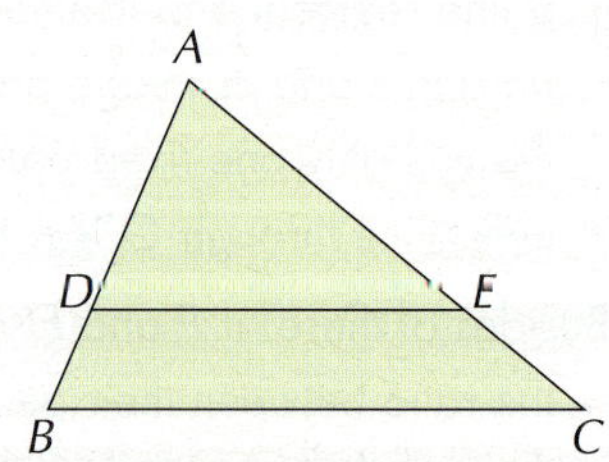

Similar triangles have a few properties:

- the altitude, the medians and the bisectors of the interior angles are proportional to a couple of corresponding sides
- the perimeters are proportional to a couple of corresponding sides
- the areas are proportional to the square of a couple of corresponding sides.

Similarity of polygons

Similar criteria can be set out to verify similarity between two polygons.

- Two polygons with the same number of sides are similar if they have proportional sides and congruent corresponding angles except:
  - three consecutive angles, or
  - two consecutive angles and the common side, or
  - two consecutive sides and the interior angle between them

  on which we do not make any assumption.

This means that, to veritfy that two polygons are similar, we have to check all the sides and all the angles except the elements specified in the theorem.
As a consequence, we can state that two regular polygons with the same number of sides are similar.

Similarity and circles

Drawing chords, secant lines and tangent lines in a circle we can find some proportionality relations.

When two chords of the same circle intersect, each chord is divided into two segments by the other chord so that:

- the segments of a chord are the means and the segments of the other chord are the extremes of a proportion.

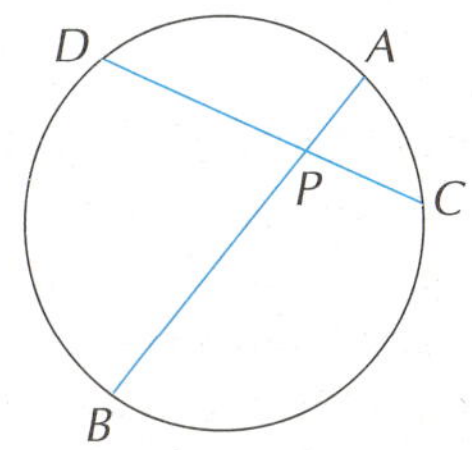

$DP : AP = PB : PC$

Every secant line from a point P which is out of the circle defines two segments with the circle itself. The one from P to the farther intersection point is called *secant segment* (the segment PB or PD), the one from P to the nearest intersection point is called *external segment* (the segment PA or PC). Given these conditions, the theorem states that:

- a secant segment and its external segment are the means, the other secant segment and its external segment are the extremes of a proportion.

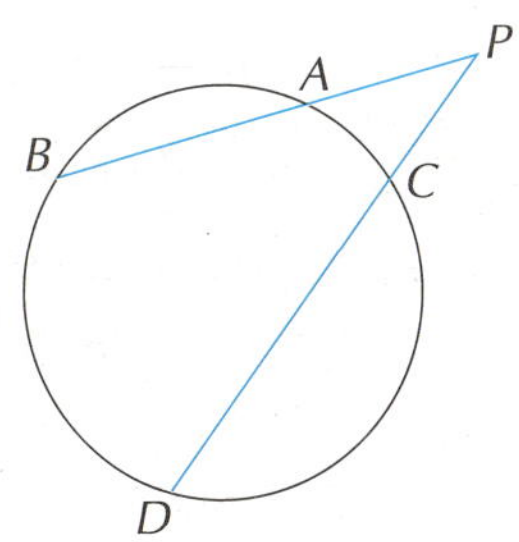

$PD : PB = PA : PC$

A similar theorem exists when a secant segment and a tangent segment are drawn from a point P out of the circle.

- The tangent segment is mean proportional between the secant segment and the external segment.

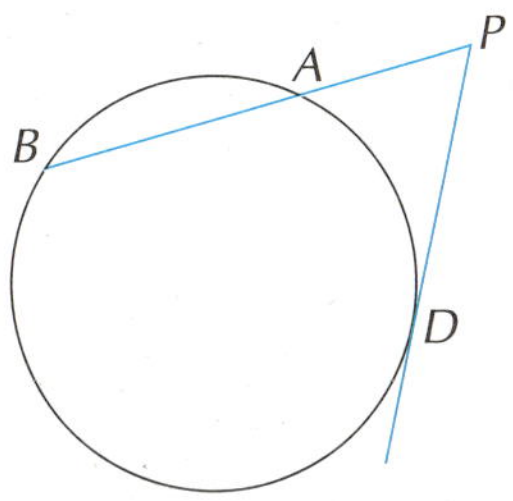

$PB : PD = PD : PA$

EXERCISES

ESERCIZI

CAPITOLO 1

I primi elementi

IL LINGUAGGIO DELLA GEOMETRIA E GLI ASSIOMI

teoria a pagina 9

Comprensione

SOLUZIONI ES. COMPRENSIONE

1 I termini primitivi della geometria sono oggetti geometrici:
a. di cui è necessario dare una definizione precisa
b. che sono l'astrazione di oggetti concreti
c. che è necessario introdurre ma che non devono essere definiti
d. non necessari ma che si introducono per facilitare lo studio di questa disciplina.

2 I termini primitivi della geometria euclidea sono:
a. punto e retta **b.** retta e piano
c. punto, retta e piano **d.** punto, segmento e angolo.

3 *Una retta è la linea che passa fra due punti.*
Questa frase può essere considerata una definizione di *retta*?
È possibile dare una definizione di retta?
Motiva adeguatamente la tua risposta.

4 Un assioma è:
a. una proposizione che si assume vera a priori
b. una affermazione evidente che si deduce dall'osservazione della realtà
c. una proposizione che occorre dimostrare
d. una proposizione accettata da tutti.

5 Barra Vero o Falso.
a. Per tre punti passa sempre una retta. V F
b. Tre punti individuano sempre tre rette distinte. V F
c. Per un punto passano sempre infinite rette. V F
d. Per due punti passano infinite linee ma una sola retta. V F

6 Completa le seguenti proposizioni che enunciano gli assiomi di appartenenza.
a. Due punti *A* e *B* distinti appartengono ....
b. Tre punti non allineati appartengono ....
c. Se due punti di una retta appartengono a un piano, allora ....
d. Il piano contiene .... punti e .... rette
e. Lo spazio contiene ....

7 Barra vero o falso.
a. Due punti sono sempre allineati. V F
b. Tre punti sono sempre allineati. V F

c. Tre punti definiscono sempre un piano. V F
d. Tre punti non allineati definiscono sempre un piano. V F
e. Quattro punti individuano sempre un solo piano. V F

8 Esiste sempre un solo piano che passa per:
a. tre punti allineati V F
b. una retta e un punto che non le appartiene V F
c. tre punti non allineati V F
d. una retta e due punti che non le appartengono V F
e. due punti. V F

9 Considera queste affermazioni:
a. tre punti non allineati definiscono sempre un piano
b. una retta ed un punto che non le appartiene definiscono sempre un piano.
Spiega perché queste due proposizioni sono equivalenti.

10 Quante rette passano per un punto? Quante per due punti? Considera adesso la seguente proposizione: «per tre punti passano sempre tre rette»; in quale caso essa è falsa?

11 Su una retta orientata *r* sono assegnati i punti *A*, *B*, *C*. Stabilisci quali delle seguenti situazioni possono verificarsi:
a. se *A* precede *B* e *B* precede *A* allora *A* coincide con *B* V F
b. se *A* precede *C* e *C* precede *B* allora *B* segue *A* V F
c. se *C* segue *B* e precede *A* allora *B* segue *A*. V F

Applicazione

12 Disegna una retta *r* e un punto *A* che non le appartiene. Quante sono le rette che passano per *A* e intersecano *r*?

13 Considera tre punti *A*, *B*, *C* su una retta *r* e un punto *P* fuori *r*. Quante rette passano per *P* e per uno dei punti *A*, *B*, *C*?

14 Dei punti di una retta orientata *r* si sa che *A* precede *B* ma segue *C*, *D* segue *B*, *E* precede *D* ma segue *B*. Qual è l'ordine con cui si susseguono i punti su *r*?

Nei seguenti diagrammi di Eulero-Venn gli insiemi r, s, t rappresentano i punti di tre rette complanari; A, B, C sono punti. Per ogni situazione costruisci il relativo disegno.

15 **ESERCIZIO GUIDATO**

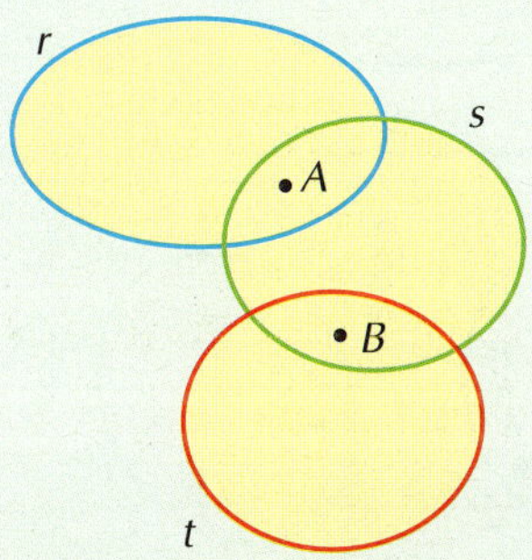

La retta *r* e la retta *s* hanno per intersezione il punto *A* che non appartiene a *t*; la retta *s* e la retta *t* hanno in comune il punto *B* che non appartiene alla retta *r*; inoltre le rette *r* e *t* non hanno punti di intersezione, quindi sono parallele. Il disegno che ne risulta è quindi il seguente:

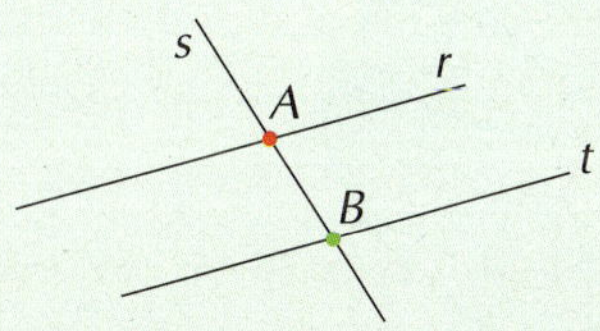

16

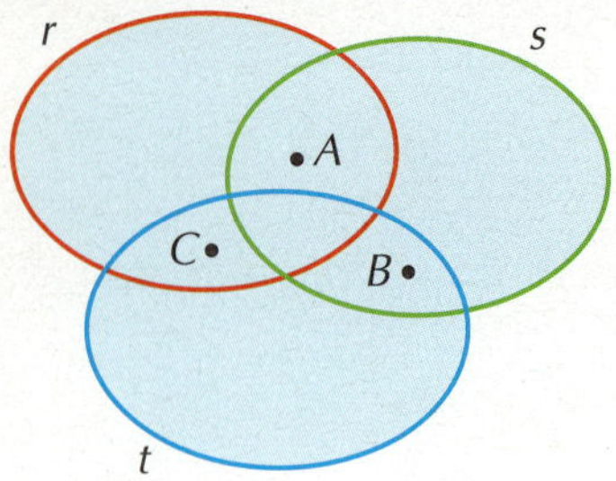

17

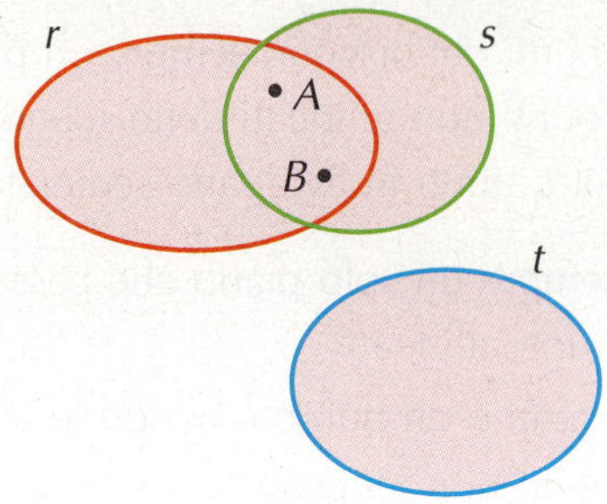

18

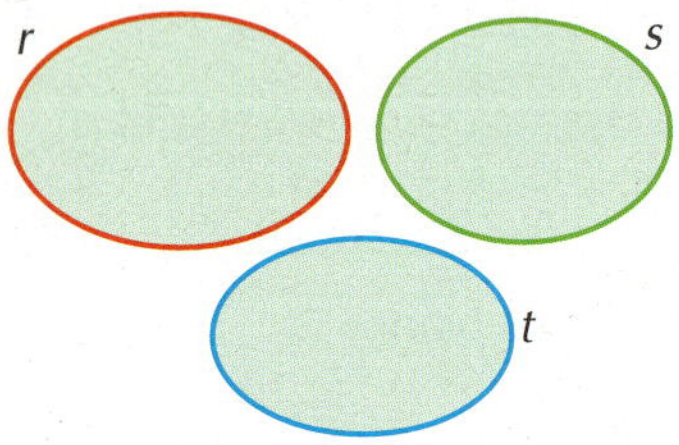

19

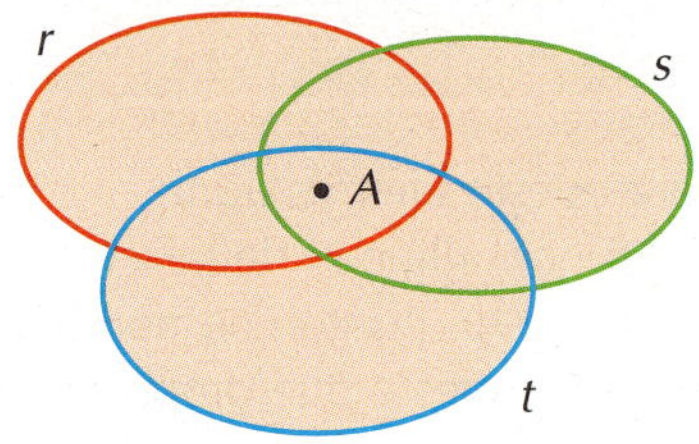

Nei seguenti diagrammi di Eulero-Venn r, s, t rappresentano tre rette complanari; A, B, C, D dei punti. Stabilisci quali delle seguenti situazioni hanno senso e quali no.

20

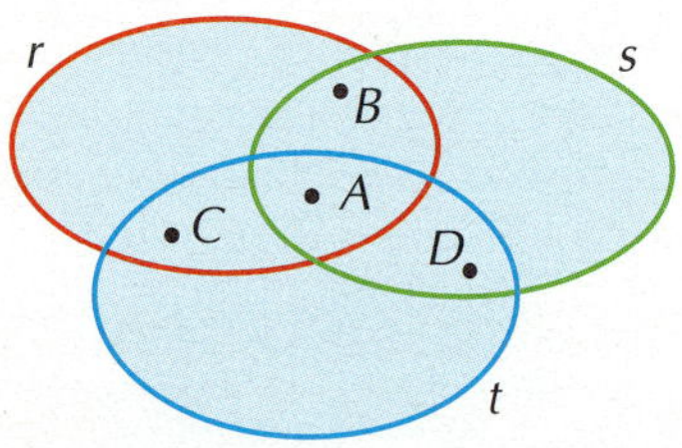

21

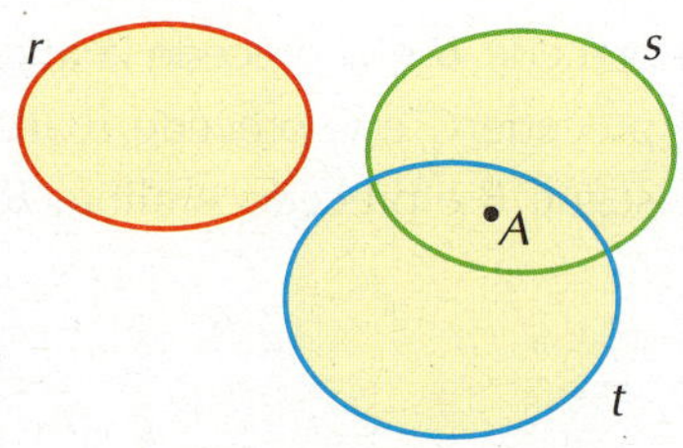

22

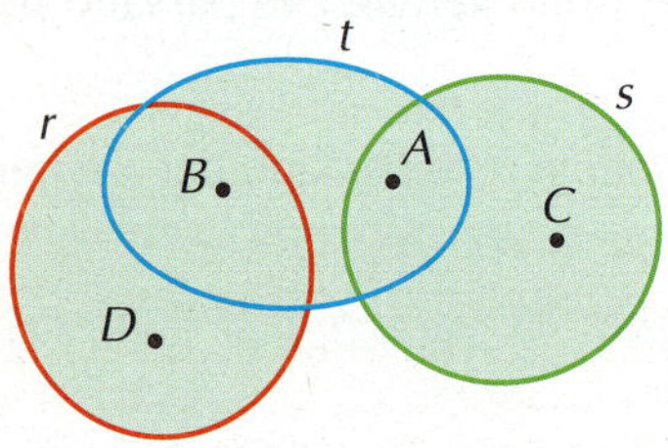

23

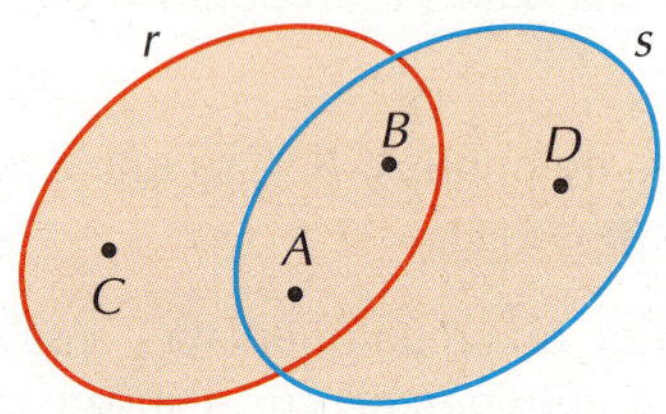

24

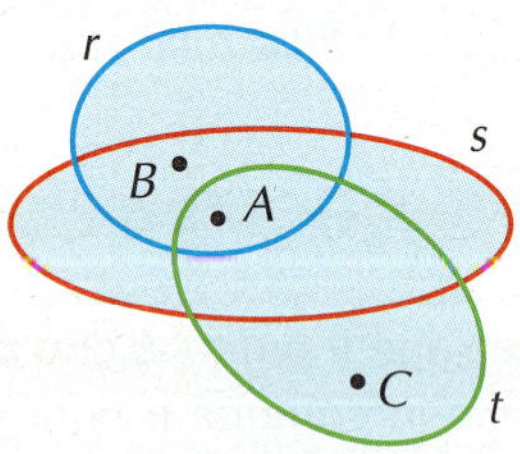

25

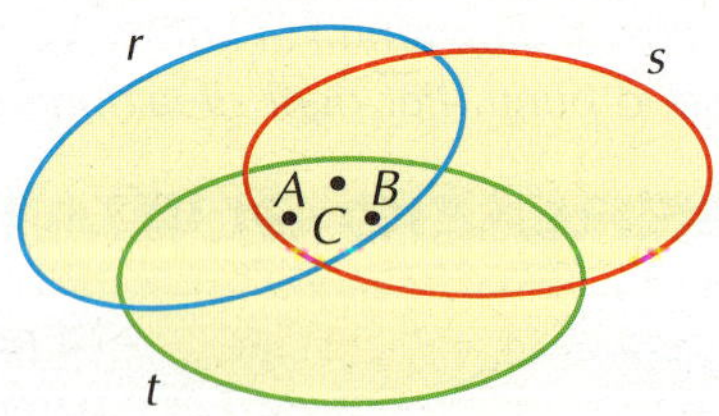

26

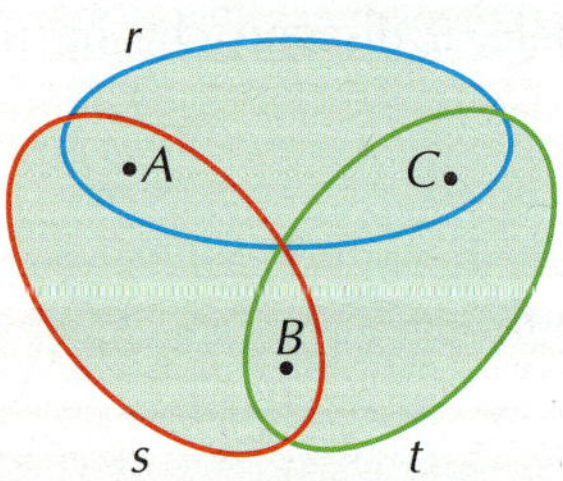

27

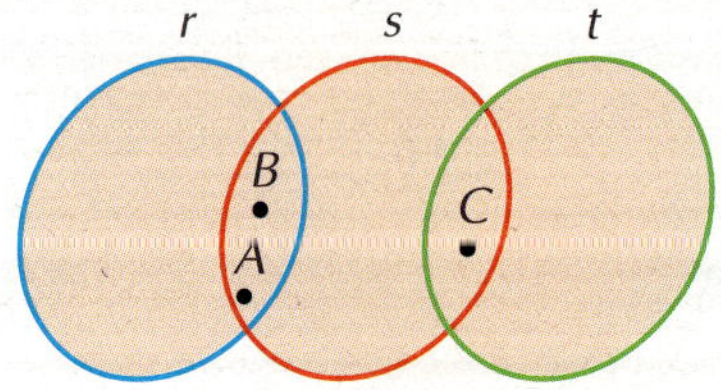

Descrivi le figure dei seguenti esercizi.

28 ## ESERCIZIO GUIDATO

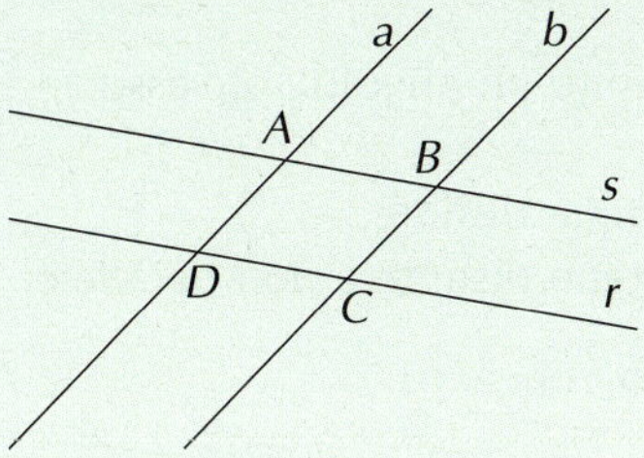

Sono date quattro rette a, b, r, s delle quali si sa che a è parallela a b e r è parallela a s; la retta a interseca le rette r e s rispettivamente in D e in A, la retta b interseca le rette r e s rispettivamente in C e in B.

29

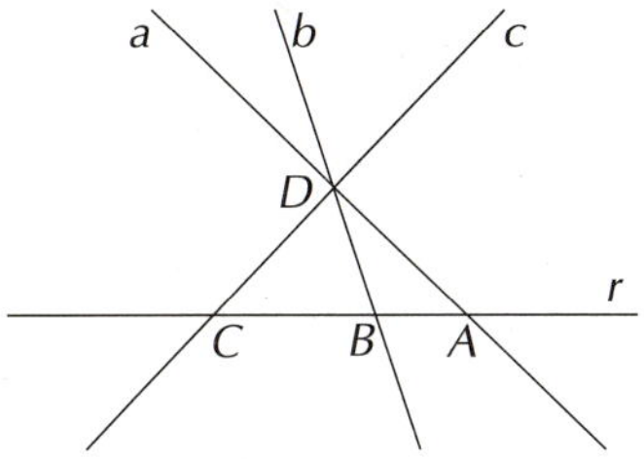

30

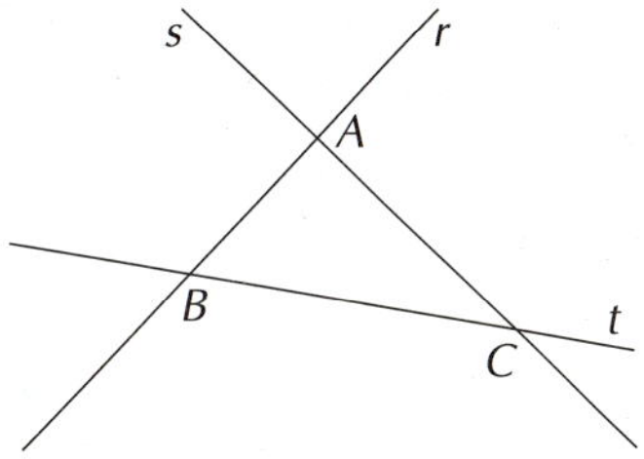

31

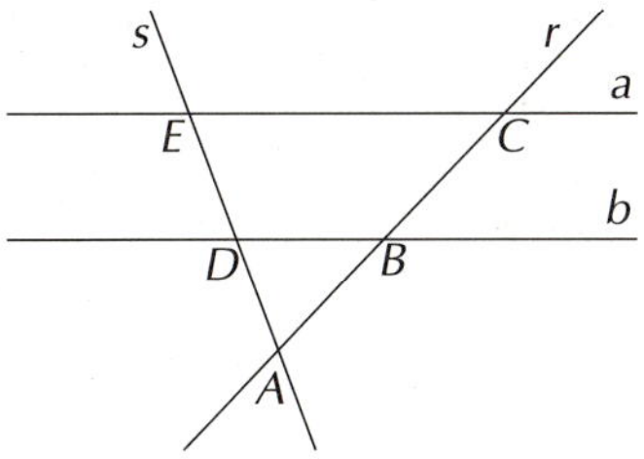

32

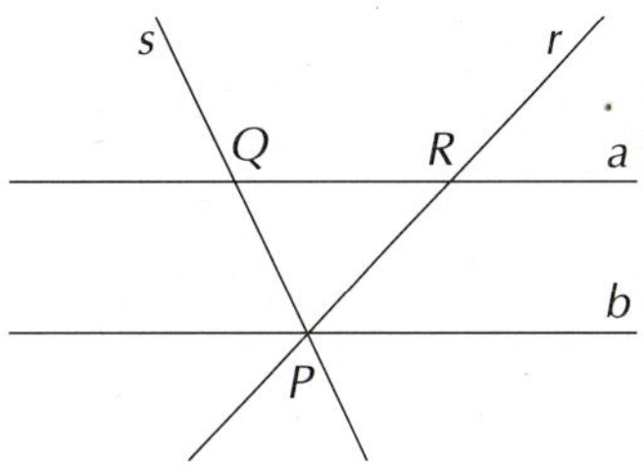

SEMIRETTE, SEGMENTI E ANGOLI

teoria a pagina 13

Comprensione

SOLUZIONI ES. COMPRENSIONE

33 Dopo aver dato la definizione di segmenti consecutivi e segmenti adiacenti, determina quali tra le seguenti proposizioni sono vere e quali false:

a. due segmenti consecutivi sono anche adiacenti V F
b. due segmenti adiacenti sono anche consecutivi V F
c. l'intersezione di due segmenti consecutivi è uno degli estremi dei due segmenti V F
d. l'unione di due segmenti adiacenti è ancora un segmento V F
e. l'unione di due segmenti consecutivi è ancora un segmento. V F

34 Un angolo è:

a. la parte di piano delimitata da due rette
b. la parte di piano delimitata da due semirette
c. la parte di piano delimitata da due semirette aventi l'origine in comune.

35 Completa.

a. L'intersezione di due segmenti consecutivi è ....
b. L'unione di due segmenti adiacenti è ....
c. L'intersezione di due angoli consecutivi è ....

d. L'unione di due angoli consecutivi è ....
e. L'unione di due angoli adiacenti è ....
f. Due rette che si intersecano individuano ....

36 Indica quale fra le seguenti proposizioni è la più adatta per definire un angolo convesso.
a. E' l'intersezione di due semipiani.
b. E' l'intersezione di due semipiani aventi come frontiera due rette distinte.
c. E' l'intersezione di due semipiani aventi come frontiera due rette distinte e non parallele.

37 Indica in quali fra i seguenti modi può essere definito un angolo concavo:
a. è un angolo che contiene il prolungamento dei lati
b. è la parte di piano descritta da una semiretta che ruota attorno alla sua origine
c. è l'unione di due semipiani aventi come frontiera due rette distinte e non parallele
d. è un angolo a cui non appartiene alcuna delle corde.

Applicazione

Sui segmenti

38 Disegna una retta r ed un segmento AB in modo che siano verificate le seguenti condizioni:
a. $AB \cap r = \varnothing$ **b.** $AB \cap r = \{P\}$
c. $AB \cap r = \{A\}$ **d.** $AB \cap r = AB$

39 Il segmento AB della figura a lato è suddiviso in 4 segmenti congruenti tra loro. Qual è fra quelli segnati il punto medio di AB? Indica inoltre quali delle seguenti congruenze sono vere:

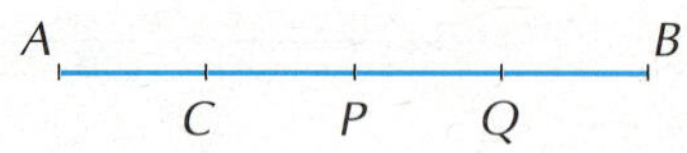

a. $AP \cong 2AC$ **b.** $AQ \cong \frac{3}{4}AB$

c. $CP \cong \frac{1}{3}AB$ **d.** $CQ \cong \frac{1}{2}AB$

40 Riconosci quali fra i seguenti segmenti sono consecutivi:

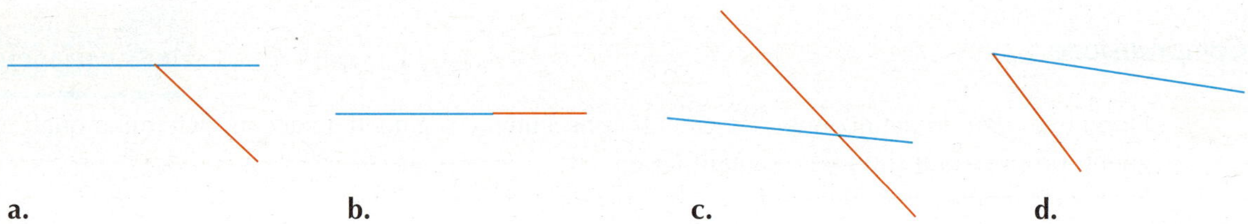

a. **b.** **c.** **d.**

41 Riconosci quali fra i seguenti segmenti sono adiacenti:

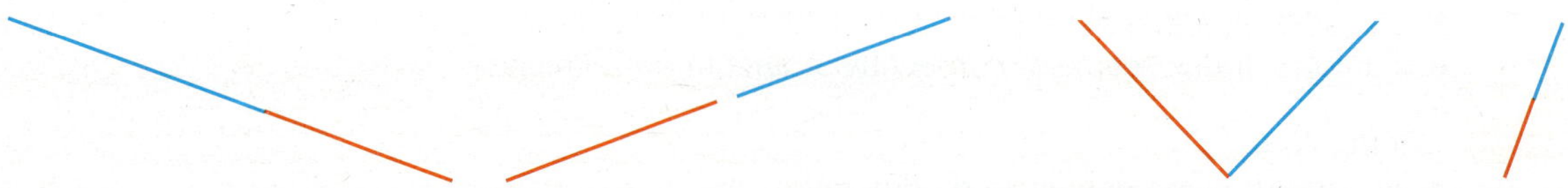

a. **b.** **c.** **d.**

42 Disegna un segmento AB, un suo consecutivo BC ed il segmento CD adiacente a BC. I segmenti AD e AC come sono fra loro?

43 Dati quattro punti nel piano a tre a tre non allineati, quanti segmenti è possibile ottenere unendoli due a due?

Costruisci il disegno basandoti sulle descrizioni ed eventualmente rispondi alle domande.

44 Tre rette a, b, c si intersecano a due a due in modo che $a \cap b = \{P\}$, $a \cap c = \{R\}$, $c \cap b = \{Q\}$. Una quarta retta d interseca la retta a in S e la b in F, ma non interseca la C.

45 Due segmenti AB e CD appartengono alla stessa retta r e sono tali che la loro intersezione è vuota. Un terzo segmento PQ è tale che il punto P appartiene ad AB ed il punto Q appartiene a CD. Determina $AB \cap PQ$, $CD \cap PQ$.

46 Sono dati due segmenti consecutivi AB e BC ed una retta r passante per B che non ha altri punti in comune con i segmenti dati. Siano P e Q due punti di r situati da parte opposta rispetto a B. Traccia i segmenti AP, AQ, CP, CQ. Elenca tutte le coppie di segmenti consecutivi che ci sono nella figura ottenuta. Vi sono coppie di segmenti adiacenti? Se sì, quali?

47 La retta r divide il piano α in due semipiani α_1 e α_2. Sia $A \in \alpha_1$, $B \in \alpha_2$ e $C \in \alpha_2$. Quali segmenti, fra i possibili, intersecano r?

48 Considera quattro punti A, B, C, D su una retta r. Quanti segmenti sono definiti da questi punti? Quante semirette?

49 Dati tre punti A, B, C non allineati, traccia il segmento AB e prendi un punto M sul suo prolungamento oltre B; traccia poi il segmento AC e prendi un punto P su di esso. Come sono i segmenti AB e BM, AP e PC? Come sono i segmenti AB e AC, AM e AP?

Dai una rappresentazione grafica delle situazioni rappresentate da ciascuna delle seguenti relazioni, quindi descrivile con frasi appropriate.

50 $AB \in r$ $CD \in r$ $AB \cap CD = CB$

51 $AB \in r$ $AB \subset CD$ $P \in AB$

52 $AB \in r$ $CD \in r$ $P \in AB \cap CD$

53 $AB \in r$ $CD \in r$ $AB \cap CD = \varnothing$ $P \in BC$

54 $AB \in r$ $CD \in s$ $AB \cap CD = \{P\}$

55 $AB \in r$ $BC \in s$ $CD \in t$ $r \cap t = \varnothing$

56 $AB \in r$ $CD \in s$ r è parallela a s $P \in AB$ $Q \in CD$

Sugli angoli

57 Nei seguenti angoli, indica il nome degli elementi evidenziati in rosso.

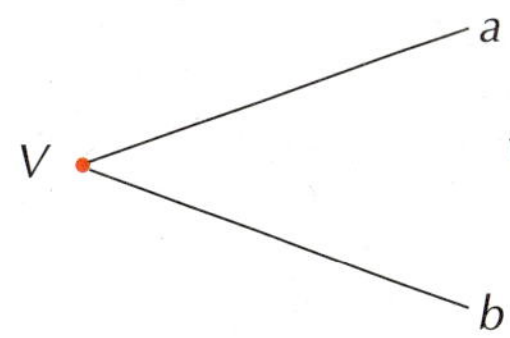

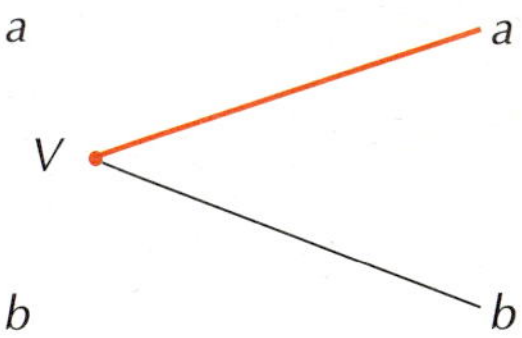

58 Osserva i disegni e stabilisci quali angoli sono concavi e quali sono convessi.

a.

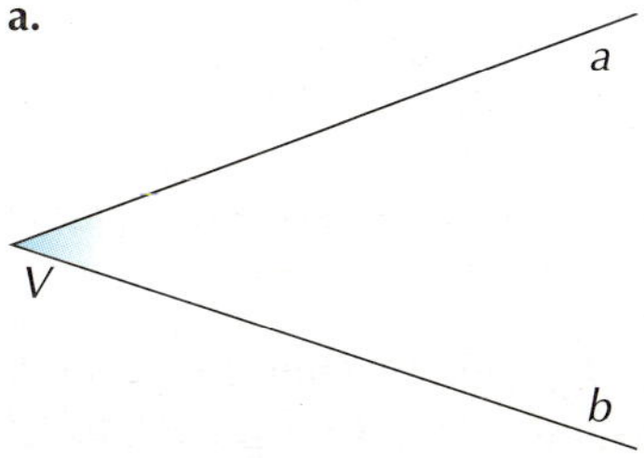

b.

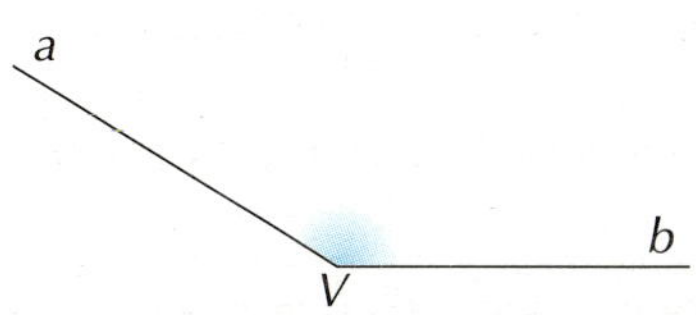

c.

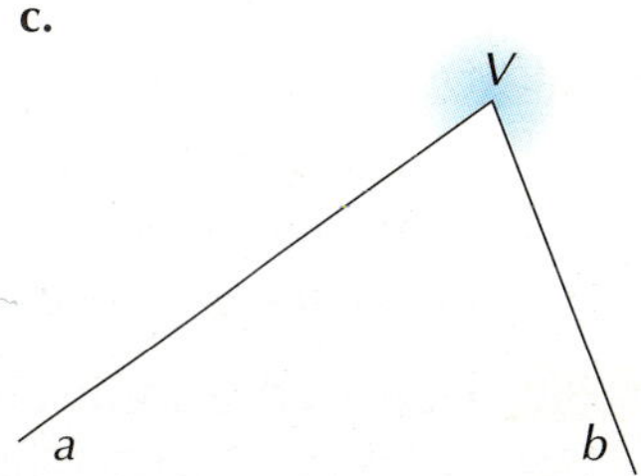

59 Osserva la figura seguente ed associa a ciascun elemento uno dei seguenti termini: angolo convesso, angolo giro, angolo concavo, angolo nullo, angoli adiacenti, angoli consecutivi, angoli opposti al vertice.

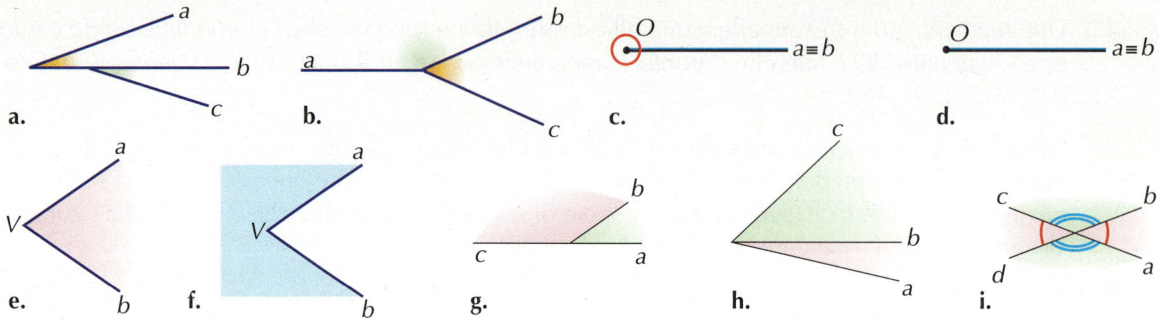

60 Indica quali degli angoli in figura sono consecutivi e quali sono anche adiacenti.

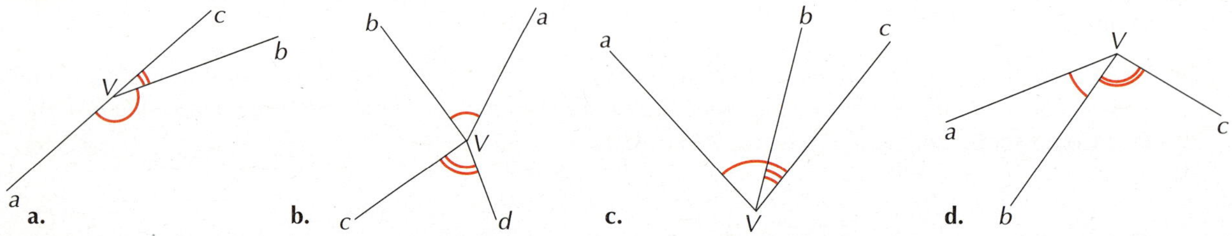

61 Indica in quali delle seguenti figure gli angoli indicati sono opposti al vertice.

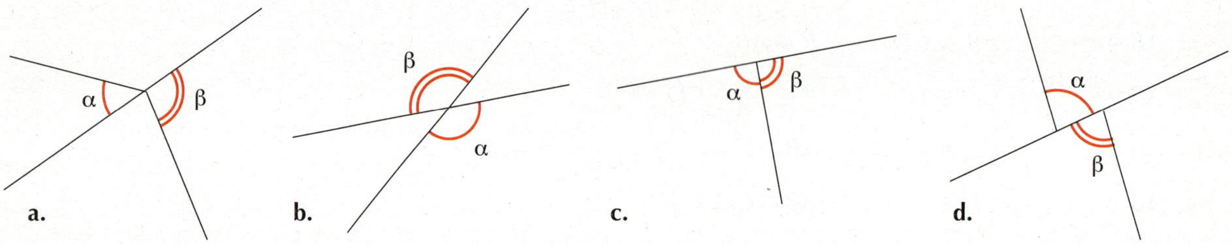

Dai una rappresentazione grafica delle seguenti situazioni.

62 $\widehat{ab} \cup \widehat{ac} = \widehat{ab}$

63 $\widehat{ab} \cap \widehat{ac} = \widehat{ab}$

64 $\widehat{ab} \cap \widehat{ac} = \{a\}$

65 $(\widehat{ab} \cup \widehat{bc}) \cap \widehat{cd} = \widehat{cd}$

Costruisci il disegno basandoti sulle descrizioni ed eventualmente rispondi alle domande.

66 Due angoli $\widehat{ab}$ e $\widehat{cd}$ hanno soltanto il vertice in comune. Un terzo angolo $\widehat{ef}$ ha il vertice in comune con i precedenti angoli, il lato e appartiene all'angolo $\widehat{ab}$ ed il lato f appartiene all'angolo $\widehat{cd}$. Quanti angoli si vengono a formare nella figura così costruita? Ci sono fra questi coppie di angoli consecutivi? E coppie di angoli adiacenti?

67 Disegna due angoli opposti al vertice $\widehat{ab}$ e $\widehat{cd}$. Considera un punto $P \in \widehat{ab}$, un punto $Q \in \widehat{cd}$ e disegna il segmento PQ. Considera le diverse posizioni in cui puoi disegnare i punti P e Q e rispondi alle domande:

a. in quanti punti il segmento PQ interseca i lati dei due angoli?

b. se A è l'insieme dei punti di $\widehat{ab}$ e B è l'insieme dei punti di $\widehat{cd}$, in quale caso PQ appartiene all'insieme $A \cup B$?

Osserva le figure degli esercizi che seguono e rispondi alle domande.

68

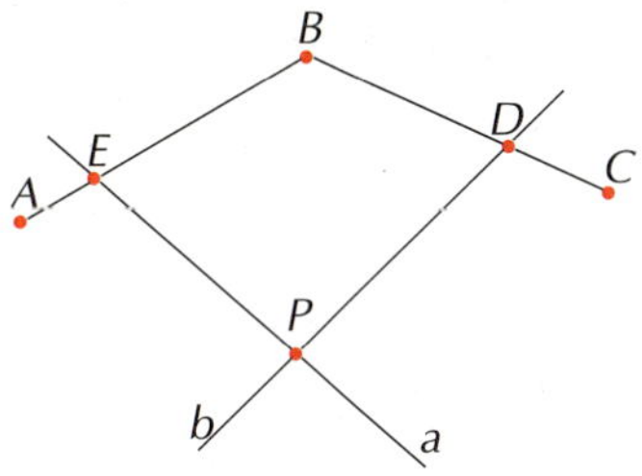

a. Quali sono i segmenti consecutivi?
b. Ci sono segmenti adiacenti? Se si, indica quali.
c. Ci sono rette incidenti? Se si, indica quali
d. Ci sono angoli consecutivi? Se si, indica quali.
e. Ci sono angoli opposti al vertice? Se si, indica quali.

69

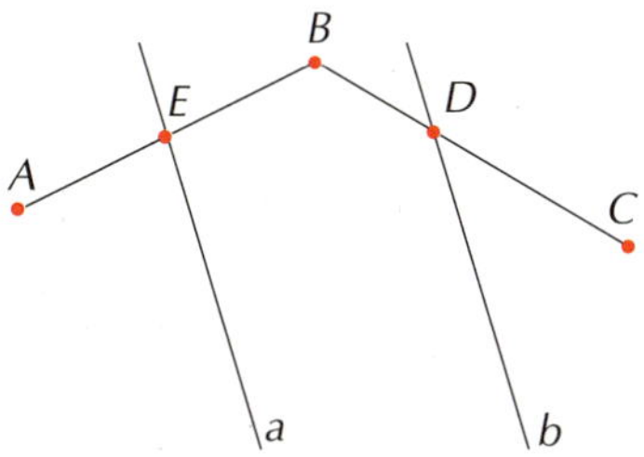

a. Quali sono i segmenti consecutivi?
b. Quali quelli adiacenti?
c. Ci sono rette parallele? Se si, indica quali.
d. Ci sono rette incidenti?
e. Ci sono angoli adiacenti? Se si, indica quali.

70

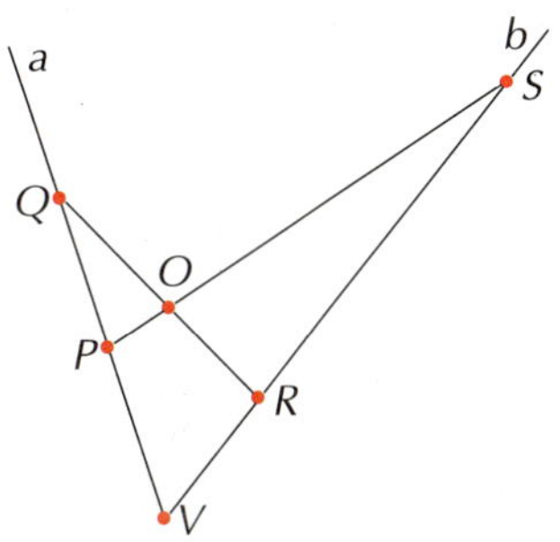

a. Quali sono gli angoli adiacenti?
b. Ci sono angoli opposti al vertice? Se si, indica quali.
c. Quali segmenti sono consecutivi?
d. Quali adiacenti?
e. Ci sono semirette nel disegno? Se si, indica quali.

71

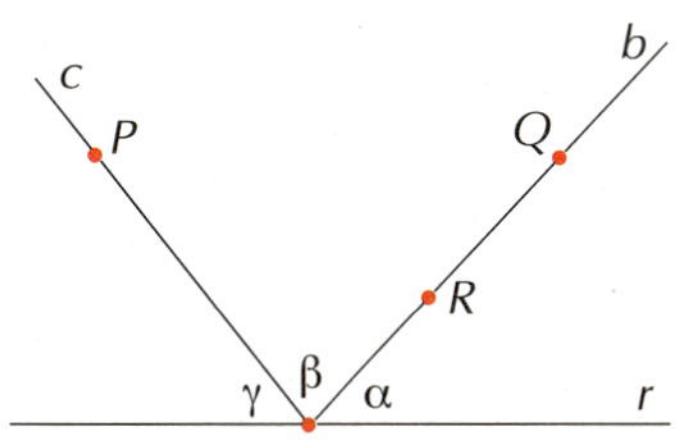

a. Quali sono gli angoli consecutivi?
b. Ci sono coppie di angoli adiacenti? Se si, indica quali.
c. Il segmento PQ interseca la retta r?
d. Il segmento PR interseca la retta r? E la retta PR?
e. È vero che gli angoli α e γ sono supplementari?

IL CONCETTO DI CONGRUENZA

teoria a pagina 17

Comprensione

SOLUZIONI ES. COMPRENSIONE

72 La differenza fra due segmenti AB e CD è il segmento nullo; di essi si può dire che:

a. $AB > CD$ **b.** $AB < CD$ **c.** $AB \cong CD$

73 Determina il valore di verità delle seguenti proposizioni:

a. l'addizione tra segmenti e l'addizione tra angoli sono operazioni commutative V F

b. un angolo ottuso può essere sia concavo che convesso V F

c. un angolo ottuso è diviso dalla sua bisettrice in due angoli acuti V F

d. la somma di due angoli acuti è sempre un angolo acuto V F

e. la differenza di due angoli ottusi è sempre un angolo acuto. V F

74 Completa le seguenti proposizioni in modo che risultino vere.

a. Un angolo retto è la metà di ....

b. Due angoli sono supplementari se ....

c. Due angoli sono complementari se ....

d. Due angoli la cui somma è un angolo giro si dicono ....

75 Barra vero o falso.

a. Un angolo acuto è minore di un angolo retto. V F

b. Un angolo ottuso è maggiore di un angolo piatto. V F

c. Un angolo acuto è minore di un angolo ottuso. V F

d. Il doppio di un angolo acuto è sempre ottuso. V F

e. Un angolo acuto è sempre convesso. V F

f. Un angolo ottuso è sempre concavo. V F

76 Sono dati gli angoli α, β, γ; si può dire che:

a. se $\alpha \cong \beta$, allora $\alpha + \gamma \cong \beta + \gamma$ V F

b. se α e β sono supplementari di γ, allora $\alpha \cong \beta$ V F

c. se $\alpha < \beta$, allora $\alpha + \beta < 2\beta$ V F

d. se $\beta \cong \gamma$, allora $\beta + \gamma < 2\beta$ V F

e. se α e β sono complementari, allora $\alpha \cong \beta$ V F

f. se $\alpha \cong \beta$ e $\alpha > \gamma$, allora $\beta \cong \gamma$. V F

Applicazione

Sui segmenti

77 Dati i tre segmenti in figura, disegna il segmento somma e il segmento differenza di *AB* con *CD* e disegna il multiplo di *EF* secondo il numero 4.

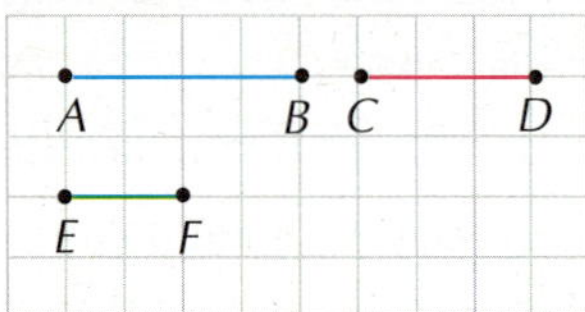

78 Dato un segmento *AB* disegna i segmenti: $2AB$; $\frac{1}{2}AB$; $3AB$; $\frac{5}{3}AB$.

Individua tra le seguenti figure quale rappresenta in modo corretto la descrizione data.

79 Disegna un segmento *AB* e, sul suo prolungamento, dalla parte di *B*, prendi un punto *P* tale che $PB \cong 2AB$.

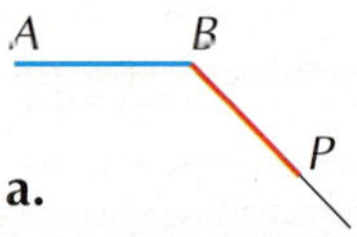

a.

b.

c.

80 Disegna due segmenti consecutivi ma non adiacenti AB e BC e congiungi i loro punti medi M e N; sulla retta di MN, dalla parte di M, prendi poi un punto P tale che $PM \cong MN$.

a.
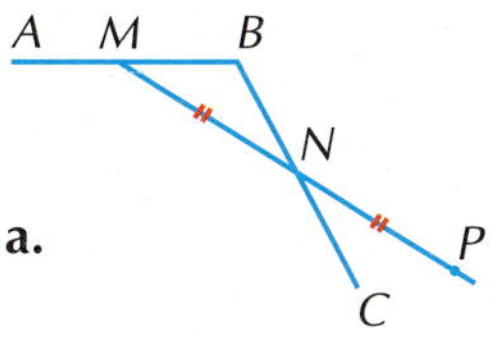

b.
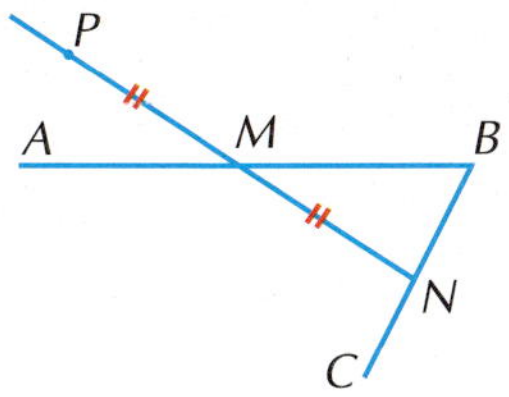

c.
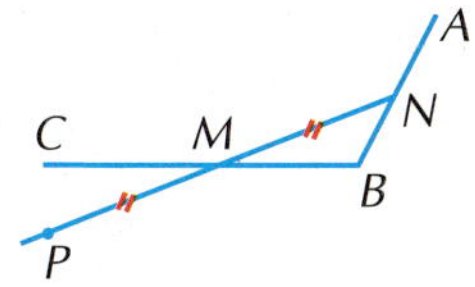

81 Di due segmenti AB e BC adiacenti si sa che $AB \cong 2BC$; siano M il punto medio di BC e N il punto medio di AC. Quali relazioni sussistono fra AB e MC, fra AN e BC, fra NM e AC?

Esercizi di dimostrazione.

82 **ESERCIZIO GUIDATO**

Considera i segmenti adiacenti AB, BC, CD tali che $AB \cong BC \cong CD$. Sia M il punto medio del segmento BC. Dimostra che $AM \cong MD$.

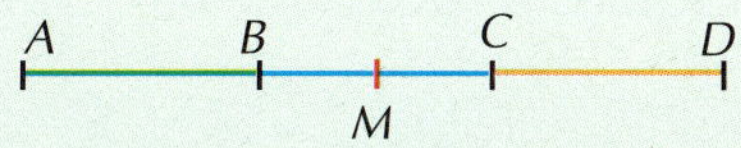

Scriviamo prima le ipotesi del teorema:

Hp. $AB \cong BC \cong CD$

$BM \cong MC$ per indicare che M è punto medio di BC

Scriviamo la tesi: **Th.** $AM \cong MD$

Scriviamo la dimostrazione: $AB \cong CD$ per ipotesi

$BM \cong MC$ per ipotesi

$AB + BM \cong CD + MC$ perché somme di segmenti congruenti

Quindi $AM \cong MD$.

83 Dei segmenti AB e BC adiacenti si sa che il segmento $BC \cong \frac{1}{4}AB$. Indicato con M il punto medio di AB, dimostra che AM è il doppio di BC.

84 AB e BC sono due segmenti adiacenti; indicato con M il punto medio di AB e con N il punto medio di BC, dimostra che $MN \cong \frac{1}{2}(AB + BC)$.

85 Dati su una retta i due segmenti AB e BC, tali che il primo sia il doppio del secondo, indica con M il punto medio di AB. E' vero che $AM \cong BC$ e che $MC \cong AB$?

86 Due segmenti AB e CD sono tali che $3AB \cong 2CD$. Quale sottomultiplo comune puoi individuare?

87 Siano A, B, C, tre punti di una retta r tali che sia $AB \cong 2BC$ e sia M il punto medio del segmento AB. Dimostra che $AB \cong MC$.

Sugli angoli

88 Disegna:

a. un angolo concavo;
b. un angolo acuto e il suo adiacente;
c. un angolo piatto;
d. due angoli consecutivi la cui somma sia un angolo retto;
e. due angoli consecutivi e supplementari.

89 Per ciascuno dei seguenti angoli disegna il complementare e il supplementare:

a. 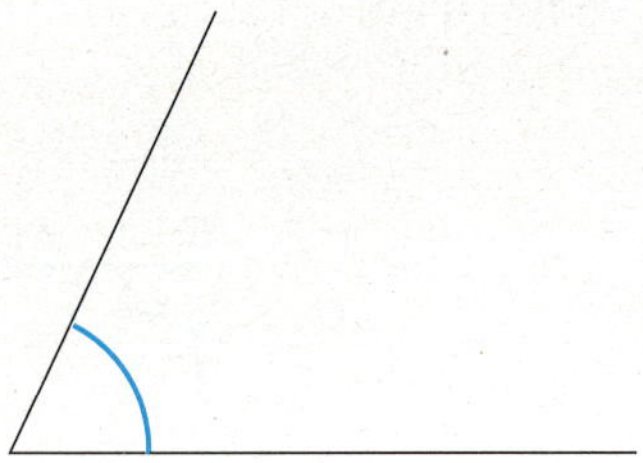

b. 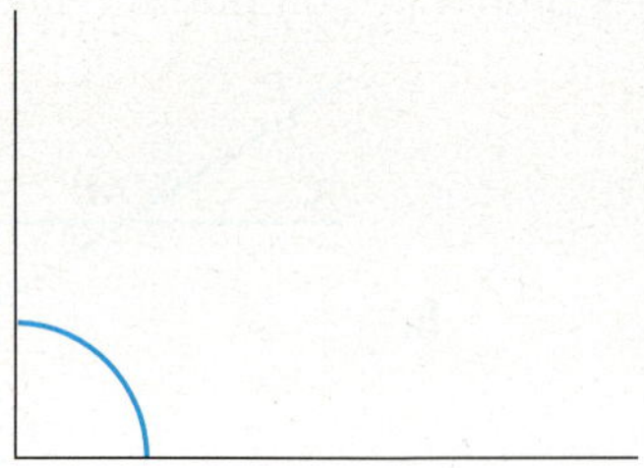

c. 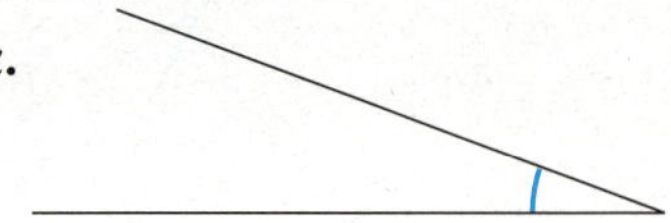

Dai una descrizione delle seguenti figure geometriche.

90

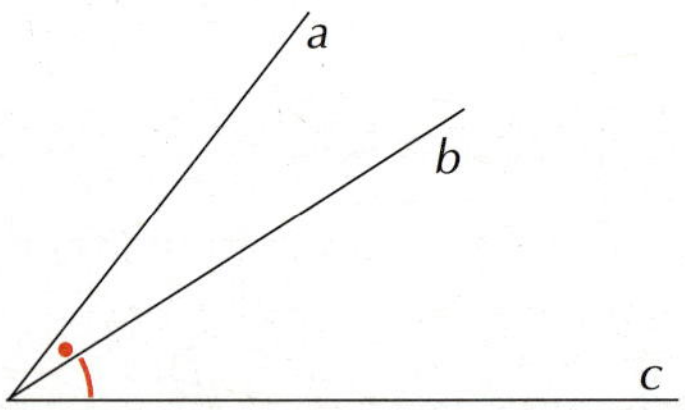

91

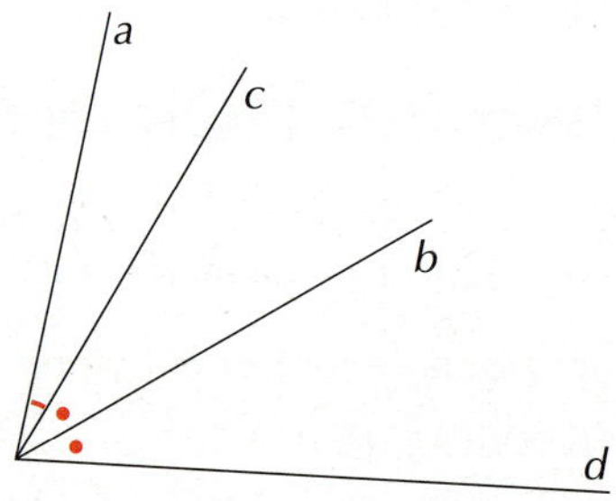

92

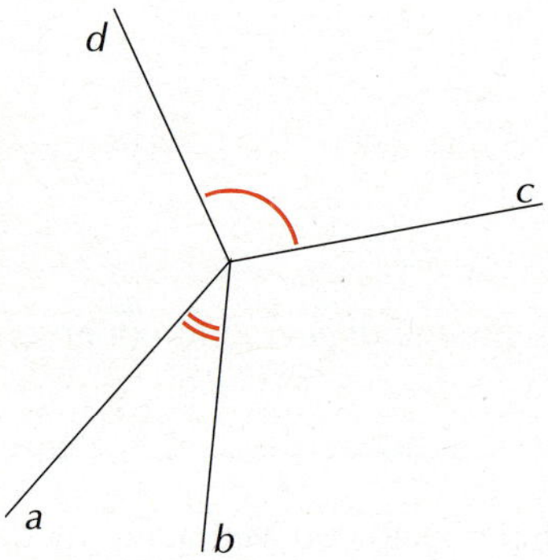

93

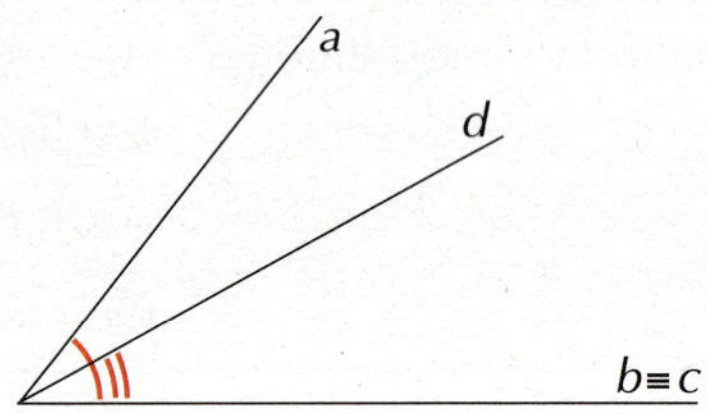

94

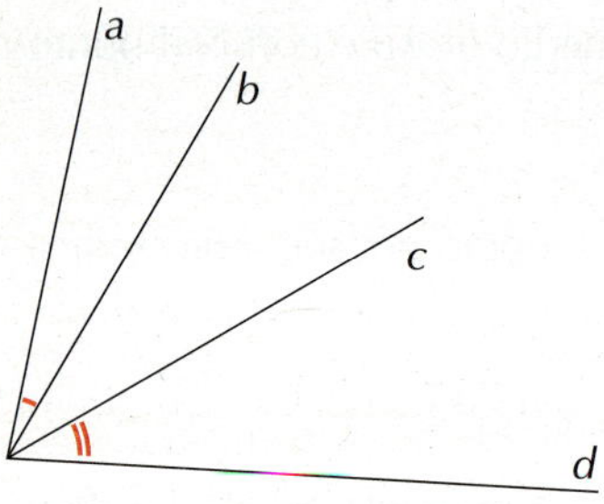

95

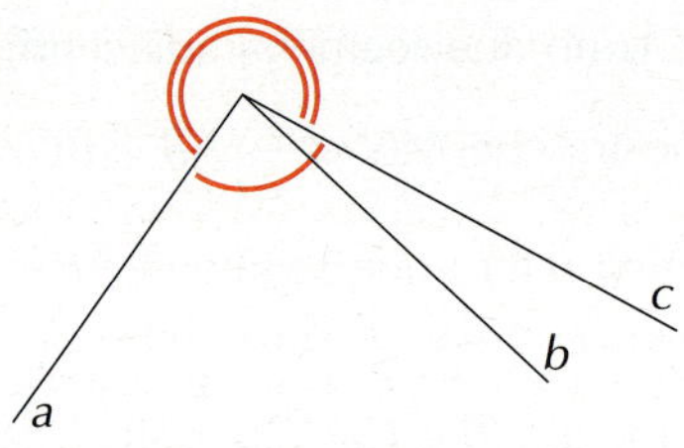

96 Dati gli angoli in figura disegna l'angolo somma e l'angolo differenza di $\widehat{ab}$ con $\widehat{cd}$ e l'angolo multiplo di $\widehat{rs}$ secondo il numero 5.

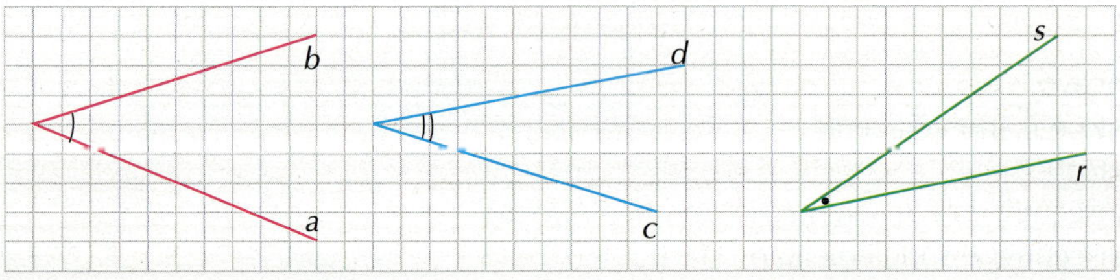

97 Individua tra le seguenti figure quale rappresenta in modo corretto la descrizione data.

Disegna un angolo $\widehat{AVB}$ e traccia una semiretta VC uscente dal vertice e interna all'angolo; considera i punti P, Q, R rispettivamente sui lati VA, VB, VC in modo che $VP \cong VQ$ e $VR \cong 2VP$.

a.

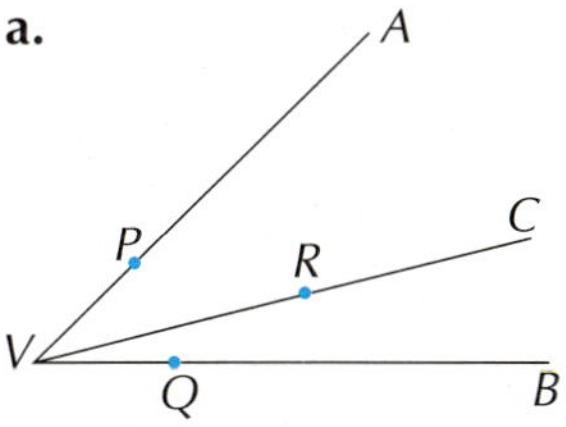

b.

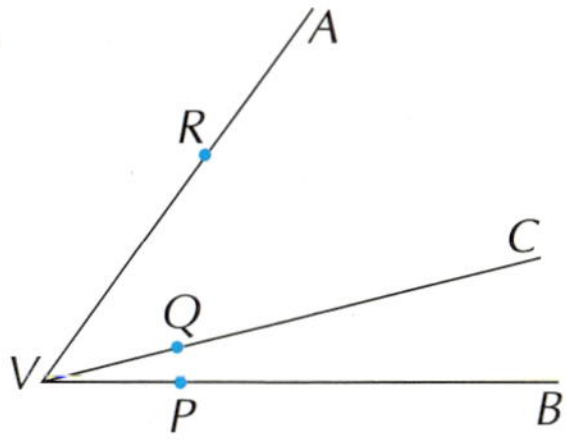

c.

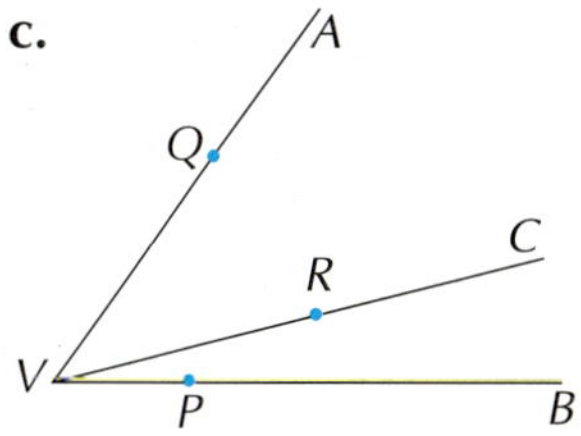

98 Possiamo dire che due angoli consecutivi sono sempre adiacenti? Viceversa è vero che due angoli adiacenti sono sempre consecutivi? Giustifica le tue risposte.

99 Dato un angolo $\widehat{ab} \cong \frac{\pi}{3}$, quale frazione di angolo piatto è il suo complementare? E il suo supplementare?

100 Un angolo è $\frac{4}{5}$ del suo adiacente. Esprimi l'ampiezza dei due angoli per mezzo di una frazione dell'angolo piatto.

101 Due angoli consecutivi sono uno il triplo dell'altro e le loro bisettrici formano un angolo ampio $\frac{\pi}{3}$. Determina l'ampiezza dei due angoli.

$\left[\frac{\pi}{6}, \frac{\pi}{2}\right]$

102 Due angoli consecutivi sono rispettivamente $\frac{1}{3}$ e $\frac{1}{4}$ di angolo piatto. Qual è la frazione di angolo piatto del supplementare della loro somma?

$\left[\frac{5}{12}\pi\right]$

Esercizi di dimostrazione.

103 **ESERCIZIO GUIDATO**

Dati l'angolo $\widehat{ab}$ ed il suo consecutivo $\widehat{bc}$, disegna le loro bisettrici r ed s. Dimosta che $\widehat{rs} \cong \frac{1}{2}\widehat{ac}$.

Completa le ipotesi e la tesi.

Hp. $\widehat{ar} \cong$ .... **Th.** $\widehat{rs} \cong$ ....

$\widehat{bs} \cong$ ....

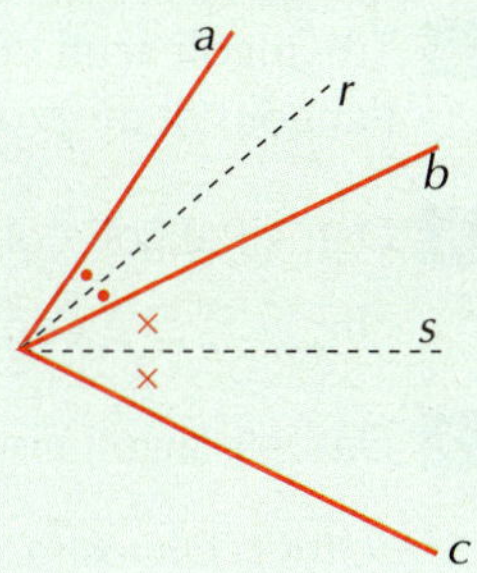

Completa lo svolgimento della dimostrazione.

$\widehat{rb} \cong \frac{1}{2}\widehat{ab}$ perché r è bisettrice

$\widehat{bs} \cong$ .... perché ....

$\widehat{rs} \cong \widehat{rb} + \widehat{bs} \cong$ .... + ... $\cong \frac{1}{2}\left(\widehat{ab} + \widehat{bc}\right) \cong$ ....

104 **ESERCIZIO GUIDATO**

Disegna due angoli adiacenti e traccia le loro bisettrici. Dimostra che l'angolo formato da tali bisettrici è retto.

Hp. $\widehat{ar} \cong ....$ **Th.** $\widehat{rs} \cong \frac{1}{2}\pi$

$\widehat{bs} \cong ....$

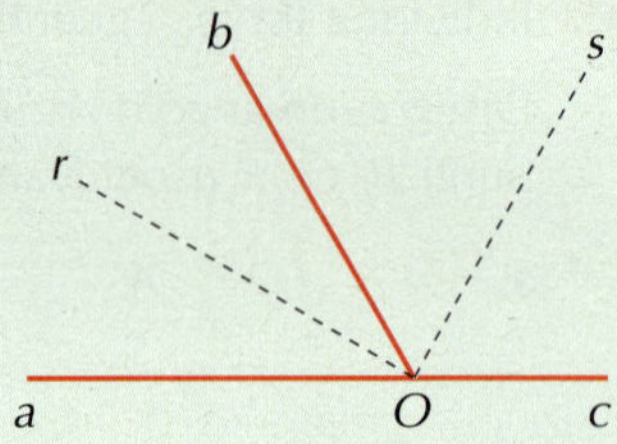

Dimostrazione.

$\widehat{rb} \cong \frac{1}{2}.....$ e $\widehat{bs} \cong \frac{1}{2}.....$

$\widehat{rs} \cong \widehat{rb} + \widehat{bs}$ quindi ....

105 Dati gli angoli consecutivi $\widehat{ab}$ e $\widehat{bc}$, tali che il primo sia il doppio del secondo, indica con r la bisettrice di $\widehat{ab}$. Dimostra che $\widehat{ar} \cong \widehat{bc}$ e che $\widehat{rc} \cong \widehat{ab}$.

106 Considera gli angoli consecutivi $\widehat{ab}$ e $\widehat{bc}$ e sia r la bisettrice del primo angolo. Dimostra che vale la relazione $2\widehat{rc} \cong \widehat{ac} + \widehat{bc}$.

Esercizi per lo sviluppo delle competenze

1 Dati AB e BC, segmenti su una stessa retta con $AB > BC$, indicati con M e N i loro punti medi, dimostra che $AM - BN$ è congruente alla metà della differenza dei segmenti dati.

2 Dati su una retta due segmenti AB e BC tali che BC sia triplo di AB, indica con M e N i loro rispettivi punti medi. Dimostra che $MN \cong \frac{2}{3}BC$.

3 Due angoli sono opposti al vertice; dimostra che le loro bisettrici appartengono alla stessa retta.

4 Tre semirette a, b, c hanno l'origine O in comune e sono tali che $\widehat{ab} \cong \widehat{bc}$; considerate la bisettrice r di $\widehat{ab}$ e s di $\widehat{bc}$, dimostra che $\widehat{rs} \cong \widehat{bc}$.

5 Tre angoli acuti consecutivi sono tali che il primo è congruente al terzo; dimostra che la bisettrice dell'angolo di mezzo è anche bisettrice dell'angolo somma dei tre dati.

6 Dati gli angoli consecutivi $\widehat{ab}$ e $\widehat{bc}$, con $\widehat{ab} > \widehat{bc}$, indicate con r e s le loro rispettive bisettrici, dimostra che $\widehat{ar} - \widehat{cs}$ è congruente alla metà della loro differenza.

7 Dati gli angoli consecutivi $\widehat{ab}$ e $\widehat{bc}$, tali che $\widehat{bc}$ sia il triplo di $\widehat{ab}$, indica con r e s le loro rispettive bisettrici. Dimostra che $\widehat{rs} \cong \frac{2}{3}\widehat{bc}$.

8 Dati due angoli consecutivi $\widehat{ab}$ e $\widehat{bc}$, tali che $2\widehat{ab} \cong 3\widehat{bc}$, considera le loro bisettrici h e k e dimostra che $\widehat{hk} \cong \frac{5}{4}\widehat{bc}$.

Il capitolo si completa con:

ESERCIZI DI CONSOLIDAMENTO

VERIFICA INTERATTIVA

Test Finale

1 Due segmenti AC e DB hanno come intersezione il segmento DC non nullo; si può dire che:

a. i due segmenti sono consecutivi V F

b. gli estremi dei due segmenti sono allineati V F

c. i due segmenti sono adiacenti V F

d. i due segmenti appartengono alla stessa retta ma non sono adiacenti. V F

1 punto

2 Con riferimento alla figura a lato, completa le seguenti proposizioni:

a. AC e CD sono segmenti ....

b. BQ e BC sono segmenti ....

c. C è il punto medio del segmento ....

d. s e r sono rette ....

e. gli angoli convessi $\widehat{QBC}$ e $\widehat{ABP}$ sono ....

f. gli angoli $\widehat{ABP}$ e $\widehat{PBC}$ sono ....

1,5 punti

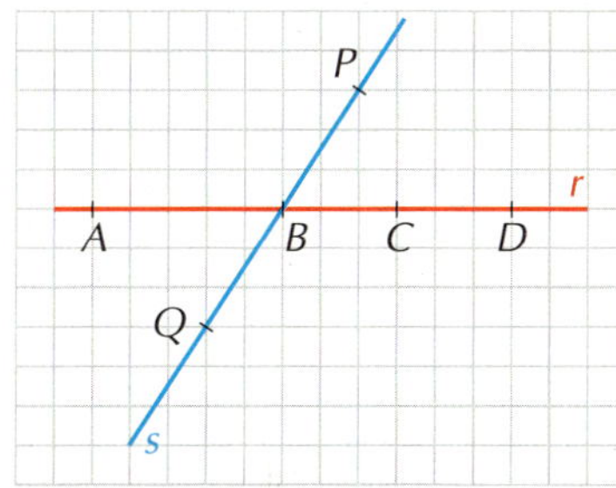

3 I segmenti AB e BD appartengono alla stessa retta, AB è il quadruplo di BD e $D \in AB$; il punto M è il punto medio di AB e il punto N è il punto medio di MD. Individua fra le seguenti le relazioni vere:

a. $MD \cong \frac{1}{4} AB$ **b.** $DB \cong 2MN$

c. $AB \cong 8MN$ **d.** $MD \cong \frac{1}{2} AB$

1 punto

4 Due angoli convessi α e β sono tali che $\alpha < \beta$; stabilisci che relazione esiste fra:

a. $\frac{\alpha}{2}$ e $\frac{\beta}{2}$ **b.** il supplementare di α e il supplementare di β **c.** $\alpha + \gamma$ e $\beta + \gamma$.

1,5 punti

5 Considerata la figura a sinistra, stabilisci quali fra le figure alla sua destra si possono ottenere mediante un movimento rigido nel piano:

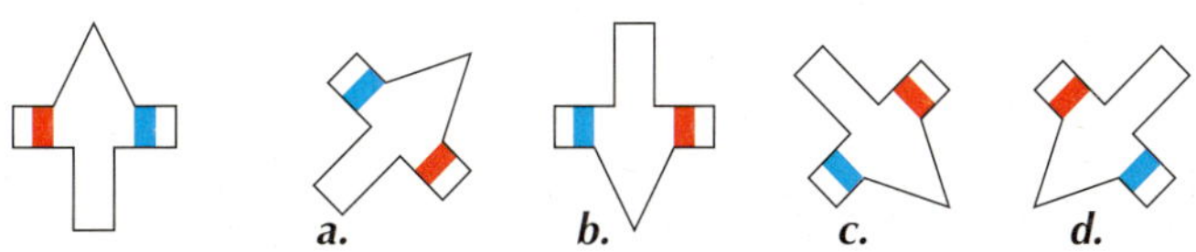

1 punto

6 Un angolo piatto di vertice V è diviso da due semirette uscenti da V in tre angoli dei quali uno è $\frac{1}{4}$ di angolo retto e gli altri due sono congruenti. A quale frazione di angolo piatto corrispondono i tre angoli?

1 punto

7 Due angoli consecutivi sono complementari. Qual è l'ampiezza dell'angolo formato dalle loro bisettrici?

1 punto

8 Dimostra che se α e β sono entrambi complementari di uno stesso angolo γ, allora $\alpha \cong \beta$.

2 punti

Soluzioni

1 **a.** F, **b.** V, **c.** F, **d.** V

2 **a.** adiacenti, **b.** consecutivi, **c.** *BD*, **d.** incidenti, **e.** opposti al vertice e congruenti, **f.** adiacenti e supplementari

3 **a.** V, **b.** V, **c.** V, **d.** F

4 $\frac{\alpha}{2} < \frac{\beta}{2}$, **b.** supplementare di $\alpha >$ supplementare di β, **c.** $\alpha + \gamma < \beta + \gamma$

5 **b.**, **c.**

6 $\frac{1}{8}, \frac{7}{16}, \frac{7}{16}$

7 Metà dell'angolo retto

8

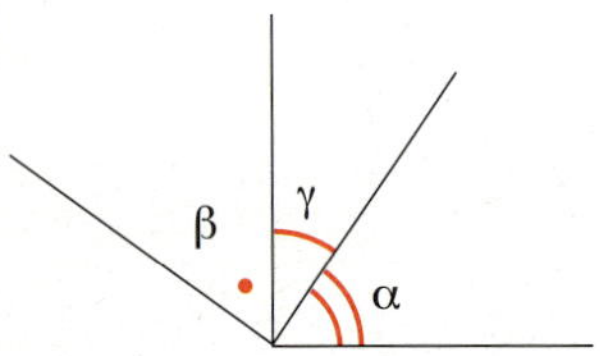

$$\alpha + \gamma = \frac{\pi}{2} \quad \rightarrow \quad \alpha = \frac{\pi}{2} - \gamma$$

$$\beta + \gamma = \frac{\pi}{2} \quad \rightarrow \quad \beta = \frac{\pi}{2} - \gamma$$

quindi $\alpha \cong \beta$

Esercizio	1	2	3	4	5	6	7	8	
Punteggio									

Valutazione in decimi

MATEMATICA & ARTE

Il disegno nell'arte

Un disegno, che sia un dipinto, uno schizzo, il progetto di un edificio, la piantina di un appartamento, è una lettura della realtà che ci circonda che ci permette di comunicare agli altri quello che la nostra mente ha elaborato. Come ogni linguaggio, anche il disegno è basato su convenzioni, segni e simboli che spesso si rifanno alla geometria.

Esiste il disegno simbolico, tramite il quale si realizzano immagini convenzionali, come i cartelli stradali e i marchi di fabbrica usando spesso costruzioni geometriche; in figura puoi vedere alcuni simboli usati dall'antico popolo dei Celti, ma di uso comune sono quelli usati nelle mail:

:-) oppure :-II

che significano "sono felice" e "sono arrabbiato".

In un disegno tecnico, lo strumento privilegiato è spesso l'*assonometria*, che utilizza linee parallele (le studieremo a breve) secondo le tre direzioni spaziali di lunghezza, larghezza e altezza. È un sistema di rappresentazione grafica adatto per rappresentare oggetti ma anche elementi architettonici, conservando per lo più invariate le dimensioni e fornendo all'osservatore il senso di tridimensionalità spaziale.

Molte progettazioni vengono oggi assistite dal computer con i sistemi CAD (Computer Aided Design), ma per usarli correttamente occorre, anche in questo caso, conoscere bene le costruzioni base del disegno geometrico e avere qualche conoscenza di geometria descrittiva.

Lo stesso discorso vale per la realizzazione di disegni più creativi e per la progettazione dei video giochi che si basa su molti dei concetti geometrici (soprattutto le trasformazioni) che studieremo in questo corso.

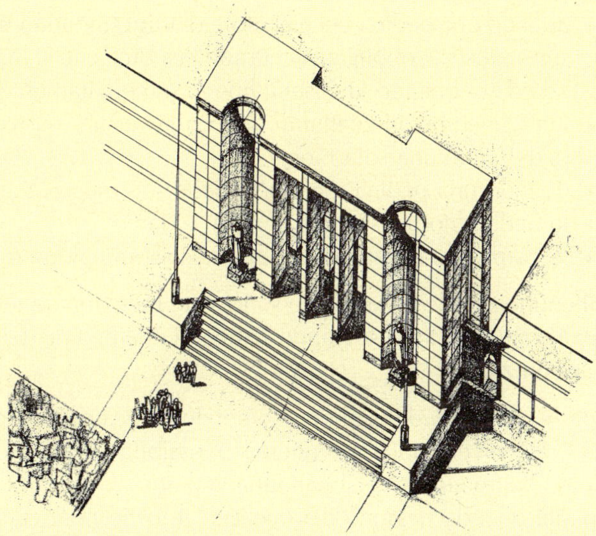

Disegno progettuale in assonometria monometrica

Nel tuo programma di Disegno e storia dell'Arte sono comprese alcune costruzioni geometriche di oggetti che abbiamo studiato in questo capitolo.

Con l'aiuto del tuo docente di questa disciplina ti invitiamo a costruire, servendoti di riga e compasso:

1. la somma e la differenza di due segmenti
2. il multiplo di un segmento
3. il punto medio di un segmento
4. un angolo congruente a uno dato
5. la somma e la differenza di due angoli
6. la bisettrice di un angolo.

ULTERIORI COLLEGAMENTI

MATEMATICA DELLA VITA QUOTIDIANA

Giochi, regole e assiomi

ULTERIORI COLLEGAMENTI

Qualsiasi gioco, che sia di società o di carte, la dama o gli scacchi, ha i suoi "pezzi" e le sue "regole" con cui giocare; si possono poi costruire delle strategie per vincere. Per esempio, per giocare a dama si devono avere (**i termini primitivi**):

- una scacchiera, formata da 64 caselle, 32 bianche e 32 nere, disposte in file di 8 caselle a colori alterni;
- le pedine, 12 bianche e 12 nere, che si dispongono sulle caselle nere in 3 file di 4 pedine ciascuna a partire da bordi opposti.

Bisogna poi conoscere quali sono le regole del gioco (**gli assiomi**) che possiamo pensare ripartite in gruppi.

- Regole sul movimento dei pezzi:
  - ogni pedina, sia bianca che nera, può muovere solo in avanti sulle caselle scure spostandosi di una casella alla volta;
  - i due giocatori effettuano alternativamente le loro mosse una alla volta;
  - il primo a muovere è il giocatore con le pedine bianche.
- Regole di presa:
  - quando una pedina del giocatore di turno incontra una pedina di colore diverso con una casella libera alle sue spalle si è obbligati a catturarla (si dice che si mangia la pedina avversaria) passando sopra questo pezzo ed occupando la casella libera immediatamente successiva;
  - le pedine possono catturare i pezzi avversari muovendo solo in avanti e si possono catturare da una a tre pedine con una sola mossa;
  - quando una pedina, nel corso delle sue mosse, raggiunge la base avversaria, diventa una *dama*;
  - le pedine non possono catturare le dame;
  - le dame possono muovere in qualsiasi direzione e possono catturare pedine e dame avversarie.

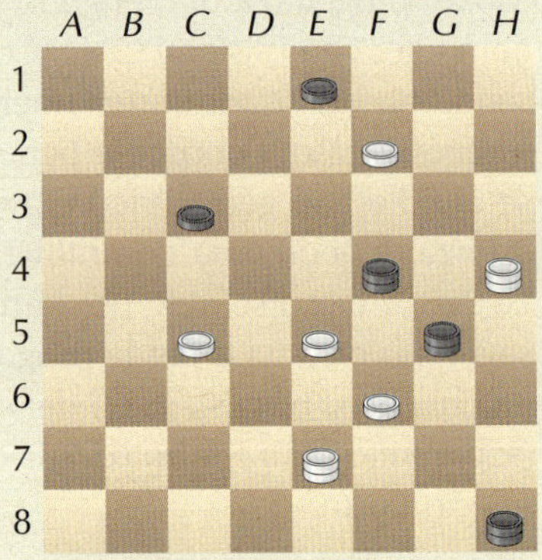

Nell'enunciazione delle regole sono state menzionate le *dame*; una dama si realizza mediante la sovrapposizione di due pedine dello stesso colore (è una **definizione**).

La partita si conclude quando uno dei due giocatori riesce a catturare tutti i pezzi dell'avversario o a rendere impossibile il loro movimento, oppure quando l'altro giocatore abbandona la partita. Una partita può concludersi in parità quando nessuno dei due giocatori riesce a catturare tutti i pezzi avversari.

Nella partita illustrata dalla ***figura a lato*** (dove le pedine bianche muovono dal basso verso l'alto) occorre trovare la strategia per far si che il giocatore che opera con le pedine bianche vinca in quattro mosse.
"Il bianco muove e vince in quattro mosse" è quello che, nel gioco della dama, potremmo chiamare un **teorema**.
La "dimostrazione" di questo teorema è l'elenco delle mosse che il bianco deve fare per vincere; nel nostro caso:

- H4 va in G3 il nero risponde con F4 in F8 (e mangia E5 ed E7)
- C5 va in D4 il nero risponde con C3 in G7 (e mangia D4 e F6)
- G3 va in H2 il nero risponde con E1 in G3 (e mangia F2)
- H2 in H6 e vince la partita

La situazione infatti si presenta come nella ***figura a lato*** e qualunque mossa faccia il giocatore nero, la partita per lui è persa.

gare di matematica

ULTERIORI GARE

1 In figura sono rappresentati due pezzi di filo di ferro. Ognuno è composto di segmenti aventi tutti lunghezza di 10cm. Uno dei due pezzi viene parzialmente sovrapposto all'altro in modo che essi vengano ad avere un tratto in comune. Quanti possono essere al massimo i segmenti che compongono tale tratto?

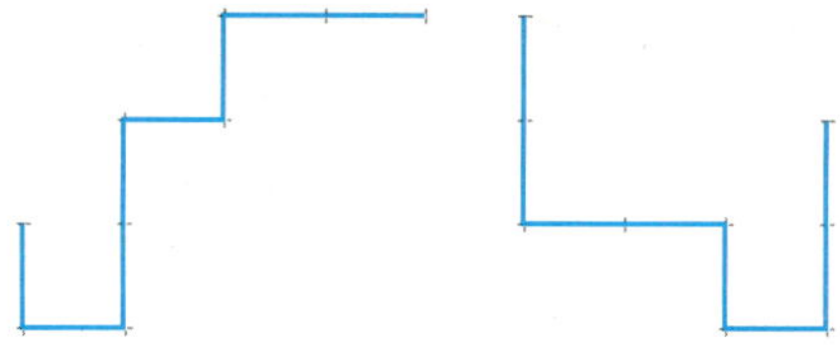

a. 7 **b.** 5 **c.** 4 **d.** 3 **e.** 1 [**b.**]

2 Un angolo $\widehat{AOB}$ viene trisecato dalle semirette OP e OQ; anche l'angolo $\widehat{BOC}$ (supplementare di $\widehat{AOB}$) viene trisecato dalle semirette OR, OS. Quanto vale l'angolo $\widehat{QOR}$?

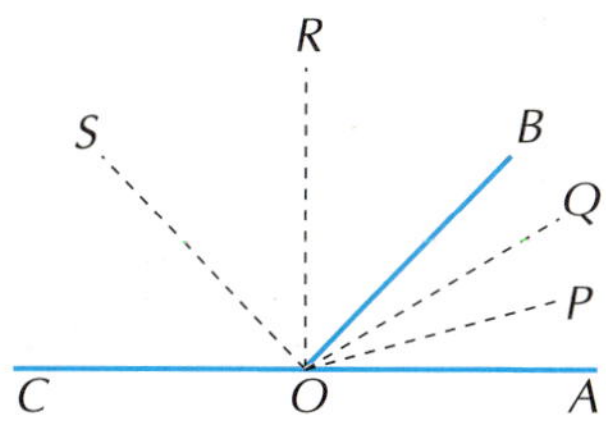

a. 45° **b.** 60° **c.** 90°
d. dipende dall'angolo $\widehat{AOB}$ **e.** la costruzione non si può fare

[**b.**]

Math in English

Theory on page 24

CLIL

1 Point, line and plane are indefined terms. State which of these terms is illustrated by:

a. the top of a table **b.** a projection screen
c. a ruler's edge **d.** a stretched thread
e. the tip of a pin.

[**a.**, **b.** : plane; **c.**, **d.** : line; **e.** : point]

2 Look at the figure and:

a. find the lenght of AB if AD is 8 and D is the midpoint of AB
b. find the lenght of AE if AC is 21 and E is the midpoint of AC.

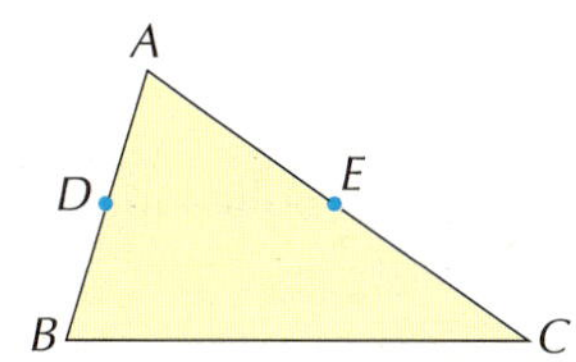

3 Look at the figure and name:

a. an acute angle at B
b. an acute angle at E
c. a right angle
d. three obtuse angles
e. a straight angle.

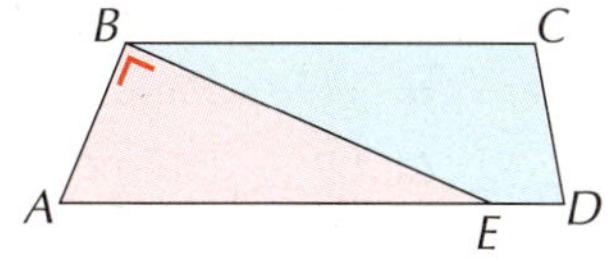

[**a.** $\widehat{EBC}$; **b.** $\widehat{BEA}$; **c.** $\widehat{ABE}$; **d.** $\widehat{ABC}$, $\widehat{BCD}$, $\widehat{BED}$; **e.** $\widehat{AED}$]

MORE EXERCISES

ESERCIZI CAPITOLO 2

I triangoli e i criteri di congruenza

POLIGONI E TRIANGOLI

teoria a pagina 27

SOLUZIONI ES. COMPRENSIONE

Comprensione

1 Un poligono è:

a. l'insieme dei punti interni ad una spezzata chiusa
b. l'insieme dei punti che appartengono ad una poligonale chiusa
c. l'insieme dei punti che appartengono alla regione finita di piano delimitata da una poligonale chiusa compresi quelli della poligonale stessa
d. l'insieme dei punti che appartengono ad una spezzata chiusa non intrecciata.

2 Barra vero o falso:

a. un poligono è concavo solo se tutte le rette sostegno dei suoi lati lo attraversano V F
b. un poligono è convesso se nessuna delle rette sostegno dei suoi lati lo attraversa V F
c. un poligono concavo ha almeno un angolo concavo V F
d. un poligono convesso ha tutti gli angoli convessi V F
e. se un poligono ha un angolo convesso, allora è convesso. V F

3 Fra i poligoni disegnati in figura, quali sono quelli concavi e quali quelli convessi?

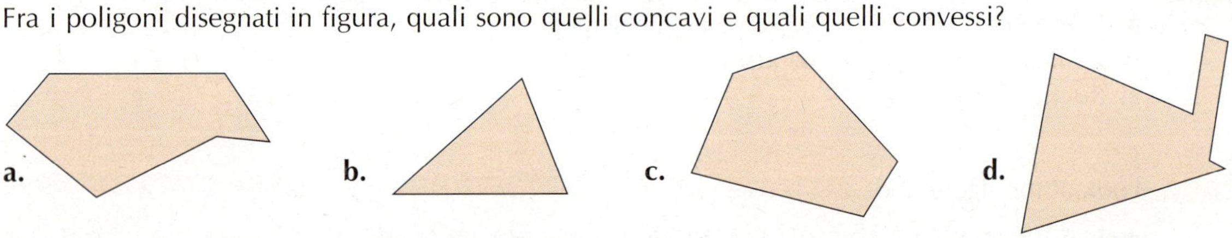

4 Un poligono convesso si può anche vedere come l'intersezione di alcuni semipiani. Sai indicare quali?

5 Con riferimento alla figura a lato, si può dire che:

a. *EC* è una diagonale del poligono *ABCDE* V F
b. *PQ* è una corda del poligono *ABCE* V F
c. *DP* è una mediana del triangolo *DEC* V F
d. *PQ* è una mediana del triangolo *EAC*. V F

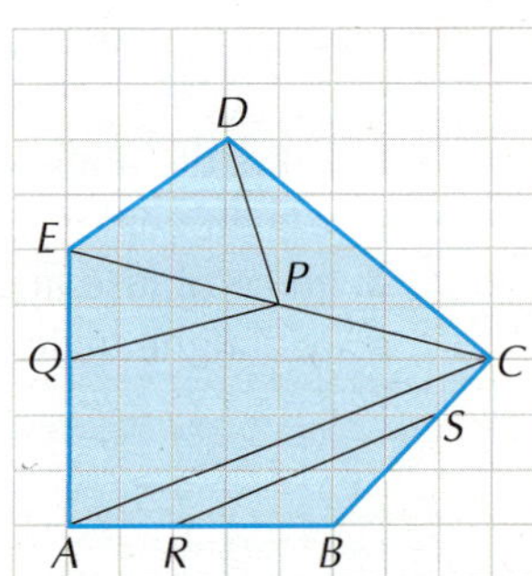

6 Relativamente alla stessa figura, completa le richieste.

a. Individua almeno un poligono concavo.
b. Indica almeno un poligono che ha $\widehat{QPC}$ come angolo.
c. Fra i segmenti disegnati, indica quali sono corde per il poligono *ABCDE*.
d. Fra i segmenti disegnati, indica quali sono corde ma non diagonali per il poligono *ECBA*.

7 In un poligono convesso di n lati si tracciano le diagonali uscenti da un vertice; il poligono viene in questo modo diviso in:

a. n triangoli **b.** $n-1$ triangoli **c.** $n-2$ triangoli **d.** $n-3$ triangoli

8 Completa le seguenti definizioni:

a. un triangolo è isoscele se ....

b. un triangolo è equilatero se ....

c. un triangolo è scaleno se ....

Applicazione

9 Con riferimento alla figura a lato, completa le richieste.

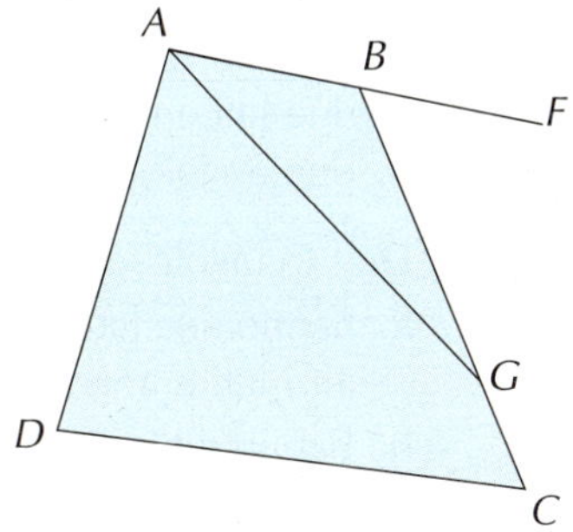

a. Il poligono *ABCD* è un ....

b. *DB* e *AC* sono le .... del poligono

c. $\widehat{FBC}$ è ....

d. *AG* è una ....

e. I lati *AB*, *BC*, *CD*, *DA* costituiscono una ....

10 Con riferimento al poligono *ABCDE* in figura:

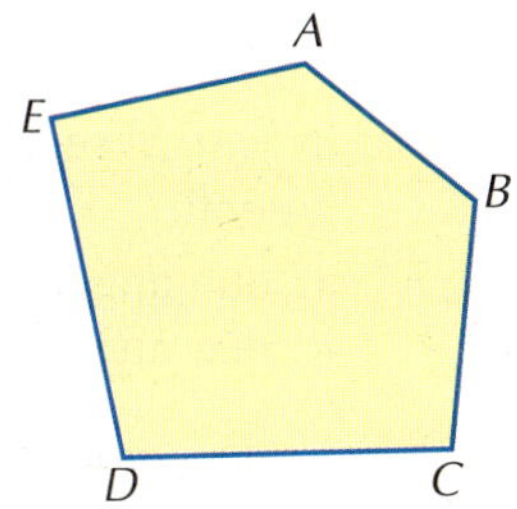

a. indica l'angolo interno di vertice *E*

b. indica l'angolo esterno di vertice *B*

c. traccia la corda che congiunge i punti medi dei lati *AB* e *CD*

d. traccia le diagonali uscenti dal vertice *D*

e. costruisci il poligono che ha vertici nei punti medi dei suoi lati.

11 In un quadrilatero si possono tracciare due diagonali; quante sono le diagonali in un pentagono o in un esagono? Sai trovare una regola che dia il numero di diagonali di un poligono di n lati?

12 Disegna un poligono convesso *ABCD* e indica:

a. quali lati sono consecutivi a *BC*

b. qual è l'angolo esterno di vertice *D*

c. qual è la corda che unisce i punti medi dei lati *AB* e *CD*

d. qual è il punto d'intersezione delle diagonali

e. quali sono gli angoli interni adiacenti al lato *AD*

f. qual è l'angolo interno che ha per lati le rette sostegno di *BC* e *AB*.

13 Nel triangolo *ABC* in figura disegna:

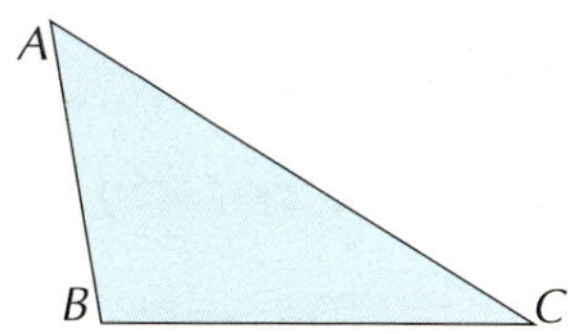

a. la mediana relativa al lato *AC*

b. la bisettrice dell'angolo $\widehat{CAB}$

c. la bisettrice di uno degli angoli esterni di vertice *B*.

14 Del triangolo *ABC* in figura individua:

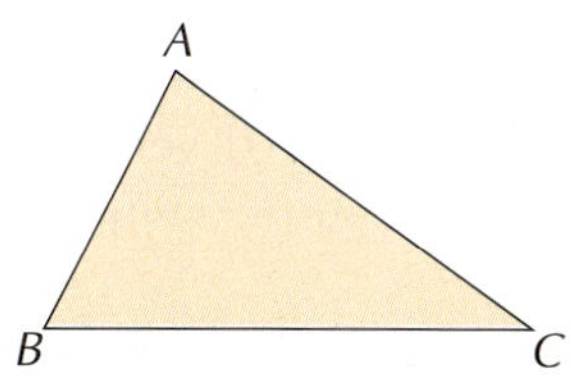

a. l'angolo compreso fra i lati *AB* e *AC*

b. gli angoli adiacenti al lato *BC*

c. l'angolo esterno di vertice *C*

d. il lato opposto all'angolo $\widehat{CAB}$

e. l'angolo opposto al lato *AC*.

15 Disegna un triangolo isoscele *ABC* di base *AB* e traccia:

a. le mediane relative ai due lati congruenti

b. la bisettrice dell'angolo formato dalla mediana uscente dal vertice *A* con la base *AB*

c. le bisettrici degli angoli esterni di vertici *A* e *B* e indica con *D* il loro punto di intersezione.

 teoria a pagina 30

Comprensione

SOLUZIONI ES. COMPRENSIONE

16 In base al primo criterio di congruenza, due triangoli sono congruenti se hanno ordinatamente congruenti:

a. tutti i lati e tutti gli angoli
b. due lati e l'angolo fra essi compreso
c. due lati e un angolo
d. due angoli e il lato fra essi compreso.

17 Due triangoli sono congruenti in base al primo criterio. Di essi si può dire che:

a. hanno due lati e l'angolo fra essi compreso ordinatamente congruenti, ma non si può dire nulla sugli altri lati e angoli
b. hanno tutti gli elementi (lati e angoli) ordinatamente congruenti
c. hanno solo due lati e l'angolo fra essi compreso ordinatamente congruenti e gli altri elementi sono diversi.

18 In base al secondo criterio di congruenza, due triangoli sono congruenti se hanno ordinatamente congruenti:

a. due angoli e un lato
b. due lati e un angolo
c. due angoli e il lato fra essi compreso
d. due lati e i due angoli adiacenti ad uno di essi.

19 Nella figura a lato gli elementi congruenti sono stati indicati con lo stesso simbolo; stabilisci se i triangoli che seguono sono congruenti e in base a quale criterio:

a. AMC e BMD
b. AMF e BME

In conseguenza di ciò che hai risposto ai due precedenti quesiti puoi concludere che:

c. $AC \cong DB$ V F
d. M è il punto medio di CD V F
e. AB è la bisettrice di $\widehat{CAF}$ V F
f. $AF \cong AC$ V F

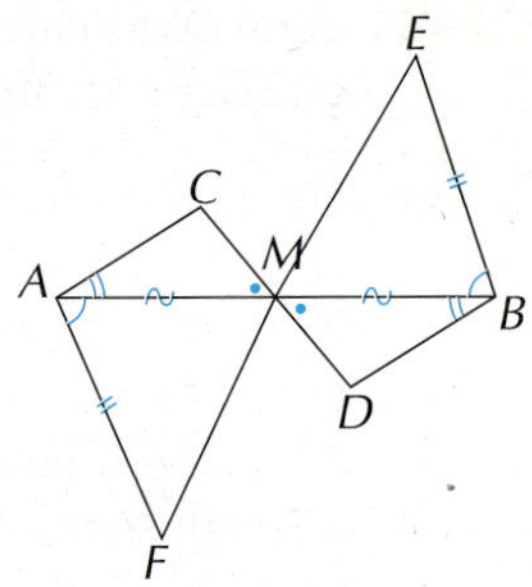

Applicazione

Il primo criterio

20 **ESERCIZIO GUIDATO**

Dato il triangolo ABC con $BC > AB$, traccia la bisettrice dell'angolo di vertice B che incontra in D il lato AC e prendi un punto P su BC in modo che sia $BP \cong AB$. Dimostra che $AD \cong DP$.

Costruiamo la figura del problema facendo attenzione a disporre le lettere sui vertici del triangolo in modo che il lato BC sia maggiore del lato AB. Scriviamo poi le ipotesi e la tesi del teorema indicando contemporaneamente sulla figura gli elementi congruenti (completa le parti mancanti).

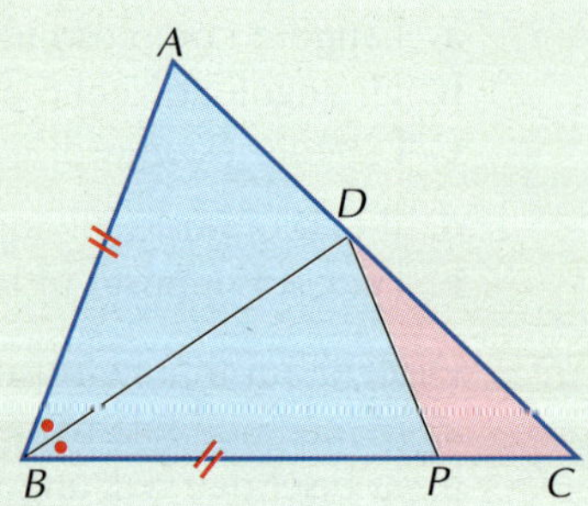

Hp. $\widehat{ABD} \cong$ .... (per indicare che BD è bisettrice)

$BP \cong$ ....

Th. $AD \cong$ ....

Per dimostrare la congruenza dei segmenti AD e DP dobbiamo individuare due triangoli, uno che ha come lato AD e l'altro che ha come lato DP, che abbiano qualche possibilità di essere congruenti; tali triangoli sono ADB e DBP che abbiamo evidenziato in colore azzurro. Di essi sappiamo che:

$AB \cong$ .... per ipotesi

BD è congruente a se stesso per la proprietà riflessiva della congruenza

$\widehat{ABD} \cong$ .... per ipotesi

quindi ....

21 ESERCIZIO GUIDATO

Disegna un triangolo ABC, prendi un punto D sul lato AB e un punto E sul lato AC in modo che $AD \cong AE$; traccia poi la bisettrice AK dell'angolo $\widehat{CAB}$ ed i segmenti DK ed EK. Dimostra che $EK \cong DK$.

Costruiamo la figura e scriviamo l'ipotesi e la tesi del teorema:

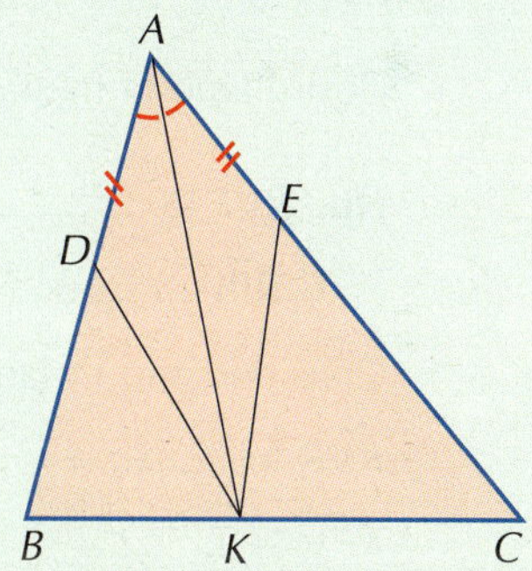

Hp. $AD \cong$ .... **Th.** $EK \cong KD$

$\widehat{EAK} \cong$ ....

Devi ricordare adesso di segnare le ipotesi sulla figura ponendo lo stesso simbolo sugli elementi congruenti: per esempio due trattini sui segmenti AE e AD e un archetto sugli angoli $\widehat{EAK}$ e $\widehat{KAD}$.
Cerca adesso di individuare due triangoli, uno che abbia come lato EK e l'altro che abbia come lato DK, che, in base alle ipotesi individuate sulla figura, abbiano la possibilità di essere congruenti; tali triangoli sono EAK e .... Di essi sai che:

$AE \cong$ .... per ....

$AK \cong$ .... per ....

$\widehat{EAK} \cong$ .... perché ....

In base al .... criterio di congruenza dei triangoli essi sono congruenti e quindi ....

22 Siano r, s e t tre rette di un fascio di centro O. Siano A e A' due punti di r tali che O sia il punto medio del segmento AA'; analogamente sia BB' il segmento di s e CC' il segmento di t tali che O sia il punto medio di BB' e di CC'. Dimostra la congruenza delle coppie di triangoli ABO e $A'B'O$, BCO e $B'C'O$, ACO e $A'C'O$.

es. 22

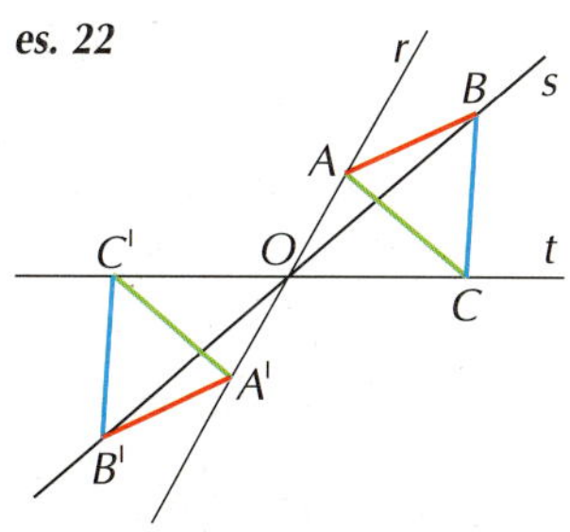

23 Disegna i segmenti AB e BC congruenti e consecutivi; indica poi con M il punto medio di AB e con N il punto medio di BC; traccia i segmenti AN e CM e dimostra che i triangoli ANB e CMB sono congruenti.

24 Disegna un segmento AB, trova il suo punto medio M e traccia una qualunque retta r per M; su tale retta prendi, da parte opposta rispetto a M, i punti P e Q in modo che $PM \cong QM$. Dimostra che $AQ \cong PB$.

25 Disegna un triangolo ABC; prolunga il lato CB oltre C di un segmento $CP \cong AC$ ed il lato AC oltre C di un segmento $CQ \cong CB$. Congiungi i punti P e Q e dimostra che $\widehat{ABC} \cong \widehat{CQP}$.

26 Disegna un angolo convesso $\widehat{ab}$ di vertice V; prendi un punto A sul lato a ed un punto B sul lato b in modo che $VA \cong VB$; prendi poi un altro punto C sul lato a ed un altro punto D sul lato b in modo che $VC \cong VD$; congiungi A con D e B con C e dimostra che i segmenti AD e BC sono congruenti.

27 Disegna un segmento MN e prendi un punto O del piano che non appartiene alla retta di MN; traccia poi le semirette MO e NO di origini M e N e prendi un punto P sulla semiretta MO da parte opposta di O rispetto a M in modo che $PO \cong MO$ e un punto Q sulla semiretta NO da parte opposta di O rispetto a N tale che $QO \cong NO$. Dimostra che $PQ \cong MN$.

es. 27

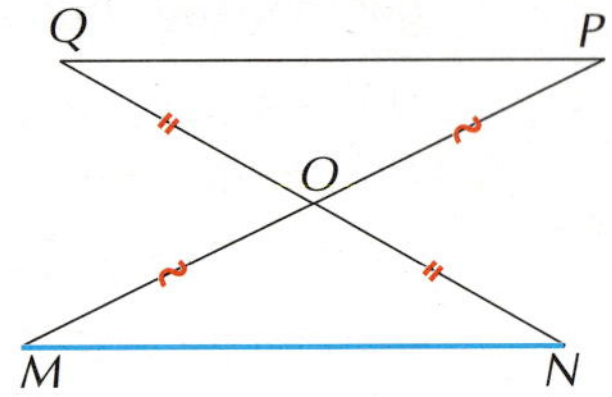

Il secondo criterio

28 **ESERCIZIO GUIDATO**

Disegna un angolo convesso di vertice V e traccia la sua bisettrice r; prendi un punto qualsiasi P su r e da tale punto traccia due semirette a e b che formino angoli congruenti con r e che incontrino i lati dell'angolo in R e in S. Dimostra che i triangoli VPR e VPS così ottenuti sono congruenti.

Costruiamo la figura del teorema e scriviamo ipotesi e tesi.

Hp. $\widehat{RVP} \cong$ .... **Th.** $\widehat{VPR} \cong \widehat{VPS}$

$\widehat{RPV} \cong$ ....

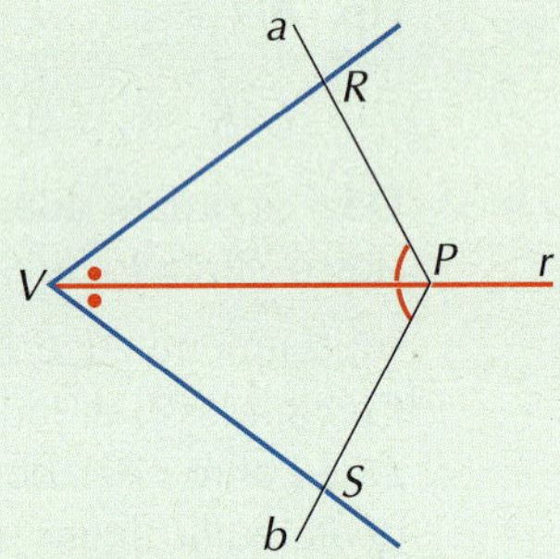

Consideriamo i triangoli VPR e VPS:

$\widehat{RVP} \cong$ .... perché ....

$\widehat{RPV} \cong$ .... perché ....

$VP \cong$ .... perché ....

I triangoli VRP e VSP sono dunque congruenti per il .... criterio di congruenza.

29 Dei triangoli ABC e DEF si sa che $AC \cong DE$, $\widehat{ACB} \cong \widehat{DEF}$, $\widehat{BAC} \cong \widehat{FDE}$; dimostra che le bisettrici CP del primo triangolo ($P \in AB$) ed EQ del secondo triangolo ($Q \in DF$) sono anch'esse congruenti.

es. 30

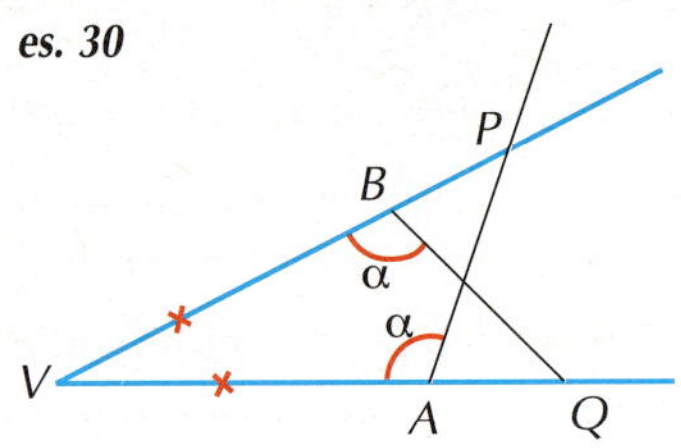

30 Disegna un angolo convesso di vertice V e prendi un punto A su un lato e un punto B sull'altro in modo che $VA \cong VB$; dal punto A traccia una semiretta che incontra l'altro lato dell'angolo in un punto P e chiama con α l'angolo $\widehat{VAP}$; dal punto B traccia un'altra semiretta che incontra l'altro lato in Q in modo che l'angolo $\widehat{VBQ}$ sia congruente ad α. Dimostra che $AP \cong BQ$.

es. 31

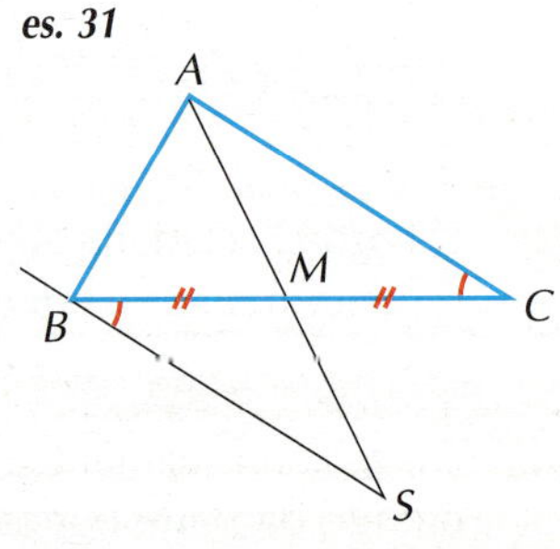

31 Disegna un triangolo ABC e traccia la mediana AM; traccia poi dal vertice B una retta esterna al triangolo che formi con BC un angolo congruente ad $\widehat{ACB}$ e indica con S il punto di intersezione di questa semiretta con il prolungamento di AM. Dimostra che $MS \cong AM$.

LE PROPRIETÀ DEL TRIANGOLO ISOSCELE

teoria a pagina 33

Comprensione

SOLUZIONI ES. COMPRENSIONE

32 *Condizione necessaria e sufficiente affinché un triangolo sia isoscele è che abbia due angoli congruenti.* Enuncia i due teoremi che esprimono la condizione necessaria e la condizione sufficiente specificando quali sono l'ipotesi e la tesi di ognuno.

33 Per verificare che un triangolo è isoscele si deve:

a. verificare che abbia due lati congruenti V F

b. verificare che abbia due angoli congruenti V F

c. verificare che abbia congruenti due lati e anche gli angoli ad essi opposti V F

d. verificare che le bisettrici dei suoi angoli li dividano in parti congruenti. V F

34 Disegna la bisettrice AT dell'angolo al vertice del triangolo isoscele in figura. Tenendo presenti le proprietà di questo triangolo, puoi dire che:

a. AT è bisettrice ma non è mediana

b. AT è anche mediana.

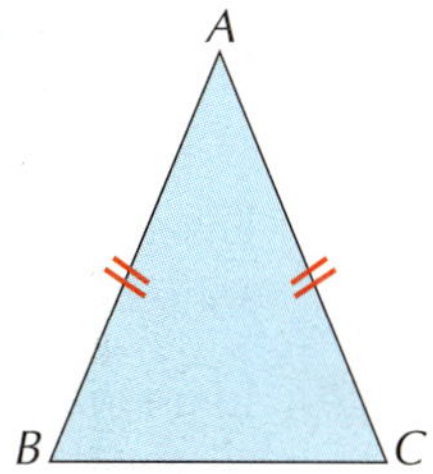

35 In un triangolo ABC la mediana AM è congruente al lato AB. E' possibile che il triangolo ABC sia isoscele?

Applicazione

36 **ESERCIZIO GUIDATO**

Due triangoli isosceli ABC e ACD hanno in comune la base AC. Dimostra che BD è bisettrice di ciascuno dei due angoli di vertici B e D.

Con riferimento alla figura, nella quale abbiamo supposto che i due triangoli si trovino in semipiani diversi rispetto alla base AC, completa le relazioni che esprimono le ipotesi e la tesi del teorema.

Hp. $AB \cong$ .... **Th.** $\widehat{ABD} \cong$ ....

$AD \cong$ .... $\widehat{ADB} \cong$ ....

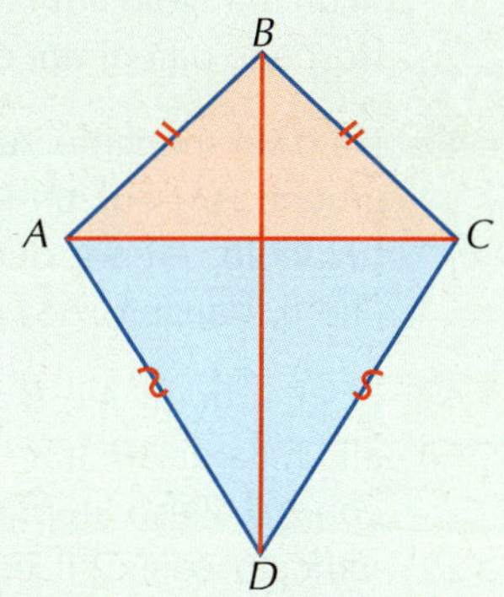

Indica sulla figura quali sono gli angoli congruenti in base alla proprietà dei triangoli isosceli.

Considera adesso i triangoli ABD e CBD; di essi puoi dire che:

$AB \cong$ .... perché ....

$AD \cong$ .... perché ....

$\widehat{BAD} \cong$ .... perché ....

Quindi i due triangoli sono congruenti per il .... criterio di congruenza dei triangoli.

In particolare $\widehat{ABD} \cong$ .... e $\widehat{ADB} \cong$ ...., quindi BD è la bisettrice.

Considera adesso il caso in cui i due triangoli si trovino nello stesso semipiano rispetto alla base AC. Come si modifica la dimostrazione precedente?

37 ESERCIZIO GUIDATO

Disegna un triangolo isoscele ABC di base AB e prolunga la base da entrambi i lati; su questi prolungamenti considera due segmenti AD e BE fra loro congruenti. Traccia i segmenti CD e CE e dimostra che sono congruenti.

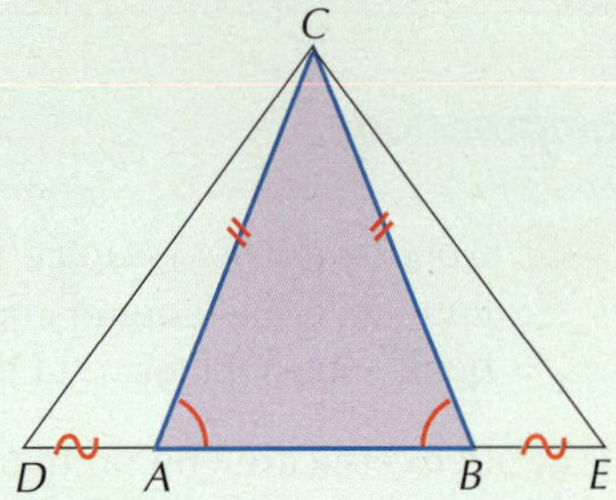

Costruiamo la figura e scriviamo l'ipotesi e la tesi del teorema.

Hp. $AC \cong$ .... **Th.** $CD \cong CE$

$AD \cong$ ....

Oltre a segnare le ipotesi sulla figura, ricorda che devi segnare anche che gli angoli $\widehat{CAB}$ e $\widehat{CBA}$ sono congruenti. Considera adesso i triangoli ACD e BCE: di essi sai che

.... $\cong$ .... $\cong$ .... $\cong$ ....

I due triangoli sono quindi congruenti per il .... criterio e quindi ....

38 Disegna un triangolo isoscele ABC di base BC e traccia le mediane BD e CE. Dimostra che tali mediane sono congruenti.

39 In un triangolo una bisettrice forma con il lato su cui cade angoli adiacenti congruenti. Come sono questi angoli e che caratteristica ha il triangolo?

40 Sui lati di un triangolo ABC isoscele di base BC, prendi due punti P e Q in modo che sia $AP \cong AQ$. Congiungi tali punti con un punto R della bisettrice dell'angolo di vertice A e dimostra che il triangolo PQR è isoscele.

es. 40

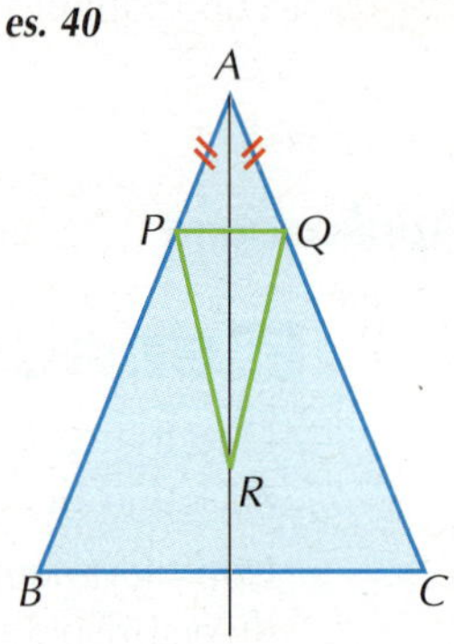

41 Disegna un triangolo isoscele; considera i punti medi dei lati e uniscili con dei segmenti. Dimostra che il triangolo che ottieni è isoscele.

42 Dimostra che se unisci i punti medi dei lati di un triangolo equilatero, ottieni ancora un triangolo equilatero.

43 Dimostra che, se si prolungano i lati di un triangolo equilatero, solo da una parte e nello stesso senso, di tre segmenti congruenti, si ottiene ancora un triangolo equilatero. Se esegui la stessa costruzione con un triangolo isoscele, ottieni ancora un triangolo isoscele?

44 Dato un triangolo ABC qualsiasi, prendi sui suoi lati due segmenti congruenti AM ed AN ($M \in AB$, $N \in AC$). Sulla retta MN, esternamente al triangolo, prendi due segmenti MT e NS tra loro congruenti. Dimostra che il triangolo AST è isoscele.

es. 44

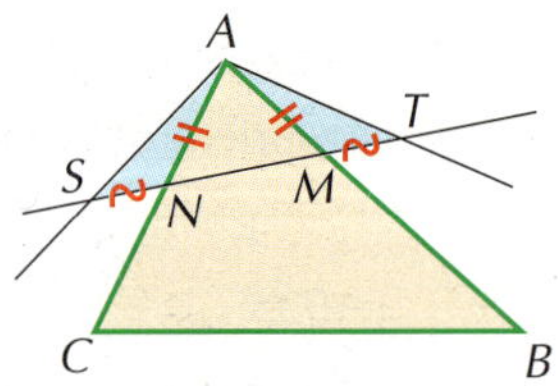

45 Dagli estremi A e B di un segmento AB, e nello stesso semipiano rispetto alla retta di AB, traccia due semirette r e s che formano angoli congruenti con AB. Preso un punto P su r e un punto Q su s in modo che $AP \cong BQ$ e indicato con O il punto di intersezione di PB con AQ, dimostra che il triangolo OAB è isoscele.

46 Dato un triangolo equilatero ABC, siano M, F, T tre punti appartenenti rispettivamente ai lati BC, CA ed AB tali che $BM \cong CF \cong AT$. Dimostra che anche il triangolo MFT è equilatero.

47 In un triangolo isoscele ABC di vertice A, traccia le bisettrici BP e CQ degli angoli alla base. Dimostra che $BP \cong CQ$ e che $BQ \cong CP$.

48 Disegna un triangolo ABC isoscele di base BC e traccia la bisettrice dell'angolo di vertice A; prendi poi un punto S su tale bisettrice e traccia i segmenti BS e CS. Dimostra che:

a. $\widehat{ABS} \cong \widehat{ACS}$

b. la semiretta AS è bisettrice anche dell'angolo $\widehat{BSC}$.
(Suggerimento tesi **b.**: dalla congruenza dei triangoli ABS e ACS segue che $\widehat{ASB} \cong \widehat{ASC}$, quindi........)

49 Disegna un triangolo isoscele ABC di vertice A; prendi un punto E sul lato AB e un punto F sul lato AC in modo che $BE \cong CF$; prolunga la base BC da entrambi i lati e prendi su tali prolungamenti due punti S e T in modo che $BS \cong CT$; traccia infine le semirette SE e TF che si incontrano in O. Dimostra che:

a. $SE \cong FT$

b. il triangolo OST è isoscele.

es. 49

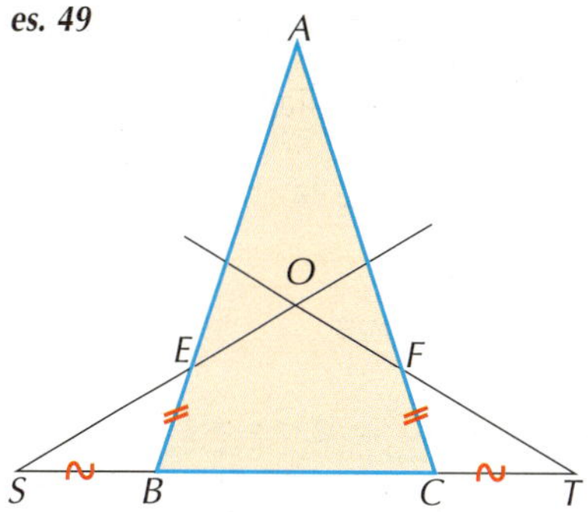

LA CONGRUENZA DEI TRIANGOLI: IL TERZO CRITERIO

teoria a pagina 35

Comprensione

SOLUZIONI ES. COMPRENSIONE

50 In base al terzo criterio di congruenza dei triangoli si può dedurre che:

a. se due triangoli hanno tre lati ordinatamente congruenti, allora anche i tre angoli sono ordinatamente congruenti V F

b. tutti i triangoli equilateri sono fra loro congruenti V F

c. se due triangoli hanno tre angoli ordinatamente congruenti, allora anche i tre lati sono ordinatamente congruenti V F

d. se due triangoli equilateri hanno una coppia di lati ordinatamente congruenti, allora sono congruenti. V F

51 Delle coppie di triangoli delle seguenti figure si sa che gli elementi indicati con lo stesso simbolo sono ordinatamente congruenti; stabilisci se si può dire che sono congruenti e in base a quale criterio:

a. 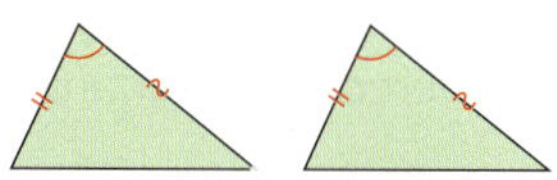

b. 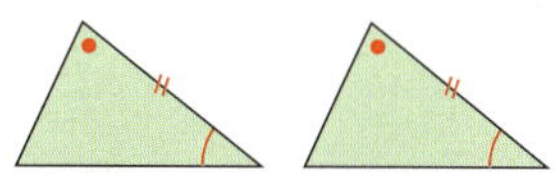

c. 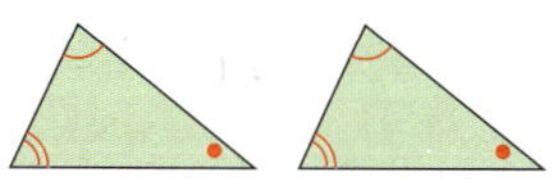

d. 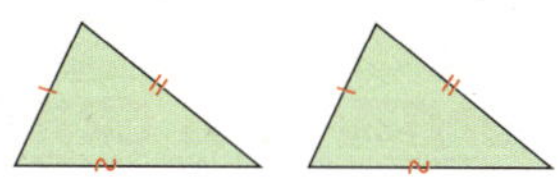

52 Per dimostrare che due triangoli sono congruenti basta verificare che abbiano ordinatamente congruenti:

a. due lati **b.** tre angoli **c.** tre lati

d. due lati e un angolo qualsiasi **e.** due angoli e il lato fra essi compreso.

53 Di due triangoli ABC e $A'B'C'$ possiamo dire che sono congruenti se hanno:

a. $BC \cong B'C'$ $\quad \widehat{B} \cong \widehat{B'}$ $\quad \widehat{C} \cong \widehat{C'}$ V F

b. $AB \cong A'B'$ $\quad BC \cong B'C'$ $\quad \widehat{C} \cong \widehat{C'}$ V F

c. $AB \cong A'B'$ $\quad \widehat{A} \cong \widehat{A'}$ $\quad \widehat{B} \cong \widehat{B'}$ V F

d. $AB \cong A'B'$ $\quad BC \cong B'C'$ $\quad AC \cong A'C'$ V F

54 Due triangoli isosceli hanno ordinatamente congruenti due lati. Considera le seguenti affermazioni:

① i due triangoli sono congruenti

② se fra i lati congruenti c'è anche la base, i due triangoli sono congruenti

③ se fra i lati congruenti non c'è la base, i due triangoli non possono essere congruenti

④ se fra i lati congruenti non c'è la base, i due triangoli potrebbero anche essere congruenti ma non è certo.

Di esse sono vere:

a. solo la ① **b.** la ② e la ③ **c.** la ② e la ④ **d.** solo la ② **e.** tutte tranne la ①

Applicazione

55 **ESERCIZIO GUIDATO**

Due triangoli isosceli hanno ordinatamente congruenti il perimetro e la base. Dimostra che sono congruenti.

Hp. $AB \cong AC \ \wedge \ A'B' \cong A'C'$

$AB + AC + BC \cong A'B' + A'C' + B'C'$

$BC \cong B'C'$

Th. $\widehat{ABC} \cong \widehat{A'B'C'}$

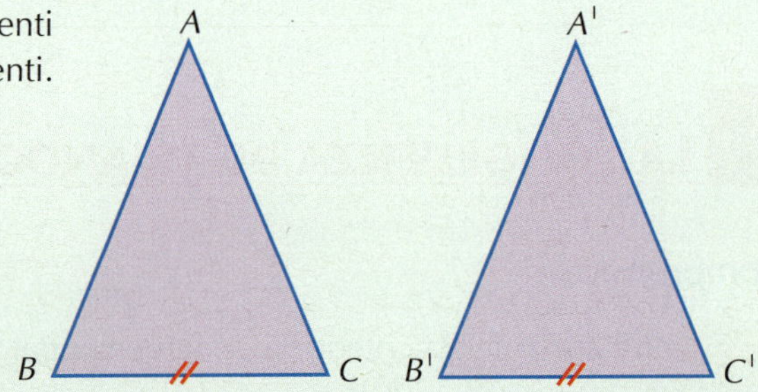

Se dal perimetro del primo triangolo togliamo la base e dividiamo per 2 il segmento ottenuto, troviamo il lato obliquo; se facciamo la stessa cosa nel secondo triangolo troviamo ancora il lato obliquo. Ma poiché i perimetri e le basi sono congruenti, anche i lati obliqui lo sono perché differenza di segmenti congruenti. Quindi i due triangoli sono congruenti per il ....

56 Disegna un triangolo isoscele ABC di vertice A e traccia la mediana AM relativa alla base; prolunga poi la base di due segmenti $BP \cong CQ$ e unisci A con P e con Q. Dimostra che i triangoli AMP e AMQ sono congruenti.

57 È dato un triangolo ABC isoscele di base BC; sia D un punto interno al triangolo in modo che sia $DC \cong DB$. Dimostra che la semiretta AD è la bisettrice dell'angolo di vertice A del triangolo.

ESERCIZI RIASSUNTIVI SUI CRITERI DI CONGRUENZA DEI TRIANGOLI

58 Disegna un triangolo isoscele ABC di vertice A e prolunga i lati congruenti dalla parte di A; scegli due punti D ed E su tali prolungamenti in modo che $AD \cong AE$ (D appartiene al prolungamento di AC, E appartiene al prolungamento di AB).

a. Congiungi B con D e C con E e dimostra che $DB \cong CE$.

b. Prolunga i segmenti DB e CE fino a che si incontrano in P e dimostra che il triangolo PBC è isoscele.

c. Traccia la semiretta AP e dimostra che i triangoli ADP e AEP sono congruenti.

d. Dimostra che la semiretta PA è la bisettrice dell'angolo $\widehat{BAC}$.

59 Disegna un angolo $\widehat{ab}$ di vertice O, prendi due punti A e B sul lato a e poi due punti C e D sul lato b in modo che $OA \cong OC$ e $OB \cong OD$; traccia i segmenti BC e AD e chiama F il loro punto di intersezione. Dimostra che OF è la bisettrice dell'angolo $\widehat{ab}$.

60 Dimostra che due triangoli sono congruenti se hanno ordinatamente congruenti un lato, un angolo ad esso adiacente e la bisettrice di tale angolo.

61 Dimostra che due triangoli sono congruenti se hanno ordinatamente conguenti due lati e la mediana relativa ad uno di essi.

62 Dimostra che, se in un triangolo ABC il segmento AM è bisettrice e mediana, il triangolo è isoscele sulla base BC.
(Suggerimento: prolunga la mediana AM di un segmento $MP \cong AM$ e considera i triangoli AMC e BMP)

63 Dato il triangolo ABC, isoscele di base BC, considera su AB ed AC i segmenti AE e AF fra loro congruenti e su BC i segmenti BS e CT fra loro congruenti. Le rette FS ed ET si intersecano in O. Dimostra che:

a. i triangoli STO ed FEO sono isosceli;

b. i punti A ed O sono allineati col punto medio M della base BC.

(Suggerimento: per dimostrare che tre punti sono allineati puoi dimostrare che formano un angolo piatto)

64 Dato un triangolo ABC isoscele sulla base BC, prolunga i suoi lati dalla parte di A di due segmenti congruenti AE ed AF ($E \in$ retta AC, $F \in$ retta AB). Prolungata la base di due segmenti congruenti HB e CK, dimostra che $EH \cong FK$ e che le rette di EH e FK si incontrano nel punto O appartenente alla bisettrice dell'angolo $\widehat{A}$.

65 Dato il triangolo ABC, prolunga il lato AC di un segmento $AE \cong AB$ ed il lato AB di un segmento $AD \cong AC$. Detto F il punto di intersezione fra le rette ED e BC, dimostra che il triangolo EFB è isoscele e che A appartiene alla bisettrice dell'angolo $\widehat{EFB}$.

66 Dato un triangolo isoscele di base BC, dal vertice A ed esternamente al triangolo, conduci due semirette r e s che formano angoli acuti congruenti con AB e AC. Su queste prendi due segmenti congruenti AH e AK ($H \in r$, $K \in s$). Detta P l'intersezione di HC con BK, dimostra che:

a. $KC \cong HB$;

b. $KB \cong HC$;

c. P appartiene alla bisettrice dell'angolo $\widehat{BAC}$.

67 Dato un segmento AB, considera su di esso i punti R ed S in modo che $AR \cong SB$. Sia M il punto medio di RS e C un punto che non appartiene alla retta di AB. Congiungi C con A, R, M, S, B e sui prolungamenti di AC e BC, dalla parte di C, considera i punti P e Q tali che $CP \cong AC$ e $CQ \cong BC$. Dimostra che:

a. CM è mediana di $\overset{\triangle}{ABC}$ ed il suo prolungamento è mediana di $\overset{\triangle}{CPQ}$;

b. i due triangoli BQP e BQA sono congruenti;

c. indicate con R' ed S' le intersezioni delle rette RC ed SC con la retta PQ, $CR \cong CR'$ e $CS \cong CS'$.

68 Indica se le seguenti proposizioni sono vere o false, giustificando con una dimostrazione quelle vere e motivando adeguatamente perchè le altre sono false.
Due triangoli isosceli sono congruenti se hanno:

a. i lati obliqui ordinatamente congruenti V F

b. la base ed un angolo ad essa adiacente ordinatamente congruenti V F

c. un lato obliquo e l'angolo al vertice ordinatamente congruenti V F

d. i tre angoli ordinatamente congruenti. V F

69 Dato un triangolo equilatero ABC, considera le sue mediane AD e CF che si intersecano in O. Dimostra che i due segmenti di mediana che contengono i vertici sono congruenti.
Puoi dire la stessa cosa di un triangolo isoscele di vertice B? E di un triangolo isoscele di vertice C?

70 Dato un triangolo ABC isoscele di base BC, dopo aver dimostrato che le mediane CM e BN relative ai lati congruenti sono fra loro congruenti, prolungale di due segmenti NS e MT congruenti fra loro. Dimostra che $TB \cong SC$ e $TA \cong SA$.

71 Dato un triangolo isoscele ABC di base BC, considera le bisettrici degli angoli esterni formati dalla base e dai prolungamenti dei lati congruenti. Chiamati S e T i punti di intersezione fra tali bisettrici e le rette dei lati ($S \in$ retta AB, $T \in$ retta AC), dimostra che:

a. $CS \cong BT$

b. i triangoli AST e OST sono isosceli, dove O è il punto di intersezione di BT con SC

c. AO è bisettrice di $\widehat{BAC}$.

72 Disegna un triangolo equilatero ABC e traccia le bisettrici degli angoli di vertici A e B che si incontrano in T; congiungi T con C e dimostra che i triangoli TAB, TAC, TBC sono congruenti e isosceli.

73 Disegna due segmenti consecutivi e congruenti AB e BC; dai vertici A e C traccia due semirette che formano angoli congruenti con i segmenti considerati e che si incontrano in P. Dimostra che $AP \cong PC$.

LE DISUGUAGLIANZE TRIANGOLARI

teoria a pagina 37

SOLUZIONI ES. COMPRENSIONE

Comprensione

74 Un triangolo ABC è ottusangolo in A; l'angolo esterno di vertice A:

a. è minore dell'angolo interno dello stesso vertice

b. è minore di ciascuno degli angoli interni

c. è maggiore di ciascuno degli angoli interni, compreso quello di vertice A

d. è maggiore di ciascuno degli angoli interni tranne di quello di vertice A.

75 Si hanno a disposizione tre segmenti che hanno le lunghezze indicate; stabilisci in quali casi si può costruire un triangolo con essi:

a. 5cm, 10cm, 4cm SI NO

b. 8cm, 15cm, 12cm SI NO

c. 20cm, 7cm, 13cm. SI NO

76 Un triangolo ABC ha l'angolo di vertice A di ampiezza 120°; il lato di lunghezza maggiore è:

a. AB **b.** BC **c.** AC

77 In un triangolo ABC, il lato AC è maggiore del lato AB ma non del lato BC; si può dire che:

a. l'angolo di vertice B è maggiore dell'angolo di vertice C V F

b. $BC > AC + AB$ V F

c. l'angolo di vertice A è maggiore sia dell'angolo di vertice B che dell'angolo di vertice C. V F

78 Barra vero o falso.

a. Un triangolo non può avere più di un angolo ottuso. V F

b. Un triangolo può avere due angoli retti. V F

c. Un triangolo può avere più di due angoli acuti. V F

d. In un triangolo isoscele gli angoli alla base possono essere ottusi. V F

e. In un triangolo isoscele l'angolo al vertice non può essere ottuso. V F

f. Un triangolo rettangolo può essere isoscele. V F

g. In un triangolo rettangolo l'ipotenusa è il lato maggiore. V F

h. In un triangolo rettangolo non ci possono essere angoli ottusi. V F

79 Sono dati tre segmenti AB, CD e EF tali che $AB \cong 3CD$ e $CD \cong 2EF$. È possibile costruire un triangolo con tali segmenti? Giustifica la tua risposta.

80 Nel triangolo ABC si ha che $AB \cong \frac{3}{4}BC$. È possibile che sia $\widehat{CAB} < \widehat{ACB}$?

Applicazione

81 **ESERCIZIO GUIDATO**

Sia P un punto interno al triangolo ABC; dimostra che l'angolo convesso $\widehat{APB}$ è maggiore dell'angolo $\widehat{ACB}$.

Prolunghiamo il segmento BP fino ad incontrare in D il lato AC.

Poiché $\widehat{APB}$ è un angolo esterno del triangolo APD possiamo scrivere che $\widehat{APB} > \widehat{ADB}$

Poiché $\widehat{ADB}$ è un angolo esterno del triangolo BDC possiamo scrivere che $\widehat{ADB} > \widehat{ACB}$

Dal confronto di queste due relazioni segue che $\widehat{APB} > \widehat{ACB}$.

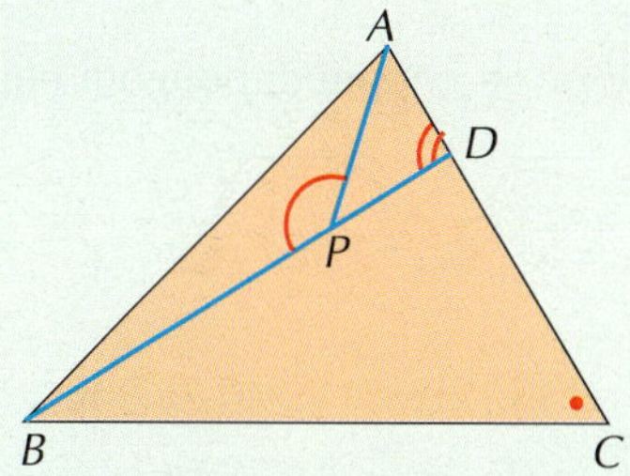

82 Sia P un punto interno a un triangolo ABC e sia M il punto medio del lato AC. Traccia la semiretta PM e prendi su di essa un punto D in modo che sia $MD \cong MP$. Dimostra che l'angolo $\widehat{ADC}$ è maggiore dell'angolo $\widehat{ABC}$.

83 Considera un triangolo ABC isoscele sulla base BC ed un punto P su AC. Dimostra che $BP > PC$.

84 **ESERCIZIO GUIDATO**

Dimostra che in ogni triangolo ciascuno dei segmenti in cui viene diviso un lato dalla bisettrice del suo angolo opposto è minore del lato del triangolo ad esso consecutivo.

Hp. .... **Th.** $BP < AB$
$PC < AC$

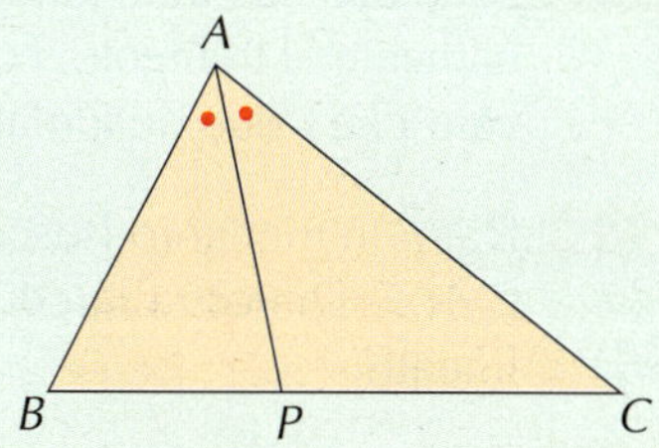

L'angolo $\widehat{APB}$ è esterno rispetto al triangolo APC, quindi ....

L'angolo $\widehat{APC}$ è esterno rispetto al triangolo APB, quindi ....

85 Dato un triangolo ABC, sia P un punto di AB, Q un punto di BC, R un punto di AC. Dimostra che il perimetro del triangolo PQR è minore del perimetro del triangolo ABC.

86 Dimostra che la bisettrice di un angolo di un triangolo è minore del semiperimetro del triangolo stesso.

87 Dato un triangolo ABC, prendi un punto P sul lato AC; dimostra che il segmento PB è minore di almeno uno dei lati AB e BC.

88 Tenendo presente l'esercizio precedente, dimostra che in ogni triangolo la somma delle mediane è minore del perimetro del triangolo e maggiore del suo semiperimetro.

89 Sia P un punto interno a un qualsiasi triangolo ABC; tracciati i segmenti PA e PB, dimostra che $AP + PB < AC + CB$.

90 Per il punto medio M della base BC di un triangolo isoscele ABC traccia una retta r che incontra il lato AB in S e il prolungamento del lato AC in T. Dimostra che $MT > MS$.

91 Nel triangolo ABC il lato AB è maggiore del lato AC; sia AM la mediana relativa al lato BC. Dimostra che $\widehat{AMB} > \widehat{AMC}$ e che $\widehat{CAM} > \widehat{MAB}$.

LA CONGRUENZA DEI POLIGONI

teoria a pagina 42

Comprensione

SOLUZIONI ES. COMPRENSIONE

92 Le coppie di poligoni nelle diverse figure sono congruenti; indica in base a quale criterio.

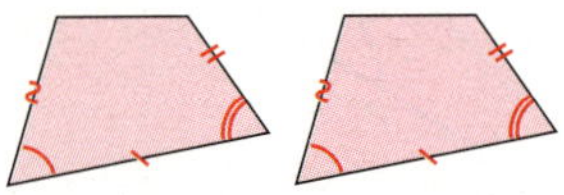
a.

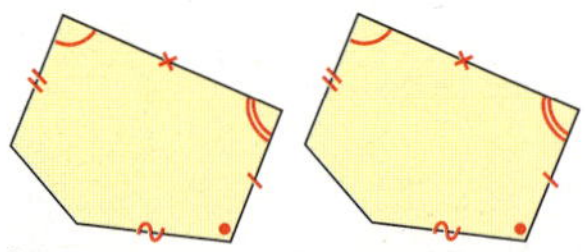
b.

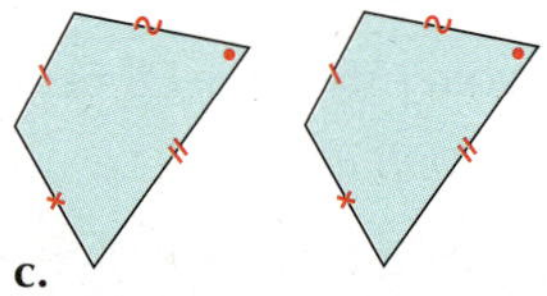
c.

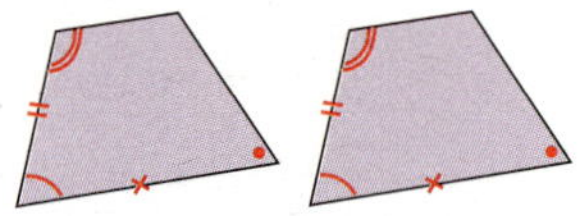
d.

93 Delle coppie di poligoni nelle diverse figure sono stati indicati gli elementi congruenti; stabilisci se si può concludere che sono congruenti ed in base a quale criterio.

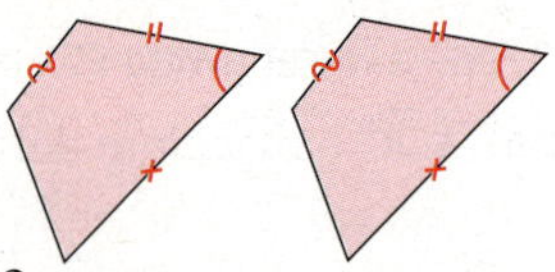
a.

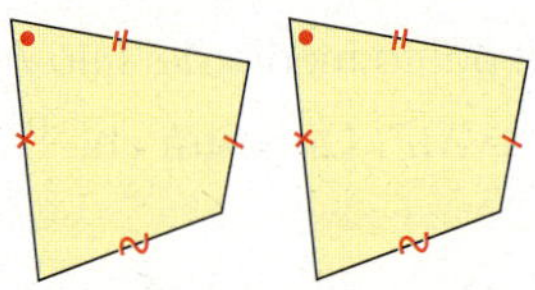
b.

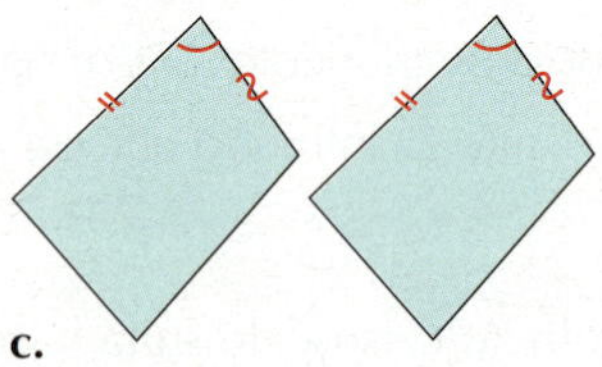
c.

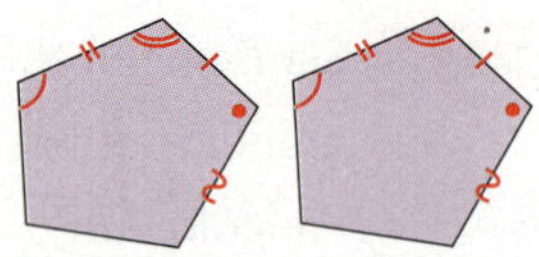
d.

Applicazione

94 Sono dati due triangoli ABC e $A'B'C'$ in cui $AB \cong A'B'$, $CB \cong C'B'$ e $\widehat{B} \cong \widehat{B}'$. Sui lati AC e $A'C'$ ed esternamente al triangolo, costruisci due triangoli ACD e $A'C'D'$ che abbiano $AD \cong A'D'$ e $DC \cong D'C'$. E' vero che i due quadrilateri ottenuti ($ABCD$ e $A'B'C'D'$) sono congruenti?

95 Dato un triangolo isoscele ABC di vertice A, costruisci sui lati congruenti due triangoli equilateri ABE e ACF. Dimostra la congruenza dei quadrilateri $AFCB$, $ACBE$. In quale caso i punti E, A, F sono allineati?

96 Dati due poligoni congruenti, dimostra che, tracciando da una coppia di vertici corrispondenti le diagonali, essi vengono divisi in triangoli a due a due congruenti.

97 Dato un triangolo ottusangolo ABC, prolunga AB di un segmento $AD \cong AB$ e AC di un segmento $AE \cong AC$. Considerati i punti medi M ed N di BC ed ED, dimostra la congruenza dei quadrilateri $AMBE$ e $NACD$.

98 Un quadrilatero $ABCD$ ha i lati AB, AD e DC rispettivamente congruenti ai lati $A'B'$, $A'D'$ e $D'C'$ del quadrilatero $A'B'C'D'$ e inoltre l'angolo $\widehat{D}$ congruente a $\widehat{D}'$. Dimostra che $ABCD \cong A'B'C'D'$, sapendo che $\widehat{BAC} \cong \widehat{B'A'C'}$.

99 Dei quadrilateri $ABCD$ e $A'B'C'D'$ si sa che $AB \cong A'B'$, $BC \cong B'C'$, $AD \cong A'D'$ e $DB \cong D'B'$. Si può concludere che i due quadrilateri sono congruenti?

Esercizi per lo sviluppo delle competenze

1 Sia ABC un triangolo isoscele di base AB; prolunga AB di due segmenti congruenti AE e BF e dai punti E ed F conduci due semirette che formano angoli congruenti con AB e che si intersecano in D. Dimostra che la retta CD è bisettrice sia dell'angolo $\widehat{ACB}$ che dell'angolo $\widehat{EDF}$.

2 Dato il triangolo ABC isoscele sulla base BC, considera i punti F su AC ed E su AB tali che $\widehat{ABF} \cong \widehat{ACE}$. Detto O il punto di intersezione di BF con CE, siano M ed N i punti medi dei lati BO e OC. Dimostra che:

a. AO è bisettrice dell'angolo $\widehat{BAC}$ del triangolo dato;

b. detto P il punto di intersezione delle rette EM ed FN, i punti A, O, P sono allineati.

3 Dato il triangolo ABC, isoscele sulla base BC, da un punto S della mediana AM traccia la semiretta r che interseca il lato AC in E e la semiretta s che interseca il lato AB in F, in modo che le due semirette formino angoli congruenti con AM. Dimostra che anche i triangoli FES e FEA sono isosceli. Successivamente congiungi S con B e C e dimostra che il triangolo BSC è isoscele.

4 Dato il triangolo ABC, prolunga i lati AB ed AC di due segmenti AD ed AE in modo che $AD \cong AB$ e $AE \cong AC$. Considera poi una retta r per A esterna ai due triangoli ABC ed AED e su questa prendi, da parte opposta rispetto ad A, due punti P e Q in modo che $AP \cong AQ$. Congiungi P e Q con C, B, E, D. Quali sono i triangoli congruenti della figura così ottenuta?

5 Considera il quadrilatero $ABCD$ e traccia le sue diagonali indicando con O il loro punto di intersezione. Preso un punto P interno al triangolo OBC, dimostra che la somma dei segmenti che lo uniscono ai vertici A, B, C, D è maggiore della somma delle diagonali.

6 Considera un triangolo ABC in cui $AB > BC$ e traccia la mediana BM. Dimostra che $\widehat{AMB} > \widehat{BMC}$ e che $\widehat{CMB} > \widehat{ABM}$. Traccia ora la bisettrice BP dell'angolo $\widehat{B}$. A quale dei segmenti AM ed MC appartiene il punto P? Giustifica la tua risposta.

7 Disegna un segmento AB ed una retta r che non lo intersechi. Prolunga AB fino ad incontrare r in P e considera un qualsiasi punto Q di r diverso da P. Dimostra che la differenza dei segmenti PA e PB è maggiore della differenza di QA e QB.

8 Sia ABC un triangolo nel quale $AC > AB$; tracciata la mediana AM prolungala di un segmento $ME \cong AM$. Dimostra che $\widehat{AEC} > \widehat{CAE}$.

9 Dato un segmento AB, traccia da A due semirette nei semipiani opposti in modo che formino angoli congruenti con AB. Su di esse prendi i segmenti congruenti AF e AG, da F e da G traccia due rette r ed s che formino angoli congruenti con AF e AG. Da B traccia due semirette, in semipiani opposti, che formino angoli congruenti con AB. Detti E ed S i loro punti di intersezione con r ed s, riconosci che, se i quadrilateri $AFBE$, $ASBG$ sono entrambi concavi od entrambi convessi, allora sono congruenti.

IL CAPITOLO SI COMPLETA CON:

ESERCIZI DI CONSOLIDAMENTO

VERIFICA INTERATTIVA

Test Finale

1 I due triangoli in figura hanno congruenti gli elementi evidenziati con lo stesso simbolo. Ci sono, fra le seguenti, affermazioni vere?

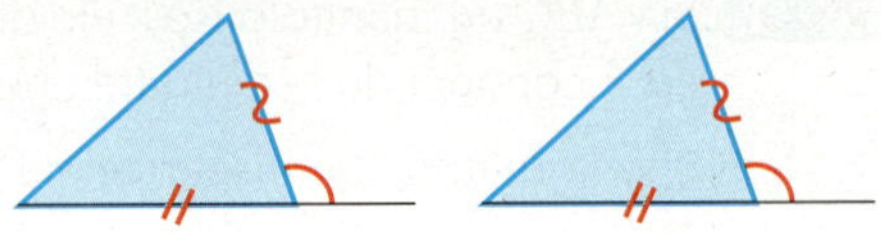

a. Non sono congruenti.
b. Gli elementi dati non sono sufficienti per poter dire se sono congruenti.
c. Sono congruenti per il secondo criterio.
d. Sono congruenti per il primo criterio.

0,5 punti

2 Di due triangoli $\overset{\frown}{ABC}$ e $\overset{\frown}{DEF}$ sai che sono isosceli rispettivamente di basi BC ed EF ed inoltre che $\widehat{ABC} \cong \widehat{DEF}$, $BC \cong EF$. Puoi dire che:

a. i due triangoli sono congruenti per il primo criterio
b. i due triangoli sono congruenti per il secondo criterio
c. i due triangoli sono congruenti per il terzo criterio
d. non si può sapere se i due triangoli sono congruenti.

1 punto

3 Il triangolo ABC in figura è isoscele di base BC e M e N sono i punti medi dei lati obliqui. Puoi dire che (giustifica le tue risposte):

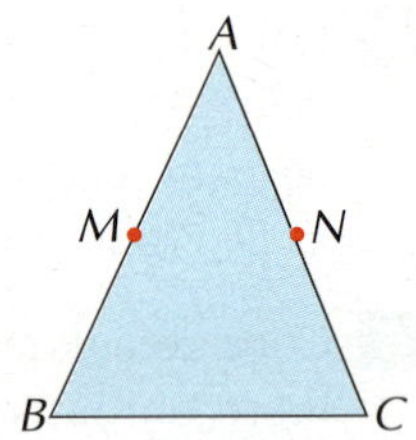

a. il triangolo AMN è isoscele — V F
b. il triangolo BMN è isoscele — V F
c. il triangolo BMN è congruente al triangolo CMN — V F
d. il triangolo BNC è congruente al triangolo BMC. — V F

2 punti

4 Il triangolo ABC in figura è isoscele di base BC ed i segmenti BD e CE sono congruenti. Dimostra che $BE \cong CD$.

1 punto

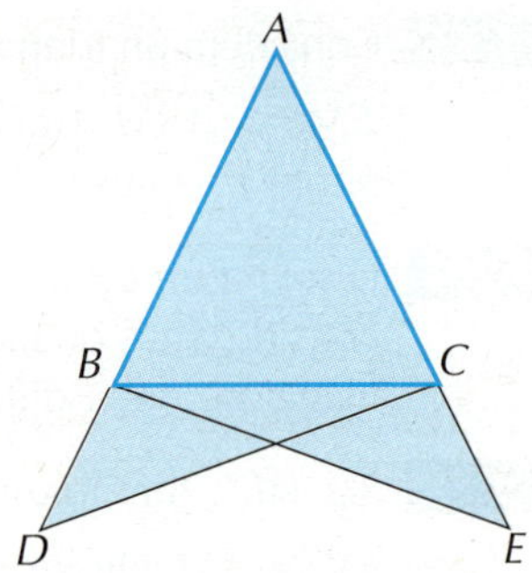

5 E' dato un triangolo ABC isoscele di base AC; dal vertice B traccia due semirette che incontrano la base AC nei punti P e Q in modo che sia $\widehat{ABQ} \cong \widehat{CBP}$. Dimostra che:

a. il triangolo PBQ è isoscele
b. i segmenti AC e PQ hanno lo stesso punto medio.

3 punti

6 Di un triangolo ABC si sa che $AB < CB$, quale delle seguenti relazioni è vera?

a. $\widehat{A} > \widehat{C}$ **b.** $\widehat{B} < \widehat{C}$ **c.** $\widehat{A} < \widehat{B}$ **d.** $\widehat{A} > \widehat{B}$

0,5 punti

7 Di un triangolo ABC si sa che $AB = 25\text{cm}$, $AC = 30\text{cm}$, $BC = 52\text{cm}$. Puoi dire che:

a. il triangolo esiste e l'angolo maggiore è quello di vertice B — V F
b. il triangolo non esiste — V F
c. il triangolo esiste e l'angolo maggiore è quello di vertice A — V F
d. il triangolo esiste e l'angolo minore è quello di vertice C. — V F

1 punto

8 Dei quadrilateri $ABCD$ e $A'B'C'D'$ sai che $AB \cong A'B'$, $BC \cong B'C'$, $\widehat{C} \cong \widehat{C'}$. Puoi concludere che:

a. i quadrilateri non sono congruenti
b. i quadrilateri sono congruenti
c. i dati sono insufficienti per trarre conclusioni.

1 punto

Soluzioni

1 è vera solo la **d.**

2 **b.**

3 **a.** V, **b.** F, **c.** V, **d.** V

4 I triangoli BCD e BCE sono congruenti per il primo criterio: BC è in comune, $DB \cong CE$ per ipotesi, $\widehat{CBD} \cong \widehat{BCE}$ perché supplementari di angoli congruenti.

5

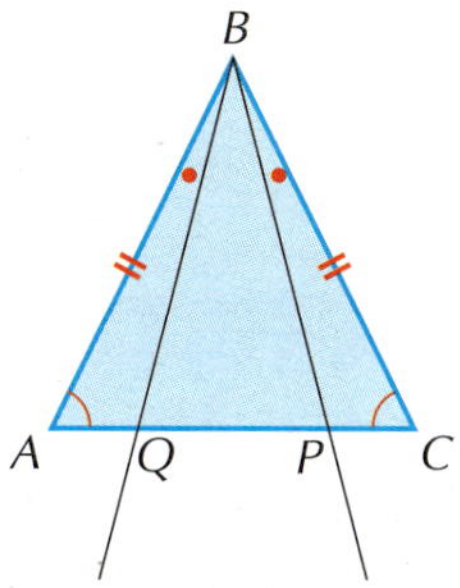

a. I triangoli ABQ e CPB sono congruenti per il secondo criterio: $AB \cong CB$, $\widehat{QAB} \cong \widehat{PCB}$ perchè angoli alla base del triangolo isoscele, $\widehat{ABQ} \cong \widehat{CBP}$ per ipotesi; quindi $BQ \cong BP$ e il triangolo PBQ è isoscele

b. Se M è il punto medio di AC, $AM - AQ \cong CM - CP$ (oppure $AQ - AM \cong CP - CM$ a seconda di dove cadono P e Q), quindi $MQ \cong MP$.

6 **a.**

7 **a.** F, **b.** F, **c.** V, **d.** V

8 **c.**

Esercizio	1	2	3	4	5	6	7	8	
Punteggio									

Valutazione in decimi

MATEMATICA & SCIENZE

Il triangolo in medicina ... e altro

Il triangolo è una figura geometrica che ha caratteristiche tali da essere il modello di molte situazioni che hanno a che vedere sia con le attività umane che con le scienze in genere.

Nella musica il triangolo è uno strumento musicale a percussione sul quale si batte con un'asticciola dello stesso metallo per ottenere il suono; altri strumenti di forma triangolare sono la balalaica e l'arpa.

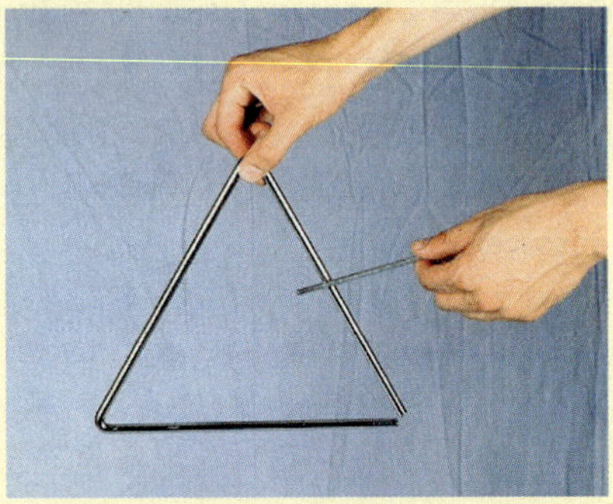

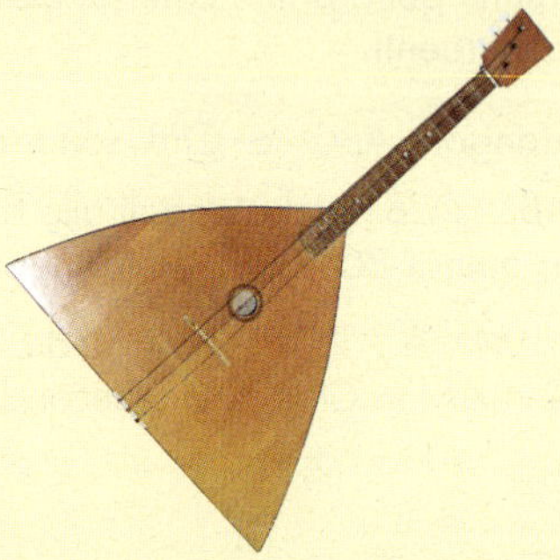

Nello sport, la figura del triangolo ci fa subito venire in mente la vela.

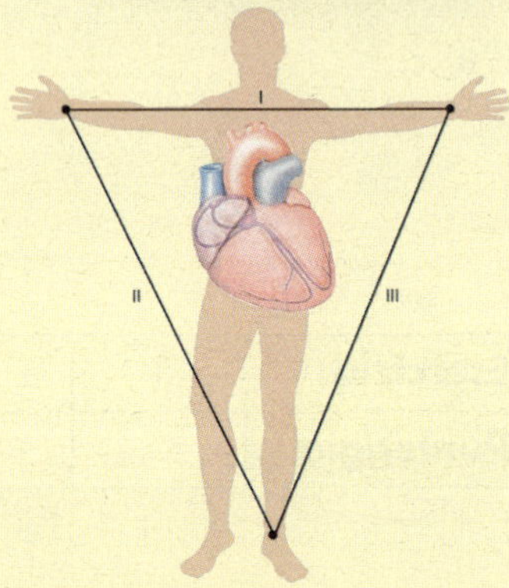

Anche in medicina troviamo un triangolo: il triangolo di Einthoven, il principio fisiologico sul quale si basa l'elettrocardiogramma.
Willem Einthoven vinse il premio Nobel nel 1924 per le sue registrazioni elettrocardiografiche; egli registrò le differenze di potenziale tra coppie di elettrodi applicate agli arti, costruendo con essi un triangolo.

Le tre derivazioni bipolari (al polso destro, polso sinistro, caviglie) registrano l'attività elettrica cardiaca come questa risulta dalla sua proiezione sul lato del triangolo.
Per Einthoven:

- il torace è un conduttore sferico omogeneo con al centro il cuore
- Le forze elettriche cardiache si generano al centro del conduttore e la risultante di queste forze può essere rappresentata, in ogni momento, da un vettore unico
- I punti di unione arti-tronco sono i vertici di un triangolo equilatero inscritto nella sezione longitudinale del torace sferico
- Si possono così analizzare le proiezioni del vettore cardiaco sul piano frontale.

Nella diagnostica è importante valutare l'orientamento del vettore elettrico ventricolare che indica la direzione media di attivazione dei ventricoli e il valore del potenziale medio da essi generato; questo risulta possibile applicando la concezione di Einthoven.
L'argomento non è di semplice spiegazione in così breve spazio, ma puoi approfondire le tue conoscenze cercando informazioni online su questo argomento.

ULTERIORI COLLEGAMENTI

MATEMATICA DELLA VITA QUOTIDIANA

Il triangolo e la Torre Eiffel

I poligoni, ma soprattutto i triangoli, sono le figure geometriche che maggiormente si ritrovano nel mondo reale. Molti cartelli stradali hanno la forma di triangoli o di rettangoli (***figura 1***), di solito un cartello triangolare indica una possibile situazione di pericolo (per esempio una curva pericolosa o un attraversamento pedonale) o una prescrizione (per esempio l'avviso di dare precedenza), un cartello di forma rettangolare o quadrata è un segnale di indicazione (per esempio di un parcheggio o di direzione).

Figura 1

curva a sinistra — attraversamento pedonale — dare precedenza — parcheggio

La maggior parte dei tralicci e delle gru e persino la Torre Eiffel hanno come struttura di base il triangolo (***figura 2a***); anche i tetti delle case spesso sono di forma triangolare o sono inclinati in modo da formare un triangolo (***figura 2b***). L'uso frequente del triangolo è dovuto al fatto che questa figura geometrica, al contrario degli altri poligoni, ha una struttura rigida, indeformabile, quindi particolarmente solida quando si deve costruire una struttura portante (***figura 2c***); a differenza di altre forme, in una di tipo triangolare il peso viene distribuito lungo tutta la struttura che quindi è più resistente e ha meno probabilità di crollo.
La figura del triangolo si usa anche nella navigazione per trovare la posizione, in astronomia per calcolare la distanza delle stelle, in elettronica per indicare i sistemi trifase per la produzione, la trasmissione e la distribuzione dell'energia elettrica.
Di triangoli si sente parlare anche in diverse situazioni: famoso è il triangolo delle Bermude, una zona dell'Oceano Atlantico dove aerei e navi sparirebbero in modo misterioso (numerosi libri e diversi documentari sono stati prodotti a questo riguardo); la maggior parte degli italiani conosce il Triangolo industriale, una zona dell'area settentrionale che ha come vertici Milano, Torino e Genova; tristemente noto è il triangolo che i deportati della seconda guerra mondiale erano obbligati a portare sui propri abiti: gli ebrei avevano un triangolo giallo, i politici dissidenti un triangolo rosso, gli omosessuali uno rosa, gli zingari ne avevano uno marrone (ma i triangoli non sono comunque colpevoli della crudeltà e della stupidità umana).

Figura 2

a.

b.

c.

1. Prendi un foglio rettangolare e piegalo lungo una diagonale; ottieni tre triangoli, dei quali uno formato dalla sovrapposizione dei fogli. Quali considerazioni puoi fare sui tre triangoli?

   [il triangolo con fogli sovrapposti è isoscele; gli altri due sono rettangoli e fra loro congruenti]

ULTERIORI COLLEGAMENTI

gare di matematica

ULTERIORI GARE

1 Nella figura a lato vedi un triangolo ABC in cui dal vertice A partono due diversi segmenti con secondo estremo sul lato opposto, e lo stesso accade dal vertice B. I quattro segmenti così tracciati ripartiscono il triangolo in 9 regioni disgiunte (salvo per i bordi). Se da ciascuno dei due vertici A e B si tracciano quattro diversi segmenti, invece di due, fino ad incontrare il lato opposto, qual è il numero di regioni (disgiunte, salvo per i bordi) in cui risulta ripartito il triangolo?

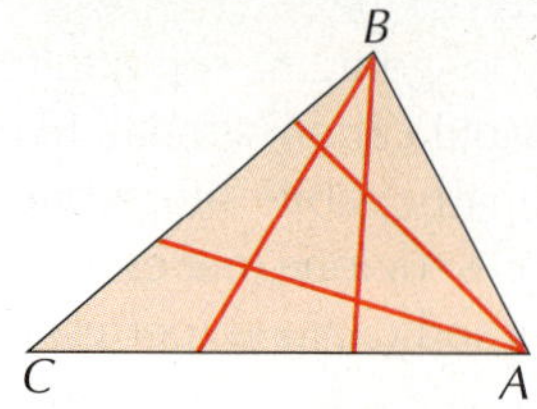

a. 16 **b.** 25 **c.** 36 **d.** 42 **e.** 49 [b.]

2 Per i dodici anni di Jacob, i suoi genitori hanno ordinato al pasticciere dei dolci molto particolari... a forma di triangolo con il perimetro di 12 cm. Tutti i lati dei triangoli hanno una misura in cm corrispondente ad un numero intero. Quante forme diverse il pasticciere potrà realizzare? [3 forme]

3 Quando non ha niente da fare, Carla gioca con i fiammiferi. Oggi ne ha disposti nove sulla sua scrivania, come nel disegno. Spostandone poi 3, riesce a formare 5 triangoli. Disegna la figura ottenuta da Carla.

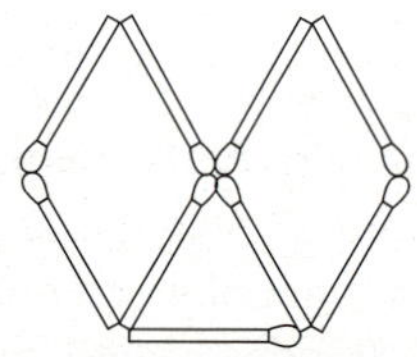

Math in English

Theory on page 43

CLIL

1 For each of the given figures:

a. determine whether the triangles are congruent

b. if they are, name the triangle congruence (pay attention to proper correspondence when naming the triangles) and then identify the Theorem that supports your conclusion

c. be sure to show any additional congruence markings you used in your reasoning

d. if the triangles cannot be proven congruent, state "not possible". Then given the reason it is not possible.

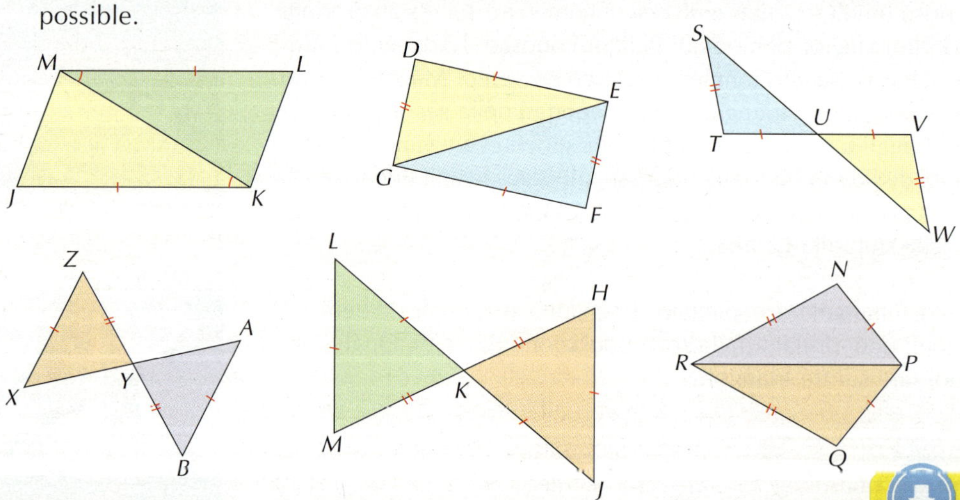

MORE EXERCISES

ESERCIZI

CAPITOLO 3

Parallelismo e perpendicolarità nel piano

LE RETTE PERPENDICOLARI

teoria a pagina 46

Comprensione

SOLUZIONI ES. COMPRENSIONE

1 Sono dati una retta r e un punto P che non le appartiene; descrivi come si deve procedere per tracciare da P la retta perpendicolare a r.

2 Due rette si intersecano; si può dire che:

a. se uno degli angoli che si vengono a formare è acuto, le rette non sono perpendicolari V F

b. se uno degli angoli che si vengono a formare è retto, anche gli altri lo sono V F

c. se uno degli angoli che si vengono a formare non è retto, ce n'è almeno uno che è ottuso V F

d. se uno degli angoli che si vengono a formare non è retto, ce n'è almeno uno che è acuto. V F

3 Spiega il significato dei seguenti termini:

a. proiezione ortogonale di un punto P su una retta r

b. proiezione ortogonale di un segmento PQ su una retta r

c. distanza di un punto P da una retta r.

4 Barra vero o falso.

a. La proiezione di un segmento su una retta è sempre minore del segmento dato. V F

b. La proiezione di un segmento su una retta è sempre minore o congruente al segmento dato. V F

c. La distanza di un punto da una retta è il segmento di minor lunghezza che unisce il punto con la retta. V F

5 L'asse di un segmento:

a. è la retta che passa per il punto medio del segmento V F

b. è la retta perpendicolare al segmento che passa per il suo punto medio V F

c. ha come caratteristica che i suoi punti hanno tutti una comune distanza dagli estremi del segmento V F

d. ha come caratteristica che ciascuno dei suoi punti è equidistante dagli estremi del segmento. V F

6 Se P e Q sono due punti distinti dell'asse di un segmento AB, allora:

a. $PA \cong PB$ e $QA \cong QB$, ma, in generale, $PA \neq QA$ V F

b. $PA \cong PB \cong QA \cong QB$ V F

c. $PA \cong PB \cong QA \cong QB$ solo se P e Q si trovano alla stessa distanza dal segmento AB V F

d. $PA \cong QA$ e $PB \cong QB$ V F

7 In un triangolo qualsiasi:

a. le altezze cadono sempre internamente alla relativa base V F

b. la mediana uscente da un vertice cade sempre internamente al lato opposto V F

c. la bisettrice di un angolo cade sempre internamente al lato opposto V F

d. se tutte le altezze cadono internamente alla propria base, il triangolo non può essere ottusangolo. V F

8 Barra vero o falso.

Dato un triangolo isoscele *ABC* di base *BC*:

a. l'altezza relativa al lato *AC* coincide con la bisettrice dell'angolo di vertice *B* V F

b. l'altezza relativa al lato *BC* coincide con la mediana relativa allo stesso lato e con la bisettrice dell'angolo di vertice *A* V F

c. la mediana relativa al lato *AB* coincide con l'altezza relativa allo stesso lato V F

d. la bisettrice dell'angolo di vertice *B* coincide con la bisettrice dell'angolo di vertice *C*. V F

Applicazione

9 Data la retta *r* ed il punto *P*, traccia da *P* la perpendicolare alla retta *r* nei seguenti casi.

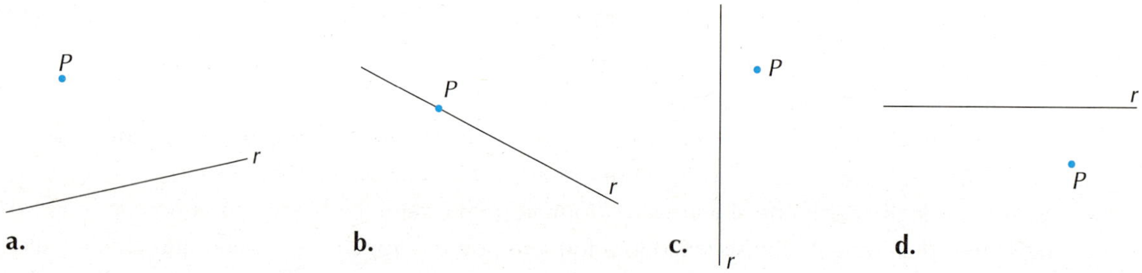

10 Trova la proiezione ortogonale *P'* del punto *P* sulla retta *r* nei seguenti casi.

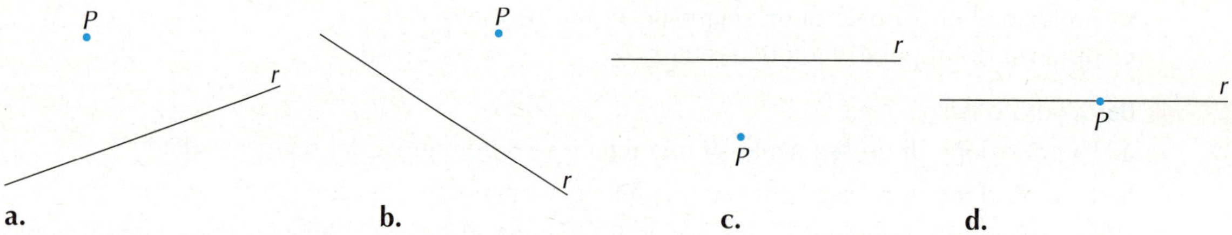

11 Traccia la proiezione *A'B'* del segmento *AB* sulla retta *r* nei seguenti casi.

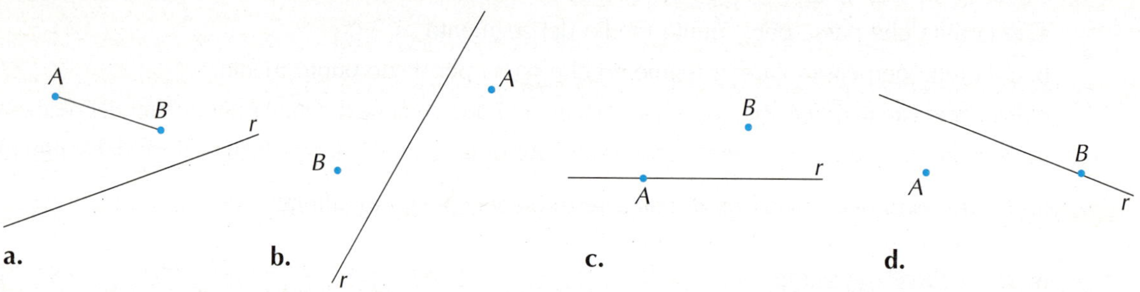

12 Riferendoti alla figura a lato, individua le proiezioni dei punti *P* e *Q* e dei segmenti *AB* e *CD* sulla retta *r*.

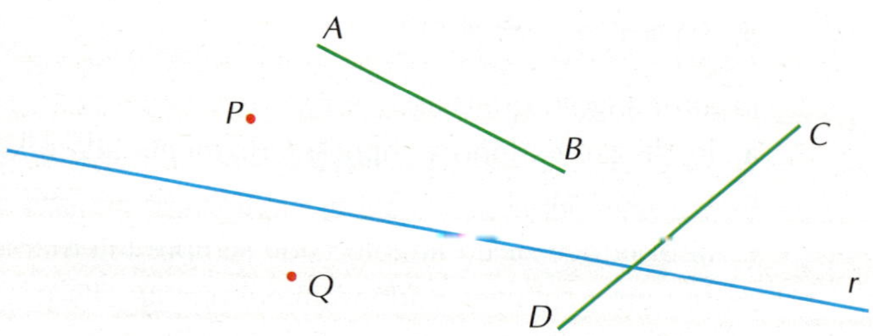

13 Per ognuno dei seguenti triangoli disegna le tre altezze e specifica se esse cadono internamente o esternamente al triangolo.

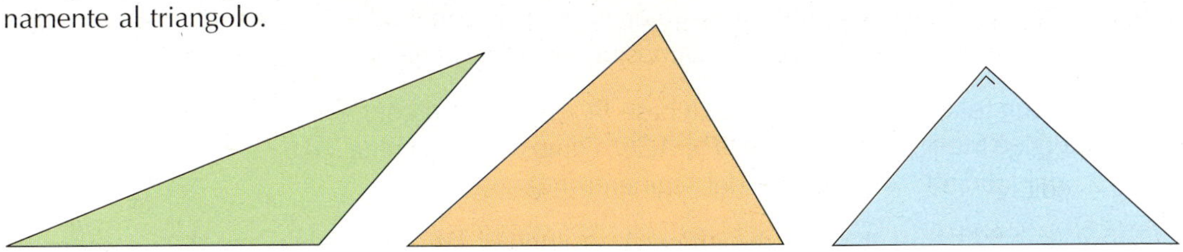

a. **b.** **c.**

14 ESERCIZIO GUIDATO

Disegna un triangolo ABC qualsiasi e traccia l'altezza AH; prolunga poi AH di un segmento $HE \cong AH$. Dimostra che i triangoli ABE e ACE sono isosceli. Cosa puoi dire dei triangoli ABC ed EBC?

Scriviamo le ipotesi e la tesi del teorema.

Hp. $AH \perp BC$ **Th.** $\widehat{ABE}$ isoscele

$HE \cong AH$ $\widehat{ACE}$ isoscele

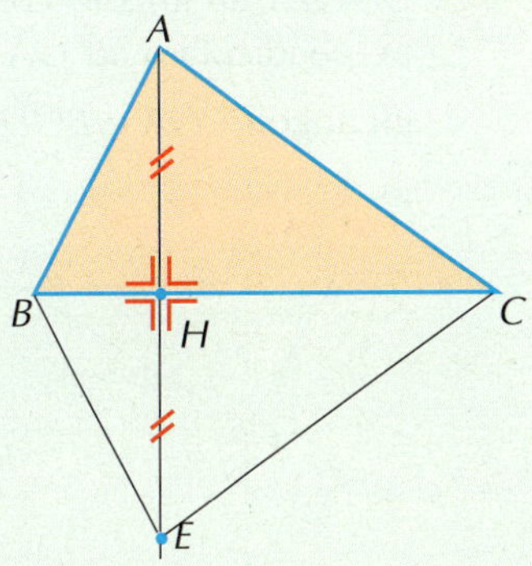

Completa la dimostrazione. Considera i triangoli ABH e BHE.

Essi hanno $AH \cong HE$ per...............

BH in comune

$\widehat{AHB} \cong \widehat{BHE}$ perché..........

quindi i triangoli considerati sono congruenti per .... e in particolare $AB \cong BE$; $\widehat{ABE}$ è quindi isoscele.

Analogamente puoi procedere per dimostrare che $\widehat{ACE}$ è isoscele.

La conclusione è che i due triangoli ABC e CBE sono congruenti perché ....

15 In un triangolo l'altezza relativa a un lato è anche bisettrice dell'angolo a cui si riferisce; dimostra che il triangolo è isoscele e ha per base tale lato.

es. 16

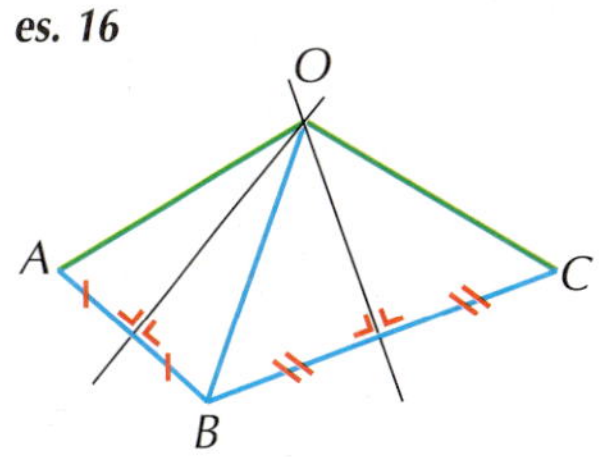

16 Disegna due segmenti consecutivi AB e BC e traccia i loro assi indicando con O il loro punto di intersezione. Dimostra che $AO \cong OC$.

17 Per un punto P della bisettrice di un angolo convesso di vertice V traccia la perpendicolare alla bisettrice stessa che incontra i lati dell'angolo in A e B. Dimostra che P è punto medio di AB.

18 Dimostra che le bisettrici di due angoli opposti al vertice sono perpendicolari.

es. 20

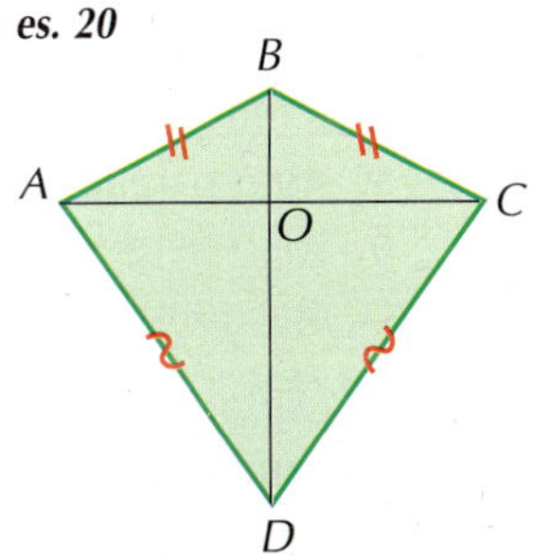

19 Considera una retta r e due punti A e B che non le appartengono; come puoi determinare il punto P di r equidistante da A e da B?

20 Nel quadrilatero convesso $ABCD$ si sa che $AB \cong CB$ e $CD \cong AD$. Dimostra che le sue diagonali sono perpendicolari.

21 Nel quadrilatero $ABCD$ la diagonale AC è bisettrice degli angoli di vertici A e C. Dimostra che AC è asse di BD.

22 Un angolo piatto di vertice P definito da una retta r è diviso in tre parti congruenti da due semirette a e b uscenti da P. Considera un punto A su a e un punto B su b in modo che $PA \cong PB$; traccia il segmento AB e da P la perpendicolare PH ad AB. Dimostra che PH è perpendicolare anche alla retta r.

23 Considera un triangolo ABC isoscele di base BC. Sui due lati congruenti costruisci due triangoli equilateri ABP e ACQ. Dimostra che la retta AH, altezza del triangolo ABC, è asse del segmento PQ.

es. 23

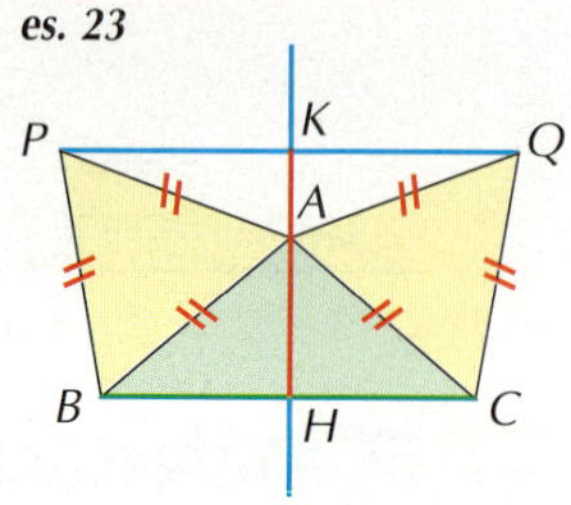

24 Dato il triangolo isoscele ABC di vertice A, prolunga i lati congruenti dalla parte della base e traccia le bisettrici degli angoli esterni che si sono venuti a formare. Indicato con T il loro punto di intersezione, dimostra che AT è perpendicolare a BC.

25 Per gli estremi B e C della base del triangolo isoscele ABC, traccia le perpendicolari r e s ai lati obliqui. Indicato con P il loro punto di intersezione, dimostra che AP è la bisettrice dell'angolo $B\widehat{A}C$.

26 Disegna un angolo convesso $A\widehat{O}B$, traccia la semiretta OC perpendicolare ad OB e la semiretta OD perpendicolare ad OA. Dimostra che, a seconda di come sono state tracciare le semirette OC e OD, gli angoli $C\widehat{O}A$ e $B\widehat{O}D$ sono congruenti oppure supplementari.

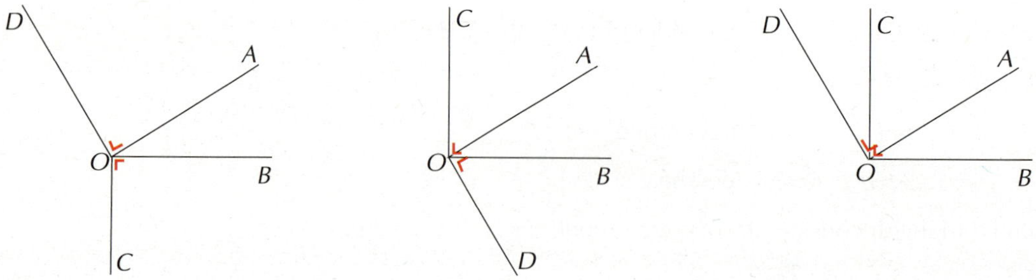

LE RETTE PARALLELE

teoria a pagina 48

Comprensione

SOLUZIONI ES. COMPRENSIONE

27 Sono dati una retta r e un punto P che non le appartiene; descrivi come si deve procedere per tracciare da P la retta parallela a r.

28 Sono dati una retta r e un punto P:

a. l'unicità della perpendicolare per P è un assioma solo se P appartiene a r

b. l'unicità della perpendicolare per P è un teorema per qualsiasi P

c. l'unicità della parallela per P è un assioma per qualsiasi P

d. l'unicità della parallela per P è un assioma solo se P non appartiene a r.

Qual è la frase corretta?

29 Una retta r è perpendicolare ad una retta s che, a sua volta, è perpendicolare a una retta t; le rette r e t:

a. sono parallele

b. sono perpendicolari

c. non sono nè parallele nè perpendicolari.

30 Considera le rette r e s tagliate dalla trasversale t come nella figura di pagina seguente in cui abbiamo numerato gli angoli che si vengono a formare. Dai il nome appropriato alle seguenti coppie di angoli:

es. 30

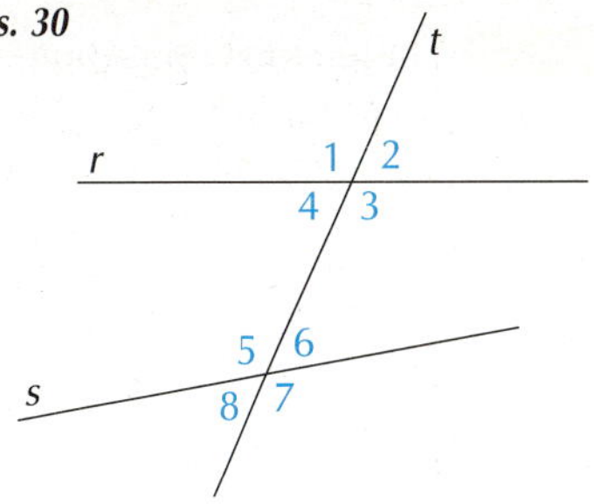

a. 1 e 5: .... **b.** 2 e 8: ....

c. 3 e 6: .... **d.** 4 e 6: ....

e. 1 e 7: .... **f.** 1 e 8: ....

g. 3 e 7: .... **h.** 4 e 5: ....

31 Due rette tagliate da una trasversale formano una coppia di angoli coniugati interni tali che la loro somma è inferiore ad un angolo piatto. Le due rette:

a. non si intersecano
b. si intersecano dalla parte dei due angoli considerati
c. si intersecano da parte opposta rispetto ai due angoli considerati.

Qual è la risposta corretta?

32 Completa le seguenti proposizioni in modo che risultino vere e dimostrale.
Due rette parallele tagliate da una trasversale formano:

a. angoli alterni ....
b. angoli corrispondenti ....
c. angoli coniugati ....

33 Due rette parallele *a* e *b* tagliate da una trasversale *c* formano un angolo α di ampiezza 52° (***figura a lato***); degli altri angoli che si vengono a formare si può dire che:

a. misurano tutti 52°
b. una metà misura 52° e l'altra metà misura 128°
c. non si può conoscere la misura degli altri angoli.

es. 33

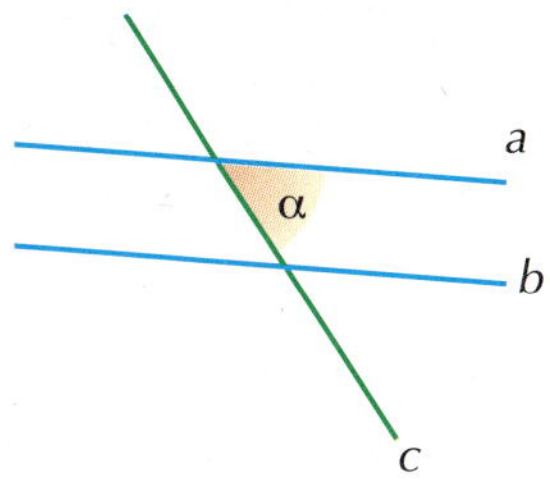

34 Il criterio generale di parallelismo afferma che due rette tagliate da una trasversale sono parallele se:

a. si vengono a formare coppie di angoli alterni interni
b. gli angoli coniugati interni sono congruenti
c. si vengono a formare coppie di angoli corrispondenti congruenti
d. si vengono a formare coppie di angoli coniugati supplementari.

35 Per disegnare due rette parallele fai scorrere una squadra lungo una riga che rimane fissa come in ***figura a lato***. Questo procedimento:

a. è corretto perché due rette perpendicolari ad una stessa retta sono fra loro parallele V F
b. sarebbe corretto anche appoggiando la squadra lungo l'ipotenusa V F
c. è corretto solo se si appoggia la squadra lungo un cateto. V F

es. 35

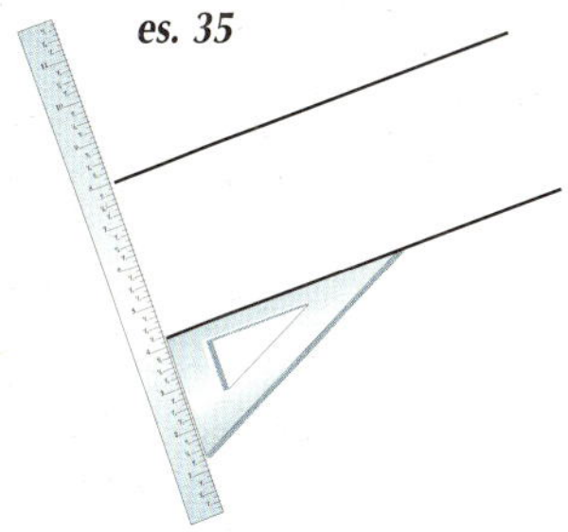

Applicazione

36 Data la retta *r* e il punto *P* traccia la parallela *s* alla retta *r* passante per *P*.

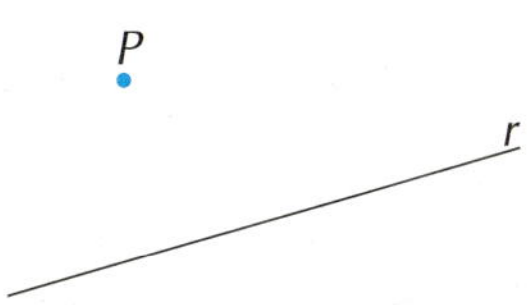

a.

b.

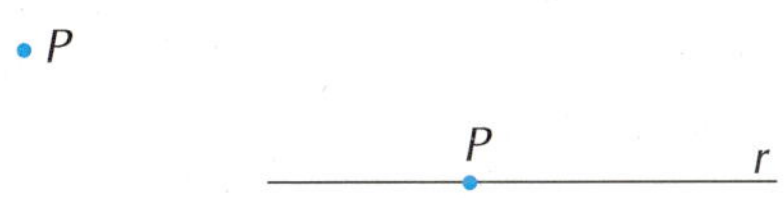

c.

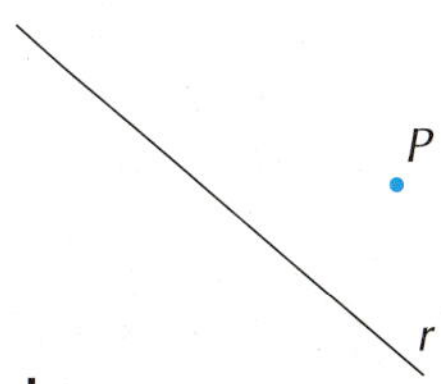

d.

37 Tra le seguenti coppie di rette individua quelle parallele.

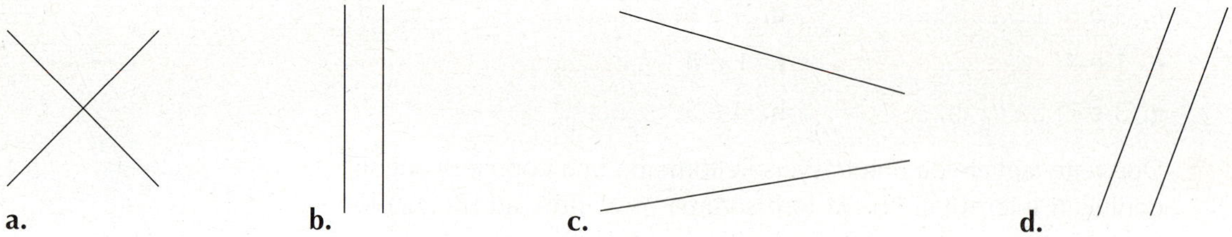

38 Dato il triangolo *ABC*, traccia la parallela al lato *AB* passante per il punto *P*.

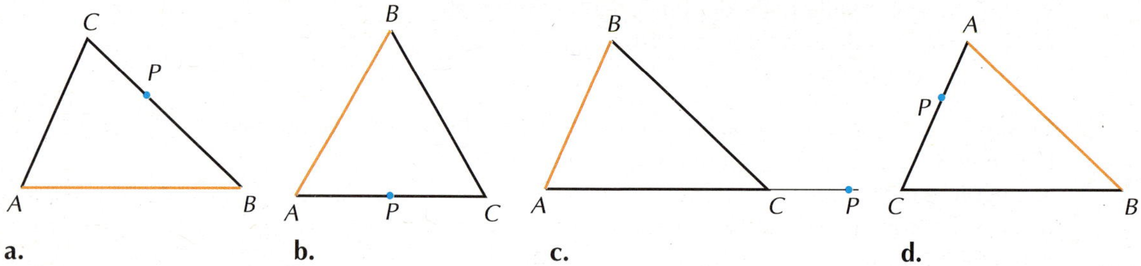

39 Date le seguenti coppie di rette parallele segna nella prima figura gli angoli alterni interni e nella seconda gli angoli corrispondenti:

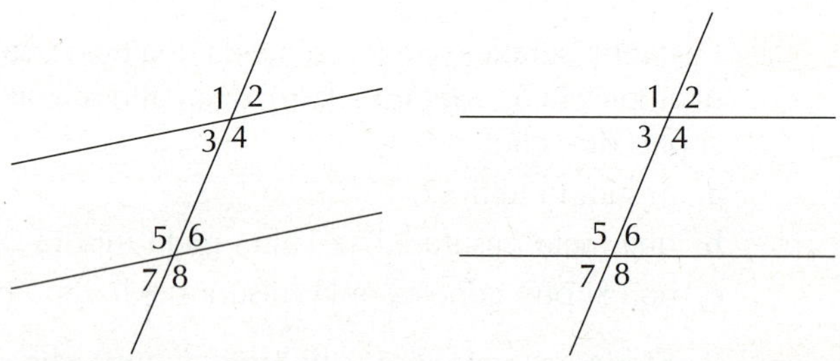

40 Individua l'angolo β alterno dell'angolo α:

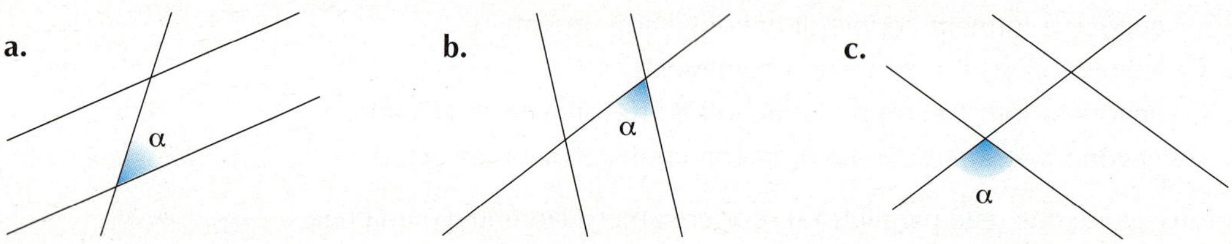

41 Individua l'angolo β corrispondente dell'angolo α:

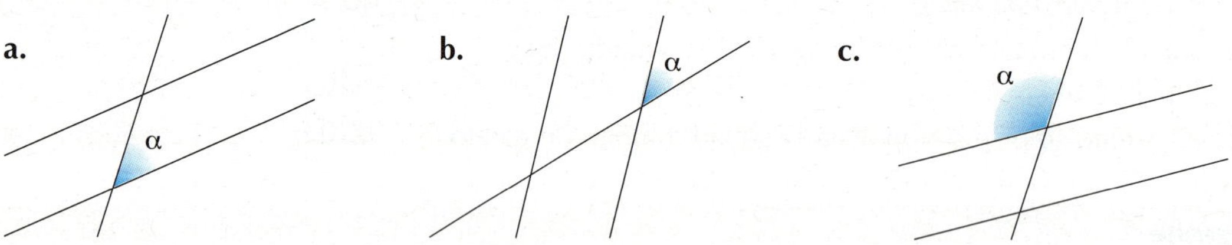

42 Individua l'angolo β coniugato dell'angolo α:

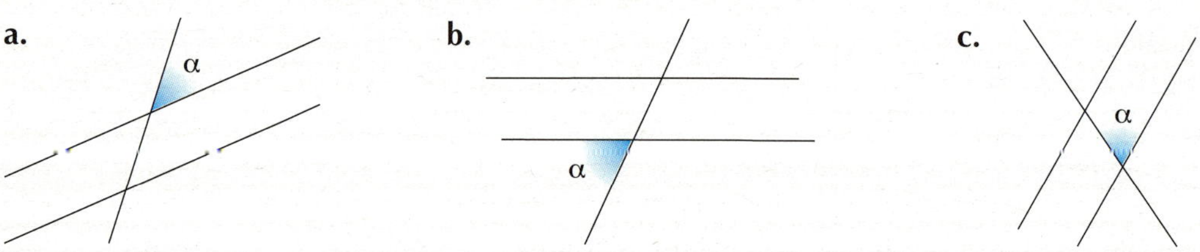

43 **ESERCIZIO GUIDATO**

Disegna un triangolo qualsiasi ABC, traccia la mediana AM e prolungala di un segmento $ME \cong AM$. Dimostra che CE è congruente e parallelo ad AB.

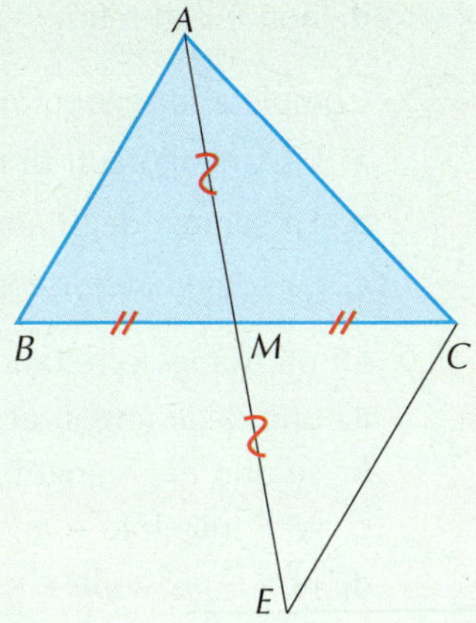

Hp. $BM \cong$ ....
$AM \cong$ ....

Th. $CE \cong$ ....
$CE \parallel$ ....

Osserva la figura: i triangoli ABM e CEM sono congruenti per il .... criterio di congruenza (spiega perché) e quindi $CE \cong$ .... ; inoltre $\widehat{BAE} \cong \widehat{CEA}$ e poiché questi angoli sono alterni interni rispetto alle rette AB e CE tagliate dalla trasversale AE ....

44 Dato un triangolo ABC isoscele di base AB, traccia dal vertice B la parallela al lato AC, l'altezza CH del triangolo e prolungala fino ad incontrare in P la parallela. Dimostra che il triangolo PBC è isoscele.

45 Disegna un angolo convesso $\widehat{ab}$ di vertice V e prendi un punto A sul lato a e un punto B sul lato b; da A traccia la parallela al lato b e da B traccia la parallela al lato a; queste parallele si incontrano in E. Dimostra che i triangoli VAB ed EAB sono congruenti.

46 Disegna due rette parallele e traccia una trasversale; individua una coppia di angoli alterni (interni oppure esterni) e traccia le loro bisettrici. Dimostra che tali bisettrici sono parallele.

47 Disegna due rette parallele e traccia una trasversale; individua una coppia di angoli corrispondenti e dimostra che le bisettrici di questi angoli sono parallele.

48 Disegna un angolo acuto $\widehat{AOB}$; da un punto P del lato OA traccia la perpendicolare PH ad OB; disegna poi la bisettrice dell'angolo $\widehat{OPH}$ che incontra OB in Q; da Q traccia infine la perpendicolare QR ad OB. Dimostra che il triangolo PQR è isoscele.

49 Dato un triangolo ABC qualsiasi, traccia la semiretta r bisettrice dell'angolo di vertice B e prendi su di essa un punto D; da D traccia la parallela al lato AB che incontra la retta di BC in E (prolunga BC se necessario). Dimostra che il triangolo BED è isoscele.

50 Disegna un triangolo qualsiasi ABC, traccia la bisettrice AD dell'angolo di vertice A e da un punto qualunque N del lato AC la parallela ad AD che interseca in E la retta del lato AB (prolunga AB se serve). Dimostra che il triangolo AEN è isoscele.

es. 48

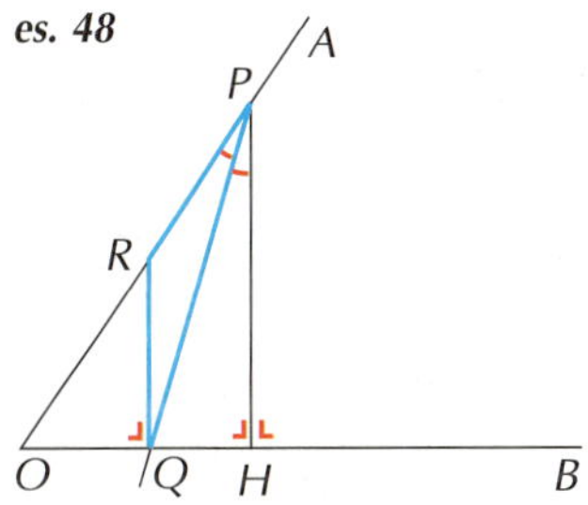

es. 49

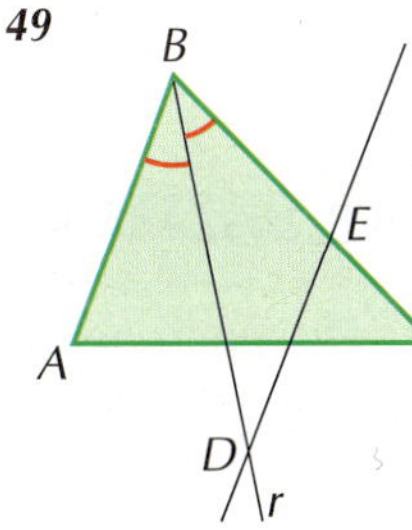

PERPENDICOLARITÀ E PARALLELISMO NEI POLIGONI

teoria a pagina 53

SOLUZIONI ES. COMPRENSIONE

Comprensione

51 Ciascun angolo esterno di un triangolo:

a. è maggiore di ciascuno degli angoli interni non adiacenti V F

b. è uguale alla somma di due angoli interni qualsiasi V F

c. è sempre ottuso V F

d. non è mai retto. V F

52 Completa le seguenti proposizioni in modo che risultino vere.

a. Gli angoli acuti di un triangolo rettangolo sono ....

b. La somma degli angoli interni di un poligono di n lati è uguale a ....

c. La somma degli angoli esterni di un poligono di n lati è uguale a ....

53 Di un triangolo rettangolo qualsiasi si può dire che:

a. uno degli angoli acuti misura 30° V F

b. se uno degli angoli acuti misura 30°, l'altro misura 60° V F

c. se il triangolo è anche isoscele, i suoi angoli acuti misurano 45° V F

d. non è possibile che uno degli angoli acuti misuri 60°. V F

54 Un triangolo isoscele ha gli angoli alla base di ampiezza α; gli angoli esterni adiacenti alla base:

a. sono congruenti V F

b. sono ampi 2α V F

c. sono sempre ottusi V F

d. la loro somma è sempre maggiore di un angolo piatto e minore di un angolo giro. V F

55 La somma degli angoli interni di un poligono di n lati vale:

a. 360° se $n = 4$ V F

b. 450° se $n = 5$ V F

c. 360° per qualsiasi valore di $n > 3$. V F

56 Due triangoli rettangoli sono congruenti se hanno ordinatamente congruenti:

a. due lati qualsiasi V F

b. un lato e un angolo acuto V F

c. i due angoli acuti V F

d. l'ipotenusa e l'angolo retto V F

e. un cateto e l'angolo retto. V F

Applicazione

57 **ESERCIZIO GUIDATO**

Disegna due rette parallele e traccia una trasversale; individua una coppia di angoli coniugati (interni o esterni) e dimostra che le bisettrici di questi angoli sono perpendicolari.

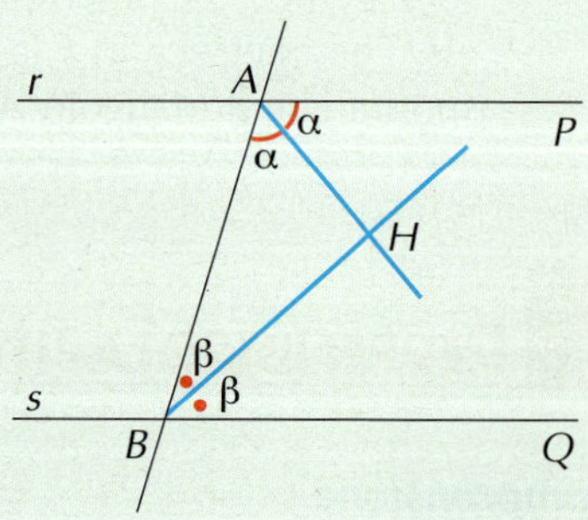

Hp. .... ≅ .... **Th.** .... ⊥ ....

.... ≅ ....

Osserva la figura in cui abbiamo considerato una coppia di angoli coniugati interni che abbiamo indicato con 2α e 2β; sappiamo che questi angoli sono supplementari, quindi $2\alpha + 2\beta =$ ...., allora $\alpha + \beta =$ ....

Visto poi che la somma degli angoli interni di un triangolo è ....

58 ESERCIZIO GUIDATO

Di un triangolo ABC si sa che l'angolo esterno di vertice C è congruente alla somma dell'angolo $\widehat{C}$ interno e dell'angolo $\widehat{B}$. Dimostra che il triangolo è isoscele di vertice B.

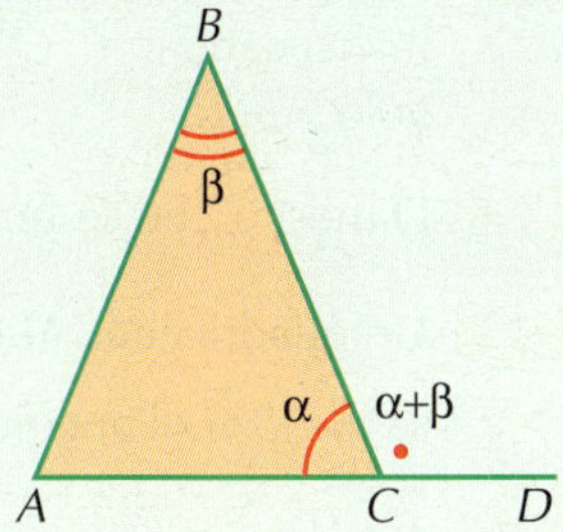

Hp. $\widehat{BCD} \cong$ .... + ... **Th.** ....

Per semplificare il ragionamento poniamo $\widehat{ACB} = \alpha$, $\widehat{ABC} = \beta$; per ipotesi l'angolo esterno $\widehat{BCD} = \alpha + \beta$.
Ma per il teorema dell'angolo esterno $\widehat{BCD} =$ ...., quindi $\widehat{BAC} \cong$ ...... ed il triangolo ABC è isoscele di base AC.

59 Disegna un triangolo ABC rettangolo in A e traccia l'altezza AH relativa all'ipotenusa. Dimostra che i triangoli ABH e CAH hanno gli angoli ordinatamente congruenti a quelli del triangolo ABC.

60 Nel triangolo ABC isoscele di vertice A, traccia l'altezza BH relativa al lato AC. Dimostra che l'angolo $\widehat{CBH}$ è metà dell'angolo di vertice A.

61 Disegna un triangolo isoscele di vertice C, prendi un punto D sulla base AB e traccia la retta t ad essa perpendicolare; indica con P il punto in cui t incontra la retta del lato AC e con Q quello in cui incontra la retta del lato BC (prolunga i lati se necessario). Dimostra che il triangolo CPQ è isoscele.

62 Dato un triangolo ABC rettangolo in A, da un punto P di AC traccia la retta r parallela a BC che incontra il lato AB in Q. Dai vertici del triangolo ABC manda le perpendicolari alla retta r. Dimostra che ogni triangolo che si viene così a formare ha gli angoli congruenti a quelli del triangolo dato.

63 Dimostra che in ogni triangolo isoscele ciascuna retta perpendicolare alla retta della base incontra le rette dei lati obliqui in due punti equidistanti dal vertice.

es. 63

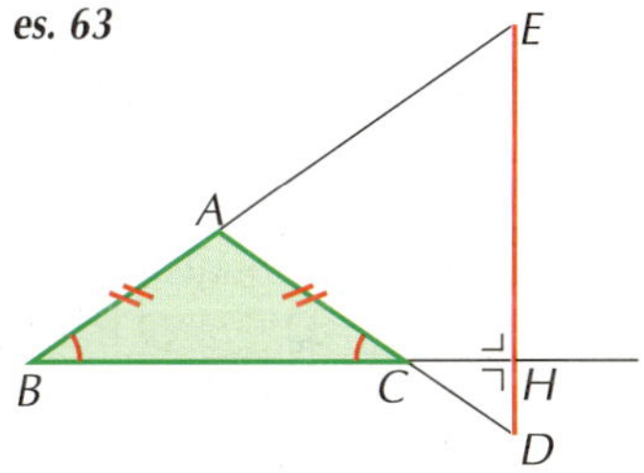

64 Disegna un triangolo isoscele e, dal punto medio della base, traccia le perpendicolari ai lati obliqui. Dimostra che i segmenti di perpendicolare sono fra loro congruenti.

65 Disegna un triangolo ABC e traccia la mediana AM (prolungala oltre M); dimostra che le distanze dei vertici B e C dalla retta della mediana sono congruenti.

66 Disegna un triangolo ABC in cui l'angolo di vertice B è il triplo dell'angolo di vertice A; traccia l'asse del lato AB che incontra il lato AC in P. Dopo aver tracciato il segmento PB, dimostra che i triangoli PBA e PBC sono isosceli.

es. 66

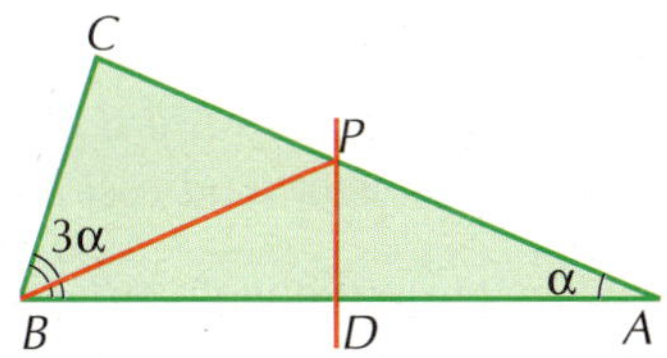

67 Dato il triangolo ABC rettangolo in A, prolunga il cateto AB, oltre A, di un segmento $AD \cong AC$ ed il cateto AC, oltre A, di un segmento $AE \cong AB$; traccia l'altezza AH relativa all'ipotenusa BC e prolungala fino ad incontrare DE in P. Dimostra che:

a. i triangoli ABC e AED sono congruenti
b. i triangoli APD e APE sono isosceli
c. P è punto medio di DE.

68 Il triangolo ABC è rettangolo in A. Dimostra che la mediana relativa all'ipotenusa è congruente a metà dell'ipotenusa stessa.
(Suggerimento: prolunga la mediana AM di un segmento $MD \cong AM$ e considera dapprima i triangoli BMD e AMC)

69 In un triangolo ABC, la mediana AM è metà del lato a cui si riferisce. Dimostra che il triangolo ABC è rettangolo in A.

70 Disegna un triangolo ABC e da ciascuno dei suoi vertici traccia la parallela al lato opposto; tali rette si intersecano in P, Q, R. Come sono i triangoli che si vengono in questo modo a formare rispetto al triangolo ABC?

71 Dimostra che se un triangolo ha due altezze congruenti, allora è isoscele.

72 Un quadrilatero $ABCD$ è concavo in A; dimostra che vale la relazione $\widehat{BAD} \cong \widehat{ABC} + \widehat{BCD} + \widehat{CDA}$, essendo $\widehat{BAD}$ l'angolo convesso di vertice A.

73 Sia $\widehat{ab}$ un angolo acuto di vertice V; per un punto $A \in a$ conduci le perpendicolari alla semiretta a che incontra la b in C e alla semiretta b che la incontra in B. Sia poi AD la bisettrice dell'angolo $\widehat{BAC}$. Dimostra che il triangolo VAD è isoscele.

74 Disegna un triangolo isoscele ABC di base BC, traccia la bisettrice dell'angolo di vertice B e la retta per A parallela alla base; chiama con D il punto di intersezione di queste due rette; congiungi poi C con D e prolunga il lato AB dalla parte di A. Dimostra che AD e CD sono rispettivamente le bisettrici degli angoli esterni di vertice A e C.

75 Disegna un angolo convesso di vertice V e prendi un punto P su un lato ed un punto Q sull'altro in modo che $VP \cong VQ$. Traccia da P la perpendicolare a VQ e da Q la perpendicolare a VP; tali perpendicolari si incontrano in T. Dimostra che VT è la bisettrice dell'angolo di vertice V.

76 Dato il triangolo ABC rettangolo in A, traccia la bisettrice AP dell'angolo retto; da B traccia poi la perpendicolare ad AP che incontra la retta del lato AC in D. Dimostra che il triangolo BPD è isoscele.

77 Dato un triangolo ABC, prolunga AB e AC oltre il lato BC e traccia le bisettrici degli angoli esterni così ottenuti. Dal punto d'incontro O di tali bisettrici, traccia la parallela al lato BC che incontra la retta di AB in M e la retta di AC in N. Dimostra che $MN \cong MB + NC$.

78 Dato un qualsiasi triangolo ABC, traccia la semiretta r bisettrice dell'angolo $\widehat{B}$ e su di essa prendi un punto D. Da D traccia la parallela al lato AB che incontra la retta di BC in E. Dopo aver constatato che il triangolo BED è isoscele (rivedi l'esercizio 49), considera la bisettrice dell'angolo $\widehat{BED}$ che interseca in O il segmento BD e su questa prendi un punto S in modo che $OS \cong OE$. Dimostra che SD è parallelo a BE e che BD è bisettrice di $\widehat{SDE}$.

79 Indicati con α e β due angoli di un triangolo, dimostra che l'angolo formato dalle bisettrici dei due angoli esterni ad essi adiacenti è congruente alla loro semisomma.

80 In un triangolo ABC isoscele sulla base BC, considera su di essa un punto M e da M traccia la parallela al lato AB che incontra AC in F. Da F traccia la perpendicolare a BC che la incontra in N. Dimostra che:

a. il triangolo MFC è isoscele

b. FN è bisettrice dell'angolo $\widehat{MFC}$.

In quale caso anche il triangolo AFM è isoscele?

81 Disegna un triangolo ABC e traccia le bisettrici degli angoli di vertice A e B indicando con P il loro punto di intersezione. Da P traccia la parallela al lato AB che incontra AC in D e CB in E. Dimostra che $DE \cong DA + BE$.

82 Un triangolo isoscele AOB di base AB ha l'angolo di vertice O che è congruente ad $\frac{1}{3}$ dell'angolo giro; traccia l'altezza OH e prolungala, oltre O, di un segmento $OC \cong OB$. Dimostra che le rette AO, BO, CO sono le rette delle altezze, delle mediane e delle bisettrici del triangolo ABC.

83 Dato un segmento PQ, individua su di esso due punti R e S tali che $PR \cong RS \cong SQ$; sia TRS il triangolo equilatero di lato RS. La retta PT incontra la perpendicolare a PQ passante per Q in un punto V.

a. Indica, in funzione di π, le ampiezze degli angoli $\widehat{PTR}$, $\widehat{RTS}$ e $\widehat{STV}$.

b. Dimostra che i triangoli TVS e VSQ sono congruenti.

c. Dimostra che VS è parallelo a RT.

84 Sono dati tre angoli consecutivi e congruenti $\widehat{ab}$, $\widehat{bc}$, $\widehat{cd}$ di vertice V; sia P un punto del lato a, Q un punto del lato d in modo che $PV \cong QV$. Traccia da P la perpendicolare alla semiretta b, da Q la perpendicolare alla semiretta c e indica con R il loro punto di intersezione. Dimostra che VR è la bisettrice dell'angolo $\widehat{ad}$.

85 Disegna un triangolo ABC isoscele di base BC; traccia l'asse del segmento AB che interseca la retta di BC in P e prolunga poi AP dalla parte di A di un segmento $AQ \cong CP$. Dimostra che anche il triangolo BPQ è isoscele.

86 È dato il triangolo ABC isoscele di base BC. Sui lati congruenti costruisci due triangoli ABS e ACF fra loro congruenti in modo che sia $\widehat{SBA} \cong \widehat{FCA}$. Dimostra che $\widehat{BCS} \cong \widehat{BFC}$. Detta O l'intersezione fra SC e BF, dimostra che O appartiene alla bisettrice di $\widehat{BAC}$. Detta AH l'altezza relativa al lato CB, dimostra che il triangolo SFH è isoscele. Infine dimostra che SF è perpendicolare ad AH.

87 Disegna un triangolo isoscele ABC di base BC, traccia una retta r parallela alla base che incontra il lato AB in D ed il lato AC in E. Su questa retta ed esternamente al triangolo prendi due punti G e F in modo che $EG \cong DF$ e indica con O il punto di intersezione di FC con GB. Dimostra che:

a. il triangolo ADE è isoscele

b. i triangoli BGD e FEC sono congruenti

c. O appartiene all'asse di DE.

88 In un triangolo ABC si sa che la bisettrice AD dell'angolo di vertice A è congruente al segmento DC. Traccia da D la parallela ad AC e da B la parallela ad AD; tali parallele si incontrano in F. Dimostra che:

a. $\widehat{BAC} \cong 2\widehat{ACB}$

b. la retta FD biseca l'angolo ADB

c. il triangolo FBD è isoscele.

89 Dimostra che l'angolo formato dall'altezza e dalla bisettrice condotte da uno stesso vertice di un triangolo è congruente alla semidifferenza degli altri due angoli del triangolo.

90 Dimostra che in un triangolo rettangolo la bisettrice dell'angolo formato dalla mediana e dall'altezza relative all'ipotenusa è anche bisettrice dell'angolo retto.

91 Dato un qualunque triangolo ABC, traccia da A la parallela al lato BC e su di essa prendi un punto D tale che $AD \cong BC$. Dimostra che, a seconda di dove cade il punto D, BD è dimezzato da AC oppure BD è parallelo ad AC.

92 Dato un triangolo isoscele ABC di vertice A, traccia l'altezza AH e da H la retta r parallela al lato AB. Essa incontra in T il lato AC e in Q la retta s che passa per B e forma con BC un angolo congruente ad $\widehat{ABC}$. Dimostra che BT è parallelo a QC. Detto poi K il punto di intersezione fra la retta AH e la retta s, dimostra che $AH \cong HK$.

93 Disegna un triangolo ABC rettangolo in A; dal vertice C traccia la retta r parallela ad AB; su r, da parte opposta rispetto a C, prendi un punto P ed un punto Q in modo che $CP \cong CQ \cong BC$; traccia BP e BQ; prolunga il lato AB dalla parte di B e dimostra che BP e BQ sono le bisettrici degli angoli interno ed esterno di vertice B e che l'angolo $\widehat{PBQ}$ è retto.

Esercizi per lo sviluppo delle competenze

1 In un triangolo isoscele ABC di vertice A gli angoli di vertici A e B soddisfano la relazione $3\widehat{A} = 4\widehat{B}$. Determina le ampiezze in gradi degli angoli del triangolo. $[\widehat{A} = 72°; \widehat{B} = \widehat{C} = 54]$

2 Determina l'ampiezza degli angoli di un triangolo ABC, isoscele sulla base BC, sapendo che l'angolo esterno di vertice C è i $\frac{7}{3}$ di quello interno. Tracciata poi l'altezza BH, trova le ampiezze dei due angoli in cui resta diviso l'angolo $\widehat{ABC}$. [angoli di $\triangle ABC$: 54°, 54°, 72°; 18°, 36°]

3 Di un triangolo ABC si sa che l'angolo esterno di vertice A è metà di quello esterno di vertice B e che l'angolo esterno di vertice C è i $\frac{3}{4}$ di quello esterno di vertice B. Qual è l'ampiezza degli angoli del triangolo ABC? [100°, 20°, 60°]

4 In un triangolo ABC l'angolo di vertice A è il quadruplo dell'angolo di vertice B.

a. Quali sono le possibili ampiezze dell'angolo $\widehat{ABC}$?

b. Per quali valori di $\widehat{ABC}$ il triangolo è isoscele? [**a.** $0 < \widehat{ABC} < 36°$; **b.** 30°, 20°]

5 Il triangolo ABC è rettangolo in A; tracciata la sua altezza AH, conduci le bisettrici AD e AE rispettivamente degli angoli $\widehat{BAH}$ e $\widehat{CAH}$.

a. Qual è l'ampiezza in gradi dell'angolo $\widehat{DAE}$? [45°]

b. Se l'angolo $\widehat{ABC}$ è il triplo dell'angolo $\widehat{ACB}$, quali sono le ampiezze degli angoli del triangolo ABC? Quali quelle degli angoli del triangolo ADE? $[\widehat{ACB} = 22°\,30', \widehat{ABC} = 67°30'; \widehat{D} = 78°45', \widehat{E} = 56°15']$

6 Sia ABC un triangolo isoscele di base BC. Prolunga la base BC, dalla parte di C, di un segmento $CD \cong AC$ e il lato AB, dalla parte di B, di un segmento $BE \cong BH$ essendo H il punto medio di BC. La retta EH incontra la retta AD in un punto F.

a. Individua gli angoli congruenti della figura.

b. Se $\widehat{BAC} = 68°$, quanto misurano gli angoli $\widehat{ADB}$ e $\widehat{AFE}$? $[\widehat{ADB} = 28°, \widehat{AFE} = 56°]$

7 Disegna un triangolo isoscele ABC di base BC, prendi un punto T sulla base e traccia da esso le parallele ai lati AC e BC indicando con E e con F i punti di intersezione con essi. Dimostra che $TE + TF$ è congruente al lato obliquo del triangolo.

8 Disegna un triangolo ABC isoscele di vertice A e traccia l'altezza AH; da B traccia la retta r parallela ad AC e da H la retta s parallela ad AB; s incontra AC in D e r in E. Dimostra che BD è parallelo a CE.

9 Dato un triangolo ABC isoscele di base BC, prendi un punto D qualunque del lato AB e prolunga AC di un segmento $CE \cong BD$. Detto T il punto di intersezione di BC con DE, dimostra che:

a. $DT \cong TE$;

b. i punti D ed E sono equidistanti dalla base BC.

(Suggerimento: traccia da D la parallela al lato AC che incontra BC in F)

10 Nel triangolo ABC, D è il punto medio del lato CB. Traccia la bisettrice dell'angolo $\widehat{A}$ e da D la perpendicolare r a tale bisettrice che interseca la retta del lato AC in F e la retta del lato AB in E. Da B traccia la parallela al lato AC che incontra la retta r in Q. Individua i triangoli isosceli della figura e le coppie di triangoli congruenti.

11 È dato un triangolo ABC in cui $AC < AB$. La bisettrice AS dell'angolo di vertice A incontra in P il lato BC. Sul prolungamento di AC, dalla parte di C, prendi un punto Q in modo che $\widehat{QPS} \cong \widehat{SPB}$. Dimostra che AS è asse di BQ. Nel caso in cui $AC > AB$ dove deve essere preso il punto Q alle stesse condizioni in modo che AS sia ancora asse di BQ? E se $AC \cong AB$?

12 Sono date due rette parallele r e s; da un punto P di r traccia su s la perpendicolare PQ e un segmento obliquo PR; sia poi RD una trasversale che incontra PQ in un punto M tale che $DM \cong 2PR$. Dimostra che $\widehat{PRQ} \cong 3\widehat{MRQ}$.

13 Disegna un qualunque triangolo ABC. Dal vertice A e nel semipiano generato dalla retta AB che contiene C, traccia il segmento $AP \cong AB$ e ad esso perpendicolare. Sempre da A e nel semipiano generato dalla retta AC che contiene B, traccia il segmento $AQ \cong AC$ e ad esso perpendicolare. Dimostra che la retta dell'altezza uscente dal vertice A del triangolo APQ è anche mediana di $\overset{\triangle}{ABC}$.

14 Considera il triangolo ABC isoscele sulla base AC e prolunga il lato AB dalla parte di B di un segmento $BD \cong AB$. Dopo aver dimostrato che $\widehat{ACD} \cong \frac{\pi}{2}$, traccia da C la retta r parallela al lato AD e da B la perpendicolare ad r, indicando con E il loro punto di intersezione. Dimostra che le semirette CA e CD sono le bisettrici interna ed esterna dell'angolo in $\widehat{C}$ del triangolo BEC.

IL CAPITOLO SI COMPLETA CON:

ESERCIZI DI CONSOLIDAMENTO

VERIFICA INTERATTIVA

Test Finale

1 Un triangolo è ottusangolo; si può dire che:

a. l'altezza uscente dal vertice dell'angolo ottuso cade internamente al triangolo V F
b. l'altezza uscente dal vertice di uno degli angoli acuti cade internamente al triangolo V F
c. le mediane uscenti dai vertici degli angoli acuti cadono internamente al triangolo V F
d. la bisettrice dell'angolo ottuso cade esternamente al triangolo. V F

0,5 punti

2 Se per un punto P di un lato di un triangolo isoscele si traccia una retta parallela alla base si ottiene:

a. ancora un triangolo isoscele
b. un triangolo isoscele solo se P è il punto medio del lato
c. un triangolo equilatero.

Motiva la tua risposta.

1 punto

3 Un poligono convesso:

a. può avere due angoli ottusi V F
b. non può avere più di tre angoli acuti V F
c. può avere quattro angoli acuti V F
d. deve avere almeno un angolo acuto. V F

1 punto

4 È dato un triangolo ABC in cui la bisettrice dell'angolo esterno di vertice C è parallela al lato AB. Dimostra che il triangolo è isoscele sulla base AB.

1 punto

5 In un triangolo ABC l'angolo di vertice A è doppio dell'angolo di vertice B; prolunga il lato AB dalla parte di B di un segmento $BD \cong BC$. Se l'angolo $\widehat{ABC}$ è la quarta parte di un angolo retto, qual è l'ampiezza degli angoli del triangolo ACD?

1 punto

6 Stabilisci se sono vere o false le seguenti affermazioni motivando adeguatamente le tue risposte.

a. Le altezze relative a due lati di un triangolo cadono nel punto medio del lato; si può concludere che il triangolo è equilatero.
b. La somma degli angoli interni di un poligono è 900°; si può concludere che il poligono ha 5 lati.
c. La somma degli angoli esterni di un poligono è 360°; il poligono può avere solo 4 lati.

1,5 punti

7 Dimostra che due triangoli isosceli che hanno congruenti l'angolo al vertice e l'altezza relativa ad uno dei lati obliqui sono congruenti.

2 punti

8 E' dato un triangolo ABC rettangolo in A; traccia l'altezza AH e considera i punti medi D ed E dei cateti AB e AC. Ricordando che in un triangolo rettangolo la mediana relativa all'ipotenusa è congruente alla metà dell'ipotenusa stessa, dimostra che il triangolo DHE è rettangolo in H.

2 punti

Soluzioni

1 **a.** V, **b.** F, **c.** V, **d.** F

2 **a.**

3 **a.** V, **b.** V, **c.** F, **d.** F

4

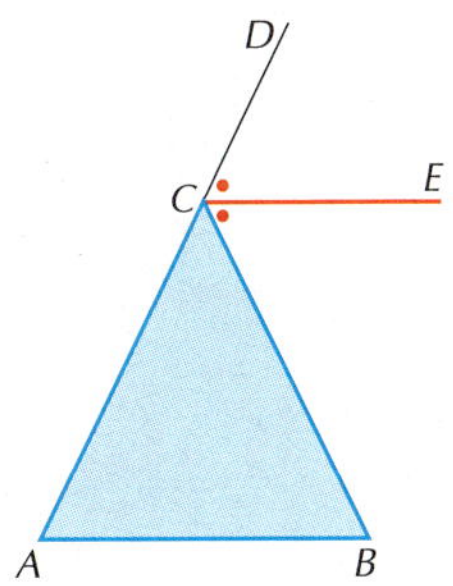

$\widehat{DCE} \cong \widehat{ECB}$ per ipotesi

$\widehat{ECB} \cong \widehat{CBA}$ perchè alterni interni

$\widehat{DCE} \cong \widehat{CAB}$ perchè corrispondenti, quindi $\widehat{CAB} \cong \widehat{CBA}$ ed il triangolo è isoscele

5 $\widehat{ABC} = \frac{\pi}{8}$, $\widehat{CAB} = \frac{\pi}{4}$, il triangolo BCD è isoscele e, per il teorema dell'angolo esterno, $\widehat{BDC} = \frac{\pi}{16}$; di conseguenza $\widehat{ACD} = \frac{11}{16}\pi$.

6 **a.** V, perché il triangolo è isoscele su due basi ed è perciò equilatero.
b. F, ne ha 7 perché $(7-2) \cdot 180° = 900°$.
c. F, perchè in tutti i poligoni la somma degli angoli esterni è un angolo giro.

7

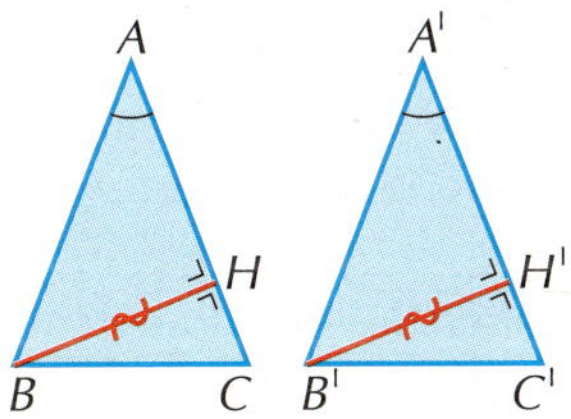

$ABH \cong A'B'H'$ per i criteri relativi ai triangoli rettangoli (un cateto e un angolo acuto), quindi $AB \cong A'B'$; ma $AB \cong AC$ e $A'B' \cong A'C'$, quindi i quattro segmenti sono fra loro congruenti. I due triangoli sono congruenti per il primo criterio di congruenza dei triangoli.

8

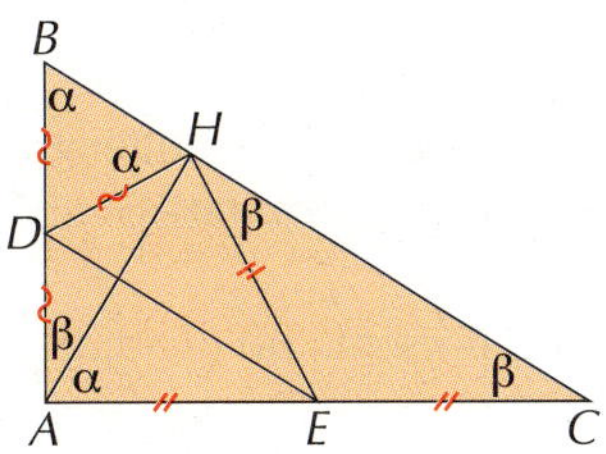

HE è mediana del triangolo AHC : $HE \cong EC \cong AE$

HD è mediana del triangolo AHB : $HD \cong DB \cong DA$

I triangoli HEC e BDH sono isosceli; tenendo presente che gli angoli α e β segnati in figura sono complementari, si deduce che l'angolo $\widehat{DHE}$ è retto.

Esercizio	1	2	3	4	5	6	7	8	
Punteggio									

Valutazione in decimi

MATEMATICA & ARTE

La geometria delle parallele nell'arte

Linee parallele e linee perpendicolari usati nell'arte; ma come?

Cosa voglio esprimere con la mia opera? Niente di diverso da quello che ogni artista cerca: raggiungere l'armonia tramite l'equilibrio dei rapporti fra linee, colori e superfici. Solo in modo più nitido e più forte.

Queste sono le parole che il pittore olandese Pieter Cornelis Mondriaan, meglio conosciuto come Piet Mondrian, pronunciò per descrivere i suoi quadri. In una sua lettera leggiamo anche:

Costruisco combinazioni di linee e di colori su una superficie piatta, in modo di esprimere una bellezza generale con una somma coscienza. La Natura (o ciò che ne vedo) mi ispira, mi mette, come ogni altro pittore, in uno stato emozionale che mi provoca un'urgenza di fare qualcosa, ma voglio arrivare più vicino possibile alla verità e astrarre ogni cosa da essa, fino a che non raggiungo le fondamenta (anche se solo le fondamenta esteriori!) delle cose...
Credo sia possibile che, attraverso linee orizzontali e verticali costruite con coscienza, ma non con calcolo, guidate da un'alta intuizione, e portate all'armonia e al ritmo, queste forme basilari di bellezza, aiutate se necessario da altre linee o curve, possano divenire un'opera d'arte, così forte quanto vera.

Non ti chiediamo di dipingere quadri, ma di provare ad usare opportune combinazioni di parallele e di perpendicolari e di sfruttare il colore per mettere in evidenza alcune perculiarità delle figure che si ottengono. In quelle che proponiamo di seguito, per esempio, siamo partiti dalla figura del triangolo equilatero, abbiamo tracciato altezze e parallele ai lati e distribuito in un certo modo il colore.
Puoi partire dalla stessa struttura del triangolo equilatero oppure da quella che rappresenta un quadrato e cercare di costruire la tua particolare "opera d'arte".

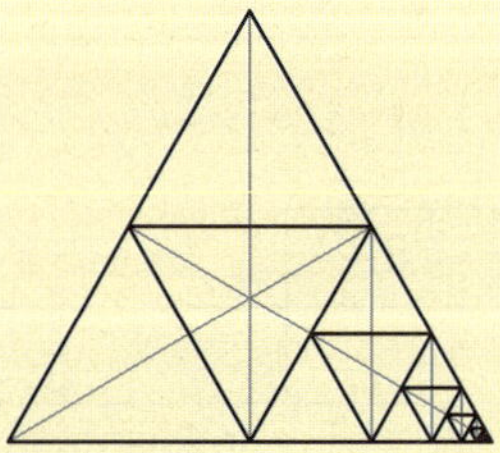

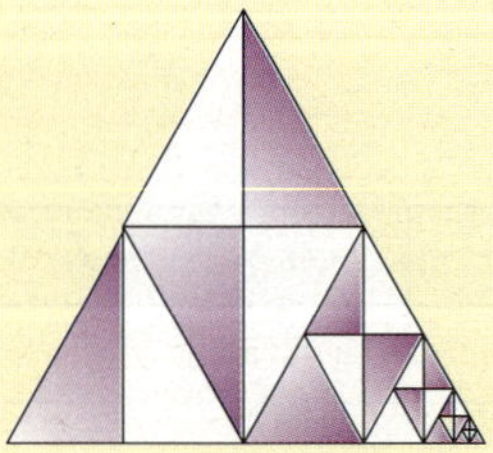

ULTERIORI COLLEGAMENTI

MATEMATICA DELLA VITA QUOTIDIANA

Alla ricerca della perpendicolarità e del parallelismo

Ci si può chiedere dove e quando nella nostra vita abbiamo mai incontrato delle rette perpendicolari o parallele, o addirittura quando ci è capitato di incontrare delle rette.
Una retta probabilmente non l'abbiamo mai vista, ma del resto, a pensarci bene, non abbiamo nemmeno mai visto un triangolo; in geometria un triangolo è una figura del piano, quindi bidimensionale e perciò non ha spessore, eppure per sapere quanti metri di barre di ferro sono occorsi per costruire la torre Eiffel, bisogna lavorare sui triangoli. Le figure geometriche sono necessariamente degli oggetti astratti e questa è la loro caratteristica migliore, perché sapere come si calcola il perimetro o l'area di un triangolo ci permette di calcolare quanto ferro si è usato per costruire la torre Eiffel, ma anche quanto è vasta l'area racchiusa dal triangolo industriale di cui abbiamo parlato nel capitolo precedente. Anche se l'oggetto geometrico retta non esiste nella realtà, abbiamo a che fare con la nozione di perpendicolarità e di parallelismo praticamente in ogni momento della nostra vita. Se lasciamo cadere un oggetto, questo cade perpendicolarmente al suolo, se guardiamo la linea lungo la quale si uniscono due pareti, abbiamo a che fare con un segmento che è perpendicolare al pavimento, così come la maggior parte dei mobili che abbiamo in casa ha una struttura nella quale gli spigoli opposti sono paralleli e quelli consecutivi sono perpendicolari; le finestre, le porte, molti oggetti costruiti dall'uomo hanno a che fare con la perpendicolarità e il parallelismo.
I binari del treno, in un tratto rettilineo, ci ricordano due rette parallele e le traversine sono ad essi perpendicolari (***figura 1a***); le corde di una chitarra sono parallele; i disegni dei tessuti scozzesi sono un abile intreccio di fili rettilinei di diversi colori, alternativamente paralleli e perpendicolari tra loro. Lo sviluppo urbanistico di una città spesso prevede strade fra loro parallele e altre che si intersecano in modo perpendicolare (***figura 1b***). La simmetria che si riscontra in molte forme della natura (***figura 1c***) contempla, come vedremo meglio nella prossima area tematica, l'idea di perpendicolarità e di parallelismo.

Figura 1

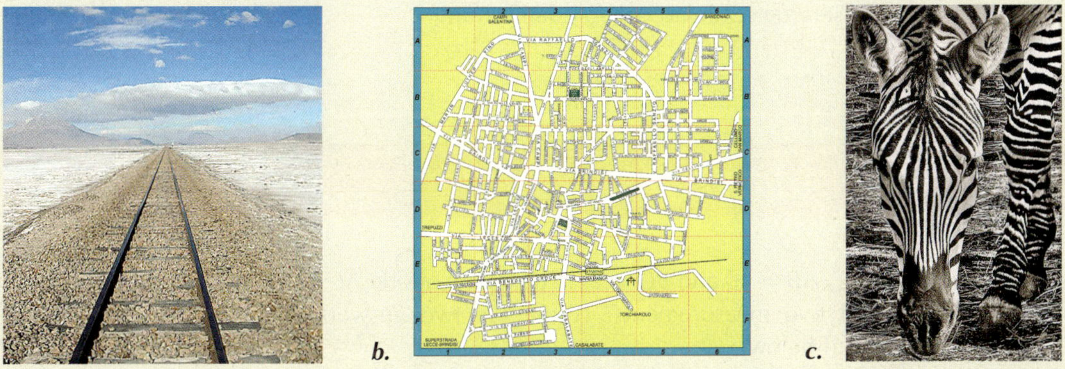

a. *b.* *c.*

Anche il nostro corpo richiama l'ordine della geometria. Osserva la sua rappresentazione fatta da Leonardo da Vinci e scopri in essa la perpendicolarità ed il parallelismo fra le varie parti.

Per esempio le braccia sono .... rispetto al busto.

Probabilmente, se stai leggendo queste pagine, sei seduto su una sedia con le braccia appoggiate alla scrivania. Descrivi le parti del tuo corpo che sono mutuamente perpendicolari tra loro oppure parallele tra loro.

ULTERIORI COLLEGAMENTI

gare di matematica

ULTERIORI GARE

1 Nel triangolo ABC le semirette AN e CM sono le bisettrici di $\widehat{BAC}$ e di $\widehat{BCA}$ e si intersecano in P. Sapendo che $\widehat{APC} = 140°$, quanto misura l'angolo in B?

a. 90° **b.** 100° **c.** 110°
d. 120° **e.** 130° [b.]

2 Si consideri il poligono intrecciato in figura. La somma dei cinque angoli indicati è uguale a:

a. 90° **b.** 180° **c.** 360°
d. 150° **e.** 210° [b.]

3 Conoscendo i quattro angoli $\widehat{A}$, $\widehat{B}$, $\widehat{C}$, $\widehat{D}$, quanto vale la somma degli angoli $\widehat{E}$ ed $\widehat{F}$?

a. $\widehat{A}+\widehat{B}+\widehat{C}+\widehat{D}$ **b.** $\frac{1}{2}(\widehat{A}+\widehat{B}+\widehat{C}+\widehat{D})$

c. $360° - \widehat{A} - \widehat{B} - \widehat{C} - \widehat{D}$ **d.** $360° + \widehat{A} + \widehat{B} - \widehat{C} - \widehat{D}$

e. non è determinata [a.]

4 Nella figura a fianco, quanto misura l'angolo α?

a. 70° **b.** 75°
c. 80° **d.** 90°
e. non può essere determinato coi soli dati forniti [c.]

es. 2

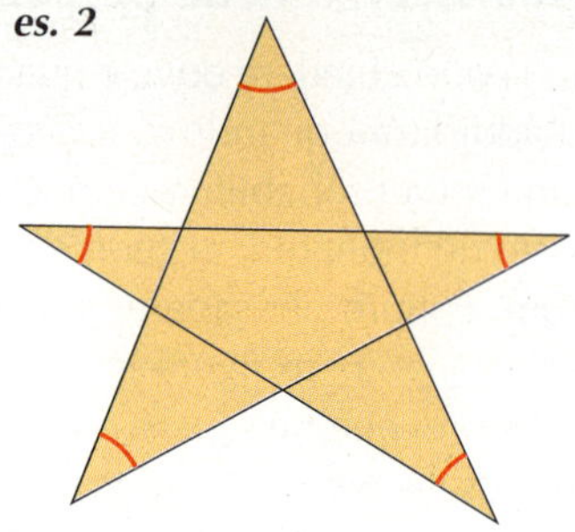

es. 3

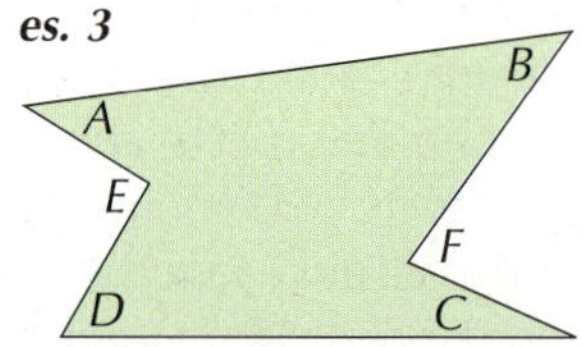

es. 4

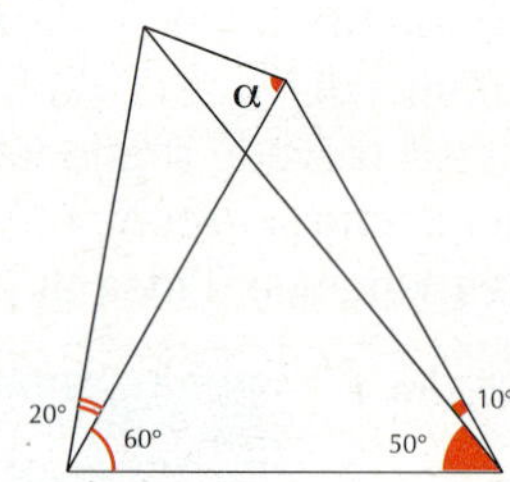

Math in English

Theory on page 57

CLIL

1 In triangle ABC, $AB = 10$ and $BC = 21$. The lenght of side AC must be between what two measurements? (Write the two answers in the blanks provided below)

.... $< AC <$ .... [$11 < AC < 31$]

2 In the figure shown, the measure of an angle formed by the bisectors of two angles in triangle ABC is 120°. Find the measure of angle B.

a. 40° **b.** 45° **c.** 50° **d.** 60° **e.** 80° [d.]

3 If AB and CD bisects each other at point E, prove that:

a. $\widehat{CEA} \cong \widehat{DEB}$

b. $CA \parallel DB$

ex. 2

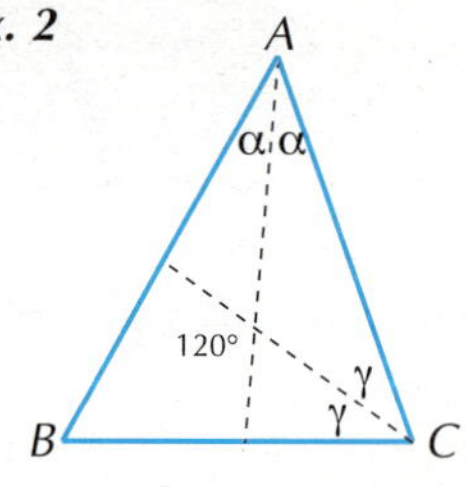

ex. 3

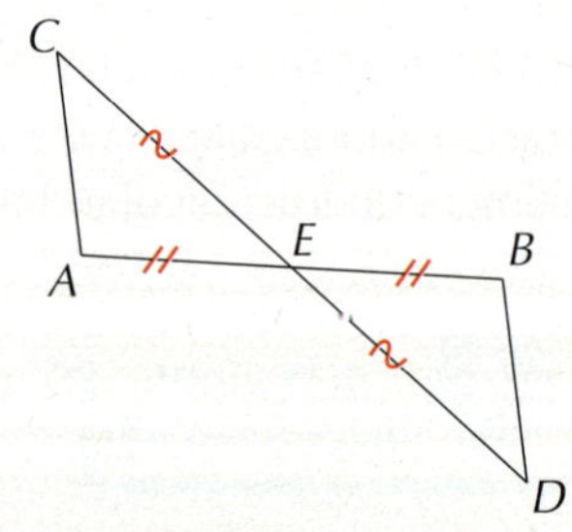

MORE EXERCISES

ESERCIZI

CAPITOLO 4

Le isometrie nel piano

TRASFORMAZIONI GEOMETRICHE E ISOMETRIE

teoria a pagina 60

Comprensione

SOLUZIONI ES. COMPRENSIONE

1 Data una retta r, considera la corrispondenza che ad ogni punto P del piano associa il punto P' che si ottiene con una delle regole elencate di seguito.

a. Si traccia da P la parallela alla retta r e si prende su di essa il punto P' che dista 5cm da P.

b. Si traccia da P la perpendicolare alla retta r che la incontra in H e si prende su tale perpendicolare, nello stesso semipiano che contiene P, il punto P', diverso da H, in modo che sia $PP' \cong PH$.

c. Si traccia da P una retta che forma un angolo di 45° con r e che la interseca in S; si prende poi il punto P' tale che sia $P'S \cong SP$.

Spiega perché solo la **b.** è una trasformazione geometrica.

2 Può essere considerata trasformazione geometrica la corrispondenza che ad ogni punto P di un piano associa il punto P' che si ottiene con le seguenti costruzioni:

a. fissato un punto O, si traccia la circonferenza di centro O e di raggio OP; il punto P' è quello diametralmente opposto a P SI NO

b. fissato un angolo α, i punti P' sono i piedi delle perpendicolari condotte da P ai lati dell'angolo SI NO

c. fissati un punto O e una retta r, P' è il punto di intersezione della parallela a r per O con la perpendicolare a r per P. SI NO

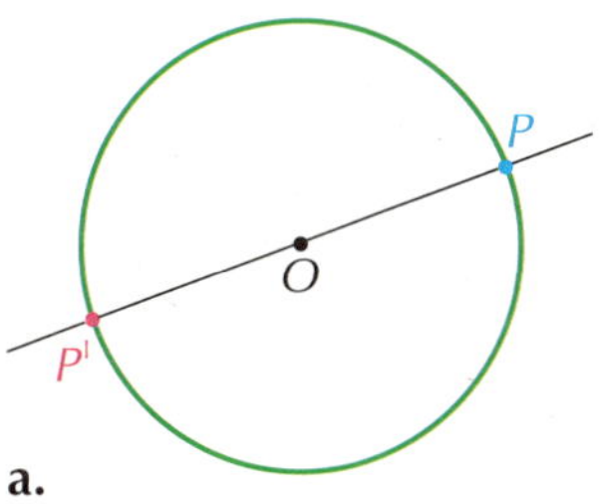

a.

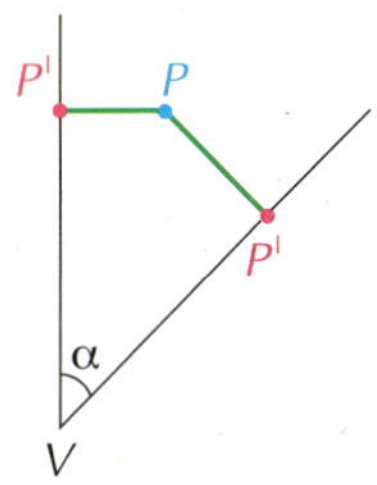

b.

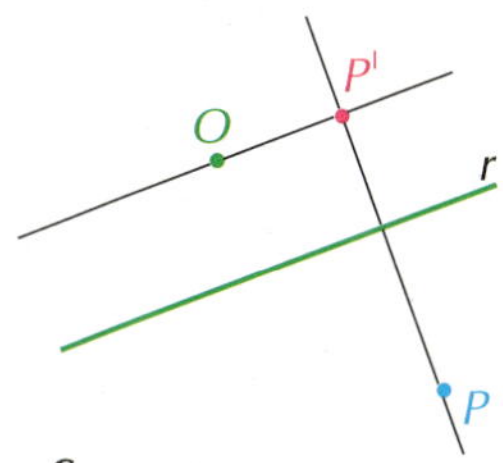

c.

3 In una trasformazione, ciascuna delle figure F che seguono ha per trasformata la figura F'; individua, se esistono, gli elementi uniti:

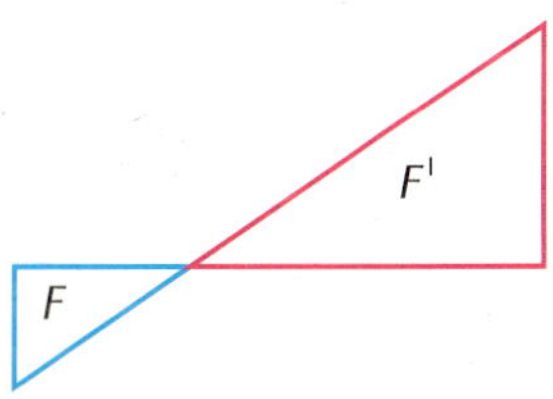

a.

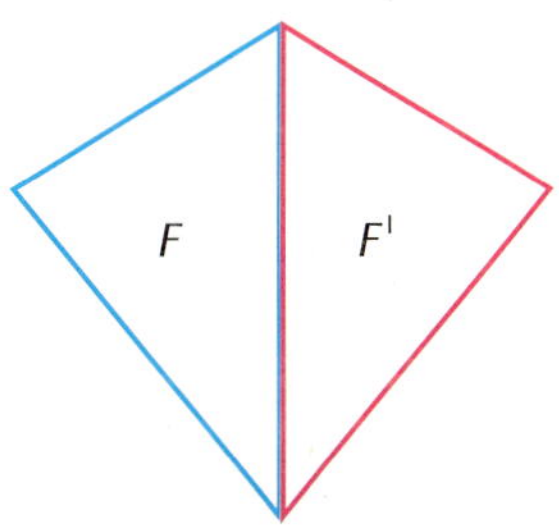

b.

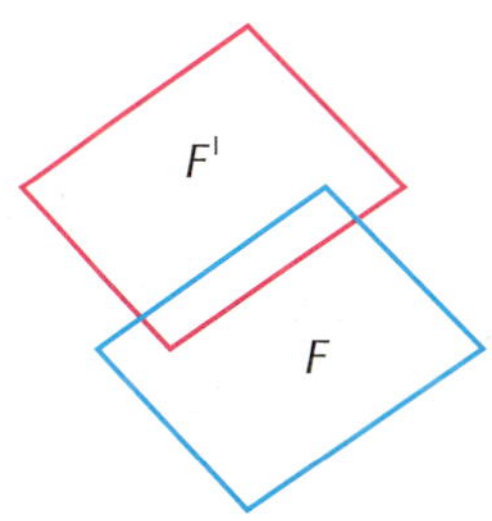

c.

4 Una trasformazione geometrica:

a. è un'identità se ogni punto ha per trasformato se stesso V F

b. è involutoria se ogni elemento ha per trasformato se stesso V F

c. trasforma sempre una retta in una retta ad essa parallela V F

d. trasforma sempre un angolo in un angolo ad esso congruente. V F

5 Dopo aver dato la definizione di isometria, completa le seguenti proposizioni:

a. Ogni isometria trasforma una retta ....

b. In ogni isometria a rette incidenti corrispondono ....

c. In ogni isometria a rette parallele corrispondono ....

d. Ogni isometria trasforma un triangolo ....

e. Ogni isometria trasforma un angolo ....

6 Due poligoni si corrispondono in una isometria. Si può dire che:

a. i loro perimetri sono congruenti V F

b. gli angoli che si corrispondono sono congruenti V F

c. i due poligoni potrebbero non essere congruenti V F

d. potrebbe non esistere un movimento rigido nel piano che li sovrappone punto a punto. V F

Applicazione

7 Nei seguenti disegni, ad ogni punto P del piano viene associato un punto P'. Spiega in quali casi si tratta di una trasformazione geometrica.

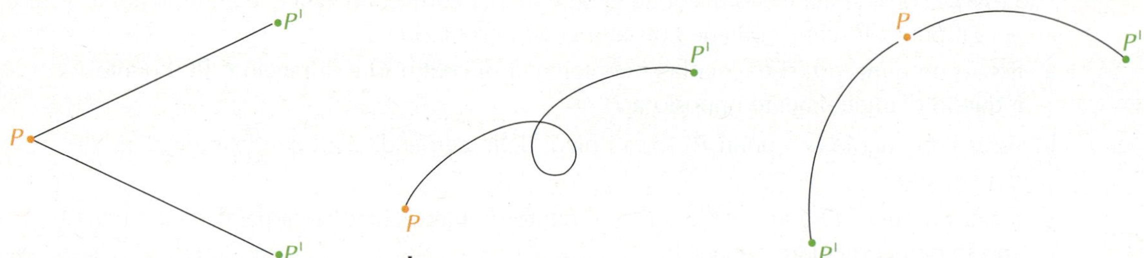

a. **b.** **c.**

8 I seguenti disegni rappresentano figure che si corrispondono in una isometria. Completa per ogni caso presentato le relazioni indicate e stabilisci se vi sono elementi uniti.

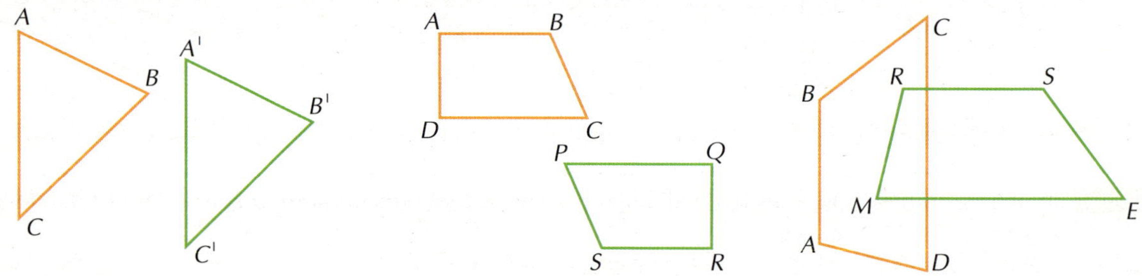

a.

$f(A) =$ ....

$f(BC) =$ ....

$A'B' = f($..............$)$

$A'\widehat{C'}B' = f($..........$)$

b.

$f(AB) =$ ....

$f(D) =$ ....

$f(\widehat{C}) =$ ....

$\widehat{SPQ} = f($................$)$

c.

$f(A) =$ ....

$S = f($....................$)$

$\widehat{E} = f($....................$)$

$ME = f($................$)$

teoria a pagina 62

La simmetria assiale

Comprensione

SOLUZIONI ES. COMPRENSIONE

9 Dopo aver definito la simmetria assiale, completa le seguenti proposizioni:

a. I punti uniti di una simmetria assiale sono ....
b. Le rette unite sono ....
c. Se una retta è parallela all'asse di simmetria, la sua trasformata ....
d. Se una retta è incidente all'asse di simmetria, la sua trasformata ....
e. Le rette unite di una simmetria assiale sono le rette ....
f. In una simmetria di asse r, $P' = \sigma_r(P)$ e $P'' = \sigma_r(P')$. I punti P e P'' sono ...., quindi la simmetria assiale è ....
g. In una simmetria assiale sono invarianti ....

10 Indica in quali casi le due figure si corrispondono nella simmetria di asse r:

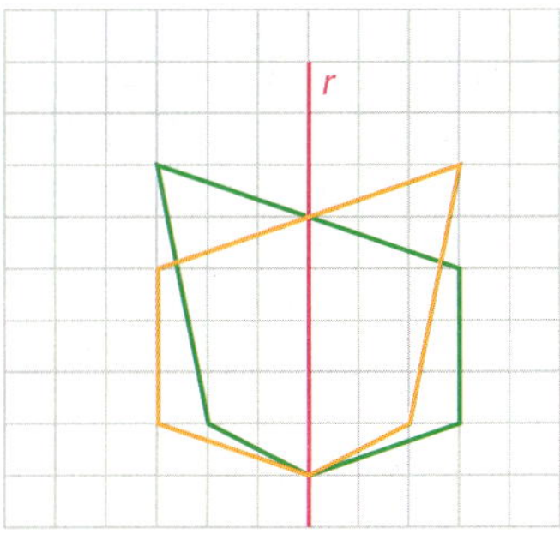

a.

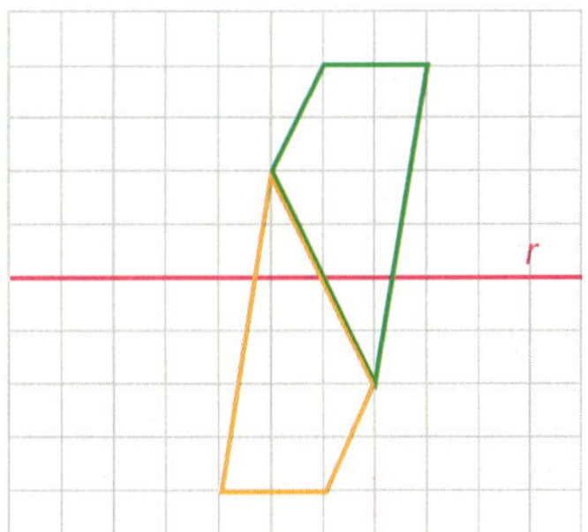

b.

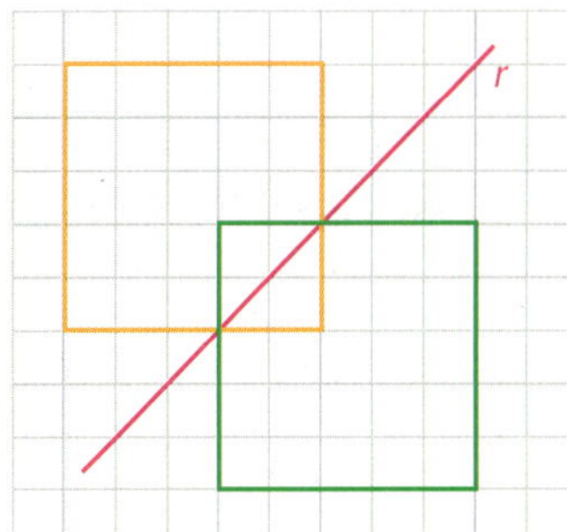

c.

11 Con riferimento alla figura completa le seguenti uguaglianze:

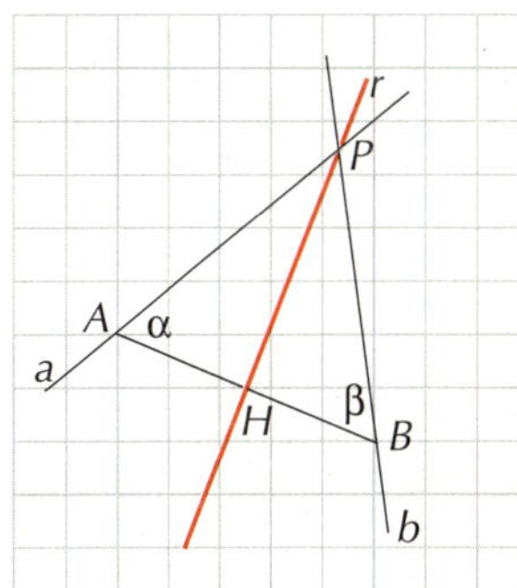

a. $\sigma_r(P) =$ ....
b. $\sigma_r(B) =$ ....
c. $\sigma_r($............$) = PA$
d. $\alpha = \sigma_r($..............$)$
e. $\sigma_r(a) =$ ....
f. $\sigma_r($..........$) = HB$
g. $\sigma_r(\widehat{APB}) =$ ....
h. $\sigma_r($..............$) = H$

12 È dato un quadrilatero $ABCD$ che giace interamente in uno dei due semipiani definiti dalla retta r; della simmetria assiale avente per asse la retta r si hanno le seguenti informazioni:

$\sigma_r(A) = E$ $\quad \sigma_r(B) = F$ $\quad \sigma_r(C) = G$ $\quad \sigma_r(D) = D$

Dopo aver disegnato il simmetrico $EFGD$ di $ABCD$, individua il valore di verità delle seguenti proposizioni:

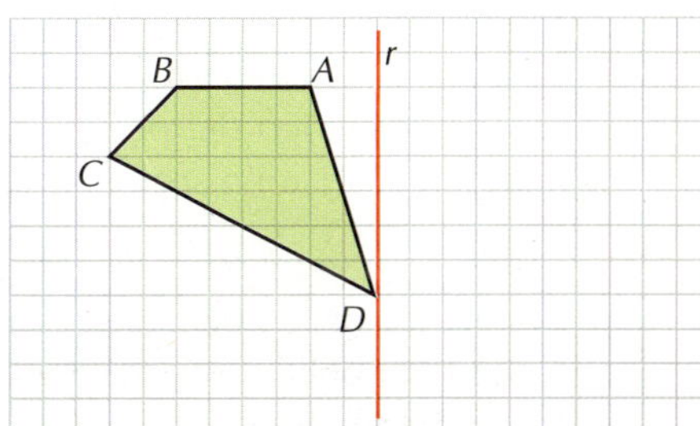

a. $\widehat{ABD} \cong \widehat{DEF}$ V F
b. il triangolo BDF è unito nella simmetria di asse r V F
c. il triangolo DCF è unito nella simmetria di asse r V F
d. il segmento AE è unito nella trasformazione. V F

Applicazione

13 Le parole OVO, AIA, TOT, OTTO, AVA, AMA si possono leggere anche in uno specchio. Sai spiegare perché? Riesci a costruirne altre?

14 Riproduci i seguenti disegni sul quaderno e costruisci i simmetrici dei poligoni rispetto alla retta indicata.

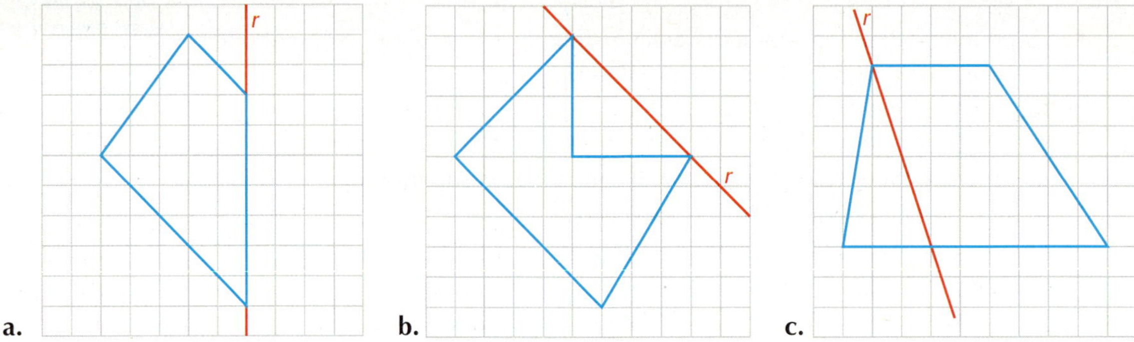

15 Osserva le seguenti figure e completa le relazioni.

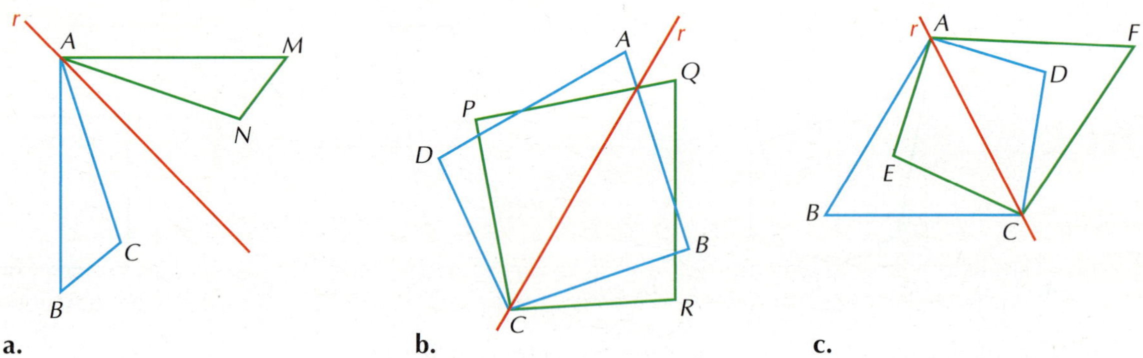

a.	b.	c.
$M = \sigma_r(.................)$	$\sigma_r(C) = ...$	$\sigma_r(............) = EC$
$MN = \sigma_r(.............)$	$\sigma_r(AD) = ...$	$\sigma_r(AC) = ...$
$\sigma_r(\widehat{BAC}) = ...$	$CR = \sigma_r(...........)$	$\widehat{AEC} = \sigma_r(...........)$
$\sigma_r(r) = ...$	$\widehat{PCQ} = \sigma_r(.........)$	$\widehat{FCA} = \sigma_r(...........)$

16 Prendi un mazzo di carte da gioco. Ci sono carte che presentano assi di simmetria? Elencane alcune.

17 Fra le lettere in stampatello maiuscolo dell'alfabeto italiano, quali presentano un asse di simmetria?

18 Esistono cifre del nostro sistema di numerazione che presentano assi di simmetria? Quali?

19 Le lettere minuscole **b**, **d**, **p**, **q** si possono tutte ottenere le une dalle altre mediante particolari simmetrie. Sai indicare quali?

20 Osserva la figura a lato. Dopo averla riprodotta sul quaderno, disegna il simmetrico del poligono *ABCD* rispetto ad *r*. Quali sono i punti uniti? Ci sono segmenti uniti nella figura?

21 Disegna un triangolo *ABC*, traccia la bisettrice *AD* e costruisci il simmetrico di tale triangolo rispetto alla retta *AD*. Individua gli elementi uniti della trasformazione. *AD* è ancora bisettrice del triangolo trasformato?

es. 20

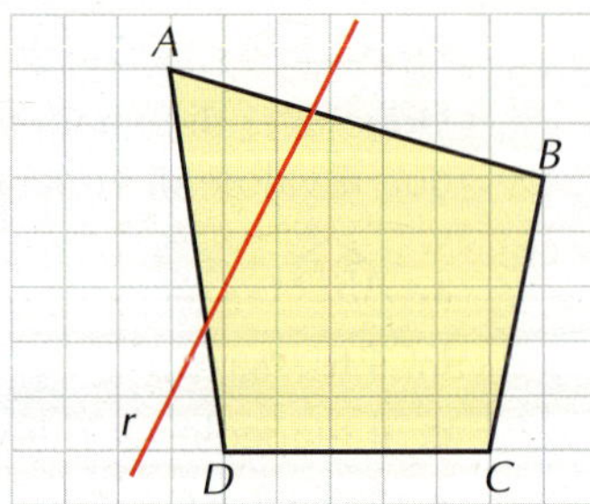

22 Individua gli assi di simmetria delle seguenti figure.

23 Stabilisci quali delle rette disegnate sono assi di simmetria per le figure indicate.

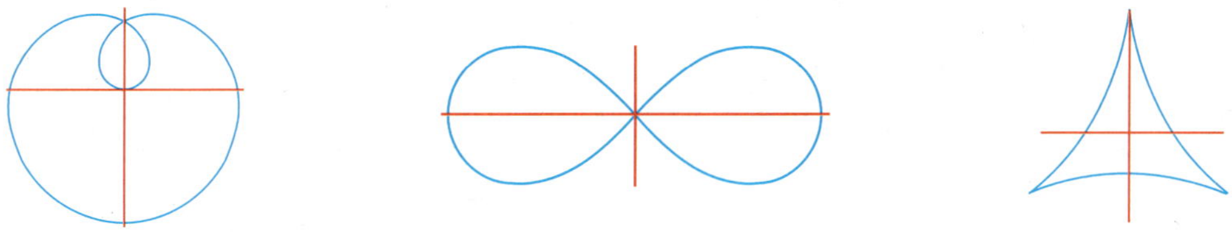

24 Se un triangolo ha un asse di simmetria che triangolo è? E se ne ha due?

25 Disegna un triangolo scaleno ABC, traccia l'altezza relativa al lato AB e trova il suo simmetrico rispetto alla retta dell'altezza. Descrivi poi le caratteristiche dei triangoli CAA' e CBB' e dei triangoli CAB' e $CA'B$.

26 Disegna un triangolo ABC isoscele di base BC e costruisci il suo corrispondente $A'BC$ nella simmetria avente per asse la retta BC. Dimostra che AA' è bisettrice degli angoli di vertice A e A'.

27 Disegna un triangolo scaleno ABC, traccia l'altezza relativa al lato AB e trova il suo simmetrico rispetto alla retta dell'altezza. Descrivi poi le caratteristiche:

a. dei triangoli CAA' e CBB'
b. dei triangoli CAB' e $CA'B$.

es. 29

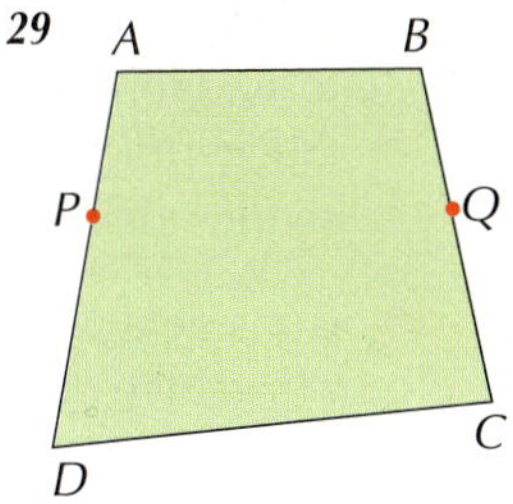

28 Disegna un triangolo scaleno ABC, traccia la mediana AM relativa al lato BC e costruisci il simmetrico di tale triangolo rispetto alla retta AM; ci sono elementi uniti nella figura? AM è mediana anche per il triangolo trasformato? Individua i triangoli congruenti della figura.

29 Nel poligono della figura a lato i punti P e Q sono uniti in una simmetria di asse r ed il segmento PQ è parallelo ad AB. Determina la posizione di r e quindi il trasformato $A'B'C'D'$ del poligono. Rispondi adesso alle seguenti domande:

a. $AB \parallel A'B'$? **b.** $A' \in AD$?
c. se Q è il punto medio di BC, lo è anche di $B'C'$?

es. 30

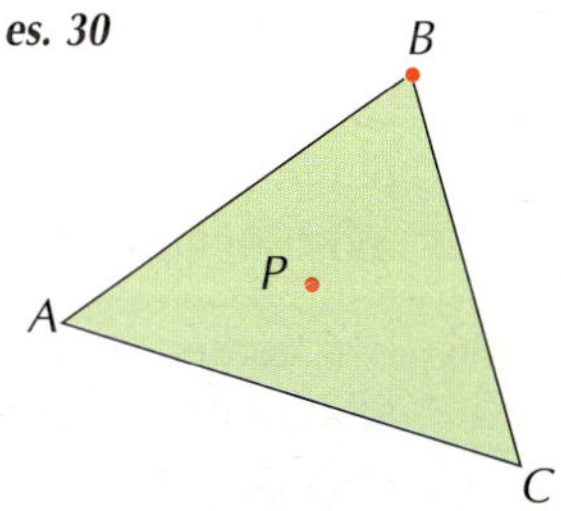

30 Nel triangolo della figura a lato, i punti P e B sono uniti in una simmetria assiale. E' possibile determinare l'asse di simmetria e quindi il trasformato del triangolo?

31 ## ESERCIZIO GUIDATO

Utilizzando le proprietà della simmetria assiale, dimostra che, dato un triangolo isoscele di vertice A e presi sui suoi lati congruenti due punti P e P' equidistanti da A, i segmenti PM e $P'M$ sono congruenti, essendo M il punto medio della base BC.

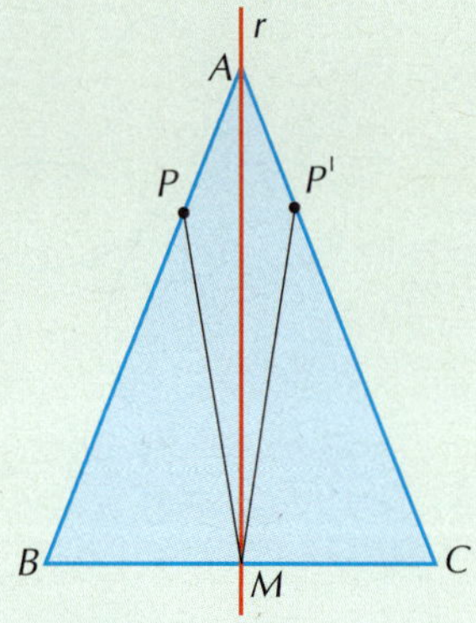

Il triangolo è simmetrico rispetto alla retta r che passa per A e per M e in tale trasformazione i punti A e M sono uniti, cioè

$\sigma_r(A) = A$ e $\sigma_r(M) = M$

Poiché AM è anche bisettrice, $\widehat{BAM} \cong \widehat{MAC}$ e quindi, essendo $AB \cong AC$ e $AP \cong AP'$:

$\sigma_r(AB) = AC$ e $\sigma_r(AP) = AP'$

Questo significa che P' è il corrispondente di P nella simmetria di asse r e perciò $\sigma_r(PM) = P'M$.

Allora, poiché si corrispondono in una simmetria assiale, i due segmenti sono congruenti.

32 ## ESERCIZIO GUIDATO

Disegna un triangolo isoscele ABC di vertice A e traccia l'altezza AH; prendi un punto P su di essa e traccia la retta BP che incontra AC in D e la retta CP che incontra AB in E. Servendoti delle proprietà delle isometrie, dimostra che:

a. $CD \cong BE$;

b. $AD \cong AE$.

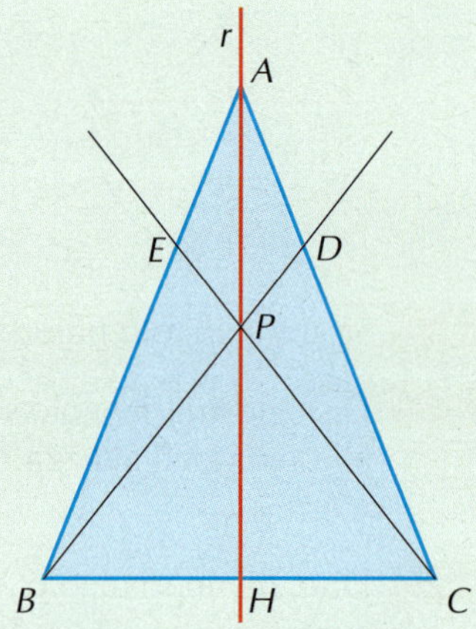

La retta r dell'altezza AH è asse di simmetria per il triangolo ABC, quindi, essendo A e P punti uniti:

$\sigma_r(B) = ...$ $\sigma_r(AB) = ...$ $\sigma_r(\text{semiretta } BP) = ...$

Il punto D è l'intersezione delle rette AC e BP, il punto E è l'intersezione delle rette AB e CP; quindi $\sigma_r(D) = E$.

La tesi è adesso immediata.

33 Dagli estremi della base AB di un triangolo isoscele ABC, traccia le perpendicolari ai suoi lati obliqui. Esse si intersecano in un punto O. Dimostra che CO è asse di simmetria del triangolo. (Suggerimento: traccia la retta CO; basta dimostrare che CO è bisettrice dell'angolo al vertice del triangolo)

es. 33

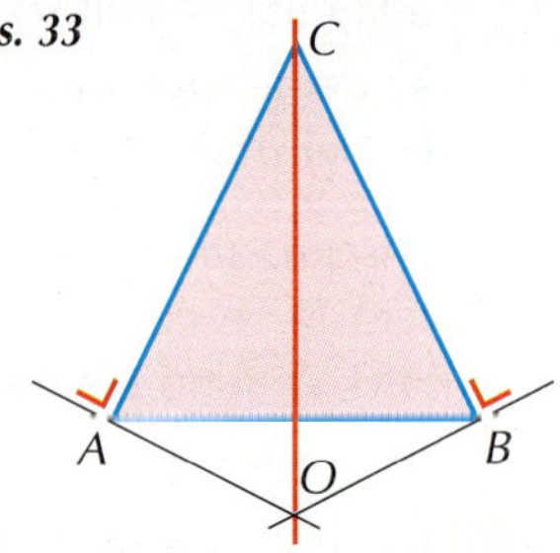

34 Considera un triangolo ABC isoscele sulla base BC, disegna la retta r bisettrice dell'angolo di vertice A e considera su di essa un punto P esterno al triangolo. Le rette PB e PC incontrano le rette dei lati AC e AB nei punti B' e C'. Utilizzando le proprietà delle simmetrie dimostra che $BB' \cong CC'$ e che anche il triangolo $AC'B'$ è isoscele.

es. 34

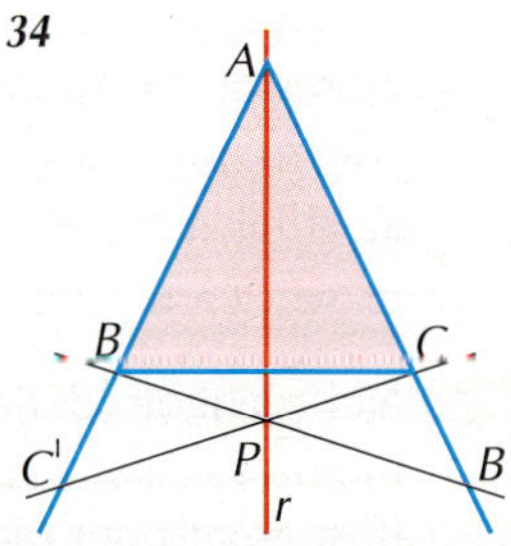

35 La retta a e la retta b sono simmetriche rispetto ad un asse r; da un punto P di r traccia le perpendicolari PH e PK alle rette a e b. Dimostra che $H = \sigma_r(K)$.

36 Dal vertice A di un triangolo isoscele ABC traccia la retta r parallela alla base BC; sia $D = \sigma_r(B)$. Dimostra che D appartiene alla retta di AC.

teoria a pagina 65

Comprensione

SOLUZIONI ES. COMPRENSIONE

37 Dati nel piano un punto O e un punto P, il punto P' è il corrispondente di P nella simmetria di centro O se:

a. $PO \cong P'O$ **b.** i punti P, O, P' sono allineati e $PP' \cong PO$

c. $PP' \cong 2PO$ **d.** se O appartiene al segmento PP' e $PP' \cong 2PO$.

Quale fra le precedenti definizioni è corretta?

38 Barra vero o falso.

a. Due rette che si corrispondono in una simmetria centrale sono parallele. V F

b. Il centro di simmetria è l'unico punto unito. V F

c. La simmetria centrale è una trasformazione involutoria. V F

d. In una simmetria centrale l'ordinamento dei punti è invariante. V F

e. Una simmetria centrale non ammette rette unite. V F

39 Con riferimento alla figura, stabilisci se sono vere o false le seguenti uguaglianze; correggi quindi quelle false in modo che diventino vere:

a. $\sigma_O(B) = E$ V F

b. $\sigma_O(A) = C$ V F

c. $\sigma_O(AD) = FC$ V F

d. $\sigma_O(CD) = AF$ V F

e. $\sigma_O(\widehat{AFE}) = \widehat{CDE}$ V F

f. BE è un segmento unito V F

g. BE è un segmento di punti uniti V F

h. $AF \parallel CD$ V F

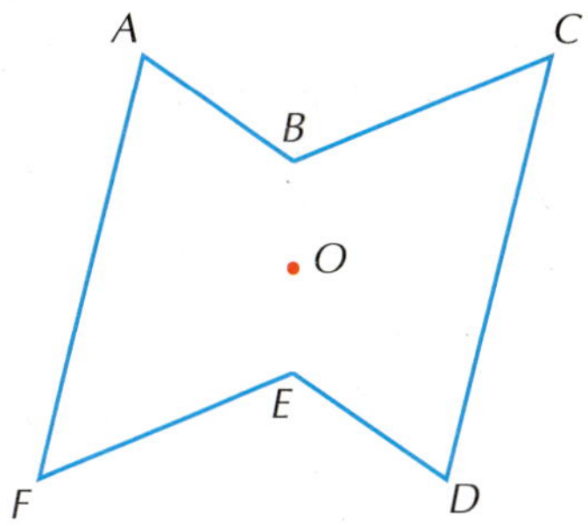

Applicazione

40 Nei disegni che seguono sono rappresentate due figure F ed F' che si corrispondono nella simmetria centrale di centro O; completa le relazioni indicate.

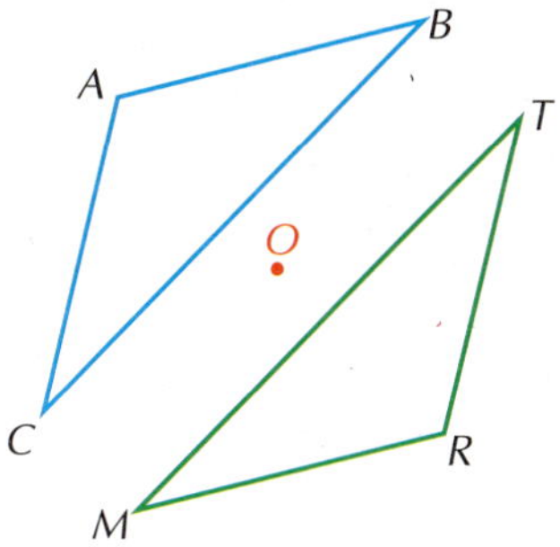

a.

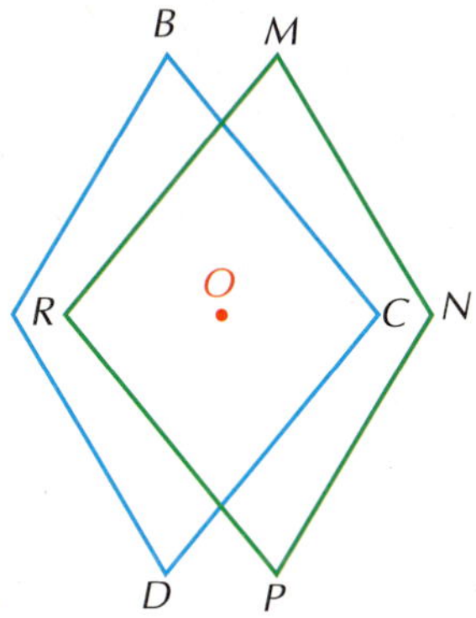

b.

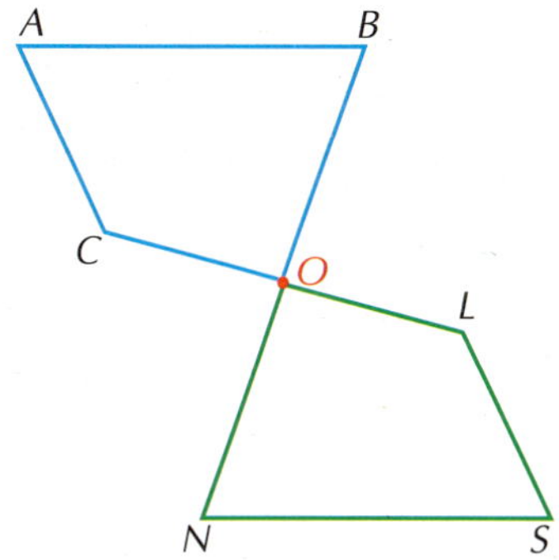

c.

a.

$R = \sigma_O(\ldots\ldots\ldots\ldots)$

$\sigma_O(BC) = \ldots\ldots\ldots$

$\sigma_O(\widehat{CAB}) = \ldots\ldots\ldots$

$TR = \sigma_O(\ldots\ldots\ldots\ldots)$

b.

$NP = \sigma_O(\ldots\ldots\ldots\ldots)$

$B = \sigma_O(\ldots\ldots\ldots\ldots)$

$\sigma_O(D) = \ldots\ldots\ldots$

$\sigma_O(\widehat{ABC}) = \ldots\ldots\ldots$

c.

$\widehat{LSN} = \sigma_O(\ldots\ldots\ldots)$

$\sigma_O(OC) = \ldots\ldots\ldots$

$\sigma_O(BO) = \ldots\ldots\ldots$

$\widehat{COB} = \sigma_O(\ldots\ldots\ldots)$

41 Costruisci il simmetrico rispetto al punto O di ciascuna delle figure disegnate di seguito.

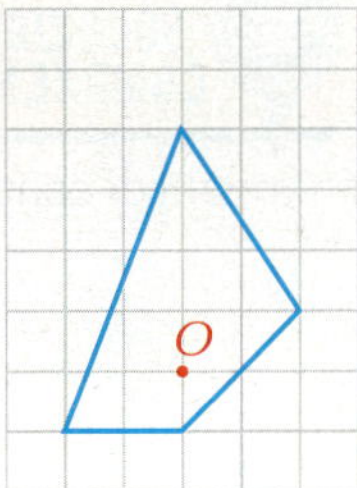

a.

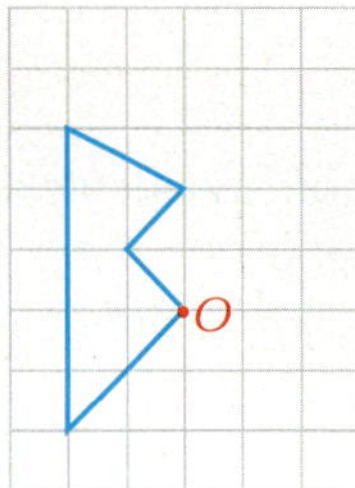

b.

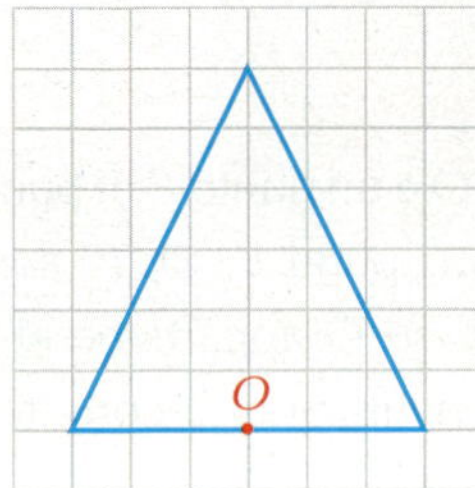

c.

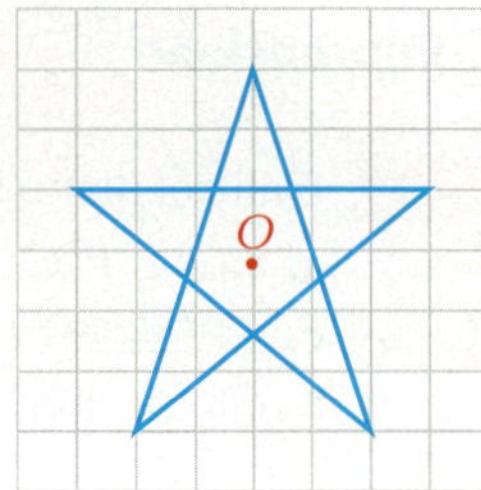

d.

42 Disegna un triangolo ABC e costruisci il suo simmetrico rispetto al vertice A. Elenca le coppie di segmenti paralleli della figura.

43 Disegna un poligono $ABCD$ e trova il suo simmetrico rispetto al punto medio M del lato AB. Ci sono elementi uniti nella trasformazione?

44 Osserva il poligono in figura a lato e costruisci il suo simmetrico rispetto al punto O. Ci sono punti uniti? Ci sono segmenti uniti?

45 In un mazzo di carte da gioco, quali carte possiedono un centro di simmetria?

46 Ci sono lettere dell'alfabeto italiano, in stampatello maiuscolo, che hanno centri di simmetria? Se sì, quali?

47 Ci sono cifre del nostro sistema di numerazione che hanno un centro di simmetria? Se sì, quali?

48 Un triangolo può avere un centro di simmetria?

49 Due angoli opposti al vertice si corrispondono in una simmetria centrale? Se sì, quale?

50 Le due figure disegnate a lato si corrispondono in una simmetria centrale. Sai individuare il centro di simmetria?

51 Nella figura disegnata a lato tutti i vertici dei due poligoni si corrispondono in una simmetria centrale, tranne una coppia. Dopo aver individuato il centro di simmetria, determina i due punti che non si corrispondono.

es. 44

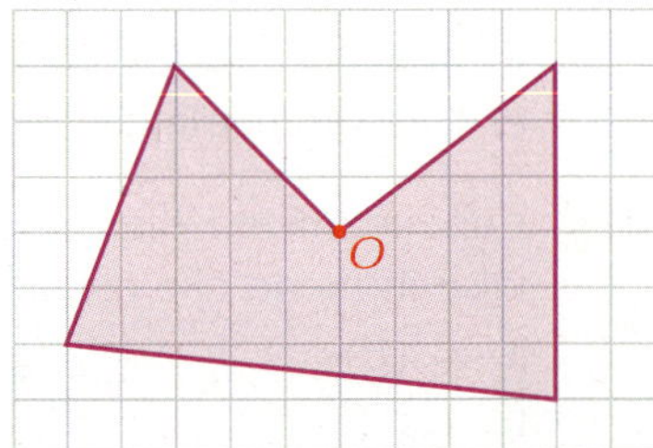

es. 50

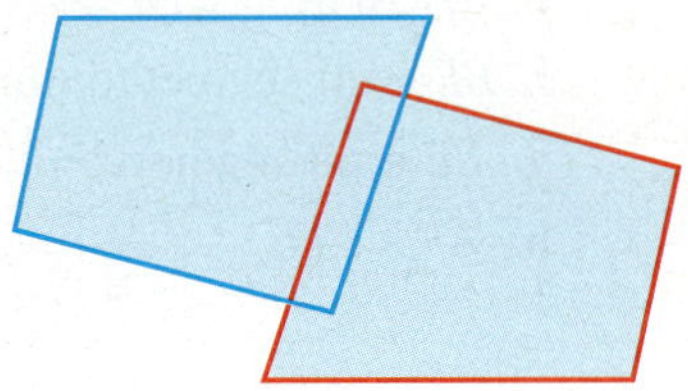

es. 51

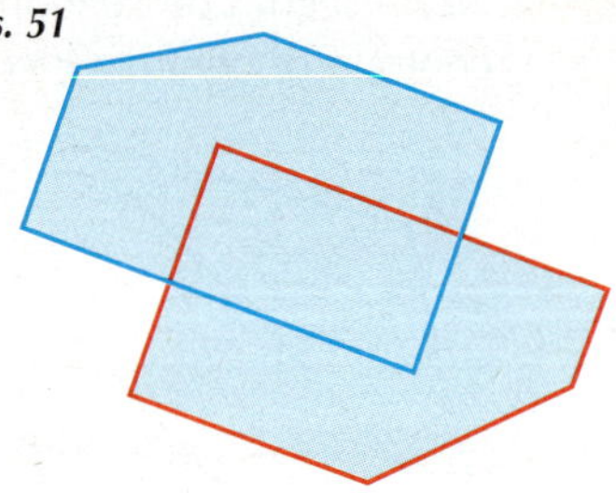

52 Determina il centro di simmetria delle seguenti figure e stabilisci se esistono assi di simmetria.

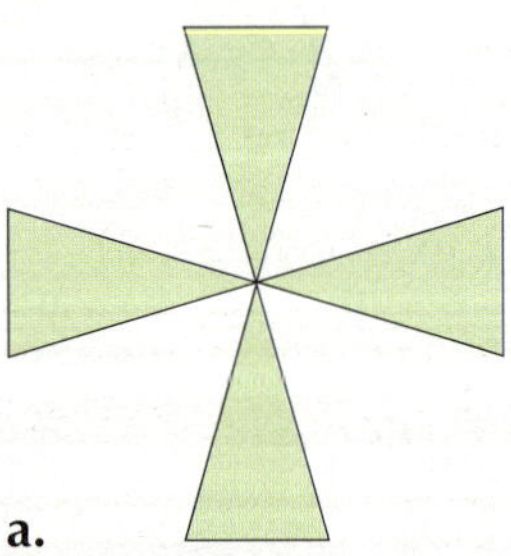

a.

b.

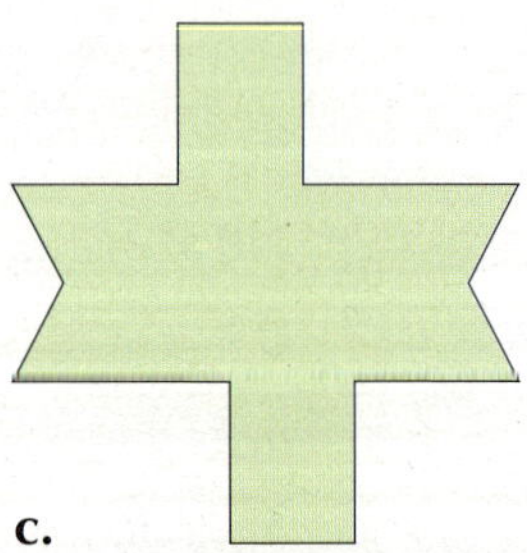

c.

d.

53 Nel poligono in figura il vertice C è unito in una simmetria centrale. Qual è il centro di simmetria? Determina il poligono trasformato.

es. 53

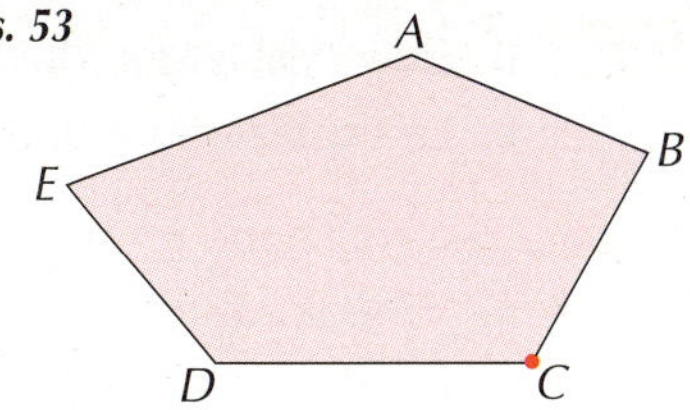

54 **ESERCIZIO GUIDATO**

Disegna un triangolo ABC e siano P e Q i punti medi dei lati AB e AC. Determina $C' = \sigma_P(C)$ e $B' = \sigma_Q(B)$. Dimostra che i punti B', A, C' sono allineati.

Essendo P il punto medio di AB, si ha che $A = \sigma_P(.......)$, quindi AC' è parallelo a ....

Analogamente, essendo Q il punto medio di AC, si ha che $A = \sigma_Q(.......)$, quindi AB' è parallelo a ....

Di conseguenza ....

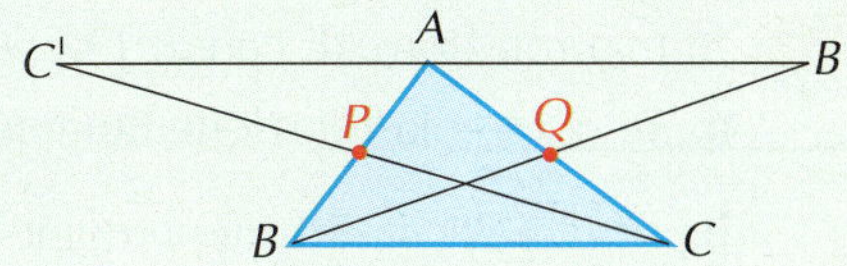

55 Disegna un triangolo ABC; prolunga il lato AC di un segmento $CP \cong AC$; prolunga il lato BC di un segmento $CQ \cong BC$. Che cosa puoi dire dei triangoli ABC e CPQ? In quale trasformazione si corrispondono?

56 Le rette parallele r ed s sono tagliate da una trasversale che le incontra nei punti A e B. Dimostra che M, punto medio di AB, dimezza qualunque altro segmento trasversale passante per M.

57 Le rette r e s si intersecano in O; siano A e C due punti distinti su r tali che $OA \cong OC$ e B e D due punti distinti su s tali che $OB \cong OD$. Servendoti della simmetria centrale dimostra che:

a. le rette AB e CD sono parallele

b. i punti A e C sono equidistanti dalla retta s e, reciprocamente, i punti B e D sono equidistanti dalla retta r

c. i punti medi M e N dei segmenti AB e CD si corrispondono nella simmetria di centro O.

La traslazione e la rotazione

teoria a pagina 68 e 69

Comprensione

SOLUZIONI ES. COMPRENSIONE

58 Due vettori si possono considerare equipollenti se:

a. hanno la stessa intensità

b. hanno la stessa intensità e la stessa direzione ma versi opposti

c. hanno la stessa direzione e verso e uguali intensità

d. hanno la stessa direzione e lo stesso verso.

59 In una traslazione di vettore $\vec{v}$ al punto P corrisponde un punto P' tale che:

a. il segmento $\overrightarrow{PP'}$ sia equipollente al vettore $\vec{v}$

b. il segmento orientato $\overrightarrow{PP'}$ sia equipollente al vettore $\vec{v}$

c. il segmento orientato $\overrightarrow{P'P}$ sia equipollente al vettore $\vec{v}$

Quale fra le precedenti definizioni è corretta?

60 Determina il valore di verità delle seguenti proposizioni, giustificando le tue risposte.

a. Due rette che si corrispondono in una traslazione sono parallele. V F

b. Due rette che si corrispondono in una traslazione possono anche essere secanti. V F

c. Una traslazione di vettore non nullo non ha punti uniti. V F

d. Una traslazione di vettore non nullo non ha rette unite. V F

e. La traslazione è una trasformazione involutoria. V F

61 Una rotazione è completamente individuata se sono assegnati:

a. l'angolo di rotazione

b. il centro di rotazione

c. il centro e l'angolo di rotazione

d. la distanza fra un punto ed il suo corrispondente.

62 Completa le seguenti proposizioni:

a. la rotazione ha un solo punto unito che è ....

b. una rotazione di un angolo α equivale ad una simmetria centrale se ....

c. in una rotazione l'ordinamento dei punti è ....

63 In una rotazione di centro O e ampiezza α :

a. se $\alpha = \frac{\pi}{2}$, la rotazione coincide con una traslazione V F

b. se $\alpha = 2\pi$, la rotazione coincide con la trasformazione identica V F

c. se $\alpha = \frac{\pi}{2}$, la rotazione coincide con una simmetria assiale V F

d. se $\alpha = \pi$, la rotazione coincide con la simmetria di centro O. V F

64 Stabilisci se le seguenti proposizioni sono vere o false.

a. In una rotazione non esistono punti uniti. V F

b. In una rotazione di ampiezza α non esistono rette unite se $\alpha \neq \pi$. V F

c. Due rette che si corrispondono in una rotazione sono sempre incidenti. V F

d. Due rette che si corrispondono in una rotazione di ampiezza $\frac{\pi}{2}$ sono sempre perpendicolari. V F

65 Nella figura i punti A' sono i corrispondenti dei punti A, i punti B' sono i corrispondenti dei punti B; indica:

a. in quali casi la trasformazione è un'isometria ① ② ③ ④

b. in quali casi si ha una simmetria centrale ① ② ③ ④

c. in quali casi si ha una rotazione ① ② ③ ④

d. in quali casi si ha una traslazione. ① ② ③ ④

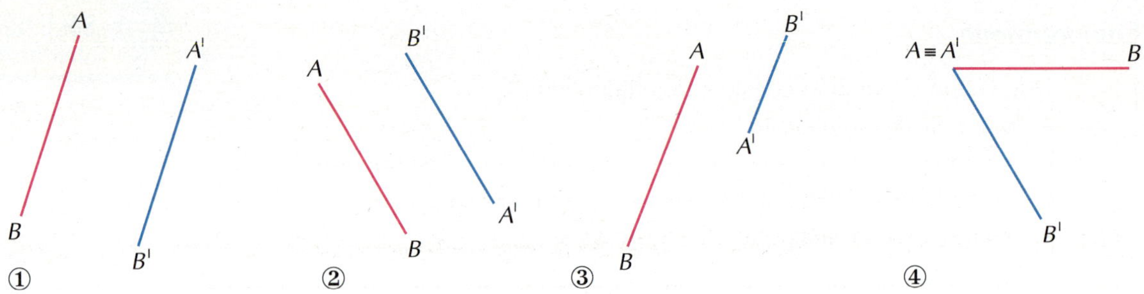

Applicazione

66 Indica quali fra i vettori disegnati in figura sono equipollenti.

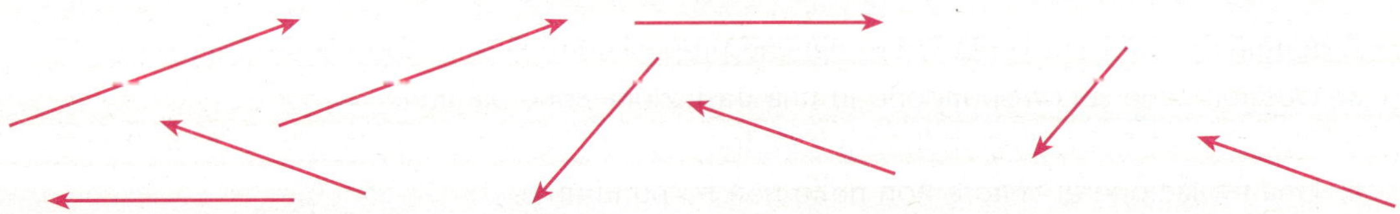

67 Dopo averla riprodotta sul tuo quaderno, trova la corrispondente di ciascuna figura nella traslazione del vettore indicato.

a. 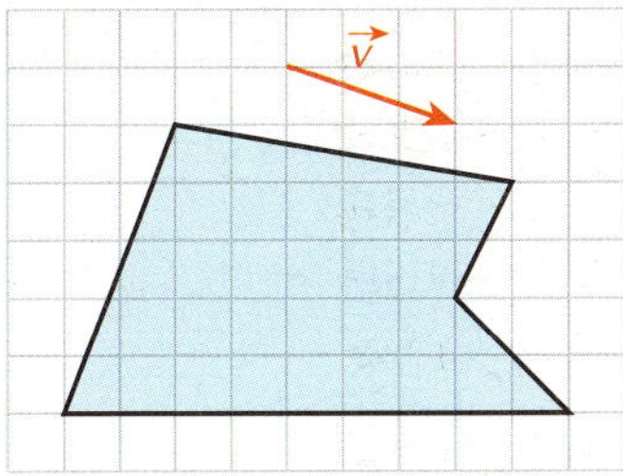

b. 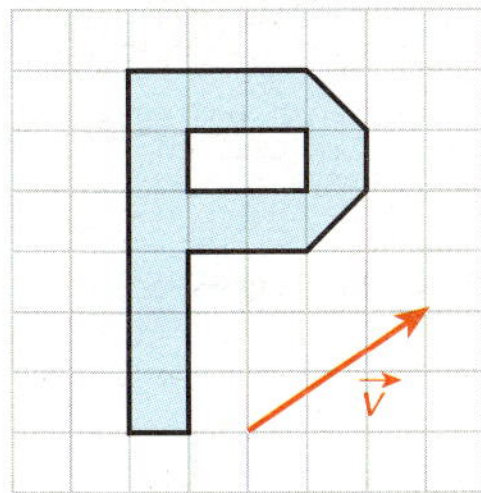

c. 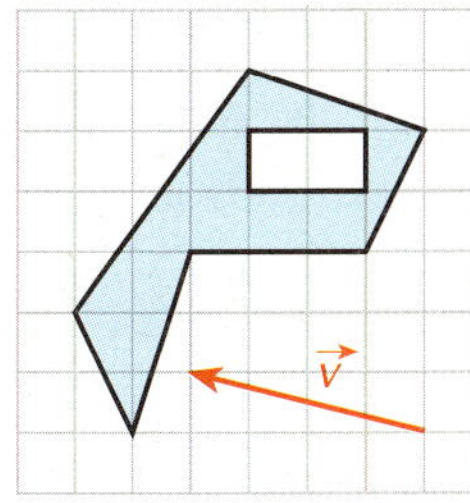

68 Osserva il disegno seguente ed applica ad esso la traslazione del vettore indicato; alla figura ottenuta applica di nuovo la stessa traslazione; quello che ottieni è un disegno ornamentale chiamato "greca". In base a quello che hai ottenuto puoi dire che la traslazione è involutoria?

69 Date due rette parallele r e s, prendi un punto P su r e un punto Q su s. Esiste una traslazione nella quale le due rette si corrispondono in modo che Q sia il corrispondente di P? Se sì, di quale vettore?

70 Disegna due rette parallele. Tenendo presente quello che hai ottenuto nell'esercizio precedente, in quanti modi puoi far corrispondere queste rette con una traslazione?

71 Le lettere minuscole p e q si possono ottenere per rotazione da altre due lettere dell'alfabeto. Sai dire quali e in che modo?

72 Riproduci sul quaderno le figure che seguono e, per ognuna di esse, trova la corrispondente nella rotazione di centro O e ampiezza α assegnate.

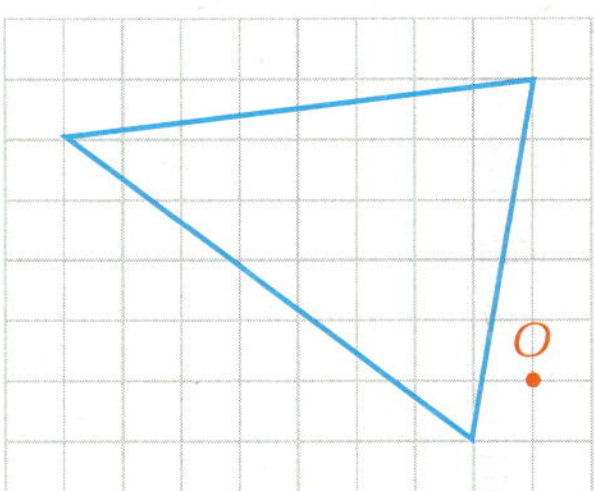

a. $\alpha = +\frac{\pi}{2}$

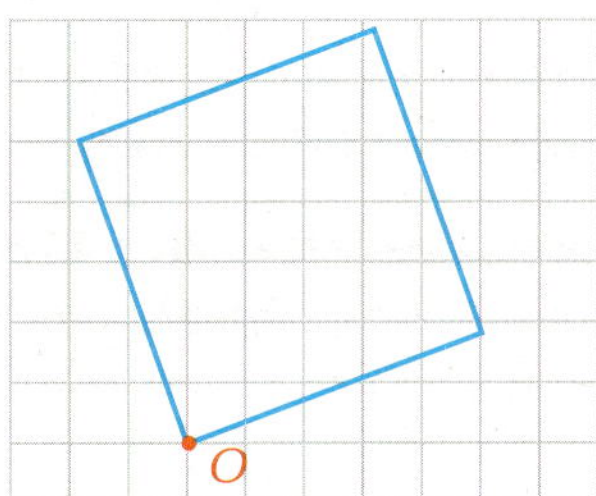

b. $\alpha = -\frac{\pi}{2}$

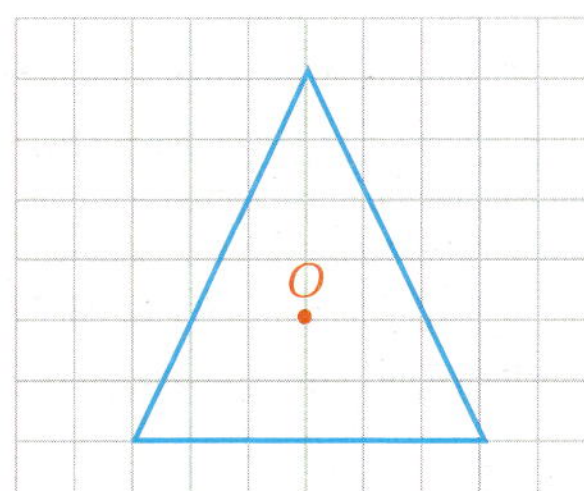

c. $\alpha = +\frac{\pi}{4}$

73 Osserva il disegno nella figura a lato. Ciascuno dei triangoli che vedi è ottenuto per successive rotazioni di ampiezza pari ad un angolo retto del triangolo ABC attorno ad un punto O. Dopo aver determinato dove si trova il punto O, scrivi con notazione funzionale i corrispondenti degli elementi segnati in rosso nel triangolo ABC.

es. 73

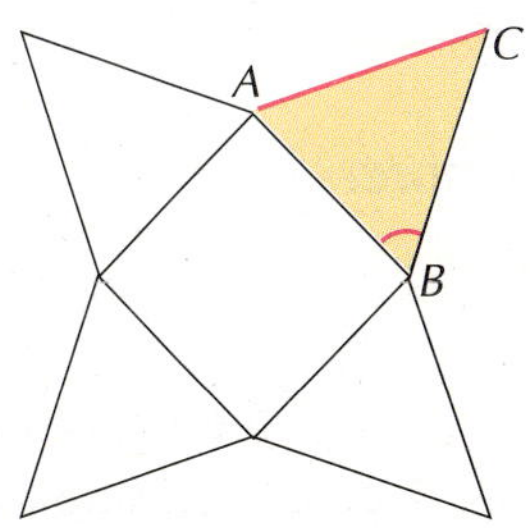

74 Operando con successive rotazioni puoi ottenere graziosi disegni. Riporta sul tuo quaderno le figure che seguono e per ciascuna di esse esegui le rotazioni che ti vengono indicate:

a. esegui quattro rotazioni successive in senso orario di ampiezza pari ad un angolo retto attorno ad O;

b. esegui dodici rotazioni successive in senso antiorario di un angolo pari ad $\frac{1}{3}$ di angolo retto attorno ad O;

c. esegui quattro rotazioni successive in senso orario di un angolo pari ad un angolo retto attorno ad O.

Da questi esempi puoi dedurre immediatamente che la rotazione non è una trasformazione involutoria.

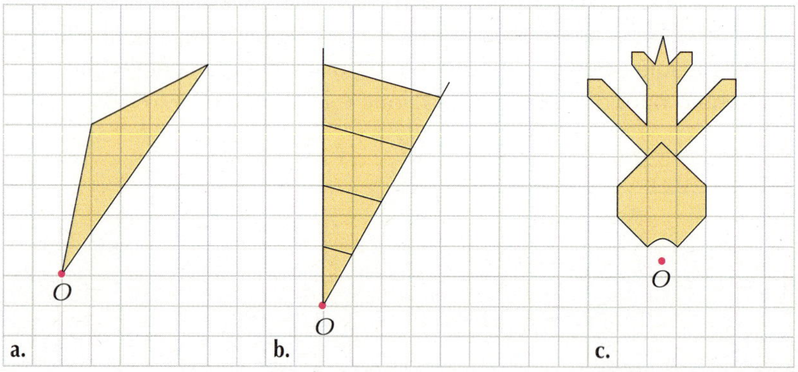

75 Disegna un triangolo rettangolo e determina il suo corrispondente in una rotazione oraria attorno al vertice dell'angolo retto, di ampiezza pari ad un angolo retto. Stabilisci se in tale rotazione ci sono punti uniti o segmenti uniti.
Ci sono elementi uniti se la rotazione avviene attorno al vertice di uno degli angoli acuti?

76 I segmenti AB e BC sono consecutivi e congruenti. Esiste una rotazione che fa corrispondere i due segmenti? Se sì, quale? Ce n'è solo una?

77 Due segmenti congruenti e paralleli possono corrispondersi in una rotazione? In che modo?

78 Disegna due angoli consecutivi $\widehat{ab}$ e $\widehat{bc}$ e traccia le loro bisettrici. In quale rotazione esse si corrispondono?

79 Determina il corrispondente del poligono raffigurato a lato in una rotazione di centro O e di ampiezza $\alpha = \pi$. Quale altra trasformazione fa corrispondere i due poligoni?

es. 79

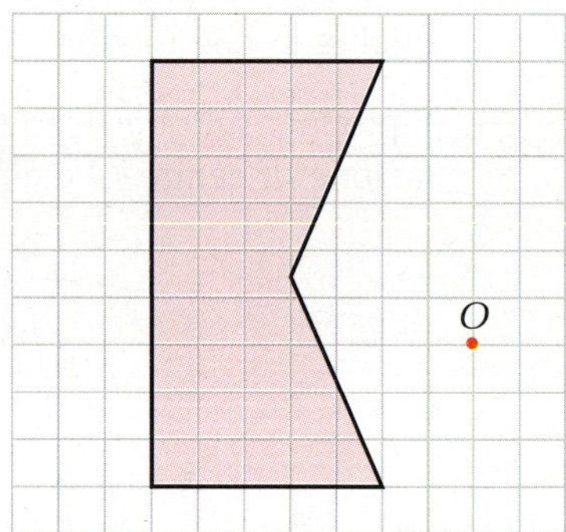

IL PRODOTTO DI TRASFORMAZIONI

teoria a pagina 71

Comprensione

SOLUZIONI ES. COMPRENSIONE

80 Sono date due trasformazioni f e g; si può dire che:

a. nella trasformazione $f \circ g$ la f viene applicata prima della g V F

b. il prodotto $f \circ g$ coincide sempre con il prodotto $g \circ f$ V F

c. non capita mai che $f \circ g = g \circ f$. V F

81 Completa le seguenti proposizioni in modo che risultino vere e dimostrale.

a. Il prodotto di due simmetrie assiali con gli assi perpendicolari equivale a ....

b. Il prodotto di due simmetrie assiali con gli assi paralleli equivale a ....

c. Il prodotto di due simmetrie assiali con gli assi incidenti in modo qualunque equivale a ....

d. Il prodotto di due simmetrie centrali equivale a ....

e. Il prodotto di due traslazioni equivale a ....

f. Il prodotto di due rotazioni con lo stesso centro equivale a ....

82 In un piano sono date due rette r e s; si può dire che:

a. se $r \parallel s$ allora $\sigma_r \circ \sigma_s = \sigma_s \circ \sigma_r$ V F

b. se $r \equiv s$ allora $\sigma_s \circ \sigma_r$ è la trasformazione identica V F

c. se $r \perp s$ allora $\sigma_r \circ \sigma_s = \sigma_s \circ \sigma_r$. V F

83 In un piano sono dati due punti P e Q; si può dire che:

a. $\sigma_P \circ \sigma_Q = \sigma_Q \circ \sigma_P$ V F

b. $\sigma_P \circ \sigma_Q = \tau_{\vec{v}}$ dove $\vec{v}$ è il vettore $2\overrightarrow{QP}$ V F

c. applicando due volte la traslazione di vettore $\overrightarrow{PQ}$ si ottiene la trasformazione identica. V F

84 Il prodotto di due isometrie è commutativo se le due isometrie sono:

a. due rotazioni

b. due traslazioni

c. una rotazione e una simmetria centrale

d. una simmetria assiale e una simmetria centrale.

85 Il segmento $A''B''$ è il corrispondente del segmento AB nel prodotto $\sigma_s \circ \sigma_r$; disegna l'asse s. I due segmenti si corrispondono in:

a. una simmetria centrale

b. una rotazione

c. una simmetria assiale

d. nessuna delle precedenti trasformazioni.

es. 85

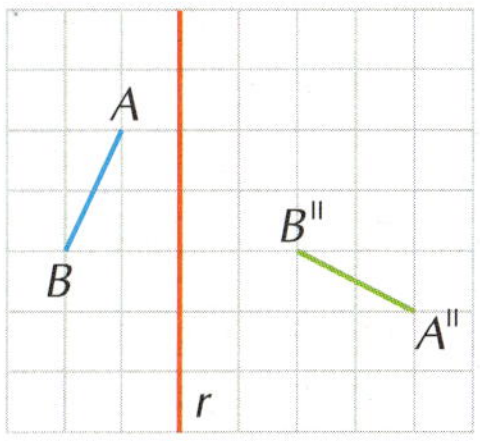

Applicazione

86 Disegna un triangolo ABC rettangolo in B e costruisci il suo simmetrico ABD rispetto alla retta di AB; trova poi il simmetrico del triangolo ABD rispetto alla retta di BC. In quale trasformazione si corrispondono il triangolo ABC e l'ultimo triangolo?
(Suggerimento: si tratta del prodotto di due simmetrie assiali con gli assi ....)

87 Dato il triangolo ABC, costruisci $\widehat{A'B'C'} = \sigma_A(\widehat{ABC})$ e successivamente $\widehat{A''B''C''} = \sigma_{B'}(\widehat{A'B'C'})$. In quale trasformazione si corrispondono $\widehat{ABC}$ e $\widehat{A''B''C''}$?

88 Siano Q e P due centri di simmetria ed A un punto. Determina $A' = \sigma_Q(A)$ e $A'' = \sigma_P(A')$. Determina poi $B' = \sigma_P(A)$ e $B'' = \sigma_Q(B')$. Che cosa ne deduci? Il prodotto di simmetrie centrali è commutativo?

89 Considera un angolo convesso $\widehat{AOB}$ ed un suo punto P. Sia P_1 il simmetrico di P rispetto al lato OA e P_2 il simmetrico di P rispetto al lato OB. Dimostra che il triangolo P_1OP_2 è isoscele. Qual è l'asse di simmetria di P_1P_2? In quale caso P_1, O, P_2 sono allineati?

90 Considera un triangolo ABC ed opera su di esso con una traslazione di vettore $\overrightarrow{AB}$. Opera poi sul suo trasformato con una traslazione di vettore $\overrightarrow{BC}$. In quale traslazione si corrispondono il primo e il terzo triangolo?

91 Considera la figura a lato e, dopo averla riprodotta sul tuo quaderno, esegui nell'ordine le due traslazioni indicate dai vettori $\vec{a}$ e $\vec{b}$. Se inverti l'ordine delle traslazioni ottieni lo stesso risultato? Come puoi ottenere la terza figura con una sola trasformazione? Come si chiama quest'ultima trasformazione?

es. 91

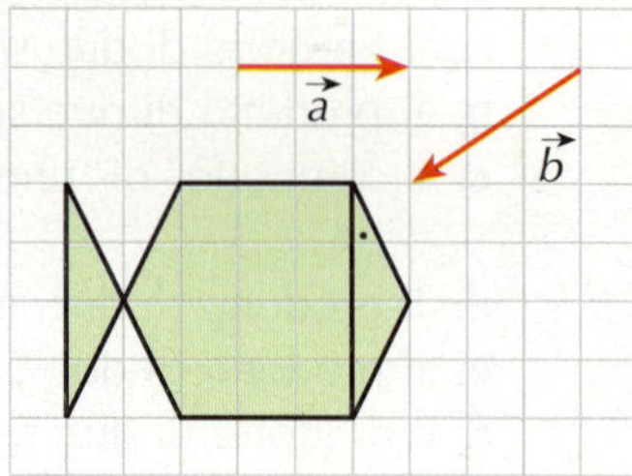

92 **ESERCIZIO GUIDATO**

Due segmenti AB ed $A'B'$ congruenti ma non consecutivi possono corrispondersi in una rotazione?

Osserva la figura in cui r è l'asse del segmento AA' e s è l'asse del segmento BB'.

$A' = \sigma_r(A)$, $B' = \sigma_s(B)$, quindi ....

L'angolo di rotazione è ....

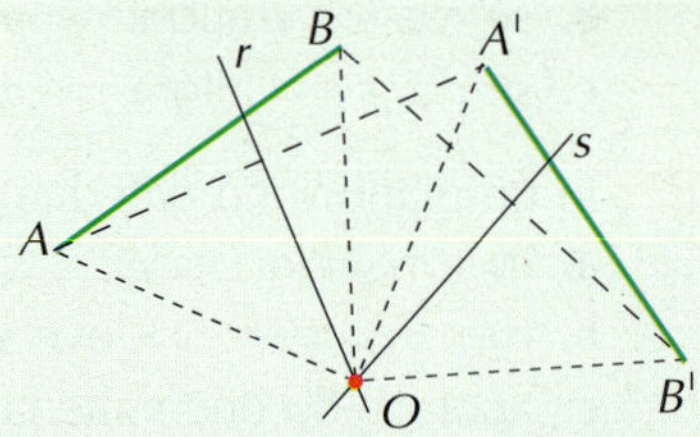

93 I due triangoli raffigurati nella figura a lato si corrispondono in una rotazione. Sai determinarne il centro e l'angolo? (Fai riferimento all'esercizio guidato precedente).

es. 93

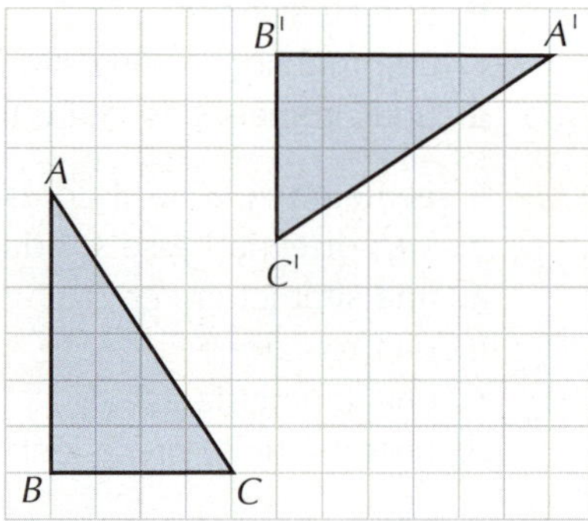

94 Disegna un triangolo ABC e determina il suo trasformato $A'B'C'$ in una rotazione di centro O ed ampiezza α a tua scelta. Determina poi $\widehat{A''B''C''}$ trasformato di $\widehat{A'B'C'}$ in una rotazione dello stesso centro O ed ampiezza β a tua scelta. Quale trasformazione fa corrispondere $\widehat{A''B''C''}$ ad $\widehat{ABC}$? Nel caso particolare in cui $\alpha + \beta = \pi$, in quale trasformazione si corrispondono gli stessi triangoli?

95 **ESERCIZIO GUIDATO**

Considera il prodotto di tre simmetrie assiali di assi r, s e t incidenti in un punto O. Di una figura F si sa che $F' = \sigma_r(F)$, $F'' = \sigma_s(F')$, $F''' = \sigma_t(F'')$. Inoltre si sa che $\widehat{rs} \cong \widehat{st}$. Dimostra che $F''' = \sigma_s(F)$.

Preso un punto $P \in F$, siano $P' = \sigma_r(P)$, $P'' = \sigma_s(P')$, $P''' = \sigma_t(P'')$: è sufficiente dimostrare che $P''' = \sigma_s(P)$.

Osserva la figura a lato: $\widehat{POQ} \cong \widehat{QOP'''}$ perché ....

$PO \cong OP'''$ perché ....

quindi $OP''' = \sigma_s(..........)$ e perciò ....

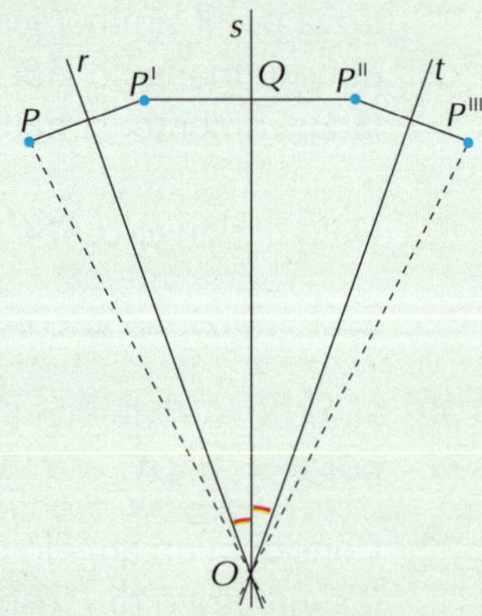

96 Dato il triangolo ABC rettangolo in A trova il suo trasformato nella simmetria avente per asse la retta AB. Indicato con C' il corrispondente del punto C, sia r la retta per C' perpendicolare a CC'; trova il simmetrico rispetto ad r del secondo triangolo. In quale trasformazione si corrispondono il primo ed il terzo triangolo?

97 Il triangolo ABC è rettangolo in B e BM è la bisettrice dell'angolo di vertice B. Sia $A' = \sigma_{BM}(A)$; dove si trova il punto A'? Sia poi $A'' = \sigma_{AB}(A')$; in quale trasformazione si corrispondono A e A''?

98 Il triangolo ABC è rettangolo in A; trova il suo simmetrico $AB'C'$ rispetto al vertice A (abbiamo indicato con la stessa lettera i punti corrispondenti) e quindi il simmetrico di $\overset{\triangle}{AB'C'}$ rispetto al vertice B'. Detto $B'A''C''$ quest'ultimo triangolo, in quale trasformazione si corrispondono $\overset{\triangle}{ABC}$ e $\overset{\triangle}{B'A''C''}$?

99 Dato il segmento AB, trova il suo corrispondente AB' nella rotazione di centro A e ampiezza un angolo α; trova poi il corrispondente di AB' nella rotazione di centro A e ampiezza un angolo β. Indicato con AB'' quest'ultimo segmento, in quale trasformazione si corrispondono AB e AB'' se $\frac{\alpha}{2}$ e $\frac{\beta}{2}$ sono complementari?

100 Dato il triangolo ABC isoscele di base BC, trova il suo simmetrico $\overset{\triangle}{ACD}$ rispetto alla retta del lato AC e quindi il simmetrico di $\overset{\triangle}{ACD}$ rispetto alla retta del lato AD. Indicato con ADE quest'ultimo triangolo, in quale trasformazione si corrispondono $\overset{\triangle}{ABC}$ e $\overset{\triangle}{ADE}$? Qual è la bisettrice dell'angolo $\widehat{BAE}$? Dimostra che i triangoli ABC e ADE si corrispondono anche nella simmetria avente per asse tale bisettrice.

101 Sono dati tre triangoli isosceli congruenti come in figura. Indicati con R, S e T i punti medi delle basi, dimostra che:

a. il punto di intersezione di BD con CE appartiene ad AS

b. la retta AC è asse di simmetria di RS

c. BD e RS sono paralleli.

es. 101

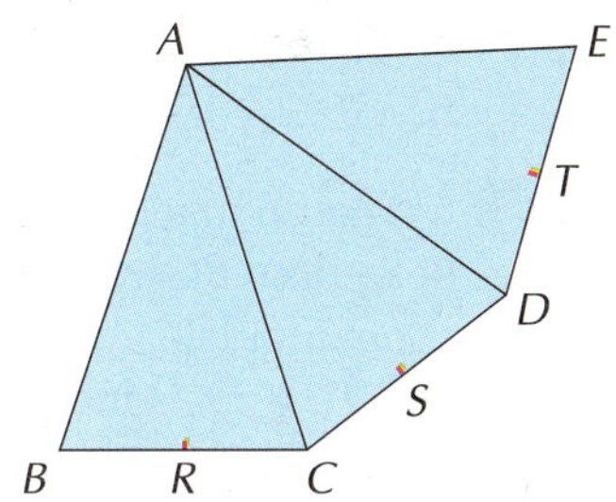

Esercizi per lo sviluppo delle competenze

1 Disegna un triangolo ABC isoscele di base BC e prendi sulla base due punti D ed E tali che $BD \cong CE$; traccia le perpendicolari a BC passanti per D ed E che incontrano i lati del triangolo rispettivamente in F e G. Dimostra che:

a. F e G sono simmetrici rispetto alla retta dell'altezza AH

b. la retta FG è parallela a BC

c. il triangolo AFG è isoscele.

2 Sui lati di un angolo $\widehat{rs}$ di vertice O prendi i punti $A, B \in r$ e $C, D \in s$ in modo che $OA \cong OC$, $OB \cong OD$. Dopo aver giustificato il fatto che i triangoli OAC e OBD hanno lo stesso asse di simmetria t, dimostra che AD e BC si incontrano su t. Puoi dedurre da questo esercizio un modo per tracciare la bisettrice di un angolo?

3 Considera un angolo di vertice V e sia r la sua bisettrice. Da un punto P di r traccia le perpendicolari PS e PT ai lati dell'angolo. Dimostra che ST è perpendicolare a VP e che il simmetrico di P rispetto a ST appartiene alla bisettrice.

4 Le bisettrici degli angoli alla base di un triangolo isoscele si incontrano in un punto O; dimostra che O

appartiene all'asse di simmetria del triangolo. Puoi dire la stessa cosa delle altezze e delle mediane uscenti dagli estremi della base?

5 Dal vertice A del triangolo ABC, isoscele di base BC, traccia le perpendicolari ai lati AB e AC e indica con D e con E i loro punti di intersezione con la retta BC. Dimostra che BC e DE hanno lo stesso asse di simmetria.

6 In un triangolo isoscele ABC, BM e CN sono le mediane relative ai lati congruenti che si intersecano in O; una retta r parallela alla base BC interseca AB in T, BM in D, CN in E, AC in S. Dimostra che:

a. O appartiene all'asse di simmetria del triangolo ABC

b. DE, TS e BC hanno lo stesso asse di simmetria

c. $TD \cong ES$.

7 Sia BH l'altezza di un triangolo equilatero ABC; traccia da H le perpendicolari ai lati AB e BC che incontrano rispettivamente AB in R e BC in S. Siano poi $T = \sigma_{BC}(H)$ e $Q = \sigma_{AB}(H)$. Servendoti delle isometrie dimostra che:

a. $BQ \cong BH \cong BT$

b. i triangoli BQH e BTH sono equilateri e congruenti

c. la retta BH è asse di QT.

8 Dato un triangolo ABC rettangolo in A, prendi un punto D sull'ipotenusa BC; sia poi $G = \sigma_{AB}(D)$ e $F = \sigma_{AC}(D)$. Dimostra che:

a. i punti G, A, F sono allineati

b. $GF \cong 2AD$.

9 È dato un triangolo isoscele ABC di vertice A. Siano P e Q due punti della base BC in modo che $BQ \cong CP$; siano poi P' il simmetrico di P rispetto al lato AC e Q' il simmetrico di Q rispetto ad AB. Dimostra che P' e Q' sono simmetrici rispetto alla retta AH dell'altezza del triangolo.

10 Tenendo presente che ogni isometria si può ottenere mediante il prodotto di al più tre simmetrie assiali, trova in quali simmetrie si corrispondono i due segmenti in figura (per risolvere questo problema devi aver letto l'approfondimento online "Le condizioni per individuare un'isometria").

es. 10

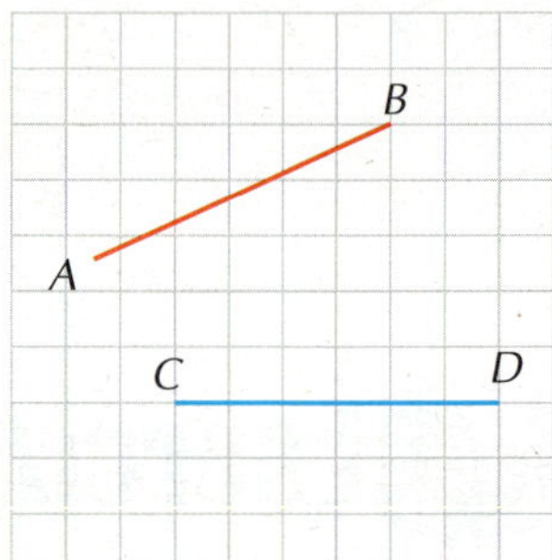

Il capitolo si completa con:

ESERCIZI DI CONSOLIDAMENTO

VERIFICA INTERATTIVA

Test Finale

1 In una simmetria assiale di asse r si ha che $\sigma_r(P) = P'$; del segmento PP' puoi dire che:

a. è parallelo a r V F
b. interseca r V F
c. è perpendicolare a r V F
d. non se ne può stabilire la posizione rispetto a r. V F

0,5 punti

2 In una simmetria centrale di centro O si ha che $\sigma_O(P) = P'$ e $\sigma_O(Q) = Q'$; si può dire che:

a. $PQ' \cong QP'$ V F
b. $PQ' \parallel QP'$ V F
c. $P'Q' \cong PQ$ V F
d. $PP' \cong QQ'$ V F

0,5 punti

3 In una traslazione di vettore $\vec{v}$ un triangolo ABC ha come corrispondente un triangolo RPQ in modo che sia $\tau_{\vec{v}}(A) = R$, $\tau_{\vec{v}}(B) = P$, $\tau_{\vec{v}}(C) = Q$; si può dire che:

a. i lati del triangolo RPQ sono paralleli ai corrispondenti lati del triangolo ABC V F
b. i segmenti BP e CR sono paralleli fra loro e al vettore $\vec{v}$ V F
c. i vertici corrispondenti dei due triangoli si succedono entrambi nello stesso ordine (orario oppure antiorario) V F
d. operando la traslazione di vettore $-\vec{v}$ sul triangolo RPQ si ottiene il triangolo ABC, quindi la traslazione è una trasformazione involutoria. V F

0,5 punti

4 Due triangoli si corrispondono in una isometria f; si può dire che:

a. se f è una simmetria assiale esiste un movimento rigido che sovrappone i due triangoli V F
b. se f è una simmetria centrale esiste un movimento rigido che sovrappone i due triangoli V F
c. se f è la trasformazione identica i due triangoli sono uguali. V F
d. se f è una traslazione di vettore non nullo i due triangoli sono congruenti ma non uguali. V F

0,5 punti

5 In una rotazione di centro O e ampiezza α si ha che $\rho_{O,\alpha}(P) = Q'$ e $\rho_{O,\alpha}(Q) = P'$; si può dire che:

a. $PQ \parallel Q'P'$ V F
b. $PP' \cong QQ'$ V F
c. $\widehat{POQ} \cong \widehat{Q'OP'}$ V F
d. $\widehat{POP'} \cong \widehat{QOQ'}$ V F

0,5 punti

6 Individua, se esistono, gli assi e i centri di simmetria delle seguenti figure:

a.
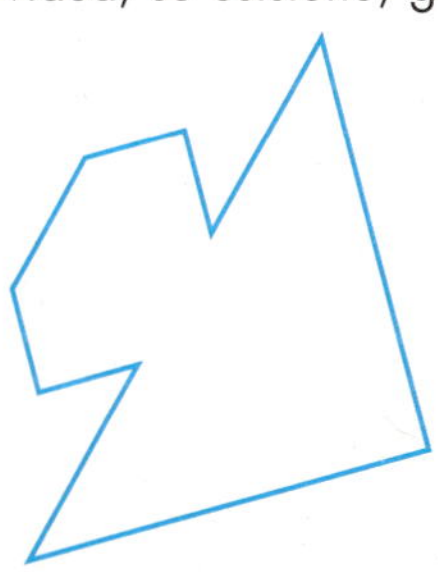

b.
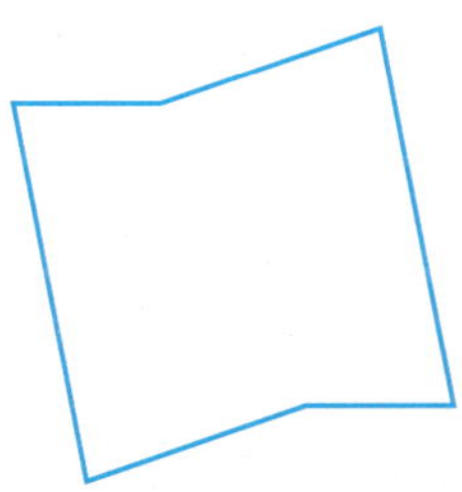

c.
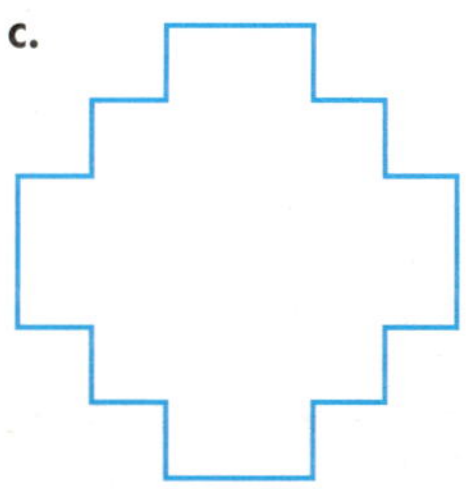

d.
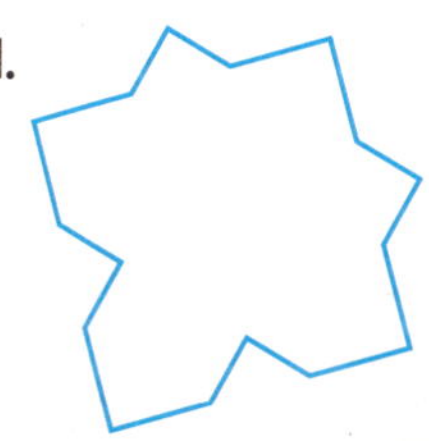

1 punto

7 Stabilisci se esiste un'isometria nella quale la figura B corrisponde alla figura A nei due casi presentati:

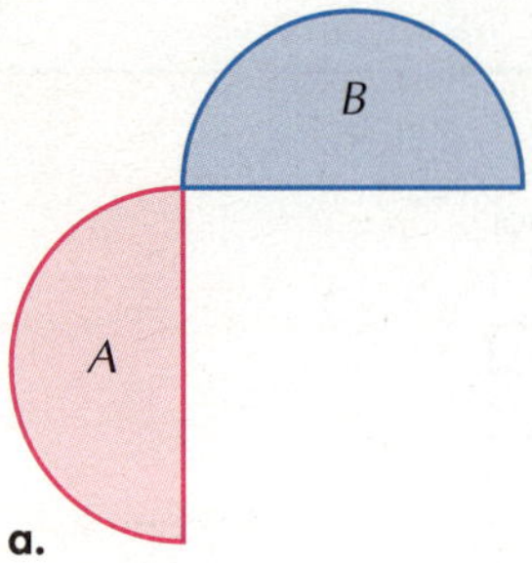

a.

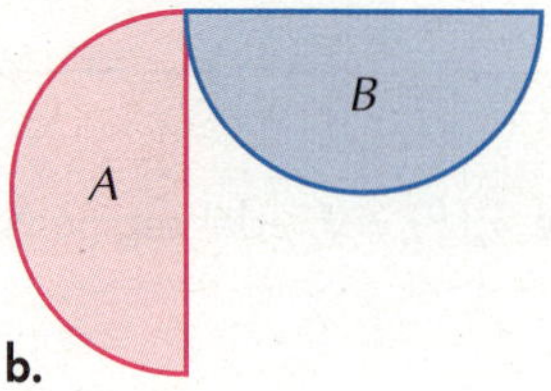

b.

1 punto

8 In un piano sono dati un punto P e le rette s e t che, intersecandosi in O, formano un angolo α; sapendo che $\sigma_t(P) = P'$ e $\sigma_s(P) = P''$ puoi dire che:

a. P e P'' si corrispondono nella simmetria di centro O se $\alpha = \frac{\pi}{2}$ V F

b. P' e P'' si corrispondono nella simmetria di centro O se $\alpha = \frac{\pi}{2}$ V F

c. P' e P'' si corrispondono in una rotazione di centro O e ampiezza un angolo piatto se $\alpha = \frac{\pi}{2}$ V F

d. P e P'' si corrispondono in una rotazione di centro O e ampiezza 2α. V F

1 punto

9 Un quadrilatero convesso $ABDC$ è formato da due triangoli aventi il lato BC in comune: il triangolo ABC è isoscele di base BC, il triangolo BCD è equilatero. Stabilisci se la figura possiede un asse di simmetria e se i triangoli ABD e ACD sono congruenti.

2 punti

10 E' dato un triangolo ABC isoscele di base BC; siano D e F due punti della base BC in modo che $BD \cong CF$. Siano poi:

- P e Q i simmetrici rispettivamente di D e di F rispetto al lato AB
- M e N i simmetrici rispettivamente di D e di F rispetto al lato AC.

a. In quale trasformazione si corrispondono PQ e NM?

b. Dimostra che le rette DM e QF, FN e PD si incontrano sull'asse di simmetria del triangolo.

2,5 punti

Soluzioni

1 **a.** F, **b.** V, **c.** V, **d.** F

2 **a.** V, **b.** V, **c.** V, **d.** F

3 **a.** V, **b.** F, **c.** V, **d.** F

4 **a.** F, **b.** V, **c.** V, **d.** V

5 **a.** F, **b.** F, **c.** V, **d.** F

6 **a.** 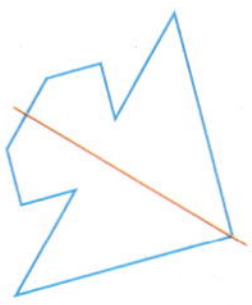 **b.** 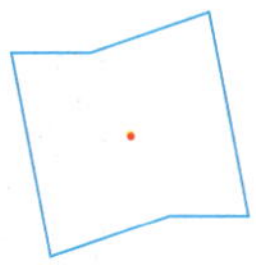 **c.** 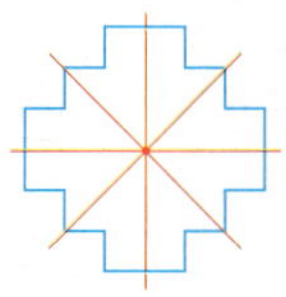 **d.** 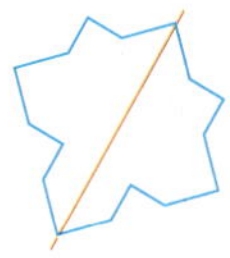

7 **a.** 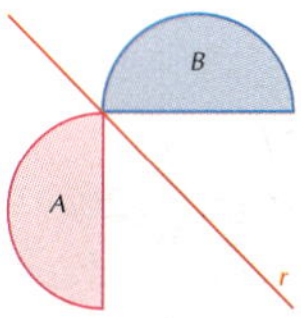

simmetria rispetto alla retta r

b. 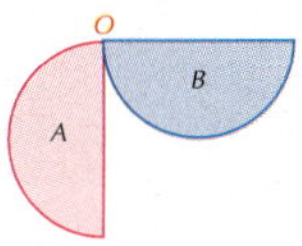

rotazione (antioraria) di centro O e ampiezza $\frac{\pi}{2}$

8 **a.** F, **b.** V, **c.** V, **d.** F

9 L'asse di simmetria è la retta AD e i due triangoli sono congruenti perché simmetrici.

10 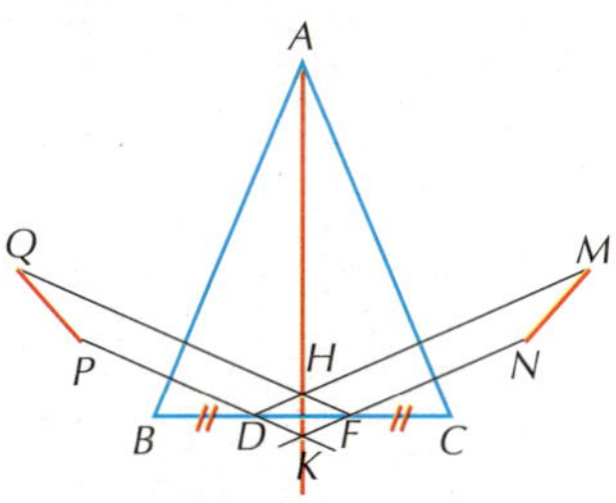

a. Si tratta di un prodotto di simmetrie assiali con gli assi incidenti in A; PQ e MN si corrispondono quindi in una rotazione di centro A e ampiezza 2α, essendo α l'angolo di vertice A del triangolo.

b. L'asse di simmetria del triangolo è la retta r dell'altezza. In tale simmetria si corrispondono: i punti D e F, i lati AB e AC, la retta FN e la retta PD perché perpendicolari a due elementi simmetrici, le rette MD e QF per lo stesso motivo; se due rette simmetriche non sono parallele, si incontrano sull'asse di simmetria, quindi i punti H e K appartengono alla retta r.

Esercizio	1	2	3	4	5	6	7	8	9	10	
Punteggio											

Valutazione in decimi

MATEMATICA SCIENZE&ARTE

Le isometrie in natura e quelle costruite dall'uomo

Tagliamo una mela, una pera, un limone, osserviamo una foglia di alloro, una foglia d'acero e una foglia di felce; guardiamo un granchio, un uccello in volo, un insetto e infine il corpo umano e poi andando in giù verso l'infinitamente piccolo, una cellula, un virus, un cromosoma, un atomo (***figura 1***).

Figura 1

Sembra che la natura abbia seguito un disegno ricorrente nel dare forma ai suoi figli. Tutto si corrisponde, ogni metà è uguale all'altra, fai girare un limone tagliato a metà quando nessuno ti guarda e non ti sapranno dire se lo hai ruotato oppure no perché ciascuno lo ritroverà uguale a se stesso. La foglia della felce sembra riprodurre la sua forma in scala ridotta in ogni sua diramazione; un nido d'api è formato da tante celle tutte della stessa forma che si ripetono identiche (***figura 2***). Lo stesso accade nel regno animale e persino l'uomo, l'essere più straordinario nella catena evolutiva, ha una sua metà uguale all'altra. Forse è per questo, chissà, che l'uomo crea spesso simboli e oggetti uguali nelle loro metà o che si riproducono in modo identico: piatti rotondi, scatole quadrate, bicchieri conici. Gli artisti in special modo, che siano pittori o scultori, architetti o musicisti, sanno sfruttare in modo assai speciale le bellezze che possono nascere da forme e relazioni particolari.

Figura 2

Figura 3

Nella facciata di molti palazzi e di molte chiese si ritrovano elementi ricorrenti, uguali a se stessi come in uno specchio immaginario nel quale la parte di sinistra si riflette in quella di destra (***figura 3***); pittori moderni famosi, come l'architetto olandese M.C. Escher, usano giochi di specchi, di torsioni e spostamenti per creare opere molto particolari e affascinanti (***figura 4***).

Figura 4

Il matematico, come l'artista, non può restare indifferente a queste manifestazioni della natura e cerca di studiarle, di capire quali sono le regole comuni che si nascondono dietro alla simmetria del corpo umano, dell'insetto, di un cromosoma, della ripetitività continua delle celle dell'alveare e dei petali di un fiore.
Riconosci le isometrie che si possono mettere in evidenza nelle figure di questa pagina classificandole.

ULTERIORI COLLEGAMENTI

MATEMATICA DELLA VITA QUOTIDIANA

La camera a specchi

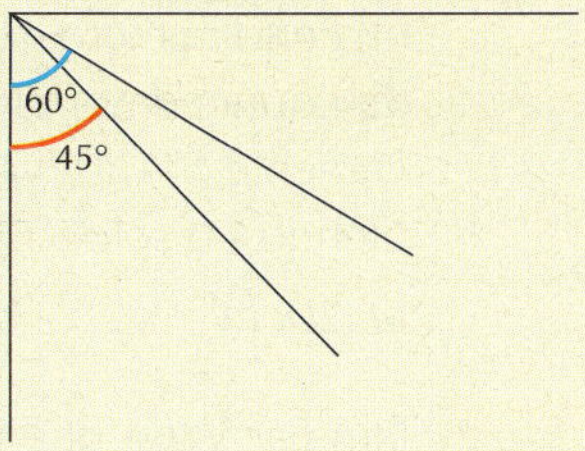

Prepara un piano di cartone sul quale disegnare una serie di angoli tutti con un lato in comune come in figura: un angolo retto, un angolo di 60° e uno di 45°. Procura poi due specchi piani rettangolari uguali e disponili ad angolo lungo il lato più corto; uniscili sul retro con un pezzo di nastro adesivo, in modo però che sia possibile modificare l'ampiezza dell'angolo di apertura. Appoggia i due specchi sul piano e aprili a 90°. Metti un oggetto qualsiasi, per esempio una pietruzza colorata, una moneta o un disegno geometrico colorato, all'interno dello spazio delimitato dagli specchi.
Se ti metti di fronte alla struttura così preparata, quanti sono gli oggetti che vedi riprodotti?
Ripeti l'esperienza modificando l'angolo di apertura a 60°. Questa volta quanti sono gli oggetti?
Che cosa succede quando l'angolo diventa di 45°?
Modifichiamo adesso la camera mettendo i due specchi a 60° e ponendo un terzo specchio davanti ai primi due. Nella precedente esperienza l'oggetto che hai posto fra i due specchi si era riprodotto per 5 volte formando, insieme all'oggetto reale, un esagono. L'aggiunta del terzo specchio riproduce l'esagono coprendo interamente la superficie delimitata dai tre specchi eseguendo una caratteristica pavimentazione. Muovendo l'oggetto la pavimentazione cambia di continuo creando effetti di simmetria molto piacevoli e in continua evoluzione.
Un'ultima domanda: sai spiegare perché abbiamo considerato angoli di apertura di 90°, 60° e 45°?

Il caleidoscopio

Il principio della camera a specchi descritta nell'esercizio precedente si applica nella costruzione dei caleidoscopi. Puoi costruirne uno procurandoti il seguente materiale:

- un tubo di cartone, può andare bene anche quello che avanza dai rotoli di carta per la cucina
- alcuni specchi, oppure, molto più pratica da utilizzare, della plastica adesiva a specchio che si può comprare in un qualsiasi colorificio
- del cartone da ritagliare
- pezzetti di plastica colorata
- dischi di plastica trasparente che si può ricavare dalle scatole di confezioni delle camicie.

Come prima cosa costruisci un cerchio di cartone in modo da chiudere una delle estremità del tubo.
Inserisci i pezzetti di plastica colorata sul fondo e poi appoggia i dischi trasparenti in modo però che i pezzetti colorati si possano muovere anche scorrendo gli uni sugli altri.
Ritaglia poi tre strisce uguali di plastica a specchio e accostali in modo da formare un triangolo equilatero; la dimensione delle strisce deve essere tale da poter essere inserita nel tubo di cartone. Se il diametro del tubo è di 5cm, quanto deve essere lungo il lato che va a formare il triangolo equilatero?
Una volta inserita questa struttura nel tubo (le facce a specchio devono risultare all'interno del solido a base triangolare), richiudilo con un altro disco di plastica trasparente e appoggia su di esso un secondo disco di cartone al quale avrai fatto un foro del diametro di circa 1cm.
Il caleidoscopio è pronto; guardando all'interno del tubo attraverso il foro del disco superiore e ruotandolo otterrai immagini ogni volta diverse che pavimentano l'intera superficie osservata, conservando sempre una struttura simmetrica.

ULTERIORI COLLEGAMENTI

gare di matematica

ULTERIORI GARE

1 Una cavalletta si sposta compiendo salti di esattamente 10cm. Il suo moto segue questo schema: compie un certo numero di salti in una data direzione, poi ruota verso la sua sinistra di 120° e compie, nella nuova direzione, il doppio dei salti che aveva effettuato nella precedente direzione. A questo punto ruota nuovamente di 120° verso sinistra e raddoppia ancora una volta il numero dei salti. Sapendo che inizia compiendo un solo salto in una data direzione, a quale distanza dal punto iniziale si troverà dopo 17 salti?

a. 20cm **b.** $20\sqrt{3}$cm **c.** 40cm **d.** $40\sqrt{3}$cm **e.** 50cm [e.]

2 Nel Far West due fiumi rettilinei scorrono parallelamente alla distanza di 10km. Lo stregone di un villaggio indiano, che si trova nella sua capanna, deve raccogliere un'ampolla d'acqua da ciascuno dei due fiumi e portare le ampolle al villaggio per la cerimonia della preghiera a Manitù. Qual è la minima distanza del percorso che deve compiere, sapendo che la capanna e il villaggio sono equidistanti dai due fiumi e distano fra loro 48km?

a. 48 **b.** 52 **c.** 53 **d.** 58 **e.** $\sqrt{48^2 + 10^2}$ [b.]

3 La figura B si ottiene dalla figura A tramite:

a. la simmetria di centro P
b. una rotazione di centro Q
c. la simmetria rispetto alla retta ℓ
d. una traslazione
e. la simmetria rispetto a una retta del piano non tracciata in figura. [a.]

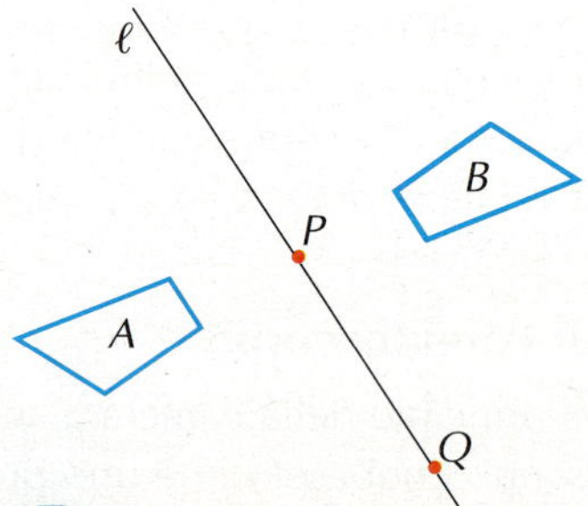

Math in English

Theory on page 76

CLIL

1 Which of objects 2-5 below could represent the image of object 1 as the result of a single rotation (with no other transformations applied)?

a. Objects 2 and 3 only **b.** Objects 4 and 5 only **c.** Objects 4 only
d. Objects 2, 3 and 4 only **e.** Objects 2, 3, 4 and 5. [c.]

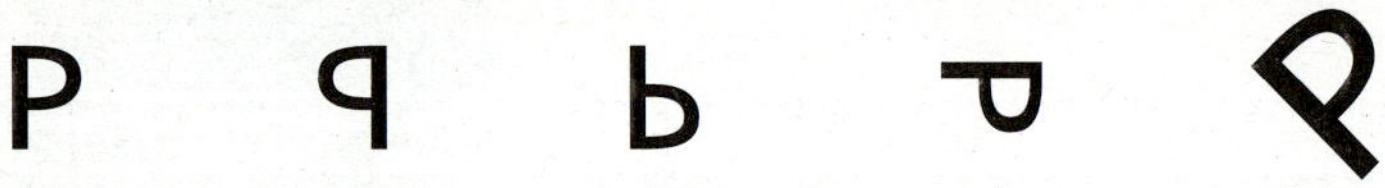

1. 2. 3. 4. 5.

2 Find the translation vector which maps:

a. A onto E **b.** E onto A
c. A onto C **d.** C onto A
e. B onto E **f.** D onto E
g. E onto C **h.** E onto D
i. D onto B **j.** A onto D.

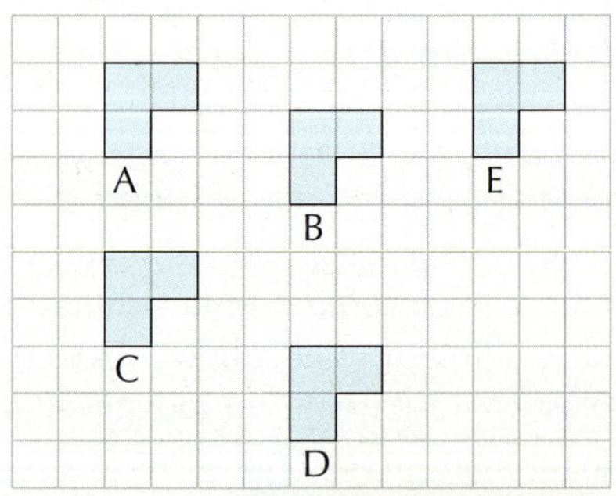

MORE EXERCISES

ESERCIZI CAPITOLO 5

Parallelogrammi e trapezi

QUADRILATERI E PARALLELOGRAMMI

teoria a pagina 80

Comprensione

SOLUZIONI ES. COMPRENSIONE

1 Del quadrilatero in figura si può dire che:

a. è concavo perché l'angolo di vertice B è ottuso V F

b. il lato AD è opposto al lato BC V F

c. l'angolo $\widehat{DAB}$ è adiacente solo all'angolo $\widehat{ADC}$ V F

d. i vertici A e C, B e D sono opposti. V F

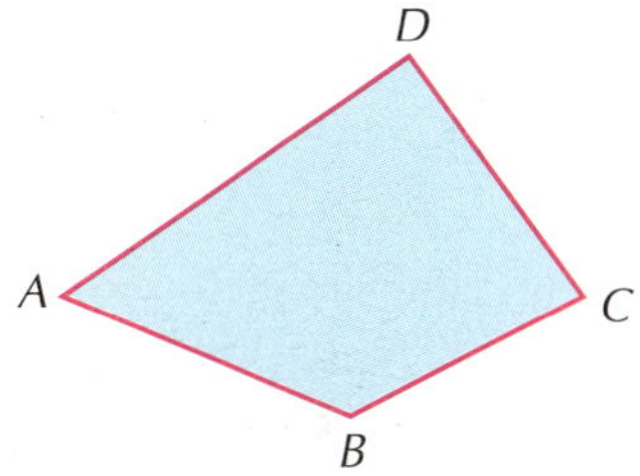

2 Disegna un quadrilatero $ABCD$ nel quale $AB \cong BC$ e $CD \cong AD$ ma $AB \neq AD$. Rispondi alle domande.

a. Che cosa si ottiene tracciando la diagonale BD?

b. Che cosa si ottiene tracciando la diagonale AC?

c. Puoi dire che la diagonale BD è bisettrice degli angoli di vertici B e D?

d. Puoi dire che la diagonale AC è bisettrice degli angoli di vertici A e C?

3 Riferendoti alle proprietà dei parallelogrammi, spiega perché:

a. i lati opposti sono congruenti

b. i lati opposti sono paralleli

c. gli angoli opposti sono congruenti

d. le diagonali si intersecano nel loro punto medio.

4 Dato il parallelogramma in figura, stabilisci quali delle seguenti relazioni sono vere:

a. $CD \cong AB$ V F

b. $AB \cong AD$ V F

c. $AC \cong DB$ V F

d. $DO \cong OB$ V F

e. $DO \cong AO$ V F

f. $\widehat{DAO} \cong \widehat{ACB}$ V F

g. AC è bisettrice dell'angolo di vertice A. V F

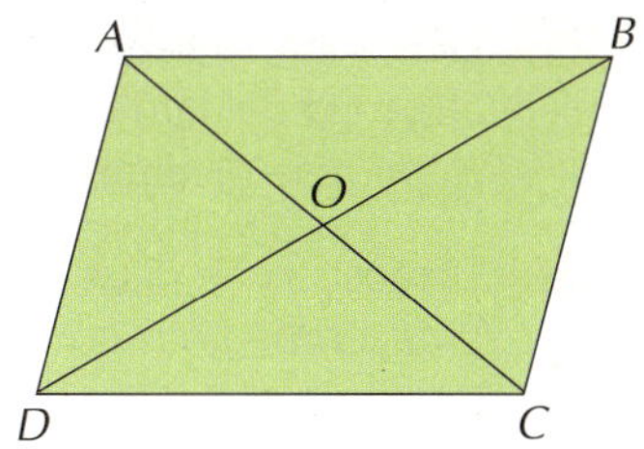

5 Di un quadrilatero si sa che:

a. ha due lati opposti congruenti

b. ha due lati opposti paralleli

c. ha due angoli opposti congruenti

d. ha due angoli adiacenti supplementari.

Spiega perché in nessuno di questi casi possiamo essere sicuri che il quadrilatero sia un parallelogramma.

6 Del quadrilatero $ABCD$ in figura si sa che è verificata una delle ipotesi che seguono:

① $AB \parallel DC$ e $AD \cong BC$

② $\widehat{D} + \widehat{C} = \pi$

③ $\widehat{A} \cong \widehat{C}$ e $\widehat{B} \cong \widehat{D}$

④ $AB \parallel DC$ e $AB \cong DC$.

In quali casi si può affermare che $ABCD$ è un parallelogramma?

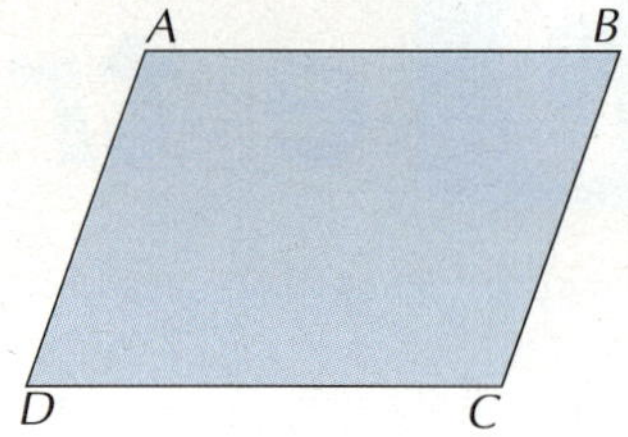

Applicazione

Sui quadrilateri

7 **ESERCIZIO GUIDATO**

Dato un quadrilatero qualunque, considera le bisettrici di due angoli consecutivi. Dimostra che l'angolo convesso che ha per vertice il loro punto di incontro è congruente a metà della somma degli altri due angoli del poligono.

Indica con α, β, γ, δ i quattro angoli del quadrilatero come in figura; le bisettrici degli angoli α e β, incontrandosi, formano un angolo che possiamo indicare con l'espressione $\pi - \left(\frac{\alpha}{2} + \frac{\beta}{2}\right)$.

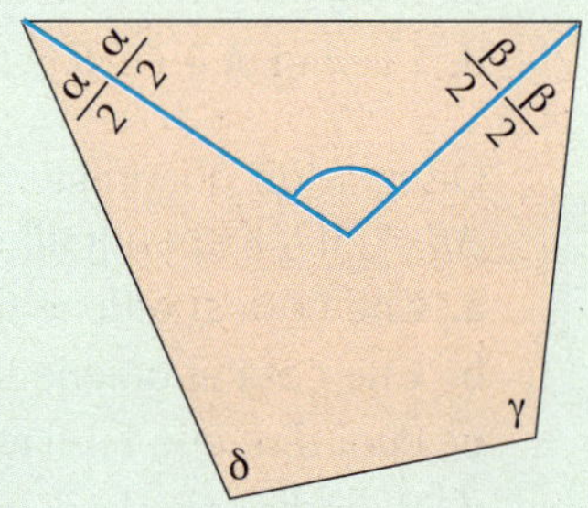

La somma degli angoli interni di un quadrilatero vale 2 angoli piatti, cioè $\alpha + \beta + \gamma + \delta = 2\pi$.

Da quest'ultima relazione si ricava che $\alpha + \beta =$ ....

cioè $\frac{\alpha}{2} + \frac{\beta}{2} =$ ....

Se ora sostituisci l'espressione trovata per $\frac{\alpha}{2} + \frac{\beta}{2}$ in quella dell'angolo formato dalle bisettrici ottieni ....

8 Dimostra che la somma di due angoli esterni di un quadrilatero è congruente alla somma degli angoli interni non adiacenti.

9 Due triangoli isosceli ABC e ADC hanno la base in comune e appartengono a semipiani opposti rispetto alla retta del lato comune. Dimostra che le diagonali del quadrilatero $ABCD$ sono perpendicolari e che BD è asse di simmetria.

10 Dimostra che ciascuna diagonale di un quadrilatero è minore del semiperimetro.
(Suggerimento: ricorda le disuguaglianze triangolari)

Sui parallelogrammi

11 Disegna un parallelogramma e traccia una delle sue diagonali. Come sono i triangoli che si vengono a formare? È esatto dire che se un quadrilatero viene diviso da una sua diagonale in due triangoli congruenti allora è un parallelogramma?

12 Siano A e B due punti di una retta r e sia P un punto che non le appartiene. Detto O il punto medio del segmento PB, sia $D = \sigma_O(A)$. Che cosa si può dire del quadrilatero $ABDP$?

13 **ESERCIZIO GUIDATO**

Dimostra che se si prolungano i lati di un parallelogramma nello stesso senso di quattro segmenti congruenti, gli estremi di questi segmenti costituiscono un nuovo parallelogramma.

- Considera dapprima i triangoli *PAQ* e *RCS*: essi sono congruenti perché ....; in particolare $PQ \cong$ ....
- Considera poi i triangoli *SPD* e *QBR*: essi sono congruenti perché ....; in particolare $PS \cong$ ....

Allora il quadrilatero *PQRS* è un parallelogramma perché ....

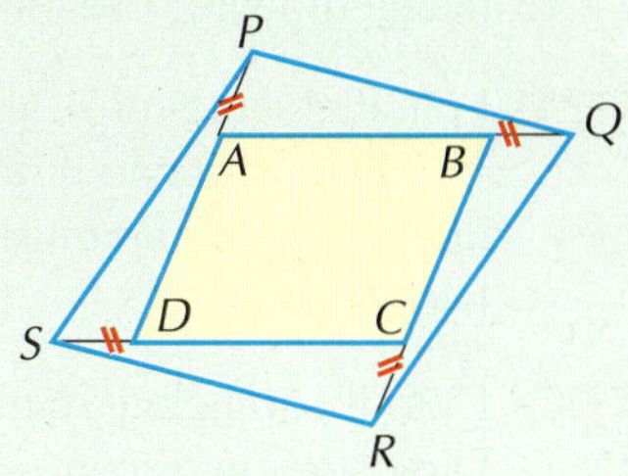

14 Congiungi i punti medi di due lati opposti di un parallelogramma e dimostra che questo segmento è congruente e parallelo agli altri due lati. Esso si chiama **mediana** del parallelogramma.

es. 15

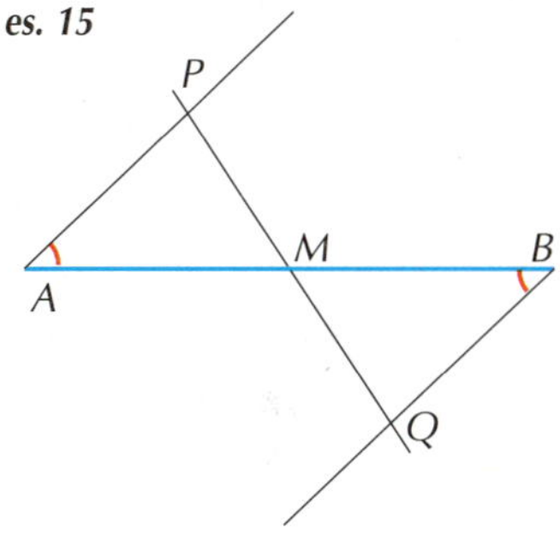

15 Disegna un segmento *AB* e traccia dai suoi estremi due semirette opposte che formano angoli congruenti con *AB*; traccia poi una retta qualunque che passa per il punto medio *M* di *AB* e che incontra tali semirette in *P* e in *Q*. Dimostra che il quadrilatero *APBQ* (traccia i segmenti *PB* e *AQ*) è un parallelogramma.

16 Dato un triangolo *ABC*, prolunga il lato *AC* di un segmento $AS \cong AC$ ed il lato *AB* di un segmento $AT \cong AB$. Che tipo di quadrilatero è *STCB*? Giustifica la tua risposta.

17 Dato un parallelogramma *ABCD*, congiungi il vertice *A* con il punto medio *M* del lato *BC* e chiama *S* il punto in cui la semiretta *AM* interseca la retta *DC*. Dimostra che *C* è punto medio di *DS*.

es. 18

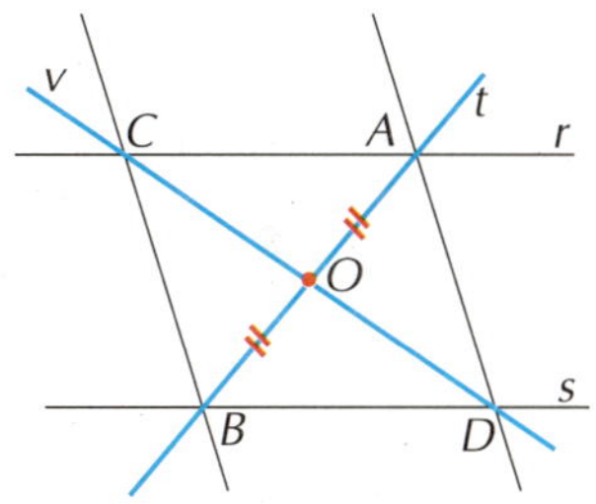

18 Date due rette parallele *r* ed *s*, considera una qualunque trasversale *t* che le incontra rispettivamente in *A* e *B*. Per *O*, punto medio di *AB*, traccia un'altra trasversale *v* che incontri *r* in *C* ed *s* in *D*. Dimostra che:

a. *O* è centro del segmento *CD*

b. *AD* è congruente a *BC*.

19 Dimostra che il centro di simmetria di un parallelogramma è il centro di ogni corda che passa per esso.

20 **ESERCIZIO GUIDATO**

Dato un angolo convesso di vertice *V* e un punto *O* ad esso interno, sfruttando le proprietà dei parallelogrammi, come procedi per condurre per *O* una corda che abbia centro in *O*?

Devi tracciare un segmento che intersechi i lati dell'angolo e che abbia *O* come punto medio. Puoi allora pensare che *O* sia il centro di un parallelogramma che ha un vertice in *V*; traccia allora la semiretta *VO* e individua il vertice *Q* opposto a *V*; da *Q* traccia ....

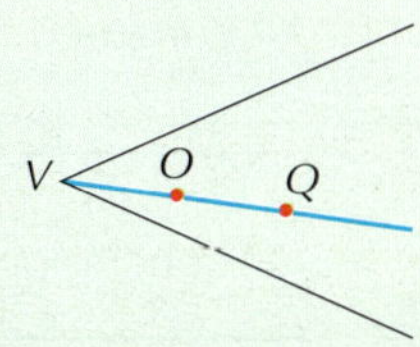

21 Dato un parallelogramma *ABCD*, prolunga la diagonale *AC* di due segmenti *AF* e *CE* fra loro congruenti e la diagonale *DB* di due segmenti *BT* e *DS* fra loro congruenti. Dimostra che *FTES* è un parallelogramma.

22 Dato un triangolo *ABC*, prolunga la mediana *AO* di un segmento $OD \cong OA$; siano poi *E* e *F* due punti di *BC* equidistanti dagli estremi di tale lato. Dimostra che il quadrilatero *AEDF* è un parallelogramma.

23 Dato un parallelogramma *ABCD*, considera i punti medi *M* ed *N* di *AD* e *BC*. Dimostra che il segmento *AN* è congruente al segmento *MC*.
(Suggerimento: i segmenti *AM* e *NC* sono ...., quindi il quadrilatero *ANCM* è ....)

24 I parallelogrammi *ABCD* e *DCSR* hanno il lato *DC* in comune e si trovano da parte opposta rispetto a *DC*. Dimostra che il quadrilatero *ABSR* è anch'esso un parallelogramma. Considera poi il caso in cui i due parallelogrammi si trovano dalla stessa parte rispetto a *DC*; il quadrilatero *ABSR* è ancora un parallelogramma?

25 Dato il parallelogramma *ABCD*, dai vertici *B* e *D* traccia le perpendicolari *BH* e *DK* alla diagonale *AC*. Dimostra che il centro *O* del parallelogramma è equidistante dai punti *H* e *K*.

26 Dato un parallelogramma *ABCD*, prendi un punto *E* su *AD* e un punto *F* su *BC* in modo che sia $DE \cong BF$. Dimostra che *AC* ed *EF* si tagliano a metà.
(Suggerimento: dimostra dapprima che *AFCE* è un parallelogramma)

27 In un parallelogramma *ABCD*, si ha che $AB \cong 2BC$. Indicato con *M* il punto medio del lato *AB* e con *N* il punto medio del lato *DC*, dimostra che

a. *MBND* è un parallelogramma

b. *DM* è la bisettrice dell'angolo $\widehat{ADC}$ e *BN* è la bisettrice dell'angolo $\widehat{ABC}$.

28 Dato un triangolo isoscele *ABC* di vertice *A*, prendi un punto *S* sul lato *AC* e un punto *T* sul prolungamento del lato *AB*, in modo che $SC \cong BT$. Dimostra che *TS* è diviso in due parti congruenti da *BC*.
(Suggerimento: traccia da *S* la parallela al lato *AB* che interseca *BC* in *P*)

es. 28

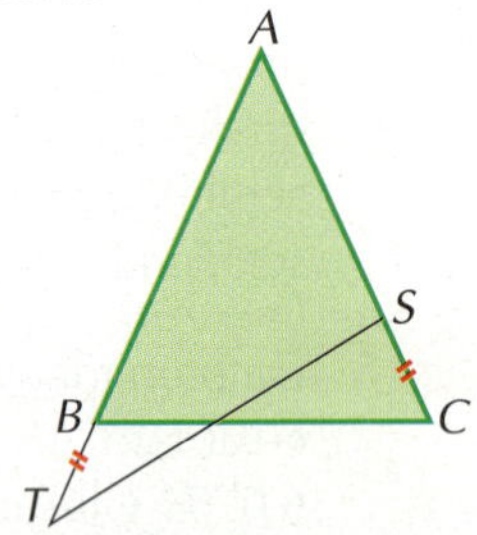

29 **ESERCIZIO GUIDATO**

Dato un parallelogramma *ABCD* prolunga il lato *AB* di un segmento $BS \cong BC$ ed il lato *AD* di un segmento $DT \cong DC$. Dimostra che *T*, *C*, *S* sono allineati.

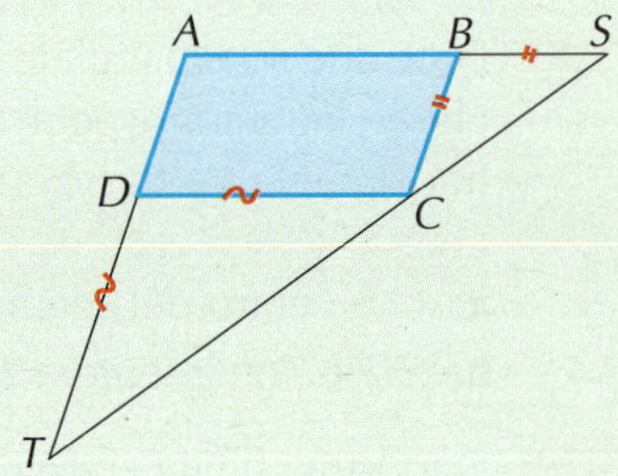

Per dimostrare che i punti *T*, *C*, *S* sono allineati si può dimostrare che l'angolo $\widehat{TCS}$ è un angolo piatto. Completa allora la dimostrazione che segue.

- Il triangolo *DCT* è isoscele perché .... quindi $\widehat{DCT} \cong$ ....
- Il triangolo *BSC* è isoscele perché .... quindi $\widehat{BCS} \cong$ ....
- Le rette *AS* e *DC* sono parallele perché .... quindi $\widehat{DCT} \cong \widehat{BSC}$ perché .... di conseguenza $\widehat{DCT} \cong \widehat{BSC} \cong \widehat{DTC} \cong \widehat{BCS}$; indichiamo con α tali angoli.
- $\widehat{ABC}$ è l'angolo esterno del triangolo *BSC*, quindi $\widehat{ABC} \cong \widehat{BCS} +$ .... e poiché questi angoli sono congruenti $\widehat{ABC} = 2\alpha$.
- $\widehat{ABC} + \widehat{BCD} =$ .... perché .... quindi $\widehat{DCB} = \pi - 2\alpha$

In conclusione: $\widehat{DCT} + \widehat{DCB} + \widehat{BCS} = \alpha + (\pi - 2\alpha) + \alpha =$ .... e perciò i punti *T*, *C*, *S* sono allineati.

30 Dato un parallelogramma *ABCD*, traccia la bisettrice dell'angolo $\widehat{BAD}$ e sia *R* la sua intersezione con la retta *DC*. Traccia quindi la bisettrice dell'angolo $\widehat{BCD}$ e sia *S* la sua intersezione con la retta *AB*. Dimostra che *BD* ed *RS* si bisecano e che i triangoli *BRA* e *SCD* sono congruenti.

31 Un quadrilatero che ha i vertici sui lati di un altro quadrilatero si dice in esso inscritto. Se *ABCD* è un parallelogramma, come si devono scegliere i punti *P*, *Q*, *R*, *S* affinché *PQRS* sia un parallelogramma inscritto in *ABCD*?

es. 31

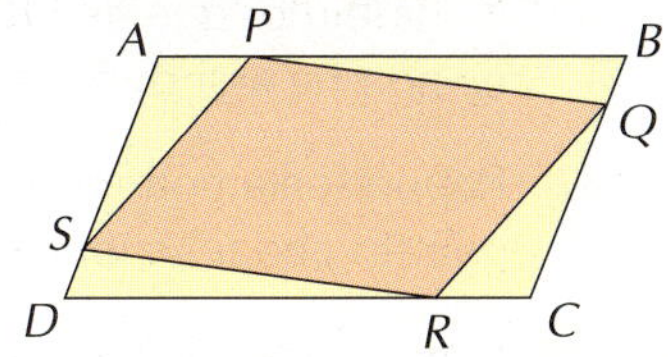

32 Disegna un parallelogramma *ABCD* e traccia le sue diagonali; dai vertici *A* e *C* traccia poi le perpendicolari alla diagonale *BD* e dai vertici *B* e *D* le perpendicolari alla diagonale *AC*. Dimostra che il quadrilatero che ha i vertici nei piedi delle perpendicolari è un parallelogramma.

33 Un parallelogramma *ABCD* ha il lato *AB* che è il doppio del lato *BC*; indicato con *P* il punto medio di *AB*, dimostra che il triangolo *DPC* è rettangolo in *P*.

34 Dato il triangolo isoscele *ABC* di vertice *A*, dimostra, utilizzando anche le proprietà dei parallelogrammi, che i segmenti paralleli ai lati, condotti da un qualunque punto *P* della base, hanno somma costante. Quanto vale tale costante?
(Suggerimento: devi dimostrare che, anche se *PR* e *PQ* cambiano al variare di *P* su *BC*, la somma $PR + PQ$ è sempre uguale a ....)

es. 34

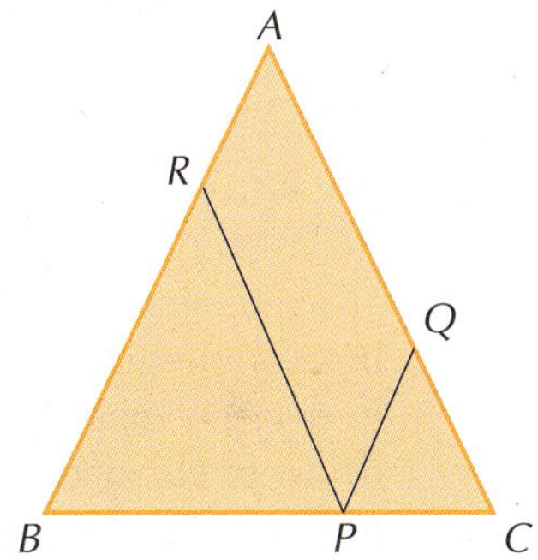

35 Dimostra che due parallelogrammi che hanno due lati consecutivi ed un angolo ordinatamente congruenti, sono congruenti.

36 Dimostra che due parallelogrammi che hanno due lati consecutivi ed una diagonale ordinatamente congruenti, sono congruenti.

37 Due parallelogrammi hanno le diagonali e uno degli angoli da esse formato che sono ordinatamente congruenti. Dimostra che anche i due parallelogrammi sono congruenti.

38 In un triangolo isoscele *ABC* di vertice *A* conduci la bisettrice dell'angolo esterno adiacente a quello al vertice. Dopo aver dimostrato che la retta della bisettrice è parallela alla base, considera su di essa, da parte opposta rispetto ad *A*, due segmenti *AD* e *AE* entrambi congruenti alla base del triangolo. Dimostra che i quadrilateri *ABCD* e *ACBE* sono parallelogrammi congruenti.

39 Considera un parallelogramma *ABCD* e prolunga il lato minore *CB*, dalla parte di *B*, di un segmento *BP* in modo che risulti $CP \cong DC$; traccia il segmento *PD* e indica con *N* il punto di intersezione con il lato *AB*. Dimostra che il triangolo *ADN* è isoscele e che *DP* è bisettrice dell'angolo $\widehat{ADC}$.

PARALLELOGRAMMI PARTICOLARI

teoria a pagina 83

Comprensione

SOLUZIONI ES. COMPRENSIONE

40 Dopo aver definito un rettangolo e specificato quali sono le sue proprietà, indica quali fra le seguenti ipotesi consentono di affermare che un quadrilatero è un rettangolo:
a. avere almeno due angoli retti
b. essere un parallelogramma con un angolo retto
c. avere almeno tre angoli retti
d. avere le diagonali congruenti e che si bisecano
e. avere le diagonali congruenti
f. avere i lati opposti paralleli e i lati consecutivi perpendicolari.

41 Di un rettangolo si può dire che:

a. ha più di due assi di simmetria

b. ha due assi di simmetria ai quali appartengono i vertici

c. non ha assi di simmetria

d. ha due assi di simmetria perpendicolari fra loro.

42 Rappresenta con un diagramma di Eulero-Venn l'insieme *A* dei parallelogrammi e quello *B* dei rettangoli. In che relazione stanno tra loro?

43 Dopo aver definito un rombo e specificato quali sono le sue proprietà, indica quali fra le seguenti ipotesi consentono di affermare che un quadrilatero è un rombo:

a. avere i lati congruenti

b. essere un parallelogramma con i lati consecutivi congruenti

c. avere le diagonali perpendicolari

d. avere le diagonali perpendicolari e che si bisecano

e. essere un parallelogramma con le diagonali che sono bisettrici degli angoli.

44 Due rombi hanno i seguenti elementi rispettivamente congruenti:

a. una diagonale e l'angolo ad essa opposto

b. le due diagonali

c. un lato

d. un angolo.

In quali casi i due rombi sono congruenti?

45 Dopo aver definito un quadrato e specificato quali sono le sue proprietà, indica quali fra le seguenti ipotesi consentono di affermare che un quadrilatero è un quadrato:

a. avere almeno tre angoli retti e due lati consecutivi congruenti

b. avere le diagonali congruenti e perpendicolari

c. avere le diagonali congruenti, perpendicolari e che si bisecano

d. avere gli angoli retti e le diagonali perpendicolari

e. avere gli angoli retti e le diagonali congruenti

f. avere le diagonali congruenti, perpendicolari e bisettrici degli angoli.

46 Quali fra le seguenti proposizioni non individuano un quadrato?

a. Essere un rettangolo con i lati congruenti.

b. Essere un parallelogramma con due lati consecutivi congruenti.

c. Essere un quadrilatero con le diagonali congruenti e perpendicolari.

d. Essere un parallelogramma con le diagonali congruenti dove una di esse biseca gli angoli a cui è riferita.

47 Due segmenti *AC* e *BD* si intersecano nel punto medio; il quadrilatero *ABCD*:

a. è un rombo se $AC \perp BD$ V F

b. è un quadrato se $AC \cong BD$ V F

c. è un rettangolo se l'angolo $\widehat{ADC}$ è retto V F

d. è un rettangolo se $AC \cong BD$ V F

e. in nessun caso può essere un quadrato. V F

Applicazione

Il rettangolo

48 Disegna due segmenti congruenti che si intersecano e congiungi i loro estremi. Come devono esser disegnati tali segmenti per avere un rettangolo?

49 Due triangoli rettangoli congruenti hanno l'ipotenusa in comune e si trovano in semipiani opposti rispetto alla retta dell'ipotenusa. Spiega in quale caso si ottiene un rettangolo e perché.

50 Date due rette *r* ed *s* incidenti in *O*, prendi su *r* da parte opposta rispetto ad *O* due segmenti congruenti *OA* ed *OB*, ed analogamente su *s* prendi i segmenti *OC* ed *OD* congruenti fra loro e ad *OA*. Dimostra che *ADBC* è un rettangolo.

51 ESERCIZIO GUIDATO

Dimostra che il quadrilatero che ha per vertici i punti di intersezione delle bisettrici di un parallelogramma è un rettangolo.

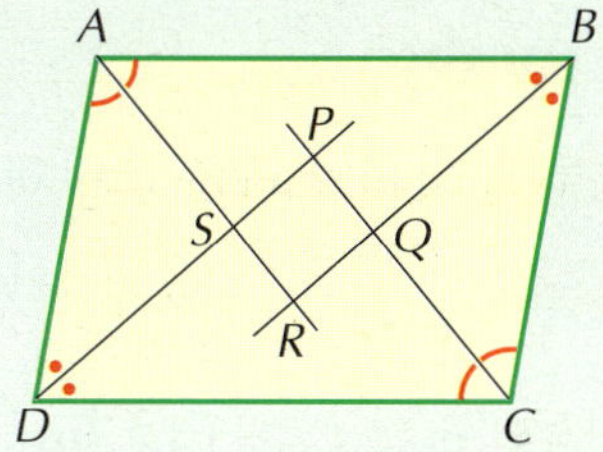

Osserva che, poiché gli angoli opposti di un parallelogramma sono congruenti, le loro bisettrici li dividono in angoli a loro volta congruenti (nella figura abbiamo indicato con lo stesso simbolo gli angoli che sono congruenti) ed inoltre le bisettrici di due angoli opposti sono ...., quindi il quadrilatero *PQRS* è un ....
Gli angoli adiacenti a ciascun lato di un parallelogramma sono supplementari e quindi le loro metà sono ....; allora il triangolo *ARB* è .... e quindi ....

52 Dimostra che le bisettrici degli angoli esterni di un parallelogramma si incontrano formando un rettangolo.

53 Considera un rettangolo *ABCD* e, a partire da *A* e nello stesso senso, prendi sui suoi lati i segmenti fra loro congruenti *AE, BF, CG, DH*. Di che natura è il quadrilatero *HEFG?*

54 Dal punto d'incontro delle diagonali di un rettangolo conduci la retta bisettrice di una coppia di angoli opposti al vertice che si formano. Dimostra che tale bisettrice divide il rettangolo in due rettangoli congruenti.

55 Sfruttando le proprietà dei rettangoli, dimostra che la mediana relativa all'ipotenusa di un triangolo rettangolo è congruente a metà dell'ipotenusa stessa.

56 Dato un triangolo *ABC* isoscele sulla base *BC*, considera le distanze di un punto qualunque *P* del segmento *BC* dai lati congruenti. Dimostra che la loro somma è congruente all'altezza relativa ad uno dei lati congruenti del triangolo.
(Suggerimento: traccia l'altezza *BH* e da *P* la perpendicolare *PK* a questa altezza; ottieni un quadrilatero che è un .... ed il triangolo *PKB* che è congruente a ....)

57 Disegna un triangolo equilatero e considera un suo punto interno *P*; da *P* traccia le distanze dai lati del triangolo. Dimostra che la somma di tali distanze è congruente all'altezza del triangolo.
(Suggerimento: traccia da *P* la parallela ad uno dei lati del triangolo e tieni presente quanto dimostrato all'esercizio precedente)

es. 58

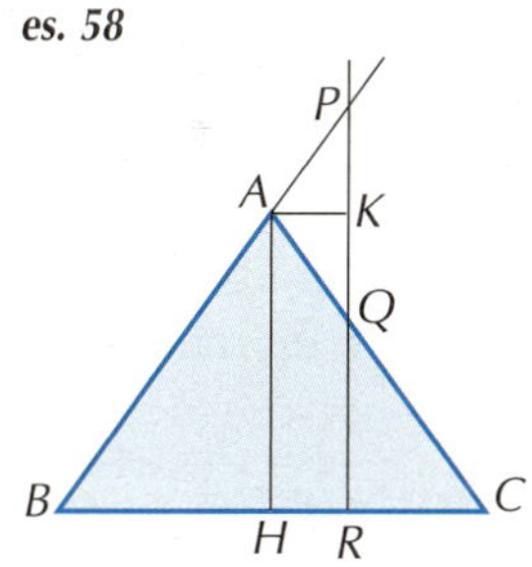

58 In un triangolo isoscele *ABC* di vertice *A*, traccia la perpendicolare alla base da un punto qualunque *R* di essa fino ad incontrare le rette dei lati *AB* e *AC* rispettivamente in *P* e *Q*. Dimostra che la somma di *RP* e *RQ* è congruente al doppio dell'altezza relativa alla base nel triangolo dato.
(Suggerimento: traccia da *A* la parallela *AK* alla base *BC*; essendo $RP + RQ \cong RK + PK + RQ$, rimane da dimostrare che $RQ + PK \cong AH$)

es. 59

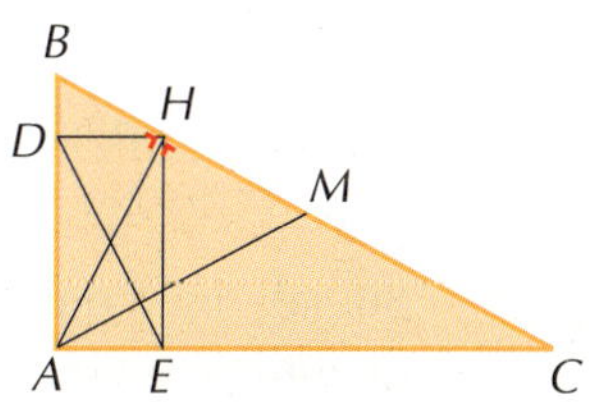

59 Nel triangolo rettangolo *ABC* di ipotenusa *BC*, traccia la mediana *AM* e l'altezza *AH* relative al lato *BC*. Da *H* traccia la parallela ad *AB* che taglia *AC* in *E* e la parallela ad *AC* che taglia *AB* in *D*. Dimostra che *AM* è perpendicolare ad *ED*.
(Suggerimento: ricorda che la mediana relativa all'ipotenusa di un triangolo rettangolo lo divide in due triangoli isosceli)

60 E' dato il rettangolo *ABCD* di centro *O*. Da un punto *P* di uno dei lati del rettangolo conduci le parallele alle diagonali che le incontrano nei punti *H* e *K*. Dimostra che il perimetro del quadrilatero *PHOK* è congruente alla diagonale del rettangolo.

61 Nel parallelogramma *ABCD* il lato *DC* è doppio del lato *AD* e *M* è il punto medio di *DC*. Dai vertici *A* e *B* conduci le rette perpendicolari rispettivamente ad *AM* e a *BM* che si incontrano in *E*. Dimostra che *AMBE* è un rettangolo.

Il rombo

62 Dimostra che ogni diagonale divide un rombo in due triangoli isosceli congruenti.

63 Dimostra che, se da un punto della bisettrice di un angolo convesso si tracciano le parallele ai suoi lati, si ottiene un rombo.

64 Prolunga il lato *AB* di un rombo *ABCD*, dalla parte di *B*, di un segmento $BS \cong AB$. Congiungi *S* con *C* e dimostra che *BSCD* è un parallelogramma e che il triangolo *ACS* è rettangolo.

65 Dato un rettangolo *ABCD* unisci il punto medio *M* del lato *DC* con i vertici *A* e *B*. Com'è il triangolo *AMB*? Se consideri il suo simmetrico rispetto alla retta *AB*, che tipo di quadrilatero si viene a formare?

66 Disegna un rombo *ABCD* e prolunga la diagonale *BD* di due segmenti congruenti *BS* e *DT*. Di che natura è il quadrilatero *ASCT*?

67 Per i vertici di un rombo *ABCD* traccia le parallele alle diagonali. Che quadrilatero ottieni? Quali sono i suoi assi di simmetria?

68 Disegna un triangolo *ABC* e trova il suo simmetrico *BCD* rispetto al lato *BC*; il quadrilatero *ABDC* ottenuto si chiama **deltoide**. Quali sono le sue caratteristiche? In quale caso tale quadrilatero diventa un rombo?

69 Dato un triangolo *ABC* prendi un punto *D* su uno dei lati, ad esempio su *AB*, e da questo traccia le parallele agli altri due lati. Come deve essere preso il punto *D* affinché il parallelogramma ottenuto sia un rombo?
(Suggerimento: il segmento *DC* deve essere una diagonale del rombo, quindi ....)

70 Dimostra che se si costruiscono sui lati di un rettangolo quattro triangoli equilateri e si congiungono i quattro vertici ottenuti si forma un rombo.

71 Considera un rettangolo e dagli estremi di ciascuna delle diagonali traccia le perpendicolari alle diagonali stesse. Dimostra che il quadrilatero ottenuto è un rombo.

72 Dimostra che se un quadrilatero ha le diagonali che sono entrambe bisettrici dei rispettivi angoli, allora è un rombo.

Il quadrato

73 Dimostra che tracciando le bisettrici degli angoli di un rettangolo si forma un quadrato.

74 Dato un quadrato *ABCD*, prolunga i suoi lati, nello stesso verso, di quattro segmenti congruenti fra loro: $AE \cong BF \cong CG \cong DH$. Dimostra che *EFGH* è anch'esso un quadrato.

75 Dimostra che le bisettrici degli angoli formati dalle diagonali di un rombo tagliano i lati del rombo in punti che sono vertici di un quadrato.

76 Sui lati di un quadrato, ed esternamente ad esso, costruisci quattro triangoli equilateri. Dimostra che il quadrilatero che si ottiene congiungendo i loro vertici è ancora un quadrato.

77 E' dato un quadrato *ABCD*; per il punto *O* di intersezione delle diagonali conduci due rette fra loro perpendicolari. Dimostra che i punti in cui tali rette incontrano i lati del quadrato sono i vertici di un altro quadrato.

78 Dato il quadrato *ABCD*, prendi un punto *P* sul prolungamento di *DC* dalla parte di *C*; prolunga poi *BC*, dalla parte di *B*, di un segmento $BQ \cong DP$ e dimostra che il triangolo *APQ* è rettangolo e isoscele.

79 Sui lati del rettangolo *ABCD*, presi come ipotenusa, ed esternamente ad esso si costruiscono quattro triangoli rettangoli isosceli. Dimostra che i vertici di tali triangoli formano un quadrato.

80 È dato un quadrato *ABCD*; sul lato *DC* ed internamente al quadrato costruisci un triangolo equilatero *DCE*; sul lato *AD* ed esternamente al quadrato costruisci un triangolo equilatero *ADF*. Dimostra che i punti *F, E, B* sono allineati.

81 Date due rette parallele *r* e *s*, tagliate in *A* e *B* da una trasversale *t*, traccia le bisettrici di ciascuna delle coppie degli angoli alterni interni. Queste si incontrano nei due punti *C* e *D*. Dimostra che:
a. il quadrilatero *ACBD* ottenuto è un rettangolo
b. la retta *DC* è parallela ad *r*
c. *DC* è l'asse di simmetria della striscia *rs*.

82 Dal punto *O* di intersezione delle diagonali di un rombo traccia le perpendicolari ai lati. Dimostra che:
a. i segmenti di perpendicolare sono congruenti
b. i piedi delle perpendicolari che si trovano su lati opposti sono allineati con *O*
c. le diagonali sono bisettrici degli angoli formati dalle perpendicolari
d. il quadrilatero che ha per vertici i piedi delle perpendicolari è un rettangolo.

83 Nel triangolo *ABC* l'angolo di vertice *C* è la metà di quello di vertice *B*; siano: *AH* l'altezza uscente dal vertice *A*, *BN* la bisettrice dell'angolo di vertice *B*, *HM* la mediana relativa al lato *AC* del triangolo *AHC* che incontra la retta del lato *AB* in *D*. Tenendo anche presente quanto dimostrato all'esercizio 55, verifica che:
a. le rette *BN* e *DM* sono parallele
b. il triangolo *BHD* è isoscele.

PARALLELOGRAMMI E ISOMETRIE

teoria a pagina 85

Comprensione

SOLUZIONI ES. COMPRENSIONE

84 Barra vero o falso.
In un parallelogramma:
a. le diagonali sono bisettrici degli angoli V F
b. le diagonali sono assi di simmetria V F
c. le rette passanti per i punti medi dei lati opposti sono assi di simmetria V F
d. i lati opposti si corrispondono in una traslazione che ha come vettore uno degli altri due lati. V F

85 Completa le seguenti proposizioni.
a. Un parallelogramma ha ...... assi di simmetria.
b. Un rettangolo ha ...... assi di simmetria che sono ....
c. Un rombo ha ...... assi di simmetria che sono ....

86 In un quadrato si ha che:
a. gli assi dei lati sono assi di simmetria V F
b. tutte le rette che passano per il suo centro sono assi di simmetria V F
c. le diagonali e gli assi dei lati sono assi di simmetria V F
d. nella simmetria rispetto a una diagonale tutti i vertici sono punti uniti. V F

87 Un parallelogramma ha solo due assi di simmetria r e s. Completa scegliendo, fra quelle indicate, la frase corretta:

a. se r e s sono le rette delle diagonali, il parallelogramma è:
① un quadrato ② un rettangolo ③ un rombo

b. se r e s passano per i punti medi dei lati opposti, il parallelogramma è:
① un quadrato ② un rettangolo ③ un rombo

c. qualunque siano r e s, il parallelogramma non può mai essere:
① un quadrato ② un rettangolo ③ un rombo

Applicazione

88 Disegna, se esistono, gli assi di simmetria dei seguenti parallelogrammi:

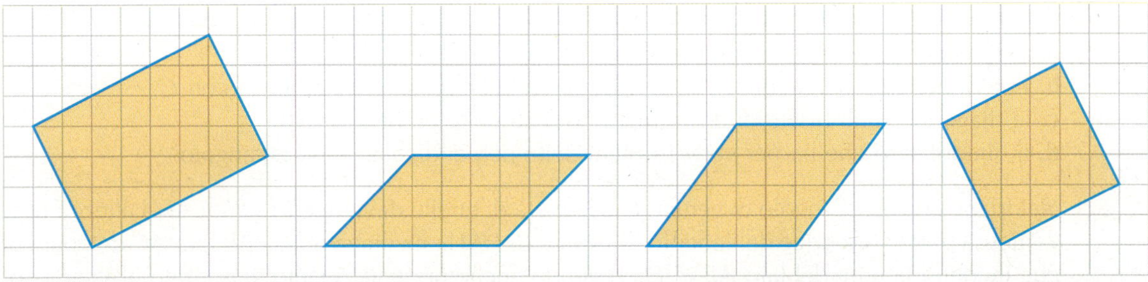

89 Considerando il simmetrico di un triangolo equilatero rispetto alla retta di uno dei suoi lati ottieni un parallelogramma particolare. Quale? In che relazione sono i suoi angoli?

90 Considera il rettangolo $ABCD$ e traccia i suoi assi di simmetria che incontrano i lati AB, BC, CD, DA rispettivamente nei punti E, F, G, H. Su tali assi, esternamente al rettangolo prendi quattro segmenti in modo che sia $ER \cong GT \cong \frac{1}{2}AB$, $FS \cong HV \cong \frac{1}{2}BC$. Dimostra che il quadrilatero $RSTV$ è un quadrato.

es. 90

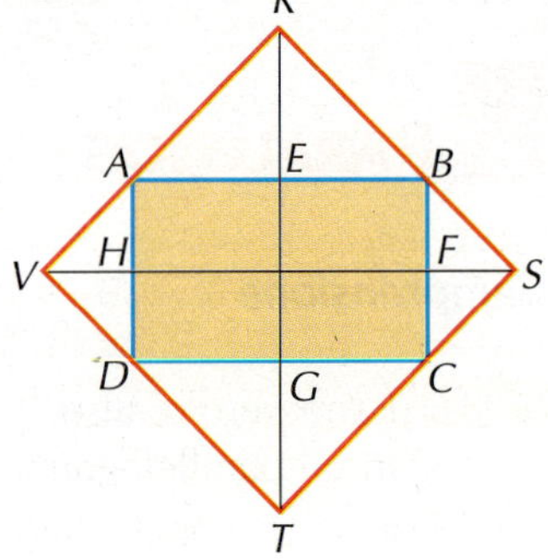

91 Dal vertice C di un triangolo ABC conduci la parallela r al lato AB; traccia da un punto D di AB le parallele ai lati AC e BC che incontrano r rispettivamente in D e in E. Il quadrilatero $ABDE$ ha un centro di simmetria? Se sì, quale?

92 Esternamente al triangolo ABC rettangolo in A si costruiscono sui cateti AB e AC i due quadrati $ACDE$ e $ABPQ$. Dopo aver dimostrato che i punti P, A, D sono allineati, sai dire se la figura così ottenuta ha un asse di simmetria?

93 Sui lati di un parallelogramma $ABCD$ ed esternamente ad esso si costruiscono quattro quadrati. Dimostra che il centro del parallelogramma è anche centro di simmetria della figura ottenuta. Che tipo di quadrilatero si ottiene congiungendo i centri dei quadrati costruiti?

94 Sia $ABCD$ un parallelogramma e sia $ABEF$ il suo simmetrico rispetto alla retta del lato AB; sfruttando la simmetria della figura, dimostra che il quadrilatero $DCEF$ è un rettangolo. Quali caratteristiche deve avere il parallelogramma $ABCD$ affinché il quadrilatero $DCEF$ sia un quadrato?

es. 94

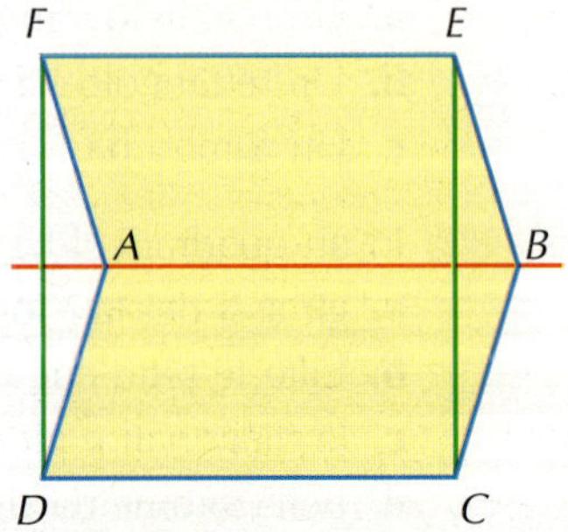

teoria a pagina 87

Comprensione

SOLUZIONI ES. COMPRENSIONE

95 Le rette a e b della figura a lato sono parallele; individua tutti i possibili trapezi e, tenendo presenti le congruenze evidenziate, indica quali sono scaleni, isosceli o rettangoli.

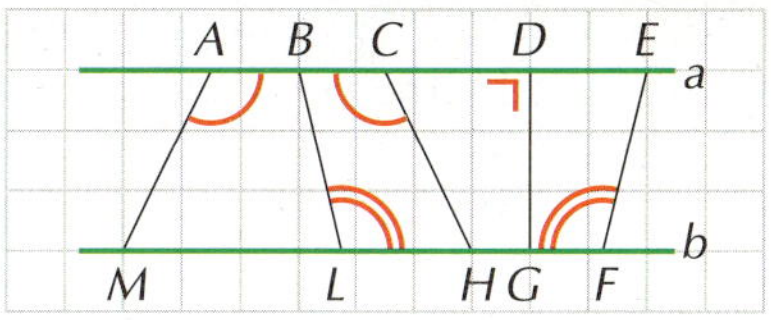

96 Di un trapezio si può dire che:

a. gli angoli adiacenti a ciascun lato obliquo sono supplementari V F

b. gli angoli opposti sono supplementari V F

c. se c'è un angolo retto, anche quello ad esso opposto è retto V F

d. non può esserci un solo angolo retto V F

e. se gli angoli adiacenti ad una base sono congruenti, anche gli altri due angoli lo sono. V F

97 In un trapezio:

a. il punto di intersezione delle diagonali è centro di simmetria V F

b. la retta che congiunge i punti medi delle basi è asse di simmetria solo se il trapezio è isoscele V F

c. non esistono centri di simmetria V F

d. la retta che congiunge i punti medi dei lati obliqui è asse di simmetria solo se il trapezio è rettangolo. V F

Applicazione

98 Dimostra che in un trapezio isoscele gli angoli opposti sono supplementari.

es. 99

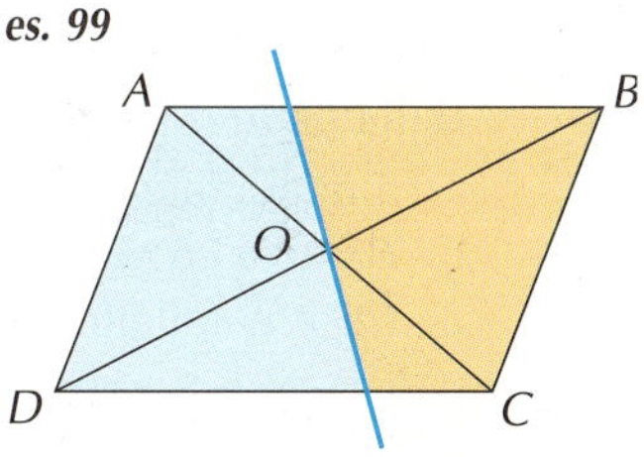

99 Sia O il centro di un parallelogramma $ABCD$; dimostra che ogni retta passante per O lo divide in due trapezi congruenti.

100 Disegna un triangolo isoscele ABC di vertice A e traccia le mediane BM e CN. Dimostra che il quadrilatero $BNMC$ è un trapezio isoscele.

101 Dato un triangolo ABC, conduci le bisettrici degli angoli di vertici A e B che incontrano i lati opposti in D e in E. Dimostra che se il quadrilatero $ABDE$ è un trapezio, allora ABC è isoscele di base AB.

102 Dimostra che un trapezio è isoscele se:

a. ha le diagonali congruenti, oppure

b. ha gli angoli adiacenti ad una base che sono congruenti.

103 In un trapezio rettangolo $ABCD$ (A e D vertici degli angoli retti), la base minore AB è la metà della base maggiore DC che, a sua volta, è congruente alla diagonale BD. Dimostra che il triangolo DBC è equilatero.

104 Due trapezi sono congruenti se hanno tre lati e un angolo ordinatamente congruenti. In quali casi è vera questa proposizione?

105 Dimostra che in un trapezio ciascun lato obliquo è minore della somma fra la differenza delle basi e l'altro lato obliquo.
(Suggerimento: traccia da uno dei vertici della base minore la parallela all'altro lato obliquo)

106 Dato un triangolo isoscele ABC di vertice A, traccia le bisettrici CR e BS degli angoli alla base. Dimostra che $RSCB$ è un trapezio isoscele che ha la base minore congruente ai lati obliqui.
(Suggerimento: dimostra dapprima che $RB \cong SC$, quindi che il triangolo ARS è isoscele e deduci la tesi da queste considerazioni)

es. 106

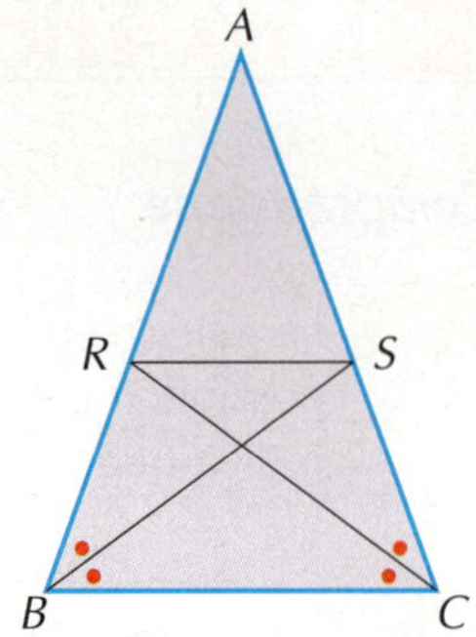

107 Dato un triangolo rettangolo ABC di ipotenusa BC, sui cateti costruisci, esternamente al triangolo dato, i due quadrati $ASTC$ e $ABQP$. Dimostra che:

a. i vertici Q, A, T sono allineati

b. le rette PB ed SC sono parallele

c. il quadrilatero $PSCB$ è un trapezio isoscele.

108 Dato il triangolo rettangolo isoscele ABC retto in A, prendi un punto R sull'ipotenusa BC e da tale punto conduci la perpendicolare all'ipotenusa stessa che incontra le rette sostegno dei lati AC e AB in S e T. Detto M il punto medio del segmento ST, dimostra che:

a. $AM \parallel BC$

b. i quadrilateri convessi che hanno due vertici in A e M e gli altri vertici in B e C oppure in B e R, oppure in R e C sono trapezi specificandone la natura.

Dove deve essere preso il punto R affinché il quadrilatero di vertici A, R, C, M sia un parallelogramma?

109 Dato il triangolo isoscele ABC di base BC, traccia la bisettrice dell'angolo $\widehat{A}$ e prendi su di essa, esternamente al triangolo, un punto D; tracciati i segmenti BD e CD, fissa un punto P su AB, un punto Q su AC, un punto R su CD e un punto S su BD in modo che $AP \cong AQ$, $DS \cong DR$. Dimostra che il quadrilatero $PQRS$ è un trapezio isoscele.

110 Dimostra che se in un trapezio le bisettrici degli angoli adiacenti alla base maggiore si incontrano in un punto della base minore, questa è congruente alla somma dei lati non paralleli. Di questo teorema vale anche l'inverso?

111 In un parallelogramma $ABCD$ di centro S, la diagonale BD è perpendicolare ad AB. Prolunga il lato DC, dalla parte di D, di un segmento $DE \cong DC$ e congiungi A con E. Dimostra che:

a. il quadrilatero $ABCE$ è un trapezio rettangolo

b. BE e AD hanno lo stesso centro O

c. OS è parallelo alla base minore e congruente alla sua metà.

LA CORRISPONDENZA DI TALETE

teoria a pagina 88

Comprensione

SOLUZIONI ES. COMPRENSIONE

112 Un fascio di rette parallele è tagliato da due trasversali come nella figura a lato.
Si può dire che:

a. $AB \cong A'B'$ V F

b. se $AB \cong DE$ allora $A'B' \cong D'E'$ V F

c. se $C'D' \cong B'C'$ allora $CD \cong BC$ V F

d. se $BC \cong B'C'$ allora r e s formano angoli congruenti con le rette del fascio. V F

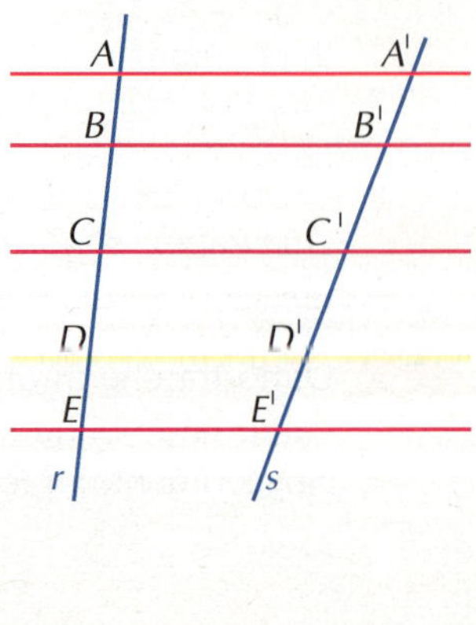

113 Relativamente ai segmenti della figura a lato, si può dire che:

es. 113

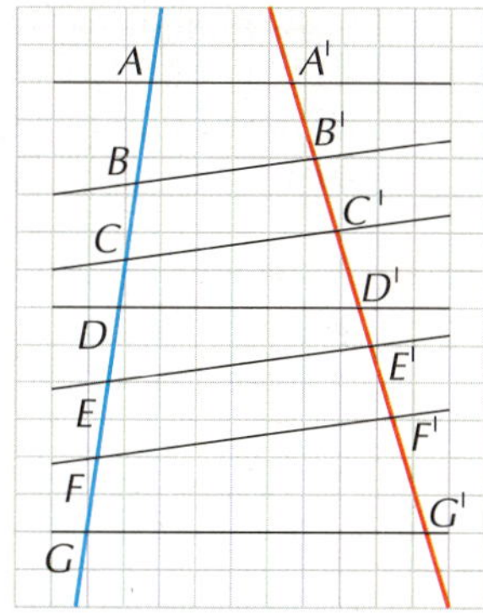

a. se $AB \cong CB$ allora $A'B' \cong C'B'$ V F
b. se $BC \cong EF$ allora $B'C' \cong E'F'$ V F
c. se $EF \cong GF$ allora $E'F' \cong G'F'$ V F
d. se $AD \cong DG$ allora $A'D' \cong D'G'$ V F
e. $CE \cong C'E'$ V F
f. se $AD \cong 2BC$ allora $A'D' \cong 2B'C'$ V F
g. se $CE \cong 2EF$ allora $C'E' \cong 2E'F'$ V F

114 Completa le seguenti proposizioni riferendoti alla figura a lato nella quale si sa che $AP \cong PB$:

es. 114

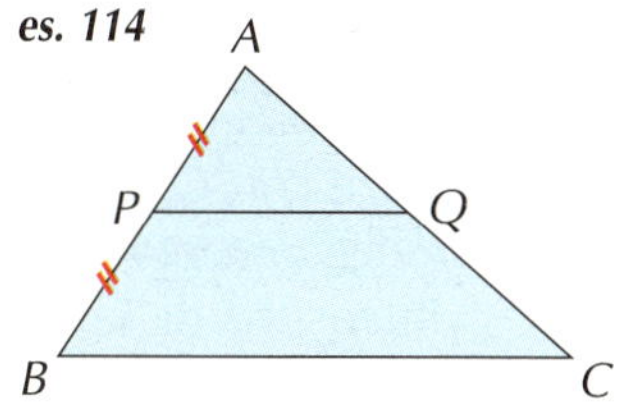

a. se $PQ \parallel BC$, allora AQ ....
b. se $AQ \cong QC$, allora PQ ....
c. se $PQ \parallel BC$, allora PQ ....

115 Con riferimento alla figura, completa le relazioni che seguono:

es. 115

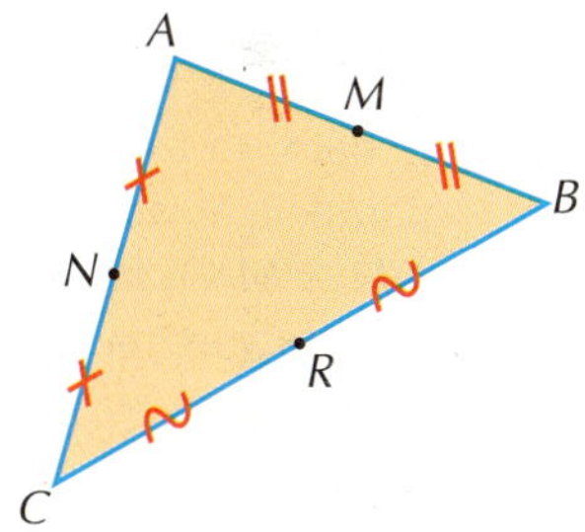

a. $NR \parallel$ .....
b. $AC \parallel$ .....
c. $NM \cong$ .....
d. $RM \cong$ .....
e. perimetro$(\widehat{MNR}) \cong$ ..... perimetro$(\widehat{ABC})$
f. $NMRC$ è un ....

116 Il triangolo DEF della figura a lato è stato ottenuto congiungendo i punti medi dei lati del triangolo ABC.
Si può dire che:

es. 116

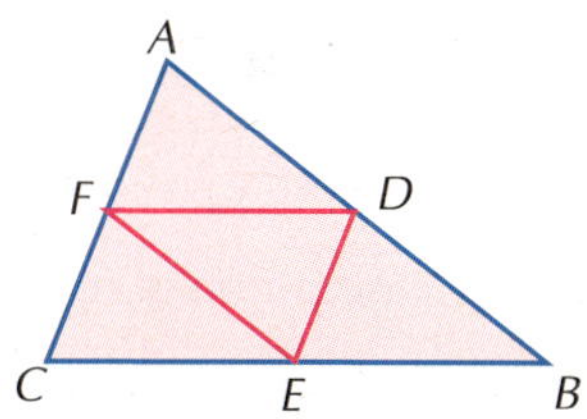

a. il perimetro di DEF è la metà del perimetro di ABC V F
b. i lati di DEF sono paralleli ai lati di ABC V F
c. se ABC è isoscele di base AC, DEF è isoscele di base DF. V F

Applicazione

117 **ESERCIZIO GUIDATO**

Stabilita una corrispondenza parallela di Talete fra due rette r ed r', tale che associ al segmento AB il segmento $A'B'$, dimostra che al punto medio M di AB corrisponde un punto M' che è il punto medio di $A'B'$.

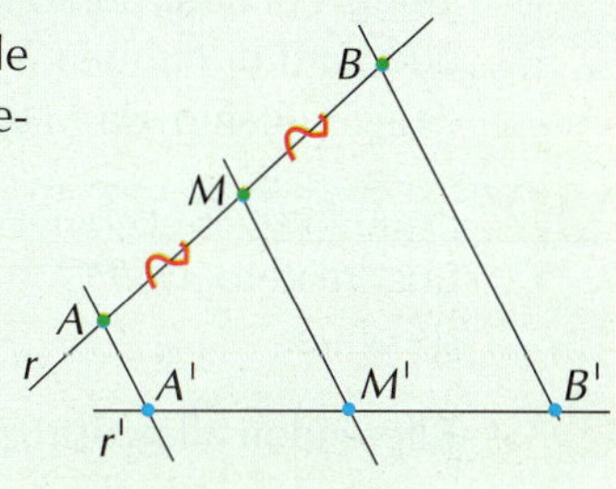

Hp. $AA' \parallel BB'$
$AM \cong MB$

Th. $M'A' \cong M'B'$

Traccia da M la parallela ad AA' che incontra la retta r' in M'.
Per il teorema della corrispondenza di Talete, poiché per ipotesi $AM \cong MB$, anche..........
Quindi M' è il punto medio di $A'B'$.

118 Dimostra che in un triangolo qualunque il segmento che unisce i punti medi di due lati biseca ogni segmento che congiunge un punto qualunque del terzo lato con il vertice opposto a questo.

119 E' dato un trapezio; dopo aver spiegato perché la congiungente i punti medi dei lati obliqui è parallela alle basi, dimostra che tale retta divide a metà ciascuna diagonale.

120 Dimostra che, unendo i punti medi dei lati di un quadrilatero qualunque, si ottiene un parallelogramma.
(Suggerimento: traccia una delle diagonali del quadrilatero)

121 Disegna un triangolo rettangolo e traccia gli assi dei suoi cateti. Dimostra che il loro punto di intersezione appartiene all'ipotenusa.

122 Dimostra che se conduci le perpendicolari alla base di un triangolo isoscele dai punti medi dei lati congruenti e tracci l'altezza relativa alla base, questa viene divisa in quattro segmenti fra loro congruenti.

123 Disegna un triangolo *ABC* qualsiasi e traccia la mediana *AM*; indica poi con P il punto medio del lato *AC* e con *Q* il punto medio del lato *AB*. Dimostra che *AM* e *PQ* si incontrano nel loro punto medio. (Suggerimento: indicato con *O* il punto di intersezione di *AM* con *PQ*, *PQ* è .... a *BC* e, sfruttando il teorema di Talete, ...)

124 Dimostra che in ogni triangolo un vertice ed un punto qualunque del lato opposto hanno la stessa distanza dalla retta che unisce i punti medi degli altri due lati.

es. 124

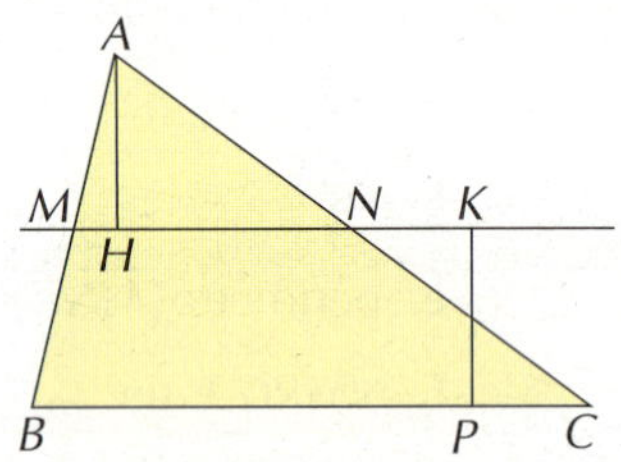

125 E' dato un triangolo *ABC*; dal punto medio *M* del lato *AB* traccia la parallela al lato *BC* che incontra *AC* in *N* e prolungala di un segmento $ND \cong MN$. Dimostra che *MDCB* è un parallelogramma il cui perimetro è la somma del lato *AB* con il doppio del lato *BC*.

126 Dato un parallelogramma *ABCD*, siano *M* e *N* i punti medi dei lati opposti *AB* e *CD*. Dimostra che la diagonale *AC* è divisa in tre parti fra loro congruenti dai segmenti *DM* e *BN*.

127 Disegna un triangolo *ABC* qualsiasi e traccia la retta *r* che passa per i punti medi di due lati. Dimostra che i tre vertici del triangolo sono equidistanti da *r*.

128 Dimostra che se congiungi i punti medi dei lati di un rombo si ottiene un rettangolo.

129 Unisci i punti medi dei lati di un rettangolo. Che quadrilatero ottieni? Perché?

130 Dimostra che unendo i punti medi dei lati di un deltoide si ottiene un rettangolo.
(Suggerimento: un deltoide è un quadrilatero che ha le diagonali perpendicolari, vedi l'esercizio 65)

131 Dato un parallelogramma *ABCD*, congiungi il vertice *D* con il punto medio *M* del lato *AB*, quindi congiungi *A* con il punto medio *N* del segmento *DM*. Dimostra che la retta *AN* divide la diagonale *DB* in due parti di cui una è doppia dell'altra.
(Suggerimento: da *M* traccia la parallela ad *AN*. Per il teorema della corrispondenza di Talete ....)

132 In un trapezio isoscele *ABCD*, considera i punti medi *M, N, P, Q* dei lati del trapezio. Dimostra che il quadrilatero *MNPQ* è un rombo che ha una diagonale parallela alle basi del trapezio e l'altra perpendicolare.

133 Riferendoti alla costruzione dell'esercizio precedente, se le diagonali del trapezio isoscele sono fra loro perpendicolari, che quadrilatero ottieni?

134 In un trapezio la base minore è la metà della maggiore. Dimostra che la congiungente i punti medi dei lati obliqui è divisa dalle diagonali del trapezio in tre segmenti congruenti.

135 Dimostra che se in un trapezio congiungi i punti medi dei lati non paralleli, ottieni un segmento congruente alla semisomma delle basi.
(Suggerimento: traccia una diagonale e considera i due triangoli ottenuti ....)

136 Dimostra che in un trapezio il segmento che unisce i punti medi delle diagonali è congruente alla semidifferenza delle basi.

137 Dato il triangolo ABC, traccia la mediana AM e indica con P il suo punto medio; la semiretta BP interseca il lato AC in Q. Dimostra che $CQ \cong 2AQ$.
(Suggerimento: traccia da M la parallela a BQ)

138 Dato un triangolo ABC, traccia la mediana AQ e, dal punto medio P del lato AB, la parallela ad AQ che incontra in N il lato BC e in M il prolungamento del lato AC. Dimostra che $CM \cong \frac{3}{2}AC$.

139 Dato il triangolo ABC, sia BM la mediana relativa al lato AC e sia P il punto medio di tale mediana; conduci da P le parallele ai lati BC e AB che incontrano AC rispettivamente in E e in F. Dimostra che:

a. M è il punto medio anche del segmento FE

b. il perimetro del triangolo PFE è congruente alla metà del perimetro del triangolo ABC.

Esercizi per lo sviluppo delle competenze

1 Dato il parallelogramma $ABCD$, conduci per il vertice A ed esternamente al quadrilatero una retta r. Tracciate da B, C, D, le perpendicolari a r e detti rispettivamente R, S, T i piedi delle perpendicolari, dimostra che:

a. $TPCD$ è un parallelogramma, essendo P il piede della perpendicolare condotta da B su CS

b. $TD + RB \cong SC$.

2 Dato un parallelogramma $ABCD$, prolunga il lato DC di un segmento CE tale che $CE \cong CB$. Dimostra che:

a. il triangolo DEF, dove F è il punto intersezione delle rette AD e BE, è isoscele

b. le bisettrici degli angoli $\widehat{FAB}$, $\widehat{ADC}$, $\widehat{BCE}$ sono parallele fra loro e perpendicolari alla retta FE.

3 Prolunga il lato DC del parallelogramma $ABCD$ di un segmento $CE \cong CD$ e traccia AE. Nell'ipotesi in cui AE sia perpendicolare al lato BC, dimostra che $AC \cong AB$.

4 Sui lati di un quadrato $ABCD$ prendi quattro segmenti tra loro congruenti $AR \cong SC \cong CT \cong AV$. Dimostra che:

a. $RSTV$ è un rettangolo

b. la diagonale del quadrato è congruente a metà perimetro del rettangolo.

5 E' dato un angolo convesso $\widehat{ab}$ di vertice V; prendi un punto A su a e un punto B su b in modo che sia $VA \cong VB$. Esegui la seguente costruzione:

- dal punto A traccia la perpendicolare alla semiretta b e dal punto B la perpendicolare alla semiretta a che si incontrano in C
- dal punto A traccia la perpendicolare alla semiretta a e dal punto B la perpendicolare alla semiretta b che si incontrano in D.

Dimostra che il quadrilatero $ACBD$ è un rombo.

6 Considera due triangoli equilateri ABC e ABD uniti lungo il lato AB. Di che natura è il quadrilatero $ADBC$?
Traccia le altezze AM ed AN relative rispettivamente ai lati CB e BD, e le altezze BR e BV relative rispettivamente ai lati AC e AD. Sia $\{S\} = BR \cap AM$ e sia $\{T\} = AN \cap BV$. Dimostra che:

a. i triangoli AMN e BRV sono equilateri

b. S appartiene alla retta CD

c. il quadrilatero $SBTA$ è un parallelogramma particolare. Quale?

7 Dato un quadrato $ABCD$ considera il suo centro O e per O traccia una retta che tagli i lati opposti AB e CD in M e N. Dai vertici B e D conduci due rette fra loro parallele e siano rispettivamente S e T i loro punti di intersezione con MN. Dimostra che:

a. $OS \cong OT$

b. il quadrilatero $SBTD$ è un parallelogramma.

Traccia da O la parallela ad AB e chiama P e Q le sue intersezioni rispettivamente con le rette SB e TD. Che quadrilatero è $SPTQ$?

8 Dato un triangolo qualunque, dimostra che i punti medi dei suoi lati e il piede di una delle altezze sono vertici di un trapezio isoscele.

9 Dimostra che tutti i parallelogrammi inscritti in un rettangolo che hanno i lati paralleli alle diagonali hanno lo stesso perimetro.

10 Sia $ABCD$ un quadrilatero qualsiasi; i due segmenti che uniscono i punti medi dei lati opposti si intersecano in O. Siano P e Q i punti medi delle diagonali del quadrilatero. Dimostra che:

a. O appartiene al segmento PQ

b. O è il punto medio di PQ.

IL CAPITOLO SI COMPLETA CON:

ESERCIZI DI CONSOLIDAMENTO

VERIFICA INTERATTIVA

Test Finale

1 Le rette r e s sono parallele; siano A e B due punti di r, C e D due punti di s, presi nello stesso ordine. Completa le seguenti proposizioni.

Il quadrilatero $ABDC$ è:

a. un parallelogramma se ....
b. un trapezio isoscele se ....
c. un trapezio rettangolo se ....
d. un rettangolo se ....
e. un quadrato se ....

1,25 punti

2 Un quadrilatero che ha:

a. una coppia di lati opposti paralleli e congruenti è
① un parallelogramma ② un trapezio isoscele ③ nessuno dei precedenti

b. le diagonali che si bisecano e sono congruenti è
① un parallelogramma qualsiasi ② un rettangolo ③ un rombo

c. le diagonali congruenti e perpendicolari è
① un parallelogramma qualsiasi ② un rombo ③ un quadrato

0,75 punti

3 Per ciascuna delle seguenti proposizioni completa scegliendo la proposta esatta (sono possibili più risposte):

a. le diagonali non sono assi di simmetria nel
① rettangolo ② rombo ③ parallelogramma qualsiasi

b. le diagonali sono assi di simmetria nel
① rettangolo ② rombo ③ parallelogramma qualsiasi

c. la retta che congiunge i punti medi di due lati paralleli ed opposti è asse di simmetria nel
① trapezio isoscele ② rettangolo ③ rombo

d. il parallelogramma che ha quattro assi di simmetria è
① il rombo ② il rettangolo ③ il quadrato

1 punto

4 Sul lato AC del triangolo ABC fissa il punto P in modo che sia $\frac{PC}{AP} = \frac{1}{4}$; traccia da P la parallela al lato AB che interseca il lato BC in Q. Si può dire che:

a. $\frac{QC}{BC} = \frac{1}{4}$ V F

b. $BQ \cong 4QC$ V F

c. $BC \cong \frac{5}{4}BQ$ V F

d. $AP \cong BQ$ se ABC è isoscele di base AB V F

e. $PC \cong \frac{1}{4}QC$ V F

f. $\frac{BQ}{QC} = \frac{1}{4}$ V F

1,5 punti

5 In un triangolo ABC:

a. il segmento che unisce i punti medi dei lati AB e AC è parallelo a BC V F

b. il segmento che congiunge i punti medi dei lati AC e BC è congruente alla metà di AB V F

c. la retta che passa per i punti medi dei lati AB e AC è parallela ad AC V F

d. la retta che passa per il punto medio di AC e per un punto di AB è sempre parallela a BC V F

1 punto

6 Dato il trapezio $ABCD$, prendi un punto E sulla base maggiore BC in modo che sia $BE \cong AD$. Quale caratteristica deve avere la diagonale BD affinchè il quadrilatero $ABED$ sia un rombo?

1,5 punti

7 Dato il triangolo ABC, sia BM la mediana relativa al lato AC e sia P il punto medio di tale mediana; conduci da P le parallele ai lati BC e AB che incontrano AC rispettivamente in E e in F. Dimostra che:

a. M è il punto medio anche del segmento FE

b. il perimetro del triangolo PFE è congruente alla metà del perimetro del triangolo ABC.

3 punti

Soluzioni

1 **a.** $AB \cong CD$, **b.** $AC \cong BD \wedge AB \neq CD$, **c.** $AC \perp s \vee BD \perp s$, **d.** $AC \perp s \wedge BD \perp s$, **e.** $AC \perp s \wedge BD \perp s \wedge AB \cong AC$

2 **a.** ①, **b.** ②, **c.** ③

3 **a.** ① ③, **b.** ②, **c.** ① ②, **d.** ③

4 **a.** F, **b.** V, **c.** V, **d.** V, **e.** F, **f.** F

5 **a.** V, **b.** V, **c.** F, **d.** F

6 Deve essere bisettrice di $\widehat{ABC}$

7 **a.** Per il teorema del fascio di rette parallele applicato ai triangoli ABM e BCM, si ha subito che $AF \cong FM$ e $ME \cong EC$, e tenendo presente che M è punto medio di AC, si ha che $FM \cong ME$.

b. $PE \cong \frac{1}{2}BC$, $PF \cong \frac{1}{2}AB$, $FE \cong \frac{1}{2}AC$, da cui segue la tesi

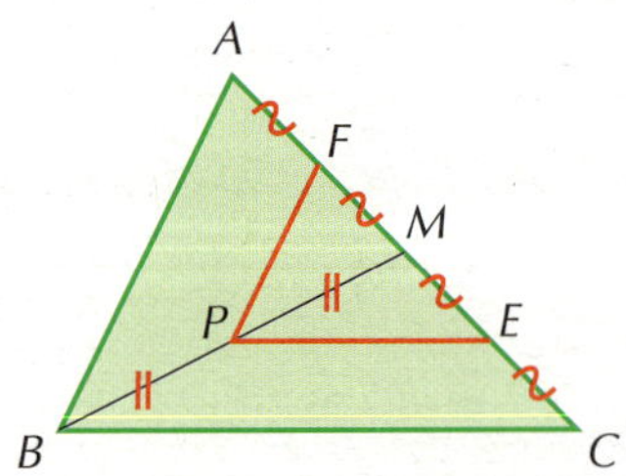

Esercizio	1	2	3	4	5	6	7	
Punteggio								

Valutazione in decimi

MATEMATICA & ARTE

Architettura "al quadrato"

L'uso di forme rettangolari e quadrate nell'architettura risale a tempi remoti.

Soprattutto nelle planimetrie degli edifici, già Egizi ed Assiri-Babilonesi prediligevano queste forme per i loro templi e palazzi.

Il mitico ***labirinto di Cnosso*** non era altro che un gigantesco insieme di stanze e cortili rettangolari.

Le basi delle ***ziqqurat*** e delle ***piramidi*** erano quadrati perfetti.

Anche nella progettazione delle città era prevalente la forma regolare degli isolati, con strade tra loro perpendicolari, sia in Grecia che negli accampamenti militari e nelle città di fondazione romana.

Così fu per lungo tempo, fino alle moderne città e ai grattacieli: oggi, grazie alla progettazione al computer, gli edifici si sono liberati della rigida forma a parallelepipedo o a cubo, assumendo forme libere ed irregolari.

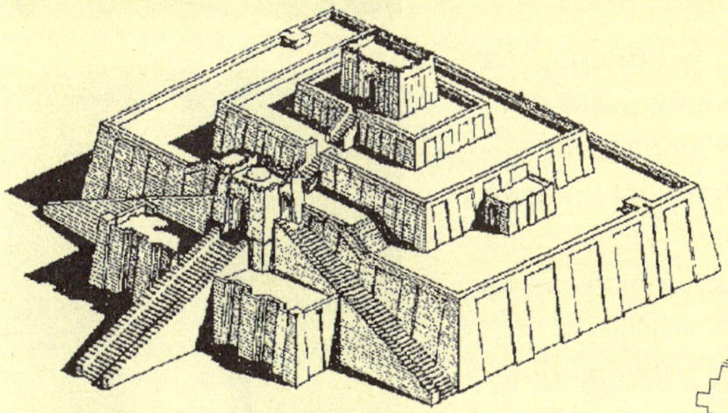

Ziqqurat di Ur

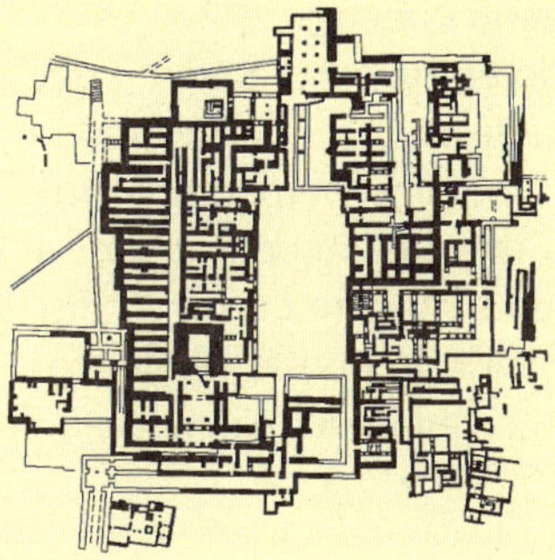

Pianta del palazzo di Cnosso

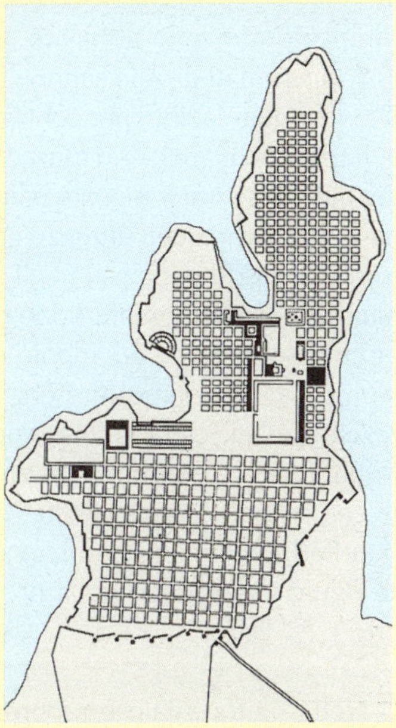

Planimetria di Mileto, città di fondazione greca sulle coste della Turchia.

Il quadrato nell'arte moderna

La forma quadrata ha ispirato numerosi artisti, soprattutto quelli dell'astrattismo geometrico.

Anche il design ricorre spesso alla forma quadrata, pratica da usare e facile da realizzare.

Il pittore tedesco Josef Albers, a partire dal 1950, realizzò una serie di opere dal titolo *Omaggio al quadrato* in cui i quadrati sono organizzati in modo da offrire una visione dinamica con compressione verso il basso e dilatazione verso l'alto.

Alighiero Boetti, I fregi e gli sfregi.

Paul Klee, Nuova armonia, 1936, particolare.

Josef Alberts, Omaggio al quadrato.

ULTERIORI COLLEGAMENTI

MATEMATICA DELLA VITA QUOTIDIANA

I parallelogrammi sono tra noi

Il rettangolo e il quadrato. Quante volte li incontriamo nascosti dietro i mille oggetti che quotidianamente manipoliamo, adoperiamo, utilizziamo?
Qualcuno di noi va in piscina almeno due volte alla settimana, olimpionica naturalmente; probabilmente tutti hanno visto almeno una volta nella vita una partita di calcio e magari anche più di una; pochi forse sono appassionati di pugilato, ma il wrestling è in crescita; e chi non ha mai mangiato quelle fantastiche tavolette di cioccolato a mattonelle o non si è mai deliziato nel dare morsi a un bel gelato di quelli col biscotto! E la teglia delle lasagne della nonna?
Il trapezio, dove ne abbiamo sentito parlare? Naturalmente in geometria, ma gli appassionati di vela sanno che il trapezio è un sistema che viene usato sulle piccole imbarcazioni per controbilanciare la forza sbandante del vento sulle vele. Il trapezio è anche un muscolo che si trova nella parte posteriore del tronco e che tiene insieme schiena e collo ed è pure il nome di un osso che si trova nella mano. E' anche quell'attrezzo che si usa in palestra o quell'apparecchiatura che usano proprio i trapezisti negli spettacoli circensi.
Hai mai costruito un aquilone quando eri piccolo? Bastano due asticelle di legno messe in croce ad angolo retto (adesso che conosciamo un po' meglio la geometria dovremmo dire che le disponiamo perpendicolarmente una all'altra), un po' di carta velina colorata, una bella coda lunga e il gioco è fatto.
Probabilmente nel tuo cassetto c'è un maglione con quei disegni a rombi di diversi colori o magari lo stai indossando in questo momento.
Quadrati, rettangoli, rombi, forse non ci abbiamo mai pensato, ma anche queste figure fanno parte della nostra vita.

1. Nella figura a lato è rappresentato uno schema formato da righe di parallelogrammi tutti uguali tra loro. Manipolando opportunamente questa struttura si possono costruire immagini adatte a rappresentare loghi di aziende, decorazioni e altro.

   Utilizzando griglie di quadrati o di opportuni quadrilateri puoi liberare la tua fantasia e costruire analoghe figure.

2. I cassetti delle scatole per il cucito come quella in figura sono tenuti uniti da alcune barre tra loro parallele; quando i cassetti vengono aperti, le barre continuano a mantenersi parallele. Sai spiegare perché?

ULTERIORI COLLEGAMENTI

gare di matematica

ULTERIORI GARE

1 Nella figura qui a fianco, quanto misura l'angolo α?

a. $70°$ **b.** $75°$ **c.** $80°$ **d.** $90°$

e. non può essere determinato con i soli dati forniti [c.]

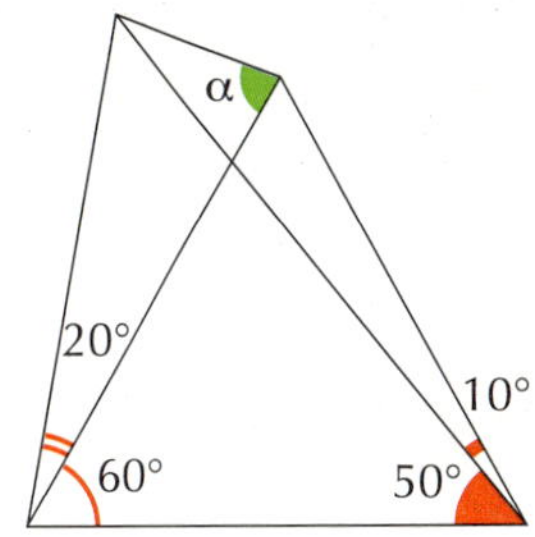

2 Quanti angoli maggiori di $90°$ può avere un quadrilatero (non intrecciato)?

a. ne ha sempre almeno uno **b.** ne ha al più uno

c. ne ha al più due **d.** ne ha al più tre

e. può averne quattro [d.]

3 Sia $ABCD$ un trapezio che non sia un parallelogramma. Sia P il punto di incontro delle diagonali e Q il punto di intersezione dei lati obliqui.

a. Si tracci la parallela alle basi per il punto P e siano X e Y i punti di incontro di essa con i lati obliqui: si dimostri che $XP \cong YP$.

b. Si dimostri che la retta PQ interseca la base minore nel suo punto medio.

Math in English

Theory on page 91

CLIL

1 Given parallelogram $ABCD$ with AE bisecting $\widehat{DAB}$ and CF bisecting $\widehat{DCB}$, let $\widehat{DAE} = \alpha$.

a. Write all interior angles in terms of α.

b. Prove that $AFCE$ is a parallelogram.

ex. 2

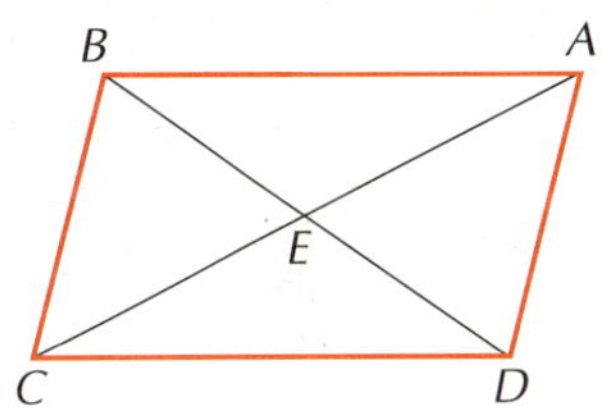

2 In the quadrilateral on the right hand, $BA \parallel CD$, $BC \parallel AD$, the measure of $\widehat{CBD}$ is $(6x - 5)°$, the measure of $\widehat{ABD}$ is $(3x + 4)°$ and the measure of $\widehat{BAD}$ is $(7x + 5)°$. Find the measure of $\widehat{ADB}$.

a. $13°$ **b.** $98°$ **c.** $11°$ **d.** $37°$ **e.** $61°$ [e.]

ex. 3

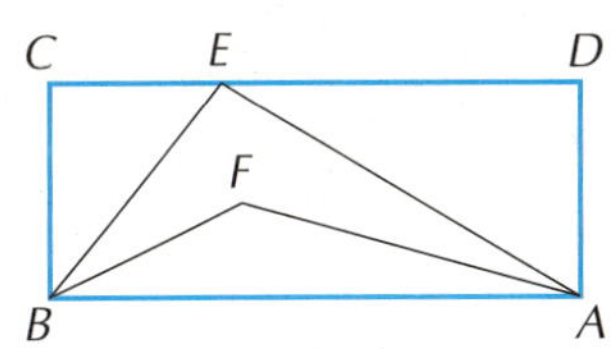

3 In the figure shown, the measure of $\widehat{BEA}$ is $100°$. Point F is chosen inside triangle BEA so that line FA bisects $\widehat{EAB}$ and line FB bisects $\widehat{EBA}$. Find the measure of $\widehat{BFA}$.

a. $140°$ **b.** $145°$ **c.** $150°$ **d.** $155°$ **e.** $160°$ [a.]

ex. 4

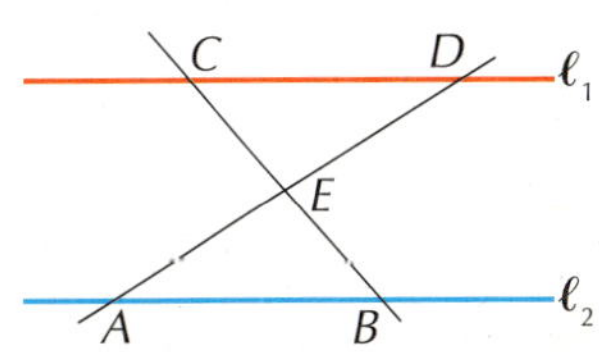

4 In the given figure, if $\ell_1 \parallel \ell_2$ and $AB \cong CD$, then:

a. $AD \perp BC$ **b.** $AC \cong BD$

c. $AE \cong EC$ **d.** $BC \cong DE$

e. $AD \cong BC$ [b.]

MORE EXERCISES

ESERCIZI

CAPITOLO 6

La circonferenza

I LUOGHI GEOMETRICI

teoria a pagina 94

SOLUZIONI ES. COMPRENSIONE

Comprensione

1 Un luogo di punti è:

a. l'insieme dei punti che possiedono una proprietà p
b. l'insieme dei punti che soddisfano una proprietà p in modo che nessun altro punto la soddisfi
c. l'insieme dei punti che possiedono solo una data proprietà p
d. una qualunque linea formata da punti.

2 Un luogo geometrico γ è caratterizzato da una proprietà p; si può dire che:

a. se un punto Q non appartiene a γ, allora non possiede p V F
b. se un punto Q non soddisfa p, allora non appartiene a γ V F
c. se un punto P soddisfa p, P appartiene sempre a γ V F
d. se tutti i punti di un insieme A soddisfano γ, allora γ coincide con A. V F

3 E' un luogo di punti:

a. l'insieme dei punti che appartengono all'asse di un segmento V F
b. l'insieme dei punti di una retta r parallela a una retta s V F
c. l'insieme dei punti che appartengono alla bisettrice di una striscia V F
d. l'insieme dei punti di una semicirconferenza. V F

4 Sono dati una retta r e un segmento di lunghezza ℓ. Il luogo dei punti che hanno da r distanza uguale a ℓ è costituito da:

a. una retta parallela a r
b. una retta perpendicolare a r
c. una coppia di rette parallele a r
d. un segmento AB parallelo a r che dista ℓ da r.

Applicazione

5 Determina il luogo dei punti equidistanti dai lati congruenti di un triangolo isoscele; dimostra poi che il punto di intersezione delle perpendicolari a tali lati condotte per gli estremi della base appartiene a tale luogo.

6 E' dato un segmento AB; qual è il luogo dei punti C tali che ABC sia un triangolo isoscele, eventualmente degenere, di base AB?

7 Sono dati due segmenti AB e CD non paralleli; sfruttando il concetto di luogo, determina un punto P non appartenente ad essi in modo che i triangoli PAB e PCD siano isosceli.

8 Date due rette parallele, considera l'insieme dei segmenti che hanno gli estremi su tali rette (un estremo per ciascuna retta). Qual è il luogo dei punti medi di tali segmenti?

9 Considera l'insieme dei triangoli *ABC* che hanno per base un segmento *AB* e per altezza un segmento di lunghezza *h*; qual è il luogo dei vertici *C*?

10 Un rettangolo *ABCD* ha il lato *AB* di lunghezza assegnata *a* e il lato *BC* di lunghezza variabile; qual è il luogo dei centri di questi rettangoli?

11 Un quadrato ha il lato *AB* di lunghezza variabile che appartiene ad una semiretta fissa *r* di origine *A*; qual è il luogo dei centri del quadrato?

12 Data una retta *r* e preso un punto *P* che non le appartiene, qual è il luogo dei punti medi dei segmenti che hanno un estremo in *P* e uno sulla retta *r*?

13 Dato un triangolo rettangolo *ABC* di ipotenusa *BC*, considera l'insieme delle corde del triangolo che sono parallele a *BC*. Qual è il luogo dei punti medi di tali corde?

14 Nel piano sono date due rette *r* e *s* che si intersecano in un punto *P*; qual è il luogo dei centri delle circonferenze tangenti ad entrambe le rette?

15 Sono dati un triangolo isoscele *ABC* di base *BC* ed una retta *r* passante per *A*; sia $D = \sigma_r(C)$. Qual è il luogo dei punti *D* al variare di *r*?

LA CIRCONFERENZA E IL CERCHIO

teoria a pagina 95

Comprensione

SOLUZIONI ES. COMPRENSIONE

16 Dopo aver dato la definizione di circonferenza e di cerchio, spiega il significato dei seguenti termini:
a. corda e diametro **b.** segmento circolare a una e a due basi
c. arco e angolo al centro **d.** settore circolare.

17 Determina il valore di verità delle seguenti proposizioni.
a. I punti di una corda rappresentano un sottoinsieme dei punti di una circonferenza. V F
b. I punti di un arco rappresentano un sottoinsieme dei punti di una circonferenza. V F
c. Due corde *AB* e *CD* di una circonferenza che non si intersecano individuano sempre un segmento circolare a due basi. V F
d. Ogni angolo al centro di una circonferenza insiste su un solo arco. V F
e. L'asse di una corda *AB* passa sempre per il centro della circonferenza. V F

18 Con riferimento alla figura indica se le seguenti proposizioni sono vere o false:
a. il punto *O* è un punto della circonferenza V F
b. *CB* è una corda V F
c. $\widehat{COB}$ è un angolo al centro V F
d. $\widehat{BAD}$ è uno dei due archi individuati dai punti *D* e *B*. V F

es. 18

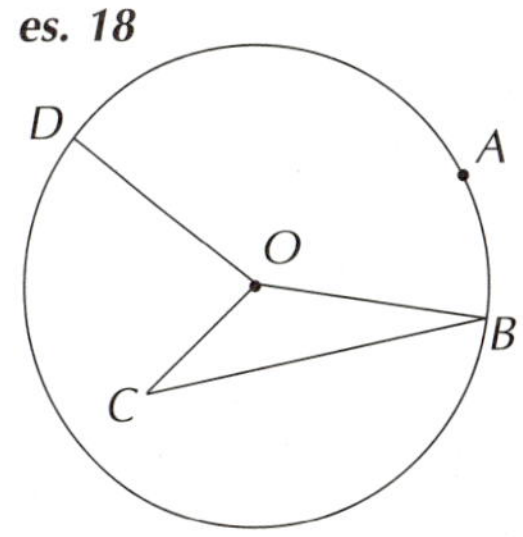

19 Barra vero o falso.
a. Ogni diametro di una circonferenza è anche una corda. V F
b. Ogni corda di una circonferenza è anche diametro. V F
c. Un angolo al centro di una circonferenza è sempre convesso. V F
d. Due punti su una circonferenza individuano sempre due archi che sono sottesi dalla stessa corda. V F

20 Osserva la figura e completa assegnando il nome corretto alle parti indicate:

a. la parte in arancio è un ....
b. la parte in verde è un ....
c. la parte in giallo è un ....

es. 20

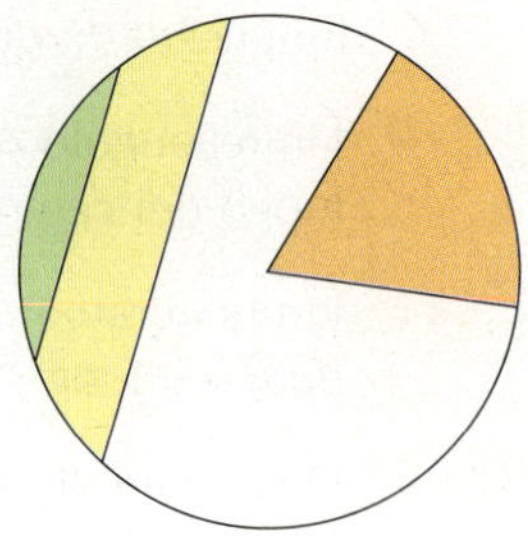

21 Una circonferenza è individuata in modo unico se sono dati:

a. il centro e il raggio V F
b. il centro ed un punto che le appartiene V F
c. una corda qualsiasi V F
d. gli estremi di un diametro V F
e. tre punti non allineati V F
f. quattro punti non allineati V F
g. due punti. V F

22 Dati in un piano quattro punti A, B, C, D a tre a tre non allineati si può dire che:

a. esiste sempre una circonferenza che passa per tre qualunque di essi V F
b. non può esistere una circonferenza che passa per i quattro punti V F
c. esistono infinite circonferenze che passano per due di essi V F
d. esiste sempre una circonferenza che ha centro in C e passa per A e per B. V F

23 Completa le seguenti proposizioni relative ad una circonferenza:

a. angoli al centro congruenti insistono ....
b. se due archi sono disuguali gli angoli al centro corrispondenti ....
c. la corda che ha lunghezza maggiore è ....
d. se due corde hanno diversa distanza dal centro allora ....

24 Un triangolo OAB ha un vertice nel centro O di una circonferenza e gli altri due sono punti della circonferenza. Quali delle seguenti affermazioni sono vere?

a. Il diametro perpendicolare al lato AB lo interseca nel punto medio.
b. Qualunque diametro che interseca AB è perpendicolare ad AB.
c. Gli angoli di vertici A e B sono congruenti.
d. L'angolo di vertice O è congruente all'angolo di vertice A.

25 In una circonferenza di centro O e raggio r sono disegnate due corde AB e CD la cui distanza dal centro è rappresentata da due segmenti di lunghezza rispettivamente h e k. Si può dire che:

a. se $AB \cong CD$ allora $h \cong k$ V F
b. $AB + CD \leq 4r$ V F
c. se $AB > CD$ allora $h > k$ V F
d. se $\widehat{AOB} < \widehat{COD}$ allora $h > k$. V F

Applicazione

26 Un arco $\widehat{AB}$ è sufficiente per determinare la circonferenza cui appartiene? Se sì, in che modo puoi costruirla?

27 Di una circonferenza si sa che ha centro su una retta r e che ha come corda un segmento AB come in figura. Come puoi disegnare la circonferenza?

es. 27

28 Sia A l'insieme degli archi di una circonferenza e B l'insieme delle corde; che tipo di corrispondenza si può stabilire fra archi e corde?

29 Disegna una circonferenza e prendi su di essa tre punti E, F e G in modo che le corde FE e FG siano congruenti. Come sono gli archi $\widehat{EF}$ e $\widehat{GF}$? Se M è il punto medio dell'arco $\widehat{FE}$ e N è il punto medio dell'arco $\widehat{FG}$, come sono i triangoli MEF e NFG?

es. 29

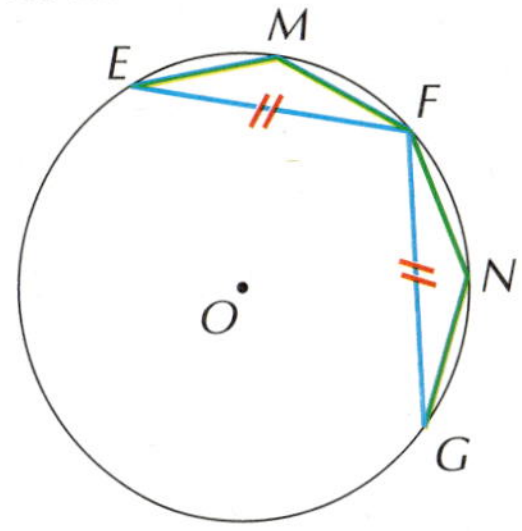

30 Su una circonferenza è assegnata la corda AB la cui distanza dal centro è congruente a metà della corda stessa; considera la sua simmetrica DE rispetto al diametro ad essa parallelo. Dimostra che i punti A, B, D, E individuano quattro archi fra loro congruenti.

31 Da un punto P di una circonferenza escono due corde. Dimostra che se esse formano angoli congruenti con il diametro che passa per P, allora sono anch'esse congruenti. Viceversa, dimostra che se le corde sono congruenti, la bisettrice dell'angolo da esse formato passa per il centro della circonferenza.
(Suggerimento: gli archi $\widehat{AQ}$ e $\widehat{QB}$ sono congruenti, quindi lo sono anche gli archi $\widehat{PA}$ e $\widehat{PB}$)

es. 31

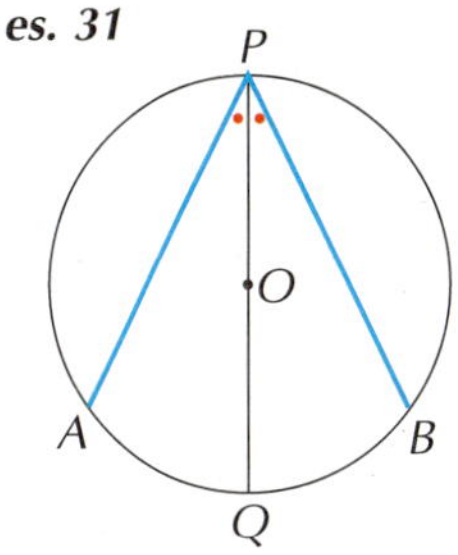

32 Se due corde congruenti di una circonferenza hanno un estremo in comune, possiamo affermare che il diametro che passa per tale punto è la bisettrice dell'angolo formato dalle due corde?

33 Sia $\widehat{ACB}$ un angolo al centro di una circonferenza di centro C; prendi un punto D sul raggio CA e un punto E sul raggio CB in modo che $CE \cong CD$. Dimostra che DE è parallelo ad AB.

34 Dimostra che se un diametro è asse di due corde AB e CD di una circonferenza, queste sono parallele. Dimostra inoltre che in questo caso gli archi $\widehat{AC}$ e $\widehat{BD}$ sono fra loro congruenti.

es. 34

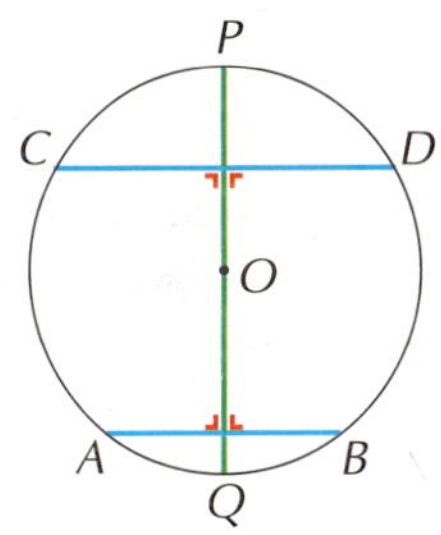

35 Sono dati una circonferenza γ e due punti A e B su di essa che individuano una corda AB di lunghezza assegnata a; qual è il luogo dei punti medi della corda AB al variare dei punti A e B su γ?
(Suggerimento: al variare di A e B sulla circonferenza la lunghezza della corda si mantiene invariata, quindi anche la sua distanza dal centro rimane costante; il luogo dei punti medi è quindi ....)

36 Sia AB una corda di una circonferenza di centro C; dimostra che C appartiene alla retta che passa per i punti medi dei due archi AB.

37 Dati una circonferenza γ ed un punto P ad essa interno, descrivi la procedura per tracciare una corda AB che abbia P come punto medio.

38 Sia γ la circonferenza passante per tre punti non allineati A, B, C; detto M il punto medio della corda AC, sia $B' = \sigma_M(B)$. Dimostra che la circonferenza che passa per i punti A, C, B' è congruente a γ.
(Suggerimento: considera la simmetria di centro M)

es. 38

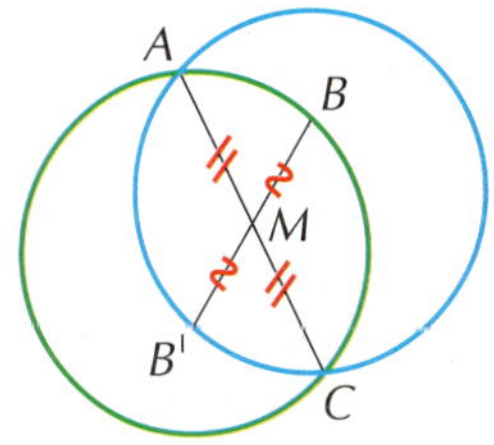

39 Considera su una corda AB di una circonferenza di centro C, due punti R ed S equidistanti dai suoi estremi. Dimostra che $CR \cong CS$.

40 Disegna una circonferenza, traccia una corda AB, il diametro DE parallelo ad AB, la corda $A'B'$ simmetrica di AB rispetto a DE. Dimostra che i triangoli ADA' e BEB' sono congruenti.

41 **ESERCIZIO GUIDATO**

Da un punto P di una circonferenza di centro C traccia due corde qualsiasi PA e PB e indica con M e N i loro punti medi; traccia il raggio CP e indica con R il suo punto medio. Dimostra che $MR \cong RN$.

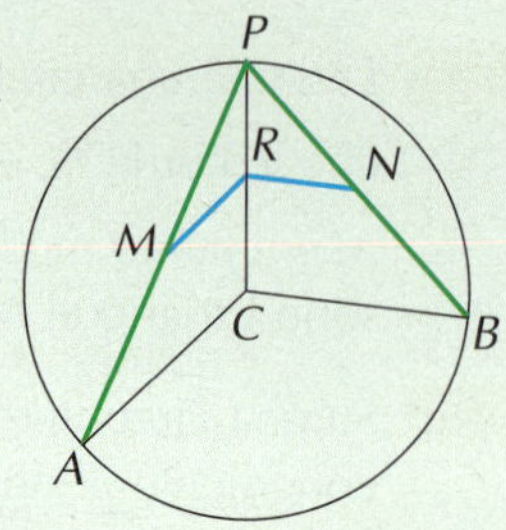

Traccia i raggi CA e CB e considera il triangolo PAC : il segmento MR congiunge i punti medi dei lati AP e PC ed è quindi congruente a ....

Analogamente, nel triangolo PCB il segmento RN è congruente a ...., quindi ....

42 Dagli estremi di un diametro di una circonferenza conduci due corde parallele fra loro. Dimostra che il centro della circonferenza appartiene alla retta individuata dai loro punti medi.

43 Gli estremi di due diametri di una circonferenza sono i vertici di un quadrilatero. Descrivi le sue caratteristiche specificando che cosa si ottiene se i diametri sono perpendicolari.

44 Prolunga una corda AB di una circonferenza, di due segmenti congruenti EA e BD. Congiungi E e D con il punto medio M di uno dei due archi determinati dalla corda. Dimostra che il triangolo EMD è isoscele.

45 Dagli estremi A e B di un diametro di una circonferenza traccia, in semipiani opposti rispetto ad AB, due corde AC e BD fra loro congruenti. Dimostra che CD è un diametro e che $AC \parallel BD$.

46 Disegna un angolo convesso $\widehat{ab}$ di vertice V, traccia la sua bisettrice e prendi un punto C su di essa in modo che si possa tracciare una circonferenza con centro in C e raggio minore del segmento CV, che incontri la semiretta a nei punti A e B e la semiretta b nei punti D ed E. Dimostra che:

a. le corde AB e DE sono congruenti

b. $VB \cong VE$.

(Suggerimento: ricorda che la bisettrice è il luogo dei punti equidistanti dai lati dell'angolo)

47 Considerate due corde congruenti PQ ed RS di una circonferenza che non si intersecano (i punti P, Q, R, S si susseguono nell'ordine), indica con T e V i punti di intersezione fra la circonferenza e la retta che unisce i punti medi M e N delle due corde. Dimostra la congruenza dei segmenti PT, VS e TQ, VR. (Suggerimento: puoi dimostrarlo sia utilizzando i criteri di congruenza dei triangoli, sia considerando la simmetria rispetto all'asse della corda QR o PS)

48 In una circonferenza di centro O è data una corda AB; prolunga tale corda dalla parte di B di un segmento BC congruente al raggio e traccia la semiretta CO che incontra la circonferenza oltre O nel punto D. Dimostra che l'angolo $A\widehat{O}D$ è triplo dell'angolo $A\widehat{C}O$.

49 Su una circonferenza di diametro AB considera un punto C in modo che l'angolo $C\widehat{A}B$ sia doppio dell'angolo $C\widehat{B}A$. Dimostra che la corda AC è congruente al raggio della circonferenza.

RETTE E CIRCONFERENZE: POSIZIONI RECIPROCHE

teoria a pagina 100

Comprensione

SOLUZIONI ES. COMPRENSIONE

50 Completa le seguenti proposizioni motivandole ogni volta.

Se una retta e una circonferenza hanno:

a. un punto in comune, allora sono .... e la distanza della retta dal centro è ....

b. nessun punto in comune, allora sono .... e la distanza della retta dal centro è ....

c. due punti in comune, allora sono .... e la distanza della retta dal centro è ....

51 Barra vero o falso.

a. Se una retta è tangente a una circonferenza, allora il raggio nel punto di tangenza è perpendicolare alla retta. V F

b. Da un punto P esterno ad una circonferenza di centro C si conducono le tangenti e il segmento CP: i segmenti di tangente sono congruenti a CP. V F

c. Da un punto interno ad una circonferenza si possono condurre solo rette secanti. V F

d. Per un punto che appartiene ad una circonferenza si possono condurre solo rette tangenti. V F

52 Sono dati una circonferenza γ di centro O e un punto P; si può dire che:

① se $P \in \gamma$, allora si può dire che:

a. esiste una sola retta tangente passante per P V F

b. la tangente è perpendicolare al diametro perpendicolare ad OP V F

c. P è il punto della tangente che ha minore distanza da O V F

② se $P \notin \gamma$, allora si può dire che:

a. esistono due rette tangenti per P V F

b. i segmenti di tangente sono congruenti V F

c. PO è la bisettrice dell'angolo al centro formato dai raggi passanti per i punti di tangenza. V F

53 Osserva la figura, nella quale le tre rette disegnate sono tangenti alla circonferenza, e completa:

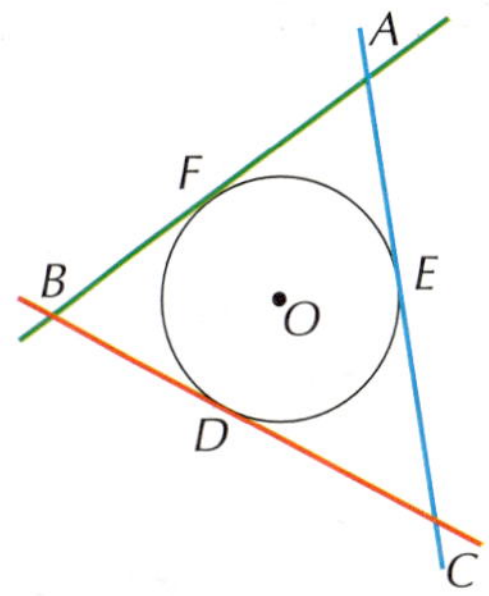

a. $AF \cong$ .....

b. $BD \cong$ .....

c. $\widehat{FOB} \cong$ .....

d. $\widehat{ECO} \cong$ .....

e. $\overset{\triangle}{DEC}$ è un triangolo ....

f. OE ..... AC

54 Dagli estremi di un diametro si conducono le rette tangenti alla circonferenza; tali rette sono:

a. perpendicolari **b.** parallele **c.** incidenti ma non perpendicolari.

Dai la risposta corretta dando motivazione della tua scelta.

55 I segmenti di tangente condotti ad una circonferenza da un punto esterno sono congruenti al raggio. Il quadrilatero da essi formato con i raggi nei punti di tangenza è:

a. un rombo **b.** un quadrato

c. un rettangolo **d.** un quadrilatero senza nessuna caratteristica particolare.

Dai la risposta corretta dando motivazione della tua scelta.

56 Completa le seguenti proposizioni in modo che risultino vere.

Due circonferenze si dicono:

a. esterne l'una all'altra se ....

b. tangenti esternamente se ....

c. secanti se ....

d. tangenti internamente se ....

e. interne l'una all'altra se ....

f. concentriche se ....

57 Indicata con d la distanza fra i centri di due circonferenze e con a e b i rispettivi raggi (con $a > b$), indica qual è la posizione reciproca delle due circonferenze nei seguenti casi:

a. $d \cong a + b$ **b.** $d > a - b$ e $d < a + b$

c. $d \cong a - b$ **d.** $d > a + b$

58 Nelle seguenti proposizioni sono state date definizioni incomplete; riscrivile completando.

a. Due circonferenze sono esterne se non si intersecano e ....

b. Due circonferenze sono tangenti internamente se i punti dell'una sono interni all'altra e ....

c. Due circonferenze sono tangenti esternamente se hanno un solo punto di intersezione e ....

Applicazione

Rette e circonferenze

59 **ESERCIZIO GUIDATO**

Disegna una circonferenza di diametro AB e centro C e traccia le rette tangenti in A e in B; una terza tangente in un punto D della circonferenza interseca le altre due rispettivamente in P e in Q. Dimostra che $PQ \cong PA + QB$.

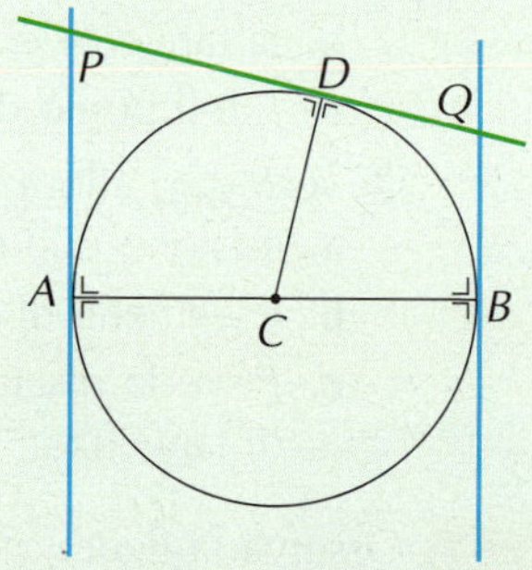

Hp. $AB \perp PA$ **Th.** $PQ \cong PA + QB$

$AB \perp QB$

$CD \perp PQ$

Considera i segmenti di tangente uscenti da P e da Q; il segmento PA è congruente al segmento ...., il segmento QB è congruente al segmento ...., quindi ....

60 E' data la semicirconferenza di diametro AB. Conduci da B la tangente alla semicirconferenza e prendi su di essa un punto M in modo che sia $BM \cong AB$. Dimostra che il segmento AM divide la semicirconferenza in due archi congruenti.

61 Siano AB e CD due corde parallele e congruenti (i punti A, B, C, D si susseguono nell'ordine) di una circonferenza; dopo aver stabilito che cosa rappresenta il punto O di intersezione delle corde AC e BD, traccia la circonferenza di centro O e raggio pari alla metà della distanza fra le corde. In che relazione si trova quest'ultima circonferenza con le corde AB e CD?

62 Da un punto P esterno ad una circonferenza di centro C traccia le due tangenti e siano E ed F i punti di tangenza. Dimostra che la semiretta PC è asse di EF e che, detto T il suo punto di intersezione con la circonferenza oltre C, il triangolo ETF è isoscele. Presi quindi sulle semirette PE e PF due punti R ed S tali che $ER \cong FS$, dimostra che la retta PC è asse anche di RS.
(Suggerimento: applica il teorema delle tangenti condotte da un punto esterno)

es. 62

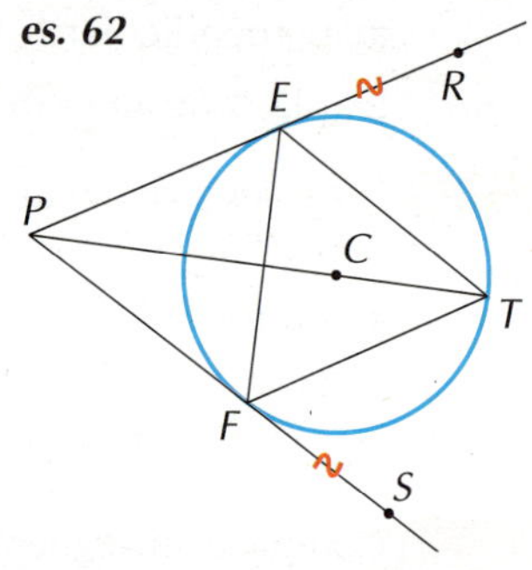

63 Da un punto P di una circonferenza di centro C traccia la retta r ad essa tangente; traccia poi un diametro qualsiasi AB e dai suoi estremi A e B le perpendicolari AH e BK a r. Dimostra che il triangolo CHK è isoscele.
(Suggerimento: traccia il raggio PC e considera il fascio di rette parallele che si è venuto in questo modo a determinare)

64 Considera i segmenti PA e PB delle tangenti condotte da un punto P esterno ad una circonferenza di centro C, in modo che l'angolo convesso $\widehat{BCA}$ sia congruente alla metà dell'angolo concavo $\widehat{BCA}$. A quale frazione dell'angolo piatto corrisponde l'angolo $\widehat{APB}$?

65 Per un punto A di una circonferenza di centro O conduci la retta tangente e prendi su di essa, da parti opposte rispetto ad A, due punti B e C tali che sia $BA \cong CA$. Le rette BO e CO incontrano la circonferenza in D e in E (oltre O). Dimostra che il quadrilatero $BCDE$ è un trapezio isoscele.

66 Da un punto P esterno ad una circonferenza di centro O traccia le rette ad essa tangenti e indica con A e B i punti di tangenza; traccia poi il diametro uscente da A e traccia la corda AB. Dimostra che:

a. l'angolo $\widehat{OAB}$ (oppure $\widehat{OBA}$) è la metà dell'angolo formato dalle tangenti

b. l'angolo $\widehat{PAB}$ è la metà dell'angolo $\widehat{AOB}$.

67 Sia $\widehat{AB}$ un arco di circonferenza di centro O, con $\widehat{AB}$ minore di una semicirconferenza; per un punto P di tale arco conduci la retta tangente alla circonferenza che interseca le tangenti in A e in B rispettivamente in M e in N. Dimostra che $\widehat{MON} \cong \frac{1}{2}\widehat{AOB}$. Se A e B sono gli estremi di un diametro, come sono le rette OM e ON?

68 È data la circonferenza di centro O e diametro AB; prolunga AB dalla parte di B di un segmento BC congruente al raggio. Per un punto D della tangente in B alla circonferenza traccia l'altra tangente. Detto E il punto di tangenza, dimostra che l'angolo $\widehat{ODC}$ è doppio dell'angolo $\widehat{EDO}$.

69 Sia AC una corda di una circonferenza di diametro AB e centro O; conduci per C la tangente r alla circonferenza e da O la parallela ad AC che incontra la retta r nel punto D. Dimostra che la retta DB è tangente alla circonferenza.

70 E' data una semicirconferenza di diametro AB e centro O. Prolunga il diametro dalla parte di B e su tale prolungamento considera un punto M; da M conduci la tangente MQ alla semicirconferenza e da Q la corda PQ parallela al diametro. Dimostra che l'angolo $\widehat{POQ}$ è doppio dell'angolo $\widehat{QMO}$.

71 Da un punto P esterno ad una circonferenza traccia due semirette secanti in modo che le corde AB e CD da esse individuate siano congruenti. Indicato con Q il punto di intersezione di AD con BC, dimostra che:

a. i triangoli ABC e ADC sono congruenti

b. il triangolo PAC è isoscele

c. PQ è asse del segmento AC.

72 Siano C e D due punti appartenenti ad un diametro di una circonferenza γ ed equidistanti dagli estremi del diametro stesso e sia t una qualunque retta tangente a γ. Dimostra che la somma delle distanze di C e D dalla retta t è congruente al diametro.

Circonferenze e circonferenze

73 **ESERCIZIO GUIDATO**

Due circonferenze sono tangenti internamente in P; dall'estremo A del diametro PA della circonferenza più esterna traccia le tangenti alla circonferenza interna; esse intersecano in B e C la tangente comune per P. Dimostra che il triangolo ABC è isoscele.

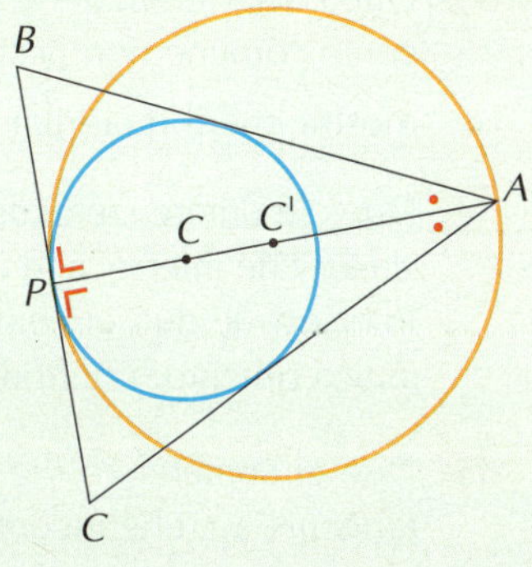

Scrivi le ipotesi e la tesi del teorema.

Hp. .... **Th.** ....

Per le proprietà delle rette tangenti $\widehat{BAP} \cong \widehat{CAP}$ e $BC \perp PA$.

I due triangoli rettangoli BAP e CAP sono quindi congruenti e perciò $AB \cong AC$. Il triangolo ABC è quindi isoscele.

74 Due circonferenze sono interne l'una all'altra; una retta t perpendicolare alla retta dei centri incontra la circonferenza minore in A e B e quella maggiore in C e D. Dimostra che i segmenti AC e BD sono congruenti.

75 Considera due circonferenze secanti e congruenti di centri C e C' ed una delle loro tangenti comuni. Siano A e B i punti di tangenza. Dimostra che il quadrilatero $CC'BA$ è un rettangolo.

76 Due circonferenze congruenti di centri O e O' sono tangenti esternamente; una retta parallela alla retta dei centri interseca la prima circonferenza in A e B, la seconda in C e D. Dimostra che i quadrilateri $OO'CA$ e $OO'DA$ sono rispettivamente un parallelogramma e un trapezio isoscele.

77 Date le rette r e s fra loro parallele, sia RS un segmento su r e PQ il suo corrispondente nella simmetria avente per asse la bisettrice della striscia definita dalle due parallele. Dopo aver evidenziato che PQ appartiene alla retta s, stabilisci come deve essere preso il segmento RS affinchè le circonferenze di diametri RS e PQ si intersechino in due punti distinti. Indicati con H e K tali punti, dimostra che HK appartiene alla bisettrice della striscia.

78 Date due circonferenze concentriche, sia P un punto della circonferenza più esterna. Le tangenti uscenti da P alla circonferenza più interna intersecano l'altra nei punti A e B. Dimostra che il triangolo APB è isoscele.

79 Due circonferenze concentriche hanno i raggi che sono uno il doppio dell'altro; per un punto A della circonferenza di raggio maggiore traccia le tangenti alla circonferenza ad essa interna e indica con B e C i punti di tangenza. Dimostra che il triangolo ABC è equilatero.

80 Due circonferenze γ e γ' rispettivamente di centri C e D sono tangenti esternamente in P; una retta per P incontra γ in A e γ' in B. Dimostra che le tangenti condotte per A alla circonferenza γ e per B alla circonferenza γ' sono parallele. La stessa proprietà vale anche se le circonferenze sono tangenti internamente?
(Suggerimento: i triangoli CAP e DPB sono isosceli ed hanno gli angoli ordinatamente congruenti, quindi i raggi CA e DB sono ....)

81 Disegna due circonferenze concentriche di centro C in cui un raggio è il doppio dell'altro; prendi un punto P sulla circonferenza più interna e traccia da P la retta ad essa tangente che interseca la circonferenza maggiore in R e in S; traccia infine il raggio CT della circonferenza maggiore che passa per P. Che tipo di quadrilatero è $CRTS$?

82 Due circonferenze tangenti esternamente si intersecano in P; traccia la tangente comune r passante per P e una delle altre tangenti comuni t; indica con A e B i punti di tangenza di t con le due circonferenze e con M il punto di intersezione di r con t. Dimostra che:

a. $AM \cong MB$

b. l'angolo $\widehat{OMO'}$ è retto, essendo O e O' i centri delle due circonferenze.

83 Due circonferenze γ e γ' di centri O e O' sono tangenti esternamente nel punto P. Condotta una tangente comune non passante per P indica con A e A' i punti di tangenza rispettivamente con γ e γ'. Dimostra che il quadrilatero $OO'A'A$ è un trapezio e che l'angolo $\widehat{APA'}$ è retto.

84 Due circonferenze di centri C e C' si intersecano nei punti A e B; conduci per A una retta secante qualsiasi r che interseca le due circonferenze in P e Q e la secante s che è parallela alla retta dei centri che interseca le due circonferenze in R e S. Dimostra che RS è maggiore di PQ.
(Suggerimento: confronta le due proiezioni del segmento CC' su r e su s)

85 Due circonferenze γ e γ' di centri rispettivamente C e C' si intersecano in S e T; da T traccia la retta tangente a γ che incontra γ' in F e la retta tangente a γ' che incontra γ in E. Dimostra che l'angolo formato dalle due tangenti è congruente alla somma degli angoli $\widehat{SET}$ e $\widehat{SFT}$.

86 È data una circonferenza di centro O ed un suo arco $\widehat{AB}$. Considera l'arco $\widehat{A'B'}$ corrispondente di $\widehat{AB}$ in una rotazione di centro O e ampiezza α e sia P il punto di intersezione delle rette AB e $A'B'$. Dopo aver specificato in quali condizioni il punto P esiste, dimostra che APB' è un triangolo isoscele.

es. 86

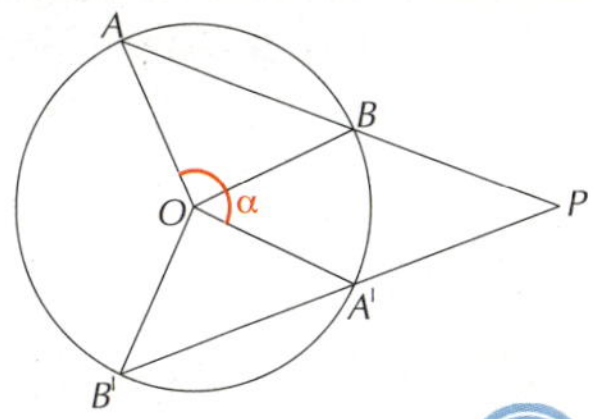

ANGOLI ALLA CIRCONFERENZA E ANGOLI AL CENTRO

teoria a pagina 103

Comprensione

SOLUZIONI ES. COMPRENSIONE

87 Dopo averne dato la definizione, indica quali fra i seguenti sono angoli alla circonferenza.

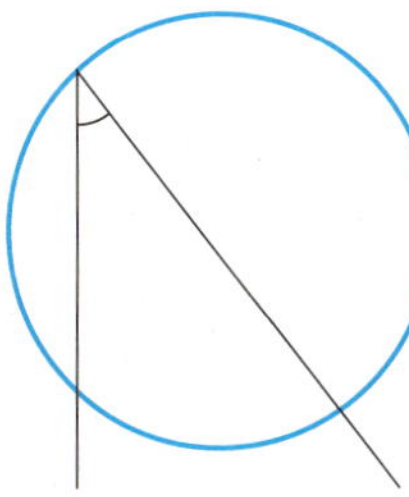

a.

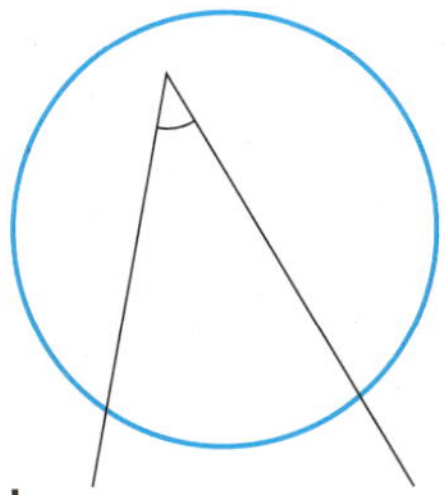

b.

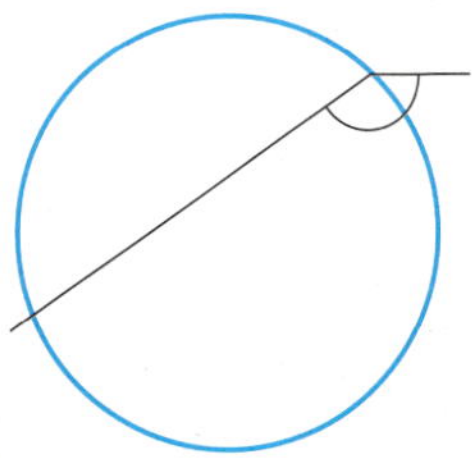

c.

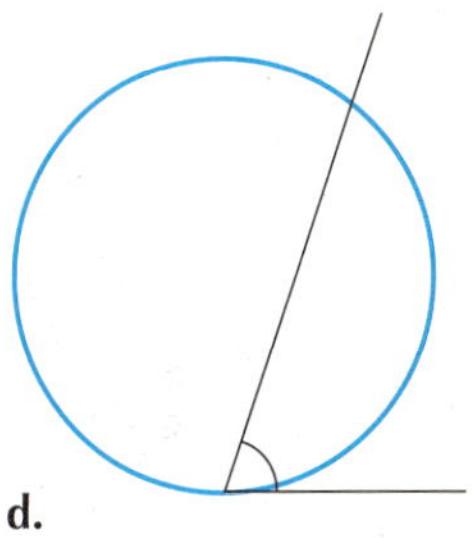

d.

88 Se α è un angolo alla circonferenza e β è il corrispondente angolo al centro, quale fra le seguenti relazioni è esatta?

a. $\alpha \cong \beta$ **b.** $\alpha \cong 2\beta$ **c.** $\beta \cong 2\alpha$ **d.** $\beta \cong 180° - \alpha$

89 Barra vero o falso.

a. Ogni angolo alla circonferenza ha un solo angolo al centro corrispondente. V F

b. Ogni angolo al centro ha un solo angolo alla circonferenza corrispondente. V F

c. Angoli alla circonferenza che insistono su archi congruenti sono congruenti. V F

d. Se un angolo alla circonferenza è retto, i punti in cui i suoi lati intersecano la circonferenza sono diametralmente opposti. V F

90 Nella figura a lato A, B, C e D sono punti della circonferenza e BP è tangente alla circonferenza; si può dire che:

a. gli angoli $\widehat{ACB}$ e $\widehat{DCB}$ insistono sullo stesso arco e sono quindi congruenti V F

b. se gli archi $\widehat{AB}$ e $\widehat{BC}$ sono congruenti, allora $\widehat{ADB} \cong \widehat{BDC} \cong \widehat{ACB} \cong \widehat{BAC}$ V F

c. gli angoli $\widehat{PBC}$ e $\widehat{ACB}$ insistono sullo stesso arco e quindi sono congruenti V F

d. $\widehat{PBC} \cong \widehat{BAC} \cong \widehat{BDC}$ perché insistono tutti sull'arco $\widehat{BC}$ V F

es. 90

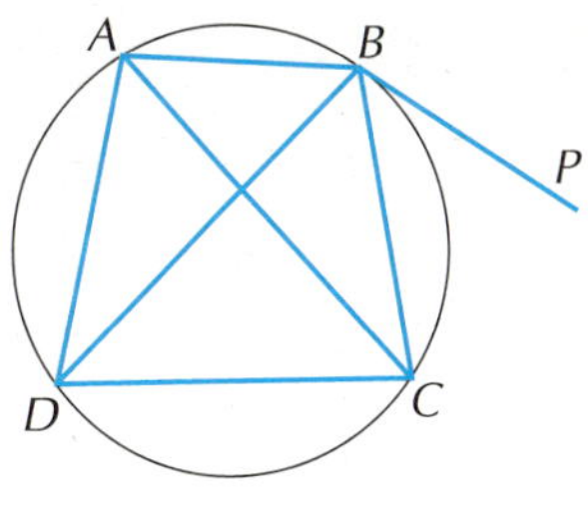

es. 91

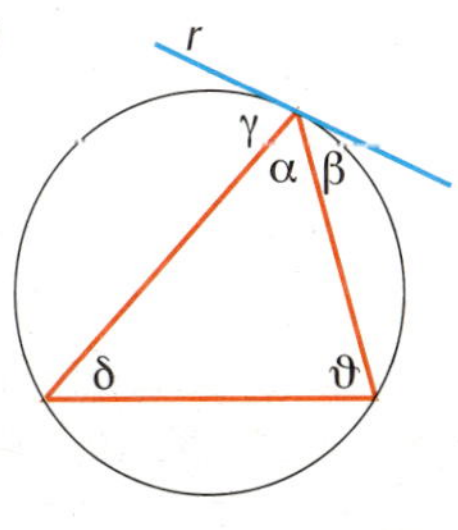

91 Relativamente alla figura dove la retta r è tangente alla circonferenza, quali delle seguenti relazioni sono vere?

a. $\alpha \cong \beta$ **b.** $\delta \cong \beta$ **c.** $\gamma \cong \delta$

d. $\gamma \cong \vartheta$ **e.** $\beta \cong \gamma$ **f.** $\vartheta \cong \beta$

92 E' dato un triangolo ABC rettangolo in A; esiste sempre una circonferenza che passa per A ed ha per diametro BC. Stabilisci se questa affermazione è vera o falsa motivando la risposta.

Applicazione

93 Due corde AB e CD di una circonferenza si intersecano in P. Dimostra che i triangoli PAC e PBD hanno gli angoli ordinatamente congruenti.

94 Due circonferenze sono tangenti internamente in A. Dall'estremo B del diametro della circonferenza esterna conduci la tangente BC alla circonferenza interna che incontra in D la circonferenza esterna. Dimostra che l'angolo $\widehat{BAC}$ è congruente all'angolo $\widehat{CAD}$.

95 Dato un triangolo qualunque, traccia la circonferenza che ha per diametro uno dei suoi lati. Dimostra che i piedi delle altezze relative agli altri lati appartengono a tale circonferenza.

96 Dato un segmento AB, qual è il luogo dei punti F tali che l'angolo $\widehat{AFB}$ è retto?

97 In un triangolo ABC traccia le altezze AM relativa al lato BC e BL relativa al lato AC. Dimostra che i punti A, B, M, L, giacciono sulla stessa circonferenza.
(Suggerimento: i triangoli ALB e AMB sono rettangoli, quindi ....)

98 Due circonferenze congruenti si intersecano nei punti R ed S; traccia da R una retta qualsiasi che intersechi ulteriormente le due circonferenze in P e Q. Dimostra che il triangolo SPQ è isoscele.
(Suggerimento: considera gli angoli alla circonferenza di vertici P e Q)

es. 98

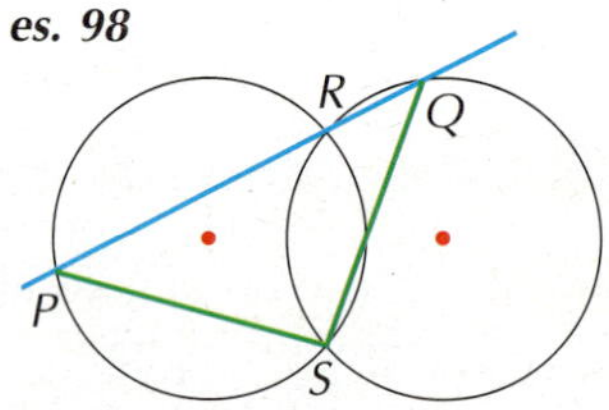

99 Due circonferenze sono tangenti internamente e quella più interna passa per il centro C di quella più esterna. Dal punto P di tangenza conduci una semiretta che incontra la circonferenza maggiore in R e quella minore in Q. Dimostra che $PR \cong 2PQ$.

es. 99

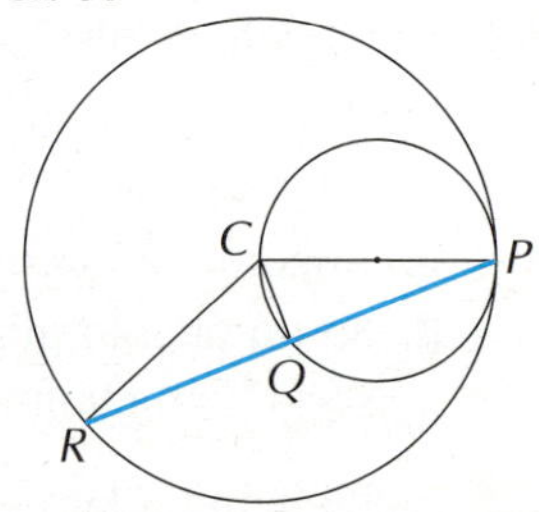

100 Considera un punto P su una circonferenza di diametro AB e centro O. Traccia i segmenti PA, PB e la semiretta PO di origine P che incontra ulteriormente la circonferenza in D. Posto $\widehat{PAB} = \alpha$, esprimi in funzione di α gli angoli della figura. Come sono i segmenti AP e BD?

101 **ESERCIZIO GUIDATO**

AB e CD sono due corde perpendicolari di una circonferenza. Dimostra che la somma di due archi non consecutivi individuati da tali corde è congruente alla somma degli altri due.

Hp. $AB \perp CD$

Th. $\widehat{AD} + \widehat{BC} \cong \widehat{AC} + \widehat{BD}$

Considera allora gli angoli alla circonferenza che insistono sui quattro archi:

per gli archi AD e BC : $\widehat{ACD} + \widehat{CAB} =$ ....

per gli archi AC e BD : $\widehat{CBA} + \widehat{BCD} =$

La somma degli angoli al centro corrispondenti è quindi un angolo piatto e perciò ....

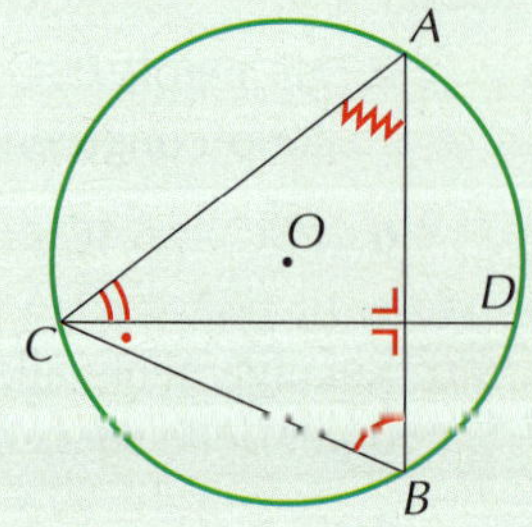

102 PQ e RS sono due corde parallele di una circonferenza. Indicato con O il punto di intersezione di QS con PR, dimostra che sono congruenti i triangoli PRS e QRS, PRQ e PSQ. Che tipi di triangoli sono OPQ e ORS?

103 Dimostra che, se in una circonferenza due corde fra loro congruenti AB e DE si intersecano in un punto R, esse sono simmetriche rispetto alla retta del diametro che passa per R.

104 Siano $\overset{\frown}{AB}$ e $\overset{\frown}{DE}$ due archi congruenti di una circonferenza. Dimostra che il quadrilatero $ABDE$ (oppure $ABED$ a seconda di come hai disposto le lettere) è un trapezio isoscele.

105 Su uno dei due archi $\overset{\frown}{AB}$ di una circonferenza fissa un punto P; traccia la semiretta AP di origine A e prendi su di essa un punto S esterno alla circonferenza. Dimostra che l'angolo $\widehat{SPB}$ è costante al variare di P sulla circonferenza.

106 Su una circonferenza di diametro AB considera un punto C in modo che l'angolo $\widehat{CAB}$ sia doppio dell'angolo $\widehat{CBA}$. Dimostra che la corda AC è congruente al raggio della circonferenza.

107 Su una circonferenza di centro C prendi tre punti A, B, D in modo che $AB \cong AD \cong BD$. Traccia il diametro AE uscente da A e dimostra che il triangolo CBE è equilatero e che ammette la retta BD come asse di simmetria.

108 Due circonferenze congruenti si intersecano in A e B; la retta dei centri interseca la prima circonferenza in P e Q, la seconda in R e S (i punti si susseguono in questo ordine: P, R, Q, S). Dimostra che i quadrilateri $APBS$ e $ARBQ$ sono dei rombi.

109 Traccia la bisettrice dell'angolo di vertice B di un triangolo rettangolo ABC di ipotenusa BC e sia F l'intersezione fra la bisettrice ed il lato AC. Considera la circonferenza di diametro BF e chiama P il suo ulteriore punto di intersezione con l'ipotenusa. Dimostra che esiste una circonferenza di centro F che è tangente al cateto AB e all'ipotenusa BC; qual è il raggio di tale circonferenza?
(Suggerimento: traccia il segmento PF e considera che anche l'angolo $\widehat{BPF}$ è retto perché ....)

es. 109

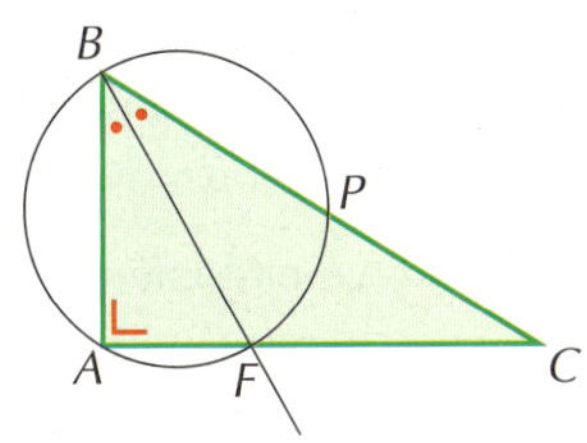

110 Sia C un punto di una semicirconferenza di diametro AB. Sulla semiretta AC di origine A prendi un punto D in modo che sia $CD \cong BC$; sulla semiretta BC di origine B prendi un punto E in modo che sia $CE \cong AC$. Dimostra che il quadrilatero $ABDE$ è un trapezio isoscele.

111 Due circonferenze congruenti si intersecano nei punti A e B e il centro di ognuna di esse appartiene all'altra circonferenza; traccia per A una secante che incontra ulteriormente le due circonferenze in C e in D. Dimostra che il triangolo BCD è equilatero.

112 Due circonferenze si intersecano in P e in Q; siano PR e PS i diametri delle due circonferenze. Dimostra che i punti R, Q, S sono allineati.
(Suggerimento: i triangoli PQS e PQR sono inscritti ciascuno in una semicirconferenza quindi ....)

113 Due circonferenze congruenti si intersecano in P e Q; traccia per P la retta tangente ad una delle circonferenze ed indica con R l'ulteriore punto di intersezione con l'altra circonferenza. Dimostra che gli angoli $\widehat{RPQ}$ e $\widehat{PRQ}$ sono congruenti.
(Suggerimento: l'angolo $\widehat{RPQ}$ ha un lato tangente ed un lato secante alla circonferenza di centro C ed insiste quindi sull'arco ....; l'angolo $\widehat{PRQ}$ insiste sull'arco ...., quindi ....)

es. 113

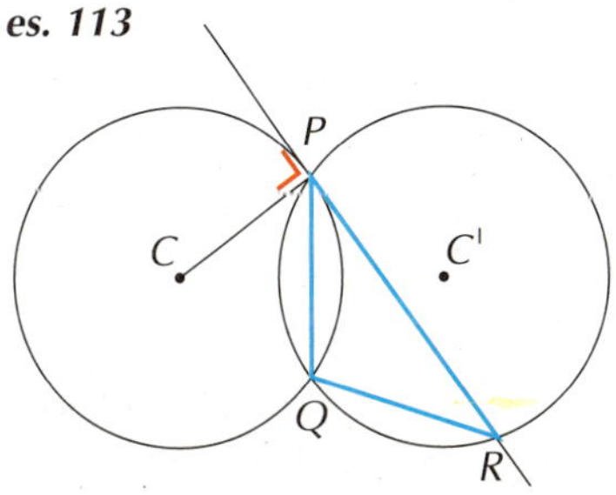

114 Data una corda AE di una circonferenza, considera un triangolo isoscele AEV contenente il centro della circonferenza ed avente il vertice V esterno al cerchio. Indicati con B e D i punti di intersezione dei lati VA e VE con la circonferenza, dimostra che le corde BE ed AD sono congruenti e che $VB \cong VD$.

115 **ESERCIZIO GUIDATO**

Due corde AB e AC escono da uno stesso punto A di una circonferenza. Da A traccia la corda AD, bisettrice dell'angolo da esse formato e dal punto D traccia la corda DE parallela ad AC. Dimostra che:

a. $\widehat{EAD} \cong \widehat{BDA}$

b. il quadrilatero $BEAD$ è un trapezio isoscele.

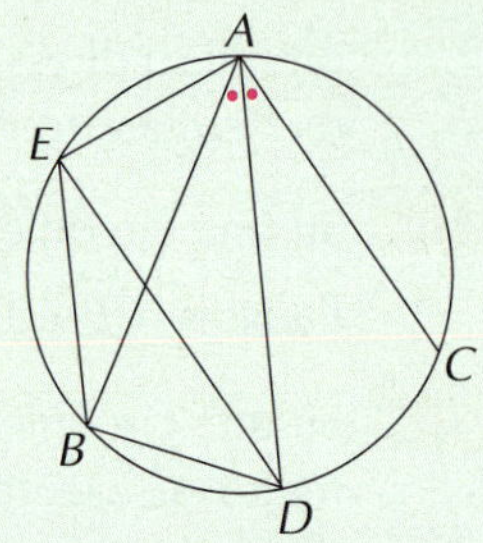

a. $\widehat{ADE} \cong \widehat{DAC}$ perché ....

$\widehat{BDE} \cong$ .... perché ....

b. $\widehat{EBA} \cong \widehat{EDA}$ perché ...., quindi le rette BE e AD sono ....

e, tenendo presente quanto dimostrato al punto **a.**, puoi concludere che

....

116 Due circonferenze γ e γ' sono tangenti esternamente in S. Una prima secante condotta da S interseca γ in A e γ' in B; una seconda secante interseca γ in C e γ' in D. Dimostra che la retta CA è parallela alla retta BD.

117 Due circonferenze congruenti si intersecano in A e B; una retta r passante per A interseca la prima in P e la seconda in Q; la parallela a r passante per B interseca la prima in R e la seconda in S. Dimostra che $AQ \cong BR$ e che $AP \cong BS$.

118 Due circonferenze γ e γ' sono tangenti internamente in A; conduci per A una retta secante le due circonferenze in P e P'. Dimostra che le due rette tangenti in P e P' sono parallele.

Esercizi per lo sviluppo delle competenze

1 **ESERCIZIO GUIDATO**

Da un punto P esterno ad una circonferenza γ di centro O, traccia una semiretta che incontra la circonferenza in A e B (con A più vicino a P). Qual è il luogo dei punti medi dei segmenti PB? Qual è il luogo dei punti medi dei segmenti PA?

Osserva la prima delle figure a lato: indicato con C il punto medio del segmento PO e con M il punto medio del segmento PB, per il teorema della corrispondenza di Talete si ha che $CM \cong \frac{1}{2} OB$, quindi il luogo cercato è la circonferenza ....

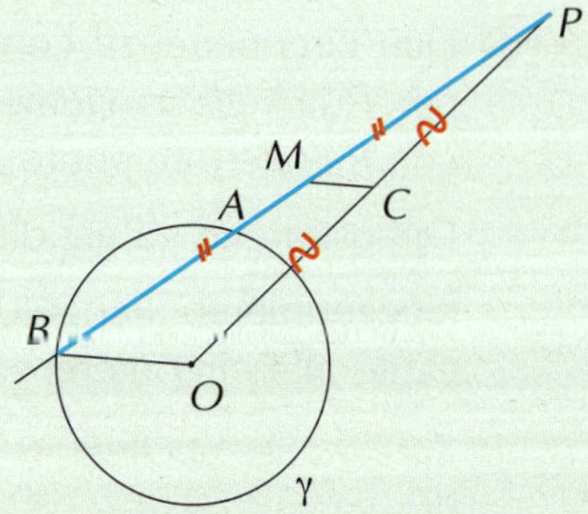

Considera adesso la seconda figura: indicato ancora con C il punto medio del segmento PO e con M il punto medio del segmento PA, si ha che $CM \cong$ ....; il luogo cercato è quindi la circonferenza ....

I due luoghi coincidono.

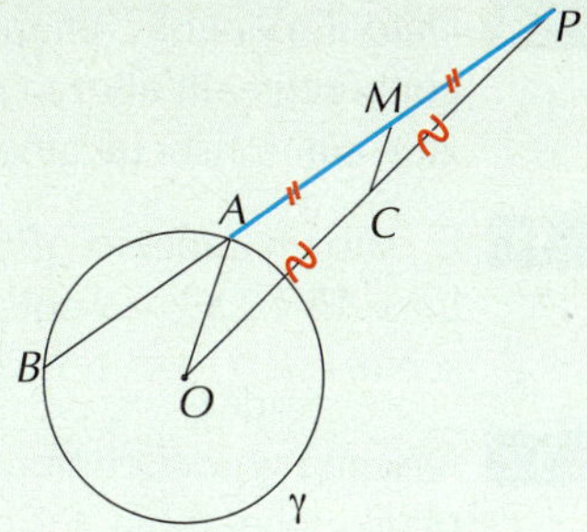

2 Considera l'insieme delle corde che passano per un punto P interno ad una circonferenza γ; qual è il luogo dei loro punti medi?

3 Considera un arco $\widehat{AB}$ di una circonferenza di centro C, traccia da B la retta tangente t e sia D il punto in cui essa interseca la retta CA e K un punto di t da parte opposta a D rispetto a B. Indica con H il piede della perpendicolare condotta da B alla retta CD. Dimostra che BA biseca l'angolo $\widehat{HBD}$ oppure l'angolo $\widehat{HBK}$ a seconda che l'arco $\widehat{AB}$ sia minore o maggiore di un quarto di circonferenza.

4 Un angolo ha il vertice B su una circonferenza ed i lati ad essa secanti; indicato con D il punto di intersezione della bisettrice di tale angolo con la circonferenza, traccia per D la retta tangente alla circonferenza che incontra uno dei lati dell'angolo in E e l'altro in F e supponi che sia $BD \cong EB$. Indicato con V il punto di intersezione di BF con la circonferenza, dimostra che $BV \cong EB$.

5 Data una circonferenza di centro O e un angolo alla circonferenza $\widehat{ABC}$, sia BP la bisettrice dell'angolo $\widehat{ABC}$; da P traccia la parallela alla corda AB. Dimostra che se tale parallela passa per O, i punti B e C sono allineati con O.

6 Due circonferenze γ e γ' di centro O e O' sono tangenti esternamente in P; sia A un punto di γ e sia A' il punto di intersezione della retta AP con la circonferenza γ'. Di che natura è il quadrilatero $AOA'O'$? In quale caso tale quadrilatero diventa un parallelogramma?

7 Considera una circonferenza γ e un punto R interno al cerchio da essa delimitato. Conduci per R una corda AB e traccia le due rette tangenti a γ in A e B che si intersecano in P. Come si deve condurre AB in modo che l'angolo $\widehat{APB}$ abbia la massima ampiezza?

8 Internamente al quadrato $ABCD$ traccia l'arco di circonferenza di centro A e raggio AB; preso un punto P su tale arco, conduci per esso la retta tangente che interseca il lato BC in R e il lato DC in S. Dimostra che il perimetro del triangolo CSR è congruente al doppio del lato del quadrato.

9 **ESERCIZIO GUIDATO**

La proprietà che un angolo al centro in una circonferenza è congruente al doppio del corrispondente angolo alla circonferenza si può dimostrare anche in modo diverso da quello seguito nel testo. Facendo riferimento alla figura, completa la dimostrazione che segue.

Consideriamo le due simmetrie assiali di assi t, asse del segmento AV, e t', asse del segmento VB. In queste trasformazioni avremo che:

$\sigma_t(A) =$ .... $\qquad \sigma_{t'}(V) =$ ....

Il prodotto di due simmetrie assiali con gli assi incidenti equivale ...

Osserva poi che l'angolo $\widehat{tt'}$ è congruente a ...., quindi ....

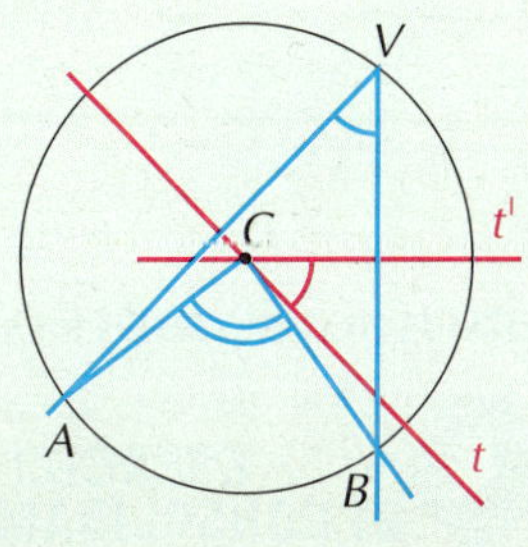

10 Dato il triangolo rettangolo ABC di ipotenusa BC, traccia la circonferenza avente centro in A e raggio congruente all'altezza AH relativa all'ipotenusa. Da B e da C conduci le rette tangenti alla circonferenza e siano rispettivamente R ed S i punti di contatto. Dimostra che RS è un diametro.

11 E' dato un trapezio $ABCD$ rettangolo in A e D nel quale l'altezza AD è congruente alla somma delle due basi AB e DC; sia poi P il punto medio del lato BC. Dimostra che il triangolo PAD è rettangolo e isoscele.

12 Disegna una circonferenza, prendi un punto V su di essa e disegna un angolo alla circonferenza $\widehat{RVP}$ ottuso, che abbia VR come lato secante e VP come lato tangente; prendi un punto T su VP in modo che $VT \cong VR$ e traccia il segmento TR che incontra la circonferenza in S. Dimostra che $\widehat{VST} \cong \widehat{RVP}$.

IL CAPITOLO SI COMPLETA CON:

ESERCIZI DI CONSOLIDAMENTO

VERIFICA INTERATTIVA

Test Finale

1 Sono dati tre punti A, B e C; completa le seguenti proposizioni:

a. esiste una circonferenza che ha centro in C e passa per A e B se ....

b. esiste una sola circonferenza che passa per A e per B se ....

c. non esiste alcuna circonferenza che passa per A, B e C se ....

d. tracciati i segmenti AB e BC e supposto che non siano adiacenti, il centro della circonferenza che passa per A, B e C si trova ....

1 punto

2 In una circonferenza di centro O sono date due corde congruenti PQ avente punto medio M e RS avente punto medio N (i punti si succedono nell'ordine P, Q, R, S). Completa le seguenti proposizioni:

a. $\widehat{PSQ} \cong$ ....

b. la retta OM è perpendicolare a PQ e anche a RS solo se ....

c. il segmento MN passa per il centro se ....

d. PR è perpendicolare a RS se ....

1 punto

3 Data una circonferenza γ di centro O, siano r una retta tangente a γ in un punto A e s una retta tangente a γ in un punto B; si può dire che:

a. A è il punto medio di uno degli archi individuati da qualsiasi corda parallela a r V F

b. se le due rette si intersecano in P, i segmenti PA e PB sono congruenti V F

c. se le due rette sono parallele, A e B sono gli estremi di un diametro V F

d. la corda AB è bisettrice dell'angolo $\widehat{OAP}$. V F

1 punto

4 Completa le seguenti proposizioni circa le posizioni relative di due circonferenze γ e γ' di centri C e C' e raggi r e r':

a. se $CC' \cong r + r'$ allora γ e γ' sono ....

b. se $CC' < r + r'$ e $CC' > r - r'$ allora γ e γ' sono ....

c. se $CC' \cong r - r'$ allora γ e γ' sono ....

d. se CC' è il segmento nullo allora γ e γ' sono ....

1 punto

5 Su una circonferenza di centro O sono fissati nell'ordine tre punti A, B e C; quali di queste affermazioni sono vere?

a. $\widehat{ABC} \cong 2\widehat{AOC}$ **b.** $\widehat{AOB} \cong 2\widehat{ACB}$ **c.** $\widehat{BAC} \cong \frac{1}{2}\widehat{BOC}$ **d.** $\widehat{ABC} \cong \frac{\pi}{2}$ se $O \in AC$

1 punto

6 Congiungendo il punto S esterno ad una circonferenza γ con l'estremo A di un suo diametro (S non appartiene alla retta del diametro), si ha che il segmento SA è diviso in parti congruenti dal punto P di intersezione con γ. Dimostra che, indicato con B l'altro estremo del diametro, il triangolo SAB è isoscele di base AS.

1,5 punti

7 Prolunga il diametro AB di una circonferenza di centro O di due segmenti congruenti AP e BT; traccia poi da P una semiretta che interseca la circonferenza in C e D (con C più vicino a P) e prendi su di essa un punto Q oltre D in modo che sia $DQ \cong PC$. Dimostra che il triangolo PQT è rettangolo.

1,5 punti

8 E' data una semicirconferenza di centro O e diametro AB e sia OC il raggio perpendicolare al diametro; per un punto P appartenente all'arco AC conduci la retta t tangente alla semicirconferenza che incontra la retta OC in Q. Dimostra che l'angolo $\widehat{OQP}$ è il doppio dell'angolo $\widehat{OPB}$.

2 punti

Soluzioni

1 **a.** $CA \cong CB$, **b.** AB è il diametro, **c.** A, B e C sono allineati, **d.** intersecando gli assi dei due segmenti

2 **a.** $\widehat{RPS}$, $\widehat{PRQ}$, $\widehat{SQR}$, **b.** $PQ \parallel RS$, **c.** $PQ \parallel RS$, **d.** PS è un diametro

3 **a.** V, **b.** V, **c.** V, **d.** F

4 **a.** tangenti esternamente, **b.** secanti, **c.** tangenti internamente, **d.** concentriche

5 **a.** F, **b.** V, **c.** V, **d.** V

6

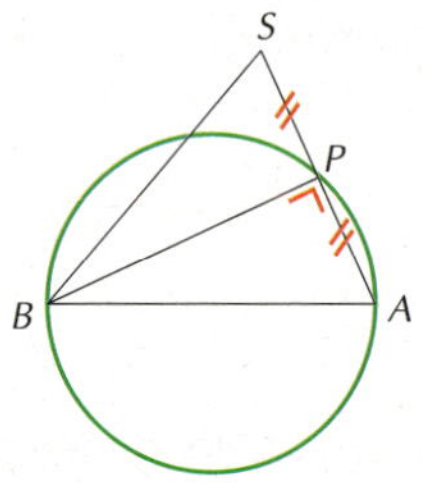

L'angolo $\widehat{APB}$ è retto perché AB è un diametro; nel triangolo ABS, PB è altezza e mediana e quindi il triangolo è isoscele sulla base AS.

7

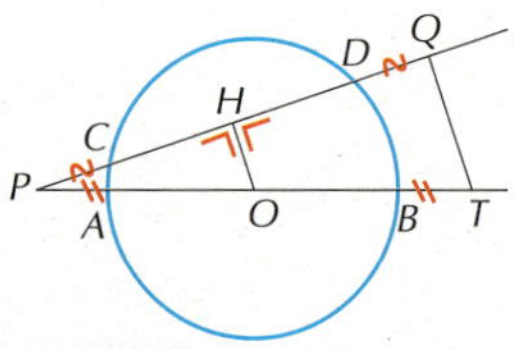

Indicato con H il punto medio di CD, si ha che $OH \perp CD$; inoltre $PH \cong HQ$ e $PO \cong OT$, quindi $HO \parallel QT$ per il teorema di Talete; quindi $QT \perp PQ$.

8

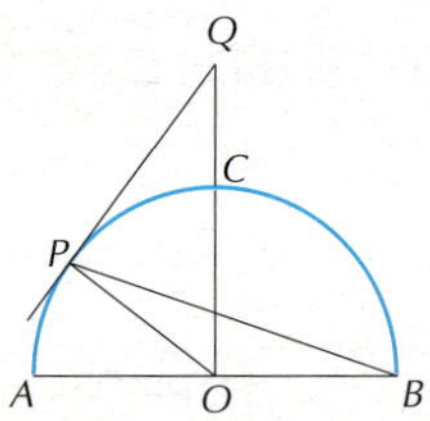

Posto $\widehat{OPB} = \alpha$ e considerato il triangolo OPB si ha che $\widehat{OBP} = \alpha$, $\widehat{POB} = \pi - 2\alpha$ e quindi, essendo $OQ \perp AB$, $\widehat{POQ} = \frac{\pi}{2} - 2\alpha$.

Essendo $PQ \perp OP$, si ha poi che $\widehat{PQO} = 2\alpha$.

Esercizio	1	2	3	4	5	6	7	8	
Punteggio									

Valutazione in decimi

MATEMATICA & SCIENZE

Il ghepardo e la gazzella

Quando un animale va a caccia, istintivamente insegue la sua preda tenendo lo sguardo costantemente fisso su di lei, in modo da poter cambiare rapidamente direzione in conseguenza di ogni spostamento della preda; lo si vede bene in molti documentari girati nelle savane africane quando per esempio un ghepardo insegue una gazzella.
Gli animali non sanno nulla sulle circonferenze e i cerchi, eppure ....
Supponiamo per semplificare le cose che la gazzella, nella sua fuga, stia seguendo una traiettoria che descrive un arco di circonferenza e che il ghepardo si trovi al centro di questa circonferenza; mentre la gazzella si muove (i punti in rosso nella ***figura***), il ghepardo, per poterla raggiungere, cambia ad ogni istante la sua traiettoria e segue anche lui una traiettoria circolare (i punti in blu nella stessa figura) che ha per diametro il raggio della traiettoria seguita dalla gazzella.
Sai dire in quale punto il ghepardo raggiungerà la gazzella?

Il moto circolare: la forza centripeta

In fisica si parla di moto circolare quando un punto materiale si muove lungo una circonferenza. Ne puoi avere un esempio legando una pallina con un filo inestensibile e facendola ruotare tenendo un capo del filo con una mano, oppure osservando la ruota panoramica in un luna park.
In questo tipo di moto la velocità, essendo tangente alla traiettoria, cambia continuamente direzione; ma una velocità varia se esiste una accelerazione, che, nel caso del moto circolare uniforme, in cui la velocità è costante in modulo, proprio come un cd che gira attorno al suo centro, è diretta verso il centro della circonferenza.
I principi della dinamica ci dicono che, se esiste un'accelerazione, esiste anche una forza con la stessa direzione e verso dell'accelerazione. Questa forza si chiama *forza centripeta*.
Che cosa succede se improvvisamente il filo si rompe e la forza centripeta cessa di esistere?
Descrivi la traiettoria seguita dalla pallina nell'istante in cui abbandona la traiettoria circolare.

ULTERIORI COLLEGAMENTI

MATEMATICA DELLA VITA QUOTIDIANA

Lo spirograph

Lo spirograph è un gioco che permette di costruire disegni decorativi utilizzando delle sagome di forma circolare; basta un foglio di carta, delle matite colorate ben appuntite e un po' di fantasia per creare immagini molto piacevoli.

La strumentazione di questo gioco consiste in un insieme di anelli di forma circolare, di barre e di una serie di cerchi più piccoli, tutti dentellati e in grado di scorrere uno sull'altro (***figura 1***).

Figura 1

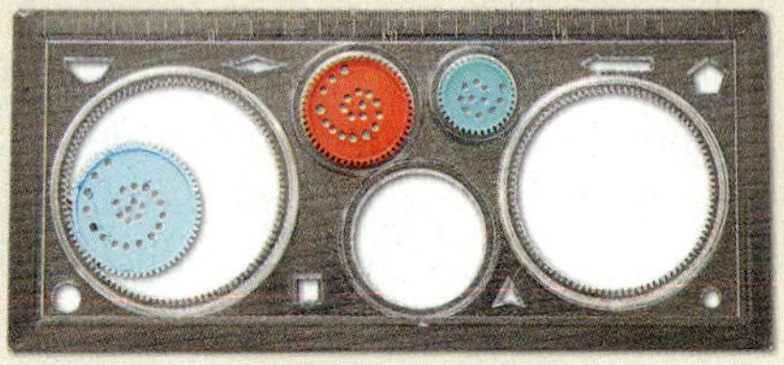

Dopo aver posizionato uno degli ingranaggi all'interno dell'anello come in figura, si inserisce una matita colorata in uno dei fori e si inizia a farlo girare facendo scorrere i denti uno sull'altro. Le figure che si ottengono (***figura 2***) sono generate da curve particolari che vengono chiamate **ipotrocoidi** e **epicicloidi**.

I nomi sembrano degli scioglilingua ma si tratta di curve che hanno origine sempre da cerchi che si muovono: una ipotrocoide è la curva generata da un punto che si trova a una certa distanza dal centro di una circonferenza che ruota all'interno di un'altra; una epicicloide è la curva generata da un punto di una circonferenza che rotola su un'altra circonferenza (***figura 3***).

Figura 2

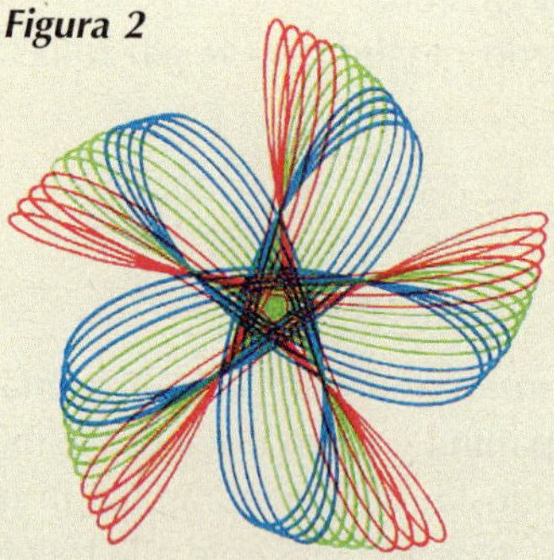

Figura 3

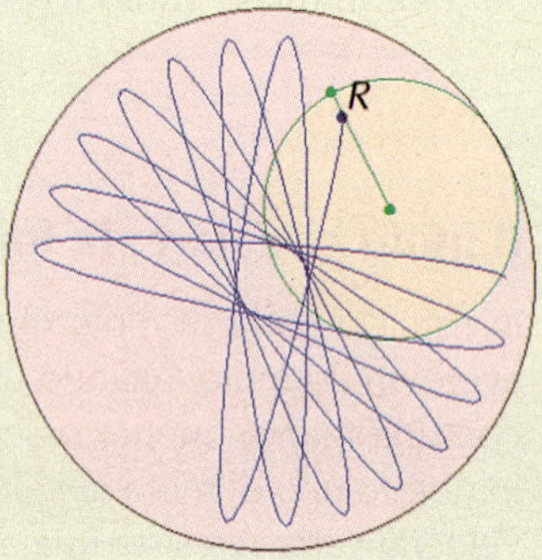

Oltre a generare disegni piacevoli, questo genere di curve si ritrovano, anche se non ce ne accorgiamo, in molte attività della nostra vita. Per esempio quando andiamo in bicicletta. Prova a fissare con del nastro adesivo un piccolo cerchio rosso ben visibile sulla ruota di una bicicletta.

Mentre qualcuno pedala, fissa il tuo sguardo sul cerchio e segui il suo movimento; quello che "vedi" è la traccia lasciata da questo cerchio mentre la ruota gira (***figura 4***). Questa curva si chiama **cicloide**.

Figura 4

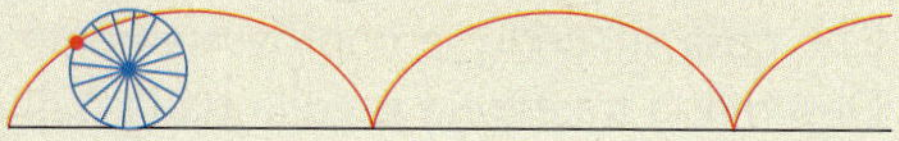

1. Digitando in un motore di ricerca *curve celebri*, cerca in internet informazioni sulle curve che si possono costruire mediante un cerchio. Troverai nomi come epitrocoide, lumaca di Pascal, chiocciola di Pascal, lemniscata di Bernoulli, cardioide, nefroide, rosa di Grandi.
2. Sempre ricercando in rete, individua le caratteristiche di ciascuna delle curve precedenti e come esse si possono ottenere mediante opportune rotazioni che si servono anche di cerchi.

ULTERIORI COLLEGAMENTI

gare di matematica

ULTERIORI GARE

1 Siano A, B, C tre punti su una circonferenza di centro O. Sia D un punto esterno alla circonferenza, situato sulla retta AB dalla parte di B. Sapendo che $\widehat{CBD} = 72°$, quanto misura l'angolo $\widehat{AOC}$?

a. 135° **b.** 144° **c.** 153° **d.** 162° **e.** 171° [b.]

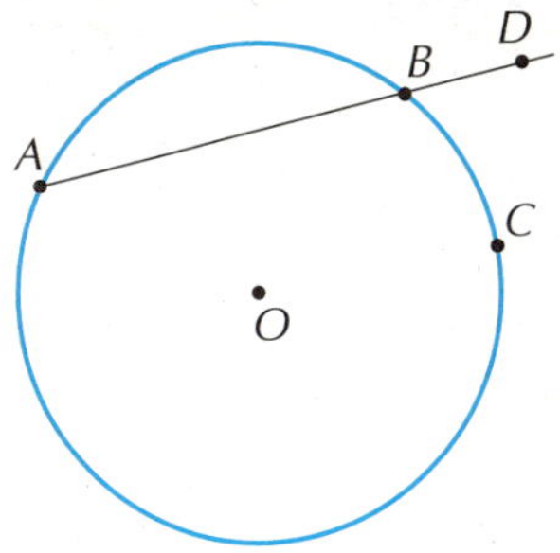

2 Una moneta d'oro è circondata da quattro monete d'argento uguali fra loro. Ogni moneta d'argento è tangente alla moneta d'oro e a due monete d'argento. Trova il rapporto tra il raggio della moneta d'oro e quello delle monete d'argento.

a. $\frac{1}{4}$ **b.** $\sqrt{2}-1$ **c.** $\frac{1}{2}$ **d.** $\frac{\sqrt{2}}{2}$ **e.** 1 [b.]

3 Sia data una stella a cinque punte inscritta in una circonferenza. Quanto vale la somma degli angoli con vertici nelle punte della stella?

a. 100° **b.** 150°
c. 180° **d.** 200°
e. i dati a disposizione sono insufficienti. [c.]

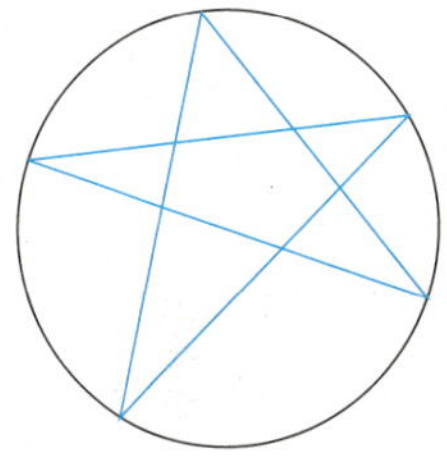

Math in English

Theory on page 106

CLIL

1 Let P be a point on the circumference of a circle. Perpendiculars PA and PB are drawn to points A and B on two mutually perpendicular diameters. If $AB = 36$ inches, what is the diameter of the circle?

a. 8 in **b.** 16 in **c.** 24 in
d. 36 in **e.** 72 in [e.]

ex. 2

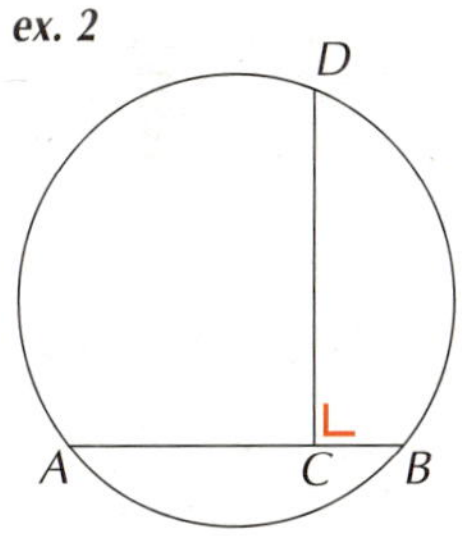

2 In the figure shown, $AB \perp CD$. Which of the following is true?

1. $\widehat{AD} \cong \widehat{AB}$ **2.** $\widehat{BD} \cong \widehat{AB}$ **3.** $AC \cong CD$

a. 1. **b.** 2. **c.** 3.
d. 1., 2., 3. **e.** none of these [e.]

ex. 3

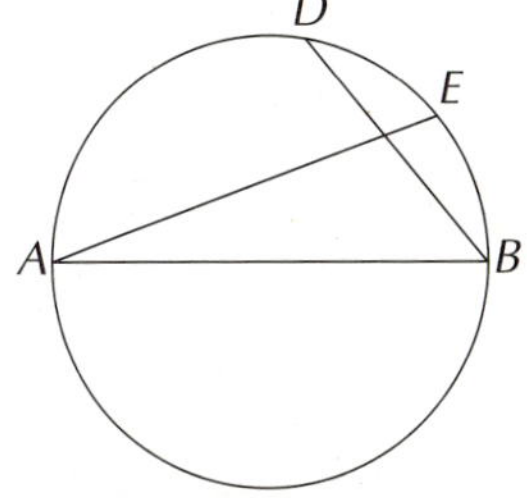

3 In the figure shown, AB is a diameter of the circle. If $\widehat{A} = 20°$ and $\widehat{B} = 50°$, what is the measure of the arc $\widehat{DE}$?

a. 60° **b.** 55° **c.** 25°
d. 40° **e.** 30°

("measure of the arc DE" is the measure of the central angle which subtends $\widehat{DE}$) [d.]

MORE EXERCISES

ESERCIZI CAPITOLO 7

I poligoni e la circonferenza

Poligoni inscritti e poligoni circoscritti

teoria a pagina 109

Comprensione

SOLUZIONI ES. COMPRENSIONE

1 Di un poligono si sa che le bisettrici dei suoi angoli si intersecano tutte in un punto P; una sola delle seguenti affermazioni è esatta, individuala motivando la scelta:

a. il poligono è inscrittibile in una circonferenza che ha centro in P
b. il poligono è circoscrittibile ad una circonferenza di centro non precisato
c. il poligono è circoscrittibile ad una circonferenza di centro P
d. il poligono è sia inscrittibile che circoscrittibile ad una circonferenza di centro P.

2 Un quadrilatero $ABCD$ è inscritto in una circonferenza; indica quali, fra le seguenti situazioni, sono compatibili con questa caratteristica:

a. $\widehat{A} = 85°$ $\widehat{B} = 78°$ $\widehat{C} = 95°$ $\widehat{D} = 102°$
b. $\widehat{A} = 45°$ $\widehat{B} = 128°$ $\widehat{C} = 84°$ $\widehat{D} = 103°$
c. $\widehat{A} = 165°$ $\widehat{B} = 15°$ $\widehat{C} = 90°$ $\widehat{D} = 90°$
d. $\widehat{A} = 115°$ $\widehat{B} = 120°$ $\widehat{C} = 65°$ $\widehat{D} = 60°$.

3 Per stabilire se un quadrilatero è inscrittibile in una circonferenza si può:

a. verificare che gli assi dei suoi lati si incontrino nello stesso punto V F
b. verificare che le bisettrici dei suoi angoli si incontrino nello stesso punto V F
c. verificare che abbia gli angoli opposti supplementari V F
d. verificare che abbia i lati a due a due paralleli. V F

4 Un quadrilatero $ABCD$ è circoscritto ad una circonferenza; indica quali, fra le seguenti situazioni, sono compatibili con questa caratteristica:

a. $\overline{AB} = 15$ $\overline{BC} = 25$ $\overline{DC} = 30$ $\overline{AD} = 20$
b. $\overline{AB} = 36$ $\overline{BC} = 28$ $\overline{DC} = 30$ $\overline{AD} = 34$
c. $\overline{AB} = 14$ $\overline{BC} = 18$ $\overline{DC} = 32$ $\overline{AD} = 26$
d. $\overline{AB} = 12$ $\overline{BC} = 29$ $\overline{DC} = 22$ $\overline{AD} = 13$.

5 Per stabilire se un quadrilatero è circoscrittibile ad una circonferenza si può:

a. verificare che gli assi dei suoi lati si incontrino nello stesso punto V F
b. verificare che le bisettrici dei suoi angoli si incontrino nello stesso punto V F
c. verificare che la somma di due lati opposti sia congruente alla somma degli altri due V F
d. verificare che la somma di due lati consecutivi sia congruente alla somma degli altri due. V F

6 Un quadrilatero è inscrittibile in una circonferenza γ e circoscrittibile a una circonferenza γ'. Di esso si può dire che:

a. è un parallelogramma **b.** è un rombo **c.** è un quadrato **d.** è un rettangolo.

7 Un quadrilatero ha due angoli retti; si può dire che:

a. è sempre inscrittibile in una circonferenza V F

b. è sempre circoscrittibile a una circonferenza V F

c. è inscrittibile in una circonferenza solo se gli angoli retti sono opposti V F

d. è circoscrittibile ad una circonferenza solo se gli angoli retti sono opposti. V F

8 Il quadrilatero in figura è formato dall'accostamento di due triangoli rettangoli congruenti; indica quale delle seguenti affermazioni è corretta:

a. è sempre solo inscrittibile in una circonferenza

b. è sempre solo circoscrittibile ad una circonferenza

c. è sempre sia inscrittibile che circoscrittibile ad una circonferenza.

es. 8

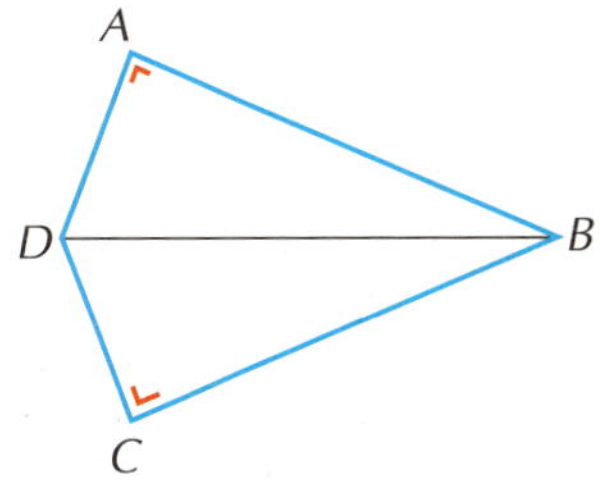

Applicazione

9 **ESERCIZIO GUIDATO**

Dimostriamo che se un trapezio è inscritto in una circonferenza, allora è isoscele.

Hp. $A, B, C, D \in$ circonferenza γ **Th.** $AD \cong BC$

$AB \parallel DC$

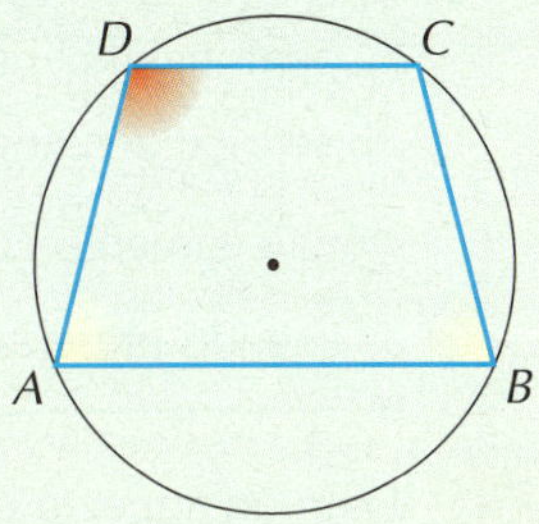

Per la proprietà dei quadrilateri inscritti in una circonferenza sappiamo che:

$\widehat{ADC} + \widehat{ABC} \cong \pi$

Inoltre, poiché per ipotesi $AB \parallel DC$: $\widehat{ADC} + \widehat{DAB} \cong \pi$

Di conseguenza: $\widehat{DAB} \cong \widehat{ABC}$ perché entrambi supplementari dello stesso angolo $\widehat{ADC}$.

Il trapezio è quindi isoscele.

10 Disegna un segmento *AB* e il suo asse di simmetria *r*; prendi poi un punto *P* su *r* e costruisci il triangolo *ABP*. Dove si trova il centro della circonferenza inscritta nel triangolo? E quello della circonferenza circoscritta?

11 Un quadrilatero è inscritto in una circonferenza; come sono fra loro gli angoli esterni di due angoli opposti?

12 Conduci da un punto *P* esterno ad una circonferenza γ le tangenti *PA* e *PB*; stabilisci dove si trova il centro della circonferenza inscritta nel triangolo *PAB*.

13 Dimostra che la mediana relativa all'ipotenusa di un triangolo rettangolo è congruente al raggio della circonferenza ad esso circoscritta.

14 Dimostra che gli assi dei lati di un trapezio isoscele passano tutti per uno stesso punto. Che cosa rappresenta tale punto?

15 Da un punto *P* esterno ad una circonferenza di centro *C*, traccia le tangenti *PR* e *PS*. Dimostra che il quadrilatero *PRCS* è inscrittibile e circoscrittibile ad una circonferenza.

16 Dimostra che se un parallelogramma è circoscritto ad una circonferenza, allora è un rombo.

17 Dimostra che un trapezio isoscele circoscritto ad una circonferenza ha il lato obliquo congruente alla semisomma delle basi.

es. 17

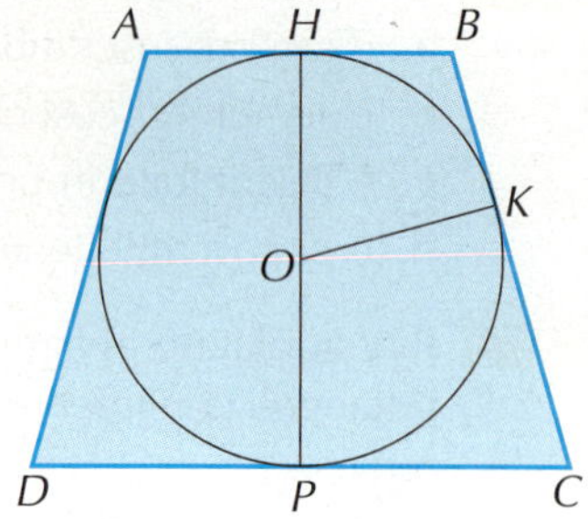

18 Considera un triangolo equilatero inscritto in una circonferenza e dai suoi vertici traccia le tangenti alla circonferenza stessa. Che triangolo ottieni? In che relazione stanno i lati del primo triangolo con quelli del secondo?

19 Due circonferenze concentriche di centro O hanno i raggi che sono uno il doppio dell'altro. Un raggio OA della circonferenza maggiore incontra quella minore in D; sia BC la corda della circonferenza esterna tangente a quella interna in D. Dimostra che il quadrilatero $OBAC$ è circoscrittibile ad una circonferenza.

es. 19

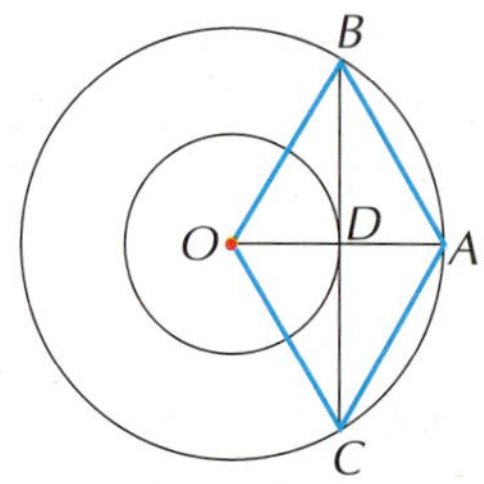

20 **ESERCIZIO GUIDATO**

Dimostra che se un trapezio è circoscritto ad una semicirconferenza, la sua base maggiore è congruente alla somma dei lati obliqui.

Congiungi il centro della circonferenza con D e con E: DC è bisettrice dell'angolo $\widehat{EDB}$ perchè ....

Analogamente EC ....

Tenendo presente che $ED \parallel AB$, ...

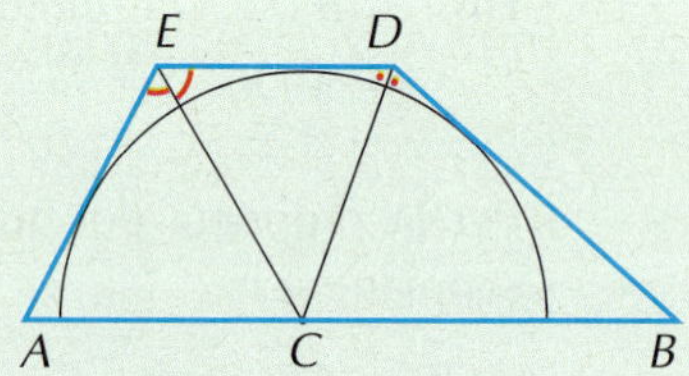

21 Dato un trapezio circoscritto ad una circonferenza di centro C, congiungi gli estremi di uno dei lati non paralleli con il centro. Dimostra che ottieni un triangolo rettangolo in C.

22 Sia AC una corda di una circonferenza di diametro AB e sia AE la corda ad essa perpendicolare; prolunga AC di un segmento $CD \cong AC$ e AE di un segmento $EF \cong AE$. Dimostra che i punti F, B, D sono allineati.

23 Dato un triangolo equilatero EFC, prolunga il lato FC di un segmento CQ congruente al lato del triangolo. Considera, adesso, il triangolo FQT simmetrico di FEQ rispetto alla retta FQ. Dimostra che il quadrilatero $EFTQ$ è inscrittibile in una circonferenza.

es. 23

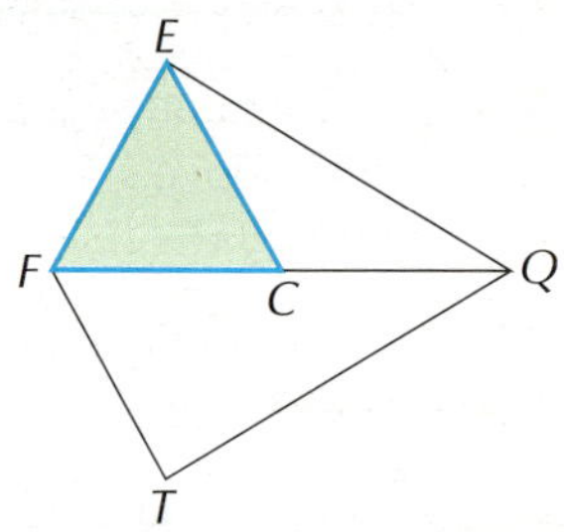

24 Due circonferenze γ e γ' sono tangenti internamente in A. Dall'estremo B del diametro AB della circonferenza maggiore traccia le tangenti BP e BQ a quella minore. Dimostra che il quadrilatero $BPAQ$ è circoscrittibile.

25 Ruota un triangolo OPQ di un angolo α intorno al vertice O; sia ORS il triangolo ottenuto. Dimostra che, se T è l'intersezione fra le rette PQ ed RS, il quadrilatero $PTRO$ è inscrittibile.

26 Un triangolo ABD isoscele sulla base BD è inscritto in una circonferenza di centro C ed è tale che la bisettrice DS passa per C (S è il punto di intersezione con AB). Dimostra che l'angolo $\widehat{SAC} \cong \frac{1}{2}\widehat{SCA}$. Che cosa puoi dire del triangolo ABD?

27 Verifica che in un triangolo rettangolo circoscritto ad una circonferenza, la differenza fra la somma dei cateti e l'ipotenusa è congruente al doppio del raggio.

28 Considera un qualsiasi triangolo inscritto in una circonferenza e traccia la bisettrice di uno dei suoi angoli. Dimostra che il punto di intersezione di tale bisettrice con la circonferenza appartiene all'asse del lato del triangolo opposto all'angolo considerato.

29 Dato un qualunque triangolo ABC siano BH e CK due delle sue altezze che si intersecano in O. Dimostra che i quadrilateri $BCHK$ e $AKOH$ sono inscrittibili in una circonferenza.

30 Dati due triangoli rettangoli ABE e ABD con il cateto AB coincidente e situati in semipiani opposti rispetto ad esso, traccia le loro altezze AH e AK relative all'ipotenusa. Dimostra che i quadrilateri $BHAK$ e $HEDK$ sono inscrittibili.

31 Dagli estremi del diametro di una circonferenza di centro O, traccia le tangenti r e s alla circonferenza stessa e siano A e B i punti nei quali esse intersecano una terza tangente in un punto P della circonferenza. Qual è il diametro della circonferenza circoscritta al triangolo AOB?

32 Sia C un punto di una circonferenza di centro O e diametro AB; sia AH la perpendicolare condotta da A al raggio OC e sia K la proiezione di C sul diametro. Dimostra che $AH \cong CK$ e che il quadrilatero convesso di vertici A, C, H, K è inscrittibile in una circonferenza. Qual è il diametro di tale circonferenza?

33 E' dato un triangolo ABC rettangolo in A; da un punto D dell'ipotenusa BC conduci la perpendicolare all'ipotenusa stessa che incontra le rette dei cateti AB e AC rispettivamente in E e in F. Dimostra che sono inscrittibili in una circonferenza i quadrilateri convessi di vertici A, E, D, C e A, D, B, F.

34 Dimostra che se le bisettrici di tre angoli di un quadrilatero passano per uno stesso punto Q, il quadrilatero è circoscrittibile a una circonferenza.

35 Dimostra che, dato un triangolo rettangolo, il quadrilatero che ha per vertici i punti medi dei due cateti, il piede dell'altezza relativa all'ipotenusa e il vertice dell'angolo retto, è inscrittibile in una circonferenza. Qual è il diametro di tale circonferenza? Dimostra che il punto medio dell'ipotenusa del triangolo è un punto della circonferenza.

36 Considera il quadrilatero convesso $ABCD$ inscritto in una circonferenza. Indica con E ed F le proiezioni dei vertici A e B sulla retta del lato CD e G e H le proiezioni dei vertici D e C sulla retta del lato AB. Dimostra che i quadrilateri convessi di vertici A, G, E, D; B, H, F, C e A, E, C, H sono inscrittibili in una circonferenza. Sai dire quali sono i diametri di tali circonferenze?

37 Data una circonferenza γ di centro O e diametro AB, siano C e D due punti di γ simmetrici rispetto ad AB. Come devono essere presi i punti C e D affinché il quadrilatero $ACOD$ sia un rombo? Che tipo di triangolo è CDB in questo caso?

38 Le bisettrici degli angoli di un quadrilatero, intersecandosi, formano un altro quadrilatero. Dimostra che tale quadrilatero è inscrittibile in una circonferenza.

39 Sia AC una corda di una semicirconferenza di centro O e diametro AB e sia AD la corda che è bisettrice dell'angolo $\widehat{CAB}$; traccia dal punto D la parallela DE al diametro che incontra in R la corda AC. Dimostra che:

a. il raggio OD è parallelo ad AC

b. le corde ED e AC sono congruenti

c. indicato con F il punto di intersezione delle tangenti in B e C, stabilisci se i quadrilateri $AODR$ e $OBFC$ sono inscrittibili oppure circoscrittibili a una circonferenza.

40 Sia CS la bisettrice dell'angolo di vertice C del triangolo ABC; sia D il punto del lato AC per il quale $\widehat{ASD} \cong \widehat{ACB}$. Dimostra che:

a. il quadrilatero $BSDC$ è inscrittibile

b. $DS \cong SB$.

41 Considera un triangolo rettangolo ABC di ipotenusa BC, traccia le bisettrici degli angoli interno ed esterno di vertice A e indica con H e K i punti nei quali esse intersecano l'asse di BC. Dimostra che i vertici A, B, H, C, K del poligono convesso ottenuto appartengono ad una stessa circonferenza.

es. 41

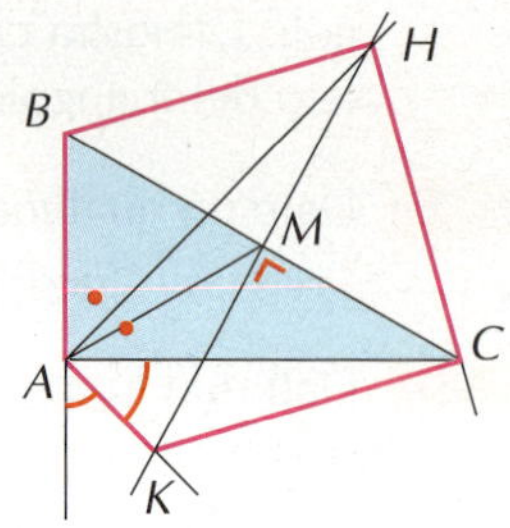

42 E' dato il triangolo isoscele ABC di base AB. La semicirconferenza di diametro AB interseca i lati AC e CB rispettivamente in D e in E e F è il punto di intersezione tra DB e AE. Dimostra che il quadrilatero $DFEC$ è sia inscrittibile che circoscrittibile a una circonferenza e trova il centro e il raggio della circonferenza ad esso circoscritta. Il quadrilatero è ancora circoscrittibile se il triangolo ABC non è isoscele?

43 Un triangolo ABC rettangolo in A è inscritto in una circonferenza. La bisettrice dell'angolo $\widehat{ABC}$ interseca il cateto AC nel punto M, la circonferenza nel punto N e la tangente in C alla circonferenza nel punto Q. Dimostra che il triangolo CMQ è isoscele.

I POLIGONI REGOLARI

teoria a pagina 113

Comprensione

SOLUZIONI ES. COMPRENSIONE

44 Determina il valore di verità delle seguenti proposizioni.

a. Un poligono è regolare se ha tutti i lati congruenti V F

b. Un poligono regolare ha tutti gli angoli congruenti. V F

c. Tutti i poligoni regolari possono essere sia inscritti che circoscritti ad una circonferenza. V F

d. Tutti i poligoni regolari hanno un centro di simmetria. V F

e. Tutti i poligoni regolari hanno assi di simmetria. V F

45 Completa le seguenti proposizioni in modo che risultino vere.

a. Un poligono regolare con un numero pari di lati ha per assi di simmetria ....

b. Un poligono regolare con un numero dispari di lati ha per assi di simmetria ....

c. Un poligono regolare di n lati ha .... assi di simmetria

d. Un poligono regolare ha centro di simmetria se e solo se ....

46 Barra vero o falso.

a. Se un poligono è circoscrittibile ad una circonferenza allora è regolare. V F

b. Se un poligono è regolare allora è inscrittibile in una circonferenza. V F

c. Il centro della circonferenza inscritta e quello della circonferenza circoscritta ad un poligono regolare sono in genere due punti diversi. V F

d. La circonferenza inscritta e quella circoscritta ad un poligono regolare sono concentriche. V F

Applicazione

47 Dimostra che le diagonali uscenti da un vertice di un poligono regolare di n lati dividono l'angolo in $n-2$ parti congruenti.

48 Considera un quadrato circoscritto a una circonferenza di raggio r; in che relazione sono il suo lato e r?

49 Dimostra che se unisci i punti medi dei lati di un poligono regolare, ottieni un altro poligono regolare.

50 Considera un pentagono regolare *ABCDE* e fissa sui suoi lati, nello stesso senso, i punti *P, Q, R, S, T* in modo che $AP \cong BQ \cong CR \cong DS \cong ET$. Che poligono ottieni? Tale poligono ha qualche elemento di simmetria in comune con il pentagono dato?

51 Ripeti la costruzione dell'esercizio precedente con un esagono regolare. Quali conclusioni puoi trarre? E' possibile generalizzare ad un poligono regolare di *n* lati?

52 Dimostra che un esagono regolare *ABCDEF* viene diviso dalla diagonale *AD* in due trapezi isosceli congruenti.

53 Sia *M* il punto medio del lato *AF* di un esagono regolare *ABCDEF*; siano poi *N, Q* e *P* i punti medi di *BC, CD* e *FE*. Dimostra che il quadrilatero *MNQP* è un rettangolo.

54 Dimostra che il lato di un esagono regolare è congruente al raggio della circonferenza ad esso circoscritta.

55 Considera il lato *AB* di un pentagono regolare di centro *O*. Disegna poi il simmetrico del triangolo *AOB* rispetto alla retta *AB* e indica con *O'* il corrispondente del punto *O*. Il quadrilatero *OAO'B* è inscrittibile? È circoscrittibile?

56 Dimostra che in un esagono regolare *ABDEFG* il punto di intersezione fra le diagonali *AE* e *BF* coincide con il centro *C* delle circonferenze circoscritta e inscritta nell'esagono. Dimostra inoltre che i lati dell'esagono sono paralleli a due a due.

57 Considera il triangolo equilatero *ABC* ed indica con *O* il punto di incontro degli assi dei suoi lati. Disegna il simmetrico del triangolo dato rispetto ad *O*. Congiungendo nell'ordine in cui si presentano i vertici di *ABC* e quelli del triangolo trasformato, che poligono si ottiene? È regolare? Se la tua risposta è affermativa qual è il centro della circonferenza inscritta?

58 Dimostra che le diagonali uscenti da uno dei vertici di un esagono regolare, lo dividono in quattro triangoli, dei quali due sono isosceli e due rettangoli e che tali triangoli sono a due a due congruenti.

59 Dato un esagono regolare *ABCDEF*, dimostra che le diagonali *AC* e *AE* determinano sulla diagonale *BF* tre segmenti congruenti.

60 Sui lati di un esagono regolare ed esternamente ad esso costruisci dei quadrati; il poligono che si ottiene unendo i dodici vertici più esterni è regolare? Ha qualche asse di simmetria in comune con l'esagono?

61 Dato l'esagono regolare *ABCDEF*, siano *H, K, M, N* i punti medi dei lati *BC, CD, EF, FA*. Che tipo di quadrilatero è *HKMN*?

62 Nel pentagono regolare *ABCDE* la diagonale *BE* interseca le diagonali *AD* e *AC* rispettivamente nei punti *P* e *Q*; dimostra che il quadrilatero *BPDC* è un rombo e che i segmenti *PD* e *QC* nei quali restano divise le due diagonali sono congruenti al lato del pentagono.

PUNTI NOTEVOLI DEI TRIANGOLI

teoria a pagina 115

Comprensione

SOLUZIONI ES. COMPRENSIONE

63 Barra vero o falso.

a. Un triangolo è sempre inscrittibile e circoscrittibile ad una circonferenza. V F

b. Il centro della circonferenza inscritta in un triangolo è il punto d'incontro degli assi dei lati. V F

c. Il centro della circonferenza inscritta in un triangolo è il punto d'incontro delle bisettrici degli angoli. V F

d. Il centro della circonferenza circoscritta a un triangolo è il punto d'incontro delle altezze. V F

e. Il centro della circonferenza circoscritta a un triangolo è il punto d'incontro degli assi dei lati. V F

64 Siano γ la circonferenza circoscritta e γ' la circonferenza inscritta in un triangolo *ABC*; si può dire che:

a. il centro di γ è il punto di intersezione delle altezze del triangolo V F

b. il centro di γ' è il punto di intersezione delle bisettrici degli angoli del triangolo V F

c. γ e γ' sono sempre circonferenze concentriche V F

d. γ e γ' sono circonferenze concentriche solo se *ABC* è equilatero. V F

65 In relazione ai punti notevoli di un triangolo *ABC*, puoi dire che:

a. il baricentro divide ciascuna mediana in parti proporzionali ai numeri 1 e 2 V F

b. ortocentro e baricentro coincidono se il triangolo è isoscele V F

c. tutti i punti notevoli coincidono se il triangolo è equilatero V F

d. il baricentro e l'ortocentro sono sempre interni al triangolo. V F

66 In un triangolo isoscele i punti notevoli:

a. appartengono tutti alla retta dell'altezza relativa ad uno dei lati obliqui;

b. appartengono tutti alla retta della mediana relativa alla base;

c. non sono allineati;

d. sono allineati solo se il triangolo è equilatero.

67 Determina il valore di verità delle seguenti proposizioni relative ad un triangolo *ABC*.

a. Il baricentro è sempre interno al triangolo. V F

b. L'ortocentro è un punto esterno se il triangolo è ottusangolo. V F

c. Il baricentro divide ciascuna mediana in due parti congruenti. V F

d. Se *ABC* è rettangolo, il circocentro appartiene all'ipotenusa. V F

Applicazione

68 In un triangolo ottusangolo dove cadono il circocentro e l'ortocentro? E in un triangolo rettangolo?

69 Dimostra che l'altezza di un triangolo equilatero inscritto in una circonferenza è congruente ai $\frac{3}{2}$ del raggio. (Suggerimento: ricorda le proprietà del baricentro)

70 Tenendo anche presente l'esercizio precedente, dimostra che l'altezza di un triangolo equilatero circoscritto ad una circonferenza è congruente al triplo del raggio.

71 Dimostra che in un triangolo rettangolo gli assi dei cateti si incontrano sull'ipotenusa e che con il segmento condotto dal loro punto di intersezione al vertice dell'angolo retto, formano quattro triangoli congruenti.

72 **ESERCIZIO GUIDATO**

Dimostra che le bisettrici di due angoli esterni di un triangolo e dell'angolo interno non adiacente passano tutte per uno stesso punto.

Detto *H* il punto di intersezione delle bisettrici degli angoli esterni di vertici *B* e *C*, si ha che *H* è equidistante da *AD*, da *BC*, da *AF*, quindi ....

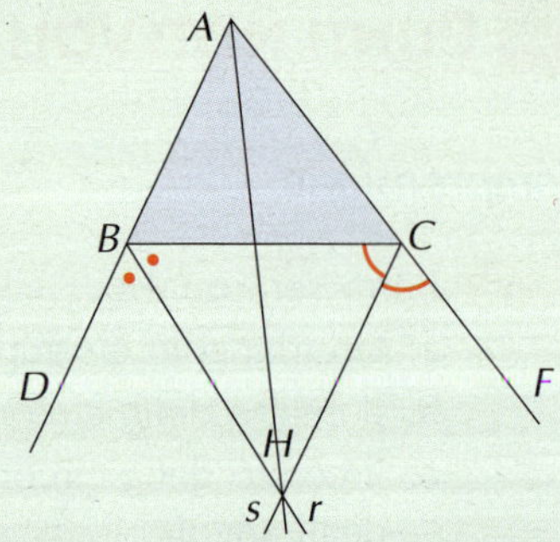

73 Sia G il baricentro del triangolo ABC; da G e dal punto medio M del segmento AG traccia le parallele al lato BC. Dimostra che tali parallele dividono i lati AB e AC in tre segmenti fra loro congruenti.

74 Dimostra che in ogni triangolo rettangolo la somma di due cateti è congruente alla somma dei diametri delle circonferenze inscritta e circoscritta.

75 Sia I l'incentro di un triangolo qualunque ABC. Per I traccia la parallela al lato AB e siano R ed S le sue intersezioni con i lati AC e BC. Dimostra che $RS \cong AR + BS$.

76 Il triangolo MPN ha i vertici nei punti medi dei lati di un triangolo ABC; dimostra che:

a. i due triangoli hanno lo stesso baricentro

b. l'ortocentro di $\widehat{MPN}$ è il circocentro di $\widehat{ABC}$.

77 Considera un triangolo ABC e traccia le mediane AM, BN, CR. Di che natura è il quadrilatero $ANMR$? Come deve essere il triangolo ABC se vogliamo che il quadrilatero ottenuto sia circoscrittibile ad una circonferenza?

Esercizi per lo sviluppo delle competenze

1 Sia ℓ la lunghezza del lato del triangolo equilatero circoscritto a una circonferenza Γ. Dimostra che:

a. il lato dell'esagono circoscritto a Γ è $\frac{1}{3}\ell$

b. il lato del triangolo equilatero inscritto in Γ è $\frac{1}{2}\ell$.

2 Considerato il triangolo equilatero ABC inscritto in una circonferenza, fissa sul minore dei due archi $\widehat{AB}$ un punto T. Dimostra che $CT \cong AT + TB$.
(Suggerimento: prendi su CT il punto S in modo che sia $ST \cong AT$)

3 Da un punto R esterno ad una circonferenza di centro O, traccia le rette ad essa tangenti e indica con P e Q i punti di tangenza; indicato con S il punto d'intersezione della bisettrice dell'angolo $\widehat{RPQ}$ con il segmento RO, dimostra che S appartiene alla circonferenza.

4 Da un punto P esterno ad una circonferenza di centro O, traccia le rette ad essa tangenti e indica con A e B i punti di tangenza; detto H l'ortocentro del triangolo ABP, dimostra che AOH è un triangolo isoscele.

5 Da un punto V esterno ad una circonferenza conduci le semirette tangenti e indica con A e B i punti di contatto; la tangente condotta da un punto P sull'arco $\widehat{AB}$ (preso dalla parte di V) individua, insieme alle due precedenti un triangolo VCD. Dimostra che il perimetro di tale triangolo non cambia al variare del punto P.

6 Da un punto qualsiasi D della circonferenza circoscritta ad un triangolo ABC traccia le perpendicolari alle rette dei lati del triangolo. Dimostra che i piedi di tali perpendicolari sono allineati.

7 Sul diametro PQ di una semicirconferenza γ prendi un punto T e traccia, nello stesso semipiano di γ, le semicirconferenze γ' e γ'' di diametri PT e TQ; conduci poi da T la perpendicolare a PQ che incontra in R la semicirconferenza γ. Le corde PR e QR intersecano γ' e γ'' nei punti M e N. Dimostra che:

a. il quadrilatero $MRNT$ è inscrittibile in una circonferenza

b. la retta MN è una delle tangenti comuni a γ' e γ''

c. il quadrilatero $PMNQ$ è anch'esso inscrittibile in una circonferenza.

8 Un trapezio è circoscritto ad una circonferenza di centro *O*; traccia da *O* la parallela alle basi del trapezio che incontra i lati obliqui in *P* e *Q*. Dimostra che il segmento *PQ* è congruente alla quarta parte del perimetro del trapezio.

9 Siano *AH*, *BK* e *CR* le tre altezze di un triangolo *ABC*; dimostra che tali altezze sono le bisettrici del triangolo *HKR* (il triangolo che si ottiene congiungendo i piedi delle altezze si chiama **triangolo ortico**).

10 Siano *AB* e *AC* due corde di una circonferenza e siano *M* il punto medio dell'arco *AB* che non contiene *C*, *N* il punto medio dell'arco *AC* che non contiene *B*; la corda *MN* interseca *AB* in *D* e *AC* in *E*. Dopo aver dimostrato che il triangolo *ADE* è isoscele, stabilisci se il quadrilatero *BDEC* è inscrittibile o meno in una circonferenza.

11 Considerando il punto di Fermat *F* di un triangolo *ABC* (vedi gli approfondimenti online) dimostra che *F* appartiene a tutte le circonferenze circoscritte ai triangoli equilateri costruiti.

12 Siano *BH* e *CK* due delle altezze di un triangolo *ABC* e sia *P* il loro punto d'intersezione. Indicato con *Q* il simmetrico di *P* rispetto alla retta del lato *BC*, dimostra che *Q* appartiene alla circonferenza circoscritta al triangolo.

13 Un'asta rigida è incernierata ai due estremi a due binari perpendicolari. Qual è il luogo descritto dal punto medio dell'asta quando questa scorre sui binari?

IL CAPITOLO SI COMPLETA CON:

ESERCIZI DI CONSOLIDAMENTO

VERIFICA INTERATTIVA

Test Finale

1 Un poligono è sia inscrittibile che circoscrittibile ad una circonferenza; si può dire che:

a. le sue diagonali si incontrano nel centro della circonferenza in esso inscritta V F

b. le sue diagonali si incontrano nel centro della circonferenza in esso inscritta solo se ha un numero pari di lati V F

c. le sue diagonali si incontrano nel centro della circonferenza in esso inscritta solo se il poligono è un quadrato V F

d. è un poligono regolare. V F

1 punto

2 Di un quadrilatero $ABCD$ si conoscono le ampiezze degli angoli $\widehat{A} = \frac{\pi}{3}$ e $\widehat{C} = \frac{2}{3}\pi$; indica quale delle seguenti affermazioni è vera:

a. è inscrittibile in una circonferenza

b. non è inscrittibile in una circonferenza

c. i dati sono insufficienti per concludere se è inscrittibile in una circonferenza.

0,5 punti

3 Di un quadrilatero $ABCD$ si conoscono le lunghezze di alcuni lati: $AB = 3a$, $DC = 7a$; indica quale delle seguenti affermazioni è vera:

a. è circoscrittibile in una circonferenza

b. non è circoscrittibile ad una circonferenza

c. i dati sono insufficienti per concludere se è circoscrittibile ad una circonferenza.

0,5 punti

4 Un poligono convesso ha tutti i lati congruenti; di esso si può dire che:

a. è sempre sia inscrittibile che circoscrittibile ad una circonferenza V F

b. è circoscrittibile ad una circonferenza solo se è un quadrilatero oppure se ha gli angoli congruenti V F

c. è inscrittibile in una circonferenza solo se è un quadrilatero V F

d. è sempre sia inscrittibile che circoscrittibile ad una circonferenza solo se ha anche gli angoli congruenti. V F

1,5 punti

5 Di un triangolo ABC si sa che è rettangolo in A; puoi dire che:

a. il circocentro è il punto medio di BC V F

b. l'ortocentro è il punto A V F

c. il baricentro e l'incentro coincidono V F

d. l'incentro appartiene alla mediana uscente da A solo se il triangolo è isoscele. V F

1,5 punti

6 In un triangolo ABC il baricentro è il punto G e i punti medi dei lati CB e AC sono rispettivamente M e S. Quali delle seguenti affermazioni sono vere?

a. $AG \cong BG \cong CG$ **b.** $BG \cong \frac{1}{2}GS$ **c.** $GM \cong \frac{1}{2}GA$ **d.** $GS \cong \frac{1}{3}BS$

1 punto

7 Dall'estremo B del diametro AB di una semicirconferenza traccia una corda BC e prolungala di un segmento CD tale che sia $CD \cong CB$. Prolunga poi il diametro di un segmento AT tale che sia $AT \cong AB$. Individua il centro della circonferenza circoscritta al triangolo TBD motivando esaurientemente la risposta.

2 punti

8 Un quadrilatero inscritto in una circonferenza ha le diagonali perpendicolari; dimostra che congiungendo i punti medi dei suoi lati si ottiene un quadrilatero inscrittibile in una circonferenza. In quale caso tale quadrilatero è anche circoscrittibile?

2 punti

Soluzioni

1 **a.** F, **b.** F, **c.** V, **d.** V

2 **a.**

3 **c.**

4 **a.** F, **b.** V, **c.** F, **d.** V

5 **a.** V, **b.** V, **c.** F, **d.** V

6 **c.**, **d.**

7

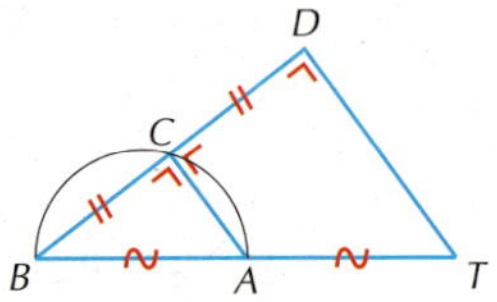

Il triangolo *ABC* è rettangolo in *C*; il segmento *CA* congiunge i punti medi dei lati *BD* e *BT* del triangolo *BDT*; esso è quindi parallelo a *DT*. Il triangolo *BDT* è quindi retto in *D* ed il centro della circonferenza ad esso circoscritta, che ha raggio *AB*, è il punto *A*.

8

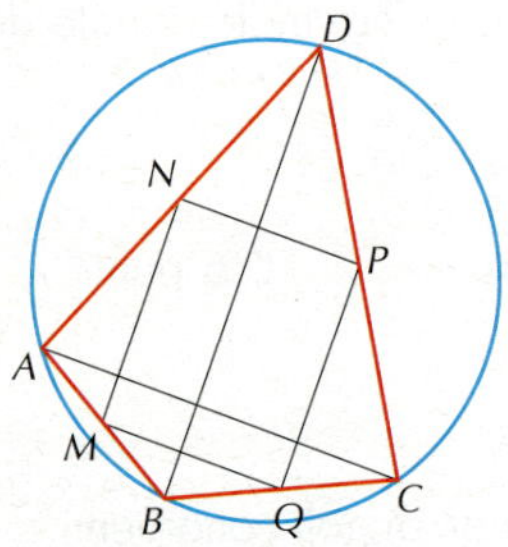

$MN \parallel DB$ perchè congiunge i punti medi dei segmenti *AD* e *AB* ed inoltre è congruente a $\frac{1}{2}DB$; analogamente $PQ \parallel DB$ e $PQ \cong \frac{1}{2}DB$; i segmenti *MN* e *PQ* sono quindi congruenti e paralleli, e *MNPQ* è un parallelogramma. Inoltre, essendo $DB \perp AC$, si ha che *MNPQ* è un rettangolo, quindi sempre inscrittibile in una circonferenza.
Il quadrilatero è anche circoscrittibile se è un quadrato e questo accade se *AC* e *DB* sono due diametri.

Esercizio	1	2	3	4	5	6	7	8	
Punteggio									

Valutazione in decimi

MATEMATICA & SCIENZE

La regolarità del mondo

Lo studio della geometria non è fine a se stesso perché dovunque volgiamo lo sguardo troviamo qualcosa che presenta una qualche regolarità geometrica.
Tutto ciò che si muove è in qualche modo simmetrico: gli esseri umani spostano in avanti un piede dopo l'altro alternando destra e sinistra, gli animali a quattro zampe fanno lo stesso in un modo leggermente più complicato, gli uccelli volano mantenendo una perfetta simmetria nel movimento delle ali e nella planata. Hai mai visto un'automobile o un aeroplano che non siano simmetrici?
A volte la simmetria è regolare, altre volte no, ma tutte le volte che c'è regolarità, c'è anche ordine e stabilità e, alla fine, c'entra sempre un cerchio.
I poligoni regolari sono tutti inscrittibili e circoscrittibili ad un cerchio e abbiamo visto che con alcuni di essi si possono realizzare facilmente le tassellature del piano.
Anche la natura sfrutta la regolarità delle forme geometriche e il concetto di tassellatura, basta pensare ad un alveare: tanti esagoni regolari così perfetti che sembra impossibile che possano essere costruiti da insetti (***figura 1***). Ma andiamo oltre e abituiamo l'occhio e la mente a guardare per vedere.
L'occhio composto degli insetti è formato da centinaia di piccole facce esagonali, una vicina all'altra, che insieme forniscono l'intera visione come in un caleidoscopio (in ***figura 2*** un occhio di mosca al microscopio elettronico).
Le api costruiscono le celle a forma di esagono regolare perché l'esagono, fra i poligoni regolari che possono comporre una tassellatura, è quello che, a parità di superficie, ha il perimetro minore. E probabilmente è per lo stesso motivo che anche ogni piccolo occhio degli insetti ha questa forma.
E le gocce di pioggia o le bolle di sapone? Perché la forma che assumono è sempre pressoché sferica (***figura 3***)? Sembra che in natura ogni cosa tenda ad assumere ogni volta la forma più adatta, nulla si spreca e tutto si ottimizza. In effetti la sfera è il solido che possiede la minima superficie per un dato volume.
Ma la tassellatura in natura non è sempre regolare; un terreno colpito da siccità, è percorso da crepe che generano piccole zolle aride di forme più o meno poligonali. Qui non esiste regolarità, o meglio, non la regolarità delle forme di cui si è parlato prima (***figura 4***).

Figura 1

Figura 2

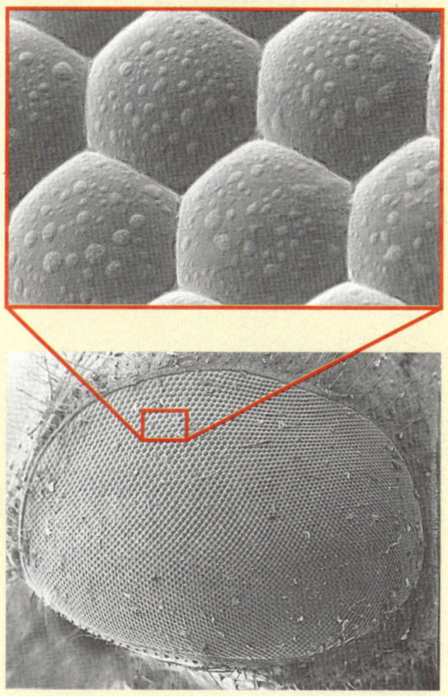

Figura 3

Figura 4

ULTERIORI COLLEGAMENTI

MATEMATICA DELLA VITA QUOTIDIANA

Il gioielliere che sa la matematica

I gioiellieri conoscono bene l'arte dell'incastonatura delle pietre preziose. Uno dei possibili modi di incastonare una pietra in un anello o in una spilla consiste nel costruire un supporto per la pietra, che si chiama *griffe*, formato da due anelli sovrapposti, uno un po' più grande dell'altro, tenuti insieme da alcuni fili aperti a V ed equidistanti fra loro (in genere si usano 3 fili per le pietre piccole, 4 o più per le pietre più grandi); la pietra viene quindi inserita in questo cestello e tenuta ferma ripiegando la parte eccedente dei fili. Sostanzialmente, visto che una pietra preziosa viene normalmente tagliata in modo che le sue facce siano dei poligoni, per realizzare un griffe in modo che la pietra non si muova si applica il principio dell'inscrittibilità di un poligono in un cerchio.

Anche in semplici problemi di vita quotidiana è spesso utile avere qualche conoscenza di geometria.

1. Paolo ha comprato una pizza surgelata tonda avente il diametro di 28 cm; possiede però solo teglie quadrate. Quale sarà il lato minimo della teglia da usare affinché la pizza sia contenuta perfettamente (cioè sia inscritta)?

[28cm]

2. Angelo ha invece acquistato una pizza rettangolare ma possiede solo teglie rotonde. Quale elemento del rettangolo deve misurare per poter scegliere la teglia più adatta con il minimo ingombro?

[diagonale]

ULTERIORI COLLEGAMENTI

gare di matematica

ULTERIORI GARE

1 In figura è rappresentato un poligono regolare con 9 lati. Quanti gradi misura l'angolo $\widehat{BAC}$ evidenziato in figura?

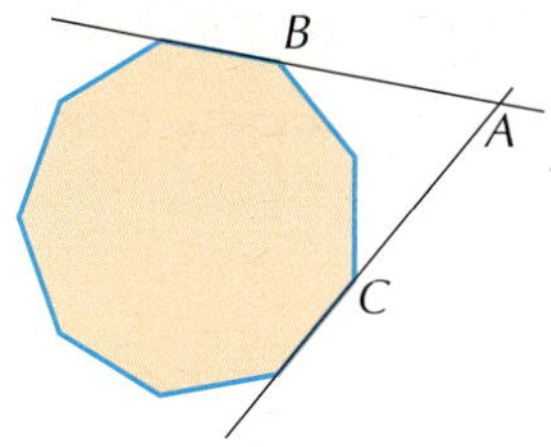

a. 40° **b.** 45° **c.** 50°
d. 55° **e.** 60° [**e.**]

2 La mamma ha una sfoglia di pasta di forma quadrata di lato 40cm, da cui ritaglia 5 biscotti rotondi, tutti uguali tra loro, secondo lo schema in figura. Quanto misura il diametro di ciascun biscotto?

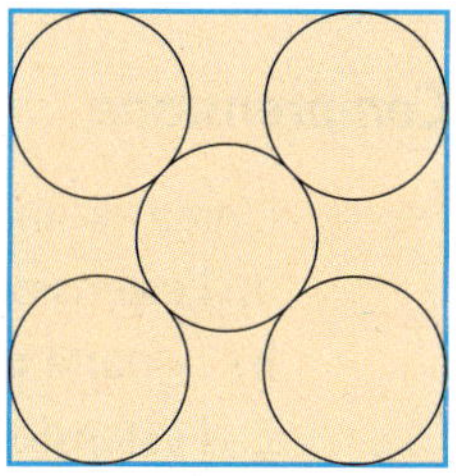

a. $40(\sqrt{2}-1)$cm **b.** $10\sqrt{2}$cm
c. $20(\sqrt{2}-1)$cm **d.** 16cm
e. $6(\sqrt{2}-1)$cm [**a.**]

3 Nel triangolo ABC supponiamo di avere $a > b$, dove $a = BC$ e $b = AC$. Sia M il punto medio di AB e siano α e β le circonferenze inscritte, rispettivamente, ai triangoli ACM e BCM. Siano poi A' e B' i punti di tangenza di α e β con CM. Dimostrare che $A'B' = \frac{a-b}{2}$.

4 Nel triangolo ABC il lato AB è lungo 1cm e $\widehat{ACB} = 120°$. Sul lato AB si costruisce un triangolo equilatero ABD avente il vertice D dalla parte opposta di C rispetto alla retta AB. Detto G il baricentro del triangolo equilatero, dire quanto misura il segmento CG.

a. $\sqrt{3}$cm **b.** $\sqrt{\frac{1}{3}}$cm **c.** $\sqrt{2}$cm **d.** $\sqrt{\frac{1}{2}}$cm **e.** i dati del problema sono insufficienti [**b.**]

Math in English

Theory on page 118

CLIL

1 Let ABC be an equilateral triangle with side lenght of 6. Let P be the point of intersection of the three angle bisectors. Find the lenght of AP.

a. $2\sqrt{3}$ **b.** $\sqrt{3}$ **c.** $3\sqrt{3}$ **d.** $5\sqrt{3}$ **e.** $4\sqrt{3}$ [**a.**]

2 A regular polygon has an interior angle that measures 144 degrees, and a side of which is 12 units long. What is the perimeter of the regular polygon?

a. 80 **b.** 100 **c.** 120 **d.** 140 **e.** 160 [**c.**]

3 Wich of the following quadrilateral can always be inscribed in a circle? Explain your answer.

a. square **b.** isosceles trapezoid **c.** rhombus **d.** rectangle [**a.**, **b.**,**d.**]

MORE EXERCISES

ESERCIZI

CAPITOLO 8

L'equivalenza dei poligoni

IL CONCETTO DI EQUIVALENZA

teoria a pagina 121

SOLUZIONI ES. COMPRENSIONE

Comprensione

1 L'area di una superficie piana è:
a. l'estensione della superficie
b. la parte di piano occupata dalla superficie
c. l'estensione comune a tutte le superfici ad essa equivalenti.

2 Barra vero o falso.
a. Due figure congruenti sono anche equivalenti. V F
b. Due figure equivalenti sono anche congruenti. V F
c. Due figure equivalenti hanno la stessa area. V F

3 Barra vero o falso.
a. Somme di figure equivalenti sono equivalenti. V F
b. Somme di figure congruenti sono congruenti. V F
c. Somme di figure congruenti sono equivalenti. V F
d. Somme di figure equivalenti sono congruenti. V F

4 Due figure sono equicomposte se:
a. hanno la stessa area
b. si ottengono come somma di figure a due a due congruenti
c. si ottengono come somma di figure a due a due equivalenti
d. si ottengono sovrapponendo in modo diverso gli stessi poligoni.

5 Barra vero o falso.
a. Se due figure sono equivalenti, sono anche equicomposte V F
b. Se due figure sono equicomposte, sono anche equivalenti V F
c. I termini *equivalente* e *equicomposto* sono sinonimi V F

6 Sono date quattro figure A, B, C e D. Si verifica che:
a. se $A \doteq B$ allora $A \cong B$ V F
b. se $A \doteq C$ e $B \doteq D$, allora $A + D \doteq B + C$ V F
c. se $A \cong B$ e $C \cong D$, allora $A + C \cong B + D$ V F
d. se $A \cong B$ e $C \cong D$, allora $A + C \doteq B + D$. V F

7 Sono date due figure A e B delle quali $A > B$; si può dire che:
a. se $C \doteq A + B$, allora $C = A \cup B$ V F
b. se $C = A \cup B$, allora $C \doteq A + B$ V F

c. se $C \doteq A - B$, allora $C = A \cap B$ ☐V ☐F

d. se $C = A \cap B$, allora $C \doteq A - B$. ☐V ☐F

8 Delle figure che seguono sono equicomposte:

a. solo la ① e la ④ **b.** tutte tranne la ② **c.** tutte **d.** solo la ③ e la ④

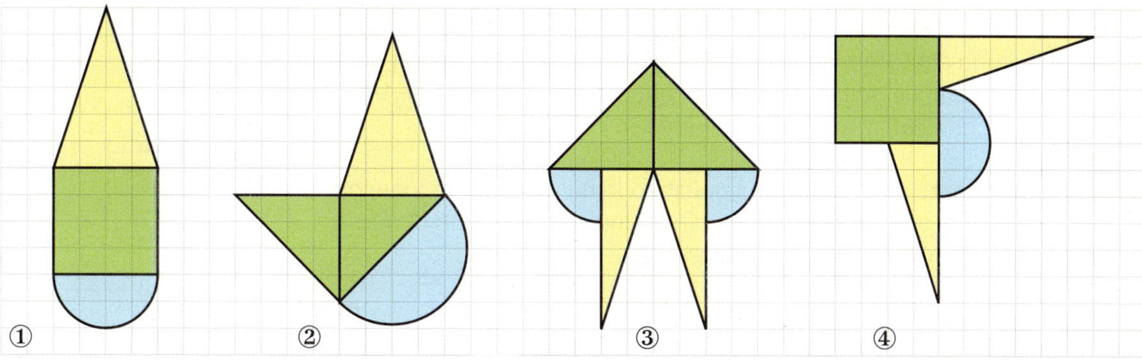

9 Le figure che seguono sono ottenute tutte dalla composizione delle figure F_1 e F_2 mediante le operazioni di unione, intersezione, somma e differenza. Per ciascuna di esse individua l'operazione che la definisce.

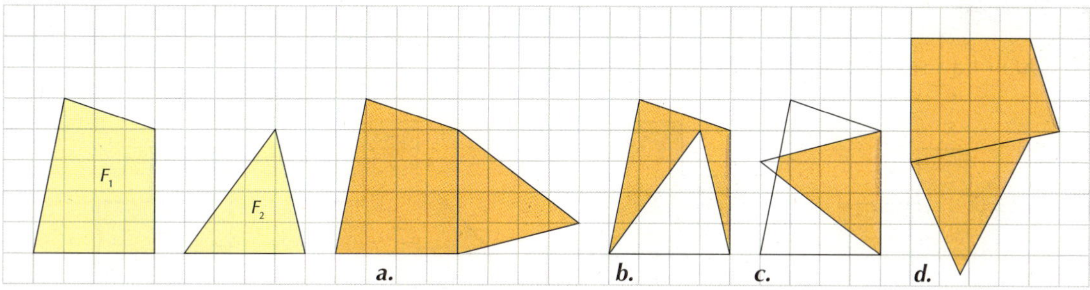

Applicazione

10 Gli assi di simmetria di un quadrato lo dividono in otto triangoli. Come sono questi triangoli fra loro? Se indichi con M l'area di uno di questi, come puoi indicare l'estensione del quadrato?

es. 10

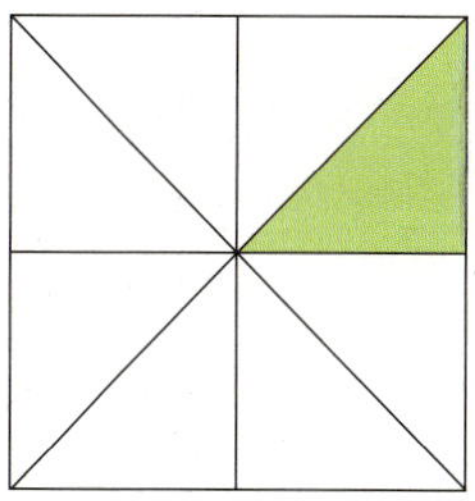

11 Il triangolo ABC è equilatero e ciascuno degli altri triangoli interni è stato ottenuto congiungendo i punti medi dei lati del triangolo che lo contiene. Come puoi esprimere l'area di ABC in funzione dell'area S del triangolo in colore?

es. 11

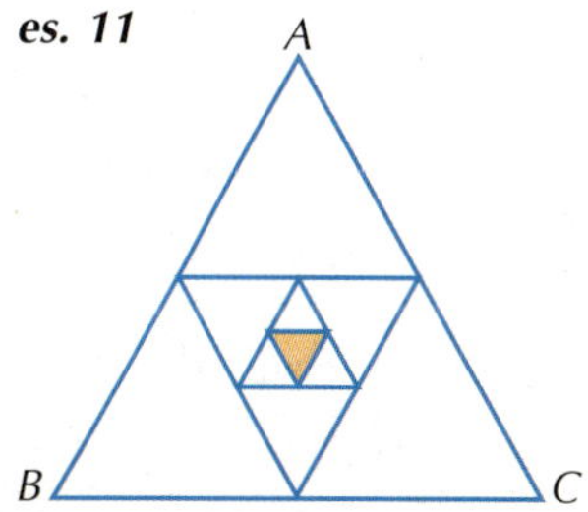

12 Ciascuno dei quadrati della figura si ottiene congiungendo i punti medi dei lati del quadrato che lo contiene. Qual è l'area di $ABCD$ in funzione dell'area S del quadrato in colore?

es. 12

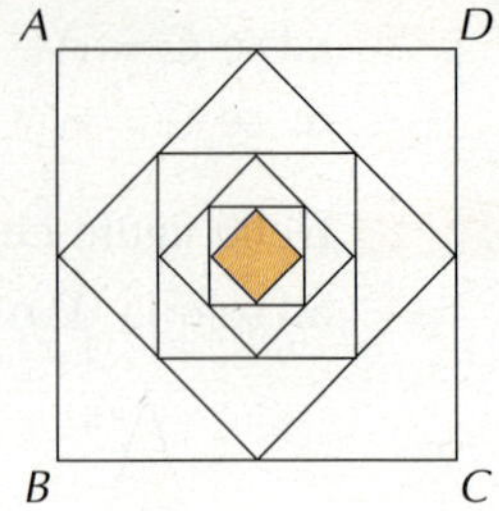

13 Ciascuno dei rettangoli della figura si ottiene congiungendo i punti medi dei lati del rettangolo che lo contiene. Qual è l'area di $ABCD$ in funzione dell'area S del rettangolo in colore?

es. 13

14 Le tre altezze di un triangolo equilatero lo dividono in sei triangoli. Come sono tra loro questi triangoli? Se indichi con T uno di questi, come puoi esprimere l'area del triangolo equilatero?

15 Dimostra che se dai vertici di un triangolo tracci le parallele ai lati opposti, ottieni un nuovo triangolo equivalente al quadruplo di quello dato.

16 Data una circonferenza di raggio r, dimostra che il triangolo equilatero ad essa circoscritto è equivalente al quadruplo del triangolo equilatero in essa inscritto.

es. 16

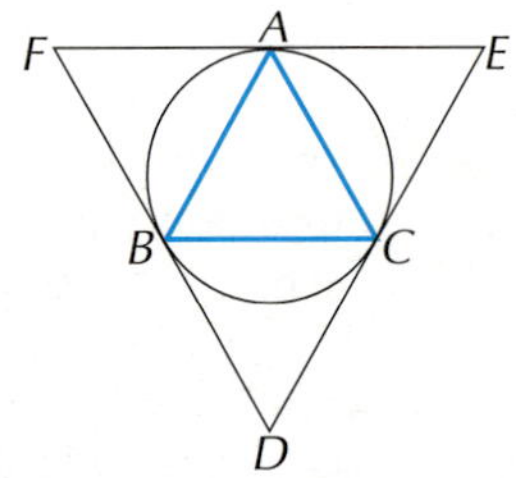

17 Quali fra i seguenti poligoni sono equicomposti?

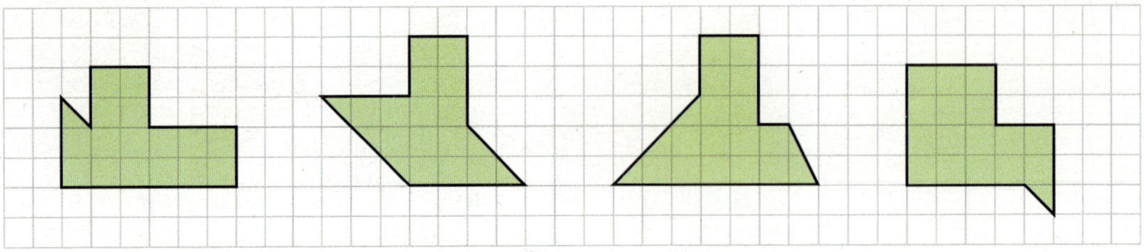

18 Verifica, mediante la scomposizione in poligoni congruenti, che le coppie di disegni in figura sono equiestese.

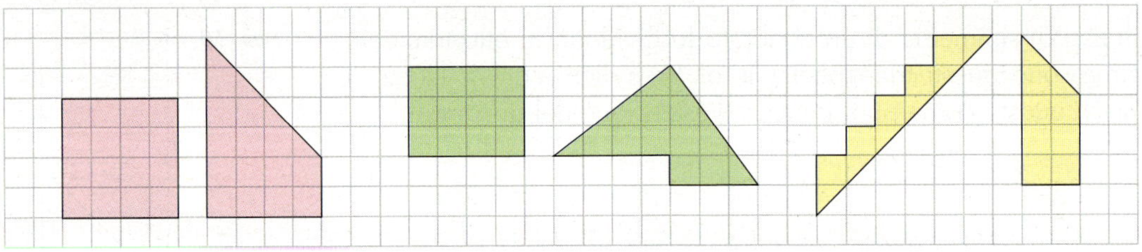

19 Le superfici in figura sono tutte equivalenti fra loro. Sai indicare una loro scomposizione in figure congruenti in modo che siano equicomponibili?

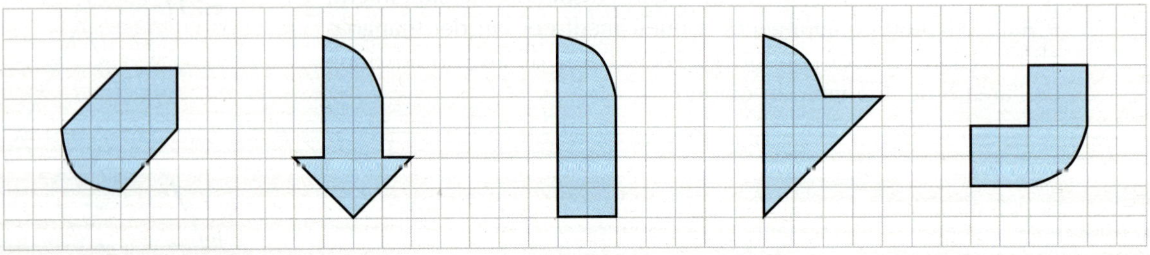

20 Dai punti medi del lati obliqui di un trapezio traccia le perpendicolari alle rette delle basi; dimostra che il rettangolo che si viene a formare è equivalente al trapezio.

21 Per il punto *B* vertice dell'angolo retto di un triangolo rettangolo *ABC* traccia la retta *r* parallela all'ipotenusa *AC*; le perpendicolari da *A* e da *C* alla retta *r* la incontrano in *H* e *K*. Dimostra che il rettangolo *AHKC* è equivalente al doppio del triangolo *ABC*.
(Suggerimento: traccia l'altezza relativa all'ipotenusa)

22 Dimostra che il rettangolo avente per lati i cateti di un triangolo rettangolo *ABC* è equivalente ad un rettangolo che ha per lati l'ipotenusa e l'altezza ad essa relativa.

es. 22

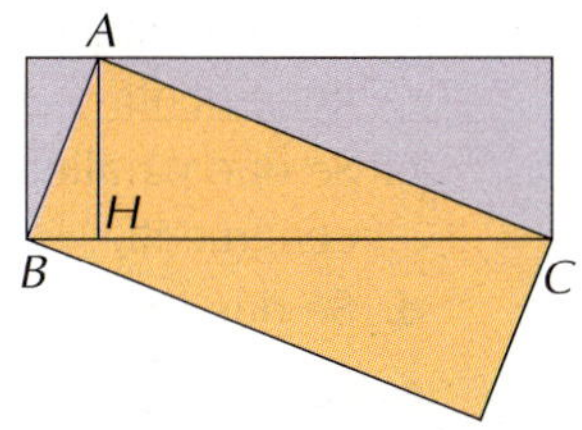

23 Considera un triangolo *ABC* e siano *M*, *N* e *P* i punti medi dei lati *AB*, *AC* e *BC*. Dimostra che il parallelogramma *AMPN* è equivalente alla metà del triangolo.

24 Dimostra che un quadrato è equivalente alla metà del quadrato costruito sulla sua diagonale.

25 Da un punto qualsiasi di una diagonale di un parallelogramma traccia le parallele ai lati. Dimostra che dei quattro parallelogrammi che si ottengono, i due che non contengono la diagonale sono equivalenti (questo teorema è noto come **teorema dello gnomone**).
(Suggerimento: i due parallelogrammi sono differenze di figure congruenti)

26 Dato un parallelogramma *ABCD* congiungi un suo punto interno *P* con i vertici. Dimostra che la somma dei due triangoli che hanno per basi due lati opposti è equivalente alla somma degli altri due.
(Suggerimento: traccia da *P* le parallele ai lati del parallelogramma)

27 Disegna un triangolo *ABC* e traccia da *A* la retta *r* parallela al lato *BC*; dai punti medi *M* di *AB* e *N* di *AC* traccia le perpendicolari al lato *BC* e indica con *H* e *K* i punti di intersezione con *BC* e con *S* e *R* i punti di intersezione con *r*. Dimostra che il triangolo *ABC* è equivalente al quadrilatero *SRKH*.

28 Sia *ABCDEF* un esagono regolare; indica con *G* il punto d'intersezione tra le rette dei lati *EF* e *AB*, con *L* il punto d'intersezione tra le rette dei lati *DC* e *AB* e con *M* quello tra *FE* e *DC*. Dimostra che il triangolo *GLM* è equilatero e che è equivalente a $\frac{3}{2}$ dall'esagono.

I CRITERI DI EQUIVALENZA PER I POLIGONI

teoria a pagina 123

Comprensione

SOLUZIONI ES. COMPRENSIONE

29 Un parallelogramma *P* ha base *b* e altezza *h*; si può dire che *P* è equivalente a:

a. un rettangolo di base *b* e altezza *h* V F

b. un triangolo *T* di base 2*b* e altezza *h* V F

c. un triangolo *T* di base *b* e altezza $\frac{1}{2}h$ V F

d. il doppio di un triangolo *T* di base *b* e altezza *h*. V F

30 Tenendo presenti i teoremi di equivalenza, stabilisci se sono vere o false le seguenti proposizioni.

a. Se due triangoli sono equivalenti allora hanno basi e altezze ordinatamente congruenti. V F

b. Un rettangolo e un triangolo sono equivalenti se hanno le basi congruenti e se l'altezza del rettangolo è la metà di quella del triangolo. V F

c. Se in un trapezio si traccia una diagonale, si ottengono due triangoli equivalenti. V F

d. Tracciando dal vertice A di un triangolo isoscele ABC di base BC un segmento AP parallelo e congruente a BC e congiungendo P con B (oppure C a seconda dei casi) si ottiene un parallelogramma equivalente al doppio del triangolo. V F

31 Barra vero o falso.

a. Se due rettangoli sono equivalenti e hanno una coppia di lati congruenti, allora sono congruenti. V F

b. Se due triangoli hanno basi congruenti e sono equivalenti, allora anche le altezze sono congruenti. V F

c. Se due parallelogrammi sono equivalenti ed hanno le altezze congruenti, allora sono congruenti. V F

d. Se due triangoli non equivalenti hanno le altezze congruenti, allora le basi sono diverse. V F

e. Se due trapezi equivalenti hanno altezze congruenti, allora hanno anche le basi congruenti. V F

32 Dopo aver determinato il valore di verità delle seguenti proposizioni, modifica opportunamente quelle false in modo che risultino vere.

a. Due parallelogrammi con basi e altezze ordinatamente congruenti sono equivalenti. V F

b. Un parallelogramma è equivalente ad un triangolo che ha la stessa base e la stessa altezza del parallelogramma. V F

c. Un parallelogramma è equivalente ad un rettangolo che ha base e altezza rispettivamente congruenti a quelle del parallelogramma. V F

d. Un triangolo è equivalente ad un parallelogramma che ha la stessa altezza del triangolo e base congruente alla sua metà. V F

e. Ogni trapezio è equivalente ad un triangolo che ha per base la differenza delle basi del trapezio e per altezza la stessa altezza del trapezio. V F

f. Ogni poligono circoscritto ad una circonferenza è equivalente ad un triangolo che ha per base il semiperimetro del poligono e per altezza il raggio della circonferenza. V F

g. Ogni poligono circoscritto ad una circonferenza è equivalente ad un triangolo che ha per base il perimetro del poligono e per altezza il diametro della circonferenza. V F

Applicazione

33 **ESERCIZIO GUIDATO**

Dimostra che un triangolo viene diviso da una delle sue mediane in due triangoli equivalenti. In quale caso i due triangoli sono anche congruenti?

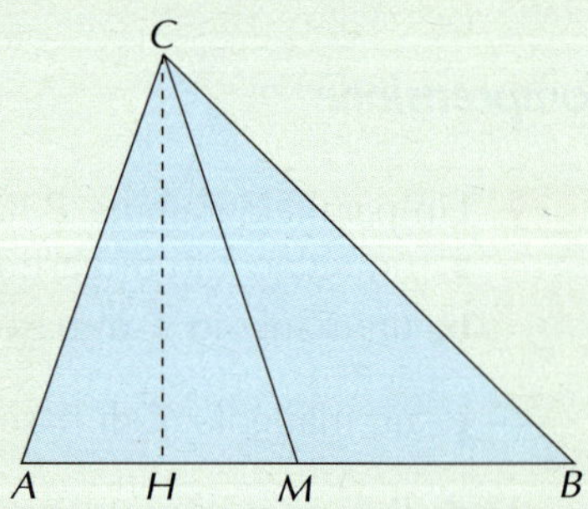

Il triangolo AMC ha per base il segmento .... e per altezza il segmento ....
Il triangolo CMB ha per base .... e per altezza .... Ma le basi dei due triangoli sono .... per ipotesi e le altezze sono ...., quindi ....

34 **ESERCIZIO GUIDATO**

Se due triangoli hanno due lati ordinatamente congruenti e l'angolo fra essi compreso uno supplementare dell'altro, allora sono equivalenti.

Disegniamo i due triangoli in modo che abbiano in comune uno dei lati congruenti, per esempio AB e, dopo aver completato il triangolo ABC, costruiamo ABD in modo che l'angolo $\widehat{DAB}$ sia supplementare di $\widehat{CAB}$. Tracciamo poi dai vertici C e D le perpendicolari alla retta del lato AB; i segmenti CH e DK rappresentano quindi le altezze dei due triangoli. Per dimostrare che ABC e ABD sono equivalenti basta adesso dimostrare che le due altezze sono congruenti.

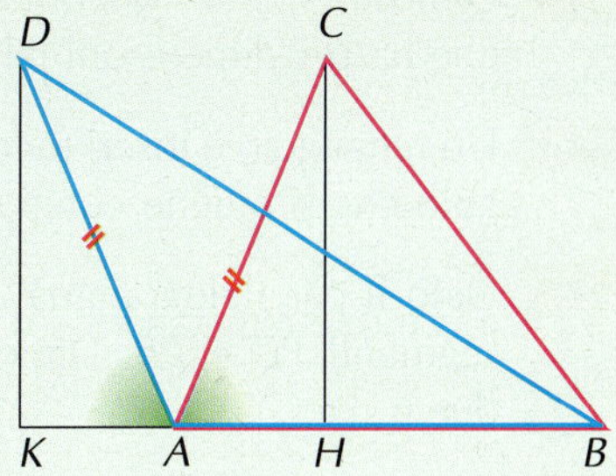

35 Come puoi dividere un triangolo in tre parti equivalenti con due semirette che escono dallo stesso vertice?

36 Dato il triangolo ABC, traccia le sue mediane AM e BN che si incontrano in O. Dimostra che:

a. $\overset{\triangle}{AMB} \doteq \overset{\triangle}{ANB}$

b. $\overset{\triangle}{ANO} \doteq \overset{\triangle}{MBO}$.

(Suggerimento: ricorda che la retta NM è parallela al lato AB)

es. 36

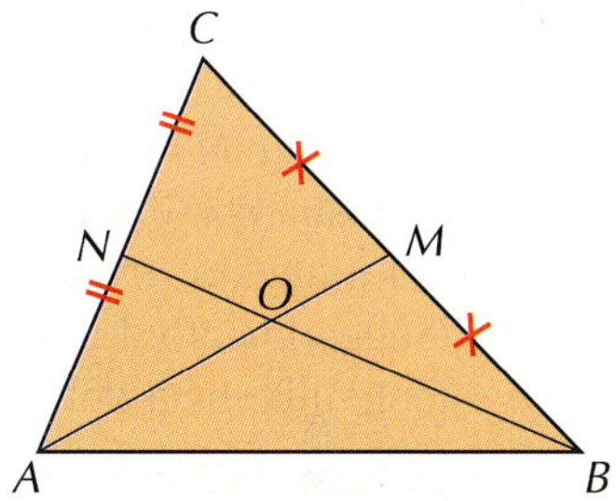

37 Tenendo presente l'esercizio precedente dimostra che le tre mediane di un triangolo lo dividono in sei triangoli fra loro equivalenti. Se indichi con T uno di tali triangoli, come puoi esprimere l'area del triangolo dato?

38 Dimostra che le diagonali di un parallelogramma lo dividono in quattro triangoli equivalenti. Se indichi con T l'area di uno di questi triangoli, come puoi esprimere l'area del parallelogramma?

39 Dimostra che se congiungi un punto di una mediana di un triangolo con gli altri vertici, ottieni due coppie di triangoli equivalenti.

40 Sia M il punto medio della diagonale AC di un trapezio $ABCD$; dimostra che, congiungendo M con i vertici B e D, il trapezio viene diviso in quattro triangoli equivalenti a due a due.
(Suggerimento: i triangoli equivalenti sono AMB e CMB perchè .... e AMD e CMD perché ....)

es. 40

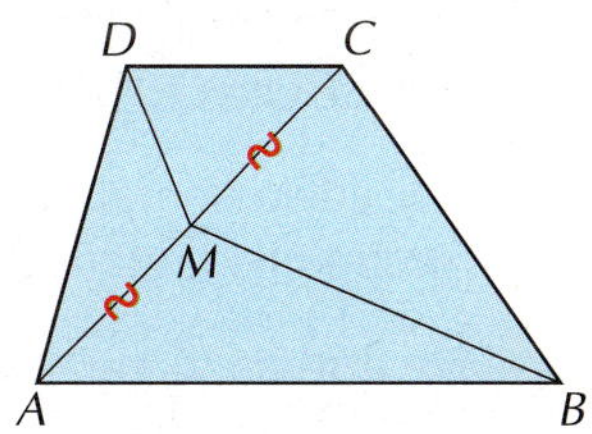

41 Sia ABC un triangolo isoscele di base BC nel quale l'altezza AH è congruente alla base. Congiungi il punto medio M di AH con i vertici B e C e dimostra che il triangolo BMC è equivalente a metà del triangolo ABC.

42 Sappiamo che se uniamo i punti medi dei lati consecutivi di un quadrilatero otteniamo un parallelogramma. Qual è l'area del quadrilatero rispetto all'area del parallelogramma?
(Suggerimento: traccia le diagonali del parallelogramma e ricorda l'equivalenza fra parallelogrammi e triangoli)

43 Dimostra che sono equiestesi tutti i quadrilateri circoscritti ad una circonferenza e aventi lo stesso perimetro.

44 E' dato il parallelogramma $ABCD$. Considera il punto P interno al lato CD e dimostra che la somma dei triangoli ADP e PCB è costante al variare di P ed è equivalente al triangolo APB.

45 Considera un quadrilatero $ABCD$ e dai suoi vertici traccia le parallele alle diagonali. Dimostra che il parallelogramma così ottenuto ha area doppia di quella del quadrilatero.

46 Dimostra che un quadrilatero che ha le diagonali perpendicolari è equivalente a metà del rettangolo che ha per dimensioni tali diagonali.

47 Un rettangolo è inscritto in una circonferenza. Dimostra che la sua area è quadrupla dell'area del triangolo che si ottiene congiungendo due suoi vertici consecutivi con il centro della circonferenza.

48 Dato il parallelogramma *ABCD* traccia la sua diagonale *AC*, prendi su di essa un punto *P* e traccia i segmenti *PD* e *PB*. Dimostra che il parallelogramma viene diviso in quattro triangoli equivalenti a due a due.

49 Dato un parallelogramma *ABCD*, considera un punto *P* sulla sua diagonale *AC* in modo che $PC \cong 2AP$. Tracciando i segmenti *DP* e *BP* il parallelogramma resta diviso in due quadrilateri. Tenendo presente anche l'esercizio precedente, dimostra che l'area del quadrilatero convesso è doppia dell'area di quello concavo.

50 Dimostra che il triangolo equilatero inscritto in una circonferenza γ è equivalente alla metà dell'esagono regolare inscritto in γ.

51 Siano *M* e *N* i punti medi dei lati *AB* e *AC* di un triangolo *ABC* e sia *P* un punto qualunque del lato *BC*; dimostra che il quadrilatero *ANPM* è equivalente a metà del triangolo. Che relazione sussiste fra l'area del triangolo *ANM* e quella di *ABC*?
(Suggerimento: i triangoli *AMN* e *MNP* sono equivalenti; basta quindi dimostrare che $\widehat{MNP}$ è equivalente alla metà del trapezio *MNCB*)

52 Considera i punti medi *M* ed *N* delle basi di un trapezio; dimostra che il segmento che li congiunge divide il trapezio in due trapezi fra loro equivalenti.
(Suggerimento: se *M* è il punto medio della base minore, congiungi gli estremi della base maggiore con *M* ed osserva i triangoli che si vengono a formare)

53 Dal centro di un parallelogramma *ABCD*, traccia la rette *r* ed *s* parallele ai lati e siano *E, F, G, H* i punti in cui tali rette intersecano i lati stessi. Che tipo di quadrilatero è *EFGH*? Dimostra che tale quadrilatero è equivalente alla metà del parallelogramma dato. Se il punto *O* non è il centro del parallelogramma ma uno qualunque dei suoi punti interni, la relazione di equivalenza è ancora vera?

54 Dato il trapezio *ABCD*, considera sui suoi lati obliqui *AD* e *BC* due punti *P* e *Q* equidistanti dalla base maggiore. Detto *O* il punto di intersezione di *AQ* con *BP*, dimostra che i triangoli *AOP* e *BOQ* sono equivalenti.

55 Considera un trapezio e congiungi gli estremi di uno dei lati obliqui con il punto medio dell'altro. Dimostra che il triangolo così ottenuto è equivalente alla metà del trapezio.

56 Sia *ABC* un triangolo equilatero inscritto in una circonferenza di centro *O*; sia *BE* il diametro uscente da *B*. Dimostra che i triangoli *ABO* e *AOE* sono equivalenti e che sono equivalenti alla terza parte del triangolo *ABC*.

57 Considera due segmenti consecutivi *AC* e *AB* e traccia l'asse *r* di *AB*. Dopo aver determinato il punto *D* simmetrico di *C* rispetto ad *r*, indica con *M* ed *N* rispettivamente le intersezioni di *r* con *AB* e *CD*, quindi considera il punto *S* simmetrico di *M* rispetto ad *N*. Dimostra che i triangoli *CAB*, *ADB* e *ASM* sono equivalenti.

58 Considera il rombo *ABCD* e dai vertici *B* e *D* traccia le perpendicolari *r* ed *s* alla diagonale *BD*. Dai vertici *A* e *C* traccia due semirette fra loro parallele ma in semipiani opposti rispetto alla retta *AC*. Indica con *P* e *Q* i punti in cui esse incontrano rispettivamente le rette *r* ed *s*. Dopo aver stabilito la natura del quadrilatero *APCQ*, dimostra che esso è equivalente al rombo assegnato.

59 Dal vertice *B* della base minore *AB* di un trapezio *ABCD*, traccia la parallela al lato *AD* che incontra in *F* la diagonale *AC* e in *E* la base *CD*. Dimostra che sono equivalenti i triangoli *FBC* e *FDE*. In quale caso questi triangoli sono equivalenti anche al triangolo *ABF*?

60 E' dato un trapezio $ABCD$; sia P il punto medio del segmento che congiunge i punti medi dei lati obliqui. Tracciata per P la perpendicolare alle basi, dimostra che i due trapezi in cui resta diviso $ABCD$ sono equivalenti.

61 Dato un quadrilatero $ABCD$ e tracciate le sue diagonali, prolunga la diagonale DB di un segmento $BE \cong BD$; da B traccia la parallela alla diagonale AC che incontra il segmento AE nel punto F. Dimostra che il quadrilatero $AFCD$ è equivalente al triangolo FEC.

I TEOREMI DI PITAGORA E DI EUCLIDE

teoria a pagina 127

Comprensione

SOLUZIONI ES. COMPRENSIONE

62 Quale dei seguenti enunciati è una esatta formulazione del teorema di Pitagora?
In ogni triangolo rettangolo:

a. la somma delle aree costruite sui cateti è uguale all'area costruita sull'ipotenusa
b. i quadrati costruiti sui cateti sono equivalenti al quadrato costruito sull'ipotenusa
c. la somma delle aree dei cateti è uguale all'area dell'ipotenusa
d. la somma dei cateti è uguale all'ipotenusa
e. il quadrato costruito sull'ipotenusa è equivalente alla somma dei quadrati costruiti sui cateti.

63 Quale fra le seguenti proposizioni è una formulazione corretta del secondo teorema di Euclide?
In ogni triangolo rettangolo:

a. il quadrato costruito sull'altezza relativa all'ipotenusa è equivalente alla somma dei quadrati costruiti sulle proiezioni dei cateti sull'ipotenusa
b. il quadrato costruito sull'altezza relativa all'ipotenusa è uguale al rettangolo che ha per dimensioni le proiezioni dei cateti sull'ipotenusa
c. il quadrato costruito sull'altezza relativa all'ipotenusa è equivalente al rettangolo che ha per dimensioni le proiezioni dei cateti sull'ipotenusa
d. l'area dell'altezza relativa all'ipotenusa è uguale all'area delle proiezioni dei cateti sull'ipotenusa.

64 Con riferimento alla figura si può dire che:

a. $q(AC) \doteq r(BC, BH)$ V F
b. $q(AB) \doteq r(BH, HC)$ V F
c. $q(AB) \doteq r(BC, BH)$ V F
d. $q(AH) \doteq r(BH, HC)$ V F
e. $q(HC) \doteq r(AC, KC)$ V F
f. $q(AH) \doteq r(AK, KC)$ V F

es. 64

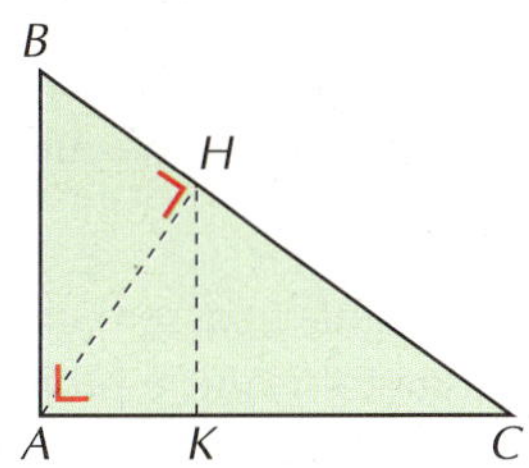

65 Con riferimento al triangolo rettangolo in figura nel quale AH rappresenta l'altezza relativa all'ipotenusa, stabilisci quali delle seguenti relazioni sono vere e quali sono false:

a. $r(BH, HC) \doteq q(BC)$ V F
b. $r(CH, CB) \doteq q(AC)$ V F
c. $q(AH) \doteq r(CH, HB)$ V F
d. $q(BC) - q(AC) \doteq q(AB)$ V F
e. $q(AH) \doteq q(AB) - q(BH)$ V F
f. $q(CH) \doteq q(AC) + q(AH)$ V F

es. 65

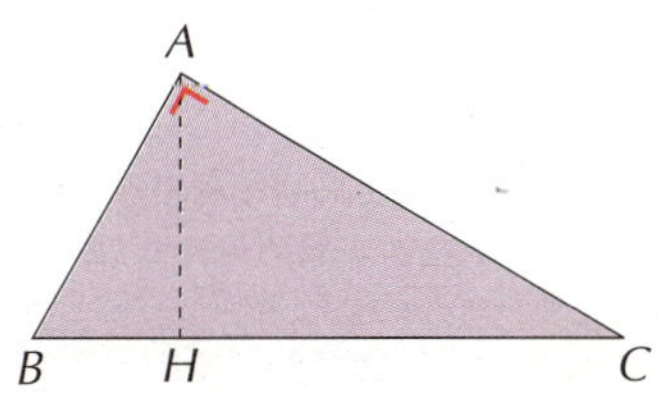

66 Con riferimento al triangolo ABC rettangolo in A in figura, determina quali fra le seguenti relazioni sono vere e quali sono false:

a. $r(AH, HB) \doteq q(BC)$ V F

b. $r(CH, HB) \doteq q(AB) - q(HB)$ V F

c. $r(AB, AC) \doteq q(BC)$ V F

d. $q(AC) \doteq q(CB) - q(AB)$ V F

e. $q(HB) \doteq q(AB) + q(AH)$ V F

f. $q(AC) - q(CH) + q(HB) \doteq q(AB)$ V F

es. 66

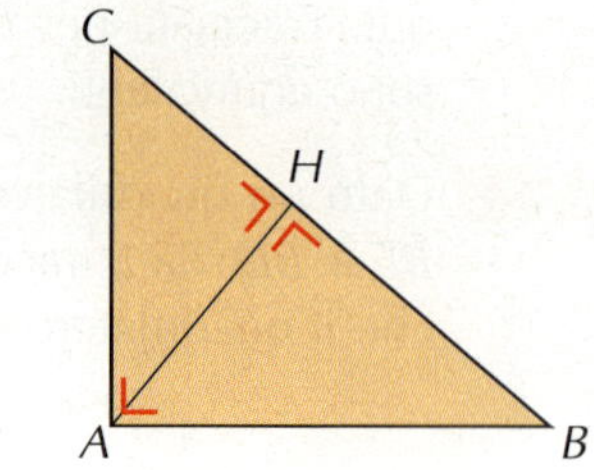

67 Un triangolo ABP è inscritto in una semicirconferenza di diametro AB e H è la proiezione di P su AB; completa le seguenti relazioni in modo che siano vere:

a. $q(AP) \doteq$ .... **b.** $q(PH) \doteq$ ....

c. $r(AB, HB) \doteq$ .... **d.** $q(AB) \doteq$ ....

es. 67

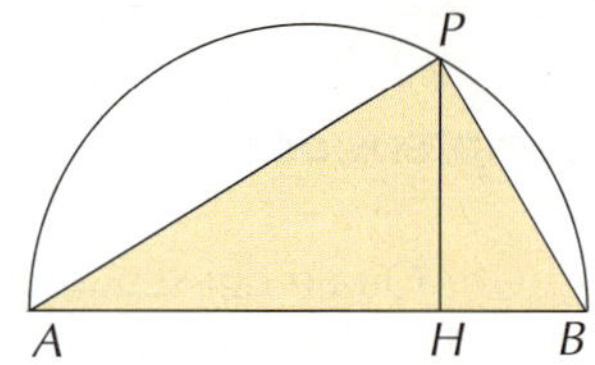

Applicazione

68 **ESERCIZIO GUIDATO**

Un trapezio $ABCD$ è circoscritto ad una circonferenza; congiungi gli estremi del lato obliquo BC con il centro O della circonferenza e sia OH la distanza di O dal lato BC. Dimostra che $q(OC) \doteq r(BC, CH)$.

La relazione da dimostrare è quella del secondo teorema di Euclide applicata al triangolo BOC; basta quindi dimostrare che tale triangolo è retto in O. A questo scopo osserva che:

- BO è la bisettrice dell'angolo $\widehat{ABC}$ perché ....
- analogamente, CO è bisettrice di ....
- gli angoli $\widehat{ABC}$ e $\widehat{BCD}$ sono supplementari perché .... quindi $\widehat{OBC}$ e $\widehat{BCO}$ formano un angolo retto perché ....

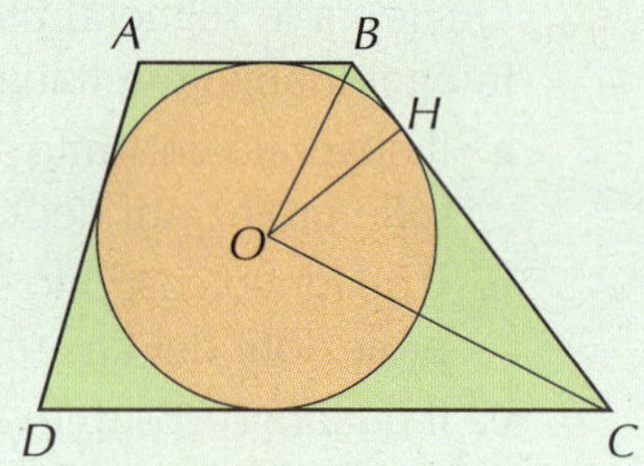

Puoi adesso concludere che l'angolo $\widehat{BOC}$ è retto perché ....

69 Da un punto P di una circonferenza di centro O e diametro AB traccia la perpendicolare PH ad AB. Dimostra che la somma dei quadrati costruiti sulle corde AP e PB è equivalente a 4 volte il quadrato costruito sul raggio.

70 Disegna una semicirconferenza di diametro AB, inscrivi in essa un triangolo ABC e proietta il vertice C sulla base AB. Indicata con P tale proiezione, dimostra che $q(AC) \doteq q(AP) + r(AP, PB)$.

es. 70

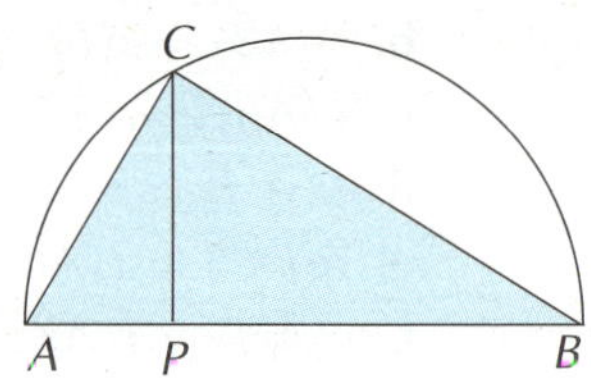

71 Dato il triangolo equilatero ABC e tracciata la sua altezza AH, dimostra che $q(AH) \doteq \frac{3}{4}q(AB)$.

(Suggerimento: applica il teorema di Pitagora al triangolo ABH e tieni presente che $BH \cong \frac{1}{2}AB$)

72 Un triangolo ABC è inscritto in una semicirconferenza di diametro BC; siano AH l'altezza e AM la mediana relative al lato BC. Dimostra che il quadrato costruito su MC è equivalente alla somma dei quadrati costruiti su AH e HM.

73 Dimostra che in un rombo il quadrato del raggio del cerchio inscritto è equivalente al rettangolo dei due segmenti in cui esso divide il lato.

74 **ESERCIZIO GUIDATO**

Dato il triangolo ABC rettangolo in A, congiungi il vertice B con un punto D del cateto AC. Dimostra che la somma dei quadrati di BD e AC è equivalente alla somma dei quadrati di BC e AD.

Applica il teorema di Pitagora ai triangoli ABD e ABC.

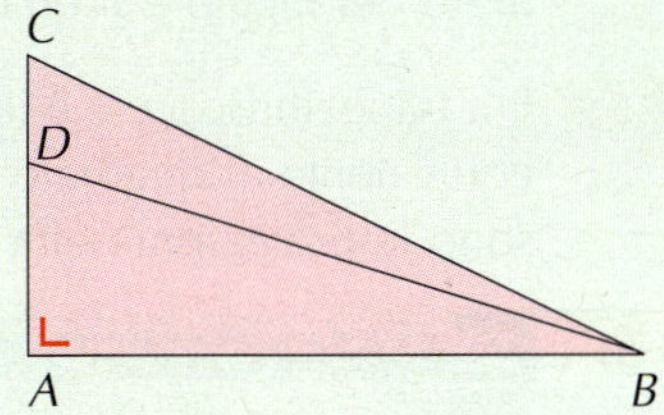

$q(BD) \doteq q(..........) + q(..........)$

$q(AC) \doteq q(..........) - q(..........)$

Se sommi membro a membro le due relazioni ottieni:

$q(BD) + q(AC) \doteq$ .... quindi ....

75 **ESERCIZIO GUIDATO**

Dimostra che se un quadrilatero ha le diagonali perpendicolari, la somma dei quadrati di due lati opposti è equivalente alla somma dei quadrati degli altri due.

Applicando il teorema di Pitagora ai triangoli rettangoli che si vengono a formare ottieni le relazioni:

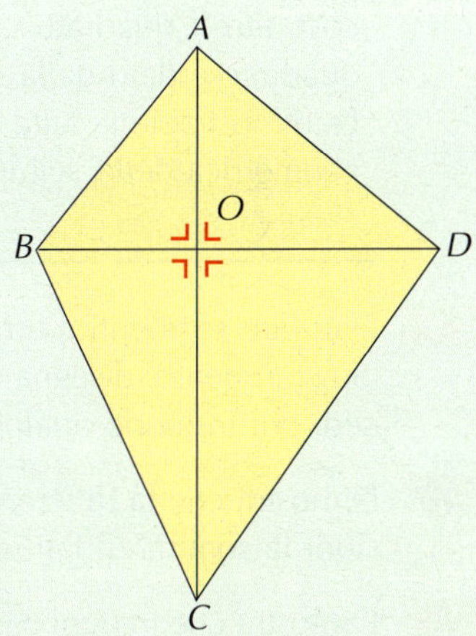

$q(AB) \doteq q(BO) + q(...............)$

$q(CD) \doteq q(..........) + q(..........)$

$q(AD) \doteq$ ....

$q(CB) \doteq$ ....

Allora $q(AB) + q(CD) \doteq q(BO) + q(.....) + q(.....) + q(.....)$

$q(AD) + q(CB) \doteq$ ....

I secondi membri di queste due ultime relazioni sono formati dagli stessi quadrati, quindi.....

76 Un quadrilatero $ABCD$ è inscritto in una circonferenza che ha per diametro la diagonale AC. Dimostra che la somma dei quadrati dei suoi lati è equivalente al doppio del quadrato del diametro.

77 In un trapezio rettangolo la base maggiore DC ha lunghezza doppia della base minore AB che, a sua volta, è congruente all'altezza AD. Dimostra che $q(BC) \doteq 2q(AB)$.

78 Dimostra che in un triangolo isoscele il quadrato della base è equivalente al quadruplo della differenza tra il quadrato del lato e quello dell'altezza relativa alla base.

79 Dato un qualsiasi triangolo ABC, dimostra che la differenza dei quadrati di due suoi lati è equivalente alla differenza dei quadrati delle loro proiezioni sul terzo lato.

80 In un trapezio $ABCD$, rettangolo in A e D, la diagonale DB è perpendicolare al lato obliquo BC. Indicato con H il piede dell'altezza uscente dal vertice B della base minore, dimostra che vale la relazione $q(BD) \doteq q(AB) + r(DH, HC)$.

81 Considera un quadrato $ABCD$ ed un suo punto P interno. Dimostra che la somma dei quadrati delle distanze di P da due vertici opposti è equivalente alla somma dei quadrati delle sue distanze dagli altri due.
(Suggerimento: traccia da P la parallela a una coppia di lati del quadrato e applica il teorema di Pitagora)

es. 81

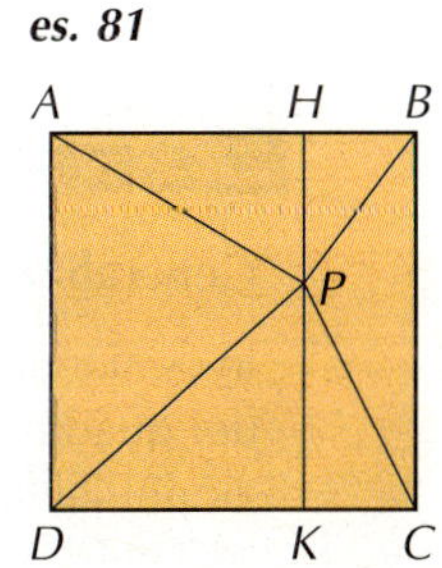

82 Da un punto P esterno ad una circonferenza di centro O traccia le tangenti PA e PB; la corda AB interseca PO in H. Dimostra che $q(AB) \doteq 4r(OH, HP)$.

83 γ e γ' sono due circonferenze congruenti e secanti, di centri C e C'; sia AB la loro corda comune. Dimostra che il quadrato della distanza fra i centri è equivalente alla differenza fra il quadruplo del quadrato del raggio e il quadrato della corda AB.

84 Un trapezio isoscele è inscritto in una semicirconferenza. Dimostra che il quadrato di una diagonale è equivalente al quadrato della sua proiezione sul diametro aumentata del rettangolo le cui dimensioni sono le proiezioni della diagonale stessa e del lato obliquo sul diametro.

85 **ESERCIZIO GUIDATO**

Dimostra che il quadrato costruito sulla somma di due segmenti è equivalente alla somma dei quadrati costruiti su ciascun segmento aumentata del doppio rettangolo che ha per lati i due segmenti.

Osserva la figura a lato in cui, dati i segmenti a e b abbiamo costruito il quadrato che ha per lato il segmento $a + b$. Tale quadrato è dato dalla somma di.....
La dimostrazione fatta può essere considerata l'interpretazione geometrica dello sviluppo del quadrato di un binomio.

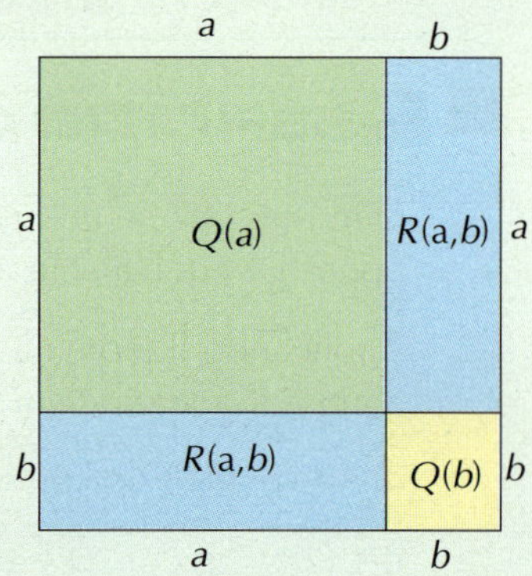

86 Dati due segmenti a e b dimostra che $q(a - b) \doteq q(a) + q(b) - 2r(a, b)$.
(Suggerimento: disegna due segmenti adiacenti a e b e costruisci le figure indicate dalla relazione; procedi poi in modo analogo all'esercizio precedente)

87 Dimostra che la differenza dei quadrati di due segmenti è equivalente al rettangolo che ha per dimensioni la somma di tali segmenti e la loro differenza.

88 Dimostra che in ogni parallelogramma il quadrato della diagonale minore è equivalente alla somma dei quadrati di due lati consecutivi diminuita del doppio rettangolo della base e della proiezione dell'altro lato su di essa. A che cosa è equivalente il quadrato della diagonale maggiore?

89 Dato il triangolo ABC, isoscele di base AB, prolunga il suo lato AC di un segmento $CE \cong BC$. Dimostra che la somma dei quadrati di AB e BE è equivalente al quadruplo del quadrato di BC. Dimostra poi che se il triangolo ABC è equilatero, allora $q(AB) \doteq \frac{1}{3} q(EB)$.

90 Sia AM la mediana relativa al lato BC di un triangolo ABC (con $AC > AB$). Dimostra che vale la relazione $q(AM) \doteq q(BM) + q(AB) - r(BC, BH)$ essendo H la proiezione di A su BC.

91 Sull'ipotenusa BC di un triangolo rettangolo ABC, costruisci un rettangolo qualsiasi $BCED$. Dimostra che la differenza dei quadrati di AD e AE è equivalente alla differenza dei rettangoli che hanno come prima dimensione l'ipotenusa BC e come seconda dimensione le proiezioni dei cateti AB e AC sull'ipotenusa stessa.

92 **ESERCIZIO GUIDATO**

Generalizzazione del teorema di Pitagora (*caso del triangolo ottusangolo*).

In ogni triangolo ottusangolo, il quadrato del lato opposto all'angolo ottuso è equivalente alla somma dei quadrati degli altri due lati aumentata del doppio rettangolo di uno di questi lati e della proiezione dell'altro su di esso.

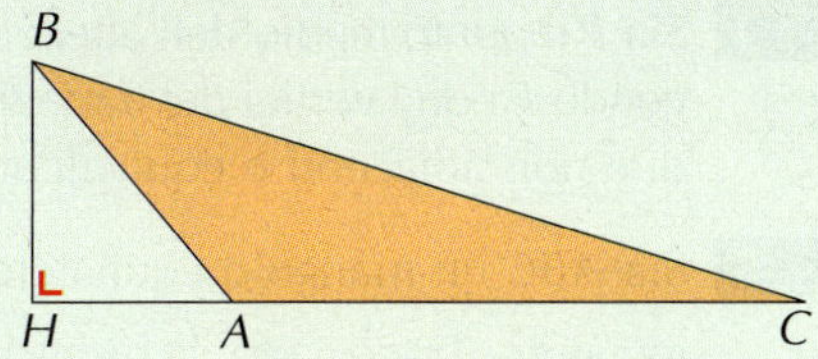

Hp. ABC triangolo ottusangolo
$BH \perp AC$

Th. $q(BC) \doteq q(AC) + q(AB) + 2r(AC, AH)$

Applica il teorema di Pitagora al triangolo BHC: $q(BC) \doteq$ ....

Applica il teorema di Pitagora al triangolo BHA: $q(AB) \doteq$ ....

Sottraendo membro a membro le due relazioni ottieni: $q(BC) - q(AB) \doteq$ ....

da cui $q(BC) \doteq$ .... ma $q(HC) \doteq q(HA + AC) \doteq$ .... perciò ....

93 **ESERCIZIO GUIDATO**

Generalizzazione del teorema di Pitagora (*caso del triangolo acutangolo*).
In ogni triangolo, il quadrato del lato opposto ad un angolo acuto è equivalente alla somma dei quadrati degli altri due lati diminuita del doppio rettangolo di uno di questi lati e della proiezione dell'altro su di esso.

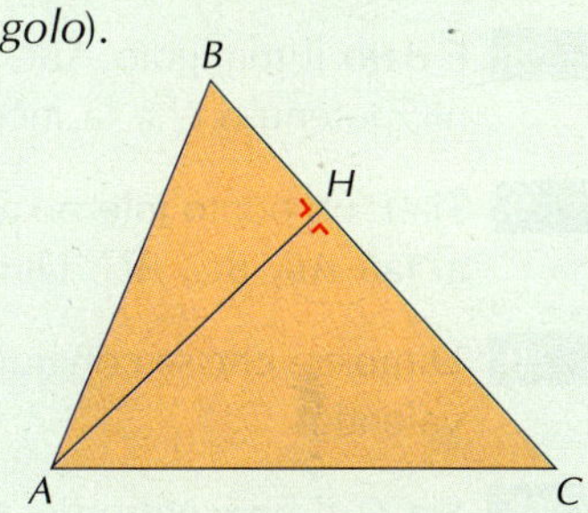

Hp. $\widehat{ABC}$ angolo acuto $\wedge$ $AH \perp BC$

Th. $q(AC) \doteq q(AB) + q(BC) - 2r(BC, BH)$

Applica il teorema di Pitagora al triangolo ACH: $q(AC) \doteq$ ....

Applica il teorema di Pitagora al triangolo ABH: $q(AB) \doteq$ ....

Sottraendo membro a membro le due relazioni ottieni: $q(AC) - q(AB) \doteq$ ....

da cui $q(AC) \doteq$ .... ma $q(HC) \doteq q(BC - BH) \doteq$ .... quindi ....

94 Dato un triangolo isoscele ABC di base BC, dimostra che il quadrato di BC è equivalente al doppio del rettangolo che ha per dimensioni un lato e la proiezione di BC su di esso.

95 E' data una circonferenza γ di centro O e diametro AB; dai punti A e B conduci le tangenti a γ che intersecano una terza tangente in P e Q. Dimostra che il quadrato costruito sul raggio della circonferenza è equivalente al rettangolo avente per dimensioni AP e BQ.

96 Due corde PQ e RS di una circonferenza fra loro perpendicolari si incontrano in O; dimostra che la somma dei quadrati delle quattro parti in cui il punto O le divide è equivalente al quadrato del diametro della circonferenza.

Esercizi per lo sviluppo delle competenze

1 Un trapezio isoscele è circoscritto ad una circonferenza. Dimostra che il rettangolo che ha per dimensioni le sue basi è equivalente al quadrato del diametro.

2 Un quadrilatero è circoscritto ad una circonferenza. Dimostra che la somma dei due triangoli che hanno per base due lati opposti e per terzo vertice il centro della circonferenza è equivalente alla metà del quadrilatero.

3 In un trapezio isoscele $ABCD$ la diagonale BD è perpendicolare al lato obliquo BC; sia BH l'altezza del trapezio. Dimostra che $q(BH) \doteq q(HC) + r(AB, HC)$.

4 Sia P il punto medio dell'altezza BH di un trapezio $ABCD$ di base maggiore DC. Dimostra che, congiungendo P con i vertici del trapezio, ottieni i quattro triangoli ABP, BCP, ADP e DPC tali che la somma dei due non adiacenti è equivalente alla somma degli altri due.

5 Sia ABC un triangolo equilatero; prolungato il lato AB, dalla parte di B, sia P un punto su tale prolungamento. Traccia ora: la bisettrice dell'angolo $\widehat{CBP}$, la perpendicolare CH dal vertice C su tale bisettrice, l'altezza CK del triangolo ABC. Indicato con Q il punto d'intersezione di AH con BC, dimostra che i triangoli CQH e ABQ sono equivalenti.

6 Due circonferenze sono tangenti esternamente in P; una delle tangenti comuni r interseca la prima circonferenza in A e la seconda in B; traccia poi la tangente comune per P che interseca la retta r in T. Dimostra che $q(AB) \doteq 4q(PT)$.

7 Dimostra che in un trapezio isoscele il quadrato di una diagonale è equivalente alla somma del quadrato del lato obliquo con il rettangolo delle basi.

8 È dato il triangolo ABC rettangolo in A; dal punto medio M del cateto AC conduci la perpendicolare all'ipotenusa che la incontra in K. Dimostra che $q(AB) \doteq q(BK) - q(KC)$.

9 Sia P un punto interno ad un triangolo ABC; conduci da P le perpendicolari PH, PK, PR rispettivamente ai lati AB, BC, AC. Dimostra che $q(BH) + q(CK) + q(AR) \doteq q(AH) + q(BK) + q(CR)$.

10 Dimostra che se congiungi il baricentro di un triangolo con i suoi vertici ottieni tre triangoli fra loro equivalenti.

11 Sia G il baricentro del triangolo ABC. Indicati con M, N, R i punti medi rispettivamente di AG, GB e GC, dimostra che il triangolo MNR è equivalente alla quarta parte del triangolo ABC.

12 Dimostra che la somma dei quadrati costruiti su due lati di un triangolo è equivalente al doppio del quadrato costruito sulla mediana relativa al terzo lato, aumentato del doppio del quadrato costruito sulla metà del terzo lato (questo teorema è noto come **Teorema delle mediane di Pappo**).
(Suggerimento: con riferimento alla figura a lato, devi dimostrare che $q(AC) + q(AB) \doteq 2q(AM) + 2q(CM)$; applica il teorema di Pitagora generalizzato)

es. 12

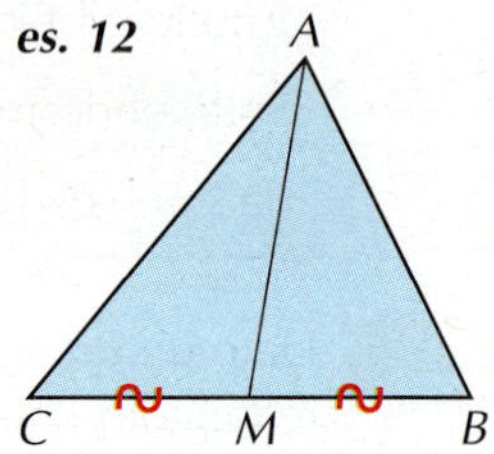

13 **ESERCIZIO GUIDATO**

Un appezzamento di terreno di forma triangolare deve essere diviso in due parti di ugual superficie per mezzo di una linea retta passante per un punto assegnato di un lato del triangolo. Come si può fare?

Disegniamo un triangolo ABC e prendiamo un punto P sul lato AC. Per determinare la direzione della retta di divisione procediamo in questo modo: tracciamo la mediana BM e da M la parallela a BP fino ad incontrare in Q il lato BC. La linea di divisione è la retta di PQ perché ....

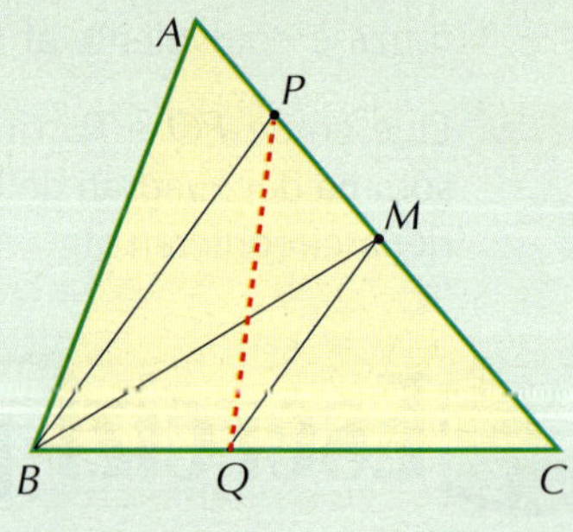

14 Se l'appezzamento di terreno fosse di forma quadrangolare e lo si dovesse dividere con una linea retta passante per un suo vertice, come si dovrebbe procedere?

IL CAPITOLO SI COMPLETA CON:

ESERCIZI DI CONSOLIDAMENTO

VERIFICA INTERATTIVA

Test Finale

1 Di quattro figure A, B, C, D si sa che A e B sono equicomposte, che C e D sono equicomposte, ma che A e C non sono equicomposte; si può dire che:

a. A e B sono equivalenti, C e D sono equivalenti ma non si può escludere che siano tutte e quattro equivalenti V F

b. $A + C \doteq B + D$ V F

c. $A + C + B \doteq B + D + A$ V F

d. se A, B, C, D sono dei poligoni, allora A e C non possono essere equivalenti. V F

1 punto

2 Indica il valore di verità delle seguenti proposizioni relative ad un parallelogramma di base $b = 10\ell$ e altezza $h = 20\ell$;

a. è equivalente ad un triangolo di base $b = 20\ell$ e altezza $h = 20\ell$ V F

b. è equivalente ad un triangolo di base $b = 20\ell$ e altezza $h = 10\ell$ V F

c. è equivalente al doppio di un triangolo di base $b = 10\ell$ e altezza $h = 20\ell$ V F

d. è equivalente ad un rettangolo di dimensioni 10ℓ e 20ℓ. V F

0,5 punti

3 Un trapezio $ABCD$ (di base maggiore CD) è circoscritto ad una circonferenza di raggio r; si può dire che è equivalente a:

a. un triangolo che ha come base il perimetro del trapezio e altezza r V F

b. un triangolo che ha come base $AB + CD$ e altezza $2r$ V F

c. un rettangolo che ha come base $AD + BC$ e altezza r V F

d. un rettangolo che ha come base $AB + CD$ e altezza $2r$. V F

1 punto

4 Due triangoli di basi b_1 e b_2 e altezze h_1 e h_2 sono equivalenti; si può dire che:

a. $b_1 \cong b_2 \wedge h_1 \cong h_2$ V F

b. se $b_1 \cong b_2$ allora $h_1 \cong h_2$ V F

c. se $2b_1 \cong b_2$ allora $2h_1 \cong h_2$ V F

d. se $2b_1 \cong b_2$ allora $h_1 \cong 2h_2$ V F

1 punto

5 In un trapezio $ABCD$, N e M sono i punti medi dei lati obliqui AD e BC; dimostra che il triangolo AMD è equivalente al triangolo BNC.

1,5 punti

6 Siano CB e AD i lati obliqui di un trapezio circoscritto ad una circonferenza di centro O. Dimostra che $q(AD) + q(CB) \doteq q(AO) + q(BO) + q(CO) + q(DO)$.

2 punti

7 In una circonferenza di centro O e diametro CD conduci una corda AB perpendicolare al diametro in M; la retta tangente alla circonferenza condotta per il punto B incontra la retta di CD in K. Dimostra che:

a. il quadrato costruito su metà della corda AB è equivalente al rettangolo avente per lati CM e DM

1 punto

b. $q(KB) \doteq q(KM) + 2r(KM, MO) - q(MB)$.

2 punti

Soluzioni

1 **a.** V, **b.** V, **c.** V, **d.** V

2 **a.** V, **b.** F, **c.** V, **d.** V

3 **a.** V, **b.** V, **c.** V, **d.** F

4 **a.** F, **b.** V, **c.** F, **d.** V

5

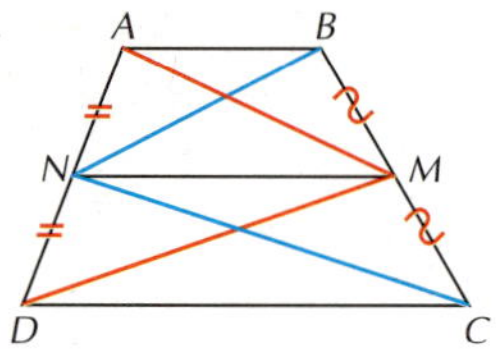

Tracciata la corda MN che è parallela alle basi del trapezio (inverso del teorema del fascio di rette parallele) sono equivalenti i triangoli ANM e BNM, DNM e CNM; di conseguenza sono equivalenti anche i triangoli NBC e MAD perché somme di triangoli equivalenti.

6

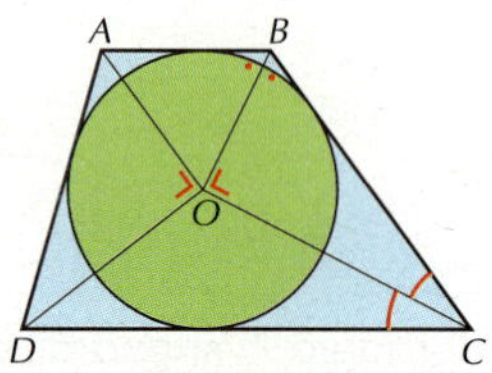

I triangoli BOC e AOD sono rettangoli in O; applicando il teorema di Pitagora a tali triangoli si ottiene immediatamente la tesi.

7

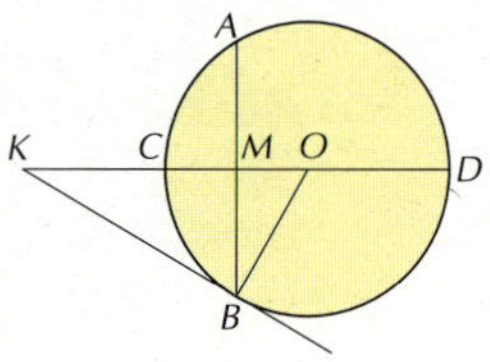

a. Il triangolo CBD è rettangolo in B e quindi dal secondo teorema di Euclide segue la tesi.

b. Lavoriamo sul primo membro della tesi:

$q(KB) \doteq q(KM) + q(MB)$

ma $q(MB) \doteq r(KM, MO)$

quindi $q(KB) \doteq q(KM) + r(KM, MO)$

Aggiungendo e togliendo $r(KM, MO)$, che è equivalente a $q(MB)$, otteniamo la tesi:

$q(KB) \doteq q(KM) + 2r(KM, MO) - r(KM, MO) \doteq$

$\doteq q(KM) + 2r(KM, MO) - q(MB)$

Esercizio	1	2	3	4	5	6	7	
Punteggio								

Valutazione in decimi

MATEMATICA & SCIENZE

Ancora il teorema di Pitagora

1. Una simpatica verifica "sperimentale" del teorema di Pitagora si può fare con alcuni contenitori e l'acqua. Ti servono tre scatole quadrate, tutte della stessa altezza, e aventi i lati lunghi come i due cateti e l'ipotenusa di un triangolo rettangolo. Puoi costruirle con del cartoncino plastificato tipo quello dei contenitori dei succhi di frutta oppure con del cartone rivestito di stagnola.
   Riempi la scatola più grande, quella con il lato uguale all'ipotenusa, di acqua colorata (puoi usare della semplice tempera) e poi versala lentamente in una delle altre due scatole; ovviamente, essendo la scatola più piccola, ne avanzerà un po'.
   Versa l'acqua avanzata nella terza scatola. Che cosa scopri?

2. Sappiamo che già gli antichi Egizi conoscevano il teorema di Pitagora, altrimenti non avrebbero potuto tracciare gli angoli retti delle basi quadrate delle piramidi.
   Molti storici sostengono che il loro metodo era del tutto sperimentale e si basava sulla conoscenza di alcune terne pitagoriche, come per esempio 3, 4, 5 e quelle che da esse si deducono, come per esempio 6, 8, 10 oppure 9, 12, 15:

   $3^2 + 4^2 = 5^2$ $\qquad$ $6^2 + 8^2 = 10^2$ $\qquad$ $9^2 + 12^2 = 15^2$

   Usando una semplice corda annodata ad intervalli regolari si può costruire un triangolo rettangolo e quindi individuare la direzione di due rette perpendicolari. Spiega come puoi fare.

ULTERIORI COLLEGAMENTI

MATEMATICA DELLA VITA QUOTIDIANA

Perché i barattoli sono rotondi?

ULTERIORI COLLEGAMENTI

Quante volte capita di dover valutare un'area? Proviamo a fare un elenco: quando si deve comperare o vendere un terreno, quando si deve far valutare un appartamento, quando si deve fare un preventivo per ridipingere una casa, quando si deve dimensionare un campo da calcio o una palestra, quando si deve valutare l'estensione di una foresta, di un lago o di un Paese intero, quando si deve determinare il rapporto fra la superficie delle terre emerse rispetto a quella delle acque oppure la densità di popolazione di un territorio, o molto più semplicemente quando dobbiamo tappezzare le pareti della nostra stanza e vogliamo sapere quanta carta dobbiamo comperare.
Altre volte si devono affrontare problemi di *ricomposizione*. Quando si cambia casa e si vogliono risistemare i mobiletti della cucina, si deve rimettere tutto senza eliminare nulla e allora si gioca come in un puzzle spostando l'armadietto con le doppie antine dopo quello a vetri e incastrando subito sotto il forno che prima stava vicino alla lavastoviglie; quest'ultima, che prima era di fianco al frigorifero, adesso è sistemata a lato del lavello e il frigo, che non ci sta più sulla parete, lo spostiamo in quella di fronte.
Il giardiniere, che è venuto a tagliare l'erba, ha detto che oramai le rose non si piantano più a lato del vialetto e che la casa assumerebbe un'aria più moderna se le trasferissimo tutte in un'aiuola a fianco della porta d'ingresso: lo spazio occupato sarebbe lo stesso, ma l'estetica ci guadagnerebbe molto.

Figura 1

Ti sei mai chiesto perché i silos che servono per lo stoccaggio dei materiali, dal grano, al gas, agli idrocarburi, hanno forma circolare e anche molti contenitori in scatola hanno la stessa forma (***figura 1***)?

Con un filo di lunghezza ℓ puoi racchiudere una superficie che ha un'area variabile a seconda della figura che vuoi creare: tutti i poligoni in ***figura 2*** hanno lo stesso perimetro, ma le aree delle superfici sono una diversa dall'altra e fra tutte le superfici che si possono delimitare con una linea di lunghezza assegnata quella che ha area maggiore è il cerchio. La forma migliore per costruire un contenitore è quindi quella cilindrica perché, avendo la base più grande a parità di superficie, quindi di materiale utilizzato, è quella che ha maggiore capacità.
Di questo fatto doveva essere al corrente anche la regina Didone, che, costretta a fuggire dalla sua patria, si rifugiò nel territorio che oggi si trova nei pressi della città di Tunisi, dove chiese al re del luogo, Iarba, il permesso di fondare una città. Quando questi le disse che le avrebbe regalato tanta terra quanta potesse contenerne con una pelle di toro, Didone accettò subito. Tagliò la pelle in striscioline sottili, le annodò insieme e formò una lunga corda con la quale circoscrisse un'area sufficiente a dare origine alla città di Cartagine. Indovini che forma diede Didone alla sua città?

Figura 2

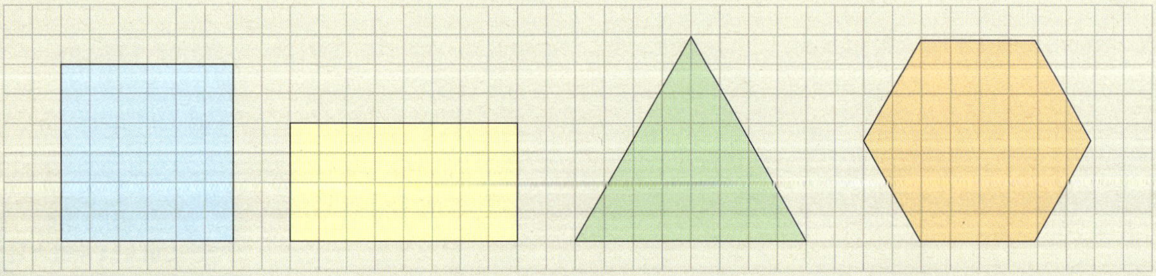

gare di matematica

ULTERIORI GARE

1 In un foglio a quadretti in cui il lato di un quadretto è 2cm, sono disegnati due cerchi come nella figura a fianco. La misura della minima distanza tra i due cerchi è:

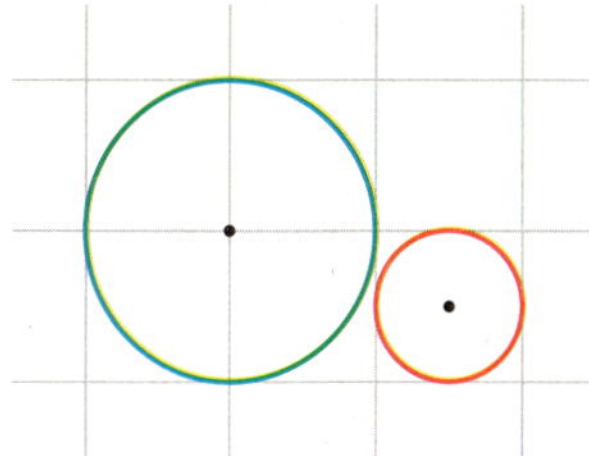

a. $\sqrt{10}$cm **b.** 3cm **c.** $(\sqrt{10}+3)$cm

d. $(\sqrt{10}-2)$cm **e.** $(\sqrt{10}-3)$cm [**e.**]

2 Alice, Berto e Carlo stanno cercando un tesoro. Sapendo che i tre amici si trovano sui vertici di un triangolo equilatero e che il tesoro si trova in un punto al di fuori del triangolo, a 1 metro di distanza da Alice e da Berto e a 2 metri di distanza da Carlo, quanti metri misura il lato del triangolo?

a. $\frac{2}{\sqrt{3}}$ **b.** $\frac{3\sqrt{3}}{4}$ **c.** $\frac{\sqrt{3}}{2}$ **d.** $\frac{3}{2}$ **e.** $\sqrt{3}$ [**e.**]

Math in English

Theory on page 130

CLIL

1 What are equivalent polygons?

a. Polygons with the same angles.
b. Polygons with the same perimeter.
c. Polygons with the same number of sides.
d. Polygons with the same area. [**d.**]

2 In the circle shown, AB is the diameter. Chords CD and EF are perpendicular to AB. The lenghts AP, PQ and QB are 5, 7 and 9 respectively. Determine the sum of the lenght of CP and EQ.

a. $4\sqrt{5}+2\sqrt{3}$ **b.** $2\sqrt{5}+12\sqrt{3}$ **c.** $4\sqrt{5}+6\sqrt{3}$

d. $\sqrt{5}+\sqrt{3}$ **e.** $6\sqrt{5}+2\sqrt{3}$ [**c.**]

ex. 2

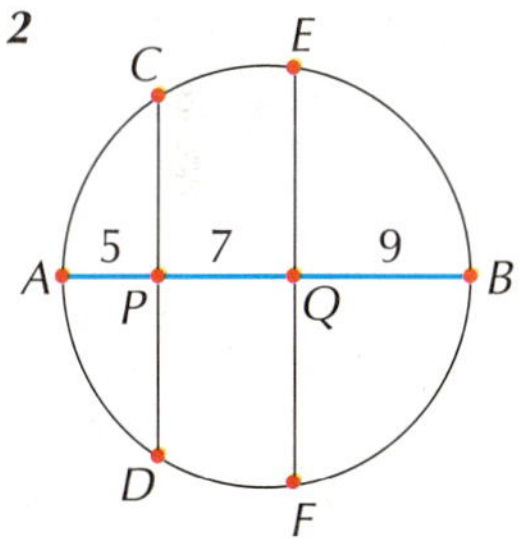

3 Circle A and circle B are externally tangent and have radii of 4cm and 10cm respectively. If an external tangent is drawn to the two circles that intersects circle A at point C and intersects circle B at point D, find the length of CD. [$4\sqrt{10}$cm]

4 Decide whether each of the following triangles contains a right angle:

a. sides: 6cm, 2cm, 5cm
b. sides: 7cm, 25cm, 24cm
c. sides: 8cm, 8cm ,10cm
d. sides: 8cm, 15cm, 17cm. [**b.**, **d.**]

5 A boat sails due east for 20km and it then sails north for 5km. How far in km is the boat from its starting point position, correct to 1 decimal place? [20.6km]

MORE EXERCISES

ESERCIZI

CAPITOLO 9

Grandezze, misura, proporzionalità e aree

Il problema di misurare

teoria a pagina 132

Comprensione

SOLUZIONI ES. COMPRENSIONE

1 Dopo averne ricordato la definizione, indica quali fra i seguenti insiemi costituiscono una classe di grandezze omogenee:

a. l'insieme degli angoli acuti
b. l'insieme delle corde di una data circonferenza
c. l'insieme degli angoli
d. l'insieme degli archi di una data circonferenza
e. l'insieme dei segmenti.

2 Determina il valore di verità delle seguenti proposizioni:

a. se due grandezze sono omogenee anche la loro somma è una grandezza omogenea alle prime due V F
b. se una grandezza è multipla di un'altra, la prima è commensurabile con la seconda V F
c. due grandezze incommensurabili non si possono confrontare V F
d. se due grandezze sono incommensurabili non esiste una grandezza che sia un sottomultiplo comune ad entrambe. V F

3 Di una grandezza A si sa che è uguale ai $\frac{7}{4}$ di una grandezza B; si può dire che:

a. A è multipla di B V F
b. A è multipla della quarta parte di B V F
c. B è multipla della settima parte di A V F
d. B è sottomultipla della settima parte di A. V F

4 Rispetto ad una stessa unità di misura U, la misura di una grandezza A è $\frac{3}{4}$, la misura di una grandezza B è $\frac{15}{8}$. La misura di A rispetto a B è:

a. $\frac{5}{2}$ **b.** $\frac{2}{5}$ **c.** $\frac{45}{32}$ **d.** $\frac{32}{45}$

5 Due grandezze sono commensurabili; in questo caso:

a. il loro rapporto si può sempre esprimere mediante un numero intero V F
b. il loro rapporto è sempre un numero razionale V F
c. hanno un sottomultiplo comune V F
d. hanno un multiplo comune. V F

6 Il rapporto fra due segmenti è $\frac{\sqrt{3}}{2}$; i due segmenti sono:

a. commensurabili **b.** incommensurabili.

7 Dall'assioma di continuità della retta e dall'analogia con i numeri reali, si può dedurre che su r:

a. non esistono punti che non sono razionali o irrazionali V F

b. ci sono infiniti punti razionali, ma quelli irrazionali sono di meno V F
c. fra due punti razionali ne esistono infiniti altri che sono razionali V F
d. fra due punti razionali ne esistono infiniti altri che sono irrazionali. V F

Applicazione

8 Rispetto ad una stessa unità di misura, la misura di un segmento AB è $4\sqrt{3}$, quella di un segmento CD è $\frac{3}{5}\sqrt{3}$; di questi segmenti si può dire che sono entrambi incommensurabili rispetto all'unità di misura scelta. Che cosa si può dire di AB nei confronti di CD?

9 A e B sono due segmenti; calcola la misura di A rispetto a B preso come unità nei casi che seguono e specifica quando A è commensurabile o incommensurabile con B.

a. $5A = 3B$
b. B è multiplo di un segmento C secondo il numero n; A multiplo di C secondo il numero $7n$
c. A è 4 volte un segmento C, B e C non hanno sottomultipli comuni ma $q(B) \doteq 3q(C)$
d. B è 3 volte un segmento C, $q(A) \doteq 4q(C)$.

10 Stabilisci, quali, fra le seguenti grandezze sono commensurabili e quali incommensurabili.

a. In un triangolo, la mediana relativa ad un lato e il segmento che unisce il baricentro con il vertice del triangolo da cui esce quella mediana.
b. In una circonferenza un angolo al centro e uno degli angoli alla circonferenza che gli corrispondono.
c. In un triangolo rettangolo l'ipotenusa e la mediana ad essa relativa.
d. Il perimetro di un poligono regolare e uno dei lati.
e. Il lato e l'altezza di un triangolo equilatero.
f. In un triangolo isoscele la mediana e la bisettrice relative alla base.

11 Una grandezza A è commensurabile con una grandezza B. Dimostra che anche la grandezza $A + 2B$ è commensurabile con B.

12 Due segmenti AB e CD sono commensurabili. Che cosa si può dire circa la commensurabilità di $q(AB)$ e $q(CD)$?

RAPPORTI E PROPORZIONI

teoria a pagina 136

Comprensione

SOLUZIONI ES. COMPRENSIONE

13 La misura di una grandezza A rispetto ad una grandezza B è $\frac{p}{n}$; la misura di una grandezza C rispetto a B è $\frac{m}{n}$. La misura di A rispetto a C è:

a. $\frac{m}{p}$ **b.** $\frac{p}{m}$ **c.** $\frac{pm}{n}$ **d.** $\frac{pm}{n^2}$

14 La misura di una grandezza A rispetto ad una grandezza B è $\frac{a}{b}$; la misura di una grandezza C rispetto ad A è $\frac{c}{d}$. La misura di B rispetto a C è:

a. $\frac{bc}{ad}$ **b.** $\frac{ad}{bc}$ **c.** $\frac{ac}{bd}$ **d.** $\frac{bd}{ac}$

15 Sono date quattro grandezze A, B, C, D omogenee fra loro; di esse si sa che $A = 3B$, $B = 4,\bar{2}C$, $C = \sqrt{2}D$. Indica quali fra le seguenti affermazioni sono vere:

a. A e C sono commensurabili e B e D sono incommensurabili V F
b. B e C sono commensurabili, A e C sono incommensurabili V F
c. le quattro grandezze sono a due a due tutte incommensurabili V F
d. le prime tre grandezze sono a due a due sempre commensurabili, ma sono incommensurabili con la quarta. V F

16 Data la proporzione $A : B = C : D$, dove A e B sono grandezze omogenee fra loro e C e D sono grandezze omogenee fra loro:
a. i medi sono ...., gli estremi sono ....
b. gli antecedenti sono ...., i conseguenti sono ....
c. la grandezza .... è la quarta proporzionale dopo ....
d. se $B = C$ la proporzione si dice .... e B (oppure C) è .... fra A e D.

17 Due grandezze A e B sono omogenee fra loro e una terza grandezza C non è omogenea alle prime due; si può dire che:
a. esiste sempre una grandezza D omogenea con A e B che sia quarta proporzionale dopo A, B, C V F
b. esiste sempre una grandezza D omogenea con C che sia quarta proporzionale dopo A, B, C V F
c. non esiste una grandezza D quarta proporzionale dopo A, B, C. V F

18 Date quattro grandezze A, B, C, D in modo che sussista la proporzione $A : B = C : D$, determina quali delle seguenti proporzioni sono vere:
a. $2A : 4B = 5C : 10D$ V F
b. $3A : 8C = 4B : 9D$ V F
c. $(D + B) : B = (A + C) : C$ V F
d. $3D : C = 3B : A$ V F
e. $D : B = 6C : 6A$ V F

19 Supposto che sussista la proporzione numerica $a : b = c : d$ indica quali fra le seguenti sono proporzioni:
a. $a : c = b : d$ b. $a : d = c : b$ c. $b : a = d : c$ d. $c : d = b : a$.

Applicazione

20 Le misure di quattro segmenti a, b, c, d rispetto ad una stessa unità di misura sono nell'ordine 25, 5, 15, 3. Puoi dire che sono in proporzione?

21 Dati i segmenti AB, CD ed EF della figura a lato, determina il quarto proporzionale dopo di essi.

22 Il rapporto fra due grandezze omogenee A e B è $\frac{3}{4}$, quello fra altre due grandezze C e D omogenee fra loro è $\frac{x}{20}$. Determina il valore di x affinché le quattro grandezze considerate siano in proporzione.

23 Per le grandezze omogenee A, B, C, D vale la proporzione $A : B = C : D$. Sapendo che il rapporto $\frac{B}{D} = \frac{1}{2}$, calcola $\frac{A}{C}$.

24 Considera un triangolo equilatero di lato ℓ e il suo perimetro, poi il quadrato di lato uguale a quello del triangolo. Puoi concludere che i perimetri dei due poligoni sono in proporzione con i rispettivi lati?

25 Dato un segmento AB, come puoi procedere per determinare un punto P su di esso in modo che $\frac{AP}{PB} = \frac{4}{5}$?

26 Le basi di due triangoli sono tali che $\frac{b_1}{b_2} = \frac{2}{3}$, le loro altezze sono tali che $\frac{h_1}{h_2} = \frac{8}{12}$. Dopo aver verificato che le quattro grandezze considerate sono in proporzione, tenuto conto che sono tutte fra loro omogenee, verifica l'esattezza della scrittura $\frac{b_1}{h_1} = \frac{b_2}{h_2}$. Quali proprietà hai applicato?

27 Un segmento PQ misura 90cm, determina su di esso due punti R e S tali che $\frac{PQ}{RS} = \frac{6}{5}$ e che $\frac{PR}{SQ} = \frac{2}{3}$. A che distanza da P devono essere presi i punti R e S?

$[\overline{PR} = 6\text{cm}; \overline{PS} = 81\text{cm}]$

28 Su un segmento AB considera un punto T in modo che AT sia la terza parte di AB; su AT considera un punto S in modo che AS sia la terza parte di AT. Dimostra che AT è medio proporzionale fra AB ed AS.

29 Su un segmento AB considera M, punto medio di AB, e il punto C tale che $\frac{AC}{AB} = \frac{1}{5}$. Determina su AB un punto D in modo che $AC : MB = AD : CB$.

$\left[AD = \frac{8}{25}AB\right]$

30 Sia M il punto medio di un segmento AB e sia P il punto di AB tale che $AP \cong \frac{1}{2}AM$. Dimostra che, se N è un punto di AB per cui vale la proporzione $AB : AM = MB : NM$, vale anche $AP : NB = AM : MB$. Dove si trova in questo caso il punto N?

31 Fra sei grandezze omogenee P, Q, R, S, T, E sussistono le proporzioni $P : Q = S : R$ e $Q : E = T : S$. Dimostra che sussiste anche $P : T = E : R$.

32 Dimostra che date le cinque grandezze X, Y, Z, R, T tutte omogenee fra loro, tali che $X : Y = Y : Z$ e $(Y - Z) : Z = (R - T) : T$, allora è anche $X : Y = R : T$.

LA PROPORZIONALITÀ DIRETTA E INVERSA

teoria a pagina 138

Comprensione

SOLUZIONI ES. COMPRENSIONE

33 Due insiemi di grandezze, omogenee fra loro le prime e omogenee fra loro le seconde, in corrispondenza biunivoca fra loro, sono direttamente proporzionali se:

a. all'aumentare dell'una aumenta anche l'altra

b. il rapporto fra due qualsiasi elementi del primo insieme è uguale al rapporto inverso fra i corrispondenti due del secondo insieme

c. comunque siano presi due elementi nel primo insieme, il loro rapporto è uguale al rapporto fra i corrispondenti due del secondo insieme.

34 In base alla definizione, due insiemi di grandezze in corrispondenza biunivoca sono inversamente proporzionali se:

a. è costante il rapporto fra grandezze corrispondenti V F

b. è costante il prodotto fra le misure di grandezze corrispondenti V F

c. esistono due grandezze nel primo insieme il cui rapporto è uguale al rapporto inverso delle corrispondenti due del secondo insieme V F

d. per ogni coppia di grandezze del primo insieme, il loro rapporto è uguale al rapporto inverso fra le corrispondenti due del secondo insieme. V F

35 Due insiemi di grandezze sono inversamente proporzionali; allora:

a. il prodotto fra le misure di due grandezze corrispondenti è costante

b. il quoziente fra le misure di due grandezze corrispondenti è costante

c. il prodotto fra le misure di due grandezze del primo insieme è uguale al prodotto delle corrispondenti due del secondo insieme.

36 In base al criterio di proporzionalità, due insiemi di grandezze in corrispondenza biunivoca sono direttamente proporzionali se:

a. il rapporto fra le misure di grandezze corrispondenti è costante

b. si conservano la congruenza e la somma

c. si conserva la congruenza oppure la somma.

37 Barra vero o falso.

a. Se due triangoli sono equivalenti, le basi sono proporzionali alle altezze. V F

b. Se due rettangoli sono equivalenti, le basi sono inversamente proporzionali alle altezze. V F

c. La mediana di un triangolo divide il lato a cui si riferisce in parti proporzionali agli altri due lati. V F

d. L'altezza di un triangolo divide la base in parti inversamente proporzionali agli altri due lati. V F

38 Quattro segmenti sono in proporzione; allora:

a. il rettangolo dei medi è congruente al rettangolo degli estremi V F

b. il rettangolo dei medi è equivalente al rettangolo degli estremi V F

c. il rettangolo dei medi è congruente al rettangolo degli estremi solo se gli antecedenti oppure i conseguenti sono segmenti congruenti V F

d. se i medi sono congruenti, anche gli estremi sono congruenti. V F

39 Stabilisci in quali dei seguenti casi c'è proporzionalità diretta fra i seguenti insiemi di grandezze:

a. corde di una circonferenza e angoli al centro che insistono su quelle corde

b. perimetri dei quadrati e corrispondenti lati

c. angoli alla circonferenza e archi corrispondenti

d. corde di una circonferenza e corrispondenti distanze dal centro

e. aree dei quadrati e corrispondenti lati.

es. 40

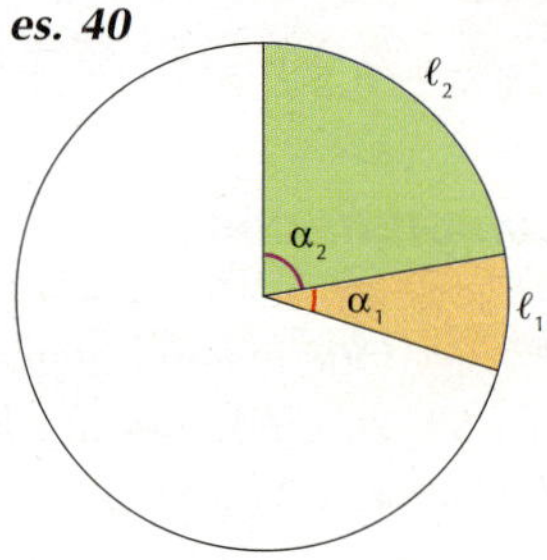

40 Con riferimento alla figura a lato, traduci con una espressione verbale la relazione espressa da $\frac{\ell_1}{\ell_2} = \frac{\alpha_1}{\alpha_2}$.

Applicazione

41 Sapendo che y è direttamente proporzionale a x e che $y = 9$ se $x = 3$, esprimi y in funzione di x.

42 La velocità con cui si trasmettono gli impulsi elettrici lungo le fibre nervose può essere considerata direttamente proporzionale al diametro $2r$ del nervo. Calcola la costante di proporzionalità nel caso in cui $v = 18$ m/sec e $2r = 8$ micron (1 micron $= 10^{-6}$m).

43 In quali delle seguenti relazioni si può parlare di proporzionalità diretta fra le grandezze rappresentate dalle variabili x e y (con $a, b \in R$)?

$y = ax$ $\quad$ $y = -\frac{1}{5}x^2$ $\quad$ $y = ax + b$ $\quad$ $y = -3x$ $\quad$ $y = -\frac{1}{2}x + 5$ $\quad$ $y = \frac{3}{4}x - 1$

44 Il volume di una sfera si calcola con la formula $V = \frac{4}{3}\pi r^3$. Se consideri l'insieme A dei raggi e l'insieme B dei volumi relativi, puoi asserire che le grandezze del secondo insieme sono proporzionali a quelle del primo?

45 In quali delle seguenti relazioni si può parlare di proporzionalità inversa fra le grandezze rappresentate dalle variabili x ed y?

$yx = \frac{1}{2}$ $\quad y = \frac{3}{x}$ $\quad yx = -2 + x$ $\quad y = \frac{1}{5}x$ $\quad yx = 10 + y$ $\quad x = \frac{4}{y}$

46 Un triangolo di perimetro di 66cm ha i lati proporzionali ai numeri 9, 8, 5. Calcola le misure dei lati del triangolo. [27, 24, 15]

47 Gli angoli di un triangolo sono proporzionali ai numeri 2, 4, 6; trova le loro misure e individua le caratteristiche del triangolo. [30°, 60°, 90°]

48 Dimostra che se valgono le proporzioni $x : y = t : z$ e $y : a = b : t$, allora x e a sono inversamente proporzionali a z e b.

49 Dimostra che le aree di parallelogrammi che hanno basi congruenti sono proporzionali alle rispettive altezze.
(Suggerimento: se raddoppi l'area del parallelogramma, mantenendo fissa la base, l'altezza deve ....)

50 Due triangoli sono equivalenti e la base del primo è doppia di quella del secondo; che relazione c'è fra le altezze dei due triangoli?

51 Fra un insieme di grandezze A e un insieme di grandezze B esiste proporzionalità diretta; fra B e un terzo insieme di grandezze C esiste proporzionalità diretta. Dimostra che anche fra A e C c'è proporzionalità diretta.

52 Fra un insieme di grandezze A e un insieme di grandezze B esiste proporzionalità inversa; fra B e un terzo insieme di grandezze C esiste proporzionalità inversa. Dimostra che fra A e C c'è proporzionalità diretta.

53 Dimostra che in un triangolo rettangolo il rapporto fra un cateto e l'ipotenusa è uguale al rapporto fra l'altezza relativa all'ipotenusa e l'altro cateto.

54 Dato un triangolo ABC, traccia le altezze AK e BH; dimostra che i lati AC e BC sono inversamente proporzionali alle relative altezze.

55 Sia ABC un triangolo rettangolo in A; tracciata l'altezza AH relativa all'ipotenusa, dimostra che il rapporto fra i quadrati di lati AB e AC è uguale al rapporto fra i segmenti BH e HC.

IL TEOREMA DI TALETE

teoria a pagina 142

Comprensione

SOLUZIONI ES. COMPRENSIONE

56 Con riferimento alla figura a lato che rappresenta un fascio di rette parallele tagliate da due trasversali, si ha che:

a. se su una trasversale ci sono segmenti congruenti, anche sulla seconda trasversale i segmenti ad essi corrispondenti sono congruenti V F

b. vale la proporzione $AB : A'B' = BC : B'C'$ V F

c. vale la proporzione $DE : BC = B'C' : D'E'$ V F

d. se vale la proporzione $AB : CD = A'B' : D'E'$ allora $D'E' \cong C'D'$. V F

es. 56

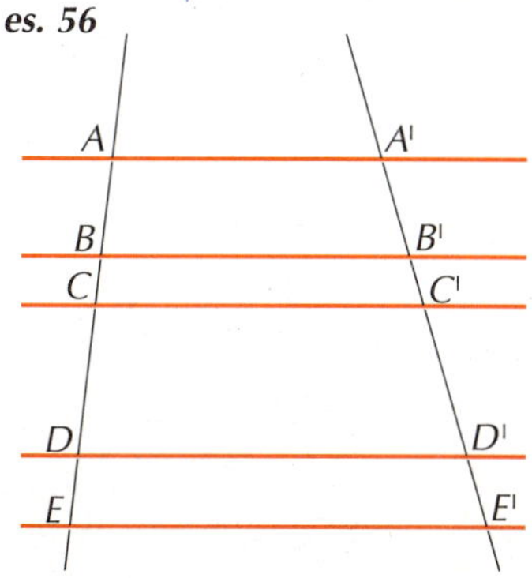

57 Con riferimento alla figura del precedente esercizio, se $\overline{AB} = 30$, $\overline{CD} = 45$, $\overline{A'B'} = 36$, la misura del segmento $C'D'$ è uguale a:

a. 54 **b.** 24 **c.** 37,5 **d.** nessuna delle precedenti

58 Due lati di un triangolo sono lunghi rispettivamente $8a$ e $15a$; una parallela al terzo lato divide il primo in parti proporzionali ai numeri 3 e 2. Le due parti in cui rimane diviso il secondo lato sono lunghe:

① $8a$ e $7a$ ② $7{,}5a$ e $7{,}5a$ ③ $10a$ e $5a$ ④ $9a$ e $6a$

59 Nel triangolo ABC in figura, BD è la bisettrice dell'angolo interno di vertice B e CE è la bisettrice dell'angolo esterno di vertice C; indica quali fra le seguenti proporzioni sono vere:

a. $AB : BC = DC : DA$ V F

b. $AB : AD = BC : DC$ V F

c. $AE : BE = AC : BC$ V F

d. $AE : AB = AC : BC$ V F

es. 59

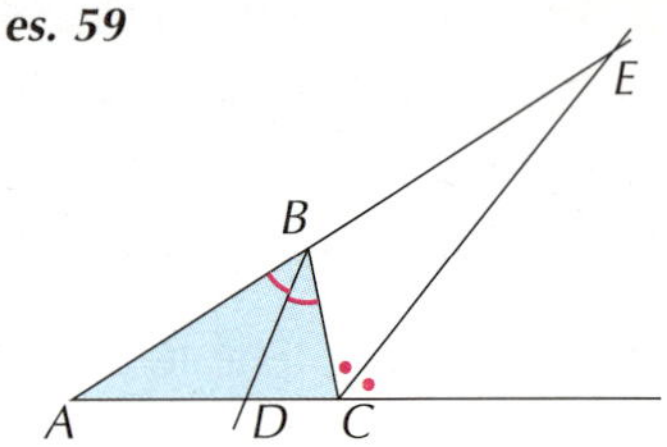

Applicazione

Sul teorema di Talete

60 Date due rette parallele r e s, qual è il luogo dei punti che hanno distanze da r e da s in rapporto assegnato k?

61 Sia O il punto di intersezione delle rette dei lati obliqui di un trapezio $ABCD$, la cui base minore è AB. Dimostra che vale la relazione $OA : OD = OB : OC$ e che, tracciata una qualunque altra retta da O che intersechi le due basi AB e DC rispettivamente in R ed S, il rapporto $\dfrac{OR}{OS}$ è costante.

es. 61

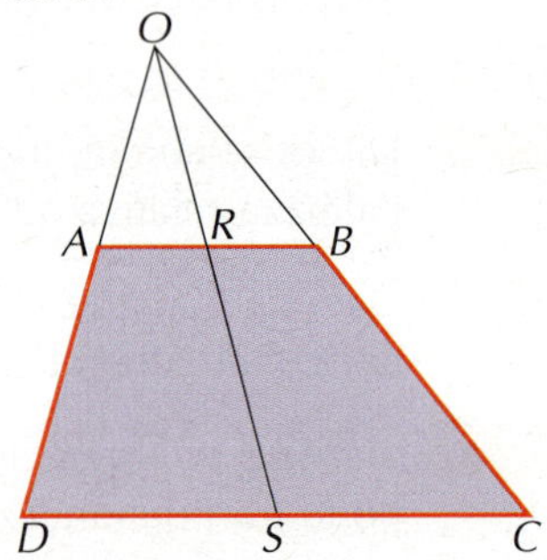

62 Dai vertici B e C di un triangolo ABC, traccia le parallele alla mediana AM relativa al lato BC. Dimostra che, qualunque sia la retta r passante per A, il segmento PQ individuato su r dalle due parallele ha come punto medio A.

63 Sia M il punto medio dell'ipotenusa BC di un triangolo rettangolo ABC; traccia per A una retta r esterna al triangolo e da M e da B le parallele al lato AC che intersecano r rispettivamente in S e T. Dimostra che $AS \cong \dfrac{1}{2} AT$.

es. 62

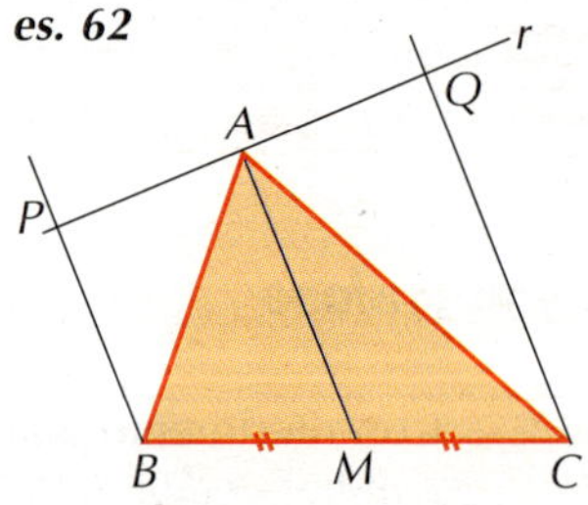

64 Data una circonferenza di centro C ed un punto esterno A, traccia la tangente AT alla circonferenza e la semiretta AC che incontra la circonferenza in B e in D (con B più vicino ad A). Siano BH e DK le perpendicolari alla tangente. Dimostra che vale la proporzione $AT : AC = TK : CT$.

65 Dato un segmento AD siano B e C due punti tali che $AB \cong BC \cong CD$. Costruisci la semicirconferenza di diametro BD e traccia da A la tangente alla semicirconferenza. Detto T il punto di tangenza, prendi sulla semiretta AT un punto E tale che $AE \cong \dfrac{3}{2} AT$. Dimostra che DE è perpendicolare ad AT.

(Suggerimento: $AE \cong \dfrac{3}{2} AT$ per ipotesi, ma anche $AD \cong \dfrac{3}{2} AC$)

es. 65

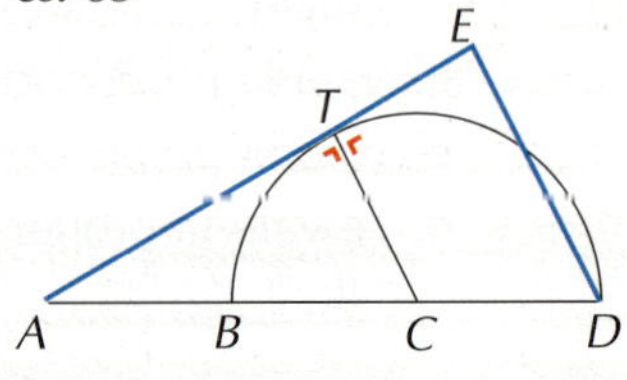

66 **ESERCIZIO GUIDATO**

Sia $ABCD$ un quadrilatero inscritto in una circonferenza in modo che AC sia un diametro. Dal punto O di intersezione delle diagonali traccia le perpendicolari OS ad AD e OT a BA. Dimostra che $AT : TB = AS : SD$. Che cosa puoi dire delle rette TS e BD?

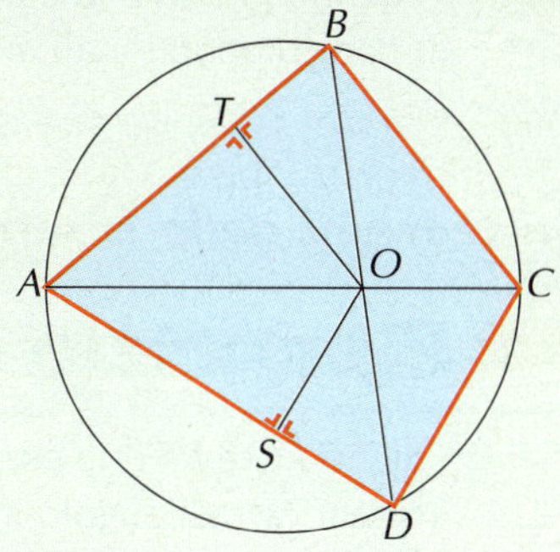

Gli angoli $\widehat{ABC}$ e $\widehat{ADC}$ sono retti perché ....
quindi le rette BC e OT, DC e OS sono ....
Si possono quindi scrivere le proporzioni:

$AT : TB =$ .... e $AS : SD =$ ....

Dal loro confronto segue subito la tesi.

67 Nel triangolo ABC la mediana AM relativa al lato BC è congruente al lato AB; dal punto medio del lato AB traccia la perpendicolare al lato BC che incontra BC in D. Dimostra che $BD \cong \frac{1}{8} BC$.

68 Per un punto P del lato AD di un quadrilatero $ABCD$ traccia la parallela alla diagonale BD fino ad incontrare in Q il lato AB. Da Q traccia la parallela alla diagonale AC fino ad incontrare in R il lato BC e da R la parallela alla diagonale BD fino ad incontrare in S il lato CD. Dopo aver dimostrato che $PQRS$ è un parallelogramma, dimostra che vale la proporzione: $AP : PD = CR : RB$.

69 Dimostra che se tracci dal baricentro G di un triangolo ABC la parallela al lato AB, questa divide gli altri due lati del triangolo in modo che una parte è doppia dell'altra.

70 E' dato un trapezio $ABCD$; sulla base maggiore CD prendi un punto P e un punto R in modo che sia $DP \cong CR \cong \frac{1}{4} CD$. Dal punto P traccia la parallela alla diagonale AC che incontra il lato AD in S; dal punto R traccia la parallela alla diagonale BD che incontra il lato BC in T. Dopo aver confrontato i rapporti $\frac{AS}{SD}$ e $\frac{BT}{TC}$, cosa puoi dire della retta ST?

71 Considera un triangolo ABC e sul prolungamento della mediana AN, oltre il vertice A, considera un punto P. Da questo traccia le parallele ai lati AB e AC del triangolo dato e indica con Q ed R rispettivamente le intersezioni di tali parallele con la retta BC. Dimostra che N è punto medio anche del segmento QR. In quale caso $QB \cong BN \cong NC \cong CR$?

72 Traccia la mediana CM relativa al lato AB del triangolo ABC. Detti R e S i punti medi dei lati AC e CB, dimostra che RS e CM si tagliano nel punto medio.

73 Considera il triangolo ABC, rettangolo in A. Traccia poi la mediana AM e nel triangolo AMC considera l'altezza MH. Da H e da C traccia le perpendicolari HS e CT ad AM. Dimostra che $AS \cong ST$.

74 In un parallelogramma $ABCD$, congiungi il vertice B con il punto medio N del lato DC ed il vertice D con il punto medio M del lato AB. Dimostra che la diagonale AC è divisa in tre parti fra loro congruenti dai segmenti BN e DM.

75 Disegna un angolo $\widehat{ab}$ di vertice V e prendi due punti A e B sul lato a; da A e B traccia due semirette parallele che incontrano il lato b in C e D; traccia il segmento BC e da D la retta parallela a BC che incontra il lato a in E. Dimostra che vale la relazione $VA : VB = VB : VE$.

76 Sia E un punto della diagonale AC di un rombo $ABCD$; le parallele condotte da E ai lati AD e AB incontrano il lato DC in F ed il lato BC in G. Dimostra che FG è perpendicolare alla diagonale AC. Se $ABCD$ fosse un quadrilatero convesso qualsiasi, in quale relazione starebbero FG e DB?

77 Dato un segmento AB, spiega come puoi dividerlo in parti proporzionali ai numeri 4 e 7.

78 Tenendo presente la costruzione dell'esercizio precedente, spiega come puoi dividere un segmento AB in parti proporzionali ai numeri 3, 5, 8.

Sui teoremi della bisettrice

79 **ESERCIZIO GUIDATO**

Siano PQ e RS due corde parallele di un angolo di vertice O; la bisettrice dell'angolo interseca tali corde rispettivamente in V e in T. Dimostra che $RT : TS = OP : OQ$.

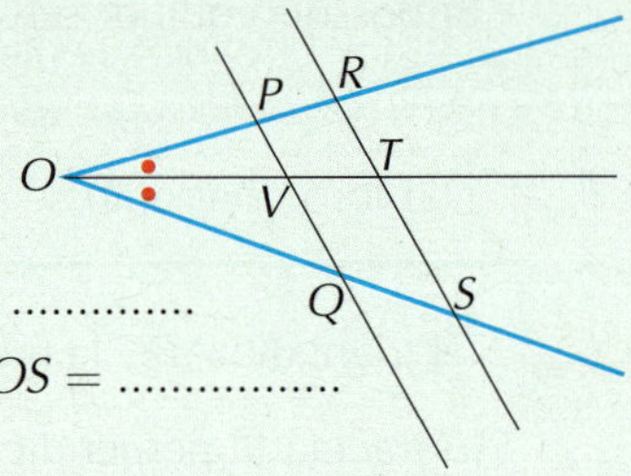

Applicando il teorema di Talete ottieni la proporzione: $OP : OQ =$ ....

Applicando il teorema della bisettrice ottieni la proporzione: $OR : OS =$ ....

Dal loro confronto si ottiene subito la tesi.

80 Sia AF la bisettrice dell'angolo di vertice A di un triangolo ABC e sia DE una corda parallela al lato BC; indicato con P il punto di intersezione di AF con DE, dimostra che $DP : PE = AB : AC$.

81 Detto O il punto di intersezione delle diagonali di un parallelogramma $ABCD$, traccia le bisettrici OE ed OF degli angoli $\widehat{AOB}$ e $\widehat{BOC}$. Dimostra che EF è parallelo a AC.
(Suggerimento: applica il teorema della bisettrice al triangolo AOB e poi al triangolo BOC)

82 Dato un triangolo ABC, come si deve prendere un punto P sulla semiretta BC in modo che sia $AB : PB = AC : CP$?

83 Sia AD la bisettrice dell'angolo di vertice A del triangolo ABC. Dimostra che le aree dei triangoli ABD e ADC sono proporzionali ai lati AB e AC.

84 In un triangolo ABC considera la bisettrice BR e la mediana AM. Condotta da A la semiretta che interseca il lato BC in S in modo che valga la relazione $RC : AR = MC : MS$, che cosa puoi dire della posizione della semiretta AS rispetto alla retta RM? Dimostra infine che vale la proporzione $BC : BA = BM : SM$.

85 Dato un triangolo ABC, traccia la bisettrice BS. Da M, punto medio del lato AB, traccia una retta che incontri AS in N. Dimostra che se vale la relazione $SC : BC = AN : AM$, allora la retta MN è parallela a BS.

86 Considera su una retta r nell'ordine indicato i punti A, C, B, D per i quali valga la proporzione $AC : AD = CB : BD$. Traccia poi la semicirconferenza di diametro CD e su questa considera un punto P in modo che sia $AP : AC = PB : CB$. Dimostra che PC e PD sono le bisettrici degli angoli $\widehat{APB}$ e del suo adiacente.

87 Nel triangolo ABC conduci la bisettrice dell'angolo di vertice A che incontra in R il lato BC. Da un punto $S \in AB$ traccia la parallela alla bisettrice che incontra BC in T. Dimostra che $CR : AC = BT : BS$.

Esercizi di riepilogo

88 Traccia la mediana AM di un triangolo ABC e successivamente le bisettrici AP ed AR degli angoli $\widehat{CAM}$ e $\widehat{MAB}$ rispettivamente. Dimostra che $r(PM, AC + AM) \doteq r(MR, AB + AM)$.

89 Nel triangolo ABC isoscele di base BC conduci la mediana BM relativa al lato AC e, detto N il punto medio di BC, traccia il segmento MN. Dimostra che anche il triangolo MNC è isoscele. Come deve essere il triangolo ABC affinché anche il triangolo BNM sia isoscele?

90 È dato un quadrilatero $ABCD$; prendi un punto E su AB, un punto F su BC, un punto G su DC e un punto H su AD in modo che sia $\frac{AE}{AB} = \frac{CF}{BC} = \frac{GC}{DC} = \frac{AH}{AD}$. Che tipo di quadrilatero è $EFGH$? In quali condizioni esso è un rettangolo?

91 In una circonferenza di centro C disegna due corde consecutive e congruenti AB e AD. Sull'arco $\overset{\frown}{BD}$ non contenente A considera un punto P e indica con O il punto di intersezione fra PA e DB. Dimostra che $OB : OD = BP : PD$. Tracciata la semiretta AC, sia H il punto di intersezione di DB e AC; dimostra che $DB : HB = 2AD : AB$.

92 Il quadrilatero $ABCD$ è inscritto in una circonferenza di centro O e la diagonale DB biseca l'angolo di vertice B. Condotta per B una retta r, dimostra che la retta DO e le parallele a questa condotte dai vertici A e C determinano su r due segmenti fra loro congruenti.

es. 92

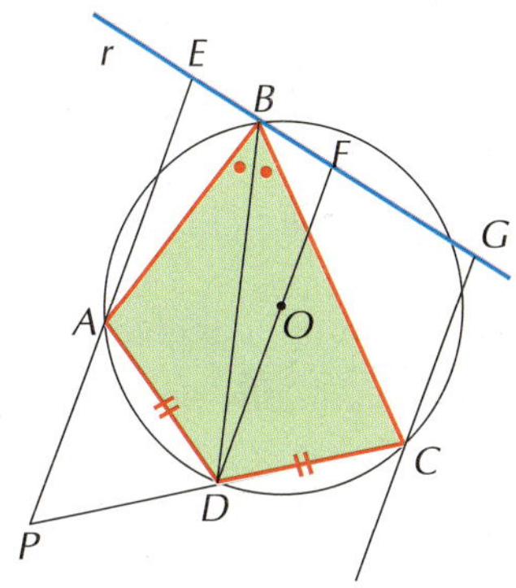

93 E' dato il triangolo ABC. Sul lato AB prendi il punto D tale che $AD \cong \frac{1}{3}DB$ e traccia da esso la parallela al lato BC che incontra AC in E. Dimostra che $CB \cong 4ED$.

94 Traccia l'altezza AH di un triangolo isoscele ABC di vertice A e su questa considera un punto P tale che $AP \cong \frac{1}{3}AH$. Indicato con R il punto di intersezione fra la semiretta CP ed il lato AB, dimostra che $AR \cong \frac{1}{5}AB$. (Suggerimento: traccia da H la parallela a PR)

95 In una circonferenza di diametro AB conduci la corda CD perpendicolare ad AB e sia E il loro punto di intersezione; le tangenti alla circonferenza condotte dai punti C e D si intersecano in P. Dimostra che $r(AE, BP) \doteq r(EB, PA)$.

96 Da un punto P del lato AB di un triangolo ABC traccia la parallela al lato BC che incontra AC in E; traccia poi il segmento EB e, dal vertice C, la parallela ad EB che incontra la retta di AB in F. Dimostra che $q(AB) \doteq r(AP, AF)$.
(Suggerimento: poichè in una proporzione il rettangolo dei medi è equivalente al rettangolo degli estremi, puoi trasformare la tesi in una proporzione: $AP : AB = AB : AF$)

LE AREE DEI POLIGONI

teoria a pagina 144

Comprensione

SOLUZIONI ES. COMPRENSIONE

97 Con riferimento al triangolo ABC rettangolo in C in figura, completa le seguenti relazioni:

a. $\overline{BD} \cdot \overline{AD} =$ .... **b.** $\overline{AB} \cdot \overline{BD} =$ ....

c. $\overline{AD} = \overline{AC}^2$........................ **d.** $\overline{AB}^2 =$ ....

es. 97

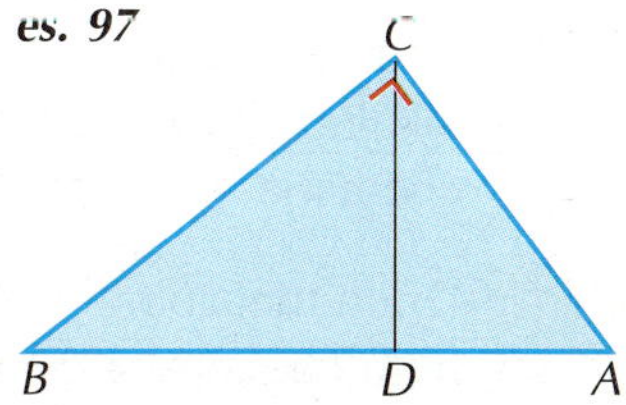

98 Nelle seguenti figure a rappresenta la misura del segmento indicato; trova le misure degli altri segmenti in funzione di a.

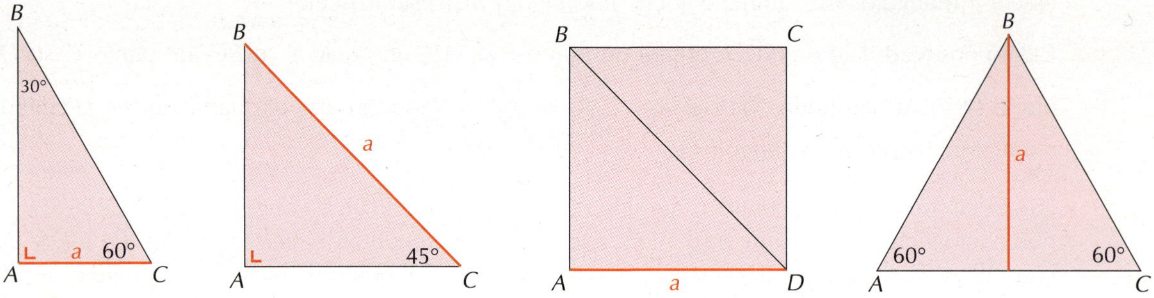

a. b. c. d.

99 Un triangolo equilatero è inscritto in una circonferenza di raggio r; il perimetro e l'area sono rispettivamente:

a. $2p = 3r\sqrt{3}$ area $= 3r^2$ **b.** $2p = 3r\sqrt{3}$ area $= \frac{3\sqrt{3}}{4}r^2$

c. $2p = 6r\sqrt{3}$ area $= \frac{3\sqrt{3}}{4}r^2$ **d.** $2p = 3r$ area $= 3r^2$

100 In un triangolo ABC rettangolo in A, si ha che, rispetto alla stessa unità di misura, $\overline{AB} = 9$ e $\overline{BC} = 15$:

a. le due proiezioni dei cateti sull'ipotenusa misurano:

① 5,4 e 9,6 ② 10 e 5 ③ non si possono calcolare con questi dati

b. l'altezza relativa all'ipotenusa misura:

① 7,5 ② 7,2 ③ non si può calcolare con questi dati

Applicazione

Problemi numerici.

101 Un rombo ha le diagonali che misurano rispettivamente 15cm e 18cm ed è equivalente ad un rettangolo che ha un lato che misura 12cm. Calcola il perimetro del rettangolo. [46,5cm]

102 Un quadrato ha il perimetro di 48cm ed è equivalente a un rettangolo di base 8cm. Calcola l'altezza del rettangolo. [18cm]

103 Sia AB il diametro di una semicirconferenza Γ di raggio $r = 10$cm e sia t la retta ad essa tangente in B; nello stesso semipiano che contiene la semicirconferenza prendi un punto P su t in modo che sia $PB = r$. Calcola la lunghezza della corda che AP individua su Γ. [$8\sqrt{5}r$]

104 In un parallelogramma la somma della base con l'altezza è 65cm e una è i $\frac{5}{8}$ dell'altra. Calcola l'area del parallelogramma. [1000cm^2]

105 La somma di due cateti di un triangolo rettangolo è 210cm e il cateto minore è $\frac{2}{5}$ del maggiore. Calcola il perimetro e l'area del triangolo. [371,55cm; 4500cm^2]

106 In un trapezio la somma delle basi con l'altezza è 100cm; si sa poi che la base minore è congruente all'altezza e che la base maggiore è doppia di quella minore; il trapezio è equivalente ad un triangolo che ha la base di 125cm. Calcola l'altezza del triangolo. [15cm]

107 Di un triangolo rettangolo sono assegnate l'ipotenusa di 40cm e la proiezione di un cateto sull'ipotenusa che misura 22,5cm; calcola il perimetro del triangolo. [96,46cm]

108 Determina il raggio della circonferenza circoscritta ad un triangolo rettangolo che ha un cateto che misura 6cm e la proiezione sull'ipotenusa che misura 2cm. [9cm]

109 Nel triangolo ABC rettangolo in C un cateto è lungo 45cm e la sua proiezione sull'ipotenusa è di 27cm. Calcola perimetro e area del triangolo. [180cm, 1350cm^2]

110 Un rombo $ABCD$ è circoscritto ad una circonferenza di centro O; calcola la misura del lato del rombo e quella del raggio della circonferenza sapendo che $BO = 80$cm e che la sua proiezione sul lato del rombo è 32cm. [200cm; 73,32cm]

111 Un triangolo ABC è inscritto in una circonferenza di diametro AB; indica con T il punto di intersezione fra la tangente alla circonferenza nel punto A e la retta del lato BC. Sapendo che $AT = 15$cm e $TC = 5$cm, calcola il raggio della circonferenza. $\left[15\sqrt{2}\text{cm}\right]$

112 La diagonale minore di un trapezio rettangolo è perpendicolare al lato obliquo ed è lunga 90cm, la base minore è lunga 54cm. Determina perimetro ed area del trapezio. [396cm, 7344cm^2]

113 In un trapezio rettangolo la diagonale minore è perpendicolare al lato obliquo, le lunghezze delle basi sono 27cm e 75cm. Calcola l'area del rettangolo che ha per lati le diagonali del trapezio. $\left[135\sqrt{769}\text{cm}^2\right]$

114 Un rombo ha il perimetro che è di 592cm; la perpendicolare al lato tracciata dal punto di intersezione delle diagonali lo divide in due parti tali che una è i $\frac{25}{49}$ dell'altra. Calcola l'area del rombo. [20720cm^2]

115 Le lunghezze dei lati di un triangolo ABC sono, in centimetri, 8, $4\sqrt{3}$ e 4. Verifica che il triangolo è rettangolo e indica con AC la sua ipotenusa; traccia la circonferenza di diametro AB e disegna il simmetrico ABD del triangolo ABC rispetto al diametro. Indicati con P e Q i punti in cui CA e DA intersecano la circonferenza, determina:

a. la lunghezza dei segmenti PB e PQ

b. il perimetro e l'area del quadrilatero $APBQ$. $\left[2\sqrt{3};\ 2\sqrt{3};\ 2p = 4\left(1+\sqrt{3}\right);\ \text{area} = 4\sqrt{3}\right]$

116 In una semicirconferenza di diametro $AB = 50$cm è inscritto un triangolo APB; la proiezione del lato PA sul diametro è i $\frac{9}{16}$ di quella del lato PB. Calcola l'area del triangolo APB. [600cm^2]

117 Calcola perimetro ed area di un triangolo rettangolo che ha un angolo di 60° e in cui l'ipotenusa misura 120cm. $\left[60\left(3+\sqrt{3}\right)\text{cm};\ 1800\sqrt{3}\text{cm}^2\right]$

118 Una figura geometrica è formata da un quadrato sormontato da un triangolo equilatero. Sapendo che la diagonale del quadrato è $12\sqrt{2}$m, quanto misura l'altezza del triangolo equilatero? $\left[6\sqrt{3}\text{m}\right]$

119 Calcola perimetro ed area di un triangolo in cui l'altezza è 12cm e gli angoli adiacenti alla base ad essa relativa sono di 45° e di 30°. $\left[12\left(3+\sqrt{2}+\sqrt{3}\right)\text{cm};\ 72\left(1+\sqrt{3}\right)\text{cm}^2\right]$

120 In un trapezio gli angoli adiacenti alla base maggiore misurano 45° e 30°. Calcola il perimetro e l'area del trapezio sapendo che l'altezza è 40cm e che la base minore è metà dell'altezza. $\left[40\left(4+\sqrt{2}+\sqrt{3}\right)\text{cm};\ 800\left(2+\sqrt{3}\right)\text{cm}^2\right]$

121 In un rombo la diagonale minore forma un angolo di 60° con il lato. Sapendo che esso misura 20cm, calcola l'area del rombo. $\left[200\sqrt{3}\text{cm}^2\right]$

122 In un triangolo isoscele l'angolo al vertice è 120°, la base è 60cm. Calcola perimetro ed area del triangolo. $\left[20\left(3+2\sqrt{3}\right)\text{cm};\ 300\sqrt{3}\text{cm}^2\right]$

123 Nel trapezio isoscele *ABCD* gli angoli $\widehat{C}$ e $\widehat{D}$ adiacenti alla base maggiore sono di $45°$ e l'altezza è congruente alla base minore. Togliendo dall'area del trapezio quella dei triangoli *AKD* e *BHC*, dove *K* e *H* sono le proiezioni di *A* e *B* sulla base maggiore, si ottiene l'area del quadrato *ABHK* che vale $49a^2$. Calcola il perimetro del trapezio. $\left[14a(2+\sqrt{2})\text{cm}\right]$

124 In un triangolo isoscele *ABC* di vertice *A*, sono assegnate le misure dell'angolo $\widehat{A}=120°$ e del lato $AB=60\text{cm}$. Determina perimetro ed area del triangolo. $\left[60(\sqrt{3}+2)\text{cm};\ 900\sqrt{3}\text{cm}^2\right]$

125 In un trapezio rettangolo la diagonale minore è perpendicolare al lato obliquo. La base minore misura $12a$ e l'angolo che la diagonale minore forma con la base maggiore è di $30°$. Calcola perimetro ed area del trapezio. $\left[4(9+\sqrt{3})a;\ 56\sqrt{3}a^2\right]$

126 In una circonferenza di diametro $\overline{AC}=2r$ è inscritto un quadrilatero *ABCD* in cui *AB* rappresenta il lato del quadrato inscritto e *AD* rappresenta il lato del triangolo equilatero inscritto. Calcola la misura del perimetro e dell'area del quadrilatero in funzione di *r*. $\left[(2\sqrt{2}+\sqrt{3}+1)r;\ \left(\frac{2+\sqrt{3}}{2}\right)r^2\right]$

127 Un trapezio isoscele ha gli angoli adiacenti alla base maggiore che sono di $60°$; si sa inoltre che la base minore è i $\frac{7}{3}$ del lato obliquo. Esprimi, in funzione del lato obliquo ℓ, il perimetro e l'area del trapezio. $\left[\frac{23}{3}\ell;\ \frac{17\sqrt{3}}{12}\ell^2\right]$

128 Le tangenti *PT* e *PQ* condotte dal punto *P* esterno alla circonferenza γ di centro *O* sono inclinate di $30°$ sulla retta *PO*. Sapendo che *PO* è lungo 36cm, calcola perimetro e area del triangolo *TPQ*. $\left[54\sqrt{3}\text{cm},\ 243\sqrt{3}\text{cm}^2\right]$

129 Considera il triangolo *ABC* nel quale i lati *AB*, *BC* e *AC* sono lunghi rispettivamente 21cm, 23cm e 25cm. Calcola la lunghezza dei segmenti *BD* e *DC* nei quali il lato *BC* viene diviso dalla bisettrice *AD* dell'angolo di vertice *A* del triangolo. [10,5cm, 12,5cm]

130 In una circonferenza di raggio *r* è inscritto un trapezio isoscele, contenente il centro della circonferenza, avente come basi il lato del quadrato e quello del triangolo equilatero inscritti nella stessa circonferenza. Calcola l'area del trapezio. $\left[\frac{r^2}{4}(\sqrt{2}+\sqrt{3})(1+\sqrt{2})\right]$

131 Nella semicirconferenza di diametro $\overline{AB}=10a$ è inscritto il trapezio *ABCD*, nel quale il lato obliquo *BC* misura $5a$. Calcola perimetro e area del trapezio; dimostra poi che la diagonale *BD* è bisettrice dell'angolo di vertice *B* e calcolane la misura. $\left[25a,\ \frac{75}{4}\sqrt{3}a^2,\ 5a\sqrt{3}\right]$

132 Data la semicirconferenza di diametro $\overline{AB}=8r$, prolunga *AB* dalla parte di *B* di un segmento $\overline{BC}=r$; da *C* conduci la tangente alla semicirconferenza e indica con *D* il punto di tangenza. Da *D* traccia la parallela al diametro che incontra la circonferenza in *E*; calcola l'area del trapezio *ACDE*. $\left[\frac{432}{25}r^2\right]$

Problemi che si risolvono con equazioni.

133 In una semicirconferenza di raggio 20cm inscrivi un triangolo avente un lato coincidente con il diametro. Sapendo che gli altri due lati sono proporzionali ai numeri 3 e 4, calcola perimetro e area del triangolo. $\left[96\text{cm},\ 384\text{cm}^2\right]$

134 Dal vertice *A* di un rettangolo *ABCD* traccia la perpendicolare *AH* alla diagonale *DB*; sapendo che $AH=48\text{cm}$ e che la diagonale viene divisa dal punto *H* in due parti tali che una è $\frac{1}{9}$ dell'altra, calcola l'area del rettangolo. $\left[7680\text{cm}^2\right]$

135 Nel triangolo ABC la bisettrice AS divide il lato BC in due parti tali che BS è i $\frac{2}{3}$ CS e il lato AB è lungo 12cm. Calcola:

a. le misure dei lati del triangolo sapendo che il suo perimetro è 55cm

b. l'area del triangolo

c. il raggio della circonferenza in esso inscritta. $\left[12\text{cm}, 18\text{cm}, 25\text{cm}; \text{area} = \frac{5}{4}\sqrt{6479}\text{cm}^2; r = \frac{\sqrt{6479}}{22}\text{cm}\right]$

136 In un trapezio isoscele le diagonali sono perpendicolari ai lati obliqui. La somma delle due basi è di 32cm e la loro differenza è di 18cm. Calcola perimetro e area del trapezio. $[62\text{cm}, 192\text{cm}^2]$

137 Calcola perimetro e area del triangolo isoscele inscritto in una circonferenza di raggio 5cm sapendo che il lato obliquo misura 8cm. $[25{,}6\text{cm}, 30{,}72\text{cm}^2]$

138 In un trapezio isoscele il lato obliquo supera di 7cm la base minore e la loro somma è 43cm. Sapendo che l'altezza del trapezio è di 24cm calcolane il perimetro e l'area. Dopo aver verificato che tale trapezio è circoscrittibile ad una circonferenza, calcolane il raggio. $[100\text{cm}, 600\text{cm}^2, 12\text{cm}]$

139 Fra le misure dei lati di un triangolo ABC intercorrono le seguenti relazioni: AB supera di 4cm il lato AC, il doppio di AC supera AB di 12cm, inoltre $2BC : 3AB = 3 : 5$. Determina:

a. le lunghezze dei lati del triangolo e la sua area

b. l'area del quadrato di lato AH, essendo H il piede dell'altezza

c. le lunghezze dei segmenti BT e TC, essendo AT la bisettrice dell'angolo di vertice A del triangolo.

$[20\text{cm}, 16\text{cm}, 18\text{cm}, \text{area} = 9\sqrt{231}\text{cm}^2; \text{area} = 231\text{cm}^2; 8\text{cm}, 10\text{cm}]$

140 Sia ABC un triangolo di perimetro 63cm in cui il lato BC è lungo 15cm. La bisettrice BD divide il lato AC in due parti AD e DC direttamente proporzionali ai numeri 4 e 3. Calcola la lunghezza degli altri lati del triangolo. $[AB = 20\text{cm}, AC = 28\text{cm}]$

141 Il perimetro di un trapezio isoscele circoscritto ad una semicirconferenza di diametro 50cm è di 150cm. Calcola l'area del trapezio. $\left[\frac{4375}{4}\text{cm}^2, 1250\text{cm}^2 \text{ se il trapezio degenera in un rettangolo}\right]$

142 Il trapezio rettangolo $ABCD$ di base maggiore AB e altezza AD è circoscritto ad una circonferenza di raggio 20cm. Sapendo che il perimetro è di 162cm, calcola la misura dei lati del trapezio.

$[45\text{cm}, 41\text{cm}, 36\text{cm}, 40\text{cm}]$

143 E' dato il triangolo ABC rettangolo in A e circoscritto ad una circonferenza. Sapendo che l'ipotenusa viene divisa dal punto di tangenza in due parti lunghe rispettivamente 12cm e 18cm, calcola il perimetro e l'area del triangolo. $[2p = 72\text{cm}; \text{area} = 216\text{cm}^2]$

144 Per l'estremo A del diametro AB di una semicirconferenza di raggio $r = 12{,}5$cm, traccia una corda AC. Sapendo che la sua proiezione AH sul diametro è i $\frac{3}{4}$ di CH, determina perimetro e area del triangolo ABC. $[2p = 60\text{cm}; \text{area} = 150\text{cm}^2]$

LA LUNGHEZZA DELLA CIRCONFERENZA E L'AREA DEL CERCHIO

teoria a pagina 149

Comprensione

SOLUZIONI ES. COMPRENSIONE

145 Barra vero o falso.

a. Se si aumenta il numero dei lati dei poligoni inscritti in una circonferenza, anche il perimetro aumenta. V F

b. Se si diminuisce il numero dei lati dei poligoni circoscritti ad una circonferenza, il perimetro aumenta. V F

c. Aumentando il numero dei lati dei poligoni regolari circoscritti ad una circonferenza, il perimetro si mantiene costante. V F

d. Un poligono regolare di n lati circoscritto ad una circonferenza ha un perimetro maggiore di un analogo poligono regolare di $2n$ lati. V F

146 Le circonferenze rettificate sono proporzionali:

a. ai rispettivi raggi V F

b. ai rispettivi diametri V F

c. a qualunque corda V F

d. a qualunque angolo al centro. V F

147 Il diametro di una circonferenza lunga $26\pi a$ è: **a.** 13 **b.** $13a$ **c.** $26a$ **d.** 26π

148 L'area del cerchio di diametro 34cm è: **a.** 289 **b.** 289π **c.** 1156π **d.** 17π

149 Una circonferenza è inscritta in un quadrato di lato $8a$; la parte di quadrato che non è occupata dal cerchio misura rispetto ad a^2 :

a. $64 - 16\pi$ **b.** $a^2(64 - 16\pi)$ **c.** $a^2(64 - 64\pi)$ **d.** $48a^2$

150 Se r è il raggio e d è il diametro di una circonferenza, C è la circonferenza rettificata e A è l'area del cerchio, determina quali delle seguenti proposizioni sono corrette:

a. $A = \dfrac{\pi d^2}{4}$ **b.** $A = \dfrac{1}{2}Cr$ **c.** $d = \dfrac{2 \cdot A}{\pi}$ **d.** $A = \dfrac{1}{2}\pi r^2$

151 Un arco di circonferenza di raggio r è lungo $\dfrac{3}{4}\pi r$; l'angolo al centro misura:

a. 45° **b.** 135° **c.** 120° **d.** 150°

152 L'angolo al centro di una circonferenza di raggio r è ampio 120°; l'area del settore circolare corrispondente è:

a. $\dfrac{1}{2}\pi r^2$ **b.** $\dfrac{2}{3}\pi r^2$ **c.** $\dfrac{1}{3}\pi r^2$ **d.** $\dfrac{5}{6}\pi r^2$

Applicazione

Problemi sulla lunghezza della circonferenza e delle sue parti.

153 Il rapporto fra le lunghezze di due circonferenze è $\dfrac{4}{5}$. Qual è il rapporto fra i rispettivi raggi?

154 **ESERCIZIO GUIDATO**

Dato un segmento PQ considera due punti qualsiasi A e B su di esso e dimostra che la lunghezza della circonferenza di diametro PQ è congruente alla somma delle circonferenze di diametri PA, AB e BQ.

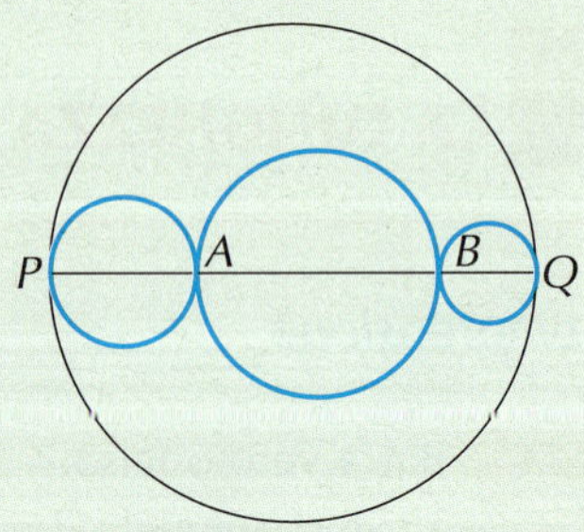

La lunghezza della circonferenza di diametro PQ è $C = \pi\overline{PQ}$

Le lunghezze delle circonferenze di diametri PA, AB e BQ sono rispettivamente

$C_1 = ...$ $C_2 = ...$ $C_3 = ...$

Sommando otteniamo $C_1 + C_2 + C_3 = ...$

155 Le lunghezze di due circonferenze misurano in cm, rispettivamente 24π e 14π. Determina la loro posizione reciproca sapendo che la distanza fra i loro centri è 20cm. [esterne]

156 Le lunghezze di due circonferenze misurano in cm, rispettivamente 18π e 27π. Determina la loro posizione reciproca sapendo che la distanza fra i loro centri è 20cm. [secanti]

157 Dato un quadrato *ABCD* di lato ℓ, costruisci, con centro nel punto medio di ogni suo lato ed esternamente al quadrato, le semicirconferenze di raggio $\frac{\ell}{2}$. Dimostra che la somma di tali semicirconferenze è congruente alla semicirconferenza di raggio ℓ.

158 La distanza fra i centri di due circonferenze tangenti internamente è 9cm. Sapendo che la lunghezza di una delle due circonferenze è 30πcm, calcola la lunghezza dell'altra. [12πcm, 48πcm]

159 La ruota di una bicicletta ha il raggio di 42cm. Se si percorrono approssimativamente 63,3m, quanti giri compie la ruota per coprire tale distanza? [$\approx$ 24 giri]

160 Determina la lunghezza della circonferenza circoscritta ad un quadrato di lato 4cm. [$4\sqrt{2}\pi$cm]

161 Osserva la figura a lato, ottenuta disegnando le semicirconferenze di diametro *AB*, *BC*, *CD*, *DE* in cui ogni diametro è doppio del precedente. Se la lunghezza di tale linea è 30π, qual è il diametro di ciascuna delle semicirconferenze? [$\overline{AB}$ = 4cm]

es. 161

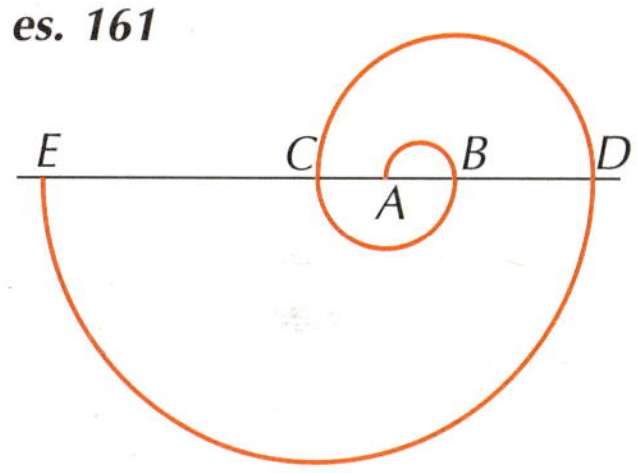

162 Una circonferenza è lunga 260πcm e due sue corde parallele, situate da parti opposte rispetto al centro, misurano rispettivamente 132cm e 252cm. Calcola la distanza fra le due corde. [144cm]

163
ESERCIZIO GUIDATO

È dato un triangolo *ABC*. Scelto un segmento arbitrario di lunghezza inferiore al minore dei lati del triangolo, traccia, con centro nei vertici del triangolo ed internamente ad esso, degli archi di circonferenza di raggio pari al segmento scelto che intersecano i lati del triangolo. Dimostra che la somma di tali archi è congruente alla circonferenza avente diametro congruente a tale segmento.

Indicata con ℓ la misura del raggio di ciascuno degli archi e con α, β e δ le ampiezze dei tre angoli del triangolo, si ha che:

- la lunghezza dell'arco γ_1 è ....
- la lunghezza dell'arco γ_2 è ....
- la lunghezza dell'arco γ_3 è ....

Sommando i tre archi ottieni ....

che è la lunghezza della circonferenza di diametro ℓ.

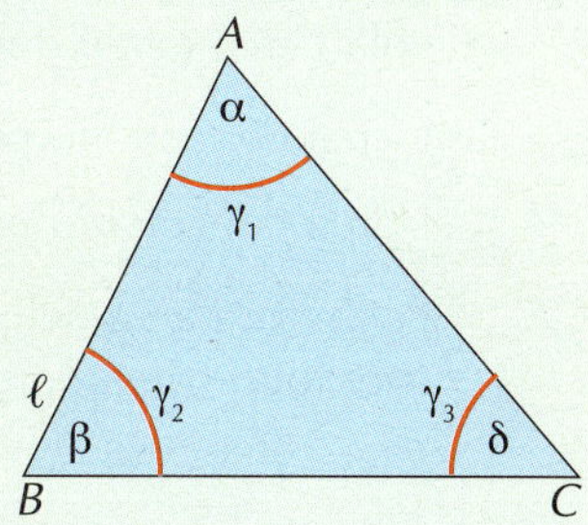

164 Dato un quadrilatero qualsiasi *ABCD* e scelto un segmento di lunghezza inferiore al minore dei suoi lati, traccia, da ogni vertice del quadrilatero ed internamente ad esso, un arco di circonferenza che abbia per raggio quel segmento e che intersechi i lati del quadrilatero dato. Dimostra che la somma di tali archi è congruente alla circonferenza avente lo stesso raggio.

165 Una corda *AB* di una circonferenza di raggio *r* misura $r\sqrt{3}$. Calcola la lunghezza del minore dei due archi $\widehat{AB}$ che sottendono la corda. $\left[\frac{2}{3}\pi r\right]$

166 In una circonferenza, una corda *AB* sottende un angolo alla circonferenza di 20°. Qual è il rapporto fra il maggiore e il minore dei due archi *AB* della circonferenza? [8]

167 E' dato il triangolo equilatero di area $363\sqrt{3}a^2$; con centro nei tre vertici del triangolo e con apertura uguale a metà lato descrivi due archi interni ed uno esterno al triangolo. Calcola il perimetro della figura delimitata dai tre archi (in arancio nella figura a lato). $\left[\frac{77}{3}\sqrt{3}\pi a\right]$

es. 167

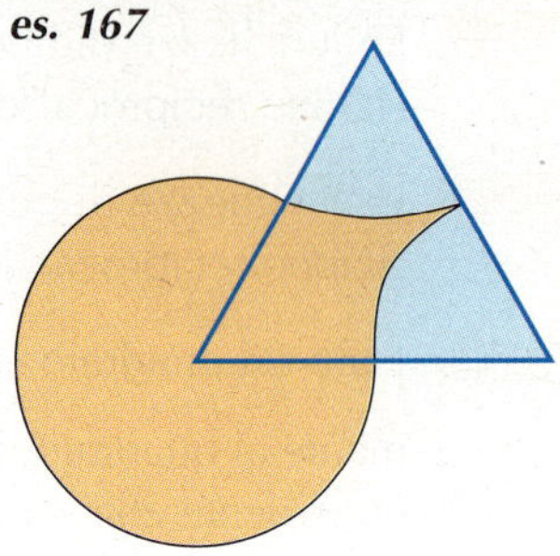

168 La ruota della roulette è divisa in settori ciascuno dei quali corrisponde ad un numero (37 numeri in tutto). Se la ruota ha raggio 30cm, qual è la lunghezza di ciascuno degli archi corrispondenti ad ogni settore? [≈ 5,09cm]

169 Dato un triangolo equilatero di lato ℓ, con centro nel punto medio di ogni suo lato, descrivi, esternamente al triangolo, le tre semicirconferenze di raggio $\frac{\ell}{2}$. Calcola il rapporto fra la somma delle lunghezze delle tre semicirconferenze e quella della circonferenza circoscritta al triangolo. $\left[\frac{3\sqrt{3}}{4}\right]$

170 E' dato il triangolo ABC rettangolo in C, in cui l'angolo in A misura 60°. Con centro in A e raggio AC traccia l'arco di circonferenza $\overset{\frown}{CD}$ interno al triangolo ($D \in AB$) e con centro in B descrivi l'arco $\overset{\frown}{DE}$ interno al triangolo ($E \in CB$). Sapendo che il perimetro del triangolo mistilineo CDE è uguale a $(3\pi + 6\sqrt{3} - 6)$cm, calcola l'area del triangolo ABC. $[18\sqrt{3}\text{cm}^2]$

Problemi sull'area del cerchio e delle sue parti.

171 Il rapporto fra le aree di due cerchi è $\frac{4}{3}$; qual è il rapporto fra i rispettivi raggi? $\left[\frac{2}{\sqrt{3}}\right]$

172 **ESERCIZIO GUIDATO**

La figura a lato è formata da due cerchi che si intersecano e hanno raggi che misurano, rispetto ad una prefissata unità di misura, rispettivamente 1 e 3. Sapendo che l'area della regione comune è $\frac{\pi}{2}$, calcola l'area totale della figura.

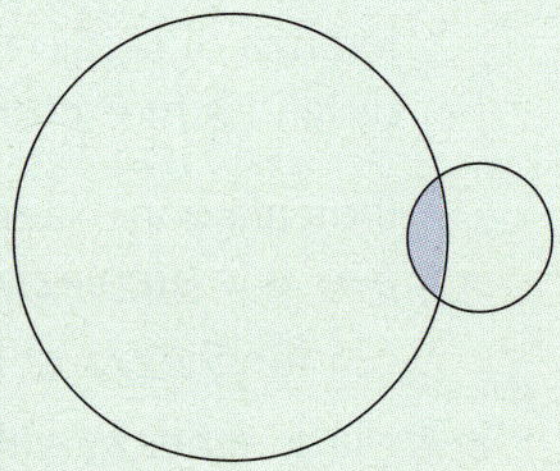

L'area del cerchio più grande è: 9π

L'area del cerchio più piccolo è: π

Per avere l'area della figura si deve sommare l'area del primo cerchio con quella del secondo dopo aver tolto l'area della parte comune; si ottiene così:

$$9\pi + \pi - \frac{\pi}{2} = \frac{19}{2}\pi$$

173 È dato un quadrato di lato ℓ. Con centro in due vertici opposti e raggio ℓ traccia due archi di circonferenza come nella figura a lato. Trova l'area della parte di piano delimitata dai due archi. $\left[\ell^2\left(\frac{1}{2}\pi - 1\right)\right]$

es. 173

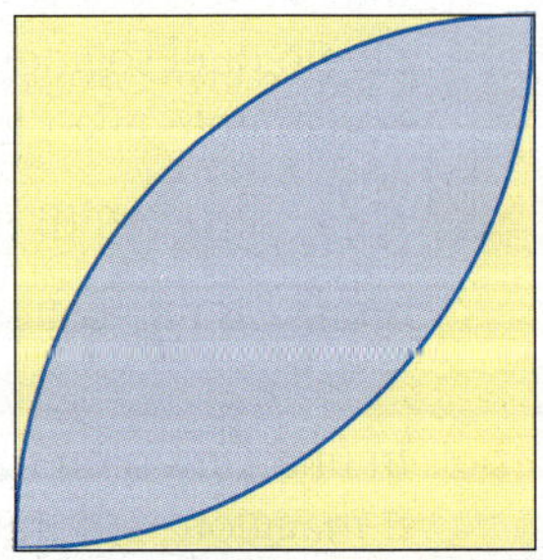

174 Dato un triangolo rettangolo, costruisci sui suoi lati ed esternamente ad esso tre semicirconferenze aventi ciascuna per diametro il lato del triangolo. Dimostra che la somma dei semicerchi costruiti sui cateti è equivalente al semicerchio costruito sull'ipotenusa.

175 Un rombo ha l'area di $600 cm^2$ e una diagonale misura 40cm. Calcola l'area della corona circolare delimitata dal cerchio inscritto e da quello avente il centro nel punto d'incontro delle diagonali e raggio uguale alla semidiagonale maggiore. [$256\pi cm^2$]

176 Se l'area in colore nella figura a lato è $100\pi cm^2$, quanto misura il segmento AB? [$40\sqrt{2}$cm]

es. 176

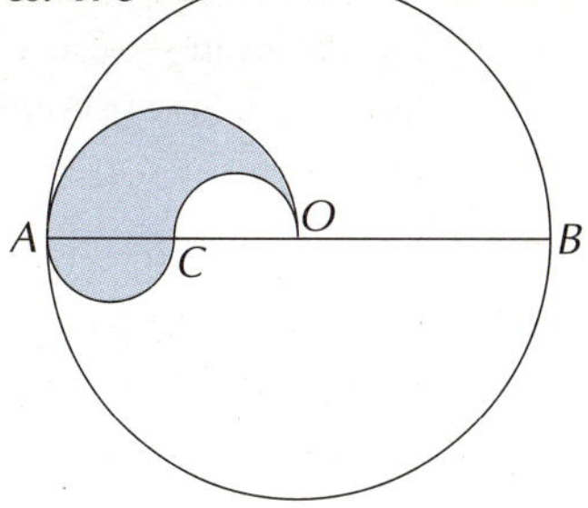

177 **ESERCIZIO GUIDATO**

La distanza fra i centri di due circonferenze tangenti esternamente è 20cm e la differenza fra le aree dei due cerchi che esse delimitano è $80\pi cm^2$. Determina la lunghezza delle due circonferenze.

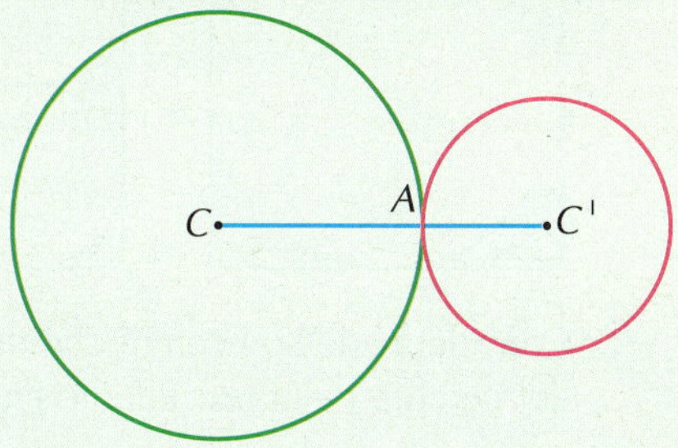

I dati del problema ci dicono che: $\overline{CC'} = 20$

$A_1 - A_2 = 80\pi$

dove con A_1 abbiamo indicato l'area del cerchio maggiore e con A_2 quella del cerchio minore.

Posto $\overline{CA} = x$ con $0 < x < 20$

si ha che $\overline{AC'} = 20 - x$

Le aree dei due cerchi sono quindi: $A_1 = \pi x^2$ $A_2 = \pi(20 - x)^2$

e possiamo impostare l'equazione: $\pi x^2 - \pi(20 - x)^2 = 80\pi$

dividendo per π otteniamo: $x^2 - (20 - x)^2 = 80$

e sviluppando i calcoli: $40x - 480 = 0 \quad \rightarrow \quad x = 12$

Le due circonferenze hanno quindi raggi: $\overline{CA} = 12$ e $\overline{C'A} = 8$

Le lunghezze delle due circonferenze sono allora: 24πcm e 16πcm.

178 Due circonferenze sono tangenti internamente e la distanza fra i loro centri è 10cm. Se la differenza fra le loro aree è $320\pi cm^2$, quanto misurano i raggi dei due cerchi? [11cm, 21cm]

179 Sono date tre circonferenze disposte come nella figura; sapendo che BC supera AB di 2cm e che l'area della regione in colore è $24\pi cm^2$, calcola la misura dei diametri delle tre circonferenze. [6cm; 8cm; 14cm]

es. 179

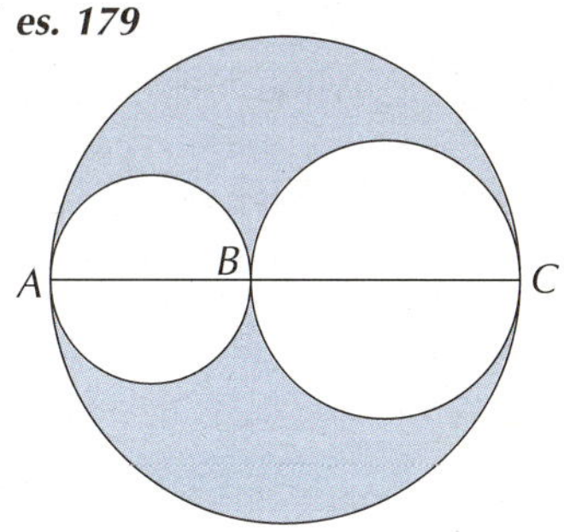

180 Due circonferenze secanti hanno raggi $r_1 = 2a$ e $r_2 = \sqrt{2}a$, mentre i loro centri distano fra loro $(1 + \sqrt{3})a$. Calcola la lunghezza della corda comune alle due circonferenze e l'area della regione di piano da esse limitata. $\left[2a; \left(\frac{7}{6}\pi - 1 - \sqrt{3}\right)a^2\right]$

181 Un rombo ha un angolo di 120° e la superficie misura $2\sqrt{3}a^2$. Con centro nel punto d'incontro delle diagonali traccia la circonferenza di raggio uguale alla semidiagonale minore. Calcola l'area di ciascuno dei triangoli mistilinei staccati da tale circonferenza sul rombo. $\left[\frac{a^2}{2}\left(\sqrt{3} - \frac{\pi}{3}\right)\right]$

es. 181

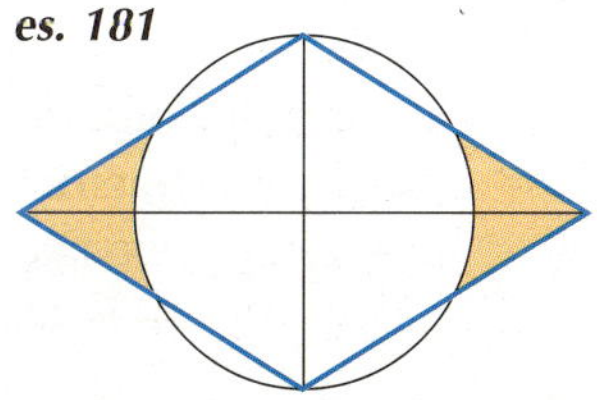

182 Tre circonferenze di raggio *r* sono a due a due tangenti esternamente. Indicati con *A*, *B* e *C* i punti di contatto, calcola l'area e il perimetro del triangolo curvilineo *ABC*. $\left[\left(\sqrt{3}-\frac{\pi}{2}\right)r^2;\ \pi r\right]$

es. 182

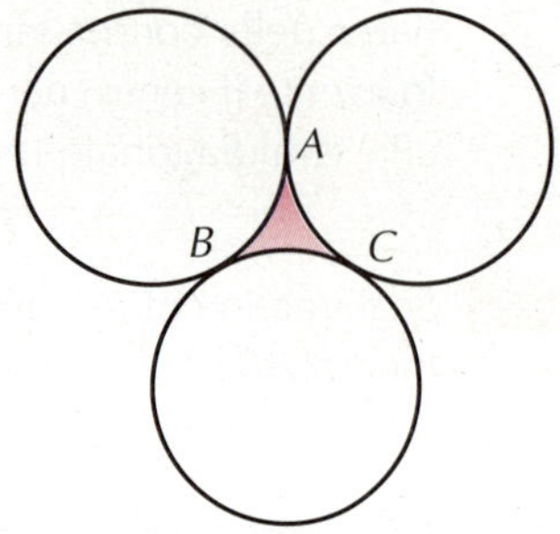

183 Due corde *AB* e *BC* di una circonferenza di raggio *r* hanno lunghezze rispettivamente $r\sqrt{2}$ e $r\sqrt{3}$. Calcola le aree delle tre regioni in cui resta diviso il cerchio. $\left[\frac{\pi-2}{4}r^2;\ \frac{4\pi-3\sqrt{3}}{12}r^2;\ \frac{5\pi+6+3\sqrt{3}}{12}r^2\right]$

184 In un quadrato di lato $8a$ sono inscritti dei cerchi come nelle figure che seguono. Quale fra le tre zone in colore ha la superficie maggiore?

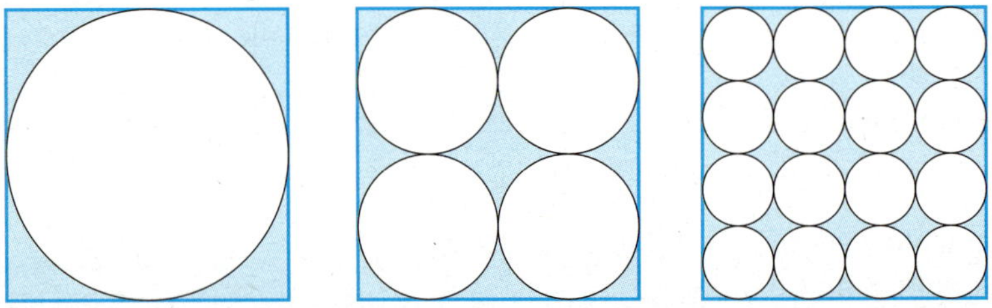

Considera adesso i cerchi che riempiono il quadrato e che si ottengono dimezzando ogni volta il raggio del cerchio della precedente figura; quanto misura l'area del quadrato che non è occupata dai cerchi? $[(64-16\pi)a^2]$

185 E' dato il triangolo *ABC* equilatero di area $9\sqrt{3}a^2$ circoscritto ad una circonferenza. Condotta la corda *ED* parallela ad *AB* e tangente alla circonferenza, calcola perimetro e area del trapezio *ABDE*. Trova inoltre l'area delle quattro parti comprese tra la circonferenza e il trapezio. $\left[16a;\ 8a^2\sqrt{3};\ (3\sqrt{3}-\pi)a^2;\ \frac{a^2}{2}(2\sqrt{3}-\pi)\right]$

186 Tracciata la circonferenza inscritta e quella circoscritta a un esagono regolare di lato ℓ, calcola il rapporto fra l'area della regione compresa fra l'esagono e la circonferenza inscritta e quella della corona circolare compresa fra le due circonferenze. $\left[\frac{6\sqrt{3}-3\pi}{\pi}\right]$

187 Se l'area in colore in figura è $600\pi\text{cm}^2$ quanto misura il diametro *AB* tenendo presente che $AC \cong CD \cong DB$? $[60\sqrt{2}\text{cm}]$

es. 187

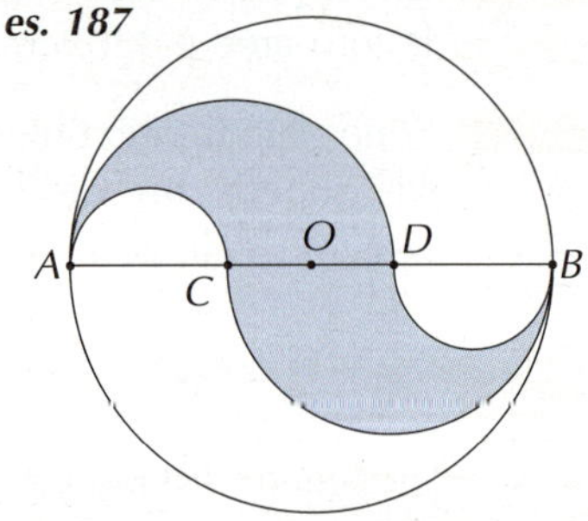

188 E' dato un esagono regolare; con centro in ciascuno dei vertici descrivi, esternamente ad esso, tanti archi di raggio uguale alla metà lato dell'esagono. Sapendo che l'area della parte di piano racchiusa dai suddetti archi misura $12\pi\text{cm}^2$, calcola l'apotema dell'esagono. [3cm]

189 ## ESERCIZIO GUIDATO

È dato un triangolo rettangolo inscritto in una semicirconferenza di raggio *r*. Sui suoi cateti ed esternamente al triangolo descrivi le semicirconferenze che hanno i cateti per diametri. Dimostra che l'area della parte in colore verde nella figura (ciascuna parte si chiama **lunula**) è uguale all'area del triangolo dato.

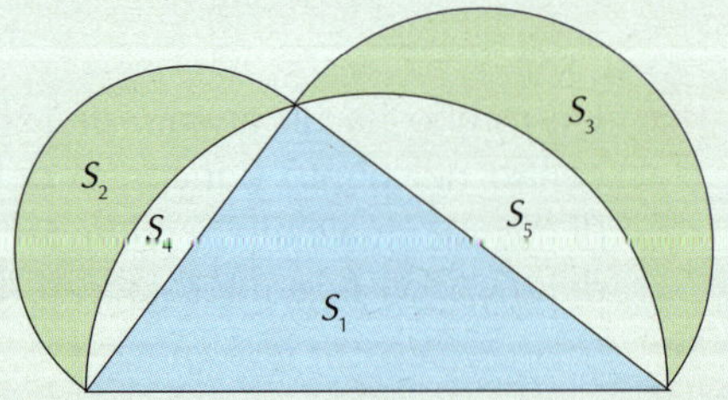

Indica con $2a$ e $2b$ i due cateti.

L'area del triangolo è $S_1 =$ ....

L'area di ciascuno dei semicerchi costruiti sui cateti è: $S_2 =$ .... $S_3 =$ ....

La somma delle aree dei segmenti circolari che si vengono a formare considerando il semicerchio più grande ed il triangolo, si può ottenere come differenza tra l'area del semicerchio e l'area del triangolo, cioè:

$$S_4 + S_5 = \text{.........}$$

L'area delle lunule è allora: $S_2 + S_3 - (S_4 + S_5) =$ ....

e tenendo presente che $a^2 + b^2 = r^2$ si ottiene..................................

190 Un triangolo equilatero ABC è inscritto in un cerchio di raggio $2r$; con centro nei punti medi dei lati del triangolo descrivi, esternamente al triangolo, tre semicirconferenze aventi raggio uguale alla metà lato. Calcola l'area delle lunule che così si ottengono. $\left[\left(\frac{\pi}{6} + \sqrt{3}\right)r^2\right]$

191 In due circonferenze secanti, la corda comune misura 48cm e la distanza fra i centri è pari a 50cm. Determina i raggi delle due circonferenze sapendo che la somma delle aree dei due cerchi che esse delimitano è $2500\pi \text{cm}^2$. [30cm, 40cm]

192 Due circonferenze congruenti passano una per il centro dell'altra; sapendo che l'area della parte di piano che i due cerchi hanno in comune misura $6(4\pi - 3\sqrt{3})\text{cm}^2$, calcola il raggio dei due cerchi. [6cm]

193 Data la semicirconferenza di diametro $AB = 12\text{cm}$, traccia la corda AC inclinata di 30° sulla retta del diametro e la tangente in C alla semicirconferenza che incontra in D la retta del diametro. Calcola l'area del triangolo mistilineo CBD. $\left[6(3\sqrt{3} - \pi)\text{cm}^2\right]$

194 Sono date due circonferenze concentriche di raggi r e $2r$ e due tangenti alla circonferenza interna condotte da un punto di quella esterna. Calcola l'area della regione evidenziata in figura. $\left[\frac{2}{3}r^2(4\pi - 3\sqrt{3})\right]$

es. 194

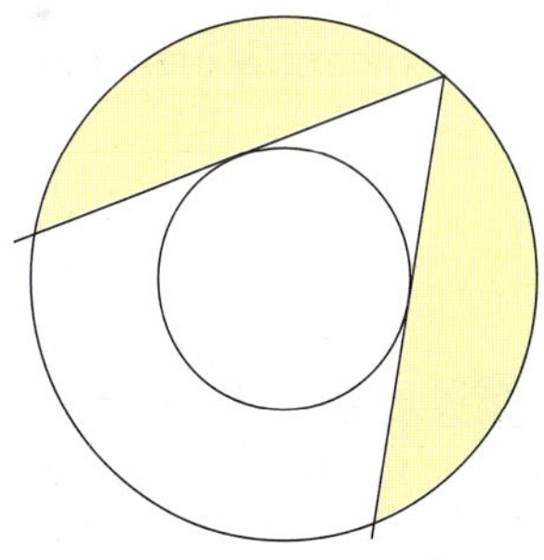

195 È dato un settore circolare di centro O e raggi $OA = OB = r$ di ampiezza pari ad un angolo retto. Descrivi i due semicerchi interni al settore aventi per diametri i raggi OA e OB. Calcola l'area della parte racchiusa fra questi ultimi semicerchi. $\left[\frac{r^2}{4}\left(\frac{\pi}{2} - 1\right)\right]$

196 Tre circonferenze congruenti, tangenti a due a due, delimitano un triangolo curvilineo la cui area è $50(2\sqrt{3} - \pi)\text{cm}^2$. Calcola la misura dell'area della superficie del triangolo che si ottiene congiungendo i centri. $\left[100\sqrt{3}\text{cm}^2\right]$

197 Un trapezio è inscritto in una circonferenza; le due basi, giacenti da parti opposte rispetto al centro, misurano 60cm e 80cm e la somma delle loro distanze dal centro è di 70cm. Calcola l'area del segmento circolare delimitato dal lato obliquo del trapezio. $\left[625(\pi - 2)\text{cm}^2\right]$

198 In un settore circolare AOB di raggio r e ampiezza 90° è inscritta una circonferenza tangente ai raggi OA e OB e all'arco $\overset{\frown}{AB}$. Calcola il raggio di tale circonferenza e l'area di ciascuna delle regioni in cui resta diviso il settore. $\left[(\sqrt{2} - 1)r;\ (3 - 2\sqrt{2})\pi r^2;\ \frac{(3 - 2\sqrt{2})(4 - \pi)}{4} r^2\right]$

199 Dato un triangolo equilatero ABC di lato ℓ, conduci la semicirconferenza di diametro AB che incontra gli altri due lati in D ed E. Calcola l'area di ciascuno dei due segmenti circolari esterni al triangolo.

$\left[\frac{2\pi - 3\sqrt{3}}{48}\ell^2\right]$

Esercizi per lo sviluppo delle competenze

1 Considera un angolo $\widehat{AVB}$ convesso e sia P un suo punto interno. Descrivi la procedura da seguire per tracciare una corda passante per P e che sia divisa da P in parti proporzionali ai numeri 2 e 5.

2 Sono dati due segmenti adiacenti AB e BC; traccia da A la semiretta r perpendicolare ad AC. Come deve essere preso un punto P su r in modo che PB sia la bisettrice dell'angolo $\widehat{APC}$?

3 Il motivo ornamentale di un rosone circolare di raggio 8dm ha la forma indicata nella figura a lato. Calcola l'area di ciascuna delle parti in colore e la lunghezza della linea che delimita ciascuna zona.

$\left[\begin{array}{l}\text{aree}: 22\pi\text{dm}^2,\ 8\pi\text{dm}^2,\ 2\pi\text{dm}^2;\\ \text{lunghezze}: 16\pi\text{dm},\ 8\pi\text{dm},\ 4\pi\text{dm}\end{array}\right]$

es. 3

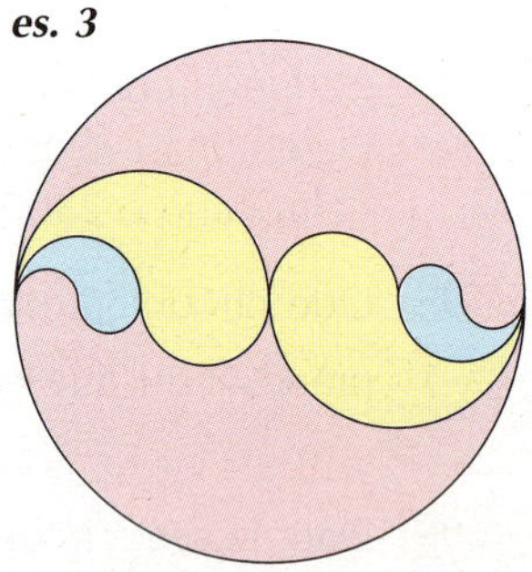

4 Tre cerchi di centri A, B, C e raggi rispettivamente r, $2r$ e $3r$ sono tangenti esternamente a due a due. Indicando con α la misura in gradi dell'angolo di vertice C del triangolo ABC, scrivi l'espressione che determina l'area del triangolo curvilineo delimitato dai tre cerchi.

$\left[r^2\left[6 - (5\alpha + 450)\frac{\pi}{360}\right]\right]$

5 Sono date due circonferenze concentriche di raggi r_1 e r_2 tali che $r_2 = \frac{5}{3}r_1$. Un angolo al centro di ampiezza α individua un settore di corona circolare di area $\frac{1600}{3}\pi\text{cm}^2$. Qual è la misura di α se la differenza fra i raggi è di 20cm? Siano AB e CD le due corde individuate sulle due circonferenze dai raggi che delimitano il settore. Calcola l'area del quadrilatero che ha i vertici negli estremi di tali corde.

$[\alpha = 120°;\ 400\sqrt{3}\text{cm}^2]$

6 AB e CD sono due diametri perpendicolari di un cerchio Γ di centro O e raggio $r = 10$cm; con centro in C e raggio AC si descrive l'arco di circonferenza AB interno a Γ. Calcola il rapporto fra l'area del settore circolare CAB e la lunula delimitata dagli archi AB e ADB. Cambia il rapporto se Γ ha raggio doppio di quello dato?

$\left[\frac{\pi}{2}\right.$, il rapporto non cambia perchè non dipende da $\left.r\right]$

7 E' dato un semicerchio di centro O e diametro $AB = 20$cm; un cerchio Γ ad esso interno ha centro in P ed è tangente al diametro AB in C e al semicerchio in D. Qual è il raggio r di Γ se la tangente condotta da O a Γ è perpendicolare ad AB? Per tale valore di r, calcola l'area di ciascuna delle due parti che si ottengono togliendo dal semicerchio il cerchio Γ.

$\left[r = 10(\sqrt{2} - 1)\text{cm};\ \pi(75\sqrt{2} - 100) + 100\sqrt{2} - 150;\ \pi(125\sqrt{2} - 150) - 100\sqrt{2} + 150\right]$

8 Un triangolo ha i lati di lunghezza 6cm, 12cm, $6\sqrt{3}$cm; dopo aver determinato le caratteristiche del triangolo, costruisci le tre circonferenze che hanno centro nei suoi vertici e sono tangenti esternamente una all'altra. Calcola:

a. i raggi delle tre circonferenze; $[(9 - 3\sqrt{3})\text{cm};\ (3 + 3\sqrt{3})\text{cm};\ (3\sqrt{3} - 3)\text{cm}]$

b. l'area e il perimetro del triangolo mistilineo delimitato dalle tre circonferenze;

$\left[(\pi(12\sqrt{3}-30)+18\sqrt{3})\text{cm}^2;\ \pi(\sqrt{3}+2)\text{cm}\right]$

c. l'area della parte di piano delimitata dalle tre circonferenze escludendo il triangolo e la lunghezza complessiva della linea che delimita la zona. $\left[\pi(150-42\sqrt{3})\text{cm}^2;\ (\pi(16+5\sqrt{3})+6\sqrt{3}+18)\text{cm}\right]$

9 Due ruote di diametri 36cm e 9cm sono esterne una all'altra e la distanza fra i loro centri è 27cm. Attorno ad esse viene avvolta una cinghia non incrociata. Quanto è lunga la cinghia? $\left[27(\pi+\sqrt{3})\text{cm}\right]$

10 Un triangolo isoscele è inscritto in una circonferenza di raggio r ed ha l'angolo al vertice di ampiezza 30°. Calcola l'area di ciascuno dei segmenti circolari che hanno per basi i lati del triangolo.

$\left[\frac{2\pi-3\sqrt{3}}{12}r^2;\ \frac{5\pi-3}{12}r^2\right]$

11 Dai vertici di un quadrato di lato ℓ conduci quattro archi di circonferenza interni al quadrato aventi per raggio la metà della diagonale e pari ad un quarto di circonferenza. Calcola l'area della regione individuata dall'intersezione a due a due dei quattro quadranti così ottenuti. $\left[\frac{\pi-2}{2}\ell^2\right]$

IL CAPITOLO SI COMPLETA CON:

ESERCIZI DI CONSOLIDAMENTO

VERIFICA INTERATTIVA

Test Finale

1 La misura di una grandezza A rispetto ad una grandezza ad essa omogenea B è $\frac{3}{8}$; la misura di B rispetto ad una terza grandezza C, anch'essa omogenea alle altre due, è $\frac{1}{6}$. La misura di A rispetto a C è:

a. $\frac{9}{4}$ **b.** $\frac{4}{9}$ **c.** $\frac{1}{16}$ **d.** non si può determinare

0,25 punti

2 In un triangolo ABC, il segmento MN è una corda parallela al lato BC ($M \in AB$ e $N \in AC$).
Si può dire che:

a. $AM : MB = NC : AN$ V F

b. $AM \cong AN$ solo se il triangolo è isoscele di base BC V F

c. $AN \cong NC$ solo se $AM \cong MB$ V F

d. $MN \cong \frac{1}{2} BC$. V F

0,5 punti

3 In un triangolo l'altezza AH relativa al lato BC divide BC in due segmenti tali che $\overline{BH} = 6$ e $\overline{HC} = 54$; in quali dei seguenti casi il triangolo è rettangolo in A?

a. $\overline{AH} = 18$ **b.** $\overline{AB} = 6\sqrt{10}$ **c.** $\overline{AC} = 20$.

0,5 punti

4 In un triangolo ABC l'altezza AH misura $9a$, l'angolo di vertice B è di $45°$, l'angolo di vertice C è di $60°$. Completa:

a. il perimetro del triangolo misura ....

b. l'area del triangolo misura ....

0,5 punti

5 Trova una procedura per dividere un segmento AB assegnato in parti proporzionali ai numeri 2, 3, 5, 8.

1 punto

6 E' dato un quadrilatero $ABCD$ le cui diagonali si intersecano in O; da O traccia la parallela al lato DC che incontra AD in P e la parallela al lato BC che incontra AB in Q. Dimostra che PQ è parallelo a BD.

2 punti

7 E' data la semicirconferenza di diametro $AB = 30a$. Conduci la tangente in B e prendi su di essa il punto C in modo tale che sia $\overline{CB} = 40a$. Detto D il punto di intersezione di AC con la semicirconferenza, calcola perimetro e area del triangolo ABD.

2 punti

8 Un esagono regolare di lato ℓ è inscritto in una circonferenza; la circonferenza ha lunghezza:

a. 6ℓ **b.** $\pi\ell$ **c.** $2\pi\ell$ **d.** non si può calcolare perché i dati sono insufficienti.

0,25 punti

9 Un quadrato di lato ℓ è inscritto in una circonferenza; un quadrato di lato $\sqrt{2}\ell$ è circoscritto ad una circonferenza; dopo aver spiegato perché la circonferenza circoscritta al primo quadrato e quella inscritta nel secondo sono congruenti, indica quali delle seguenti proposizioni sono vere e quali sono false:

a. la circonferenza ha raggio $\frac{\sqrt{2}}{2}\ell$ V F

b. la lunghezza della circonferenza è $\sqrt{2}\pi\ell$ V F

c. l'area del cerchio è $\pi\ell^2$ V F

d. l'area del cerchio è compresa fra ℓ^2 e $2\ell^2$ V F

1 punto

10 Un triangolo equilatero di perimetro 6ℓ è circoscritto ad una circonferenza; di tale circonferenza si può dire che:

a. ha raggio $\frac{1}{2}\ell$ V F

b. ha raggio $\frac{\sqrt{3}}{3}\ell$ V F

c. la lunghezza della circonferenza è $\pi\ell$ V F

d. l'area del cerchio è $\frac{1}{3}\pi\ell^2$ V F

1 punto

11 Un triangolo rettangolo ha i cateti che sono lunghi $6a$ e $8a$; calcola la lunghezza della circonferenza circoscritta al triangolo e l'area del cerchio corrispondente.

1 punto

Soluzioni

1 c.

2 **a.** F, **b.** V, **c.** V, **d.** F

3 **a.**, **b.**

4 **a.** $9a(\sqrt{3}+\sqrt{2}+1)$, **b.** $\frac{27}{2}a^2(3+\sqrt{3})$

5 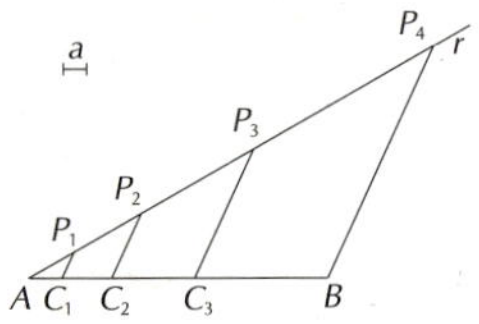

Disegnata una semiretta r di origine A e fissato un segmento a di lunghezza arbitraria, si prendono su r i punti P_1, P_2, P_3, P_4 in modo che sia
$AP_1 = 2a$, $P_1P_2 = 3a$, $P_2P_3 = 5a$, $P_3P_4 = 8a$.
Tracciato il segmento BP_4, si conducono dagli altri punti P le parallele a BP_4 che incontrano AB in C_1, C_2, C_3. I punti C sono quelli cercati.

6 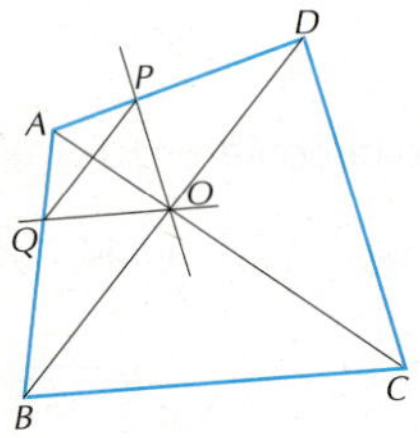

Considerato il triangolo ADC, si ha che $PO \parallel DC$ e quindi $AP : AD = AO : AC$; analogamente, considerato il triangolo ACB dove $OQ \parallel BC$, si ha che $AO : AC = AQ : AB$.
Confrontando le due proporzioni si ottiene $AP : AD = AQ : AB$, quindi $PQ \parallel BD$.

7 Applicando il teorema di Pitagora al triangolo ABC si ottiene $\overline{AC} = 50a$. Applicando il primo teorema di Euclide ancora ad $\widehat{ABC}$ si ottiene $\overline{AD} = 18a$. Applicando il teorema di Pitagora al triangolo ADB si ottiene $\overline{DB} = 24a$. Quindi $2p(ADB) = 72a$, $\text{area}(ADB) = 216a^2$.

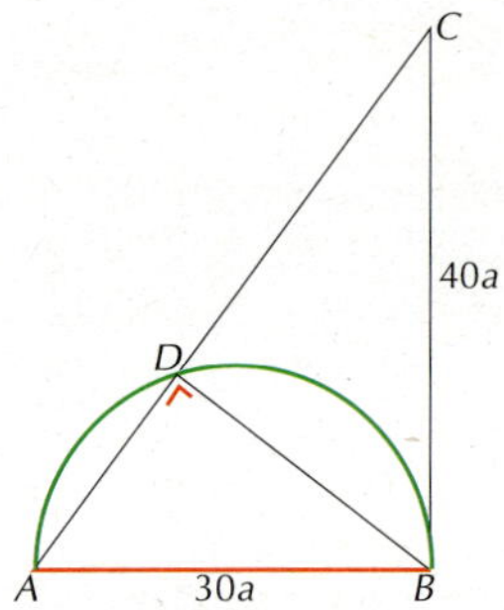

8 c.

9 **a.** V, **b.** V, **c.** F, **d.** V

10 **a.** F, **b.** V, **c.** F, **d.** V

11 L'ipotenusa del triangolo è $10a$, quindi il raggio della circonferenza è $5a$; lunghezza circonferenza: $10\pi a$, area del cerchio: $25\pi a^2$.

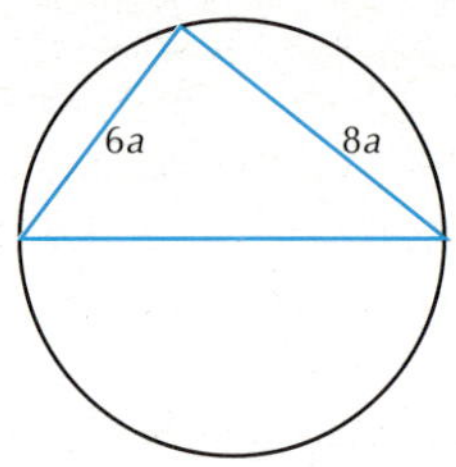

Esercizio	1	2	3	4	5	6	7	8	9	10	11	
Punteggio												

Valutazione in decimi

Il teorema di Pitagora applicato alla Fisica

In Fisica si cerca di comprendere quali sono le leggi che regolano un determinato fenomeno e spesso queste leggi sono relazioni di tipo vettoriale.
Nella descrizione dei fenomeni che riguardano il moto, poi, le caratteristiche che lo descrivono sono diverse a seconda dell'osservatore.
Per esempio, se un passeggero cammina all'interno di un treno che si muove a 90km/h, la sua velocità viene valutata in modo diverso da una persona che si trova sul treno e da una che si trova in stazione. Così come il cellulare che cade dalle mani di quel passeggero ha un moto che viene descritto in modo diverso dai due osservatori precedenti: per quello solidale con il treno si tratta di un semplice moto di caduta verticale, per quello solidale con la Terra c'è anche una componente orizzontale della velocità visto che il cellulare si muove con il treno.

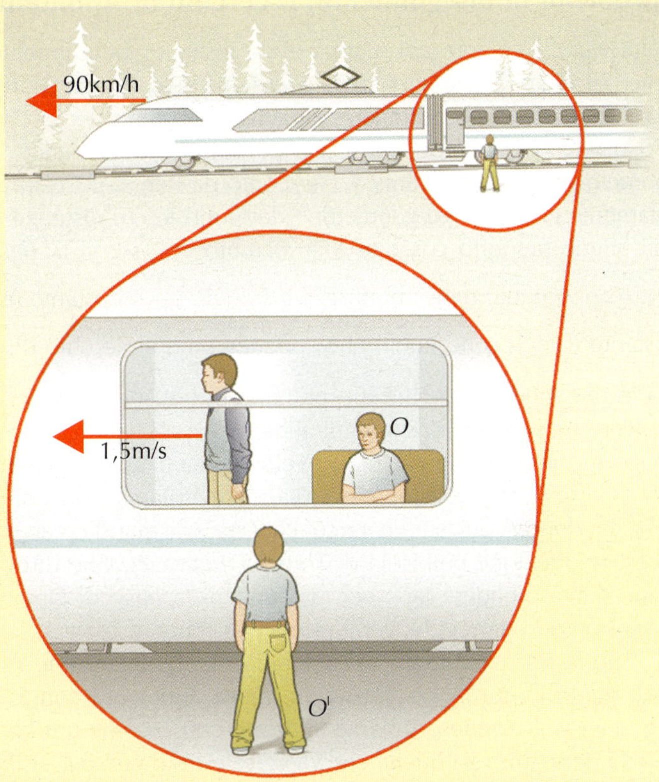

Considera le situazioni che ti presentiamo negli esercizi che seguono e cerca di risolverle applicando anche i concetti imparati in questo capitolo.

1. Una canoa deve attraversare un fiume e per questo il vogatore dirige la prua perpendicolarmente alla sponda opposta remando ad una velocità di 4m/s; la corrente del fiume ha una velocità di 3m/s.
   a. Rappresenta in un diagramma vettoriale le due velocità e determina il modulo della velocità della canoa indicando la sua direzione.
   b. Se il fiume, nel punto di attraversamento, è largo 600m a quale distanza dal punto diametralmente opposto a quello di partenza approderà la canoa?
   c. Un pescatore su un'altra barca osserva la canoa senza remare. Come descrive il moto il pescatore?
   [**a**. 5m/s; **b**. 450m; **c**. per il pescatore, che si muove alla stessa velocità della corrente, $v = 4$m/s]

2. Un aereo *A* vola verso Nord ad una velocità di 800km/h e un aereo *B* vola in direzione Nord 60° Ovest ad una velocità di 400km/h; entrambe le velocità sono misurate rispetto al suolo. Qual è la velocità dell'aereo *A* rispetto a *B*? [693km/h]

3. Una barca che si trova in uno stretto canale viene trainata da due camioncini che si trovano ai due lati del canale mediante due cavi che formano un angolo di 60°; ciascun cavo esercita una forza di 5400N. Quale forza deve applicare un rimorchiatore volendo sostituire i due camioncini per avere lo stesso risultato? [$F = 9353$N]

ULTERIORI COLLEGAMENTI

MATEMATICA DELLA VITA QUOTIDIANA

I problemi di inseguimento: il cerchio di Apollonio

Nella vita c'è sempre chi scappa e chi insegue; naturalmente se l'inseguitore vuole raggiungere la sua preda deve correre più forte, cioè deve avere una velocità maggiore; ma qual è la strategia di inseguimento che conviene adottare per raggiungere l'obiettivo nel minor tempo possibile?

A risolvere questo problema ci ha pensato un matematico, o meglio un geometra, della Grecia antica, Apollonio da Perga. In realtà egli dimostrò solamente che il luogo geometrico dei punti le cui distanze da due punti dati hanno rapporto costante è un cerchio; se osservi la ***figura 1***, i punti A e B sono quelli dati, i punti P per i quali $\frac{PA}{PB}$ è costante (nella figura la costante vale 3) sono quelli che appartengono al cerchio disegnato.

Figura 1

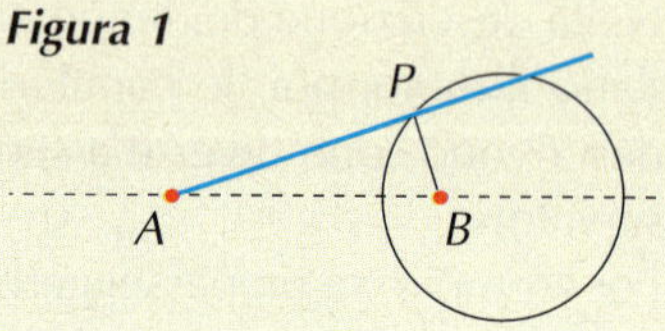

Ma in che modo il cerchio di Apollonio può essere utile per risolvere un problema di inseguimento?

Supponiamo che la Perla Nera, la velocissima nave del pirata Jack Sparrow, stia inseguendo l'Olandese Volante con una velocità doppia del suo nemico che sta viaggiando verso Ovest in direzione dell'isola di Tortuga (***figura 2***). Che direzione dovrà prendere Jack per raggiungere la nave di Davy Jones in modo da raggiungerla prima possibile?

Figura 2

La risposta sta nel cerchio di Apollonio. Supponiamo che P sia il punto in cui Jack Sparrow (in ***figura 3*** indicato con S) raggiungerà l'Olandese Volante (indicato con J) e che quindi la rotta da seguire sia quella che va verso questo punto (per il momento la posizione di P è del tutto arbitraria visto che non conosciamo ancora dove si trova). Nel tempo in cui il capitano Jones percorre il tratto JP, che è pari a vt, Sparrow percorre il tratto SP, pari a $2vt$, quindi il rapporto $\frac{PS}{PJ}$ è uguale a 2. Si tratta allora di costruire il cerchio di Apollonio con S e J come punti fissi e rapporto 2. Possiamo determinare la posizione degli estremi A e B di un diametro in questo modo (***figura 4***):

Figura 3

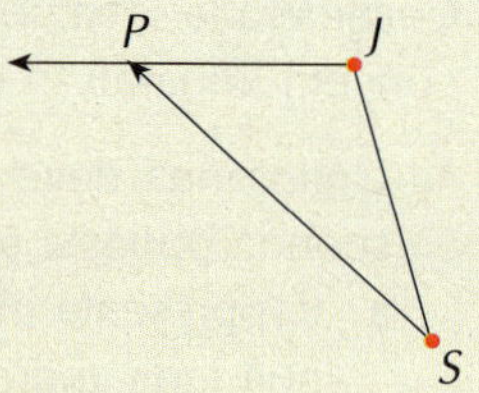

- il punto A è quello che si trova internamente al segmento SJ e lo divide in parti proporzionali a 2 e a 1, cioè tali che $AS = 2AJ$
- il punto B è quello che si trova esternamente al segmento SJ e tale che comunque sia $BS = 2BJ$; B è quindi il simmetrico di S rispetto a J.

Il cerchio di Apollonio è quindi quello che ha diametro AB.

Figura 4

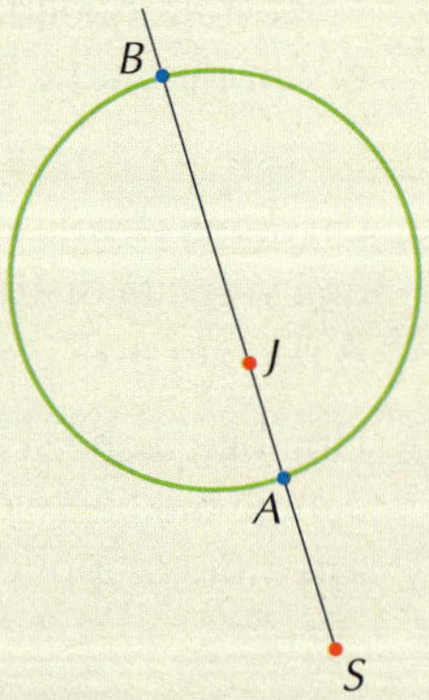

Tenendo presente tutte le considerazioni fatte, prova a rispondere alle domande che seguono; nei collegamenti online trovi le risposte.

1. Che cosa rappresentano i punti della circonferenza di Apollonio in un problema di inseguimento?
2. Sfruttando il disegno in ***figura 3***, indica dove si trova il punto P verso cui deve dirigersi Sparrow per raggiungere nel più breve tempo possibile l'Olandese Volante nel caso in cui Jones faccia rotta:
   a. verso Ovest in direzione dell'isola di Tortuga
   b. a Nord-Ovest con un angolo di 45° rispetto alla precedente direzione
   c. cambi direzione e si allontani da Tortuga verso Est.

ULTERIORI COLLEGAMENTI

gare di matematica

ULTERIORI GARE

1 Sia ABC un triangolo acutangolo. Costruiamo un rettangolo che abbia un lato coincidente con AB e contenga il punto C sul lato opposto ad AB. Facciamo la stessa costruzione partendo dal lato BC e dal lato CA, ottenendo così tre rettangoli. Allora sicuramente i tre rettangoli hanno:

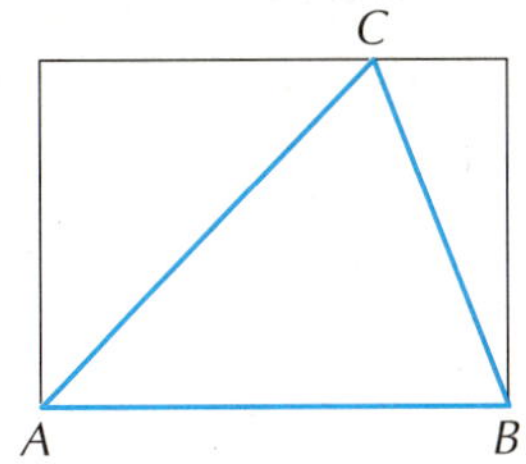

a. perimetri uguali
b. aree uguali
c. somma delle lunghezze delle diagonali uguali
d. uguale rapporto fra lato maggiore e lato minore
e. nessuna delle precedenti affermazioni è sicuramente vera [b.]

2 Cinque monete di raggio 1cm, numerate da 1 a 5, sono disposte su un tavolo come indicato nella figura; i centri delle monete 1, 2 e 3 sono allineati. Si costruisce un quadrilatero che contiene tutte le monete, con un lato tangente alle monete 1 e 5, uno alle monete 5 e 3, uno alle monete 3 e 4 e uno alle monete 4 e 1. Quanto vale l'area del quadrilatero?

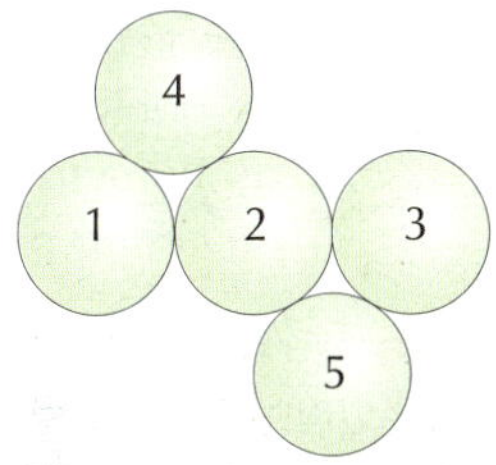

a. $(2\sqrt{3}+2)\text{cm}^2$ **b.** $(4\sqrt{3}+4)\text{cm}^2$ **c.** $8\sqrt{3}\text{cm}^2$
d. $(8\sqrt{3}+8)\text{cm}^2$ **e.** 20cm^2 [d.]

3 Un fabbro sta costruendo una cancellata orizzontale in ferro formata da tante barre verticali, parallele tra loro, ciascuna delle quali è posizionata a 18cm di distanza dalle due vicine. Il fabbro collega le due estremità di ciascuna coppia di sbarre contigue con una sbarra incurvata ad arco di circonferenza collocata nel piano delle sbarre, il cui punto più alto dista $3\sqrt{3}$cm dalla retta (tratteggiatta in figura) che passa per le estremità superiori di tutte le sbarre e che è perpendicolare alle sbarre stesse. Quanto è lunga ciascuna delle barrette utilizzate per costruire gli archi?

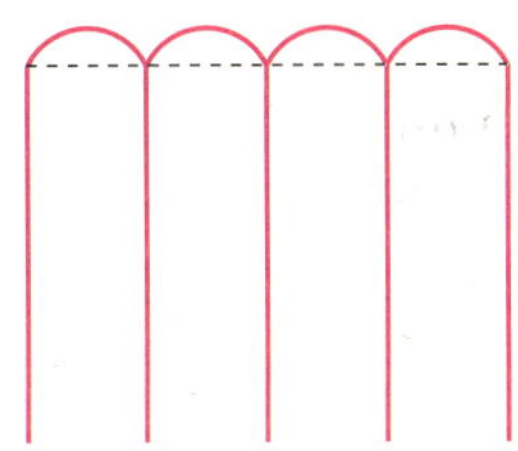

a. $8\pi(\sqrt{3}-1)\text{cm}$ **b.** $6\pi\sqrt{3}\text{cm}$ **c.** $12\pi(\sqrt{3}-1)\text{cm}$ **d.** $4\pi\sqrt{3}\text{cm}$ **e.** $8\pi\sqrt{3}\text{cm}$ [d.]

Math in English — CLIL

Theory on page 152

1 Consider the region on the right hand formed by three semicircles with diameters AB, BC and AC, where point B lies on the semicircle defined by diameter AC. Find the area of the shaded region. [30cm²]

ex. 1

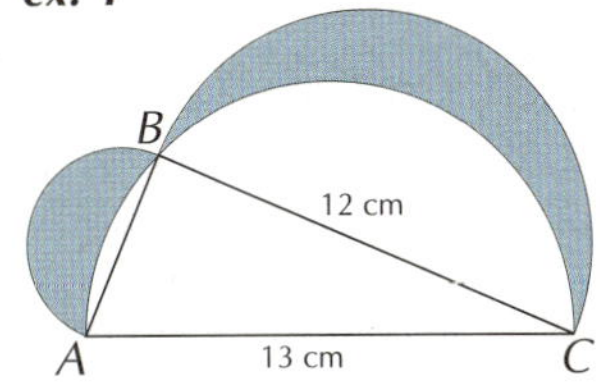

2 In the figure shown, P_1, P_2, P_3, P_4, P_5 is a section of a regular dodecagon with each side lenght of 2. Find the area of triangle $P_1P_3P_5$.

a. $3+2\sqrt{3}$ **b.** $5+4\sqrt{3}$ **c.** $6+2\sqrt{3}$
d. $8+4\sqrt{3}$ **e.** $8+2\sqrt{3}$ [a.]

ex. 2

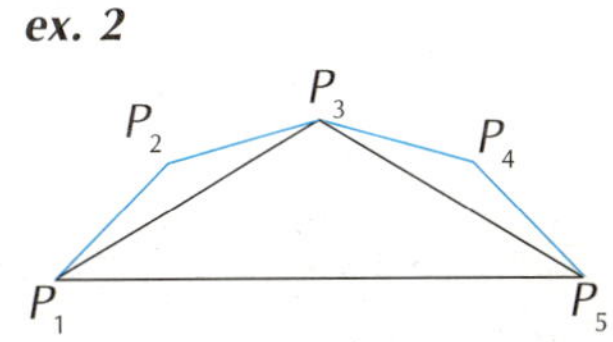

MORE EXERCISES

ESERCIZI

CAPITOLO 10

Omotetie e similitudini

L'OMOTETIA E LE SUE PROPRIETÀ

teoria a pagina 155

SOLUZIONI ES. COMPRENSIONE

Comprensione

1 Un'omotetia è completamente individuata se si assegna:
a. un punto che rappresenta il centro dell'omotetia
b. un numero reale che indica il rapporto di ingrandimento o riduzione
c. un centro di omotetia e un numero reale non nullo.

2 Un'omotetia di centro O e rapporto $k \neq 0$ è una trasformazione del piano che ad ogni punto P associa il punto P' tale che O, P, P' sono allineati e:
a. $OP = |k|OP'$ **b.** $OP' = |k|OP$ **c.** $PP' = |k|OP$.

3 Data un'omotetia ω di centro O e rapporto k, se $A' = \omega_{O,k}(A)$ si può dire che:
a. $OA \cong |k|OA'$ V F
b. $OA' > OA$ se $k > 1$ V F
c. $OA' \cong OA$ se $|k| = 1$ V F
d. i punti A, A' e O sono allineati. V F

4 Completa le seguenti proposizioni in modo che siano vere:
a. l'omotetia di rapporto $k = 1$ equivale a ....
b. l'omotetia di rapporto $k = -1$ equivale a ....
c. si parla di omotetia diretta se ....
d. si parla di omotetia inversa se ....

5 Assegnati nel piano due punti A e B e l'omotetia $\omega_{O,k}$; si può dire che:
a. se $A'B' = \omega_{O,k}(AB)$ allora è $A'B' \parallel AB$ V F
b. se $A'B' = \omega_{O,k}(AB)$ allora è $A'B' \cong AB$ V F
c. se $A'B' = \omega_{O,k}(AB)$ allora è $A'B' \cong |k|AB$ V F

6 L'angolo α è il corrispondente di un angolo β in una omotetia di centro O e rapporto k; indica quale fra le seguenti relazioni è vera:
a. $\alpha \cong \beta$ solo se $|k| = 1$ **b.** $\alpha \cong |k|\beta$ per ogni valore di k **c.** $\alpha \cong \beta$ per ogni valore di k.

7 E' data una omotetia di centro O e rapporto k; si può dire che:
a. rette che si corrispondono sono parallele V F
b. se $k < 0$ due semirette che si corrispondono sono sempre parallele e discordi V F
c. due angoli che si corrispondono hanno i lati paralleli e concordi per ogni valore di k V F
d. due angoli che si corrispondono hanno i lati paralleli e concordi solo se $k > 0$. V F

8 Determina il valore di verità delle seguenti proposizioni.
Per individuare un'omotetia è sufficiente assegnare:

a. una coppia di punti corrispondenti V F
b. una coppia di punti corrispondenti e il rapporto k V F
c. il centro e una coppia di punti corrispondenti V F
d. due coppie di punti corrispondenti. V F

9 Due poligoni si corrispondono in una omotetia di rapporto k; spiega quali sono le relazioni che sussistono fra:

a. una coppia di lati omologhi
b. una coppia di angoli omologhi
c. i perimetri dei due poligoni
d. le aree dei due poligoni.

10 Barra vero o falso.

a. Se due segmenti sono paralleli, esiste almeno una omotetia nella quale i due segmenti si corrispondono V F
b. Se due segmenti sono proporzionali, esiste un'omotetia nella quale i due segmenti si corrispondono V F
c. Esiste sempre un'omotetia nella quale due triangoli che hanno i lati a due a due paralleli si corrispondono V F
d. Se due poligoni hanno i lati proporzionali, esiste sempre un'omotetia nella quale si corrispondono. V F

11 Nelle seguenti trasformazioni $F' = \omega_{O,k}(F)$; associa a ciascuna il corrispondente valore di k scegliendolo fra quelli elencati:

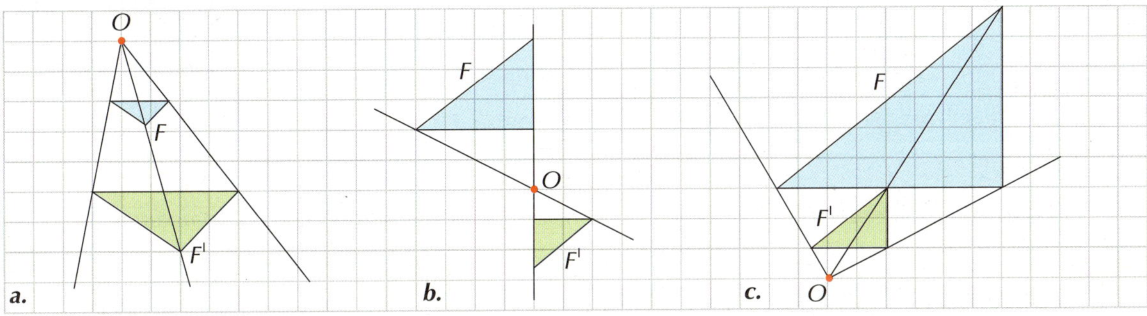

① $k = -2$ ② $k = \frac{1}{3}$ ③ $k = \frac{5}{2}$ ④ $k = \frac{2}{5}$ ⑤ $k = 3$ ⑥ $k = -\frac{1}{2}$

Applicazione

Ricopia le seguenti figure sul tuo quaderno e determina le trasformate secondo le omotetie indicate.

12

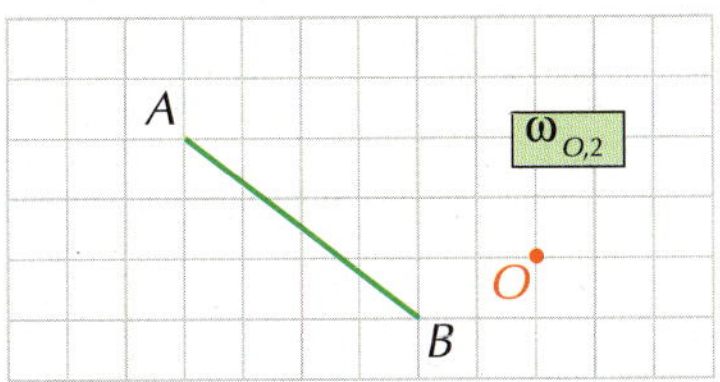

13

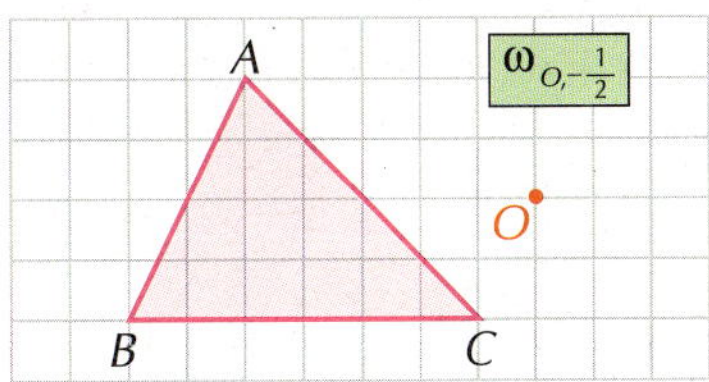

14

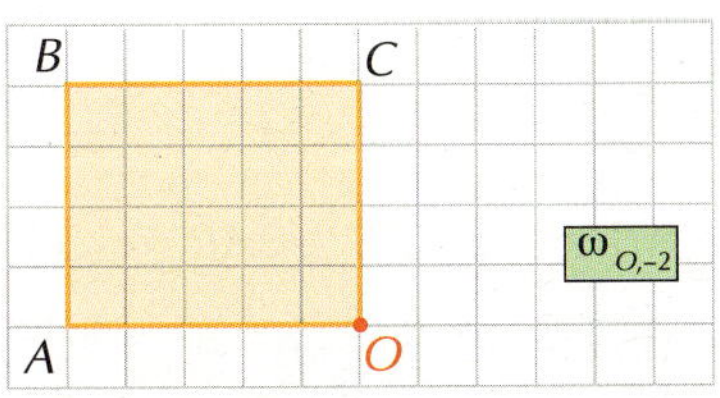

15

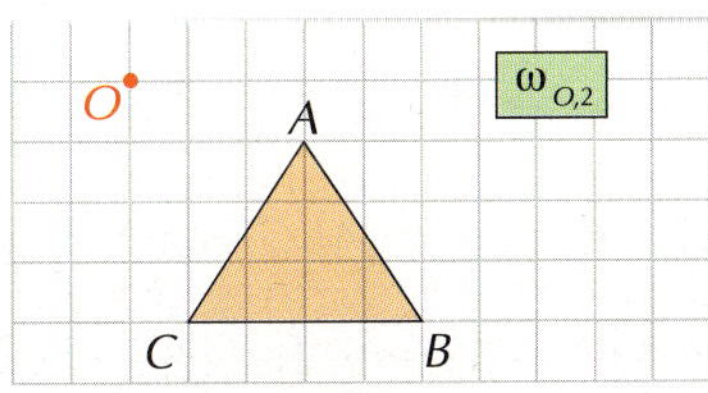

16

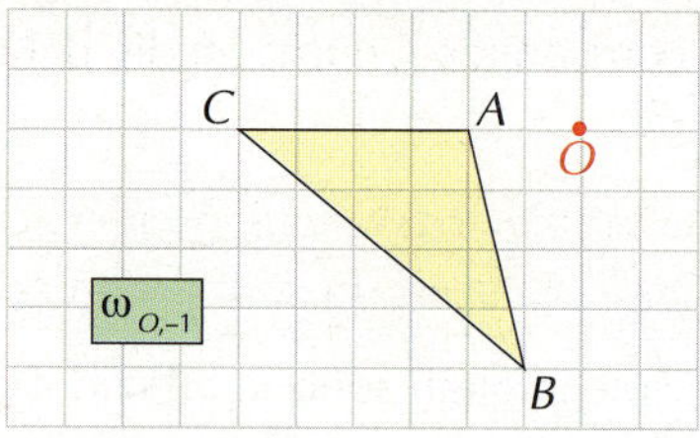

17

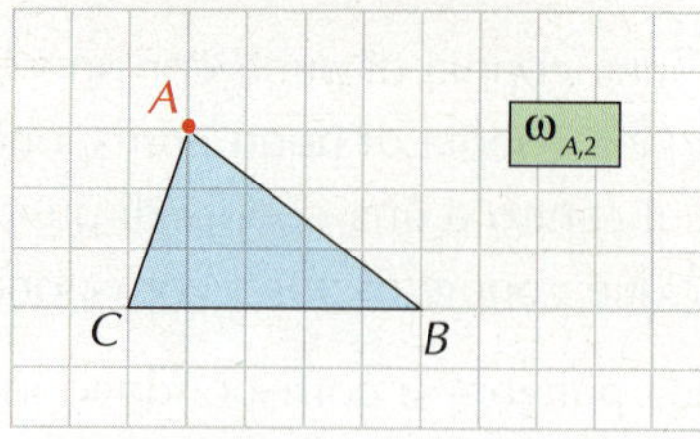

18

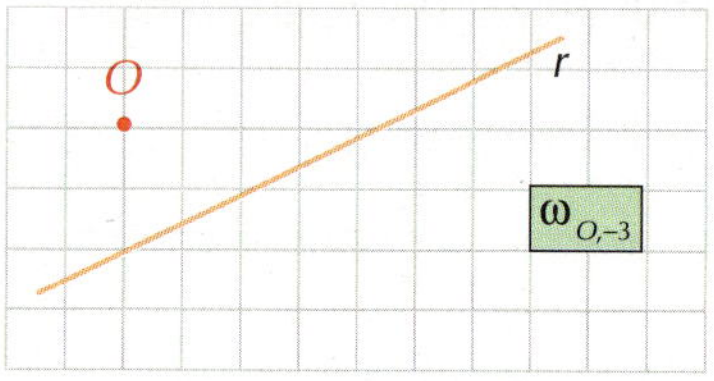

19

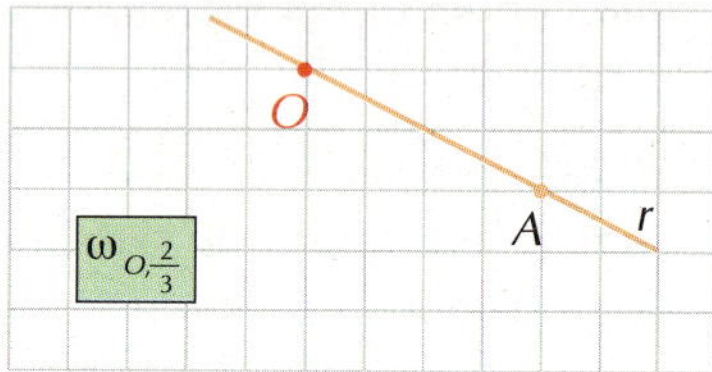

20 **ESERCIZIO GUIDATO**

Considera i due quadrati nella figura a lato, puoi affermare che si corrispondono in una omotetia? In caso di risposta affermativa, determina il centro e il rapporto k.

I due quadrati hanno i lati paralleli e inoltre le rette che sono diagonali per l'uno lo sono anche per l'altro. Il loro punto di intersezione è dunque il centro O dell'omotetia. Il rapporto di omotetia vale $\frac{1}{2}$ oppure 2 a seconda che si consideri la corrispondenza fra il quadrato più grande e quello più piccolo o viceversa.

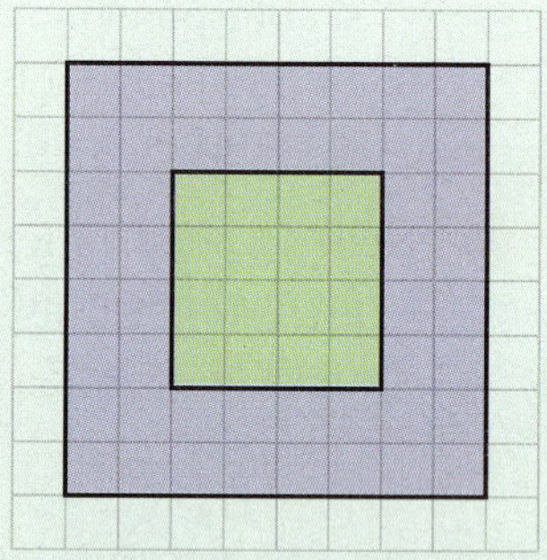

Osserva le seguenti coppie di figure; quali di esse si corrispondono in una omotetia?

21

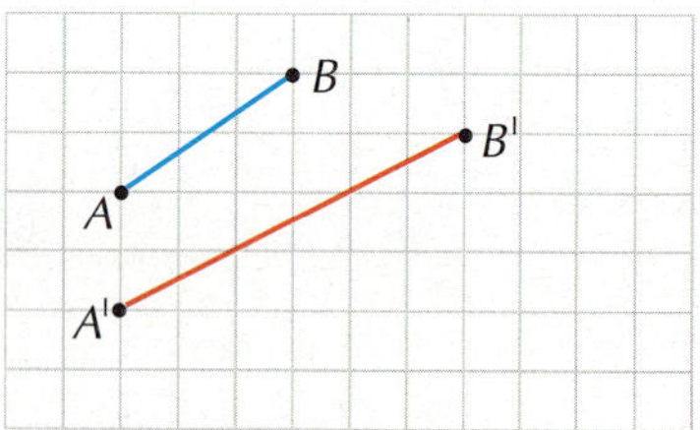

22

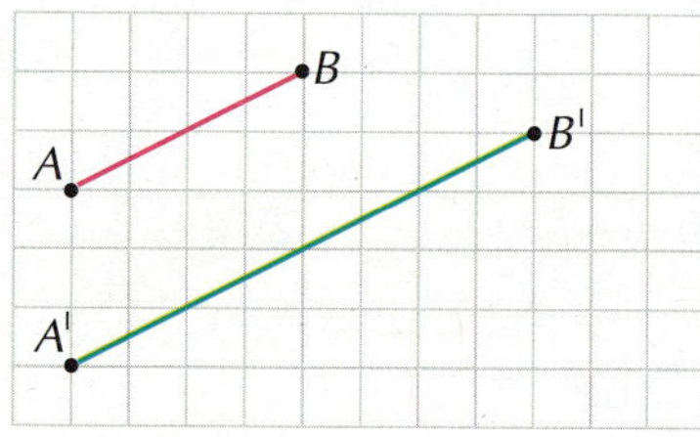

23

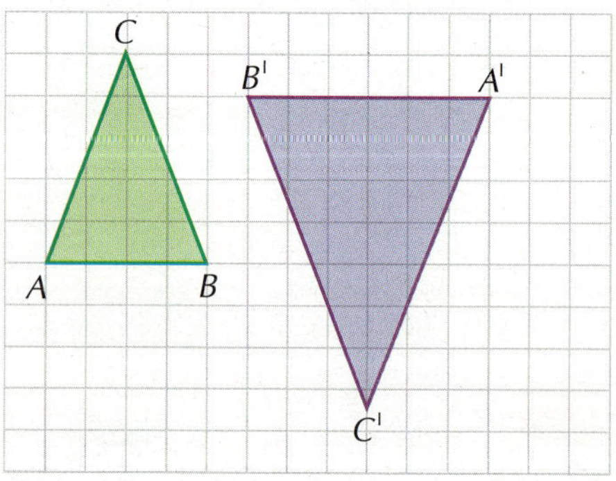

24

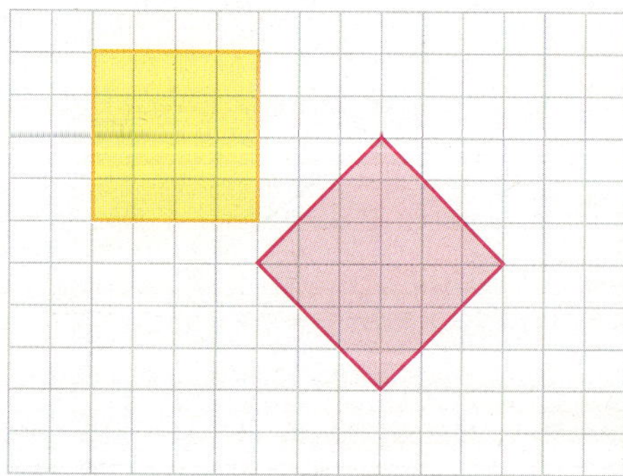

25 Dato il triangolo ABC rettangolo in B, sia P un punto del cateto AB tale che $PB \cong 2AP$. Tracciata da P la parallela al cateto BC che incontra l'ipotenusa AC in K, dimostra che $PK \cong \frac{1}{3}BC$.

26 Dimostra che in ogni omotetia al punto medio di un segmento corrisponde il punto medio del segmento omologo.

27 Due rette r e s si intersecano in un punto A; considera l'omotetia avente centro in un punto O qualsiasi e rapporto k e sia $r' = \omega_{O,k}(r)$ e $s' = \omega_{O,k}(s)$. Indicato con B il punto di intersezione di r' con s', dimostra che $B = \omega_{O,k}(A)$.

28 Dato un triangolo isoscele ABC ed un punto O, determina $\widehat{A'B'C'} = \omega_{O,2}(\widehat{ABC})$ ed $\widehat{A''B''C''} = \omega_{O,-2}(\widehat{ABC})$. In quale trasformazione si corrispondono i triangoli $A'B'C'$ ed $A''B''C''$?

29 Il rapporto fra i perimetri di due triangoli omotetici è $\frac{4}{5}$. Cosa puoi dire del rapporto fra due lati omologhi?

30 Se un triangolo ha i lati lunghi rispettivamente 15cm, 20cm, 25cm, quanto misurano i lati di un triangolo che gli corrisponde in una omotetia di rapporto $\frac{3}{5}$?

31 Due poligoni si corrispondono in una omotetia di rapporto $k = \frac{3}{5}$; se il primo ha perimetro $15a$ ed area $10a^2$, quali sono il perimetro e l'area del secondo?

32 Due poligoni omotetici hanno le aree che misurano rispettivamente $36cm^2$ e $24cm^2$. Qual è il rapporto fra i loro perimetri?

33 Sono dati un triangolo ABC, un punto O e un punto C' tali che O, C e C' sono allineati e $OC' \cong \frac{3}{2} OC$. Se $C' = \omega_{O,k}(C)$, determina il valore di k e costruisci il corrispondente del triangolo ABC.
(Suggerimento: attenzione perché il punto C si trova fra O e C', oppure il punto O si trova fra C e C')

34 In due circonferenze concentriche due semirette uscenti dal centro determinano due corde, una per ogni circonferenza, di lunghezza rispettivamente 8cm e 20cm. Dopo aver dimostrato che tali corde sono fra loro parallele, determina il rapporto fra i raggi delle due circonferenze. Con le informazioni a tua disposizione, puoi determinare anche le misure dei due raggi?

35 **ESERCIZIO GUIDATO**

Un trapezio ha le basi AB e CD che sono lunghe rispettivamente 18cm e 10cm e i suoi lati obliqui si incontrano in un punto P. Se il trapezio ha altezza 6cm, determina la distanza di P dalle basi del trapezio.

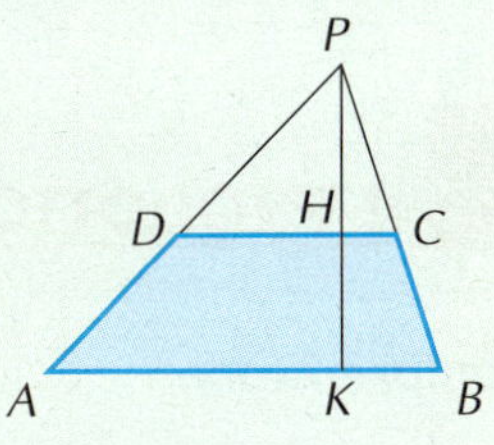

Le basi del trapezio si corrispondono in una omotetia di centro P e poiché $\frac{AB}{DC} = \frac{18}{10}$, il rapporto di omotetia è $\frac{9}{5}$; di conseguenza $\frac{PK}{PH} = \frac{9}{5}$, cioè si può scrivere la proporzione $PK : PH = 9 : 5$.

Applicando la proprietà dello scomporre puoi adesso trovare le misure dei due segmenti richiesti.

36 Un trapezio isoscele $ABCD$ ha la base maggiore CD doppia di quella minore AB. Preso un punto P sul lato AD in modo che $PD \cong 3AP$ e tracciata da esso la parallela alle basi che incontra BC in Q, tenendo presente anche il risultato dell'esercizio precedente, dimostra che $PQ \cong \frac{5}{8} CD$.

37 Dimostra, servendoti dell'omotetia, che, in ogni triangolo, qualunque corda parallela alla base è divisa dalla mediana in due parti congruenti.

38 Sono dati un punto A e una retta r; sia poi Q un punto variabile su r. Considera l'insieme dei punti A' simmetrici di A rispetto a Q. Qual è il luogo descritto dai punti A'?

39 Sia $ABCD$ un quadrilatero qualsiasi; scelto un valore di k tale che $0 < k < 1$, considera un punto E sul lato AB, un punto F sul lato BC, un punto G su CD e un punto H su AD in modo che $AE \cong kAB$, $AH \cong kAD$, $CF \cong kCB$, $CG \cong kCD$. Dimostra che il quadrilatero $EFGH$ è un parallelogramma. Il teorema è ancora vero se si fissa $k > 1$?

40 Dato il triangolo ABC, sia AF la bisettrice dell'angolo di vertice A; fissato un punto P su AF, traccia da P la parallela al lato AB che incontra BC in D e la parallela al lato AC che incontra BC in E. Utilizzando le omotetie, dimostra che PF è la bisettrice dell'angolo $\widehat{DPE}$.

41 Dato un triangolo, vogliamo inscrivere in esso un quadrato che abbia un lato su di un lato del triangolo. Dopo aver disegnato un triangolo qualsiasi, considera un punto P su uno dei suoi lati, ad esempio AB e da esso traccia la perpendicolare PH al lato BC. Costruisci il quadrato di lato PH e sia R il vertice di tale quadrato opposto ad H. La retta BR incontra il lato AC in Q. Se da Q tracci la parallela e la perpendicolare al lato BC fino ad incontrare i lati del triangolo e completi il poligono, trovi il quadrato cercato. Sai spiegare il perché?

es. 41

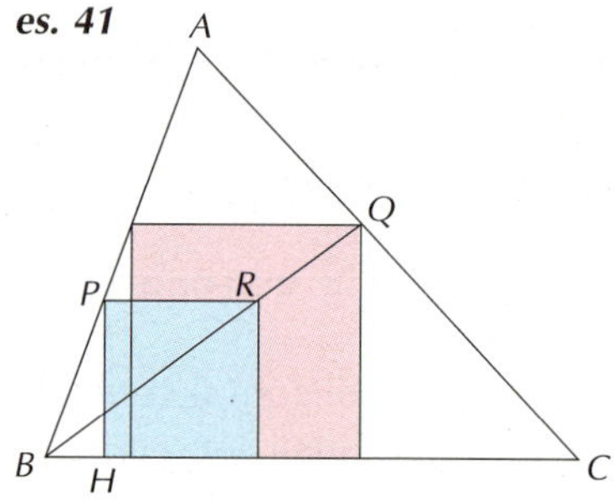

42 È data una semicirconferenza di diametro AB; descrivi una possibile procedura per inscrivere in essa un quadrato avente un lato sul diametro.

43 Due circonferenze sono tangenti internamente in A. Una secante per A interseca la circonferenza più piccola in B e quella più grande in C. Dimostra che il rapporto $\frac{AC}{AB}$ è costante al variare della secante.

44 Due circonferenze sono tangenti internamente in un punto A. Da A traccia due secanti che incontrano in P ed R la circonferenza più piccola, in Q ed S quella più grande. Tenendo presente quanto dimostrato all'esercizio precedente dimostra che $PR \parallel QS$.

45 Due circonferenze sono tangenti esternamente. Una tangente comune incontra la prima circonferenza in A e la seconda in B; l'altra tangente comune incontra la prima circonferenza in C e la seconda in D. Dimostra che $AC \parallel BD$. Indicato con O il punto di intersezione delle due tangenti, se $\overline{OA} = 6\text{cm}$, $\overline{OB} = 15\text{cm}$ e la distanza fra i centri è 11,2cm, quanto misurano i due raggi? [8cm; 3,2cm]

IL PRODOTTO DI OMOTETIE

teoria a pagina 159

SOLUZIONI ES. COMPRENSIONE

Comprensione

46 Componendo due omotetie di rapporti h e k:

a. si ottiene sempre un'omotetia di rapporto hk qualunque siano i centri V F

b. si ottiene un'omotetia di rapporto hk solo se i due centri coincidono V F

c. non si ottiene un'omotetia se $hk = 1$ V F

d. non si ottiene un'omotetia se $h = k$. V F

47 Date le omotetie $\omega_{O,k}$ e $\omega_{O,h}$ se $A'B' = \omega_{O,k}(AB)$ e $A''B'' = \omega_{O,h}(A'B')$, allora:

a. $A''B'' \cong hk \cdot AB$ **b.** $A''B'' \cong \frac{h}{k} AB$ **c.** $A''B'' \cong (h+k)AB$.

48 Completa le seguenti proposizioni in modo che risultino vere.
Si esegue il prodotto di due omotetie con centri diversi A e B e rapporti h e k; completa:

a. se $h = \frac{3}{5}$ e $k = -\frac{5}{3}$ il prodotto equivale a ....

b. se $h = 2$ e $k = \frac{1}{2}$ il prodotto equivale a ....

c. se $h = \frac{1}{2}$ e $k = 4$ il prodotto equivale a ....

Applicazione

Riporta le seguenti figure sul tuo quaderno e costruisci le loro immagini nel prodotto di omotetie indicato di volta in volta. In ciascuna di esse determina poi il rapporto di omotetia del prodotto.

49

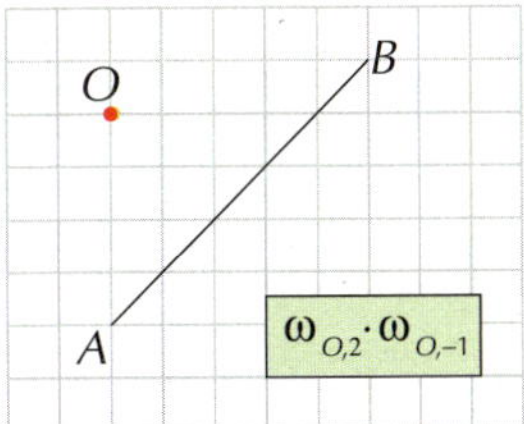

50

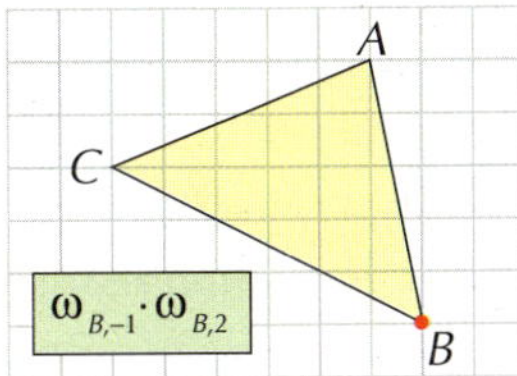

51

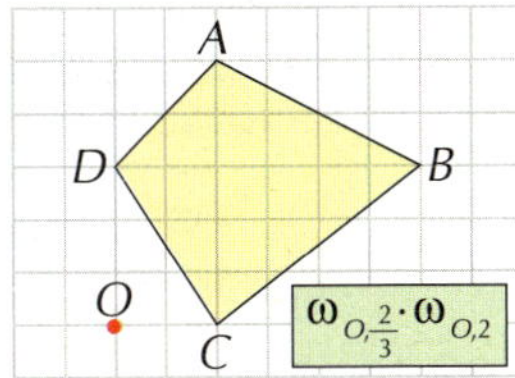

Determina le immagini delle seguenti figure nei prodotti indicati; per ciascuna di esse determina poi se si tratta ancora di una omotetia ed in caso affermativo indicane il centro ed il rapporto.

52

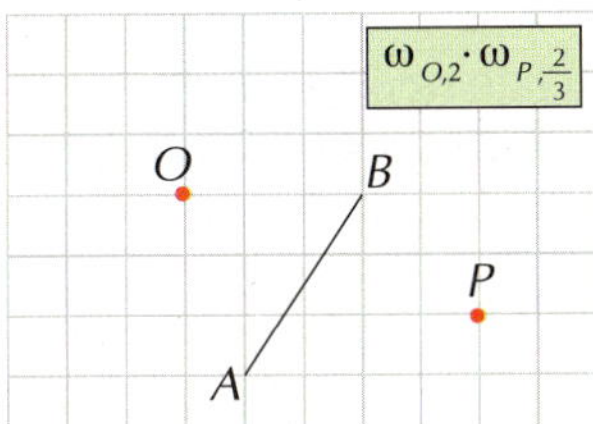

53

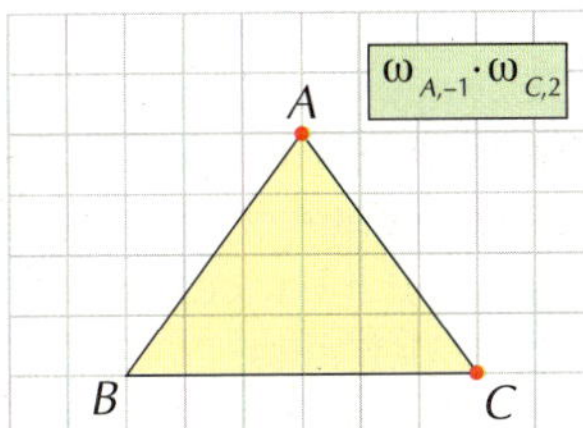

54

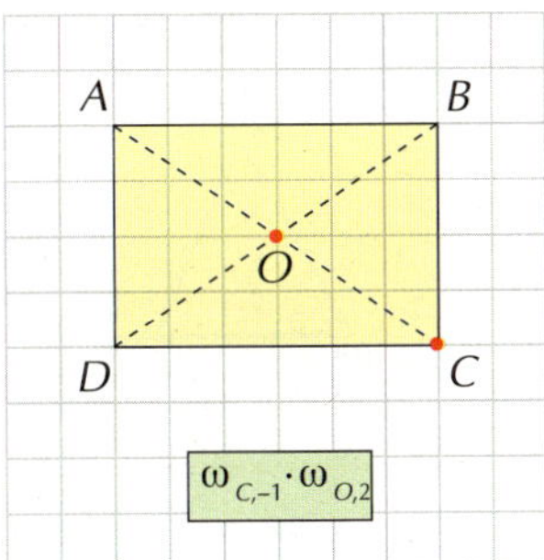

55

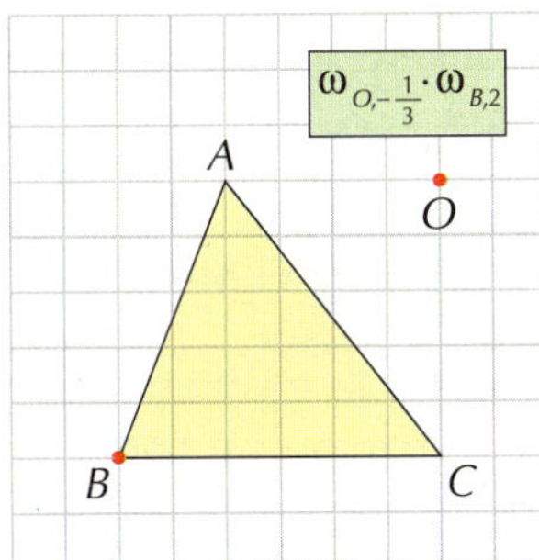

56 I due segmenti nella figura a fianco si corrispondono nel prodotto di una omotetia $\omega_{P,2}$ con una simmetria assiale?

57 Considera un triangolo ABC e trova il suo corrispondente $A'B'C$ nell'omotetia di centro C e rapporto -2; trova poi il corrispondente di $A'B'C$ nell'omotetia di centro A' e rapporto $\frac{1}{2}$. In quale trasformazione si corrispondono il primo ed il terzo triangolo?

es. 56

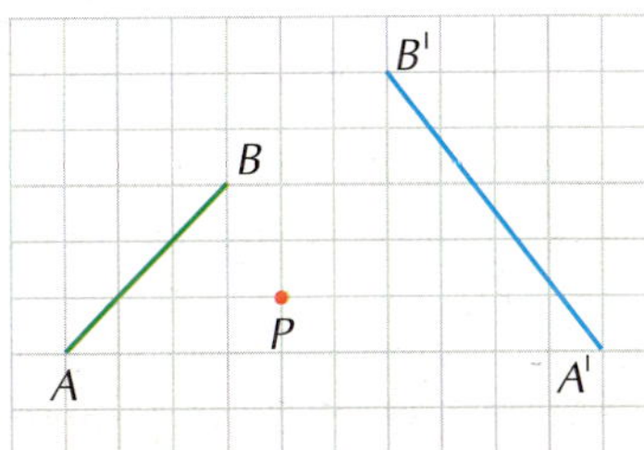

58 Sia $ABCD$ un parallelogramma; determina il suo trasformato $A'B'C'D'$ nell'omotetia avente centro nel centro del parallelogramma e rapporto 3; applica poi ad esso l'omotetia di centro C' e rapporto $\frac{1}{2}$. In quale trasformazione si corrispondono il primo e il terzo parallelogramma?

59 Dato un triangolo ABC, sia $AB'C' = \omega_{A,2}(ABC)$ e sia $A''B'C'' = \omega_{B',-\frac{1}{2}}(AB'C')$. In quale trasformazione si corrispondono ABC e $A''B'C''$?

60 Date le omotetie $\omega_{P,k}$ e $\omega_{Q,h}$ in cui $hk = 1$, il loro prodotto equivale ad una traslazione. Dimostra che il vettore di tale traslazione è parallelo al segmento PQ.

61 **ESERCIZIO GUIDATO**

Dimostra che una corda parallela alle basi di un trapezio viene divisa dalle diagonali in tre parti, di cui le due estreme sono congruenti.

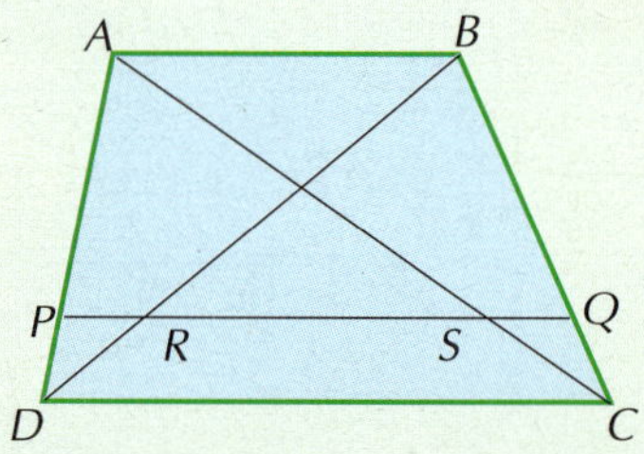

Osserva la figura a lato: devi dimostrare che $PR \cong SQ$. Puoi allora considerare che PR e AB si corrispondono nell'omotetia di centro D e rapporto $\frac{AD}{PD}$; analogamente SQ e AB si corrispondono nell'omotetia di centro .... e rapporto ....

Per il teorema di Talete ($AB \parallel PQ \parallel CD$) i rapporti $\frac{AD}{PD}$ e $\frac{BC}{QC}$ sono ...., quindi ....

62 Dato il triangolo ABC, traccia da ognuno dei suoi vertici la parallela al lato opposto; indicato con DEF il triangolo che si viene in questo modo a formare, dimostra che i triangoli DEF e ABC si corrispondono in una omotetia avente per centro il baricentro del triangolo ABC e rapporto -2.
(Suggerimento: ricorda che il baricentro divide ciascuna mediana in due parti tali che quella che contiene il vertice è doppia dell'altra)

63 Dato un triangolo ABC, sia r una retta non passante per i vertici del triangolo che incontra la retta del lato AB in M, la retta del lato BC in Q e la retta del lato AC in P. Considerate le omotetie di centri M e P in modo che sia $A = \omega_{M,h}(B)$ e $C = \omega_{P,k}(A)$, dimostra che l'omotetia $\omega_{P,k} \circ \omega_{M,h}$ ha centro in Q e che vale la relazione $\frac{MA}{MB} \cdot \frac{PC}{PA} \cdot \frac{QB}{QC} = 1$ (**teorema di Menelao**).
(Suggerimento: considera la trasformazione $\omega_{P,k} \circ \omega_{M,h}$ che fa corrispondere il punto C al punto B; si tratta di una omotetia il cui centro appartiene alla retta r e anche alla retta BC, quindi ....)

es. 63

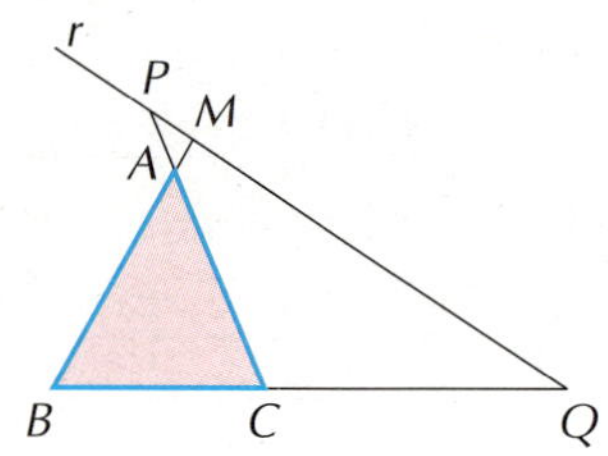

64 Dato un triangolo ABC, siano P, M e Q tre punti appartenenti rispettivamente alle rette dei lati AC, AB e BC tali che $\frac{MA}{MB} \cdot \frac{PC}{PA} \cdot \frac{QB}{QC} = 1$; dimostra che P, M e Q sono allineati (inverso del teorema di Menelao).
(Suggerimento: procedi per assurdo e supponi che Q non sia allineato con P e M; sia T il punto di intersezione delle rette PM e BC e applica il teorema precedente)

65 Siano AM, BN, CD le mediane di un triangolo ABC. Traccia dal punto N la parallela alla mediana CD che incontra la retta del lato BC in E, dal punto E la parallela a BN e dal punto B la parallela a CD; sia F il punto di intersezione di queste due ultime parallele. Dimostra che:
a. i punti D, M, F sono allineati
b. NF è parallelo e congruente ad AM.

66 E' data la semicirconferenza γ di centro O e diametro AB. Traccia una corda BC e prolungala di un segmento CD tale che sia $CD \cong BC$; sia poi E il punto d'intersezione di AC con OD.

a. Dopo aver verificato che i luoghi dei punti D ed E sono semicirconferenze, stabilisci in quale trasformazione esse corrispondono a γ.

b. Trova il luogo descritto dal punto medio P di CB e deduci qual è la relazione che lo lega a γ.

LA SIMILITUDINE

teoria a pagina 163

Comprensione

SOLUZIONI ES. COMPRENSIONE

67 Il prodotto di un'omotetia ω con un'isometria σ:

a. è una similitudine solo se si esegue il prodotto $\sigma \cdot \omega$

b. è una similitudine solo se si esegue il prodotto $\omega \cdot \sigma$

c. è sempre una similitudine

d. è una similitudine solo se il rapporto di omotetia è diverso da 1.

68 In ogni similitudine:

a. due rette che si corrispondono sono sempre parallele V F

b. se due rette sono parallele, anche le loro omologhe sono parallele V F

c. il rapporto tra un segmento e il suo corrispondente è costante V F

d. ad un angolo corrisponde un angolo proporzionale al primo. V F

69 Due poligoni con lo stesso numero di lati sono simili se hanno:

① i lati proporzionali ② gli angoli ordinatamente congruenti.

Questa proposizione è vera solo se si verificano:

a. il caso ① **b.** il caso ② **c.** contemporaneamente i casi ① e ②.

70 Barra vero o falso.

a. Due poligoni congruenti sono anche simili. V F

b. Due poligoni simili sono anche congruenti. V F

c. Due poligoni simili sono anche congruenti se il rapporto di similitudine è 1 oppure -1. V F

d. Due poligoni simili hanno sempre i lati a due a due paralleli. V F

e. Due poligoni omotetici hanno i lati a due a due paralleli. V F

f. Due poligoni simili si corrispondono sempre in una omotetia. V F

g. Due poligoni simili si corrispondono in una omotetia di centro O se l'isometria della trasformazione è l'identità oppure una simmetria di centro O. V F

h. Se due poligoni di ugual numero di lati hanno i lati a due a due paralleli allora sono sempre simili. V F

Applicazione

71 Fissato un punto O del piano ed un segmento AB, sia CD il simmetrico di AB rispetto ad O ed EF il corrispondente di AB nell'omotetia di centro O e rapporto $k = 2$. Trova il rapporto fra i segmenti DC ed EF.

72 Il rapporto di similitudine di due triangoli simili è $\frac{2}{3}$; determina le lunghezze dei lati del secondo triangolo sapendo che quelle del primo sono 5cm, 8cm, 10cm.

73 Di due triangoli simili si sa che un lato del primo triangolo è lungo 20cm e che il suo corrispondente nel secondo triangolo è lungo 12cm. Qual è il rapporto fra le aree dei due triangoli? E quello fra i perimetri?

$\left[\frac{25}{9}; \frac{5}{3}\right]$

74 Un triangolo *ABC* ha i lati che, rispetto alla stessa unità, hanno le seguenti misure: $\overline{AB} = 12$, $\overline{AC} = 15$, $\overline{BC} = 18$. Un punto *P* sul lato *AB* lo divide in parti proporzionali ai numeri 4 e 2. Traccia da *P* la parallela al lato *BC* che incontra *AC* in *Q* e da *Q* la parallela al lato *AB* che incontra *BC* in *R*. Dopo aver dimostrato che il quadrilatero *PQRB* è un parallelogramma, calcola le misure dei suoi lati.

[4cm; 12cm]

75 Il triangolo $A'B'C'$ è il corrispondente del triangolo *ABC* nell'omotetia di centro *A* e rapporto $k = 2$; il triangolo $A''B''C''$ è il corrispondente di $A'B'C'$ nella simmetria di centro C'; infine il triangolo $A'''B'''C'''$ è il corrispondente di $A''B''C''$ nell'omotetia di centro C'' e rapporto $k = \frac{3}{4}$.

a. Qual è il rapporto fra i lati di quest'ultimo triangolo e quelli di *ABC*?
b. Come sono i lati dei due triangoli?
c. Dimostra che i lati *AC* e $A'''C'''$ appartengono alla stessa retta.

$\left[\frac{3}{2}; \text{paralleli}\right]$

I CRITERI DI SIMILITUDINE

teoria a pagina 165

Comprensione

SOLUZIONI ES. COMPRENSIONE

76 In base ai criteri di similitudine, due triangoli sono simili se hanno:

a. due angoli ordinatamente congruenti V F
b. due lati proporzionali V F
c. due lati proporzionali e l'angolo compreso congruente V F
d. tre lati proporzionali V F
e. due lati proporzionali e l'angolo opposto ad uno di essi congruente. V F

77 Di due triangoli *ABC* e $A'B'C'$ si hanno le informazioni che seguono. Stabilisci in quali casi e in base a quale criterio, si può dire che sono simili:

a. $\frac{AB}{A'B'} = \frac{BC}{B'C'} \quad \wedge \quad \widehat{C} \cong \widehat{C'}$ **b.** $\widehat{B} \cong \widehat{B'} \quad \wedge \quad \widehat{C} \cong \widehat{C'}$ **c.** $\frac{AC}{A'C'} = \frac{BC}{B'C'} \quad \wedge \quad \widehat{C} \cong \widehat{C'}$

d. $\frac{AB}{A'B'} = \frac{BC}{B'C'} = \frac{AC}{A'C'}$ **e.** $\frac{AB}{A'B'} = \frac{BC}{B'C'}$ **f.** $\frac{AB}{BC} = \frac{A'B'}{B'C'} \quad \wedge \quad \widehat{B} \cong \widehat{C'}$

78 I triangoli in figura sono simili; completa le seguenti proporzioni inserendo i termini appropriati:

a. $BC : EF = AH :$ ...... **b.** $AM :$ ..... = ... $: ED$

c. $AC : MC =$ ..... : ..... **d.** $2p(\overset{\triangle}{ABC}) : BC =$ ..... : .....

e. ..... : ..... $= DR : DS$ **f.** $S(\overset{\triangle}{ABC}) : S(\overset{\triangle}{DEF}) =$ ...... : ......

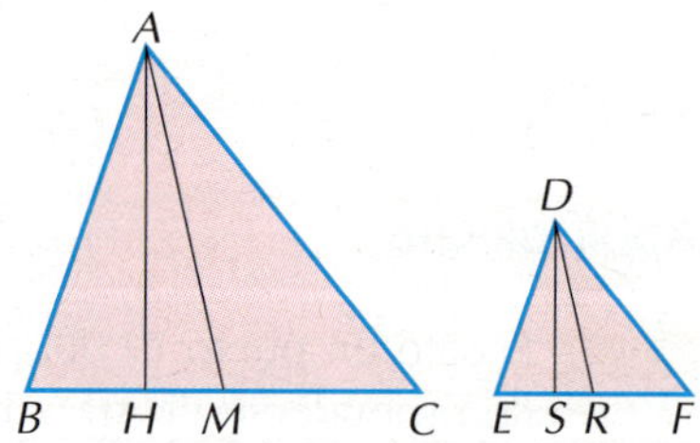

79 Due triangoli sono simili con rapporto di similitudine uguale a *k*; di essi si può dire che:

a. due altezze omologhe stanno nel rapporto *k* V F
b. i perimetri stanno nel rapporto *k* V F

c. le aree sono proporzionali a una coppia di lati omologhi V F

d. le mediane relative a lati omologhi sono proporzionali alle altezze relative agli stessi lati. V F

80 Si può concludere che due triangoli sono simili se di essi si sa che:

a. sono isosceli e hanno un angolo alla base ordinatamente congruente V F

b. sono ottusangoli con l'angolo ottuso della stessa ampiezza V F

c. sono rettangoli e hanno i cateti proporzionali V F

d. sono equivalenti V F

e. sono rettangoli. V F

81 Barra vero o falso.

a. Due triangoli sono simili di rapporto $\frac{1}{3}$; se un lato misura 12, il suo omologo misura 24. V F

b. Il rapporto fra i perimetri di due triangoli isosceli che hanno angoli al vertice congruenti è uguale a 2; anche il rapporto fra i lati è uguale a 2. V F

c. Il rapporto fra i perimetri di due quadrati è 9; se il lato del quadrato più piccolo misura 2, allora il lato dell'altro quadrato misura 18. V F

d. Se il rapporto fra le aree di due triangoli è 9, il rapporto fra una coppia di lati corrispondenti è 3. V F

82 Barra vero o falso.

a. Tutti i triangoli equilateri sono simili. V F

b. Tutti i triangoli isosceli sono simili. V F

c. Tutti i triangoli rettangoli sono simili V F

d. Tutti i quadrati sono simili. V F

e. Tutti i poligoni regolari con lo stesso numero di lati sono simili. V F

83 Quali fra le seguenti sono enunciazioni corrette dei teoremi di Euclide?
In ogni triangolo rettangolo:

a. ciascun cateto è medio proporzionale fra l'ipotenusa e la proiezione dell'altezza sull'ipotenusa

b. l'altezza relativa all'ipotenusa è media proporzionale fra le proiezioni dei cateti sull'ipotenusa stessa

c. l'altezza relativa all'ipotenusa è media proporzionale fra un cateto e la sua proiezione sull'ipotenusa

d. un cateto è medio proporzionale fra la sua proiezione sull'ipotenusa e l'ipotenusa stessa

e. l'altezza è media proporzionale fra la proiezione di un cateto sull'ipotenusa e l'altro cateto.

84 Di due quadrilateri $ABCD$ e $A'B'C'D'$ si hanno le informazioni che seguono; stabilisci in quali casi si può concludere che i due poligoni sono simili:

a. $\frac{AB}{A'B'} = \frac{BC}{B'C'} = \frac{CD}{C'D'} \quad \wedge \quad \widehat{C} \cong \widehat{C'}$

b. $\frac{AB}{A'B'} = \frac{BC}{B'C'} = \frac{CD}{C'D'} = \frac{AD}{A'D'} \quad \wedge \quad \widehat{A} \cong \widehat{A'}$

c. $\widehat{A} \cong \widehat{A'} \quad \wedge \quad \widehat{B} \cong \widehat{B'} \quad \wedge \quad \widehat{C} \cong \widehat{C'} \quad \wedge \quad \widehat{D} \cong \widehat{D'}$

d. $\frac{AB}{A'B'} = \frac{BC}{B'C'} \quad \wedge \quad \widehat{A} \cong \widehat{A'} \quad \wedge \quad \widehat{B} \cong \widehat{B'} \quad \wedge \quad \widehat{C} \cong \widehat{C'}$

85 Due poligoni sono simili; di essi si può dire che:

a. il perimetro di uno è il doppio del perimetro dell'altro se $k = \frac{1}{2}$ V F

b. l'area di uno è il doppio dell'area dell'altro se $k = 2$ V F

c. l'area di uno è il doppio dell'area dell'altro se $k = \sqrt{2}$ V F

d. le diagonali uscenti da un vertice li dividono in triangoli simili aventi lo stesso rapporto di similitudine V F

e. se sono regolari, il rapporto fra le loro aree è uguale al quadrato del rapporto fra i loro apotemi. V F

86 Completa le seguenti proposizioni relative a due poligoni simili:

a. il rapporto fra i perimetri è uguale ....

b. tracciando da una coppia di vertici corrispondenti le diagonali si ottengono ....

c. il rapporto fra le aree è uguale ....

d. se i poligoni sono regolari, i loro perimetri sono proporzionali a ....

87 Con riferimento alla figura a lato individua fra le seguenti le proporzioni vere:

a. $BC : AC = KC : BC$ **b.** $AC : AB = AB : AK$

c. $AC : AB = AB : KC$ **d.** $AK : BK = KC : BK$

e. $AB : BK = BK : BC$ **f.** $AK : BK = BK : KC$

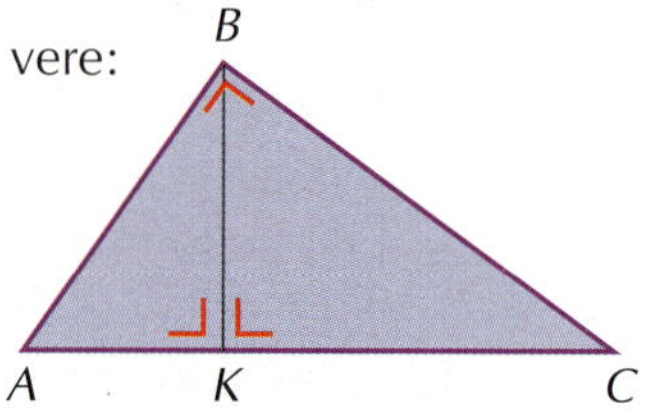

Applicazione

88 **ESERCIZIO GUIDATO**

Dimostra che le bisettrici di due angoli corrispondenti di due triangoli simili dividono ciascun triangolo in altri due che sono a due a due simili.

Se i triangoli ABC e DEF sono simili, hanno gli angoli ordinatamente congruenti; allora $\overset{\triangle}{ABP} \sim \overset{\triangle}{DQE}$ perchè ...... ed analogamente $\overset{\triangle}{APC} \sim \overset{\triangle}{DQF}$ perchè ....

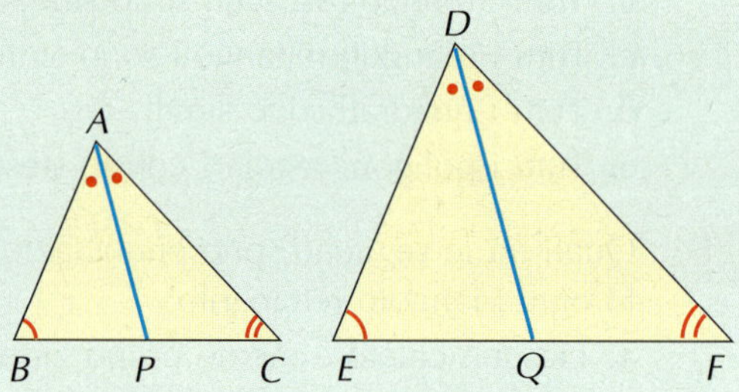

89 Dimostra che se due triangoli rettangoli hanno un cateto e l'ipotenusa proporzionali, allora sono simili.

90 Le diagonali AC e BD di un trapezio $ABCD$ si incontrano in P. Dimostra che $\overset{\triangle}{PAB}$ e $\overset{\triangle}{PDC}$ sono simili.

91 Dimostra che se due triangoli isosceli hanno gli angoli al vertice congruenti, allora sono simili.

92 Sia AM la mediana di un triangolo ABC; per un punto D del lato AC traccia la parallela ad AM e per il vertice C la parallela ad AB; siano E il punto di intersezione di tali parallele e G il punto di intersezione di DE con BC. Dimostra che sono simili i triangoli AMB e GCE, AMC e DCG.

93 Individua se nelle figure a lato vi sono triangoli simili, spiegando il perché.

94 Un triangolo ACD è inscritto in una circonferenza di diametro AB; dimostra che vale la proporzione $AH : AC = AD : AB$ essendo H il piede dell'altezza condotta da A.

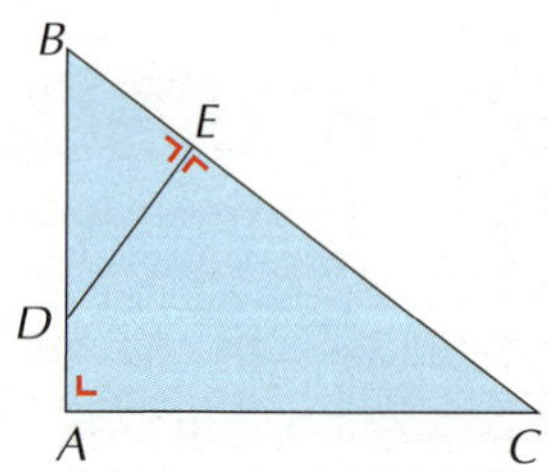

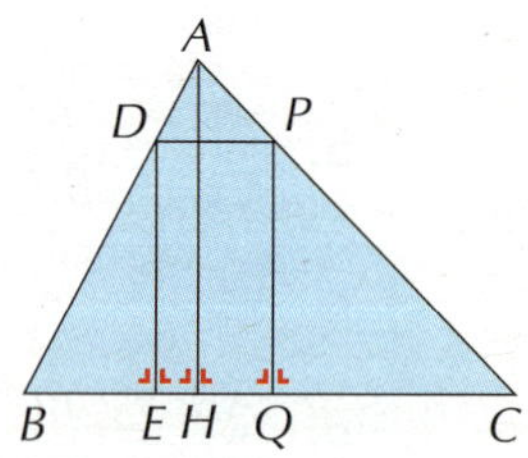

95 Disegna un triangolo ABC rettangolo in A e da un punto P dell'ipotenusa traccia la perpendicolare all'ipotenusa stessa che incontra i cateti AC e AB (o i loro prolungamenti) rispettivamente in R e in S. Dimostra che i triangoli BPS, PCR, ARS e ABC sono tutti simili fra loro.

96 In un triangolo rettangolo è inscritto un rettangolo con un lato sull'ipotenusa. Dimostra che i triangoli che si vengono a formare sono simili al triangolo dato. Se il triangolo non è rettangolo, il teorema è ancora vero?

es. 96

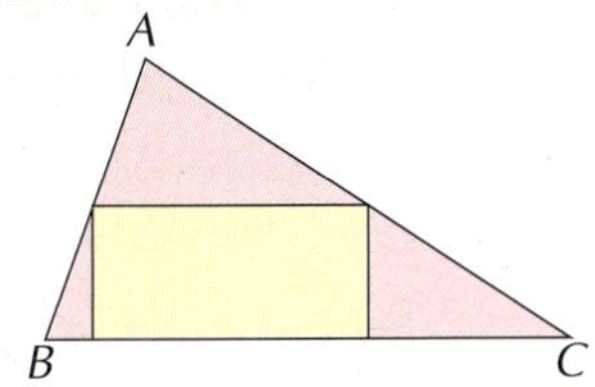

97 Dimostra che, congiungendo i punti medi dei lati di un triangolo, ottieni un triangolo simile a quello dato. Puoi individuare altre coppie di triangoli simili nella figura?

98 Sia AM la mediana relativa al lato BC di un triangolo ABC e sia RS una qualunque corda del triangolo parallela a BC. Dimostra che AM dimezza RS.

99 E' dato il triangolo isoscele ABC di base AB. Da un punto P della base conduci la perpendicolare alla base stessa che incontra le rette dei lati BC e AC rispettivamente in Q e in R. Dimostra che $PB : BQ = AP : AR$.

100 Due circonferenze sono tangenti internamente in C. Per il punto A, secondo estremo del diametro AC della circonferenza più grande, traccia la tangente AT alla circonferenza più piccola che incontra quella più grande in B. Dimostra che $\widehat{ATO} \sim \widehat{ABC}$ essendo O il centro della circonferenza più piccola.

101 Da un punto P del lato AB di un triangolo ABC conduci la perpendicolare al lato BC che lo incontra in K; dal punto H piede dell'altezza condotta da A, conduci la perpendicolare ad AC che lo incontra in S. Come deve essere il triangolo ABC affinché valga la proporzione $PK : BK = AS : HS$?
(Suggerimento: i triangoli PKB e ASH devono essere simili)

es. 101

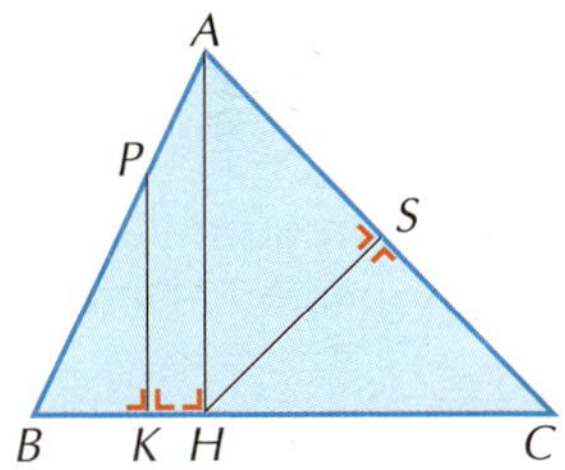

102 Per il vertice B di un rettangolo $ABCD$ ed esternamente ad esso traccia una retta r che incontri la retta AD in E e la retta DC in F. Dimostra che $EA : AD = DC : CF$.

103 **ESERCIZIO GUIDATO**

Disegna una circonferenza di diametro AB e prendi su di essa un punto P; traccia poi per P la retta tangente alla circonferenza, il segmento BP e la perpendicolare BH da B alla retta tangente. Dimostra che BP è medio proporzionale fra AB e BH.

Considera i triangoli ABP e BPH, il primo rettangolo in P e il secondo rettangolo in H ed osserva che gli angoli $\widehat{BAP}$ e $\widehat{BPH}$ insistono entrambi sull'arco $\overset{\frown}{BP}$, quindi ....

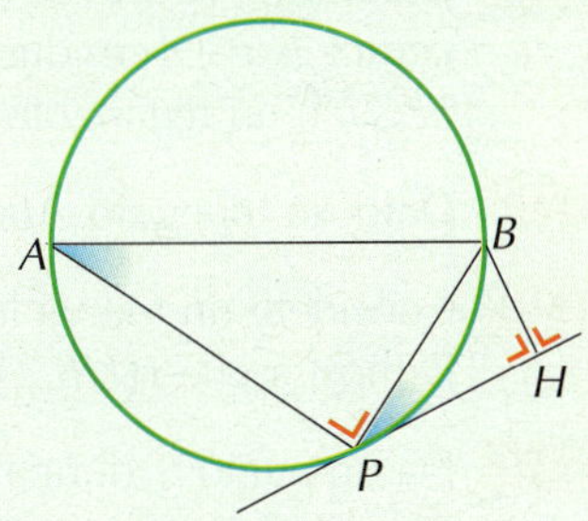

104 Disegna una circonferenza di diametro AB, traccia una corda CD parallela al diametro considerato e sia H la proiezione del punto A sulla retta della corda. Dimostra la similitudine dei triangoli AHD, CHA e ADB.

105 In un triangolo rettangolo è inscritto un quadrato che ha un lato sull'ipotenusa. Dimostra che il lato del quadrato è medio proporzionale fra le rimanenti parti dell'ipotenusa.

106 Un segmento AB è diviso da un punto C in due parti proporzionali ai numeri 2 e 3. Dopo aver disegnato, nello stesso semipiano, le due semicirconferenze di diametri AC e AB ed una retta per A che interseca le semicirconferenze in Q e P (con $AQ < AP$), dimostra che $\frac{AP}{AQ} = \frac{PB}{CQ} = \frac{5}{2}$.

107 Due triangoli hanno la stessa altezza ma basi diverse; traccia in entrambi una retta parallela alla base e ad uguale distanza dal vertice. Dimostra che le corde ottenute sono proporzionali alle basi.

108 Sia G il baricentro di un triangolo ABC; una retta passante per G e parallela a uno dei lati del triangolo interseca gli altri due lati in P e Q. Dimostra che PQ è congruente ai $\frac{2}{3}$ del lato a cui è parallelo.
(Suggerimento: ricorda che il baricentro divide ciascuna mediana in due parti delle quali quella che contiene il vertice è doppia dell'altra)

es. 108

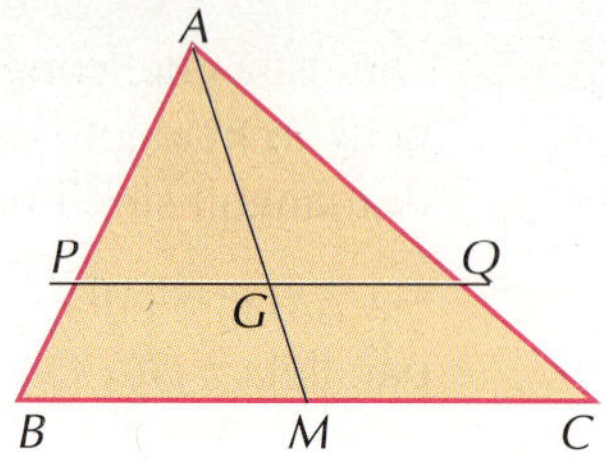

109 Un quadrilatero $ABCD$ è inscritto in una circonferenza. Dimostra che le sue diagonali, intersecandosi in un punto P, formano quattro triangoli simili a due a due e deduci la verità delle proporzioni $DP : PC = AD : CB$ e $PC : PB = DC : AB$.

110 In una circonferenza di diametro AB sia t la retta tangente in B. Preso un punto P sulla circonferenza, sia H la proiezione di P sulla tangente. Dimostra che PB è medio proporzionale fra PH e AB.

111 Sia O il punto di intersezione delle diagonali AC e BD di un trapezio $ABCD$. Conduci per O la parallela alle basi che incontra il lato AD in S e il lato BC in R. Dimostra che $BR : BC = OS : DC$.
(Suggerimento: individua i triangoli simili nella figura e applica poi il teorema di Talete)

112 Per il vertice A di un parallelogramma $ABCD$ traccia una retta r che incontra la retta di BC in P e la retta di DC in Q. Dimostra che vale la proporzione $BC : BP = DQ : DC$.

113 Un quadrilatero $ABCD$ è inscritto in una circonferenza. Le rette dei lati AD e BC si incontrano in un punto P. Dimostra che i triangoli ABP e DCP sono simili.

114 Sia AM la mediana relativa all'ipotenusa BC di un triangolo rettangolo ABC; traccia per M la parallela al cateto AB che incontra AC in T. Dimostra che $MT : AB = AM : BC$.

115 Da un punto P di una circonferenza di diametro AB traccia la tangente t e siano R e S le proiezioni di A e B su t; dimostra che i segmenti PR e PS sono i medi di una proporzione di cui AR e BS sono gli estremi.

116 Dai vertici A e C di un rettangolo $ABCD$ conduci le perpendicolari AT e CE alla diagonale BD; dai vertici B e D conduci le perpendicolari DF e BG alla diagonale AC. Dimostra che il quadrilatero $FEGT$ è un rettangolo simile ad $ABCD$.

117 Dato un triangolo ABC traccia le sue altezze BH e CK. Dimostra che $r(AK, AB) \doteq r(AH, AC)$.

118 Considera un triangolo ABC rettangolo in A, traccia l'altezza AH e da H la parallela HT al cateto AB. Dimostra che $r(HB, AH) \doteq r(AT, AB)$.

119 Da un punto C di una semicirconferenza di diametro AB traccia la perpendicolare CH ad AB; dimostra che CH è medio proporzionale fra i due segmenti in cui il punto H divide il diametro.

120 Dimostra che ogni corda AB di una circonferenza è media proporzionale fra il diametro AC e la sua proiezione su di esso.

121 Sia AC una corda di una circonferenza di centro O e diametro AB; la parallela ad AC condotta da O interseca la circonferenza in D e in E (con D situato da parte opposta a C rispetto ad AB). Dimostra che DE è bisettrice dell'angolo $\widehat{CDB}$ e che i triangoli DCB e AOD sono simili.

122 E' data la semicirconferenza di diametro AB. Conduci da B la tangente t alla semicirconferenza e da A una semiretta che interseca la semicirconferenza in C e la tangente in D; sia poi E la proiezione del punto C su t. Dimostra che $q(BC) \doteq r(CE, AB)$ e che $CE : CA = CD : AB$.

123 Dimostra che la diagonale di un quadrato è media proporzionale fra un lato e il semiperimetro.

124 **ESERCIZIO GUIDATO**

Dimostra che il rettangolo che ha per dimensioni due lati di un triangolo è equivalente al rettangolo del diametro della circonferenza circoscritta al triangolo e dell'altezza relativa al terzo lato.

Conviene disegnare prima una circonferenza e poi il triangolo ABC in essa inscritto; tracciata l'altezza AH e il diametro AD, devi dimostrare che $r(AB, AC) \doteq r(AH, AD)$, cioè che vale la proporzione che ha AB e AC come medi e AH e AD come estremi o viceversa, quindi la proporzione $AH : AB = AC : AD$ o una ad essa equivalente. Tracciato anche il segmento CD devi individuare due triangoli che hanno per lati questi segmenti e che sono simili.

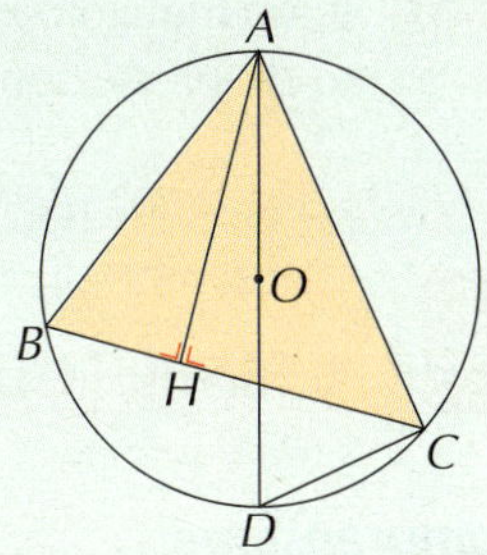

125 Siano AH e BK le altezze di un triangolo acutangolo ABC e sia L il loro punto di intersezione. Dimostra che $BL : AL = LH : LK$.

126 Sia AB la corda di una circonferenza e P il punto medio di uno dei due archi $\widehat{AB}$. Una corda PQ interseca AB in R. Dimostra che $PA : PR = PQ : PB$.

127 In un triangolo ottusangolo ABC l'angolo di vertice C supera quello in B di un angolo retto. Dimostra che l'altezza AH relativa al lato BC è media proporzionale fra BH e CH.
(Suggerimento: dimostra che i triangoli AHC e ABH sono simili)

128 Un triangolo isoscele ABC di base BC è inscritto in una circonferenza; una retta passante per A incontra BC in P e la circonferenza in Q. Dimostra che AC è medio proporzionale fra AP e AQ.

129 In una circonferenza sono date due corde parallele AB e CD. Considera un punto P sull'arco $\widehat{CD}$ che non contiene AB e sia Q il punto di intersezione di AP con CD. Dimostra che $r(CP, PD) \doteq r(BP, PQ)$.

130 Nel triangolo ABC l'angolo di vertice C è il doppio di quello di vertice B. Dopo aver tracciato la bisettrice CS, dimostra che $r(AC, CS) \doteq r(BC, AS)$.

131 Su un segmento OO' fissa un punto D (con $DO > DO'$) e traccia le due circonferenze di centri O ed O' e raggi DO e DO'. La tangente in D alle due circonferenze incontra una delle altre tangenti comuni in P. Sia poi Q il punto di intersezione della retta OO' con quest'ultima tangente. Dimostra che $\frac{PQ}{DP} = \frac{QO}{OD} = \frac{QO'}{DO'}$.

132 Nel trapezio $ABCD$ rettangolo in A e D, la diagonale BD è perpendicolare al lato obliquo BC; dimostra che:

a. DB è medio proporzionale fra le basi del trapezio
b. AD è medio proporzionale fra la base minore AB e la proiezione del lato obliquo sulla base maggiore.

133 Dagli estremi del diametro AB di una semicirconferenza di centro O conduci le rette ad essa tangenti; da un punto P della semicirconferenza conduci una terza tangente che incontra le prime due in C e in D. Dimostra che il triangolo COD è rettangolo e che OP è medio proporzionale fra CP e PD.

134 Sul lato AB del triangolo ABC determina due punti D ed E tali che sia $BD \cong AE$ e $BD \cap AE = \varnothing$. Conduci dal punto D la parallela al lato BC che incontra AC in F e da E la parallela al lato AC che incontra BC in G. Dimostra che $r(BG, AD) \doteq r(DF, BE)$.

135 Dato un parallelogramma $ABCD$, sia P un punto della diagonale AC; traccia da P la perpendicolare PH al lato AB e la perpendicolare PK al lato AD. Dimostra che PH e PK sono inversamente proporzionali ai lati del parallelogramma.

136 Dato un triangolo ABC, traccia la sua bisettrice AD e dal punto medio M di BC la parallela ad AD che incontra le rette dei lati AB ed AC rispettivamente in G e in F. Dimostra che $BG \cong CF$.
(Suggerimento: individua i triangoli simili della figura e applica anche il teorema della bisettrice)

137 In un triangolo ABC, traccia una corda DE parallela al lato BC ($D \in AB$, $E \in AC$) e indica con M il punto di intersezione dei segmenti DC e BE. Dimostra che AM dimezza il lato BC.

LA SIMILITUDINE E LA CIRCONFERENZA

teoria a pagina 170

Comprensione

SOLUZIONI ES. COMPRENSIONE

138 Stabilisci quali delle relazioni indicate sono vere e quali sono false.

a. $PS : PR = PQ : PT$ V F

b. $PS : PQ = PT : PR$ V F

c. $PT : PS = SR : TQ$ V F

es. 138

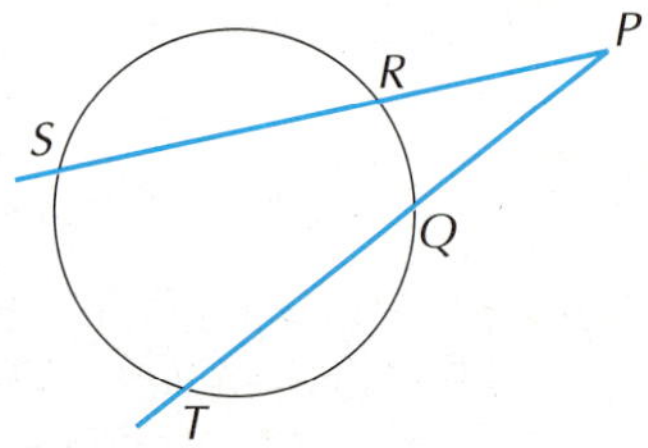

139 Stabilisci quali delle relazioni indicate sono vere e quali sono false.

a. $PA : PB = PC : PD$ V F

b. $AB : AP = DC : PD$ V F

c. $AP : PD = PC : PB$ V F

es. 139

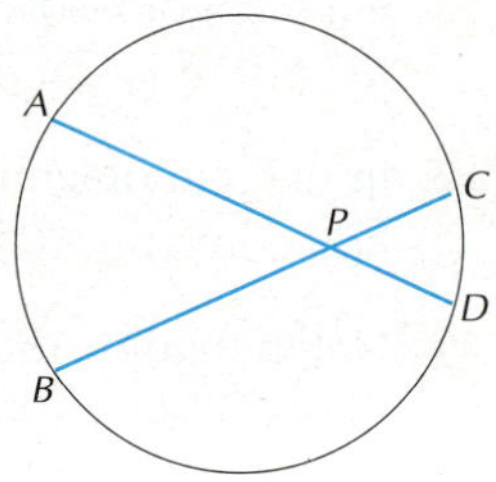

140 Stabilisci quali delle relazioni indicate sono vere e quali sono false.

a. $PB : AP = AP : BC$ V F

b. $PC : AP = AP : PB$ V F

c. $AP : PC = PB : AP$ V F

es. 140

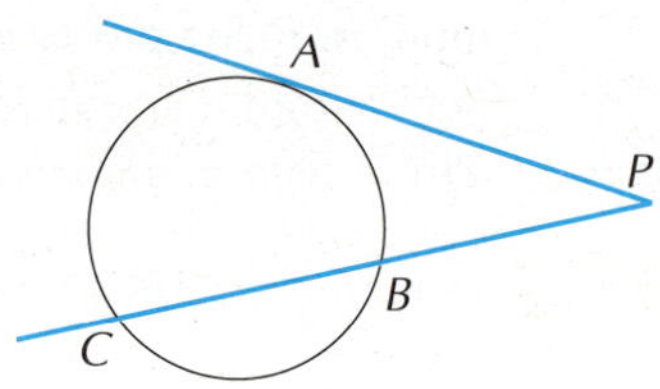

141 Con riferimento alla figura a lato individua fra le seguenti le proporzioni vere:

a. $BP : DP = PC : PA$ **b.** $PB : PA = PA : AB$

c. $PD : PH = PH : PC$ **d.** $PB : PH = PH : AB$

e. $AK : KD = CK : KB$ **f.** $CK : AK = KD : KB$

es. 141

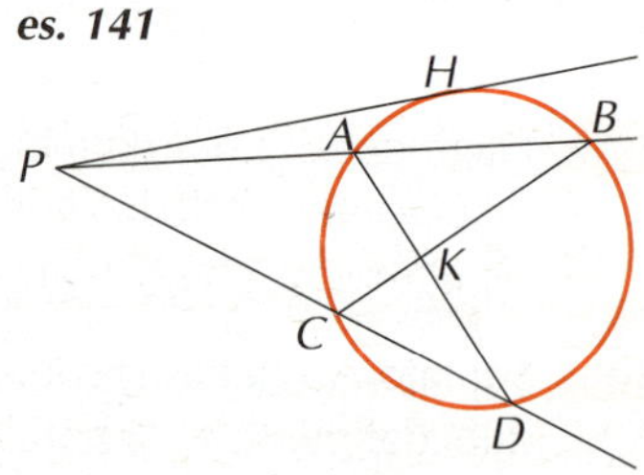

142 Un quadrilatero $ABCD$ è inscritto in una circonferenza; indica quale fra le seguenti relazioni è vera:

a. $r(AC, BD) \doteq r(AB, CD) - r(BC, AD)$

b. $r(AC, BD) \doteq r(AB, CD) + r(BC, AD)$

c. $r(AC, BD) \doteq r(AB, AD) + r(BC, CD)$

d. $r(AC, BA) \doteq r(BD, CD) + r(BC, AD)$.

143 Il teorema di Tolomeo si può applicare a:

a. qualunque rettangolo **b.** qualunque parallelogramma

c. qualunque trapezio rettangolo **d.** qualunque trapezio isoscele.

Applicazione

144 **ESERCIZIO GUIDATO**

Un trapezio isoscele è tale che l'altezza uscente da un vertice della base minore è media proporzionale fra i segmenti in cui resta divisa la base maggiore dal suo piede. Dimostra che il trapezio è inscrittibile in una circonferenza. Qual è il diametro di tale circonferenza?

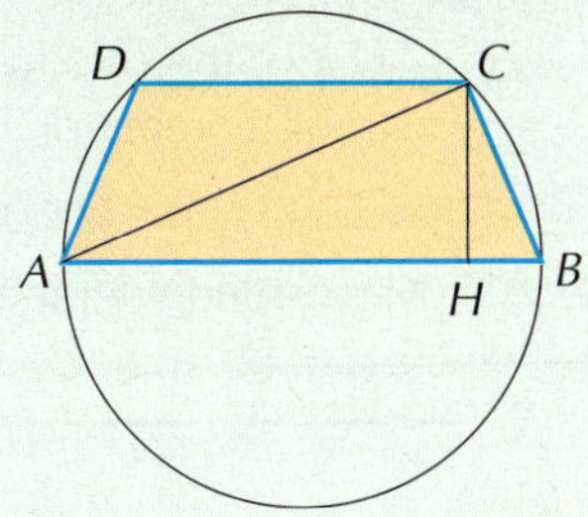

Dalle ipotesi del teorema deduciamo che vale la proporzione $AH : CH = CH : HB$; questo significa che il triangolo ABC è ....
Il trapezio $ABCD$ è quindi inscrittibile e il diametro della circonferenza circoscritta è il segmento ....

145 Dall'estremo B di una corda AB di una circonferenza traccia la perpendicolare BH alla tangente nel punto A. Dimostra che la corda è media proporzionale fra il diametro e HB.

146 **ESERCIZIO GUIDATO**

Due circonferenze γ_1 e γ_2 sono secanti. Per un punto P esterno alle due circonferenze ed appartenente alla retta della corda comune MN traccia una secante che incontra γ_1 in A e B (con $PA < PB$) ed una seconda secante che incontra γ_2 in C e D (con $PC < PD$). Dimostra che $DP : PB = AP : PC$.

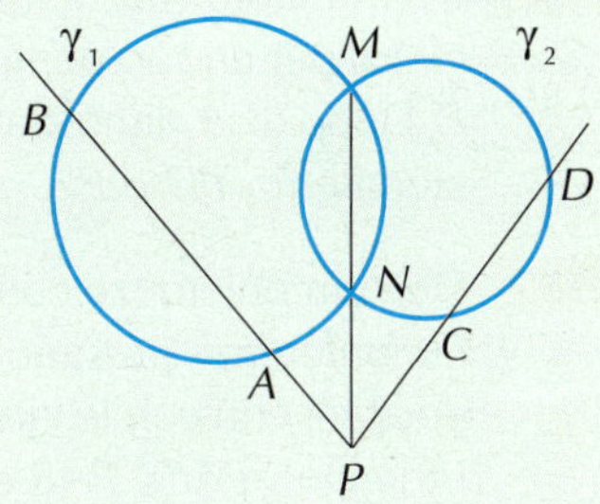

Relativamente alla circonferenza γ_1, PB e PN sono due secanti e puoi quindi scrivere la proporzione ....
Relativamente alla circonferenza γ_2, PD e PN sono due secanti e puoi quindi scrivere la proporzione .... Dal confronto delle due relazioni segue la tesi.

147 Disegna due circonferenze che si intersecano nei punti A e B e da un punto P della retta AB traccia le tangenti PD e PE alle due circonferenze. Dimostra che $PD \cong PE$.

148 Due circonferenze γ_1 e γ_2 sono secanti ed una tangente comune incontra γ_1 in B e γ_2 in A. Per il punto B traccia una semiretta che incontra γ_2 in C e D (con $BC < BD$); per il punto A traccia una semiretta che incontra γ_1 in E ed F (con $AE < AF$). Dimostra che $r(BD, BC) \doteq r(AF, AE)$.
(Suggerimento: applica due volte il teorema della secante e della tangente)

149 Prolunga il diametro AB di una circonferenza di un segmento BP congruente al raggio, poi traccia la tangente PT e dimostra che il quadrato costruito su TP è equivalente al triplo del quadrato costruito sul raggio.

150 Siano r e r' due tangenti parallele ad una circonferenza γ; sia poi s una terza tangente che incontra le precedenti due in P e Q e la circonferenza in T. Dimostra che $r(PT, QT)$ è equivalente al quadrato del raggio della circonferenza.

151 Due segmenti AB e CD si tagliano in un punto P in modo che $PA : CP = PD : PB$. Dimostra che A, B, C, D appartengono alla stessa circonferenza.
(Suggerimento: supponi per assurdo che il punto D non appartenga alla circonferenza definita dai primi tre punti e usa il teorema di unicità della quarta proporzionale)

152 In un triangolo ABC conduci le altezze AH, BK, CL e sia O il loro punto d'intersezione; siano poi M e N le proiezioni del punto H su AB e su AC. Dimostra che i triangoli MNH e OLK sono simili e deduci da ciò che LK è parallelo a MN.

153 **ESERCIZIO GUIDATO**

Un trapezio isoscele $ABCD$ di basi AB e CD è inscritto in una circonferenza; dimostra che vale la relazione $q(AC) \doteq q(BC) + r(AB, CD)$.

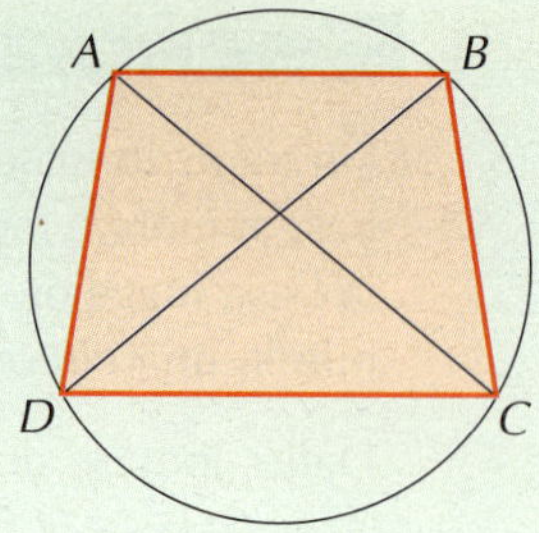

$ABCD$ è inscritto in una circonferenza e ad esso possiamo quindi applicare il teorema di Tolomeo:

$$r(AC, BD) \doteq r(AB, DC) + r(AD, BC)$$

Ma, essendo il trapezio isoscele, si sa che $AC \cong BD$ e $AD \cong BC$, quindi ....

154 Un triangolo equilatero ABC è inscritto in una circonferenza; preso un punto P sull'arco $\widehat{BC}$ non contenente A, dimostra che $AP \cong BP + PC$.
(Suggerimento: applica il teorema di Tolomeo al quadrilatero $ABPC$)

155 Sia ABC un triangolo acutangolo in cui AB è il lato minore; la semicirconferenza avente per diametro AB interseca i lati AC e BC in D e in E. Dimostra che il triangolo CDE è simile al triangolo ABC.

156 Un triangolo ABC è inscritto in una semicirconferenza di diametro BC; una retta perpendicolare al diametro per un suo punto P incontra la retta del lato AC in D, la retta del lato AB in F e la circonferenza in E. Dopo aver dimostrato che i triangoli DPC, AFD e ABC sono simili, dimostra che PE è medio proporzionale fra PD e PF.

157 Due circonferenze congruenti di intersecano nei punti A e B in modo che le rette tangenti per A alle due circonferenze passano ognuna per il centro dell'altra; siano P e Q gli ulteriori punti di intersezione delle due tangenti con le circonferenze. Dopo aver dimostrato che i punti P, B, Q sono allineati, dimostra che i triangoli PAQ, PAB e BAQ sono simili.

158 Sulla retta del diametro PB di una circonferenza di centro O prendi un punto A esterno alla circonferenza e da esso traccia la tangente AC. Indicato con H il piede della perpendicolare condotta da C al diametro, dimostra che $r(AB, AP) \doteq r(AO, AH)$.

159 Il triangolo ABC (con $AB < BC$) è inscritto in una circonferenza e la retta r è tangente alla circonferenza in B. Traccia per A la parallela a r che incontra il lato BC in P e la circonferenza in Q. Dimostra che:
a. AB è medio proporzionale fra BC e BP
b. BC è la bisettrice dell'angolo $\widehat{ACQ}$.
Come deve essere il triangolo ABC affinché $BQCA$ sia un trapezio isoscele?

160 In un triangolo ABC, rettangolo in A, traccia la bisettrice dell'angolo di vertice B che incontra AC in D; dal punto medio M dell'ipotenusa BC traccia la perpendicolare all'ipotenusa stessa che incontra la retta della bisettrice in P e il lato AC in Q. Dimostra che:
a. i triangoli ADB e BMP sono simili
b. il triangolo DQP è isoscele
c. $CD \cong 2MP$.

161 Un trapezio isoscele è circoscritto ad una circonferenza; dimostra che il diametro è medio proporzionale fra le basi del trapezio.

162 Due circonferenze di centri A e B sono tangenti esternamente in R; una tangente comune interseca la prima circonferenza in P e la seconda in Q; dimostra che PQ è medio proporzionale fra i diametri delle due circonferenze.

163 Un trapezio rettangolo ha le diagonali perpendicolari; dimostra che l'altezza è media proporzionale fra le basi.

164 Da un punto C esterno ad una circonferenza traccia le rette ad essa tangenti in D e in E ed una secante in A e in B (con A più vicino a C). Dimostra che $r(BD, AE) \doteq r(BE, AD)$.

165 Per un punto A di una circonferenza conduci la retta tangente t e due corde AB e AC. Una retta r parallela a t interseca le corde AB e AC in D e in E. Dimostra che $r(AC, AE) \doteq r(AB, AD)$.

Esercizi per lo sviluppo delle competenze

1 Sono date due circonferenze di raggi r e r' fra loro diversi. Determina il centro dell'omotetia in cui esse si corrispondono nei seguenti casi:

a. le circonferenze sono esterne

b. le circonferenze sono secanti

c. le circonferenze sono tangenti esternamente

d. le circonferenze sono tangenti internamente

e. le circonferenze sono interne

f. le circonferenze sono concentriche.

Il problema ha una sola soluzione in tutti i casi proposti?

(Suggerimento: caso **a.** Disegnate le due circonferenze, traccia la retta dei centri e due raggi fra loro paralleli; indicati con A e A' gli estremi di tali raggi, il punto di intersezione della retta dei centri con la retta AA' rappresenta ....; in questo caso il problema ammette due soluzioni perchè .... Procedi in modo analogo negli altri casi)

2 Tenendo presente l'esercizio precedente, descrivi la procedura per tracciare le rette tangenti comuni a due circonferenze esterne.

3 Dai vertici A e B di un triangolo ABC conduci le altezze AH e BK e dimostra che sono inversamente proporzionali ai lati a cui si riferiscono.

4 Sia ABC un triangolo inscritto in una circonferenza; traccia la bisettrice dell'angolo $\widehat{CAB}$ che incontra il lato BC in L e la circonferenza in M. Dimostra che $q(CM) \doteq r(AM, ML)$ e che $r(AC, AB) \doteq r(AM, AL)$.

5 Dato un triangolo ABC, sia M il punto medio del lato BC; una retta passante per M incontra la parallela a BC tracciata da A in un punto P, la retta AC in Q, la retta AB in S. Dimostra che vale la proporzione $MS : SP = QM : QP$.

6 Sia AB una corda di una circonferenza di centro O; le tangenti in A e B alla circonferenza si incontrano in P. Per un punto M del minore dei due archi $\overset{\frown}{AB}$ traccia le perpendicolari alle rette dei segmenti AB, AP, PB ed indica rispettivamente con R, S, T i piedi di tali perpendicolari. Dimostra che MR è medio proporzionale fra MT e MS.

(Suggerimento: traccia i segmenti AM e MB ed osserva che $\widehat{SAM} \cong \widehat{MBA}$ e $\widehat{MBT} \cong \widehat{MAB}$)

7 Sia AB una corda di una circonferenza e C il punto medio di uno dei due archi $\overset{\frown}{AB}$. Sia CE una ulteriore corda che incontra la retta di AB in D. Dimostra che $q(AC) \doteq r(CD, CE)$.

8 ABC è un triangolo rettangolo in B. Traccia l'altezza BH relativa all'ipotenusa; la circonferenza con centro in H e raggio BH interseca la retta di AB in P e quella di BC in Q. Dimostra che $r(QB, CB) \doteq r(BP, AB)$.

9 Un triangolo ABD è inscritto in una circonferenza di centro C; dal punto medio M del lato AB traccia la semiretta MC che, se non è parallela a uno degli altri due lati, incontra AD (o il suo prolungamento) in S e BD (o il suo prolungamento) in E. Dimostra che i triangoli ACS e DSE sono simili.

10 Sia P un punto dell'altezza AH di un triangolo isoscele ABC di base BC. La perpendicolare condotta da P al lato AB incontra AB in M e la retta di AC in S. Dimostra che vale la proporzione $AS : SP = AH : HB$. (Suggerimento: applica il teorema della bisettrice al triangolo AMS e osserva i triangoli simili della figura)

11 Considerato un triangolo ABC conduci da B la retta r perpendicolare a BC, da A la retta s perpendicolare ad AB e da C la retta t perpendicolare ad AC. Dimostra che le rette r, s, t intersecandosi formano un triangolo simile ad $\widehat{ABC}$. Dimostra, inoltre, che se il triangolo ABC è rettangolo in A, il rapporto di similitudine fra il triangolo costruito ed il triangolo ABC è uguale al rapporto tra il quadrato dell'ipotenusa BC e il rettangolo dei cateti AB e AC.

12 Sia AH l'altezza relativa all'ipotenusa di un triangolo ABC rettangolo in A; indicati con M e N i punti medi dei cateti AB e AC, dimostra che $r(MN, AH) \doteq r(AM, HN) + r(AN, MH)$.

Il capitolo si completa con:

ESERCIZI DI CONSOLIDAMENTO

VERIFICA INTERATTIVA

Test Finale

1 Relativamente ad una omotetia di centro O e rapporto k si può dire che:

a. due rette incidenti vengono trasformate in due rette incidenti allo stesso modo V F

b. tutte le rette che passano per O sono rette unite V F

c. tutte le rette che passano per O sono rette di punti uniti V F

d. se A è un punto unito e $k \neq 1$, allora A coincide con O V F

e. l'orientamento dei punti è invariante se l'omotetia è diretta V F

f. l'orientamento dei punti è invariante per ogni valore di k. V F

0,6 punti

2 Sono date due omotetie aventi lo stesso centro e rapporti 3 e $-\frac{2}{3}$; completa le seguenti proposizioni:

a. se un segmento è lungo 4ℓ, il suo corrispondente nel prodotto delle due omotetie è lungo ....

b. se un triangolo ha perimetro 10ℓ, il suo corrispondente nel prodotto delle due omotetie ha perimetro ....

c. se un poligono ha area $3\ell^2$, il suo corrispondente nel prodotto delle due omotetie ha area ....

0,6 punti

3 Due triangoli si corrispondono in una omotetia di rapporto $k = -\frac{3}{4}$; se il primo triangolo è equilatero di lato 2ℓ, quali sono il perimetro e l'area del suo omologo?

0,4 punti

4 Una omotetia di rapporto $\frac{1}{2}$ viene composta con una omotetia di rapporto k; trova il valore di k nei seguenti casi:

a. la trasformazione risultante è un'omotetia di rapporto 3

b. la trasformazione risultante è una simmetria centrale

c. la trasformazione risultante è l'identità

d. la trasformazione risultante è un'omotetia di rapporto $-\frac{6}{5}$.

0,4 punti

5 E' data una semicirconferenza di diametro AB; preso un punto C su di essa, traccia la corda BC e prolungala di un segmento $CD \cong CB$. Descrivi il luogo dei punti D al variare di C sulla semicirconferenza.

1,2 punti

6 Il triangolo isoscele ABC in figura è circoscritto ad una circonferenza di centro O; se H, T e Q sono i punti di tangenza, dei triangoli elencati si può dire che:

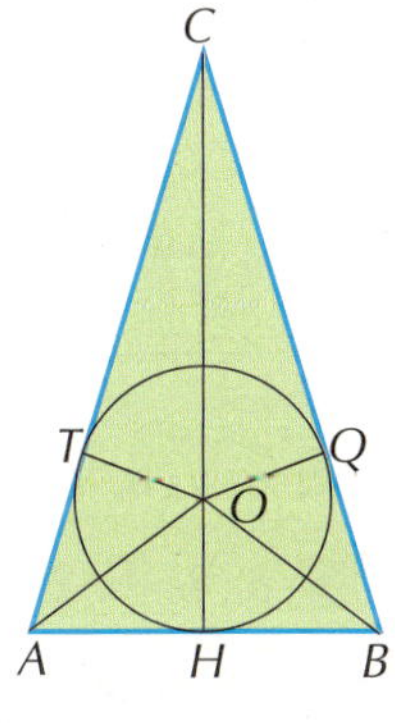

a. $CTQ \sim CAB$ V F

b. $CTO \sim CHB$ V F

c. $TOQ \sim AOB$ V F

d. $CHB \sim COQ$ V F

e. $AOH \sim BOQ$ V F

Giustifica le risposte.

1 punto

7 Un triangolo ABC è inscritto in una semicirconferenza di diametro AB; tracciata l'altezza CH relativa al lato AB, completa le seguenti proposizioni:

a. $\widehat{ACH}$ è simile a .... e ....

b. AC è medio proporzionale fra ....
c. CH è medio proporzionale fra ....
d. CB è medio proporzionale fra ....

0,8 punti

8 Di due triangoli simili ABC e $A'B'C'$ si sa che $\frac{AB}{A'B'} = \sqrt{3}$; completa:
a. se $\overline{AC} = 2\sqrt{3}$ il suo omologo misura ....
b. se l'area di ABC è 12, l'area di $A'B'C'$ è ....
c. se una delle mediane di ABC misura 6, la sua omologa misura ....
d. se l'altezza $A'H'$ misura 9, la sua omologa misura ....

0,4 punti

9 Due corde di una circonferenza si intersecano individuando due segmenti di lunghezza $6a$ e $3a$ sulla prima corda; si può dire che:
a. se uno dei segmenti individuati sull'altra corda è lungo $2a$, l'intera corda è lunga $11a$ V F
b. senza altre informazioni non si può sapere nulla sulla lunghezza della seconda corda V F
c. se la seconda corda è lunga $12a$, le due parti in cui resta divisa sono lunghe $4a$ e $8a$ V F
d. è possibile che le due parti in cui rimane divisa l'altra corda siano lunghe $2a$ e $9a$. V F

0,8 punti

10 Da un punto P esterno ad una circonferenza si conduce una secante sulla quale si hanno le seguenti informazioni: l'intera secante è lunga $9a$, la sua parte esterna è lunga $4a$; si può dire che:
a. il segmento di tangente condotto da P è lungo $6a$ V F
b. se un'altra secante condotta da P è lunga $18a$, la sua parte esterna è lunga $2a$ V F
c. se la secante data passa per il centro, la circonferenza ha raggio $5a$ V F
d. se un'altra secante condotta da P ha la parte interna lunga $9a$, quella esterna è lunga $3a$. V F

0,8 punti

11 Un triangolo ABC è inscritto in una circonferenza; conduci dal vertice A la retta t tangente alla circonferenza e dal vertice B la perpendicolare a t che la incontra in H. Detto K il piede dell'altezza condotta da A dimostra che $AC : AB = AK : HB$.

1 punto

12 Dagli estremi di una corda AB non passante per il centro di una circonferenza conduci le rette ad essa tangenti; da un punto P della circonferenza traccia le perpendicolari PH alla corda AB, PQ e PS alle due tangenti e dimostra che PH è medio proporzionale fra PQ e PS.

2 punti

Soluzioni

1 **a.** V, **b.** V, **c.** F, **d.** V, **e.** V, **f.** V

2 **a.** 8ℓ, **b.** 20ℓ, **c.** $12\ell^2$

3 Il perimetro del primo triangolo è 6ℓ e la sua area è $\sqrt{3}\ell^2$; quindi il secondo triangolo ha perimetro $\frac{9}{2}\ell$ e area $\frac{9\sqrt{3}}{16}\ell^2$

4 **a.** $k = 6$, **b.** $k = -2$, **c.** $k = 2$, **d.** $k = -\frac{12}{5}$

5

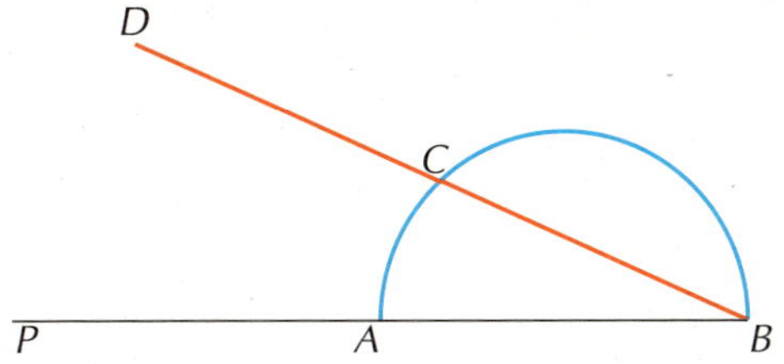

Considerata l'omotetia di centro B e rapporto 2, si ha $D = \omega_{B,2}(C)$; in questa omotetia B è il punto unito, il corrispondente del punto A è il punto P tale che $PA \cong AB$. Al variare di C sulla semicirconferenza il punto D descrive quindi la semicirconferenza di centro A e raggio AB.

6 **a.** V **b.** V **c.** F **d.** V **e.** V

7

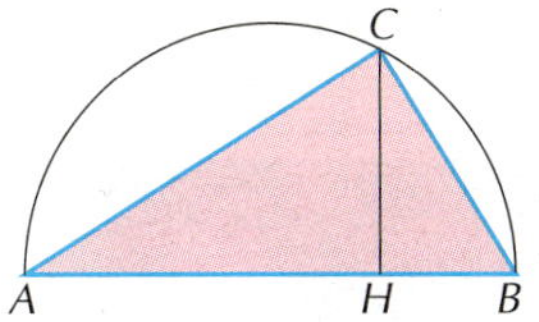

a. $\widehat{ABC}$, $\widehat{CHB}$ **b.** AB, AH **c.** AH, HB **d.** AB, HB

8 **a.** 2 **b.** 4 **c.** $2\sqrt{3}$ **d.** $9\sqrt{3}$

9 **a.** V **b.** V **c.** F **d.** V

10 **a.** V **b.** V **c.** F **d.** V

11

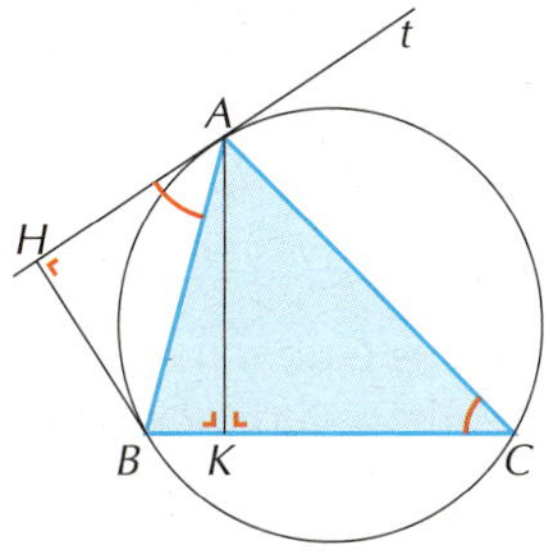

$\widehat{HAB} \cong \widehat{ACB}$ perchè angoli alla circonferenza che insistono sullo stesso arco $\widehat{AB}$; i triangoli rettangoli HAB e AKC sono quindi simili e si deduce subito la tesi.

12

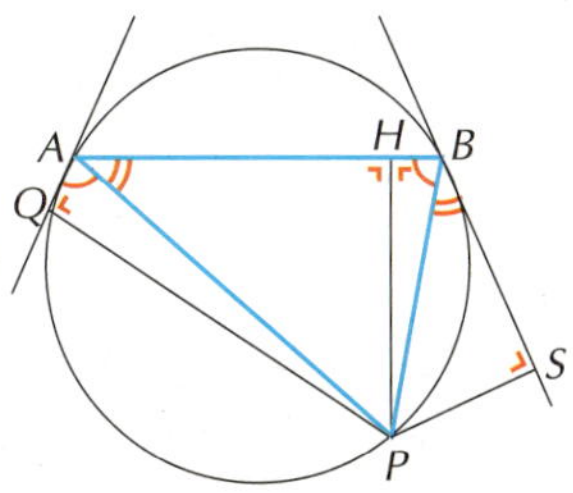

$\widehat{QAP} \cong \widehat{ABP}$ perchè angoli alla circonferenza che insistono sullo stesso arco $\widehat{AP}$; $\widehat{SBP} \cong \widehat{BAP}$ perchè angoli alla circonferenza che insistono sullo stesso arco $\widehat{BP}$. Di conseguenza i triangoli rettangoli QAP e HBP sono simili, così come i triangoli AHP e BPS.
Si possono quindi scrivere le proporzioni: $PQ : PH = PA : PB$ e $PH : PS = PA : PB$. Dal loro confronto segue la tesi.

Esercizio	1	2	3	4	5	6	7	8	9	10	11	12	
Punteggio													

Valutazione in decimi

MATEMATICA & SCIENZE

La similitudine in natura

Ridurre e ingrandire sono due operazioni che si fanno quotidianamente. Si chiede a una fotocopiatrice di ridurre un'immagine o un testo, si ingrandisce il carattere di scrittura di un quasiasi wordprocessor con un semplice clic del mouse, si ingrandisce una foto per metterla in cornice o creare un poster da appendere, si proietta una slide di una presentazione ingrandendo con un proiettore l'immagine che c'è sul video.
Anche la natura riproduce se stessa in piccoli moduli del tutto simili agli originali; lo si vede bene nelle piante grasse, nelle foglie delle felci, nei cavolfiori, nelle conchiglie.
I cristalli di quarzo, così come quelli di pirite, i topazi, le acquemarine hanno tutti una forma caratteristica che si ripete uguale a se stessa variando solo le dimensioni.

Anche i recenti studi sulle curve frattali (puoi leggere la scheda di curiosità online) mettono bene in evidenza questa tendenza degli oggetti naturali a replicarsi in modo identico.

Se hai letto l'approfondimento sulla sezione aurea di un segmento, avrai visto che cos'è un rettangolo aureo. Un tale rettangolo ha la caratteristica di essere formato da una successione di quadrati di dimensioni che si riducono man mano con un ultimo rettangolo aureo all'interno. Se in esso tracciamo gli archi di circonferenza che hanno centro in uno dei vertici dei vari quadrati otteniamo una spirale.

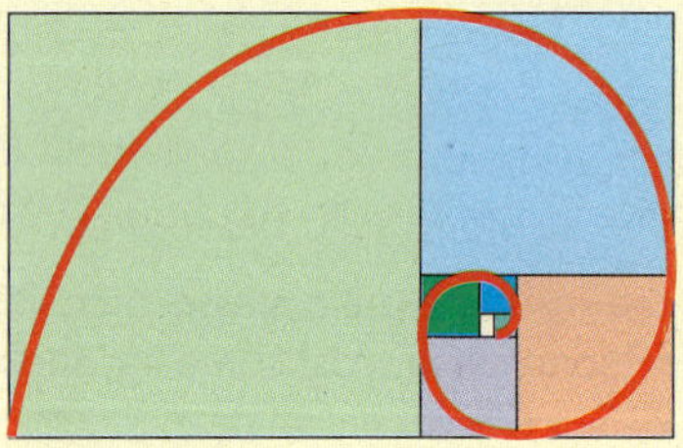

Questa spirale disegna il profilo della conchiglia del Nautilus, l'avvolgimento della coda di un cavalluccio marino, la disposizione delle brattee nella pigna e dei petali di alcuni fiori, alcune galassie del nostro Universo, ma anche il nostro viso e il nostro corpo.

ULTERIORI COLLEGAMENTI

MATEMATICA DELLA VITA QUOTIDIANA

I fogli della stampante

Il formato carta indica la dimensione (lunghezza e larghezza) di un foglio di carta. Nel corso degli anni sono stati utilizzati molti standard differenti sui formati carta, ma ad oggi sono due i più comuni: lo standard internazionale (l'A4 e i suoi derivati) e i formati nordamericani.
Lo standard internazionale del formato carta, l'ISO 216, prevede un rapporto altezza : base $= \sqrt{2}$.

Il formato base, denominato A0 ha le dimensioni lunghe 841 mm e 1189 mm. I formati successivi (A1, A2, A3 e così via) si ottengono semplicemente tagliando a metà la carta sul lato più lungo.
Se osservi l'immagine ti accorgerai che, per ogni formato:

- la dimensione maggiore è uguale a quella minore del formato precedente;
- la dimensione minore è la metà della maggiore del formato precedente.

Il formato più usato, soprattutto per stampare, è l'A4 (210×297 mm).
Determina le dimensioni dei formati A3 e A6 verificando successivamente che le misure di questi formati rispettano sempre il rapporto

$$\text{altezza : base} = \sqrt{2}$$

La televisione

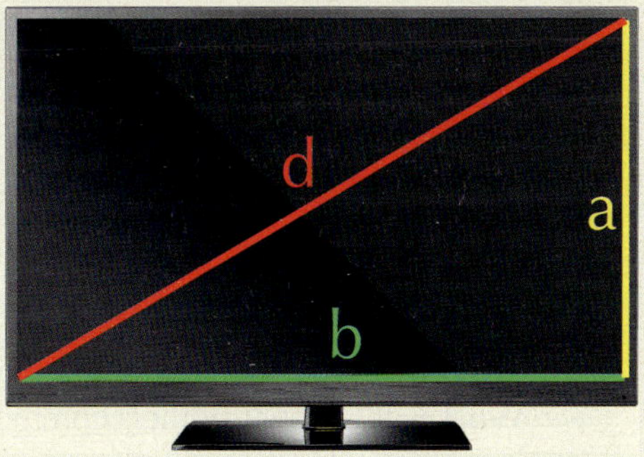

Per indicare la grandezza dei televisori si misura la diagonale del video in pollici; tuttavia, poiché la diagonale di un rettangolo non è sufficiente per darne le dimensioni, è necessario stabilire qualche altro parametro.
Questo parametro è il rapporto tra il lato lungo (quello orizzontale) e il lato corto (quello in verticale) del televisore.
Fino a qualche anno fa si costruivano televisori di rapporto 4/3, i vecchi televisori ingombranti a tubo catodico, oggi si è passati a quelli di rapporto 16/9. Un televisore da 32 pollici in formato 16/9 misura 70,84cm in larghezza e 39,85cm in lunghezza, mentre uno in formato 4/3 è largo 65,02cm e alto 48,77cm. Tenendo presente che 1 pollice corrisponde a 2,54 centimetri, sai spiegare come abbiamo fatto a calcolare le dimensioni di quel televisore? Quali sono le dimensioni di un televisore da 18 pollici nei due formati?

[formato 16/9 : $39,85 \times 22,41$; formato 4/3 : $36,58 \times 27,43$]

ULTERIORI COLLEGAMENTI

gare di matematica

ULTERIORI GARE

1 Su un foglio è disegnato il quadrato *ABCD*. Il foglio viene piegato (lungo una linea retta) in modo che *B* vada a coincidere con il punto medio di *DC*. Il lato *BC* viene diviso dalla piegatura in due segmenti di lunghezze a e b, con $a \leq b$. Quanto vale $\frac{b}{a}$?

a. 2 **b.** 1 **c.** $\frac{5}{3}$ **d.** $\frac{25}{9}$ **e.** $\frac{\sqrt{5}}{2}$ [c.]

2 Con riferimento alla figura, si sa che il raggio della circonferenza C_1 è 1 e che la distanza di O_1 da V è 3. Si può determinare il raggio di C_2?

a. No, i dati non sono sufficienti. **b.** No, i dati sono incompatibili.

c. Sì, vale $\frac{1}{2}$. **d.** Sì, vale $\frac{\sqrt{2}}{2}$ **e.** Sì, vale $\frac{\sqrt{3}}{2}$. [c.]

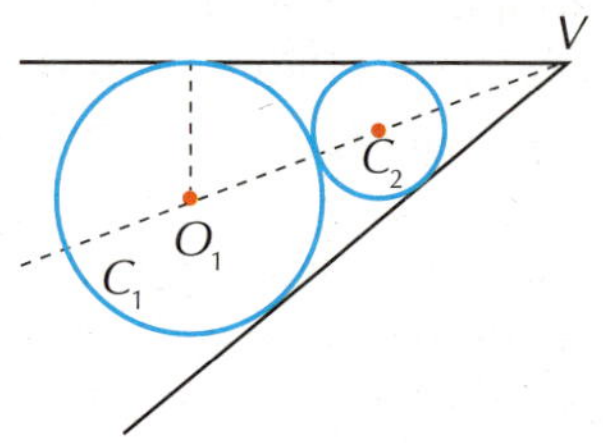

3 Consideriamo un triangolo rettangolo avente i lati di lunghezza 5, 12 e 13. Un cerchio di raggio 1 si muove all'interno del triangolo in modo da toccare sempre almeno uno dei suoi lati. Quanto è lungo il percorso descritto dal centro del cerchio dopo essere tornato alla posizione di partenza?

a. 12 **b.** 13 **c.** 14 **d.** 15 **e.** 16 [d.]

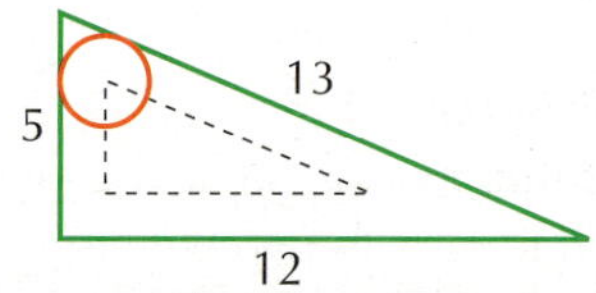

Math in English

Theory on page 173

CLIL

1 In circle γ on the right hand, chords *AB* and *CD* intersect at point *G*. Secant *AF* and tangent *EF* are also shown. Find the lenght of *BF*.
(In the diagram, $GD = 6$, $GC = 2$, $BG = 3$, and $EF = 2\sqrt{15}$, and all units are in centimeters) [5cm]

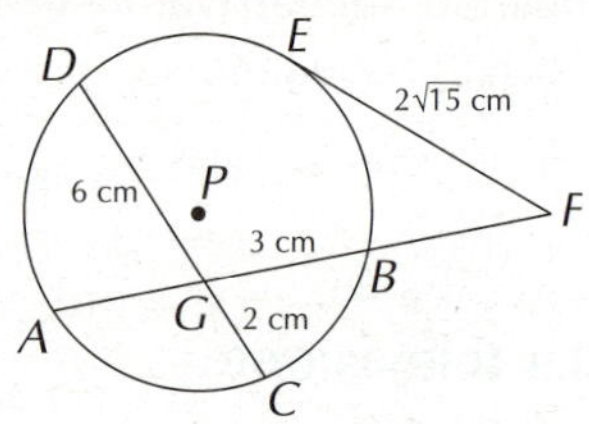

2 In the triangle shown, altitude *AD* meets altitude *BF* at *E*. Suppose $AD = 8$, $BD = 6$, and $CD = 4$. What is the lenght of *ED*?

a. $\frac{1}{2}$ **b.** $\frac{\sqrt{5}}{2}$ **c.** 2 **d.** $\frac{5}{2}$ **e.** 3 [e.]

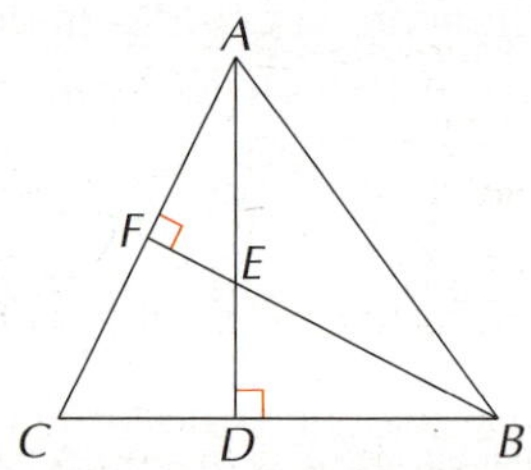

3 Two circles of radii 14 and 22 units are 45 units apart at the centres. What is the lenght of their common internal tangent?

a. 3 **b.** 14 **c.** 22 **d.** 27 **e.** 36 [d.]

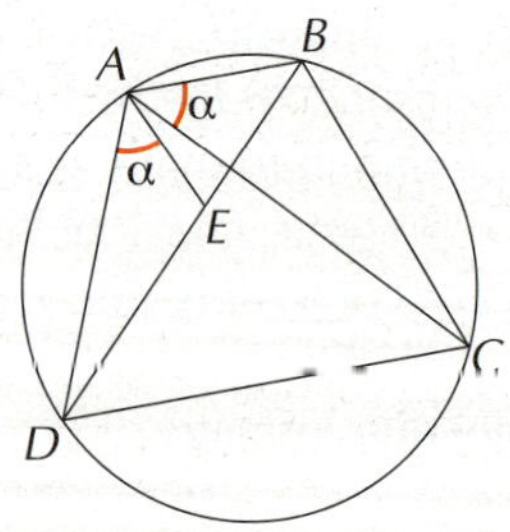

MORE EXERCISES

GLOSSARIO

adiacenti (detto di segmenti): segmenti che appartengono alla stessa retta e hanno solo un vertice in comune

adiacenti (detto di angoli): angoli che hanno il vertice e un lato in comune e gli altri due lati che sono uno il prolungamento dell'altro; due angoli adiacenti sono supplementari

angolo: ciascuna delle due parti nelle quali un piano viene diviso da due semirette aventi la stessa origine

angolo acuto: angolo minore di un angolo retto

angolo ottuso: angolo maggiore di un angolo retto e minore di un angolo piatto

angoli complementari: angoli la cui somma è un angolo retto

angoli supplementari: angoli la cui somma è un angolo piatto

angoli esplementari: angoli la cui somma è un angolo giro

angolo alla circonferenza: angolo il cui vertice appartiene a una circonferenza e i cui lati sono entrambi secanti oppure uno secante e l'altro tangente

angolo al centro: angolo il cui vertice è il centro di una circonferenza

apotema: di un poligono circoscritto ad una circonferenza è il raggio della circonferenza

asse (di un segmento): retta perpendicolare al segmento che passa per il suo punto medio; la sua caratteristica è che i suoi punti sono equidistanti dagli estremi del segmento

assioma: proposizione che si ammette come vera a priori

baricentro (di un triangolo): punto di intersezione delle mediane

bisettrice (di un angolo): semiretta con origine nel vertice di un angolo che lo divide in due parti congruenti

cateto: in un triangolo rettangolo, ciascuno dei lati che formano l'angolo retto

circonferenza: luogo dei punti equidistanti da un punto fisso detto centro; la distanza comune è detta *raggio*

circocentro: centro della circonferenza circoscritta ad un triangolo; è il punto d'intersezione degli assi dei lati del triangolo

circoscritto: detto di un poligono i cui lati sono tangenti ad una circonferenza

commensurabili: grandezze che hanno un sottomultiplo comune

congruente: detto di figure che sono sovrapponibili con un movimento rigido

consecutivi (detto di segmenti): segmenti che hanno un estremo in comune e nessun altro punto

consecutivi (detto di angoli): angoli che hanno un lato e il vertice in comune e nessun altro punto

concavo (detto di un angolo): che contiene il prolungamento dei lati; un angolo concavo è maggiore di un angolo piatto e minore di un angolo giro

convesso (detto di un angolo): che non contiene il prolungamento dei lati; un angolo convesso è minore di un angolo piatto

corda (di una circonferenza): segmento che ha per estremi due punti della circonferenza

diagonale (di un poligono): segmento che ha per estremi due vertici non consecutivi del poligono

distanza: tra due punti è il segmento che ha per estremi i due punti; di un punto da una retta è il segmento di perpendicolare condotto dal punto alla retta

equiscomponibili: detto di due poligoni che si possono scomporre in poligoni a due a due congruenti

equivalenti: detto di due poligoni che hanno la stessa area

fascio improprio (di rette): insieme di tutte e sole le rette che sono parallele a una retta data

fascio proprio (di rette): insieme di tutte e sole le rette che passano per uno stesso punto che viene chiamato *centro*

grandezze omogenee: insieme di grandezze per le quali è possibile stabilire un criterio di confronto e di somma

incidenti: due figure la cui intersezione non è vuota; rette incidenti sono due rette che si intersecano in un punto

incommensurabili: grandezze che non hanno un sottomultiplo comune

inscritto: detto di un poligono i cui vertici appartengono ad una circonferenza

ipotesi (di un teorema): ciò che si suppone essere vero e che non può essere negato

ipotenusa (di un triangolo rettangolo): il lato opposto all'angolo retto

isoscele: detto di un triangolo che ha due lati conguenti o di un trapezio che ha i lati obliqui congruenti

mediana: in un triangolo, il segmento che ha per estremi un vertice e il punto medio del lato opposto

misura: di una grandezza G è il numero reale che esprime il rapporto tra G e una grandezza campione U, omogenea con G, scelta come unità

normale: sinonimo di *perpendicolare*

ortocentro: punto di intersezione delle altezze di un triangolo

ortogonale: sinonimo di *perpendicolare*

parallelogramma: quadrilatero con un centro di simmetria; ha i lati opposti paralleli

perimetro: somma delle lunghezze dei lati di un poligono

poligonale: figura costituita da due o più segmenti consecutivi; la poligonale si dice *chiusa* se il primo estremo del primo segmento coincide con il secondo estremo dell'ultimo segmento, *aperta* in caso contrario

poligono: parte di piano delimitata da una poligonale chiusa non intrecciata e dalla poligonale stessa

postulato: sinomimo di *assioma*

quadrilatero: poligono con quattro lati

quadrato: parallelogramma con due lati consecutivi congruenti e un angolo retto; di conseguenza sono congruenti i quattro lati e sono retti tutti gli angoli

regolare: detto di un poligono i cui lati sono congruenti e i cui angoli sono congruenti

rombo: parallelogramma con due lati consecutivi congruenti; di conseguenza sono congruenti i quattro lati

scaleno: detto di un triangolo che ha tutti i lati diseguali

secante: detto di una retta che interseca una curva, per esempio una circonferenza

segmento: parte di retta delimitata da due punti, chiamati estremi del segmento

simili: detto di due figure che mantengono costante il rapporto tra elementi corrispondenti

tangente: detto di retta che ha due punti di intersezione coincidenti con una curva, per esempio una circonferenza

teorema: proposizione della forma: se A allora B che necessita di dimostrazione

trapezio: quadrilatero che ha una coppia di lati opposti paralleli

triangolo: poligono di tre lati